付表1　直流回路・交流回路・一

	直流理論	交流理論	
回路図	6Ω, i_1, i_3, i_2, 2Ω, 4Ω, 12V, v_2, v_1, v_3	$j6Ω$, I_1, I_3, I_2, V_3, $j2Ω$, 4Ω, 12∠30° V, V_2, V_1	6Ω, i_2, i_3, 0.3F, 4Ω, 12V, v_1, v_2, v_3
電流, 電圧, 電位	時間的変化なし 実定数で表現	正弦波で変化 フェーザ(複素数)で表現	さまざまな変化を許容 時間 t の実関数で表現
基礎方程式	節点方程式：$i_1 + i_2 + i_3 = 0$ 閉路方程式：$v_1 - v_2 = 0$ $v_2 - v_3 = 0$ 素子方程式：$v_1 + 6i_1 = 12$ $v_2 + 2i_2 = 0$ $v_3 + 4i_3 = 0$	節点方程式：$I_1 + I_2 + I_3 = 0$ 閉路方程式：$V_1 - V_2 = 0$ $V_2 - V_3 = 0$ 素子方程式：$V_1 + j6I_1 = 12∠30°$ $V_2 + (-j2)I_2 = 0$ $V_3 + 4I_3 = 0$	節点方程式：$i_1 + i_2 + i_3 = 0$ 閉路方程式：$v_1 - v_2 = 0$ $v_2 - v_3 = 0$ 素子方程式：$v_1 + 2\dfrac{di_1}{dt} = 12$ $0.3\dfrac{dv_2}{dt} + i_2 = 0$ $v_3 + 4i_3 = 0$
回路方程式	実数の連立一次方程式	複素数の連立一次方程式	実数の微分方程式
素子	直流電源, 線形抵抗, 非線形抵抗	交流電源, 線形抵抗・インダクタ・キャパシタ・結合インダクタ・変成器	すべて
線形性	非線形も許容	線形のみ	非線形も許容

付表2　諸法則・諸定理の適用範囲

	直流理論	交流理論	一般回路理論(過渡現象)
KCL, KVL 電力保存則 テレヘンの定理 置換の定理 電源分置の定理	すべてにおいて成立	すべてにおいて成立	すべてにおいて成立
重ね合わせの定理 テブナンの定理 ノルトンの定理 合成抵抗(合成インピーダンス)	線形回路において成立	交流理論が適用できるのは線形回路のみであり, つねに成立	線形回路において成立
オームの法則	線形抵抗で成立	(線形のインダクタ, キャパシタにおいてオームの法則に類似する線形性が成立)	(線形のインダクタ, キャパシタにおいてオームの法則に類似する線形性が成立)

電気回路教室

共著 佐藤秀則
　　 猪原　哲
　　 木本智幸
　　 清武博文
　　 高木浩一
　　 高橋　徹

森北出版株式会社

●本書のサポート情報を当社 Web サイトに掲載する場合があります．下記の URL にアクセスし，サポートの案内をご覧ください．

http://www.morikita.co.jp/support/

●本書の内容に関するご質問は，森北出版 出版部「(書名を明記)」係宛に書面にて，もしくは下記の e-mail アドレスまでお願いします．なお，電話でのご質問には応じかねますので，あらかじめご了承ください．

editor@morikita.co.jp

●本書により得られた情報の使用から生じるいかなる損害についても，当社および本書の著者は責任を負わないものとします．

■本書に記載している製品名，商標および登録商標は，各権利者に帰属します．

■本書を無断で複写複製（電子化を含む）することは，著作権法上での例外を除き，禁じられています．複写される場合は，そのつど事前に（社)出版者著作権管理機構（電話 03-3513-6969, FAX 03-3513-6979, e-mail：info@jcopy.or.jp）の許諾を得てください．また本書を代行業者等の第三者に依頼してスキャンやデジタル化することは，たとえ個人や家庭内での利用であっても一切認められておりません．

まえがき

　本書では，電気回路のなかでも「直流回路」と「交流回路」を取り上げ，できるだけ丁寧な解説を試みています．対象者は電気のエンジニアを目指す方，もしくは理学や電気以外の工学を志しながらも電気回路に関心のある方で，大学生はもとより，高専生，高校生，独習者なども含んでいます．ただし，高校1年生程度の数学，物理の基礎知識をもっていることを前提としています．

　電気回路は電気的素子が導線でつながれたネットワークです．身近な電気製品，工場などでの動力や制御装置，さらには地球規模の電力網，通信網，小さなほうに目を向けると，数百万以上の電子素子が非常に細い導線でつながれた 1 cm^2 程度の集積回路，これらはすべて電気回路です．これらは電気回路のさまざまな技術に支えられています．これらを維持し，さらに発展させていくには，電気エンジニアはもちろんのこと，多くのエンジニアや研究者の，電気回路への理解が必要です．

　電気回路で取り扱う内容には「直流回路」，「交流回路」，「過渡現象」，「フーリエ解析」，「三相回路」，「伝送回路」，「分布定数回路」，「回路設計」，「非線形回路」などがあります．本書では，電気回路の入門部分である「直流回路」，「交流回路」を解説します．各所の電圧，電流が直流である回路を直流回路といい，正弦波である回路を交流回路といいます．現実の回路はこのように単純なものばかりではありませんが，直流回路と交流回路は，ほかの電気回路の内容を学ぶうえでも欠かすことのできない基礎部分になります．

　数学や物理の基礎に十分理解のある方には，微分方程式の知識をもとに「過渡現象」から入り，その特別な場合として直流回路や交流回路を学ぶという方法もあります．しかし，本書では高校1年生程度の数学や物理を前提にして，電気回路を学ぶのに必要なさらに進んだ数学や物理の内容についても，タイムリーに学べるように配慮して解説しました．電気現象の物理に触れながら電気回路を学び進めていくためにも，「直流回路」，「交流回路」の順が適切で，必要とする数学も順序よく基礎的な段階から学ぶことができます．カリキュラムが十分に検討され，すでに基礎的な数学や物理を修了した大学生には少し冗長に思えるかもしれません．その場合には飛ばして学習してください．本書が多少分厚くなったのはこのような丁寧さのためですが，その分，参考図書を買うコストと関連する事項を探す手間ひまが抑えられることは本書の利点だと思います．

本書の主だった特徴はつぎの点にあります．

① それぞれの章で何を学び，何のために学ぶのか，また，他章との関連性についてもできるかぎり説明している．
② その章の中心的なテーマをできるだけ初めに近い節で紹介し，証明すべきことなどは後に回している．
③ キルヒホッフの二つの法則については，必要に応じて適切に利用できるよう，いろいろな言いまわしで表現している．
④ 回路理論の基礎方程式が節点方程式，閉路方程式，素子方程式にあることを明確にし，これをもとに理論を構築している．
⑤ 関連の科目，とくに数学，物理，ほかの専門科目とのつながりについても随所で説明している．
⑥ 回路理論のなかでは副次的だとされて省略されやすい，グラフ理論，線形性，計測との関係，キャパシタやインダクタのはたらき，各種解析法の回路方程式の立て方，電力保存則，従属電源などについて，あいまいにすることなく，できるだけ詳しく説明している．
⑦ 短い講義時間では説明が不足しがちになりやすい点を補足し，理解に時間がかかる学習者の復習にも役立てられるよう，丁寧に説明している．
⑧ 豊富な例題，演習問題を準備し，内容理解の助けとしている．

なお，十分注意を払っているものの誤りがないともかぎりません．また，より工夫した記述が求められる場合もあるかと思います．お気づきの点がありましたら何卒，厳しいご指摘，ご感想を賜りますようお願いいたします．

本書の上梓にあたって，全編にわたり丹念に目を通していただき，貴重なご意見をいただいた渡辺信雄 名誉教授，自身の学習のためといって多くの問題を解き，誤りを指摘してくれた当時学生の岩﨑司朗君，また，全体の構成や編集にご尽力いただいた森北出版の藤原祐介氏のそれぞれに，心から感謝致します．

2013 年 6 月

著者ら

本書での学習にあたって

■ 変数と記号の表し方
変数を表す場合には V, I などと斜体を用い，節点や枝などの記号を表す場合には n, b などと立体で表しています．ただし，閉路に使用する記号 l は立体だと 1 に間違いやすいので斜体としました．さらに，円周率 π，虚数単位 j，ネピア数 e といった数には斜体を使うこととします．

■ 単位の表し方
単位は 5 Ω，2∠30° V などと立体で表し，変数を使った量を表す場合は，t [ms] のように [ ] をつけています．ただし，抵抗温度係数の場合は 0.004 [1/°C] と [ ] をつけています．

■ 図記号について
図記号については基本的に新 JIS (JIS C 0617) によりますが，従属電源など規則にないものについては，一般によく使われている記号を用いています．とくに，新 JIS では抵抗を四角で表現しますが，一般的なインピーダンスと抵抗とを区別することができず，説明しづらく，またわかりにくいと判断して，旧 JIS 記号を用いています．

■ 関数のグラフ
関数を表すグラフにおいて不連続となるところでは，数学的な意味からは関数値が一意的に定められなければなりませんから，この間を埋める縦の直線は描かないのが正式ですが，グラフ全体の把握しやすさの点から縦線を入れています．また，不連続点での微分の取扱いについては，この段階では混乱しやすいことから記述を避けています．

■ ほかのテキストとの定義の違い
○ **起電圧，起電流，起電力**：電池や発電機などの電気的駆動源はおよそ定電圧動作をします．その能力は電圧として測られるため，古くからこの電圧を起電力 (electromotive force) とよんでいました．ところが，トランジスタや太陽電池，さらには現在の直流電源装置など定電流動作をするものが増え，これらの駆動源の能力は電流で表されます．これらの能力を区別するために，定電圧源の駆動力である電圧を起電圧とよび，定電流源の駆動力である電流を起電流とよぶことにし，起電力はそれらの総称として用いることにします．

- ⃝ **複素電力**：複素電力の定義には，複素電流の共役と複素電圧との積として定義するものと，複素電圧の共役と複素電流との積として定義するものとがあります．本書では，複素平面上でのインピーダンスとの相似性から，前者を採用します．
- ■ 節番号に記号†(ダガー)がついている節は，その後の理解に直接かかわらない内容や定理の証明，少し難易度の高い内容について解説しています．とりあえず読み飛ばして，必要に応じてもどって学習しても差し支えありません．
- ■ 以下のアドレスに本テキストに対応した補充問題を載せていますので，ご活用ください．

    http://www.morikita.co.jp/books/mid/073491

目　　次

第1章　電気回路と電流 ………………………………………………… 1
 1.1　電気回路の基本構成 …………………………………………… 2
 1.2　電気回路と他の科目との関連 ………………………………… 3
 1.3　静電気 …………………………………………………………… 4
 1.4　電気の正体 ……………………………………………………… 5
 1.5　導体と絶縁体 …………………………………………………… 8
 1.6　電気回路 ………………………………………………………… 11
 1.7　電　流 …………………………………………………………… 13
 1.8　回路と水流系 …………………………………………………… 16
 1.9　キルヒホッフの電流の法則 …………………………………… 18
 演習問題 ……………………………………………………………… 20

第2章　電位，電圧と電気エネルギー ……………………………… 22
 2.1　電位と電圧 ……………………………………………………… 22
 2.2　キルヒホッフの電圧の法則 …………………………………… 27
 2.3† KVL と電位 ……………………………………………………… 29
 2.4　電気エネルギーと電力 ………………………………………… 32
 2.5　テレヘンの定理と電力保存則 ………………………………… 36
 2.6　国際単位系 ……………………………………………………… 38
 演習問題 ……………………………………………………………… 40

第3章　素子の電流電圧特性 ………………………………………… 43
 3.1　いろいろな直流電源 …………………………………………… 44
 3.2　抵抗などの抵抗値 ……………………………………………… 45
 3.3　電流計と電圧計 ………………………………………………… 47
 3.4　直流電源の電流電圧特性 ……………………………………… 48
 3.5　抵抗などの電流電圧特性 ……………………………………… 51
 3.6　電源と負荷を接続した場合の図式解法 ……………………… 55
 3.7† 素子使用の許容範囲 …………………………………………… 57

3.8 電源の等価回路 ………………………………………………… 59
3.9† 変化する電流電圧特性 …………………………………………… 63
演習問題 ………………………………………………………………… 66

第4章 簡単な回路の計算 ……………………………………………… 69
4.1 直列接続と並列接続 ……………………………………………… 70
4.2† 水路モデルでの直列と並列 ……………………………………… 71
4.3 これまでの復習 …………………………………………………… 73
4.4 抵抗の直列接続と分圧の公式 …………………………………… 74
4.5 抵抗の並列接続と分流の公式 …………………………………… 77
4.6 直列接続と並列接続の組合せ …………………………………… 80
4.7 電気抵抗 …………………………………………………………… 84
4.8† 抵抗器の種類と使用方法 ………………………………………… 87
演習問題 ………………………………………………………………… 91

第5章 電気回路の基礎方程式 ………………………………………… 96
5.1 回路とグラフ ……………………………………………………… 97
5.2 基礎解析法の紹介 ………………………………………………… 98
5.3 KCL と節点方程式 ……………………………………………… 101
5.4 KVL と閉路方程式 ……………………………………………… 105
5.5 素子方程式 ……………………………………………………… 110
5.6 節点と閉路の選び方 …………………………………………… 113
5.7† 従属と独立 ……………………………………………………… 119
5.8† 節点方程式と閉路方程式の独立性 …………………………… 121
5.9† 枝電流解析法 …………………………………………………… 126
5.10† 枝電圧解析法 …………………………………………………… 129
演習問題 ……………………………………………………………… 130

第6章 連立1次方程式 ……………………………………………… 133
6.1 連立1次方程式の例 …………………………………………… 134
6.2 解の諸相 I ……………………………………………………… 135
6.3 クラメルの公式 ………………………………………………… 138
6.4 行　列 …………………………………………………………… 142
6.5 行列による連立1次方程式の解法 …………………………… 148

 6.6† ガウスの消去法 ……………………………………………………150
 6.7† 行列の基本変形 ……………………………………………………153
 6.8† 階数と独立な 1 次方程式の数 ……………………………………156
 6.9† 節点方程式と閉路方程式の独立な方程式の数 …………………158
 6.10† 解の諸相 II …………………………………………………………160
 演習問題 …………………………………………………………………164

第 7 章　電圧電流分布に関する定理 …………………………………165
 7.1 重ね合わせの定理 …………………………………………………166
 7.2 線形抵抗からなる 1 ポート回路の合成抵抗 ……………………170
 7.3 重ね合わせの定理の適用範囲 ……………………………………171
 7.4 置換の定理 …………………………………………………………172
 7.5 電源分置の定理 ……………………………………………………176
 7.6 線形性 ………………………………………………………………178
 7.7 線形系と線形性 ……………………………………………………182
 7.8 回路方程式の行列を用いた表現 …………………………………183
 7.9 重ね合わせの定理の証明 …………………………………………185
 演習問題 …………………………………………………………………187

第 8 章　閉路解析法 ……………………………………………………190
 8.1 閉路電流 ……………………………………………………………190
 8.2 閉路解析法 …………………………………………………………193
 8.3 閉路解析法の回路方程式を直接得る方法 ………………………200
 8.4 制約式のある閉路解析法 …………………………………………203
 8.5† 閉路電流の考え方 …………………………………………………207
 8.6† 行列表現によるまとめ ……………………………………………211
 演習問題 …………………………………………………………………214

第 9 章　節点解析法 ……………………………………………………217
 9.1 電位による枝電流の表現 …………………………………………218
 9.2 節点解析法 …………………………………………………………219
 9.3 基礎解析法と節点解析法の関係 …………………………………223
 9.4 節点解析法の回路方程式を直接得る方法 ………………………225
 9.5 制約式のある節点解析法 …………………………………………228

9.6† 行列表現によるまとめ ……………………………………………… 233
　演習問題 ………………………………………………………………… 237

第10章　テブナンの定理とノルトンの定理 …………………………… **240**
　10.1　等価回路 ……………………………………………………………… 241
　10.2　テブナンの定理とノルトンの定理 ………………………………… 243
　10.3　線形1ポート回路の同定 …………………………………………… 247
　10.4† テブナンの定理の証明 ……………………………………………… 249
　10.5† ノルトンの定理の証明 ……………………………………………… 250
　10.6† テブナンの定理とノルトンの定理の適用範囲 …………………… 251
　演習問題 ………………………………………………………………… 252

第11章　従属電源を含む回路の解析 …………………………………… **254**
　11.1　従属電源 ……………………………………………………………… 254
　11.2　従属電源を含む回路の基礎解析法 ………………………………… 257
　11.3　従属電源を含む回路の閉路解析法 ………………………………… 259
　11.4　従属電源を含む回路の節点解析法 ………………………………… 261
　11.5　線形回路の各種定理の拡張 ………………………………………… 264
　11.6† 負性抵抗 ……………………………………………………………… 266
　演習問題 ………………………………………………………………… 268

第12章　直流計測 ………………………………………………………… **269**
　12.1　電気メータ …………………………………………………………… 270
　12.2　倍率器と電圧計 ……………………………………………………… 272
　12.3　分流器と電流計 ……………………………………………………… 274
　12.4　テスタと測定 ………………………………………………………… 276
　12.5† 可動コイル型メータ ………………………………………………… 282
　12.6　誤　差 ………………………………………………………………… 283
　演習問題 ………………………………………………………………… 284

第13章　キャパシタ ……………………………………………………… **286**
　13.1　バネのようなキャパシタ …………………………………………… 287
　13.2　静電容量 (キャパシタンス) ………………………………………… 291
　13.3　いろいろなキャパシタ ……………………………………………… 294
　13.4　電荷保存則 …………………………………………………………… 297

13.5　キャパシタ回路 …………………………………………………… 297
13.6† キャパシタ内部の電場 ……………………………………………… 301
13.7† 平行平板キャパシタの静電容量の導出 …………………………… 304
13.8　キャパシタに蓄えられるエネルギー …………………………… 305
　　　演習問題 ………………………………………………………………… 308

第14章　積分と微分 …………………………………………………… 310

14.1　面積と積分 …………………………………………………………… 311
14.2　傾きと微分 …………………………………………………………… 315
14.3　収支と残高にみる積分と微分のアナロジー …………………… 316
14.4　積分と微分の関係にあるいくつかの例 ………………………… 318
14.5　積　分 ………………………………………………………………… 324
14.6　微　分 ………………………………………………………………… 329
14.7　原始関数 ……………………………………………………………… 334
14.8　微分積分法の基本定理 …………………………………………… 336
14.9† 微分積分法の求積法への応用 …………………………………… 339
14.10† 不連続関数の積分 …………………………………………………… 344
14.11　変化する電流 ……………………………………………………… 345
14.12　キャパシタの電圧と電流の関係 ……………………………… 346
　　　演習問題 ………………………………………………………………… 348

第15章　インダクタ ……………………………………………………… 350

15.1　保守的なインダクタ ……………………………………………… 351
15.2　電流と磁束 …………………………………………………………… 355
15.3　ファラディの電磁誘導の法則 …………………………………… 359
15.4　相互誘導と自己誘導 ……………………………………………… 364
15.5　インダクタ …………………………………………………………… 367
15.6　いろいろなインダクタ …………………………………………… 369
15.7　インダクタ回路 …………………………………………………… 370
15.8　インダクタに蓄えられるエネルギー …………………………… 372
　　　演習問題 ………………………………………………………………… 375

第16章　変化する電気 ………………………………………………… 376

16.1　いろいろな波形 …………………………………………………… 376

- 16.2 抵抗，キャパシタ，インダクタの基本式 …………………………… 378
- 16.3 抵抗，インダクタ，キャパシタと変化する電気 …………………… 380
- 16.4 キルヒホッフの法則 …………………………………………………… 382
- 16.5 電圧の和，電流の和，瞬時電力，平均電力 ………………………… 382
- 16.6 一つの電源と抵抗からなる回路 ……………………………………… 385
- 16.7 複数の電源と抵抗からなる回路 ……………………………………… 387
- 16.8 非線形抵抗 ……………………………………………………………… 388
- 演習問題 ………………………………………………………………………… 391

第17章　正弦波交流の表現　　　　　　　　　　　　　　　　　　394

- 17.1 波形の特徴量 …………………………………………………………… 395
- 17.2 周期波 …………………………………………………………………… 397
- 17.3 正弦波交流の瞬時式とフェーザ ……………………………………… 398
- 17.4 正弦波交流の大きさ …………………………………………………… 400
- 17.5 正弦波交流の位相の変化の速さ ……………………………………… 402
- 17.6 正弦波交流の位相の進み具合 ………………………………………… 403
- 17.7 正弦波交流に関する例題 ……………………………………………… 404
- 17.8 正弦波の微分積分と位相の関係 ……………………………………… 407
- 17.9† 正弦波の微分公式の証明 ……………………………………………… 408
- 演習問題 ………………………………………………………………………… 410

第18章　交流回路　　　　　　　　　　　　　　　　　　　　　　412

- 18.1 直流回路の復習 ………………………………………………………… 413
- 18.2 交流回路の取扱い方 …………………………………………………… 414
- 18.3 交流回路理論で取り扱う対象 ………………………………………… 416
- 18.4 複素数の表現 …………………………………………………………… 418
- 18.5 複素数の計算 …………………………………………………………… 423
- 18.6 交流回路の計算入門 …………………………………………………… 426
- 18.7† オイラーの公式 ………………………………………………………… 428
- 演習問題 ………………………………………………………………………… 433

第19章　正弦波の和　　　　　　　　　　　　　　　　　　　　　434

- 19.1 いろいろな正弦波の和 ………………………………………………… 435
- 19.2 グラフを用いた正弦波波形の和 ……………………………………… 436

19.3	周波数の等しい二つの正弦波の和	440
19.4	三角関数の数学的基礎	444
19.5	三角関数の公式を用いた正弦波の和の計算	449
19.6	正弦波の和がベクトル和で置き換えられる理由	450
19.7	正弦波の和に関する四つの世界	451
19.8†	回転フェーザの複素数表示	454
演習問題		455

第20章　RLC回路と正弦波交流　457

20.1	RLC素子と正弦波交流	458
20.2	インダクタと正弦波交流	462
20.3	キャパシタと正弦波交流	466
20.4	インピーダンスとアドミタンス	469
20.5	RLC素子のインピーダンス	471
20.6	直列接続と分圧の法則	473
20.7	並列接続と分流の法則	476
20.8	回路の性質を表す各種の量	479
20.9	二つの世界の電圧と電流の関係	482
演習問題		485

第21章　交流回路の基礎　488

21.1	交流回路の基礎方程式	489
21.2	キルヒホッフの法則	490
21.3†	キルヒホッフの法則の検討	494
21.4	交流回路の素子方程式	496
21.5	交流回路の諸定理	498
21.6	複素平面図	503
21.7†	集中定数回路理論の全体像	507
演習問題		509

第22章　交流回路の電力　511

22.1	交流回路における平均電力	512
22.2	皮相電力と力率	515
22.3	複素電力	516

- 22.4 受動回路 …… 518
- 22.5 テレヘンの定理と電力保存則 …… 522
- 22.6 交流回路の電力計測 …… 527
- 22.7 電力に関する計算問題 …… 531
- 22.8 家庭への電力供給 I …… 533
- 演習問題 …… 535

第23章　結合インダクタ …… 537

- 23.1 相互誘導作用 …… 537
- 23.2 結合インダクタの電磁気現象 …… 539
- 23.3 結合インダクタの基本式 …… 544
- 23.4 結合インダクタと交流回路 …… 548
- 23.5 結合インダクタの等価回路 …… 550
- 23.6 結合インダクタの電磁エネルギー …… 554
- 23.7 結合インダクタと電力 …… 557
- 演習問題 …… 557

第24章　理想変成器 …… 560

- 24.1 理想変成器の基本式 …… 561
- 24.2 インピーダンス変換器 …… 563
- 24.3 交流送電 …… 565
- 24.4 密結合インダクタ …… 569
- 24.5 理想変成器の基本式の導出 …… 573
- 24.6† 変成器の応用 …… 576
- 24.7† 単巻変成器 …… 579
- 24.8† 家庭への電力供給 II …… 579
- 演習問題 …… 581

演習問題解答 …… 583

索引 …… 619

1章　電気回路と電流

　日々の生活は電気に支えられています．家庭に工場にオフィスに…．身近なところでは，照明，スマートフォン，空調，冷蔵庫，洗濯機など．工場ではさまざまな装置の動力源として，オフィスでは情報処理や情報伝達の媒体として．鉄道や自動車も電気エネルギーを利用することが多くなりました．このように電気は，まるで空気のように人の生活にとって必要不可欠なものになっています．
　これほど利用されるようになった理由もいろいろと考えられます．

(1) 電気のエネルギーは，ほかのエネルギーと相互に変換しやすい
(2) 各種センサに電気が利用しやすい
(3) 電気エネルギーは比較的容易かつ高速に移動させることができる
(4) 動力源として，大小さまざまなサイズで効率よく利用できる
(5) 電流の調節や切替えが容易かつ高速にでき，増幅や制御がしやすい
(6) 電気エネルギーはエネルギーとしてだけではなく，情報伝達の媒体としても利用しやすい

とはいえ，電気エネルギーは密度を高くして蓄えておくのが難しいといった欠点があることも知っておく必要があります．
　電気が利用される理由もこのように多岐にわたりますが，この電気の正体は小さな原子の中の陽子や電子にあります．物質には重さを感じさせる質量があるように，電気的なはたらきをする根源的な性質として，電気があるのです．そして，電気を帯びた物体間には力がはたらきますが，すべての物体間に電気的な力がはたらくわけではありません．通常は，陽子と電子の密度は同じであり，外に電気的な影響は現れませんが，この密度のバランスが崩れると，静電気的な性質が現れるようになります．
　静電気だけでもおもしろいのですが，電気に流れを生じさせると，応用がさまざまに広がります．電気の流れを持続的に，もしくは再現しやすくしたものが**電気回路**です．電気回路は，電気の流れをつくるループ (閉路) やネットワーク (網) になっています．電気回路を回路とよぶこともあります．この章では，電気の正体を探るとともに，電気の流れ，つまり電流を中心にして，電気回路の基礎概念

と電流に関する基本法則ともいえる**キルヒホッフの電流の法則 (KCL)** を学ぶことにしましょう．

1.1 電気回路の基本構成

電気回路 (electric circuit) は電気エネルギーの伝送手段，各種の計測，動力の制御，情報伝送，情報処理など，さまざまに利用されています．ここでは，その基本構成についておおまかに説明します．

電気といえば，ほとんどの人が電池で豆電球をつけた経験があるでしょう．携帯電話の中にも充電式電池が入っていて，電池を入れるボックスには，電池のエネルギーを取り出す端子があります．家庭にはいろいろな電化製品があり，それらをコンセントにつないで使います．この家庭のコンセントは，日本中の電力網とつながっています．以上の例の共通点は，まず電気エネルギーの源になるところがあって，**導線** (conducting wire) でエネルギーが配送され，豆電球や携帯電話，家庭用電化製品，工場の多くの電気機械などで電気が使われているということです (図 1.1)．電気エネルギーの源になる装置を**電源** (electrical supply) といい，豆電球や家庭用電化製品など，エネルギーの供給を受けて作動するものを**負荷** (load) とよんでいます．

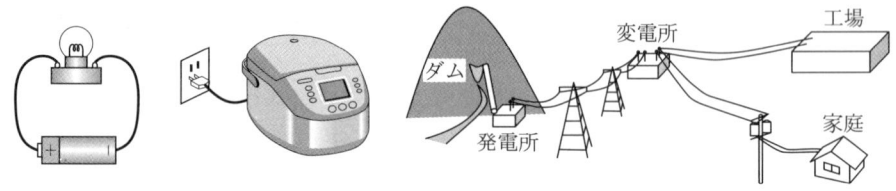

図 1.1　電源と負荷

電源といっても，何もないところからエネルギーが発生しているわけではありません．コンセントのように配送されてくるものもありますし，ほかのエネルギーから電気エネルギーに変換されている場合もあります．電池の中には化学的なエネルギーがあり，それが電気エネルギーに変換されます．家庭に送られてくる電気エネルギーも，もとはといえば，水の位置エネルギーや石油の化学エネルギーであったりします．

一方，負荷では，電気エネルギーがさまざまに形を変えます．豆電球の場合は電気エネルギーが光エネルギーに，携帯電話では大部分は電磁波のエネルギーに，電気炊飯器の場合は熱エネルギーに，工場にあるモータでは回転エネルギーに変換されます．電圧計や電力計などの電気の計測装置では，電気エネルギーが力学的エネルギーに変換されて指示されたり，電気エネルギーが光エネルギーに変換されて表示されること

もあります.

　電源と負荷の間で見落とすことができないのが導線です．電気の流れをつくるには，装置間を結んでループ(閉路)をつくるために導線が必要となります．

　図 1.2(a) には，電源と負荷が直結される様子を模式的に表しています．このほかにも図 (b) のように，電源と負荷の間に**変換器** (transducer) が挿入され，負荷に供給する電気エネルギーのある電気的性質を変換する場合もあります．また，図 (c) のように，負荷に電気エネルギーを送るかどうかを制御するための電気回路である**制御回路** (control circuit) などが挿入されることもあります．モータなどの動力源を動作させるかどうかは，対象物の量や温度などの入力によって制御され，動力源のエネルギーは，電源から供給されます．

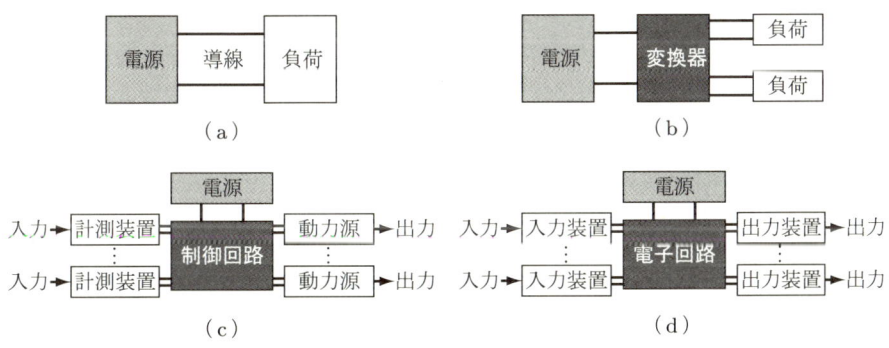

図 1.2　さまざまな電気回路の構成

　これに似たものに図 (d) があります．たとえば，携帯電話やスマートフォンは電池から電気エネルギーをもらいながら，空中を伝わってくる微弱な電波信号を，音声や文字データに変換して出力させる装置です．パソコンはキーボードなどから入力された信号を内部に蓄えたり，必要な形に変換したり，さらに情報を表示したりする装置です．それらの内部には多くの電気素子が使われている電気回路があります．中心的なはたらきをするものがトランジスタや IC などの半導体素子であるため，電気回路というより，**電子回路** (electronic circuit) というよばれ方をします．

1.2　電気回路と他の科目との関連

　電気電子工学に関連する科目はたくさんありますが，そのなかの基礎科目として「電磁気学」，「電気回路」，「電子回路」があります．**電磁気学**は電気現象の物理を学ぶ学問で，電気回路や電子回路の理論的支柱の一つです．

　前節で述べた電気回路を理論として整理したのが**電気回路**という科目です．この科

目では，電気の流れを工学的に応用するための基礎的な事項が整理され，電源のほか，抵抗，インダクタ，キャパシタ，変成器などの電気的素子で構成される回路を扱います．

一方，**電子回路**では，ダイオードやトランジスタなどの半導体素子を加えた回路を扱います．20 世紀最大の発明はトランジスタともいわれます．トランジスタは小さな電気エネルギーで大きな電流をコントロールするという増幅作用をもつため，電気の応用を格段に広げ，社会に与えた影響ははかりしれません．電子回路はその応用範囲が広いため，電気回路から分化した科目となりました．とはいえ，電子回路を学ぶには，まず電気回路を学ぶ必要があります．

電気現象をミクロな立場から扱うには，電磁気学では不十分なこともあります．半導体や金属の電気的性質は，**量子力学**や**統計力学**という物理理論をベースにして，ミクロな立場から説明することができます．専門科目以外にも電気回路と関連の深い学問があります．それは数学です．とくに線形代数，微分積分，複素関数は電気回路を学ぶうえでの土台となります．

本書では，電気回路をターゲットに説明していきますが，必要に応じて数学や電磁気学についても触れていくことにします．

1.3 静電気

冬場にセーターを脱ぐとき，セーターが身体に引き付けられた経験があるでしょう．これは**静電気** (static electricity) による力であり，たがいに引き合う物質は，それぞれ**帯電** (charge) しているといいます．これに似た現象は古くから知られていて，紀元前 600 年頃，タレスは琥珀 (木のヤニ (樹脂) が地中に埋もれ，長い時間を経て固化した宝石) を布で擦ると，琥珀が小さな埃を引き寄せることを発見しています．琥珀のギリシャ語は elektron で，電気 (electricity) の語源になっています．

ガラス棒を絹布で擦ると，ガラス棒と絹布の間に引力がはたらきます．ガラス棒と絹布をもう 1 セット用意し，たがいに擦った後でガラス棒どうしを近づけると反発力がはたらきます．また，絹布で擦ったガラス棒と絹布で擦った樹脂棒を近づけると引力がはたらきます．デュフェイはこれらの実験事実を説明するのに，二つの性質をもつ電気を考えればよいことを発見し，絹布で擦ったガラス棒に生じる電気をガラス電気，絹布で擦った樹脂棒に生じる電気を樹脂電気と名づけました．後にフランクリンは，ガラス電気は正の電気，樹脂電気は負の電気をもつとすると，都合よく説明できることを見出しました．

現在では，多くの実験からつぎのことがわかっています．

(1) 電気には2種類 (正の電気, 負の電気) ある
(2) 同種の電気どうしは反発し, 異種の電気どうしは引き合う. 力の大きさは, その距離が近いほど大きい
(3) 外部から静電気的性質を観察できない物体は, 正負の電気を同量ずつ含んでいる
(4) 帯電していない物質も, 摩擦などにより帯電させることができる

　摩擦によって正の電気が発生するか負の電気が発生するかは, 擦り合わせる物質によって決まります. 発生する電気の正負をわかりやすく示したものが, つぎの摩擦帯電列です. この帯電列にある二つの物質を擦り合わせると, 左の物質が正に帯電し, 右の物質が負に帯電します. ただし, 摩擦帯電列は大体の目安であり, 表面の状態によって違ってくることもあります.

　　　($+$)　ガラス＞毛皮・人毛＞ナイロン＞絹＞綿＞木材・紙
　　　　　＞琥珀＞樹脂＞エボナイト＞金属＞ゴム＞ポリエステル
　　　　　＞アクリル＞塩化ビニル＞硫黄　　　　　　　　　($-$)

これによると, 絹布でガラス棒を擦ると, ガラス棒が正, 絹布が負に帯電し, エボナイト棒を毛皮で擦ると, エボナイト棒が負, 毛皮が正に帯電するというように理解できます.

1.4 電気の正体

■ ミクロの世界

　電気の正体は何でしょうか. ミクロの探検隊, さらには超ミクロの探検隊になって考えてみましょう (図1.3). まず, 手始めに, 大きなところから出発しましょう. 宇宙から見ると, 丸い地球 (直径 12800 km) の上に日本があります. だんだんと近づいていくと, 東京-大阪間が 500 km, 都道府県の平均的な大きさは距離にして 100 km 四方程度, あなたの街は 10 km 四方, 1 km 四方ともなると, 歩いて生活する範囲になります. さらに近づくと, あなたの家が肉眼で見える範囲になります. 100 m, 10 m → 1 m → 100 mm, あなたの目前にはあなたの手の平があります. 10 mm → 1 mm → 100 μm, 毛や繊維の太さ程度が肉眼の限界となり, ミクロの世界に突入です. 10 μm, 生命の最小単位である細胞が見えてきます. 1 μm は染色体や大腸菌, 100 nm はミトコンドリアやウィルス, 10 nm～1 nm は分子の大きさ, 100 pm は一番小さい原子である水素原子の大きさ程度です. 通常の物質はすべて, この原子からできているのです.

6　1章　電気回路と電流

am	fm	pm	nm	μm	mm	m	km	Mm	Gm	Tm	Pm	Em
10^{-18}	10^{-15}	10^{-12}	10^{-9}	10^{-6}	10^{-3}	1	10^3	10^6	10^9	10^{12}	10^{15}	10^{18}
(電子?)	陽子	原子核	水素原子の直径	DNA螺旋の直径	細胞膜の厚さ	バクテリア	赤血球	人の目の分解能	アメーバ	人の身長	散歩範囲	日本の全長	地球の全長	光が1秒間に進む距離	太陽の直径	地球の軌道半径	土星の軌道半径	もっとも近隣の恒星

図 1.3　大きさの比較

■ 物質の三つの状態

物質を構成し，その物質特有の化学的性質をもつ最小単位は分子です (単独で原子の場合もあります)．2個の水素と1個の酸素が結合すると，水の分子が構成されます．分子間には弱い引力がはたらき，近寄りすぎると反発します．温度が低くて氷になっている状態では，分子の大きさの程度の分子間距離で分子が空間に規則的に詰まった形で配置しており，その位置関係が固定されています (図 1.4(a))．分子は振動しており，この振動が熱の実態です．温度が少し高くなって分子の振動が少し大きくなると，それぞれの分子は分子間力に打ち勝って流動的になります．これが水です (図 (b))．さらに温度を上げると，分子は分子間力に完全に打ち勝って飛び散り，離れ離れとなって空間を運動するようになります．これが水蒸気です (図 (c))．このように，物質は三つの状態のどれかをとります．

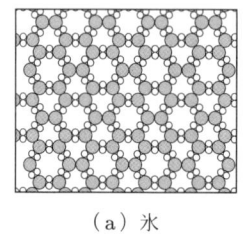
(a) 氷

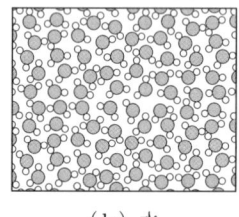
(b) 水

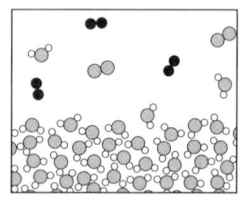
(c) 水の蒸発

図 1.4　水の三態

原子は，中央にある正の電気をもつ**陽子** (proton) と，電気的には中性の**中性子** (neutron)，そして，その周囲にある負の電気を帯びた**電子** (electron) から構成されています．原子の内部の様子を正確に知るためには，量子力学や素粒子物理学を学ぶ必要があります．私たちの通常の想像力ではもはや通用しないこともありますが，ある

程度は通用することもあります．図 1.5 は銅，炭素，水素の原子の中の様子を概念的に描いたものです．水素に含まれる陽子や電子は 1 個ですが，銅の場合は 29 個もあります．陽子や中性子 1 個の重さは電子 1 個の約 1800 倍にもなり，重くて真ん中に"でん"と構えています．陽子や中性子の大きさはおよそ 1 fm 程度，つまり 1 pm の 1000 分の 1 程度と考えられています．電子の大きさはさらに小さいと考えられますが，1 fm～1 点まで，理論によって予測される大きさには大きな違いがあり，どの程度小さいのかよくわかっていないのが現状です．

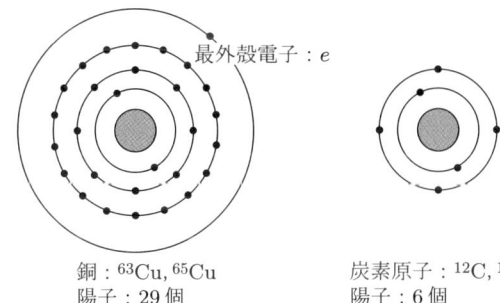

銅：^{63}Cu, ^{65}Cu
陽子：29 個
中性子：34, 36 個
電子：29 個

炭素原子：^{12}C, ^{13}C
陽子：6 個
中性子：6, 7 個
電子：6 個

水素原子：^{1}H, ^{2}H
陽子：1 個
中性子：0, 1 個
電子：1 個

図 1.5　原子内のモデル

■ 電気の正体

原子中の陽子や電子の数は，原子によって異なります．しかし，中心にある陽子と周囲にある電子は引き合っているので，ふつうの状態では，その個数は変化せず安定しています．ところが，熱や光などのエネルギーをもらって電子のエネルギーが増加すると，最外殻の電子は陽子の拘束を振り切って離れていくことがあります．電子は負の電気をもっているので，電子を失った原子は結果的に陽子の数が多い状態となって，正に帯電します．このような原子をもつ分子を**正イオン** (positive ion) とよんでいます．逆に，原子を離れた電子が別の原子や分子に取り込まれるとこの原子や分子は負に帯電し，これを**負イオン** (negative ion) とよんでいます．

摩擦電気が生じる詳細についてはいまでもよくわからないところもあるのですが，一般に，二つの物質の性質の違いにより，摩擦したときに一方の表面の原子の電子がもう一方の表面に移動することにより生じることが知られています．電子が抜けたほうは正に帯電し，電子をもらったほうは負に帯電します．通常は陽子と電子との密度が同じであり，外には電気的な影響が現れていませんが，両者の密度に差が生じると，静電気的な性質が現れます．つまり，帯電するということは，その物体の正の電気を

もつ陽子と負の電気をもつ電子の密度のバランスが崩れることを意味しています．

この世界のすべての物質，もしくは物体とよばれるものは，小さな原子から構成されています．物質には質量があるように，電気的なはたらきをする性質として電気があり，その性質を表す基本的な量が，1.7節で説明する**電気量** (quantity of electricity) です．すべての物体間には質量に起因する力がはたらき，これを万有引力といいます．これに対し，電気的な力はすべての物体間にはたらくわけではなく，帯電した物体間にのみ観察されます．万有引力は文字どおり引力だけですが，帯電物体にはたらく電気的な力は，引力だけではなく斥力もあります．そのため，質量は正のみを考えればよいのに対し，電気量は正と負を考える必要があるのです．

電子や陽子，あるいはイオンのように，電気量をもった実体を**電荷** (electric charge) とよびます．この電荷という言葉は，電気量の意味に用いられることもあります．物質のもつ電荷が電気現象を生じさせる原因であるということができます．

1.5 導体と絶縁体

■ 導体と絶縁体の構造と性質

図 1.6 のように，電池で豆電球を点灯させる回路の途中に，もう一つほかの物質を挿入してみると，物質によって豆電球がつく場合とつかない場合とがあります．金属では豆電球がつきますが，ガラスやゴムなどではつきません．この違いは，程度の差はあるものの，物体の性質，つまり物性によるもので，一般に，電気を通しやすい物質を**導体** (conductor)，電気を通しにくい物質を**絶縁体** (誘電体，不導体)(insulator) といいます．真空は物質ではありませんが，電気を流す担い手がいませんから，絶縁体と同じように電気を通しません．

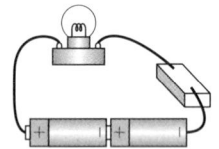

図 1.6 電気の導通テスト

銅の金属表面を拡大してみると，図 1.7 に示すように，塗り分けられた地図のようになっています．それぞれの小領域は結晶になっており，原子は図 1.8(a) のように規則正しく配列しています．その構造の最小単位は単位格子とよばれ，たとえば，銅の場合には図 (b) のようになっており，一辺は 0.361 nm です．一般に，原子は熱振動していますが，金属原子の最外殻の電子の多くは，原子の拘束から解かれて自由に飛

図 1.7　金属 (純銅) の表面
(岩手大学 野中勝彦氏 提供)

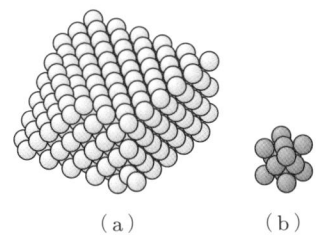

図 1.8　金属結晶の原子の配列

びまわっています．このような電子を**自由電子** (free electron) といいます．自由電子の速度は常温でおよそ 10^6 m/s と，かなりのスピードです．電子が飛び去った原子は正イオンになります．この様子を平面的に描いたのが図 1.9 です．この図から 3 次元的な運動を想像してください．正イオンはそれぞれ激しく振動しながらも，規則正しく配列しています．その間を飛ぶ自由電子は正イオンの振動に衝突して向きや速さを変えます．その衝突の平均の時間間隔は 10^{-14} s 程度ですから，かなり頻繁にあちこちの正イオンの振動に衝突しているといえます．もっとも，衝突と衝突の間に進む距離は原子間距離の数十倍程度ありますから，結構自由に飛んでいるともいえます．導体の周囲に電気がないときは，導体中の自由電子は乱雑に飛びまわっており，局所的 (微視的) に多少の密度のばらつきはありますが，大域的 (巨視的) に見るとほぼ均一に電子が分布しており，巨視的な電気の流れはないと考えることができます．

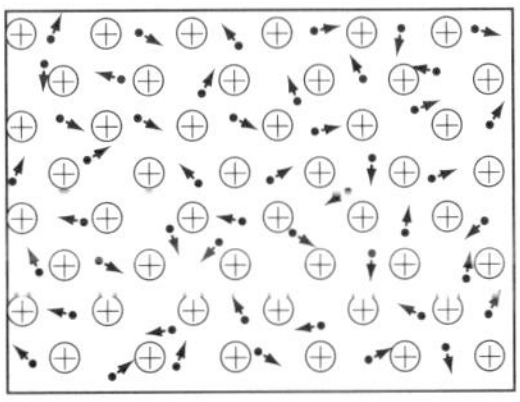

図 1.9　金属内の正イオンと自由電子

■ **静電誘導と誘電分極**

　図 1.10 には，はじめ帯電していなかった金属や誘電体 (絶縁体) に正に帯電した棒 (誘電体) を近づけたときの様子を描いています．

　図 (a) のように，金属に正に帯電した棒を近づけると，金属内の電子はこの正の電

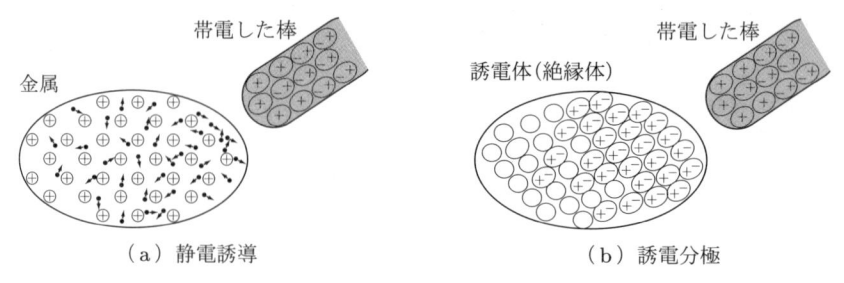

図 1.10 金属や誘電体に帯電体を近づけたときの様子

気に引き寄せられ，帯電棒に近いところは負に帯電します．一方，帯電棒から遠いところでは電子の少ない状態，つまり正に帯電します．負に帯電した棒を金属に近づけた場合は正負が入れ替わります．このように，金属に帯電した物体を近づけると，金属内の電子の分布が変わる現象を**静電誘導** (electrostatic induction) といいます．静電誘導の際には電気の流れ，つまり電流を生じますが，これは一瞬のことです．

一方，図 (b) のように，誘電体の外部から帯電した物質を近づけると，一見，金属の場合と同じような帯電を生じます．ただ違うのは，自由電子の移動によって帯電が起こるのではなく，正の電気と負の電気の相対的な位置ずれによって生じます．このような現象を**誘電分極** (dielectric polarization) といいます．図 1.10 のように，金属の場合でも誘電体の場合でも，正に帯電した棒を近づけた場合，帯電棒の近い側が負に帯電し，遠い側が正に帯電します．金属や誘電体がはじめ帯電していなければ，正に帯電した量と負に帯電した量は等しいのですが，金属もしくは誘電体内の負の電荷と帯電棒の正の電荷は近くにあり，逆に，金属もしくは誘電体内の正の電荷と帯電棒の正の電荷は遠くにあります．同種の電気は反発，異種の電気は引き合いますが，それは近い距離ほど強いため，結果的に近い電荷間にはたらく力が勝って，金属もしくは誘電体全体として帯電した棒と引き合うことになります．

金属でも誘電体でも，帯電棒を近づけたときの現象は似ていますが，帯電棒を接触させると事情が違ってきます．正に帯電した棒の内部では，帯電した電気どうしはたがいに反発しますので，いつでも正の電荷が飛び出したい状態です．もう少し正確に説明すると，正に帯電した棒の内部は電子が不足しています．したがって，いつでも電子を引き寄せたいのです．このような正の帯電棒を帯電していない金属や誘電体に接触させたら，どのようになるでしょうか．少し補足しておきます．ここでは，正に帯電した棒は誘電体であるとしておきます．人間が握って操作するとき，誘電体であれば電気が逃げにくいからです．

図 1.11(a) のように，金属の場合には接触と同時に引き寄せられていた電子が帯電棒へ移動し，金属は全体に正に帯電します．誘電体の場合は，帯電棒の正の電気に

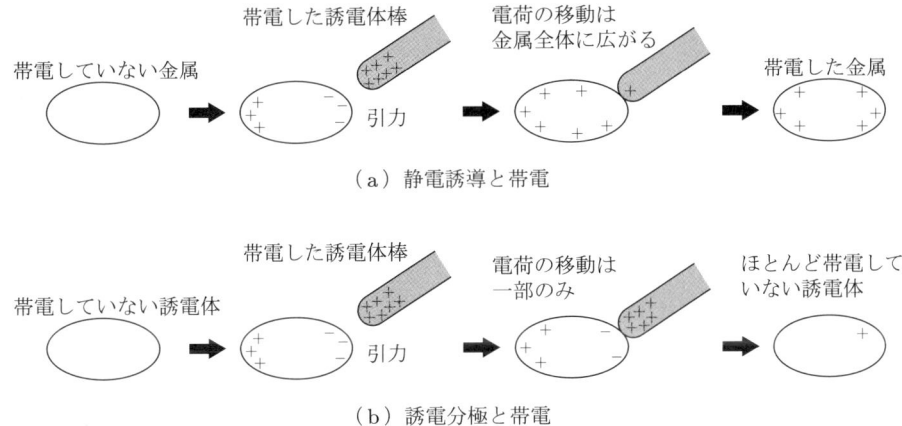

（a）静電誘導と帯電

（b）誘電分極と帯電

図 1.11　金属や誘電体に耐電棒を接触させるときの様子

よって，誘電体の分子内の電子がはがされ，これが帯電棒に移動します．しかし，誘電体内では電気が流れにくく，電子がはがされるのは接触した部分近くに限定されるため，電気はほとんど移動しません．この点が金属と違うところです．帯電棒を離しても，接触した近辺に少し正の電荷が残るだけです．

1.6　電気回路

図 1.12(a) は豆電球を点灯させ，モータを回転させる電気回路です．たったこれだけの電気回路ですが，いろいろな物で構成されていることがわかります．乾電池は，内部の物質の化学エネルギーを電気エネルギーに変換して，電気を流す圧力を生み出します．電気エネルギーは，豆電球では光エネルギー（実際には，多くの電気エネル

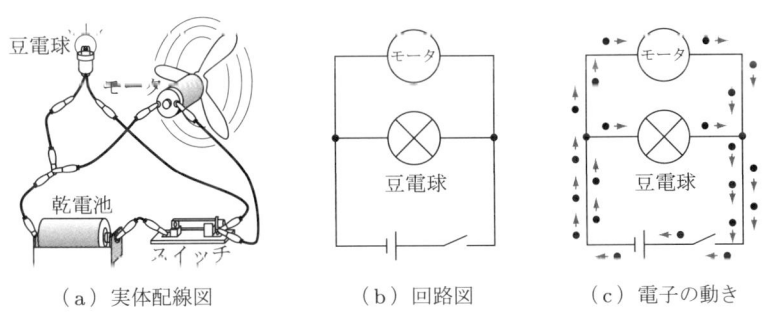

（a）実体配線図　　（b）回路図　　（c）電子の動き

図 1.12　回路図と電子の動き

ギーは熱エネルギーに変換される)に，モータでは回転エネルギーに変換されます．金属の導線にはプラスチックなどの絶縁体で覆われた被覆線が使われています．被覆線の両端は，簡単に接続できるようにワニ口クリップになっています．乾電池や豆電球は着脱できるように電池ボックス，ソケットに納められています．これらのケース自体には絶縁体が使用されています．スイッチも絶縁体の板の上につくられています．

　実際の電気回路にはさまざまな物が使われていますが，電気を通すところを集中させて，ほかのところには電気を通さない工夫がされています．通さないところには絶縁体が使われています．ここで，電気を利用するという観点から，電気がよく流れるところに着目すると，電気回路のここでの主な構成要素は，電源，二つの負荷とスイッチ，さらに，これらを接続する導線であると考えることができます．このようにモデル化して考え，これを簡単な図記号で描いたものが図 (b) の**回路図** (electrical schematic diagram) です．これに対し，図 (a) を実体配線図といいます．

　導線中での電子の流れについて，図 (c) で考えてみましょう．導線の中には自由電子がウヨウヨしています．忘れてはならないのは，導体中の原子は帯電して正イオンになっているという点です．そのため，通常では自由電子も金属中にほぼ一様に分布しています．一方，電池には負極から電子を押し出し，正極に電子を吸い込もうとするはたらきがあります．スイッチが OFF の状態では，電池があっても電子が持続的に流れて周回するルートがなく，電気回路には電子の流れは生じません．スイッチが ON の状態になると，導線内の自由電子はほぼ一斉に動き始めます (正確にいうと，一斉にではなくスイッチの近くから移動が起こるのですが，このあたりの話は，分布定数回路という，電気回路でも学習の進んだところで学びます)．スイッチのはたらきからもわかるように，注意すべきことは，多くの電子が持続的に流れるためには，閉ループが必要だということです．この例では，電子の流れが二つに分岐しますが，このような場合でも，切れ目のない連続的な流れをつくるためには，電気の通りやすいループとなる**電気回路** (electric circuit) が必要なのです．

　一般に，導線を除いた電池，スイッチ，豆電球，モータなどの電気回路の構成要素を**電気素子** (electrical element) といいます．回路素子とか，簡単に**素子**ということもあります．電気を流すために，素子には二つ以上の電気の流れ口が必要です．図 1.12 の電池，スイッチ，モータには，導線で接続しやすいようにした**端子** (terminal) があります．豆電球のソケットからは二つの導線が出ています．場合によっては，このように素子から伸びる導線の端を端子とよぶこともあります．

1.7 電流

■ 電流の定義

電気の流れを**電流** (electric current) といいます．電流は金属中の自由電子が担いますが，液体や気体では，イオンになった分子も対流によって移動して，この役を担います．イオンには正イオンと負イオンがあります．このような電気の運び役を**キャリア** (carrier) とよびます．自由電子や移動できる負イオンは負のキャリア，移動できる正イオンは正のキャリアです．ここでは触れるだけにしますが，電子回路で学ぶ半導体では，ホールとよばれる正のキャリアを考えます．

さて，二つの物体 A, B があり，はじめはどちらも電気的には中性だとします．物体 A から物体 B へ正のキャリアが移動すると，B は正に帯電し A は負に帯電します．逆に物体 B から物体 A に負のキャリアが移動すると，B は正に帯電し A は負に帯電して，電気的には同じ結果になります．18 世紀に，フランクリンは正の電気の流れの向きを基準と考え，このような場合の電流の流れの向きは，どちらの場合も物体 A から物体 B の向きとすると定めました．ところが，19 世紀後半になって電子が発見され，導線を流れる電流のキャリアは電子であることがわかったため，電流の向きは，キャリアである自由電子の流れの向きとは結果的に逆になってしまいました．

電流の単位には A を用いて，アンペアとよびます．また，帯電した**電気量** (quantity of electricity) の単位には C (クーロン) を用います．両者の関係として，電流 1 A を 1 秒間流したときの電気量の総量を 1 C と定めました．逆にいうと，1 秒間に 1 C の電気量が流れたときの電流が 1 A となります．

電気量とその単位の定義

電荷がある断面を通過するとき，単位時間あたりに通過した電気量を電流とよぶ．また，1 A の電流が 1 秒間流れたとき，この断面を移動した電気量を 1 C と定める．

電気量と電流の関係

導線のある断面を電流 i [A] が t [s] 流れ，この断面を通過する電気量を q [C] とするとき，つぎの関係が成り立つ．

$$q \equiv it, \quad i = \frac{q}{t}, \quad t = \frac{q}{i}$$

ここで，等号として「≡」と「=」を使っていますが，後者は通常の意味の等号なのに対し，前者は「定義」の意味で使用しています．電気量の定義は 電流×時間 で，この定義によると，電流は通過した電気量を通過するのにかかった時間で割って求められ，電気量を電流で割れば所要の時間が求められます．

では，電流 1 A と電気量 1 C はどちらを先に定めるのでしょうか．現在用いられている国際的な単位である SI 単位系 (1960 年 国際度量衡総会) では，電流を先に定めています．無限に長い 2 本の直線導線に電流が流れているとき，この 2 本の導線間には力がはたらきますが，この単位長さあたりの力 f [N](ニュートン) は，2 本の直線導線の間の距離を a [m]，流れる電流をどちらも i [A] とするとき，$f = 2 \times 10^{-7} \times i^2/a$ となることが理論的にわかっています．そこで，1 m 離れた 2 本の直線導線に等量の電流を流し，これらの間にはたらく力が 2×10^{-7} N のとき，導線に流れている電流が 1 A であると定めています．さらに，電気量 1 C は電流 1 A が 1 秒間流れたときに流れた電気量と定めることになります．このように電気量を定めたとき，電子や陽子 1 個あたりの電気量の大きさは 1.602×10^{-19} C となります．1 A の電流とは，導線のある断面を 1 秒間に 6.24×10^{18} 個の電子が流れることを意味しています．

電流とその単位の定義

真空中に 1 m の間隔で平行に置かれた 2 本の直線導体に，同じ大きさの電流を流す．これらの導体にはたらく 1 m あたりの力が 2×10^{-7} N の場合の電流を 1 A と定める．

■ キャリアの速度と電流の関係

もう少し電流のイメージをつかむために，キャリアの速度と電流の関係を考えてみましょう．ここでは程度を考えるために，正のキャリアが電流方向に一様に流れていると考えることにしましょう．実際には，金属などの中のキャリアは自由電子で電気量は負ですが，このときは向きを逆に考えれば，上記の仮定で問題ありません．また，キャリアの速度はさまざまですが，平均して考えても問題ありません．図 1.13 を見てください．図 (a) の電流はキャリアの速度が大きく密度は低く，図 (b) の電流はキャリアの速度は遅く，密度は高いとします．また，図 (a) に対して，図 (b) では速度は半分，密度は倍とします．ある時間 t [s] の間に断面 S [m^2] を通過するキャリアは，速度×時間の長さをもつ円柱の部分にあるキャリアです．したがって，見ればわかるように，キャリアの数は同じです．つまり，電流は等しくなります．密度が高ければ，キャリアの速度は小さくても電流の大きさは同じになることがわかります．

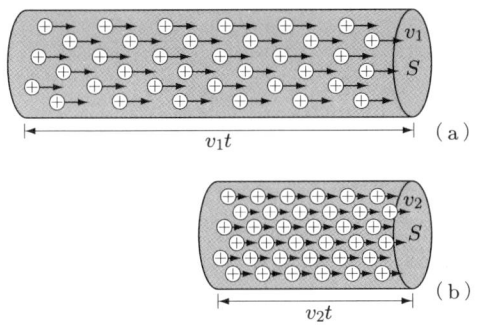

図 1.13 キャリアの密度・速度と電流の大きさの関係

もう少し具体的な場合として，導体中での電流について考えることにします．1.5 節でも説明しましたが，導体中では，格子状に規則正しく配列した正イオン金属の間を，自由電子がイオンにぶつかりながら乱雑に運動しています．自由電子は常温で約 10^6 m/s と高速ですが，いろいろな方向に運動していますから，外部からの電気的な力がはたらかなければ，平均的には電流は流れているとはいえません．外部から電気的な力がはたらくと，自由電子全体では，平均としてある向きに運動することになります．この全体的な平均速度のことを**ドリフト速度**といいます．自由電子の電気量を $-e$ [C]，密度を n [個/m^3]，ドリフト速度を v [m/s] とし，断面積 S [m^2] の面を時間 t [s] をかけて通過する自由電子を考えます．この時間に通過する自由電子の個数は $nSvt$，電気量は $-enSvt$，したがって，電流 i [A] はつぎのように表されます．

$$i = -\frac{enSvt}{t} = -enSv$$

断面積 1 mm^2 の銅の導線に電流が 100 mA 流れたとき，この導線中の自由電子のドリフト速度はどのくらいになるでしょうか．銅原子 1 個から自由電子が 1 個生じるとします．銅の質量密度は 8920 kg/m^3，銅原子の質量は 1.05×10^{-25} kg/個ですから，銅の原子密度は $(8920 \text{ kg/m}^3)/(1.05 \times 10^{-25} \text{ kg/個}) = 8.50 \times 10^{28}$ 個/m^3 となります．自由電子の密度 n は原子密度に等しいので，導線中の自由電子の密度はかなり高いといえます．自由電子の電気量の大きさは 1.602×10^{-19} C ですから，先ほどの式に代入すると，$v = -i/neS = -0.735 \times 10^{-6}$ m/s．つまり，10 cm の導線の端から端まで行くには，$0.1/10^{-6} = 10^5$ s = 約 28 時間 近くかかることになります．

自由電子は相当の"やんちゃ"で，約 10^6 m/s もの速度で飛びまわっていますが，断面積 1 mm^2 の導線に外部の電気的な力が加わり 100 mA の電流が流れたとしても，電流と逆向きの電子の平均的な速度は 10^{-6} m/s 程度です．外部の電気的な力に対してはあまり素直とはいえませんが，私たちに有効なはたらきをしてくれるのはやん

ちゃに運動している部分ではなく，落ち着かずあちこちにぶつかりながらも，気がつくと全体で少し進んでいたという，外部の力に対して反応するかなりのんびりした全体の流れなのです．

電子のドリフト速度はかなりの鈍足ということになりますが，豆電球はスイッチを入れると瞬時につきます．導線内にはたくさんの自由電子があって，回路が閉じているかどうかの情報はスイッチのところから伝わっていきます．この伝搬の様子は電子どうしのぶつかりによって伝搬する速度をはるかに超えて，光の速度 (3×10^8 m/s) 近くになります．前節でも断りましたが，この伝搬速度についてはずっと先の分布定数回路で学びます．

1.8 回路と水流系

■ 回路と水流系の比較

豆電球を点灯させてモータを回す回路を図 1.14 に，その回路図を図 1.15 に描いています．また，図 1.16 には，この電気回路に似た動作をする水流モデルを二つ描いています．図 (a) を**水路モデル**，図 (b) を**水道管モデル**とよぶことにします．電気回路の電流は，これらの水流モデルの水の流れに似ています．電池には，水路モデルでは揚水ポンプ (水を汲み上げるポンプ)，水道管モデルではスクリュー式ポンプが対応し，豆電球やモータには，水路モデルでは水路の斜面と下部に位置する水車が，水道管モデルでは水道管内に置かれた網が対応します．

電池では化学エネルギーが電気エネルギーに変換され，豆電球では主な目的として光エネルギーに，モータでは回転エネルギーに変換されます．水路モデルの揚水ポンプでは，ポンプの回転エネルギーが水の位置エネルギーに変換されます．位置エネルギーは斜面で水の運動エネルギーに変換され，さらに水車で回転エネルギーに変換されます．水道管モデルのスクリュー式ポンプは回転エネルギーにより水流をつくり出し，回転エネルギーが水の運動エネルギーに変換され，網のところでは水が網と擦れて熱エネルギーに変換されます．電流も水流も二つに分岐していますが，どちらも流

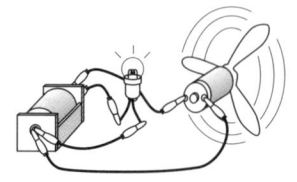

図 1.14 豆電球を点灯させてモータを回す回路

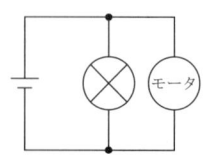

図 1.15 回路図

1.8 回路と水流系   17

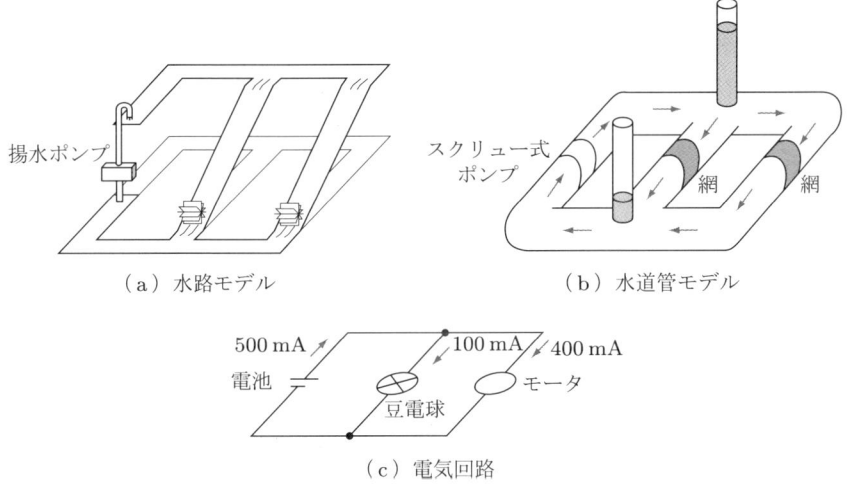

図 1.16　二つの水流モデルと電気回路

れが持続できるように周回する経路をもっている点は共通しています．

■ 回路の水流モデル

　モデルという言葉が出てきましたが，この言葉は一般にはいろいろな意味を含んでいます．ここで水路モデルや水道管モデルをもち出したのにはわけがあり，その意図するところを理解していただくために，ここでモデルについて少し説明します．
　初めて宇宙人に遭遇したとします．どんなことを考え，どのように対処するでしょうか．みなさんはこれまでに接した人や動物，ロボットを思い起こすのではないでしょうか．それは当然，直接コンタクトした人や動物，ロボットばかりではなく，テレビや本を通して知っている人や動物，ロボットにも広がります．対象を理解するために**類似**(アナロジー) したものと比較しているのです．理解するためのモデルです．いろんな**類推**をはたらかせたうえで，つぎに何らかのはたらきかけをするでしょう．逆に，宇宙人からのはたらきかけがあるかもしれません．そのような対応から，それまでに得られたイメージを修正しながら，だんだんと宇宙人の実体を知るようになるわけです．電気回路についても，同じような作業を通じて理解を深めることができます．新たなことを学ぶときには，いつでもこのような作業を積み重ねます．比較する対象としての知識や経験は多いほうがいいですし，また，これまでの既成概念では通じないような新しい局面に差しかかったときは，それらを超えた発想が必要になるでしょう．
　二つの水流モデルには電気回路とは違うところがあるのは当然のことですが，似た

ところもあります．水流モデルでわかっている考え方が電気回路にも通じそうなことであれば，それを検証して，電気回路での法則にできるはずです．逆に，たとえ (モデル) が悪くて混乱することもありますから注意が必要です．水の流れとは異なることが電気回路のなかに見出せたら，それは電気回路ならではのこととして，新たな発見ができるかもしれません．

　モデルについてもう一言．モデルといういい方はいろいろなところに使われていて，意味もさまざまなので混乱しやすいのですが，一つには**単純化**の結果としてモデルを考えることもあります．図 1.14 の回路を単純化して図 1.15 のような回路図とするわけですが，電池が何色でどんな形をしているか，導線にはどんなものを使っているかなどは抜きにして，これは電気的な現象 (電気回路としての現象) のみに視点を絞って描いた図といえます．これも一つのモデル化です．今後は，これをさらに式として表現しますが，これも解析する対象を，解析に必要な情報に絞ってモデル化する作業です．二つの水流モデルにとっては，逆に，電気回路が単純なモデルになっているともいえます．

■ 節点，枝，枝電流

　図 1.15 の回路図に描かれているのは電源と豆電球とモータです．これらの素子には，ほかの素子に接続するための端子が二つあります．図 1.14 には素子の端子間を接続するのに導線を用いていますが，回路図上では実線で描かれているだけで，接続点は上下に二つだけまとめて描いています．このような接続点を**節点** (node) とよんでいます．二つの節点の間には電源，豆電球，モータという三つの回路素子があり，それぞれに電流が流れています．また，節点間の電流の流れる経路を**枝** (branch) とよんでいます．枝に流れている電流を**枝電流** (branch current) とよぶこともあります．枝電流といっても，これまでの電流と変わりません．これは，8 章で学ぶ閉路電流と区別するための名称です．

1.9　キルヒホッフの電流の法則

　水流モデルと電気回路とでは以下の共通点があります．

(1) どちらも実質的な「もの」の流れがある (一方は水流，もう一方は電荷の流れ)
(2) 分岐のない一本の水路の中や水道管の中では，どこでも流量 (1 秒間あたりに流れる水の量) は等しい．同様に，電気回路では，一つの枝上の電流はどこでも等しい
(3) 分岐する場所においては，流れ込む流量と流れ出る流量は等しい．同様に，電流

の分岐点で流れ込む電流と流れ出る電流は等しい

上記の三つの内容はたがいに無関係ではありません．水路や水道管，導線中で水や電子が生まれたり消えたりしなければ，その流量や電流が，流れの途中で増えたり減ったりはしません．一本の水道管や導線でも，その太さが違うと水の分子や電子の速度は違うかもしれませんが，流量や電流はどの断面でも変わりません．接続点で流れに分岐があっても，流れ込む総量と流れ出る総量は同じになるはずです．

以上のように，二つの水流モデルと電気回路とで同じ法則が成り立ちます．このことは，電気回路では**キルヒホッフの電流の法則** (Kirchhoff's current law，以下 KCLと略す) という名称で知られており，これは電気回路の基本法則の一つです．

KCL ①
任意の節点において，流入する枝電流の和は流出する枝電流の和に等しい．

図 1.17 の回路の例では，KCL により，上下の節点でつぎの式が成り立ちます．

上の節点：(流入する枝電流の和) = 500 = 100 + 400 = (流出する枝電流の和)
下の節点：(流入する枝電流の和) = 100 + 400 = 500 = (流出する枝電流の和)

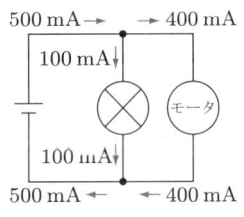

図 1.17　回路図

ところで，私たちは負の数を知っています．実際にはある節点から流出する枝電流でも，負符号をつけることで，枝電流が流入すると考えると便利なことが多くあります．このように考えると，先ほどの二つの式はつぎのように書き換えることができます．

$$500 + (-100) + (-400) = (流入する枝電流の代数和) = 0$$
$$(-500) + 100 + 400 = (流出する枝電流の代数和) = 0$$

このように，枝電流に正負を考えれば，KCL をつぎのように表すこともできます．

> **KCL②**
> 任意の節点において，流入する枝電流の代数和はゼロに等しい．
>
> **KCL③**
> 任意の節点において，流出する枝電流の代数和はゼロに等しい．

代数和という言葉を使っていますが，ここでは，枝電流として負の量を考慮したうえでの和という意味です．

本節では，KCL を水流モデルと比較しながら感覚的に理解できるように説明しましたが，この KCL は，電磁気学で学ぶ電荷保存則というさらに基礎的な法則から導くことができます．ですが，電気回路ではさらなる基礎を追い求めるのではなく，この KCL とそのほかのいくつかの法則を基礎に理論を築いていきます．

例題 1.1
　図 1.18 の回路において，素子①〜⑤に流れる枝電流の向きと大きさを求めなさい．

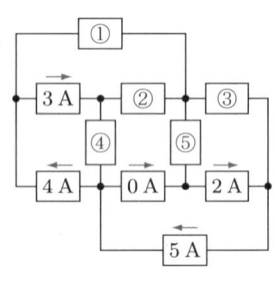

図 1.18

解　① 右向きに $4-3=1$ A．　　③ 右向きに $5-2=3$ A．
　　④ 上向きに $5-4=1$ A．　　⑤ 下向きに $2-0=2$ A．
　　② 右向きに $3+1=4$ A．もしくは $3+2-1=4$ A．

■■ 演習問題 ■■

1.1 図 1.19(a)〜(e) の回路で，豆電球がつくのはどれか．また，つかない場合はその理由を答えよ．

1.2 図 1.20(a)〜(c) の回路で，豆電球がつくのはどれか．

1.3 以下の問いに答えなさい．

(1) 導線のある断面を通過する電気量は，200 ms あたり 5 mC であった．導線を流れる電流はいくらか．

(2) 200 mA の電流が流れている導線がある．導線の一つの断面を 1 秒間に通過する電子の個数はいくらか．

(3) 2 A の電流が流れている導線の一つの断面において，8 C の電気量を通過させるためには何秒かかるか．

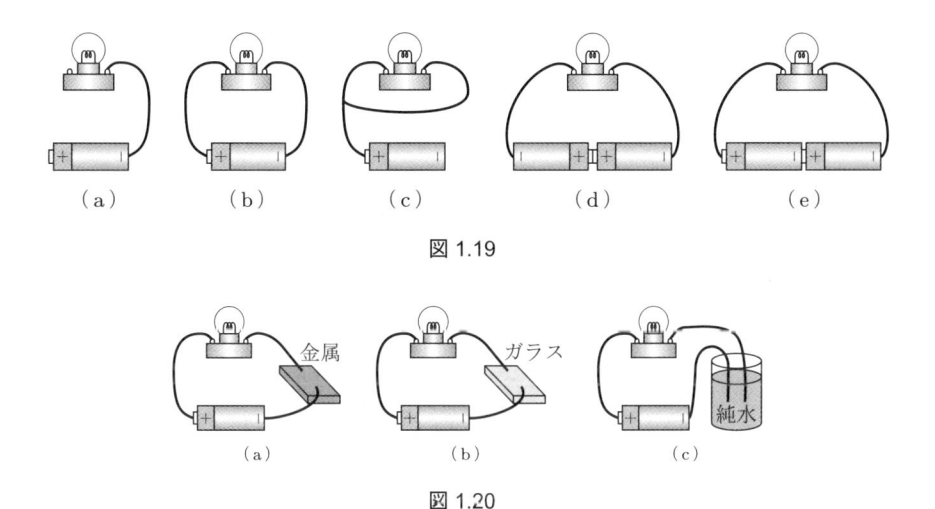

図 1.19

図 1.20

1.4 半径が 2 倍異なる二つの円柱導体に電流が流れている．導体中の電子が同じ密度，同じ平均速度をもつとすると，電流の大きさの違いはどれほどか．

1.5 図 1.21 の回路において，素子①〜③に流れる枝電流 i_1〜i_3 の向きと大きさを求めなさい．

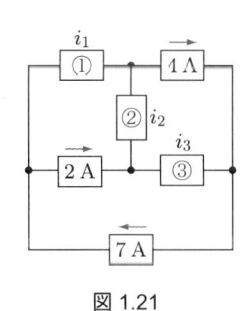

図 1.21

2章　電位，電圧と電気エネルギー

電気のことはわかりにくいといわれることがありますが，その1番目の理由が「目に見えない」こと，2番目が「数式が多い」ことにあるようです．どちらもイメージしにくいという意味で共通点があるようです．電気を学んでいくうえでは，早い時期に電気に対する正しいイメージをつくり，これを数式できちんと定式化することに慣れておくことが非常に重要です．

1章では電流について解説し，持続的な電流をつくるには回路が必要であること，導体中での電流は電子の流れという実態的なものであり，キルヒホッフの電流の法則 (KCL) が成り立つということを学びました．本章では，**電位**と**電気エネルギー**について学びます．目に見えないという点では電流と同じですが，電位やエネルギーはさらにその実態をイメージしにくく厄介な代物です．しかし，これらに類似するモデルや概念間の関連性を理解することで，少しずつでも，電気だけの世界でも電位や電気エネルギーのイメージを思い描けるようになってください．

電位は，水流モデルでは水位や水圧に対比されます．電位からその差として**電圧**(電位差) を説明し，この電圧の満たすべき基本法則である**キルヒホッフの電圧の法則** (KVL) について説明します．エネルギーは目には見えません．重要なことは，エネルギーは仕事に変化しうる潜在的な能力を意味していて，仕事をしたとしても，それはほかの姿のエネルギーに変化するだけだということです．電気回路では電源から負荷に電気エネルギーが供給されますが，これらの受け渡しは過不足なく行われます．このことを述べたものに**電力保存則**があります．これは1章で学んだ電流の満たすべき法則 (KCL) と，本章で学ぶ電圧の満たすべき法則 (KVL) から導き出されます．

2.1　電位と電圧

■ 水流モデルと電気回路

1章では，水の流れと電流とが似ているとして，比較しながら KCL について感覚的に理解することができました．ここでは，電気の重要な概念である電位と電圧につ

いて，水流モデルから学んでいくことにします．図 2.1 に示す二つの水流モデルと電気回路とを比較するところから始めましょう．

水路モデルでは，揚水ポンプにより水が汲み上げられて水位の違いが生まれ，それが水が斜面を流れ下りる原動力になっています．水道管モデルでは，スクリュー式ポンプによりポンプの前後に水圧の違いが生まれ，これらの水圧が水道管の中に配置された網の両端にも加わって，その水圧の差で水が流れます．

さて，水路モデルでの水位，水道管モデルでの水圧が，電気回路での電位の概念を導き出すヒントになります．水位は水の位置する高さとして理解できます．水圧については，以下で少し説明を加えることにします．

図 2.2 は，水道管の中に網があり，揚水ポンプを通して循環する水流モデルを示しています．水位の差 h が大きければ，その底には水位の差に比例した水圧 p [N/m^2] が加わります．水圧は単位面積あたりに加わる力で，$p = \rho g h$ と表すことができます．ここで，ρ [kg/m^3] は水の質量密度，g [m/s^2] は重力加速度ですが，とりあえずは高

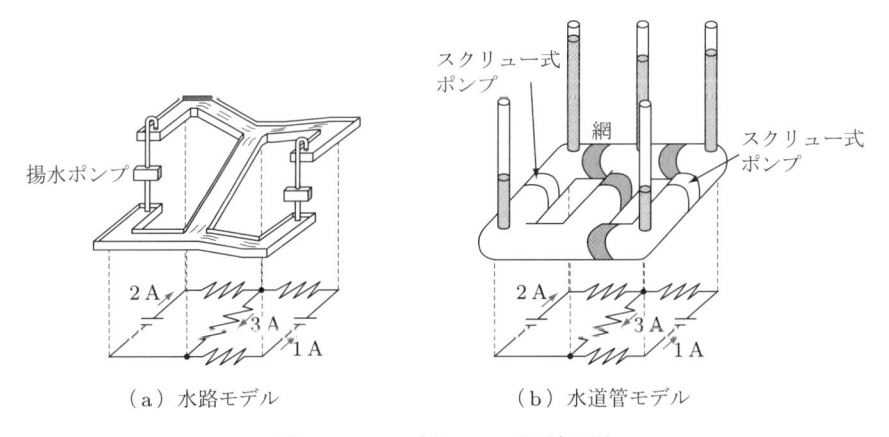

（a）水路モデル　　　　　（b）水道管モデル

図 2.1　二つの水流モデルと電気回路

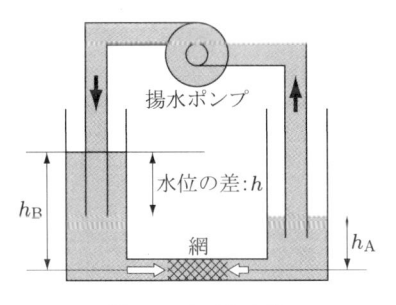

図 2.2　水圧と水位

さに比例するということを認識できればよいでしょう．詳しくは物理の流体力学という分野で学びます．図では網の左側の水圧が $\rho g h_B$，右側の水圧が $\rho g h_A$ で，この圧力差は $\rho g h_B - \rho g h_A = \rho g (h_B - h_A) = \rho g h$ となって，水位の差に比例することがわかります．圧力差が網を流れる水の流れをつくりますが，これは水位の差に比例しますから，水位の差が水の流れをつくっていると考えることもできます．

図 2.1(b) の水道管モデルでは，水道管の途中から上に管が伸びています．この管によって水位がわかりますから，この管に水圧の目盛を入れて水圧計として使うこともできます．

■ 電気回路と電位

さて，問題は電気回路です．水路モデルの水位や水道管モデルの水圧に対応する概念が**電位** (electric potential) です．単位は V（ボルト）です．電位の概念を理解するために，図 2.1 に対応する電気回路を図 2.3 に示します．この回路は二つの電源と四つの抵抗，それに，それらを接続する導線からできています．ここで，抵抗という言葉が初めて出てきましたが，詳しくはつぎの 3 章で説明します．電気エネルギーは，豆電球では光や熱エネルギーに変わり，モータでは回転エネルギーに変わりますが，抵抗では熱エネルギーに変わるというだけで，数量的な問題を除けば，抵抗のかわりに豆電球やモータを考えてもかまいません．

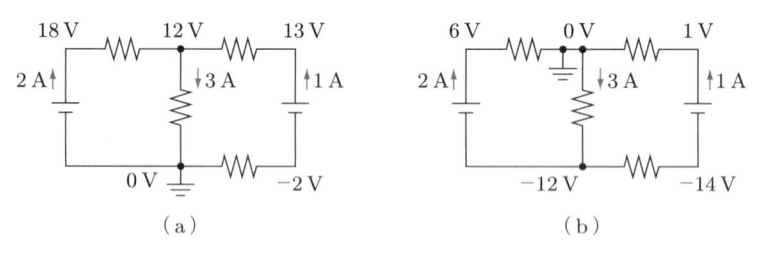

図 2.3 電位の基準のとり方

図 2.3(a), (b) では，回路の各節点に電位を記しています．水路モデルや水道管モデルでは，水位をどこからの高さとして測るのかという問題があります．しかし，水を流す力を生むのは水位の差でしたから，どこを基準にしてもよいことがわかります．図 (a) は図の下方に位置する節点を，図 (b) では上方に位置する節点を**電位の基準**，つまり 0 V として各節点の電位を記しています．ポンプが水位や水圧の差を生み出していたのに対し，電源は電位の差を生み出します．水位差が斜面の水を降下させ，水圧の差が水道管の水の流れを生んだように，抵抗の両端の電位の差が電流を生み出します．電流は「大きい」，「小さい」といういい方をしてその大きさを表現しますが，

電位は水位と同じように，「高い」，「低い」といういい方をするのが一般的です．

洗濯機やエアコンなどの家電製品では，安全性を高めるために大地に接続することがあります．これを**接地**(アース)といいます．また，電子機器では，ノイズ対策のために回路の一部を**筐体**(シャーシ，電子機器を納めている金属フレーム)に接続することがあります．電位の基準は回路的にはどの節点を選んでもよいのですが，大地や筐体を基準にすることが多いようです．二つの**接地記号**を図 2.4 に記しておきます．図 2.3 では大地を表す接地記号を使って記していますが，実際に大地や筐体に接続するということではなく，電位の基準という意味で使用しています．本書では，このように電位の基準という意味でも接地記号を使用することにします．

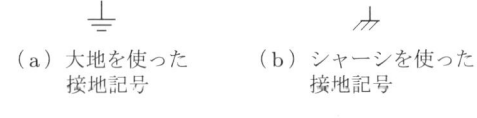

（a）大地を使った接地記号　　（b）シャーシを使った接地記号

図 2.4　二つの接地記号

■ 回路の電位と電圧

2 点間の電位の差を，**電位差**もしくは**電圧** (voltage) といいます．図 2.5 には，各素子間の両端子の電位差を記しています．たとえば，節点 a と節点 b との電位差は $18 - 12 = 6$ V です．これは，枝の両端の節点の電位差でもあるので，**枝電圧** (branch voltage) ともよびます．電位差を考える場合は，どちらの点からどちらの点の電位を測ったのかをはっきりさせておく必要があります．図 2.5 では，矢印で示すように電位の低い点から高い点に向かって測っており，このときの電位差はすべて，正の数値で記されています．もちろん，電位の向きを逆に選ぶこともでき，このときは電位差を負として代数的に取り扱うこともできます．そのような例を図 2.6 に示しています．

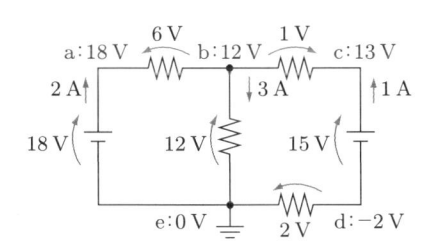

図 2.5　電位と電圧 (電位差) の例 1

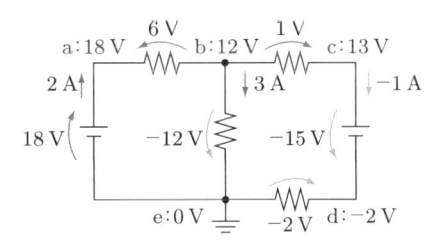

図 2.6　電位と電圧 (電位差) の例 2

例題 2.1

図 2.7 の回路図には，わかっている枝電圧の正の向きと大きさを記している．接地記号のある節点を電位の基準として，節点 a～e の電位 e_a～e_e を求めなさい．また，素子①～⑤に加わる枝電圧の正の向きと大きさを求めなさい．

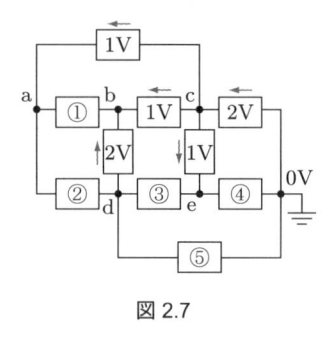

図 2.7

解 $e_c = 2$ V, $e_a = 2+1 = 3$ V, $e_b = 2+1 = 3$ V, $e_d = 2+1-2 = 1$ V, $e_e = 2+1 = 3$ V.
① 左向きに $v_{ab} = e_a - e_b = 3-3 = 0$ V (枝電圧が 0 V の場合は向きが意味をもたない)．
② 左向きに $v_{ad} = e_a - e_d = 3-1 = 2$ V．　③ 右向きに $v_{ed} = e_e - e_d = 3-1 = 2$ V．
④ 左向きに $v_{e0} = e_e - 0 = 3-0 = 3$ V．　⑤ 左向きに $v_{d0} = e_d - 0 = 1-0 = 1$ V．

さて，電位や電圧の単位は [V] といいましたが，そもそも 1 V の定義についてはまだ説明していませんでした．ここでその説明をする前に，水道管モデルでの水圧差について説明します．図 2.2 において，水道管中の流れの妨げとなる網にかかる水圧差は ρgh でした．一方，揚水ポンプはこの水圧差を生み出すために仕事をしています．揚水ポンプが汲み上げる水の容積を V [m^3]，質量を M [kg] とすると，水の質量は $M = \rho V$ [kg]，水の重量は $Mg = \rho Vg$ [N]，汲み上げる高さは h [m] ですから，揚水ポンプのした仕事 W は $W = Mgh = \rho Vgh$ [J] となります．これらの関係から，

$$p_B - p_A = \rho g h_B - \rho g h_A = \rho g h = \frac{\rho g h V}{V} = \frac{Mgh}{V} = \frac{W}{V}$$

$$h = h_B - h_A = \frac{\rho g h V}{\rho g V} = \frac{W}{Mg}$$

つまり，「水圧の差は水を汲み上げるときの単位体積あたりの仕事」，「水位の差は水を汲み上げるときの単位重量あたりの仕事」ということになります．

豆電球やモータ，抵抗などでは，電位の高いところから低いところに電流が流れます．逆に，電位の低いところから電位の高いところに電流を流すには，電池などが仕事をしなければなりません．そこで，水圧差や水位の差の式と同じように，**電位差 (電圧)** をつぎのように定めます．

電位差 (電圧) の定義

　二つの節点間の電位の差を電位差といい，電位の低いところから高いところに

単位電荷 (1 C の正電荷) を運ぶのに必要な仕事が 1 J であるとき,その 2 点間の電位差 (電圧) を 1 V とする.

もとの電位にもどって定義をしなおすと,つぎのように表現できます.

電位とその単位の定義

基準となる節点からある節点 A まで単位電荷 (1 C の正電荷) を運ぶときに必要な仕事を,その節点の電位という.このときにする仕事が 1 J のとき,節点 A の電位を 1 V と定める.

電位と電気量と仕事の間の関係

電気量 q [C] の電荷を基準となる節点から電位 e [V] の節点まで運んだときの仕事を w [J] とすると,これらの間にはつぎの関係が成り立つ.
$$e \equiv \frac{w}{q}, \quad w = qe, \quad q = \frac{w}{e}$$

もう一度,電位差にもどって電気量と仕事の関係を整理すると,つぎのように表現できます.

電位差と電気量と仕事の間の関係

電位差が v [V] の二つの節点間で電気量 q [C] の電荷を運んだときの仕事を w [J] とすると,これらの間にはつぎの関係が成り立つ.
$$v = \frac{w}{q}, \quad w = qv, \quad q = \frac{w}{v}$$

2.2 キルヒホッフの電圧の法則

図 2.8(a) の回路において,節点 a から節点 b,c,d,e と巡り,また節点 a にもどってくる回路上の経路を**閉路** (loop) といいます.ほかにも節点 a, b, e, a と巡る閉路や,節点 b, c, d, e, b と巡る閉路もあります.閉路には向きもあると考えると,時計回りだけではなく,反時計回りもあります.図 (b) には,外回りの節点 e, a, b, c, d, e と

(a) 電位と枝電圧　　(b) 閉路 eabcde に沿った電位の変化

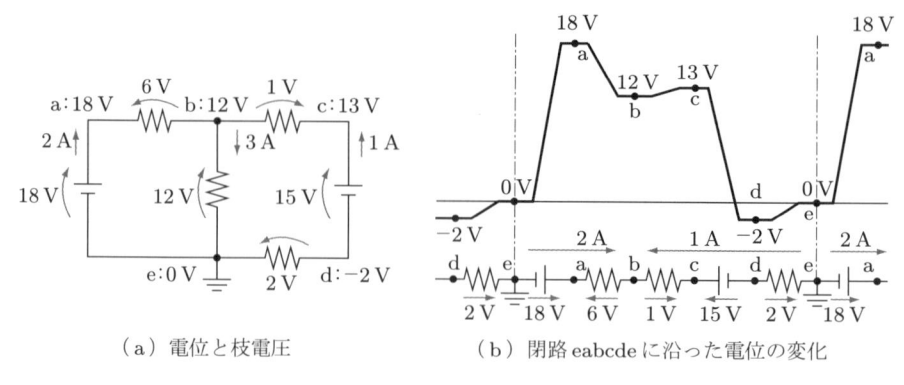

図 2.8　電位の変化

巡る閉路に沿って，電位の変化を図示しています．

電位は節点 e から順に 0 V, 18 V, 12 V, 13 V, −2 V, 0 V となって，もとの電位にもどります．この順に枝電圧を並べると 18 V, −6 V, 1 V, −15 V, 2 V となっています．負の枝電圧になっているのは，この閉路の向きに電位が下がっていることを意味しています．上がったり下がったりしますが，結局もとにもどれば電位の差はありませんから，これらの枝電圧の和は 0 V になります．つまり，

$$18 + (-6) + 1 + (-15) + 2 = 0 \tag{2.1}$$

となります．このことを一般的に述べた法則が**キルヒホッフの電圧の法則** (Kirchhoff's voltage law, 以下 KVL と略す) で，つぎのように表現されます．

> **KVL ①**
> 任意の閉路において，閉路に沿った枝電圧の代数和はゼロに等しい．

図 2.8(a) の回路の構成素子は**電源** (power supply) と**抵抗** (resistance) で，これらについては 2.4 節と 3 章で詳しく説明します．ところで，電源では電位差をつくり出していますが，この大きさを**電源電圧** (supply voltage) とよびます．節点 e から節点 a に向かっては閉路の向きと同じ向きに電源電圧 18 V が入っていますが，節点 c から節点 d に向かっては，閉路の向きと逆向きに電源電圧 −15 V が入っています．一方，抵抗などの負荷では，電流は電位の高いところから低いところに流れます．したがって，電流の向きと電圧の正の向きとは逆になります．このように，「抵抗などの負荷で電流の向きに沿って電位が下がること」を**電圧降下** (voltage drop) といいます．図 2.8 では，節点 a から節点 b に向かって電流が流れていますが，この向きに電位は 6

V下がっています．電圧降下は 6 V です．節点 b から節点 c にかけては，電流が閉路の向きと逆に流れています．電圧降下は節点 c から節点 b へ 1 V ですが，閉路の向きと同じ節点 b から節点 c にかけての電圧降下は，−1 V と代数的に表現できるでしょう．このように考えて，式 (2.1) の抵抗による電圧降下分を右辺に移項すると，つぎの式が成り立ちます．

$$18 + (-15) = 6 + (-1) + (-2) \tag{2.2}$$

このことをまとめると，KVL はつぎのように表現することもできます．

KVL ②
任意の閉路において，閉路に沿った電源電圧の代数和は，この閉路に沿った抵抗による電圧降下の代数和に等しい．

KVL が成り立たないような回路を考える意地悪な人がいるかもしれません．たとえば，図 2.9 のような回路です．外回りの閉路に沿った枝電圧はすべて電源電圧で，その代数和が 0 V になっていません．実際には，導線の抵抗や電源内部の抵抗分があって，電源電圧の代数和はそれらの抵抗の電圧降下の代数和に等しくなります．しかし，導線の抵抗や電源内部の抵抗分が小さいとして電源に流れる電流を計算すると，大きな電流になることがわかるのです．意地悪な人の考えは，回路で起こる危険を考察するためには必要なことです．理論的には，図 2.9 のような状況を除いて考えるのが電気回路の立場です．

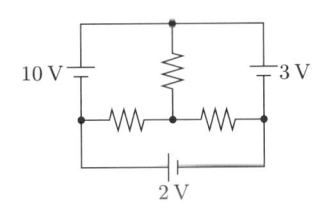

図 2.9　KVL の成り立たない回路の例

2.3† KVL と電位

2.1 節では，水位や水圧にならって電気回路の中に電位というものを考えました．2.2 節では，この電位から KVL を導きました．ところが逆に，KVL から電位の存在を説明することもできるのです．

図 2.10 の回路を用いて説明します．KVL ①は「任意の閉路において，閉路に沿った枝電圧の代数和はゼロに等しい」というものでした．このことを，図 2.10(a) の回路の閉路 l に適用すると，つぎの式が得られます．

$$\sum_l v_i = 0$$

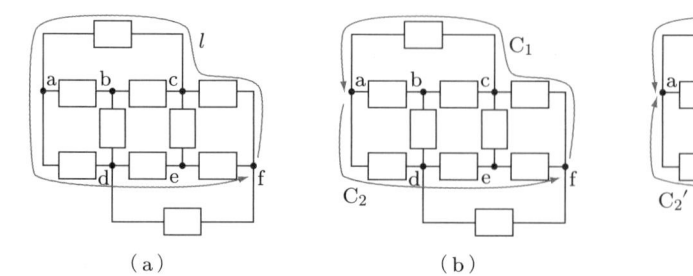

（a）　　　　　　　　（b）　　　　　　　　（c）

図 2.10　KVL をもとに導かれる電位

この閉路 l を，図 (b) の経路 C_1, C_2 に分けて考えることにしましょう．つまり，「経路 C_1 に沿った枝電圧の代数和と，経路 C_2 に沿った枝電圧の代数和の和はゼロ」となります．したがって，

$$\sum_l v_i = \sum_{C_1} v_i + \sum_{C_2} v_i = 0$$

となります．ところで，図 (c) のように経路 C_2 を逆向きにとった経路 C_2' を考えたとき，この経路 C_2' に沿った枝電圧の代数和は，経路 C_2 に沿った枝電圧の代数和にマイナスをつけた値になります．つまり，

$$\sum_{C_2'} v_i = -\sum_{C_2} v_i$$

ですので，上の二つの式から，つぎの式が成り立ちます．

$$\sum_{C_1} v_i = \sum_{C_2'} v_i$$

言葉で表現すると，「任意の二つの節点があり，一方を始点，もう一方を終点として結んだ経路に沿った枝電圧の代数和は，経路に無関係に一定である」ということがわかります．

この結果から，電位を定義することができます．図 2.11 を参照してください．ある節点 P からある節点 Q へ至る経路に沿って枝電圧の代数和を求めることができますが，これは経路によらずに定まります．そこでその値を，節点 P を基準にしたときの

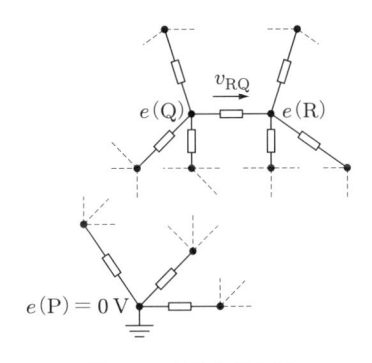

図 2.11 電位と枝電圧

節点 Q の電位と定義するのです．これで KVL から電位の概念を導き，定義することができました．

節点 P を基準にしたときの節点 P，Q の電位を $e(\text{P})$，$e(\text{Q})$ と記すことにします．もちろん節点 P は電位の基準ですから，

$$e(\text{P}) = 0$$

となります．また，節点 Q に隣接する節点を R とし，この間の節点 Q から節点 R に向かう枝電圧を v_{RQ} と記すことにすると，

$$e(\text{R}) = e(\text{Q}) + v_{\text{RQ}}$$

したがって，逆に次式も成り立ちます．

$$v_{\text{RQ}} = e(\text{R}) - e(\text{Q})$$

電位から KVL を導くのか，それとも KVL から電位を導くのか，どちらでもよいのではないかと思われるかもしれません．しかし，ある理論を構築するときに，土台がいくつもあると後でつじつまが合わなくなってしまうことがあります．これでは理論とはいえません．したがって，電位と KVL の両方を理論的基礎にするという場合には注意が必要です．ただし，電位と KVL のどちらを基礎にしてももう一方が導けますので，これらを土台にして，安心して理論を構築できます．

電位から KVL を導くのは，山よりも大きな大男が登山者を見て，「出発点と終点が同じなら，登った高さと下った高さは同じだ」というようなものです．高さを知っている者にとっては，当然すぎるくらいの結論です．逆に，KVL から電位を導くのは，起伏の多い場所を行ったり来たりしている蟻が，近くの 2 地点の高低から，絶対的指標としての「高さ」を発見するようなものです．これはすごい発見です！

2.4 電気エネルギーと電力

■ 電力

電源と負荷が接続された回路では，電源の電圧はそのまま負荷に加わります．その電圧が v [V] で，電流は i [A] 流れているとしましょう．そうすると，時間 t [s] の間に，電源は $q = it$ [C] の電気量の電荷を，電位が v だけ高いところに移動させたことになります．負荷では同じ量の電気量を，電位の高いところから低いところに移動させることになります．このときの双方の仕事 w [J] は

$$w = qv = vit$$

となります．電源では化学エネルギーや運動エネルギーなどによってこれだけの電気的な仕事をしたことになり，この仕事が電気エネルギーに変換されています．一方，負荷ではこの電気エネルギーが消費されてほかのエネルギーに変化したことになります．エネルギーは，全体では増えたり減ったりしていませんが，電源に生じた電気エネルギーが回路を通して負荷に送られたといういい方もできます．

ところで，単位時間あたりの電気的な仕事を**電力** (electric power) といいます．つまり，電力 p はつぎのように表すことができます．なお，電力の単位は W (ワット) です．

電力とその単位の定義

単位時間あたりにやりとりする電気エネルギーの量を電力とよび，1 秒間に 1 J の電気エネルギーを受け渡すときの電力を 1 W と定める．

電気エネルギーと電力の関係

電力 p [W] 時間 t [s] の間にやりとりされる電気エネルギーを w [J] とすると，つぎの関係が成り立つ．

$$p \equiv \frac{w}{t}, \quad w = pt, \quad t = \frac{w}{p}$$

■ 電気エネルギーの流れと電力

電力という名称であっても，重力，引力，摩擦力，向心力などといった，物の動き方を変える原動力となる力とは異なっていることを，しっかり認識しておく必要があ

2.4 電気エネルギーと電力

ります．電力の単位はワット [W] ですが，後者の力の単位はニュートン [N] です．電力に時間をかけると仕事もしくはエネルギーが計算できるのに対し，後者の力に距離をかけることで仕事やエネルギーが計算できます．電気エネルギーを時間で割って計算できる電力と，エネルギーを距離で割って計算できる力との違いを，間違えないように理解してください．

電気的な仕事 $w = vit$ と電力の定義から，

$$p = \frac{w}{t} = vi$$

が得られます．ところで，各素子の電力の授受の向きについては十分な注意が必要ですので，このことを以下で説明します．

図 2.12(a)〜(d) の回路の電力について考えてみましょう．電源が電池であれば，そこでは化学エネルギーが電気エネルギーに変わり，抵抗ではその電気エネルギーが熱エネルギーに変わりました．電気エネルギーは電源から抵抗の方向に流れますから，図 (a) と図 (b) では左の素子から右の素子に，図 (c) と図 (d) では右の素子から左の素子に電気エネルギーが伝わります．

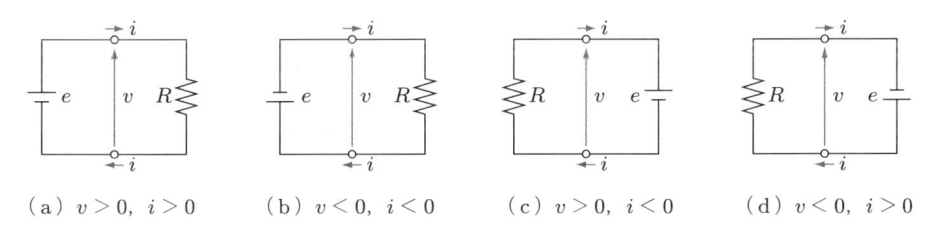

(a) $v > 0, i > 0$ (b) $v < 0, i < 0$ (c) $v > 0, i < 0$ (d) $v < 0, i > 0$

図 2.12 電気エネルギーの流れと電圧，電流の向き

ところで，電源や抵抗ではなく，一般の回路の場合については，電気エネルギーの流れをどのように考えたらよいのでしょうか．図 2.12 を一般化して，図 2.13 のように，回路を二つの部分，回路 A，回路 B に分けることにします．このような 2 端子をもった回路の一部を **1 ポート回路** (2 端子回路) ともいいます．ポートというのは「港」という意味で，電流の出入口を一対もっているという意味合いをもちます．図 2.13 に示す 2 端子間の電圧 v に対しては，**端子電圧**という用語を用いることもあります．この 1 ポート回路の間でのエネルギーの受け渡しについて考えてみましょう．

図 2.13 において，端子 b よりも端子 a のほうが電位が高く，右回りに電流が流れていると仮定します．つまり，図のように端子電圧 v，電流 i を定めたとして，$v > 0$, $i > 0$ とします．回路 A は電位の低い端子 b から電位の高い端子 a に電流を流すので，仕事をすることになります．一方，回路 B は電位の高い端子 a から電位の低い端子 b に電荷を運びますから，電気エネルギーをもらっていることになります．このときは，

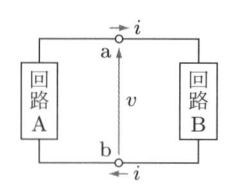

図 2.13　二つの 1 ポート回路間の電気エネルギーの流れ

回路 A から回路 B に電気エネルギーが流れていることになります．

$v<0, i<0$ の場合はどうでしょうか．回路 A は電位の低い端子 a から電位の高い端子 b に電流を流すので，回路 B に対して仕事をすることになり，回路 A から回路 B に電気エネルギーが流れていることになります．

さらに，$v>0, i<0$ の場合や，$v<0, i>0$ の場合についても，それぞれ同様に考えることができます．ぜひ試しに考えてみてください．その結果は，図 2.12(c)，(d) からも想像できるように，これらの場合には回路 B から回路 A に電気エネルギーが流れていることになります．

ここまでは回路 A，回路 B と二つに分けて考えましたが，どちらも一つの 1 ポート回路であると考えて，一般化して整理することにしましょう．ある 1 ポート回路の電位の低い端子から電位の高い端子に向かってその内部を電流が流れるとき，つまり，端子電圧と電流の向きが同じ向きの場合は，この 1 ポート回路は，ほかの外部回路に対して電気エネルギーを供給していることになります．一方，電位の高い端子から電位の低い端子に向かって電流が流れている場合，つまり，端子電圧と電流の向きが逆の場合は，この 1 ポート回路は外部回路から電気エネルギーを受けとっていることがわかります．1 ポート回路の電圧の向きと電流の向きを同じにとって v, i を定めれば，$p=vi$ が正の場合はこの 1 ポート回路から外部回路に電気エネルギーが送られ，$p=vi$ が負の場合はこの 1 ポート回路は外部回路から電気エネルギーを受けとっていることがわかります．

電力，電気エネルギーと電圧，電流の関係

1 ポート回路から外部回路に対して供給する電力 p は，

$$p = vi$$

と表される．ここで，v は端子電圧，i は電流で，双方は図 2.14 のように同じ向きに定めるとする．端子電圧 v，電流 i が一定の場合，時間 t の間にこの 1 ポー

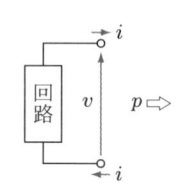

図 2.14　1 ポート回路

ト回路から外部回路に供給する電気エネルギー w は，

$$w = pt = vit$$

と表される．電力 p および電気エネルギー w が負の場合は，外部回路からこの1ポート回路に電力および電気エネルギーが供給されることを意味する．

抵抗では常に電位の高いほうから低いほうに電流が流れていますから，電流が流れている場合は，いつでも電気エネルギーを消費していることがわかります．一方，直流電源の内部を負極から正極に電流を流しているときは，直流電源はエネルギー供給源としてはたらいていることになります．ところが，これとは逆に，直流電源の内部を正極から負極に電流が流れるときは，直流電源は外部からエネルギーの供給を受け，エネルギーを蓄えている，つまり充電していることになります．乾電池などの多くの直流電源ではこのような使い方をするのは危険ですが，充電池などでは，このようにしてエネルギーを蓄えられることが大きな特徴であり，重要なはたらきとなります．

電池のもつ能力を表す量として電気エネルギーが考えられますが，電圧が定まっているため，電気エネルギーを電圧で割った，電流と使用可能時間の積で表すことがあります．この量は電気エネルギーを換算した量であり，**放電容量**といいます．

例題 2.2

電源電圧が 1.5 V の乾電池にある抵抗を接続したところ，50 mA の電流が流れた．この乾電池の放電容量は 2400 mAh (アンペアアワー) として，以下の問いに答えなさい．

(1) この乾電池から取り出せる電気エネルギーはいくらか．
(2) この乾電池の中では，どのようなエネルギーが電気エネルギーに変換されたといえるか．
(3) 抵抗では，どのようなエネルギーがどのようなエネルギーに変わるか．
(4) この乾電池から供給される電力はいくらか．
(5) この乾電池はどれだけの時間，電流を流すことができるか．
(6) 抵抗で消費する電力はいくらか．
(7) 抵抗で発生する熱エネルギーは全部でいくらか．
(8) この乾電池で取り出せる電気エネルギーがすべて熱エネルギーに変わるとすると，1 L (= 1000 cm^3) の水の温度を何 °C 上げることができるか．

解 (1) $w = vit = 1.5 \times 2.4 \times 60 \times 60 = 13.0$ kJ.
(2) 化学エネルギー．

(3) 電気エネルギーが熱エネルギーに変換される．
(4) $p = vi = 1.5 \times 50 \text{ m} = 75 \text{ mW}$.
(5) $t = \dfrac{w}{p} = \dfrac{13 \text{ k}}{75 \text{ m}} = 173 \text{ ks} = \dfrac{173 \text{ k}}{60}$ 分 $= 2889$ 分 $= \dfrac{2889}{60}$ 時間 $= 48.1$ 時間.
(6) $p = vi = 75 \text{ mW}$.
(7) $w = vit = 1.5 \times 0.05 \times 48.1 \times 60 \times 60 = 13.0 \text{ kJ}$.
(8) 1 cm^3 の水を 1 °C 上昇させるのに必要なエネルギーは 4.2 J であるから，

$$\Delta T = \dfrac{w}{4.2 \times 1000} = \dfrac{13.0 \text{ k}}{4.2 \times 1000} = 3.09 \text{ °C}.$$

2.5 テレヘンの定理と電力保存則

前節では電力が 電圧×電流 に等しいことを学びましたが，このことに関連して，KCL と KVL から得られる重要な定理として，テレヘンの定理と電力保存則があります．

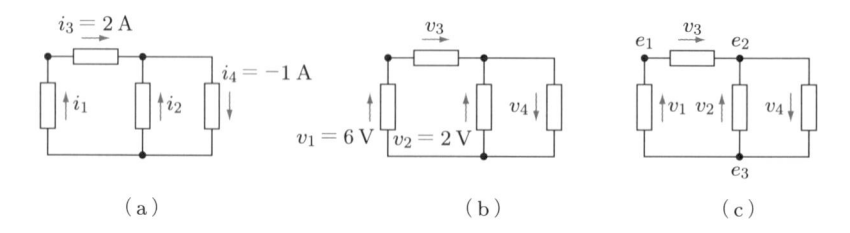

図 2.15 テレヘンの定理の証明図

図 2.15(a), (b) には，同じ形の二つの回路を描いています．図 (a) の回路では，枝電流 $i_3 = 2$ A, $i_4 = -1$ A ですので，KCL により $i_1 = 2$ A, $i_2 = -3$ A となります．また，図 (b) の回路では，枝電圧 $v_1 = 6$ V, $v_2 = 2$ V ですので，KVL により $v_3 = -4$ V, $v_4 = -2$ V となります．そこで，それぞれに対応する枝の 枝電圧×枝電流 の代数和を求めると，つぎのようにゼロになります．

$$\sum_{j=1}^{4} v_j i_j = 6 \times 2 + 2 \times (-3) + (-4) \times 2 + (-2) \times (-1) = 12 + (-6) + (-8) + 2 = 0$$

このことをまとめたものが**テレヘン (Tellegen) の定理**で，一般につぎのように表現されます．

テレヘンの定理
同じ接続関係にある二つの回路があり，その枝の数を b 個とする．一方の回

路の枝電流 i_k $(k = 1, 2, \cdots, b)$ が KCL を満たし，もう一方の回路の枝電圧 $v_k(k = 1, 2, \cdots, b)$ が KVL を満たすとき，

$$\sum_{j=1}^{b} v_j i_j = 0$$

が成り立つ．ただし，対応する枝の枝電圧と枝電流の向きは同じ向きとする．

とくに，二つの回路が同一の回路の場合には，v_k と i_k の積は枝 k から供給される電力 $p_k = v_k i_k$ を意味することになります．したがって，つぎの**電力保存則** (power conservation law) が導かれます．

電力保存則①
電気的に独立した回路において，回路の各素子から回路に供給される電力の代数和はゼロである．

「供給する電力」というのは，p_k が正の場合は文字どおりこの枝から回路に供給する電力になりますが，p_k が負の場合は，その大きさの電力が回路からこの枝の素子に流入することを意味します．

電力保存則②
電気的に独立した回路において，素子から回路に供給される電力の和は，回路から素子に流入する電力の和に等しい．

つまり，電力が電源から供給されているならば，回路のどこかにはこれを吸収する素子があり，供給された電力と吸収される電力はいつも等しいということです．いい換えると，電気エネルギーは導線に蓄えられたりせず，そのやりとりは素子間で行われ，不足もなければ余すところもないということです．

さて，テヘレンの定理の証明ですが，みなさんを煩わせないよう，一般の場合の証明を省いて，図 2.15 の回路について証明するにとどめます．節点は三つありますので図 2.15(c) のように，三つの節点電位 e_1, e_2, e_3 を定めます．

それぞれの枝電圧と枝電流の積和を考えると，つぎのようになります．

$$\sum_{j=1}^{4} v_j i_j = v_1 i_1 + v_2 i_2 + v_3 i_3 + v_4 i_4$$
$$= (e_1 - e_3) i_1 + (e_2 - e_3) i_2 + (e_2 - e_1) i_3 + (e_3 - e_2) i_4$$

$$= e_1(i_1 - i_3) + e_2(i_2 + i_3 - i_4) + e_3(-i_1 - i_2 + i_4)$$

右辺の各項の枝電流に関する因子は，KCL からどれもゼロになりますので，結果はゼロに等しくなります．

上記の証明では KCL だけにもとづいているようにみえますが，節点電位を考えたということは，KVL にももとづいているということです．大事なことは，テレヘンの定理も電力保存則も，KCL と KVL だけから導かれ，それぞれの素子の性質によらずに成り立つということです．

例題 2.3

図 2.16 の回路において，$p_1 = v_1 i_1 = 800$ mW, $p_2 = v_2 i_2 = -400$ mW, $p_4 = v_4 i_4 = -600$ mW, $v_3 = 10$ V であるとして，以下の問いに答えなさい．

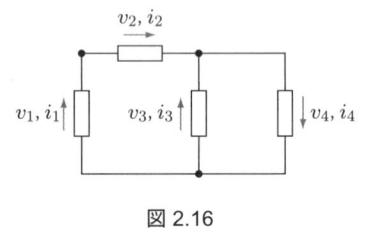

(1) $p_3 = v_3 i_3$ はいくらか．
(2) i_3 はいくらか．
(3) i_4 はいくらか．
(4) $i_1 = i_2$ はいくらか．
(5) v_1 はいくらか．
(6) v_2 はいくらか．

図 2.16

解 (1) 電力保存則から，$p_3 = -(p_1 + p_2 + p_4) = -\{800\text{ m} + (-400\text{ m}) + (-600\text{ m})\} = 200$ mW．

(2) 電力の式より，$i_3 = p_3/v_3 = 200\text{m}/10 = 20$ mA．

(3) KVL により，$v_4 = -v_3 = -10$ V．電力の式より，$i_4 = p_4/v_4 = -600\text{m}/(-10) = 60$ mA．

(4) KCL により，$i_1 = i_2 = i_4 - i_3 = 60\text{ m} - 20\text{ m} = 40$ mA．

(5) 電力の式より，$v_1 = p_1/i_1 = 800\text{ m}/40\text{ m} = 20$ V．

(6) KVL により，$v_2 = v_3 - v_1 = 10 - 20 = -10$ V．

2.6 国際単位系

世界的に使用されている単位系に**国際単位系 (SI 単位系)** があります．この単位系は**長さ** [m]，**質量** [kg]，**時間** [s]，**電流** [A]，**熱力学的温度** [K]，**物質量** [mol]，**光度**

[cd] の七つの単位を **SI 基本単位**として，すべての単位をこれらの SI 基本単位とこれらを組み合わせた **SI 組立単位**で表現する単位系です．

裏見返しの付表 3 に，SI 基本単位の名称，記号，定義を示します．大きな量や小さな量を表すときに単位に補助的に使用する記号に **SI 接頭辞**があり，これを付表 4 に示します．長さや重さの単位に，SI 接頭辞をつぎのように補助的に使用するのはすでに知っているかと思います．

$$0.0234 \text{ m} = 234 \text{ mm}, \quad 2500 \text{ g} = 2.5 \text{ kg}$$

電気工学ではさらに大きな量や小さな量をよく使用します．

よく使われる単位には，利便性の観点から，固有の名称と記号が与えられており，それらの代表的なものを付表 5 にまとめています．さらに，付表 6 には，単位のなかに固有の名称と記号を含む「一貫性のある SI 組立単位」の例を示しています．付表 5, 6 には本書で使われていないものも含まれていますが，参考のために掲げています．

例題 2.4

以下の問いに答えなさい．

(1) 1.2×10^{-2} A を十進表示しなさい．
(2) 1.2×10^{-2} A を SI 接頭辞を用いて表記しなさい．
(3) 3.6 MV を，単位部分はボルトで，数字部分は SI 接頭辞を使わない漢数字で表記しなさい．

解 (1) 1.2×10^{-2} A $= 0.12 \times 10 \times 10^{-2}$ A $= 0.012 \times 10^{2} \times 10^{-2}$ A $= 0.012$ A.
(2) 1.2×10^{-2} A $= 12 \times 10^{-1} \times 10^{-2}$ A $= 12 \times 10^{-3}$ A $= 12$ mA.
(3) 3.6 MV $= 3.6 \times 10^{6}$ V $= 3600000$ V $=$ 三百六十万ボルト．

付表 5 にあげている**力**と**仕事**は重要な物理量ですので，以下に補足しておきます．

力とその単位の定義

質量 1 kg の物体に加速度 1 m/s² を生じさせる力の大きさを 1 N と定める．

仕事とその単位の定義

1 N の力で 1 m 移動するときの仕事を 1 J と定める．

例題 2.5

以下の問いに答えなさい．

(1) 人が歩くときの速度は時速 4 km 程度である．秒速にするといくらか．
(2) 100 m を 9.9 秒で走るときの平均速度は，時速で表すといくらか．
(3) 月と地球の間を電波で通信すると，往復で 2.6 秒程度かかる．月と地球の間の距離はどの程度か．ただし，電磁波の速度は光速 300 Mm/s= 3×10^8 m/s とする．
(4) 60 kg の人と地球の間の引力はいくらか．
(5) 断面が 2 m×3 m のタンクに水が 50 cm 溜まっている．底に加わる圧力はいくらか．
(6) 60 kg の人を 1000 m 上昇させるにはどれだけの仕事が必要か．
(7) 1.5 V の電位差のある 2 地点間で電子 1 個を運ぶのに必要な仕事はいくらか．
(8) 1.5 V の乾電池で豆電球を点灯させたところ，100 mA の電流が流れた．10 秒間に電池のする仕事はいくらか．

解 (1) 4 km/h=4×1000 m/(60×60) s=$\dfrac{4 \times 1000}{60 \times 60}$ m/s=1.11 m/s．

(2) $\dfrac{100}{9.9}$ m/s=$\dfrac{100}{9.9} \times \dfrac{10^{-3} \text{ km}}{(1/60) \times (1/60) \text{h}} = \dfrac{100}{9.9} \times 10^{-3} \times 60 \times 60$ km/h=36.4 km/h．

(3) $2l=vt=300$ M$\times 2.6=780$ Mm(メガメートル)，
$l=390$ Mm=390000 km=39 万 km．

(4) $f=mg=60 \times 9.8=588$ N．

(5) $p=\dfrac{W}{S}=\dfrac{\rho V g}{S}=\rho g h=\dfrac{1000 \times 2 \times 3 \times 0.5 \times 9.8}{2 \times 3}=4900$ N/m^2
$=4.9$ kPa(キロパスカル)=49 hPa(ヘクトパスカル)．

(6) $w=fh=mgh=60 \times 9.8 \times 100=58800=58.8 \times 10^3$ J=58.8 kJ．

(7) $w=qv=1.6 \times 10^{-19} \times 1.5=2.4 \times 10^{-19}$ J=240×10^{-21} J=240 zJ(セプトジュール)．

(8) $w=vit=1.5 \times 100$ m$\times 10=1500$ mJ=1.5 J．

■■■ 演習問題 ■■■

2.1 電源電圧 1.5 V，放電容量 2400 mAh の乾電池が 1 本ある．以下の問いに答えなさい．ただし，損失のない理想的な条件のもとで考えるとする．

(1) 取り出せる電気エネルギーはいくらか．
(2) 70 kg の人間を何 m 上昇させることができるか．
(3) 0.25 m^3 風呂の水を何 °C 上昇させることができるか．
(4) 静止した 1 トンの車の速度をいくらまで加速することができるか．

(5) 30 W の蛍光灯を点灯させる回路があったとして，どれくらいの時間点灯させることができるか．

(6) 重さ 100 g のおむすびは約 180 kcal である．1 kcal = 4.19 kJ と換算すると，この乾電池何本分か．

2.2 図 2.17(a) はある回路のグラフを示しており，太線で描いた枝の枝電圧が，図のように与えられている．このとき，以下の問いに答えなさい．

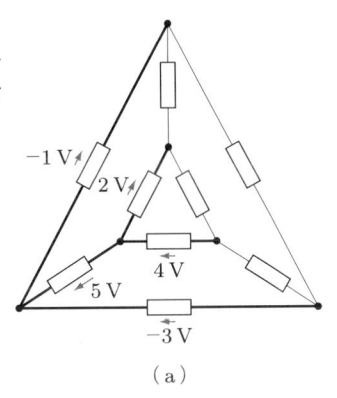

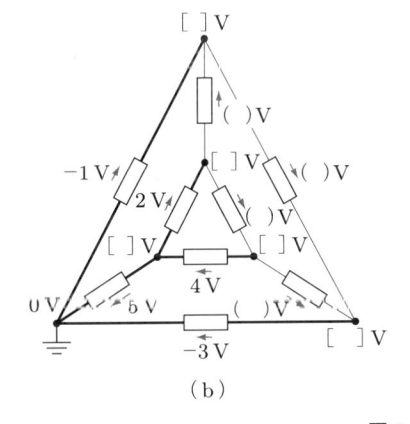

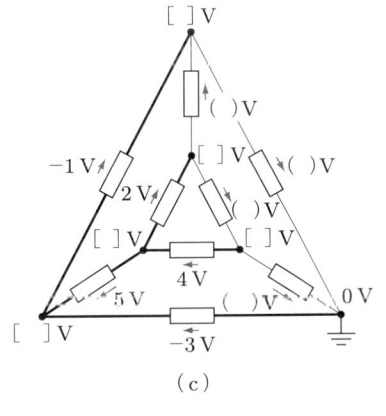

図 2.17

(1) 図 (b) のように左下の節点を電位の基準として，各節点の電位を求めて [ ] に書き込みなさい．また，細線で描いた枝の枝電圧を求めて ( ) に書き込みなさい．

(2) 図 (c) のように右下の節点を電位の基準として，各節点の電位を求めて [ ] に書き込みなさい．また，細線で描いた枝の枝電圧を求めて ( ) に書き込みなさい．

2.3 図 2.10(a) の回路は，太陽電池を使って LED を点灯させ，モータを回転させる回路でその回路図と各所の電圧，電流を図 (b) に記している．各素子の電力を求めなさい．また，電力保存則が成り立っていることを確かめなさい．

(a)

(b)

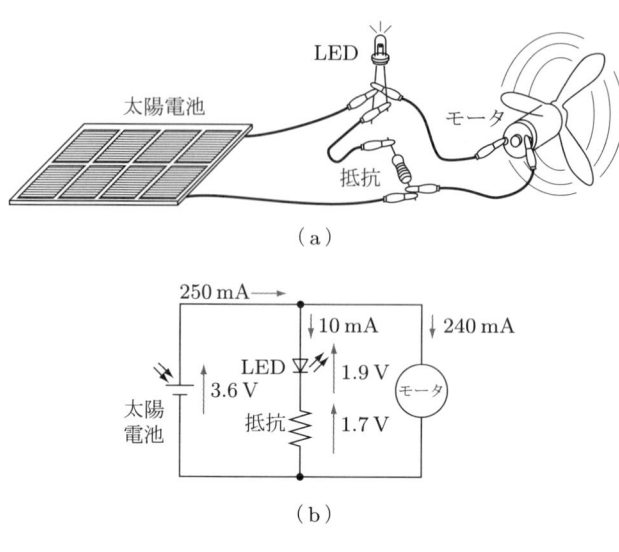

図 2.18

3章　素子の電流電圧特性

　世の中には，実にさまざまな電気製品があります．これらのほとんどは筐体(シャーシ)とよばれる外箱に，スイッチ，液晶パネル，つまみなどが取り付けられ，抵抗やキャパシタ，IC (集積回路) などが配線された回路基板を内蔵しています．使用される電気部品にもさまざまなものがあります．身近なものだけでも，乾電池，充電式電池，スイッチ，LED，イヤホン，スピーカ，ヒータ，豆電球，蛍光灯管，モータ，太陽電池，IC，液晶ディスプレイなどがあります．そのほかにも，抵抗やキャパシタ，インダクタ，結合インダクタ，ダイオード，トランジスタなど，数え切れないほどあります．本書では，これらの電気回路を構成する基本となる部品や素子を，その大小に関係なく**電気素子**とよぶことにします．

　どのような電気素子にも，外部と電気的にやり取りをする端子が二つ以上必要です．電流を流し続けるには回路になる必要があり，電気素子としては，流れ込むところと流れ出るところをもった2端子以上が必要なのです．乾電池，抵抗，イヤホン，ランプ，ダイオードなどは基本的に2端子をもつので，**2端子素子**とよばれます．これらに対して，トランジスタは3端子，また，ICはたくさんの端子をもっています．

　電気素子はエネルギーの観点から，大きく二つに分類できます．一つは電気エネルギーの供給源としてのはたらきをもつ**電源**，もう一つは電気エネルギーをほかのエネルギーに変換し，電気的にはエネルギーを消費したり，エネルギーを蓄積後放出したりする**受動素子**です．乾電池や充電式電池，太陽電池は電源です．これに対し，抵抗，LEDやキャパシタは受動素子です．

　電源に可変抵抗を接続し，可変抵抗の抵抗値を変えると，電源の端子電圧と流れる電流が変化します．この電圧と電流との間の関係には再現性がありますから，図に表すことができます．また，抵抗などでは，電源を接続し，電源の電圧や電流を調整すると，この電圧と電流との間に定まった関係が認められます．このようにして得られた電気素子の端子電圧と電気素子を流れる電流との間の関係を，この電気素子の**電流電圧特性**といいます．

　炭素や金属を素材にした材料では，電圧と電流とが比例するという**オームの法則**が成り立ちます．ところが，ダイオードでは，電流と電圧との間に一定の対応

関係はありますが，このような比例関係ではありません．一方，受動素子のなかでもキャパシタやインダクタなどは，電圧と電流との間に定まった対応関係を認めることはできません．キャパシタやインダクタにおける電圧と電流の関係は，13 章以降で学びます．

本章では多くの電気素子のなかから，電池，太陽電池，抵抗，ダイオード，スイッチ，豆電球などについて，それらの特性を電流電圧特性を通して統一的に学び，さらに線形抵抗，電源の等価回路について解説します．

3.1　いろいろな直流電源

2 端子素子の一つに直流電源があります．直流電源としてお馴染みのものは，**乾電池** (dry cell) でしょう．乾電池は，その内部にある化学エネルギーを電気エネルギーに変換します．携帯電話用の**充電式電池** (storage battery) は，化学エネルギーを電気エネルギーへ変換するだけではなく，その逆もできます．乾電池などは一度使い切ると再利用不可能な電池で，**一次電池** (primary cell) ともよばれています．一方，充電式電池など再利用できる電池を，**二次電池** (secondary cell) とよんでいます．

乾電池として一般によく使われているものに，マンガン電池があります．電池の起電圧はおよそ 1.5 V で，比較的安全につくられているので子供でも使えます．ただし，電池の正極と負極とを直接導線でつなぐと電池が熱くなったり，古くなると内部の液体が染み出したりして，使い方によっては危険ですので注意が必要です．このように，端子間を直接導線でつなぐことを**短絡**といいます．ここで起電圧という聞きなれない言葉を使いましたが，正確には 3.4 節で説明します．

車載用の充電式電池として一般的なものは，起電圧がおよそ 2 V の鉛蓄電池ですが，6 個直列にして 12 V として使われることがほとんどで，**バッテリー** (battery) ともよばれます．バッテリーというのは「組合せ」という意味で，野球でピッチャーとキャッチャーの組をバッテリーとよぶのと同様です．バッテリーをスパナなどの金属部品で誤って短絡すると，金属部分が発熱します．被覆導線で強制的に短絡すると，電線が激しく発熱し，被覆やバッテリーが燃焼してたいへん危険です．短絡する瞬間には火花を生じることもあります．バッテリーを使用するときには，短絡事故などが起こらないよう十分な注意が必要です．

最近クリーンエネルギーとして注目されるようになったのが**太陽電池** (solar cell) です．これは，光起電力効果により，光エネルギーを電気エネルギーに直接変換する装置です．一般には，1 セルだけでは十分な電圧や電流が得られないので，複数個を直並列接続して必要な電圧と電流が得られるようにしたパネル状のものが用いられま

す．家庭用住宅の屋根に取り付けられているのはこのタイプです．

電源は，**直流電源** (DC power supply) と**交流電源** (AC power supply) とに大きく分けられます．直流電源は電子の流れを一方向に流そうとする電源ですが，交流電源はその向きを時間的に交互に変えようとする電源です．ここまで説明してきた電池はどれも直流電源です．一方，電力会社から一般住宅に供給される電気は交流です．歴史的には電池などの直流電源が先に発明されましたが，交流のほうが利点が多く，現在では家庭用や工場用にも交流電源が広く使われています．ところが，多くの民生機器や産業機器の中に組み込まれている電子回路は，そのほとんどが直流で動作します．そこで，交流を直流に変換し，電子回路に適した電圧，電流を供給できる装置が必要になります．このように，交流を直流に変換する装置，交直変換装置も一般には単に直流電源とよばれています．家庭用の電話器やパソコンを使用するときには，コンセントの 100 V 50/60 Hz の交流電源から専用のコードを使って電源端子に接続しますが，この専用のコードには，そのコードの途中やプラグのところに直方体の装置がついているものがあります．これは AC アダプタとよばれる直流電源です．

実験室で使用する直流電源には，出力の直流電圧もしくは直流電流が変動してほしくないことがよくあります．コンセントを通して受給する交流電圧は 100 V と銘打ってはいますが，実際には多少変動します．また，電池などでは，負荷の状態が変わって電流がたくさん流れると，出力の直流電圧が低下してしまいます．このようなことがないように，設定した電圧や電流を一定にする目的でつくられた交直変換装置として，**直流安定化電源** (regulated DC power supply) があります．

3.2　抵抗などの抵抗値

図 3.1(a) の回路は太陽電池を使って LED を点灯させ，モータを回転させる回路で，その回路図と各所の電圧，電流を図 (b) に記しています．LED を太陽電池に直接つなぐと，たくさんの電流が流れて LED を壊してしまうので，抵抗を使って電流を制限しています．LED に比べてモータにはたくさんの電気エネルギーが必要なので，LED に流れる電流に比べ，モータにはたくさんの電流が流れています．LED よりもモータに流れる電流が大きいのは，モータのほうが電流が流れやすくなっているからですが，電流の流れやすさ，もしくは電流の流れにくさの程度は，どのように表したらよいのでしょうか．

抵抗や LED では電圧と電流の間に一定の関係が認められますが，素子に加わる電圧をそれに流れる電流で割った値を，その素子の**抵抗値** (resistance) といい，単位には Ω (オーム) を使います．

(a) 実体配線図

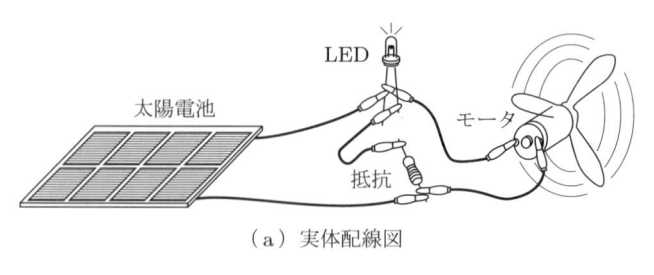

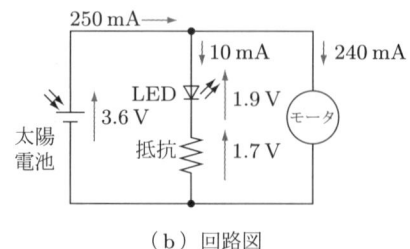

(b) 回路図

図 3.1 太陽電池で LED を点灯させ，モータを回す電気回路

抵抗値の定義

素子に加わっている電圧を v [V]，流れる電流を i [A] とすると，素子の抵抗値 r [Ω] はつぎのように表される．

$$r \equiv \frac{v}{i}, \quad i = \frac{v}{r}, \quad v = ri$$

図 3.1 の LED，抵抗，モータについて，それぞれの抵抗値を求めるとつぎのようになります．

LED ： 1.9/10 m = 190 Ω

抵抗 ： 1.7/10 m = 170 Ω

モータ： 3.6/240 m = 15 Ω

LED や抵抗に比べ，モータの抵抗値は小さな値です．モータの抵抗値が小さいので，モータには電流が流れやすいといういい方ができます．

抵抗値は電流の流れにくさを表す量だといえますが，逆に，電流の流れやすさを表す量として，抵抗の逆数である**コンダクタンス** (conductance) があり，その単位は S (ジーメンス) です．

コンダクタンスの定義

$$g \equiv \frac{1}{r} = \frac{i}{v}, \quad i = gv, \quad v = \frac{i}{g}$$

例題 3.1

図 3.2 の回路において,抵抗 $r_1 \sim r_4$ に加わる電圧,流れる電流を図の中に示している.各抵抗の抵抗値 $r_1 \sim r_4$ およびコンダクタンス $g_1 \sim g_4$ を求めなさい.

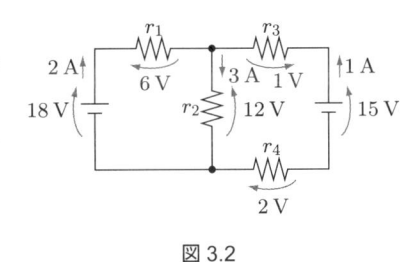

図 3.2

解 $r_1 = 3\ \Omega$, $r_2 = 4\ \Omega$, $r_3 = 1\ \Omega$, $r_4 = 2\ \Omega$.
$g_1 = 333$ mS, $g_2 = 250$ mS, $g_3 = 1000$ mS, $g_4 = 500$ mS.

3.3 電流計と電圧計

電流を測定する計器を**電流計** (ammeter),電圧 (電位差) を測定する計器を**電圧計** (voltmeter) といいます.図 3.3(a) のように,電流計は測りたい電流が流れている線路に挿入して電流を測り,電圧計は測りたい電圧の両端の端子間に接続して電圧を測ります.接続法には図 (b), (c) の 2 通りがあります.図 (b) では電流計は回路 A に流れる電流を測りますが,回路 B の電流は,電圧計に流れる電流分だけ異なります.また,電圧計は回路 B の電圧を測りますが,回路 A の電圧は電流計に加わる電圧だけ

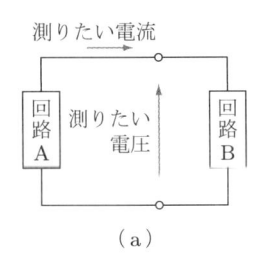

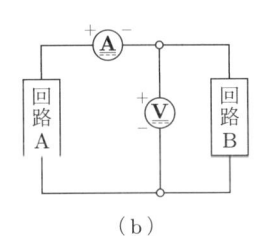

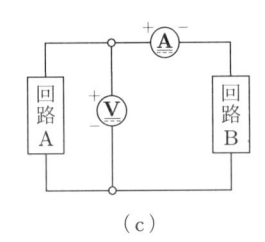

図 3.3 電流計と電圧計の接続

異なります．図 (c) についても同じようなことがいえます．電流計も電圧計も，それらが接続されることでもとの電流の流れを変えてしまって，目的の測定ができないことになります．できるだけ計測誤差が小さくなるように，電流計の抵抗値は小さく，電圧計の抵抗値は大きくつくられています．

電流計も電圧計も直流用と交流用が別々にありますから，使用する電源に応じて選ぶ必要があります．交流用には極性がありませんが，直流用にはどちらも極性があって，電流計では電流が流れ込むほうを＋端子，流れ出るほうを－端子に，電圧計では，電位の高いほうを＋端子，低いほうを－端子に接続して測ります．図 3.4 や図 3.5 のように，測定値に合わせて適切な測定ができるように，複数の測定端子をもつものもあります．

失敗しやすい電流計の接続例が図 3.6 です．電流計の抵抗値は小さいので，この接続法では電流計にたくさんの電流が流れ，電流計が壊れてしまいます．

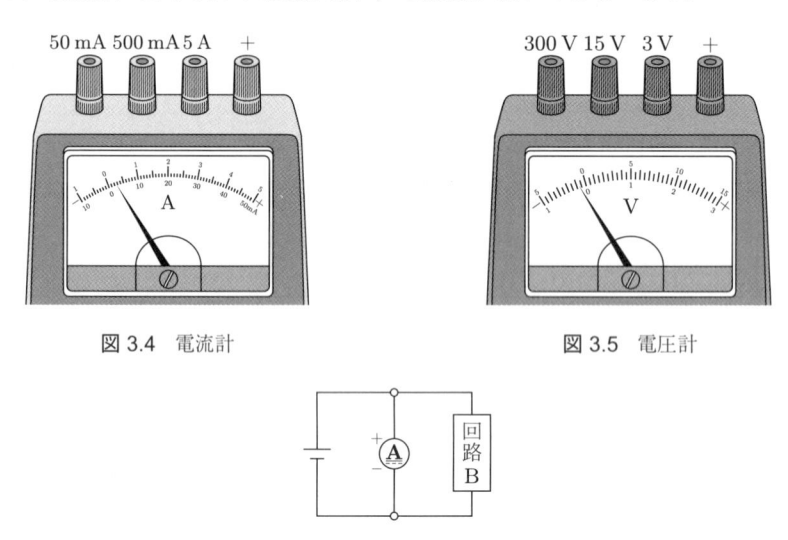

図 3.4　電流計

図 3.5　電圧計

図 3.6　やってはいけない電流計の接続

3.4　直流電源の電流電圧特性

電源や抵抗などの素子では，一般に，電圧と電流の間に関係性が認められます．素子の端子電圧と電流の関係を，**電流電圧特性** (current-voltage characteristis) とよんでいます．この関係はグラフに描くことができ，その曲線を**特性曲線** (characteristic curve) といいます．

図 3.7 は電源の特性を調べるための回路です．右の R と記された素子は可変抵抗

とよばれ，抵抗値を変えられる抵抗素子です．抵抗が大きければ電流は小さいのですが，抵抗が小さくなると電流が流れやすくなり，電流計は大きな値を示すようになります．実験をする場合には，はじめから抵抗値を小さくして直流電源に接続すると，たくさんの電流が流れ，抵抗が熱くなって焼き切れてしまったり，電池が熱をもって危険ですから注意が必要です．

図 3.8 は乾電池と充電式電池，太陽電池の電流電圧特性の傾向を示した図です．市販の乾電池は定格で 1.5 V と表示されていますが，実際には電流を流すと電圧が少し小さくなります．太陽電池も電流が大きくなると電圧が下がりますが，あるところから急に電圧が落ちます．どの程度の電流を流すと電圧が落ち始めるかは光の量によって変わります．どちらも，電圧，電流をともに正の第 1 象限に描いています．ところで，詳述は省きますが，測定回路を少し変更すると，第 4 象限や第 2 象限の電流電圧特性も測定できて，図中の点線で示された特性を示します．しかし，電源として使用するのは第 1 象限での特性です．とくに乾電池を第 4 象限，つまり電流を逆に流して使用するのは危険です．一方，充電式電池では，充電の特性は第 4 象限で表され，放電は第 1 象限で表されています．

図 3.9 には，二つの特徴的な電流電圧特性を示しています．**電圧源** (定電圧源，理想電圧源，voltage source) と記された電源は，電流を流しても端子電圧が変わらないことを意味しています．すなわち，負荷の抵抗値によらず，一定の電圧を供給する電源だということになります．一方，**電流源** (定電流源，理想電流源，current source) と記された電源は，負荷の抵抗値によらず，一定の電流を供給する電源です．電圧源が供給する一定の電圧をこの電圧源の**起電圧** (electro-motive voltage)，電流源が供給する一定の電流をこの電流源の**起電流** (electro-motive current) とよぶことにします．また，この起電圧と起電流をまとめて，電源のもつ電流を流そうとする潜在能力の意味を込めて，**起電力** (electro-motive force) とよぶことにします．ここでいう起電圧

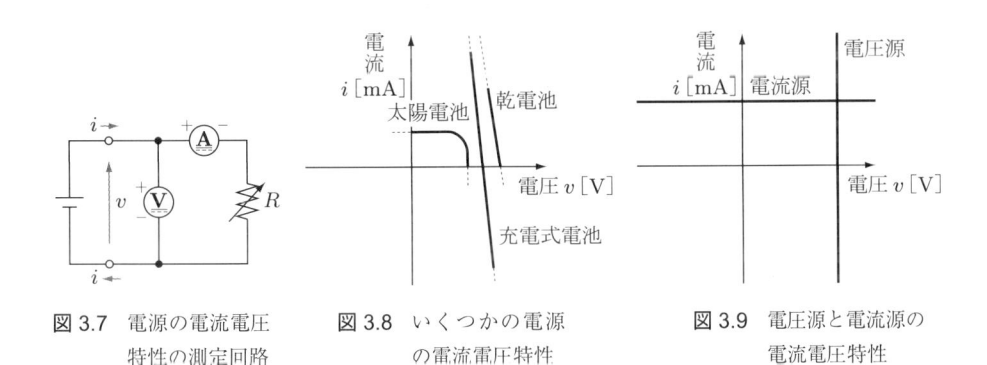

図 3.7 電源の電流電圧特性の測定回路

図 3.8 いくつかの電源の電流電圧特性

図 3.9 電圧源と電流源の電流電圧特性

のことを一般には起電力とよんでいますが，電流源にももっと表舞台に出る機会を与えたいとの思いから，これらにそれぞれ，「起電圧」，「起電流」という呼称を用いることにして，これまでの起電力という言葉は，これらの総称としての使い方をすることにします．図には，加わる電圧も電流もどちらも正として第1象限にその一部が描かれていますが，この直線はどちらにもずっと延ばされています．電圧源の場合，非常に小さな抵抗を接続すると大きな電流を流すことになります．一方，電流源の場合は，大きな抵抗を接続すると端子電圧が大きくなり，開放したときには端子電圧が無限大になってしまいます．

　乾電池は電流が増えてくると端子電圧が少しずつ減少してきますが，その程度をかぎりなく小さいとした極限が，電圧源ということになります．車載用のバッテリーはこの傾向が強く，電圧源に近い直流電源です．一定の光が当たった太陽電池では，負荷の抵抗値が大きい場合には電圧値がほぼ一定となり，電圧源としてのはたらきをします．一方，負荷の抵抗値が小さい場合には電流値がほぼ一定となり，この範囲では電流源的なはたらきをします．同じように，将来学ぶことになるトランジスタという素子でも，ある条件下では電流源に似たはたらきをし，これをおおいに利用します．実験室で使われる近年の直流安定化電源のなかには，電流源と同じようなはたらきをもたせた装置も多くあります．

　電圧源，電流源はともに理想化された電源で，厳密には実在しないという意味ではその重要性が小さいように思えますが，電気回路を理解するうえでは重要な素子だということを強調しておきます．図3.8 からわかるように，太陽電池では，電流電圧特性が電圧源に似て電圧がほぼ一定になる動作部分と，電流源に似て電流がほぼ一定になる動作部分とがあります．電圧がほぼ一定になる部分を利用する場合を**定電圧モード**，電流がほぼ一定になる部分を利用する場合を**定電流モード**とよぶことがあります．

　図3.10 に，本書で用いる電源の図記号を示します．図 (a) は直流電源で，図 (b) は交流電源の記号です．直流でも交流でも，定電圧もしくは定電流であることを強調したいときは，図 (c) の電圧源もしくは図 (d) の電流源の図記号を使用します．このほかにも，11章で学ぶ従属電源があります．整理のために添えて描いておきます．図 (e) は従属電圧源，図 (f) は従属電流源の図記号です．

(a) 直流電源　（b) 交流電源

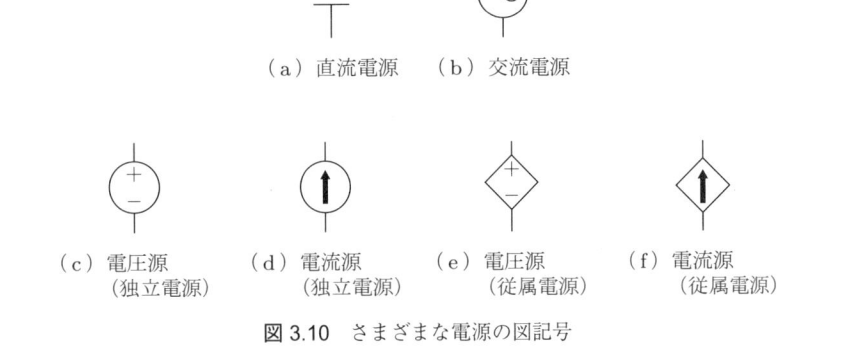

(c) 電圧源
　　（独立電源）　　(d) 電流源
　　（独立電源）　　(e) 電圧源
　　（従属電源）　　(f) 電流源
　　（従属電源）

図 3.10　さまざまな電源の図記号

3.5　抵抗などの電流電圧特性

■ 電流電圧特性

3.4 節では電源の電流電圧特性について説明しましたが，素子のなかにも，抵抗や LED など，端子電圧と素子に流れる電流の間に定まった関係のあるものがあります．このような素子の電流電圧特性を得るには，図 3.11(a) のように直流電源に接続して電圧を加え，電流を流してやります．直接電源の図記号に矢印が加わっていますが，これは起電力を変化させることができる可変電源を表しています．詳しくは 3.9 節で説明します．電流 i，電圧 v の向きを図 3.7 の直流電源のときと同じようにとっていますが，実際には電流は逆向きに流れるので，電流計の端子は図 3.7 の場合とは反対に接続しなければなりません．第 2 象限の特性を得るには，図 3.11(b) に示すように，電源と電圧計，電流計の極性をすべて逆にして測定します．

豆電球，LED，抵抗の三つの素子の電流電圧特性を図 3.11(c) に示しています．これらの電流電圧特性からわかることで重要なことを四つ掲げておきます．第一に，どの素子の特性も原点を通り，第 4 象限と第 2 象限に描かれているということです．第 4 象限と第 2 象限は電圧と電流が異符号，つまり，$p = vi$ は正になることがなく，電気エネルギーは素子に向かっているということです．つぎに重要なことは，特性曲線が豆電球と抵抗素子とでは原点に対して点対称になっていますが，LED では加えた電圧の向きによってはほとんど電流が流れないということです．特性曲線が原点を中心に点対称のとき，この素子は**極性がない**，そうではないときは，**極性がある**といいます．抵抗や豆電球には極性がなく，LED には極性があります．もちろん，直流電源にも極性があります．

重要な点の第三は，素子の電流と電圧の向きについてです．図 3.11 のように電圧

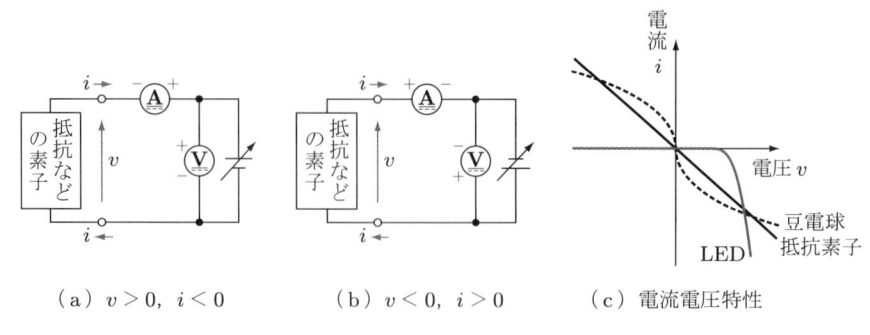

図 3.11 の (a) $v > 0, i < 0$ (b) $v < 0, i > 0$ (c) 電流電圧特性

図 3.11 電流電圧特性とその測定回路 (電流 i と電圧 v の向きを同じにした場合)

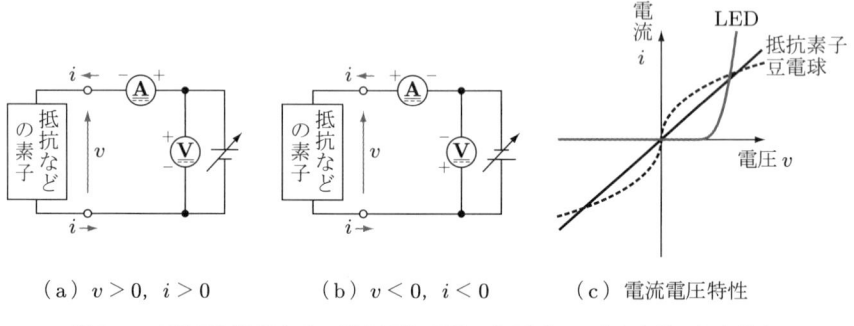

図 3.12 の (a) $v > 0, i > 0$ (b) $v < 0, i < 0$ (c) 電流電圧特性

図 3.12 電流電圧特性とその測定回路 (電流 i と電圧 v の向きを逆にした場合)

の向きと電流の向きを同じにとると，電圧と電流の符号がいつも異なり，$p = vi \leqq 0$ となります．図 3.12 のように電流の向きを逆に定めると，加えた電圧に対して流れる電流という感じが出てきます．このとき，電圧と電流の符号がいつも同じになり，$p = vi \geqq 0$ となります．この場合の電流電圧特性としては，図 3.11(c) に対して上下が逆さまになった図 3.12(c) が得られます．電圧の向きと電流の向きについては注意が必要です．いつもどちらを正の向きにとって考えているのか注意しておいてください．慣れてくれば，それほど意識せずにすむようになると思いますが，それまでは意識的に向きについて考えるようにしましょう．四つめの重要点はオームの法則とよばれるものです．これについては，以下で詳しく説明します．

■ オームの法則

　豆電球や LED などの電流電圧特性の特性曲線は直線ではありませんでしたが，抵抗とよばれる素子では，原点を通る直線になっています．通常の状態では，多くの物質がこのように電圧と電流とが比例するという性質をもっており，このことを**オームの法則** (Ohm's law) とよんでいます．

オームの法則

金属などの物質では，常温において加えた電圧 v [V] と流れる電流 i [A] は比例する．つまり，抵抗値 R [Ω] は電流，電圧によらず一定で，つぎの関係が成り立つ．

$$v = Ri, \quad i = \frac{v}{R}, \quad R = \frac{v}{i}$$

この関係を利用した素子を**抵抗**(抵抗体，resistor) とよんでいます．とくに，比例関係を強調したいときには**線形抵抗**とよぶこともあります．先ほど素子に加えた電圧 v [V] を流れる電流 i [A] で割った値を抵抗値といいましたが，抵抗では使用されている電圧，電流によらず抵抗値がいつも一定だといえます．

抵抗の電圧と電流の向きをそろえた場合には，電圧と電流の符号は異符号になりますから，このような場合には，オームの法則をつぎのように表現することもできます．

$$v + Ri = 0$$

これまでに電源や抵抗などのいくつかの2端子素子の電流電圧特性をみてきましたが，およそ素子とよべないような特殊な2端子素子が二つあります．それは**開放** (open) と**短絡** (short) です．開放は2端子の間に何も接続しない状態をいいます．このときは電流が流れませんから，この2端子の間の抵抗値は無限大です．一方，短絡は2端子の間を抵抗値ゼロの導線で接続した状態をいいます．この導線を電流が流れても，抵抗値がゼロですから電圧降下はゼロとなります．開放と短絡の電流電圧特性は，図 3.13(a)，(b) のように表現することができます．

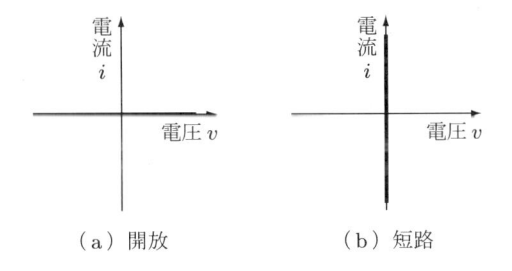

(a) 開放　　(b) 短絡

図 3.13　開放と短絡の電流電圧特性

例題 3.2

図 3.14 の特性をもつ豆電球，LED，抵抗がある．以下の問いに答えなさい．

(1) 三つの素子のそれぞれに 80 mA の電流を流したとき，それぞれの電圧降下と抵抗値，コンダクタンスを求めなさい．

(2) 三つの素子のそれぞれに 0.6 V の電圧を加えたとき，それぞれに流れる電流と抵抗値，コンダクタンスを求めなさい．

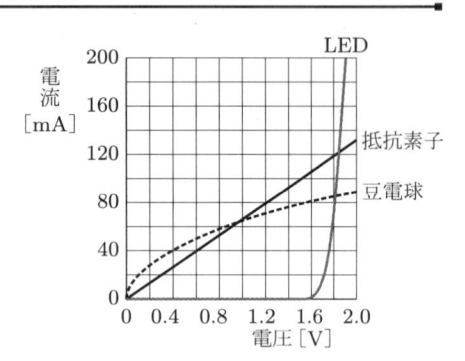

図 3.14

解 (1) 豆電球：$v=1.6$ V，$r=20$ Ω，$g=50$ mS．
LED：$v=1.8$ V，$r=22.5$ Ω，$g=44.4$ mS．
抵抗：$v=1.2$ V，$r=15$ Ω，$g=66.7$ mS．
(2) 豆電球：$i=50$ mA，$r=12$ Ω，$g=83.3$ mS．
LED：$i=0$ A，r は無限大，$g=0$ S．
抵抗：$i=40$ mA，$r=15$ Ω，$g=66.7$ mS．

例題 3.3

抵抗値 1 kΩ，2 kΩ，4 kΩ の抵抗に，電圧 2.0 V，4.0 V，6.0 V を加えたとき，流れる電流をそれぞれ求め，この関係を電流電圧特性のグラフにしなさい．

解 1 kΩ の抵抗：2.0 V のとき 2.0 mA，4.0 V のとき 4.0 mA，6.0 V のとき 6.0 mA．
2 kΩ の抵抗：2.0 V のとき 1.0 mA，4.0 V のとき 2.0 mA，6.0 V のとき 3.0 mA．
4 kΩ の抵抗：2.0 V のとき 0.5 mA，4.0 V のとき 1.0 mA，6.0 V のとき 1.5 mA．
電流電圧特性は図 3.15 のとおり．

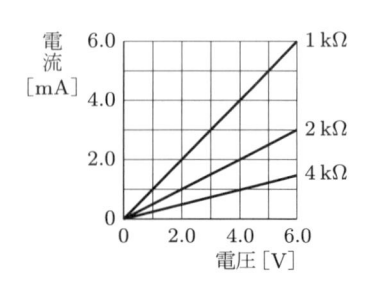

図 3.15

例題 3.4

以下の問いに答えなさい．

(1) 5.1×10^7 Ω を SI 接頭辞を用いて簡単に表記しなさい．
(2) 250 kΩ の抵抗に 200 V 加えたとき，流れる電流はいくらか．SI 接頭辞を用いて表記しなさい．
(3) 20 kΩ の抵抗に 200 μA の電流を流したとき，抵抗の電圧降下はいくらか．

解 (1) 5.1×10^7 Ω $= 51 \times 10^6$ Ω $= 51$ MΩ．
(2) $i = \dfrac{v}{r} = \dfrac{200}{250 \text{ k}} = \dfrac{800}{1000 \text{ k}} = 0.8$ m $= 800$ μA．
(3) $v = ri = 20$ k $\times 200$ μ $= 4000$ m $= 4$ V．

3.6 電源と負荷を接続した場合の図式解法

図 3.16(a) のように電源と負荷を接続したときに，双方に共通して流れる電流と端子電圧を求めるにはどうしたらよいかについて説明をします．

電源の電流と電圧を図 (b) のように同じ向きに定め，このときの電流電圧特性を $i = f(v)$ と関数として表しておきます．一方，負荷の電流の向きは電圧の向きとは逆にして図 (c) のように定め，このときの電流電圧特性を $i = g(v)$ と表すことにします．これらの電源と負荷を接続した場合は，$i = f(v)$ と $i = g(v)$ を同時に満たす必要があります．この「同時に満たす」ことを，数学では**連立する**といいます．式で表すと，つぎのようになります．

$$\begin{cases} i = f(v) \\ i = g(v) \end{cases}$$

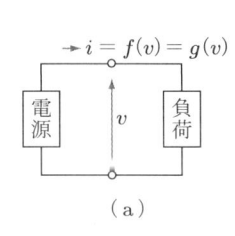

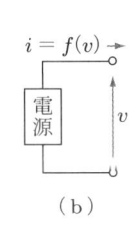

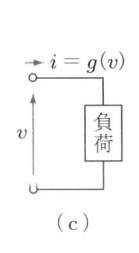

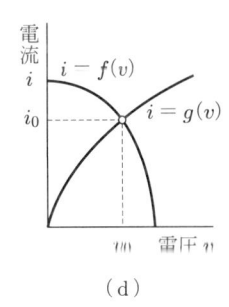

図 3.16 電源と負荷を接続したときの図式解法

二つの電流電圧特性を図 (d) に描いていますが，同時に満たす，もしくは連立するということは，この電流電圧特性の**交点**を意味します．「同時に満たす」という言葉の使い方と数学でいう「連立」，さらにはグラフ上での「交点」とが同じ意味合いをもっているということをしっかりと認識しておいてください．このグラフ上の交点の電流 i_0 と電圧 v_0 が求めるべき電流と端子電圧となります．

例題 3.5

図 3.17(a) に充電式電池，図 (b) に豆電球の電流電圧特性を示す．二つをつないだときに流れる電流および端子電圧を求めなさい．

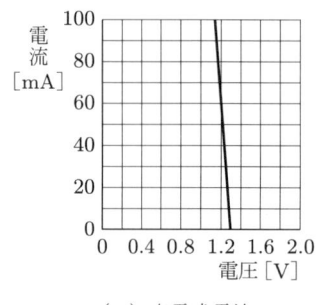

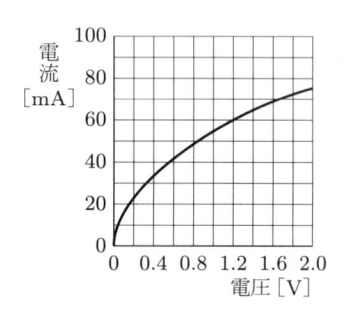

（a）充電式電池　　　　（b）豆電球

図 3.17

解 両特性の交点 (図 3.18) から，電流 60 mA，端子電圧 1.2 V．

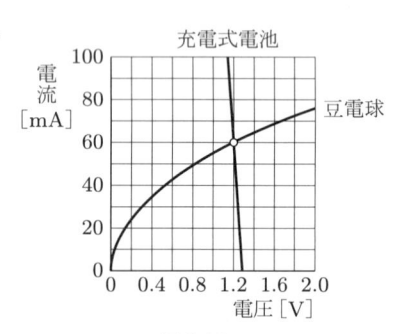

図 3.18

例題 3.6

ある太陽電池に一定の光を照射して電流電圧特性を調べたところ，図 3.19 のとおりであった．これに，20 Ω，10 Ω，4 Ω の抵抗を接続したとき，さらに太陽電池を開放，および短絡したときのそれぞれの電流と電圧，太陽電池からの供給電力を求めなさい．

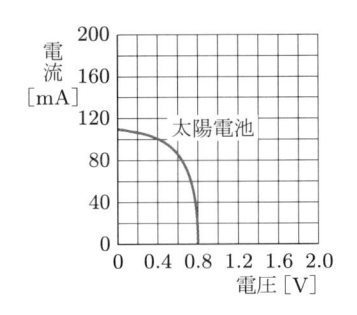

図 3.19

解 図 3.20 のように，太陽電池の電流電圧特性の上に，三つの抵抗の電流電圧特性を重ねて描き，それらの交点を求める．
20 Ω の抵抗：電流 40 mA，電圧 0.80 V，供給電力 32 mW．
10 Ω の抵抗：電流 75 mA，電圧 0.74 V，供給電力 55.5 mW．
4 Ω の抵抗：電流 100 mA，電圧 0.40 V，供給電力 40 mW．
開放：電流 0 mA，電圧 0.8 V，供給電力 0 W．
短絡：電流 110 mA，電圧 0 V，供給電力 0 W．

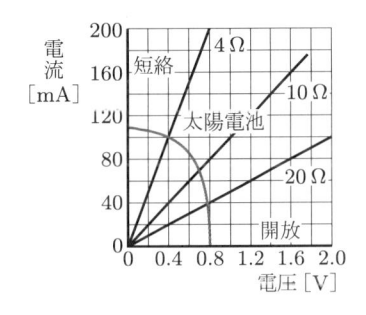

図 3.20

3.7† 素子使用の許容範囲

携帯電話を池に落として，しまった！ と思った経験はないでしょうか．コンピュータを暑い部屋に置いておくと壊れてしまうことがあります．乾電池を充電すると発熱，液漏れ，破裂などの危険があるので，絶対に充電してはいけません．どんな製品にも安全に使用できる条件があるということです．利用者がこれらを一つひとつ調べるわけにはいきませんから，製造者は素子ごとに安全に使用できる条件を定め，これを公開する義務があります．

電源や電気素子，導線について，動作保障に関する一般的な事項を整理しておきます．

● **電流，電力**：消費エネルギーのほとんどは熱エネルギーに変わるため，素子や導線の温度が高くなることで，素子そのものが破壊されたり，正常動作が望めなく

なったり，被覆する絶縁物が正常な役目を果たさなくなったりします．正常に使用できる最高電流を**許容電流** (allowable current)，最高電力を**許容電力** (allowable power) といいます．素子によっては許容電流のことを**最大定格電流**，許容電力のことを**最大定格電力**とよぶこともあります．

● **電圧**：素子をつくる材料は，強い電圧により電気的破壊が生じます．正常に使用できる最高電圧を**許容電圧** (allowable voltage) といいます．素子によっては，これを**最大定格電圧**とよぶこともあります．また，乾電池は充電すると危険ですので，起電圧の向きと逆向きの電流を流してはいけません．

図 3.21 は主な電気的制限を図示したものです．

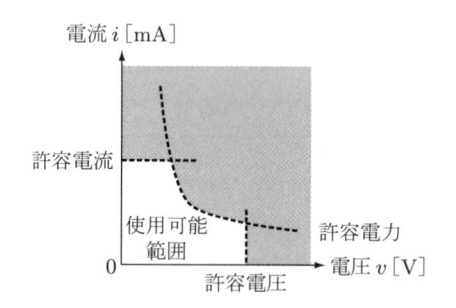

図 3.21 素子の電気的使用可能範囲

● **周囲ガス**：一般に水中では使用できません．さらに，周囲ガスの種類や状態によっては使用できないことがあります．

● **温度**：高温や低温では正常に使用できないのが一般的です．素子や導線そのものが正常にはたらかなくなる場合と，素子を覆う絶縁物が正常にはたらかなくなる場合の 2 通りがあります．とくに，高温では，素子そのものが破壊することもあります．素子や導線を覆う絶縁物には正常に機能するための使用可能な最高温度があり，これを**許容最高温度**といいます．

例題 3.7

以下の問いに答えなさい．

(1) 許容電力 0.125 W，10 Ω の抵抗素子には電流をいくらまで流してよいか．
(2) 許容電流 2.0 A，許容電力 0.125 W の金属材料がある．印加電圧 (素子に加える電圧) を 1.2 V とするとき，電流はいくらまで流してよいか．

解 (1) $p=vi=ri^2$ より，$i=\sqrt{p/r}=\sqrt{0.125/10}=0.112$ A $=112$ mA.
(2) 許容電力による制限は $0.125/1.2=0.104$ A $=104$ mA，許容電流は 2.0 A であるから，小さいほうの 104 mA まで流してよい．

3.8 電源の等価回路

■ 電源等価変換の定理

図 3.22 に示す電流電圧特性をもった乾電池があるとします．電流が流れないときは 1.5 V，電流が 100 mA 流れたときは 1.3 V の端子電圧になっています．この電流電圧特性が直線であるとすると，電圧 v と電流 i の関係は 1 次式で表現できることになります．数学で $y=2x+1$ などの式について学んだことがあると思いますが，この右辺 $2x+1$ を x の 1 次式といいます（ちなみに，$y=x^2+x+1$ は x の 2 次式です）．1 次式は一般に $y=ax+b$ と表現することができますから，電圧 v と電流 i の関係も $i=av+b$ と表現できます．図 3.22 の乾電池については，電流 0 A で電圧 1.5 V，電流 100 mA で電圧 1.3V ですから，

$$\begin{cases} 0 = 1.5a + b \\ 0.1 = 1.3a + b \end{cases}$$

となります．これを解くと $a=-2$, $b=3$ ですから，

$$i = -2v + 3$$

となり，これを電圧 v について解くと，つぎのようにも表せます．

$$v = -0.5i + 1.5$$

ところで，図 3.23 の二つの電源について考えてみましょう．図 (a) は，起電圧 E の電圧源と抵抗値 r の抵抗の直列回路になった電源です．一方，図 (b) は，起電流 J

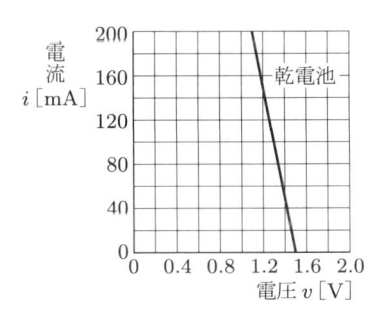

図 3.22 ある乾電池の電流電圧特性

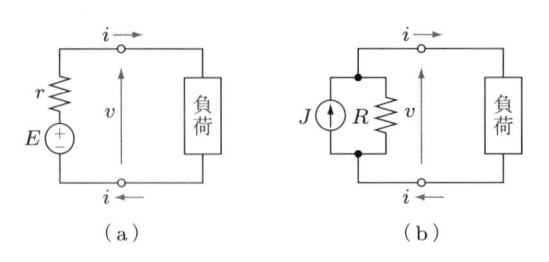

図 3.23 二つの電源

の電流源と抵抗値 R の抵抗の並列回路になった電源です．

これら二つの電源の電圧 v と電流 i の関係を求めると，つぎのようになります．

$$\text{(a)} \quad v = E - ri, \quad i = \frac{E-v}{r} = \frac{E}{r} - \frac{v}{r} \tag{3.1}$$

$$\text{(b)} \quad i = J - \frac{v}{R}, \quad v = R(J-i) = RJ - Ri \tag{3.2}$$

どちらも，電圧 v と電流 i の関係を 1 次式で表せることがわかります．これらの電流電圧特性を図 3.24 に示します．

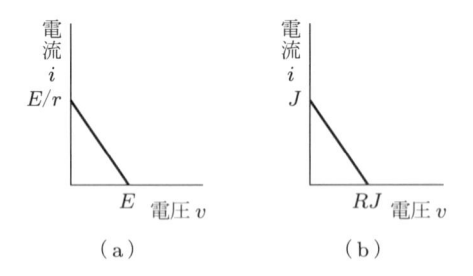

図 3.24 二つの電源の電流電圧特性

さて，式 (3.1)，(3.2) を先ほどの図 3.22 の乾電池の場合と比較すると，

$$E = 1.5 \text{ V}, \quad r = 2 \text{ }\Omega, \quad J = 3 \text{ A}, \quad R = 2 \text{ }\Omega$$

となることがわかります．電流電圧特性が同じであれば，外部に同じ負荷を接続した場合には同じ電流が流れ，同じ端子電圧になります．つまり，図 3.25(b) に示す電圧源と抵抗の直列回路，および図 (c) に示す電流源と抵抗の並列回路は，ともに図 3.22 の特性をもつ乾電池と等価なはたらきをすることになります．これらの三つの 1 ポート回路はたがいに**等価**な 1 ポート回路ということです．以下では，1 ポート回路 (図 (b)) を電源 (図 (a)) の**電圧源モデル**，1 ポート回路 (図 (c)) を電源 (図 (a)) の**電流源モデル**とよぶことにします．ここで，図 (a)〜(c) の間に挿入されている記号「≡」は回路が等価であることを意味しています．

(a)　　　　　　（b）電圧源モデル　　　（c）電流源モデル

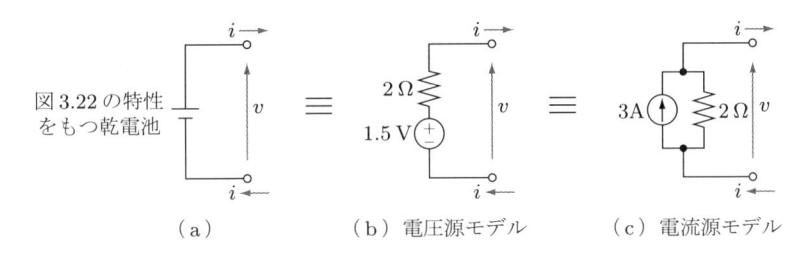

図 3.25　電圧源モデルと電流源モデル

式 (3.1) と式 (3.2) を比較すると，$r = R$，$E = rJ = RJ$ のとき両式は同じ式になりますから，この結果はつぎの**電源等価変換の定理**としてまとめられます．

電源等価変換の定理

起電圧 E の電圧源と抵抗値 r の抵抗の直列回路 (図 3.26(a)) と，起電流 J の電流源と抵抗値 R の抵抗の並列回路 (図 (b)) とが等価であるための条件は，つぎのとおりである．

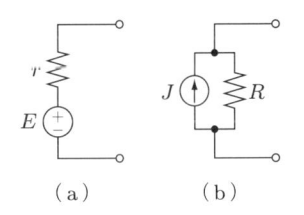

$$r = R, \quad E = rJ = RJ$$

図 3.26　二つの電源の等価性

一般に，直流電源を上記のように電圧源モデル，もしくは電流源モデルとみなしたとき，抵抗 $r = R$ をこの直流電源の**内部抵抗**，E をこの直流電源の**起電圧**，J をこの直流電源の**起電流**とよびます．これに対し，電源の端子電圧を**電源電圧**，電源から流れ出る電流を**電源電流**とよぶこともあります．また別の 1 ポート回路を接続したときの動作時の電源電圧，電源電流という意味を込めて，**動作電圧**，**動作電流**とよぶこともあります．

例題 3.8

起電圧 3 V，内部抵抗 0.5 Ω の直流電源について，つぎの問いに答えなさい．

(1) 電流電圧特性を描きなさい．
(2) 直流電源を流れる電流 i と端子電圧 v との間の関係を $v = ai + b$ の形と $i = av + b$ の形とで表しなさい．
(3) これと等価な電圧源を用いる等価回路，電流源を用いる等価回路を図示しなさい．

解　(1) 図 3.27 のとおり．
(2) $v = 3 - 0.5i, \quad i = 6 - 2v$．
(3) 図 3.28 のとおり．

62 　3章　素子の電流電圧特性

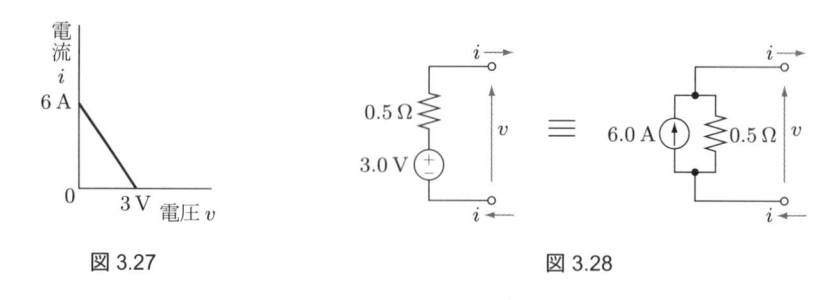

図 3.27

図 3.28

■ 起電圧と電圧降下

　電池などの電圧源に近い直流電源は，図 3.29 のように電圧源モデルとして考えることが多く，電源電圧 v は式 (3.1) のように，起電圧と内部抵抗による電圧降下に分けて近似することができます．

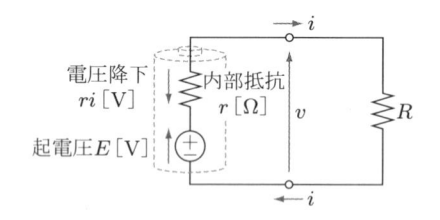

図 3.29　直流電源の電源モデル

　このような考えを，2章で説明した KVL ②での電源電圧の表現にも当てはめると，多くの教科書にも記載されているつぎの KVL ③の表現が得られます．
　KVL ②を用いるときは，直流電源の内部抵抗などは気にせず，その端子電圧である電源電圧と電源以外の抵抗による電圧降下の関係として適用します．一方，KVL ③は直流電源の内部抵抗による電圧降下も考慮する分，電源電圧ではなく，起電圧との関係として適用する必要があります．

KVL ②
　任意の閉路において，閉路に沿った電源電圧の代数和は，この閉路に沿った抵抗による電圧降下の代数和に等しい．
KVL ③
　任意の閉路において，閉路に沿った起電圧の代数和は，この閉路に沿った抵抗による電圧降下の代数和に等しい．

本書では，直流電源の図記号として，とくに電圧源，電流源としなくてよい場合は，図 3.10(a) を用いることにします．数値を添える場合もありますが，その単位が [V] であれば動作電圧，単位が [A] であれば動作電流を表すとします．図記号に添えられている数値は動作時のものですが，問題を解くときには，その数値を起電圧にもつ電圧源もしくはその数値を起電流にもつ電流源として解いてもかまいません．その理由は 7 章で説明します．

例題 3.9

図 3.30(a), (b) のように，ある直流電源に 8 Ω の抵抗を接続したら電圧電源が 8 V になり，2 Ω の抵抗を接続したら電流 3 A が流れた．この直流電源の端子電圧と電流は 1 次式に従うとして，起電圧と内部抵抗を求めなさい．

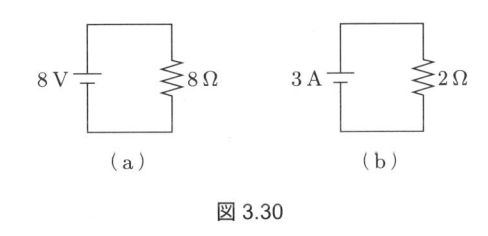

図 3.30

解 電源の起電圧を E，内部抵抗を r とすると，回路に流れる電流 i および電源電圧 v の間にはつぎの関係が成り立つ．

$$v = E - ri$$

(a) $v = 8$ V，$i = 8/8 = 1$ A．したがって，$8 = E - 1 \cdot r$．
(b) $i = 3$ A，$v = 2 \times 3 = 6$ V．したがって，$6 = E - 3r$．

二つの式を連立させて解くと，$r = 1$ Ω，$E = 9$ V．

3.9† 変化する電流電圧特性

本章では，電源や負荷の電流電圧特性について解説し，これらがたがいに接続されたときに流れる電流や端子電圧を求めることができるようになりました．ところが，電流電圧特性は状況によって変化します．代表的な例を用いて説明しましょう．

まずは太陽電池です．太陽電池は光エネルギーを電気エネルギーに変える素子ですが，この変換だけがすべてではありません．たとえば，負荷をつながないときは電気エネルギーには変わりませんから，そのほとんどが熱エネルギーとして周囲に拡散していきます．負荷をつないでも，負荷で使用する電気エネルギーとの差し引き分はほとんど熱エネルギーに変わります．その詳細は半導体工学で学ぶことになります．光エネルギーによる電流電圧特性の変化は図 3.31 に示すようになり，定電圧モードでの

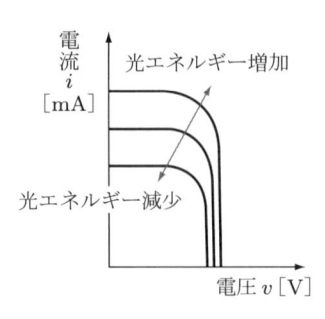

図 3.31 太陽電池の特性の変化

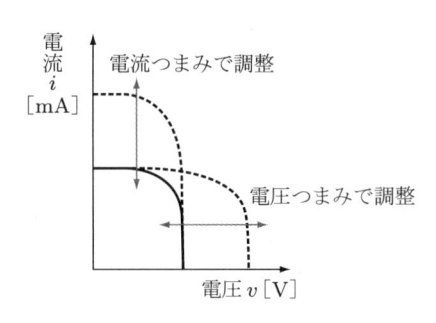

図 3.32 可変安定化電源の電流電圧特性

起電圧はあまり変化しないのですが，定電流モードの起電流は，光エネルギーの増加により比例して増加します．

実験室には直流電源として可変安定化電源を備えていることが多くあります．電流電圧特性は図 3.32 のように，太陽電池と同じく，定電圧モードの特性と定電流モードの特性をあわせもっています．電圧を調整できるものが多いのですが，電流を調整できるものもあります．図 3.33 は電圧調整と電流調整の両方ができる可変安定化電源のパネル面の一例です．

つぎに，電流電圧特性が変化する負荷の例として，小型の直流モータについて説明することにします．直流モータで荷物を巻き上げることを想定してみましょう．荷物の重さを一定として直流モータに加える電圧を大きくすると，電流も大きくなり，回転速度も上がります．電流電圧特性は線形抵抗のように直線ではありませんが，図 3.34 のように，原点を通る曲線になります．直流モータに加える電圧を一定として考えると，荷物が軽いときはパワーも小さくてすむため，それほど大きな電流を必要と

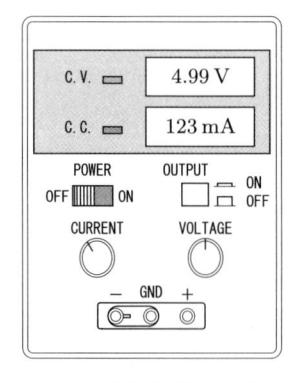

図 3.33 可変安定電源のパネル面

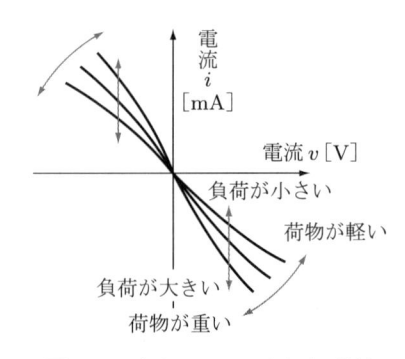

図 3.34 直流モータの電流電圧特性

しませんが，荷物が重くなるとパワーも大きくしなければならず，大きな電流を必要とします．つまり，電流電圧特性は図に示すように，荷物の軽重によって特性そのものが変化するのです．荷物が軽いときには電流電圧特性の傾きが大きくなり，したがって，直流モータ自体の抵抗値は小さいことになります．また，その逆に，荷物が重いときは，直流モータ自体の抵抗値は大きいことになります．直流モータは定格電圧のもとで使用するように設計されていますから，電圧が一定だと考えると，荷物が軽いほど電流は小さくパワーも小さく，荷物が重いほど電流は大きくパワーも大きくなります．パワーの小さい場合を**負荷が小さい**といい，パワーの大きい場合を**負荷が大きい**といういい方をします．

見落としやすい電気素子にスイッチがあります．スイッチにもたくさんの種類がありますが，代表的なものを図 3.35 に記しておきます．

種類は多くても，基本は開いている状態 (OFF) と閉じている状態 (ON) の二つがあります．スイッチは開いているときは電流が流れませんが，閉じているときには電

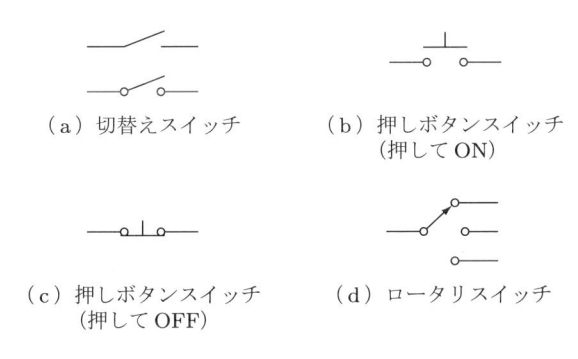

(a) 切替えスイッチ
(b) 押しボタンスイッチ（押して ON）
(c) 押しボタンスイッチ（押して OFF）
(d) ロータリスイッチ

図 3.35　いろいろなスイッチ

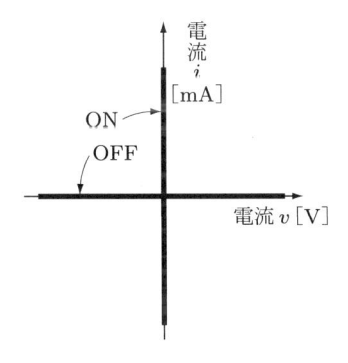

図 3.36　スイッチの ON と OFF 状態の電流電圧特性

圧降下がゼロになります．これも電流電圧特性の変化として考えることができます．
図 3.36 にその特性を示します．

■■■ 演習問題 ■■■

3.1 以下の問いに答えなさい．

(1) 2 kΩ の抵抗に 3 V 加えた．流れる電流はいくらか．
(2) 2 kΩ の抵抗に 25 μA の電流を流した．電圧降下はいくらか．
(3) 600 kV 加わった端子間に 1.2 A 流れた．この端子間のコンダクタンスはいくらか．

3.2 図 3.37 の回路において，各所の電位と電流がわかっている．以下の問いに答えなさい．

(1) 直流電源の端子電圧 E はいくらか．
(2) 抵抗 $R_1 \sim R_3$ のそれぞれの電圧降下 $v_1 \sim v_3$ はいくらか．
(3) 抵抗 $R_1 \sim R_3$ のそれぞれの抵抗値はいくらか．

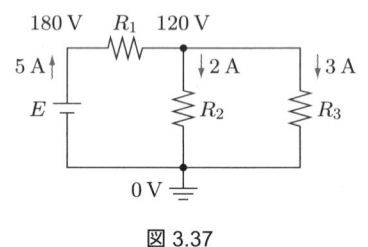

図 3.37

3.3 直流電源について，以下の問いに答えなさい．

(1) 電源の負極から正極に +2 C の電気量をもつ電荷を運ぶのに 6 J の仕事を要した．電源の電圧はいくらか．
(2) 3 V の電源の負極から正極に +4 C の電気量をもつ電荷を運ぶのに要する仕事はいくらか．
(3) 3 V の電源に 100 Ω の抵抗を接続して 1 分間電流を流した．負極を出た電子の電気量 (もしくは正極に吸い込まれた電子の電気量) の総和は何 C か．
(4) (3) の設定で，電源のした仕事 (抵抗で消費した仕事) はいくらか．

3.4 図 3.38(a) のように，直流電源に抵抗，電流計および電圧計のつながれた回路がある．また，図 (b) のグラフは，抵抗のかわりに電熱線 A および B を接続し，電源の電圧を変化させて加えた電圧と流れる電流の変化を調べ，得られた結果である．以下の問いに答えなさい．

(1) 図 (c) に導線を描き加え，図 (a) の回路の実態配線図を完成させなさい．ただし，電源電圧を 2 V，流れる電流を 200 mA とする．
(2) 電熱線 A に電圧 3 V を加えたとき流れる電流はいくらか．
(3) 電熱線 B に電流 100 mA を流すためにはいくらの電圧を加えたらよいか．
(4) 電熱線 A，B の抵抗はそれぞれいくらか．

3.5 図 3.39(a) のような電流電圧特性をもつ豆電球，ダイオード，抵抗素子と，図 (b) のような電流電圧特性をもつ太陽電池がある．以下の問いに答えなさい．

(1) 豆電球，ダイオード，抵抗素子のそれぞれに 0.8 V の電圧を加えた．流れる電流は

それぞれいくらか.
(2) 豆電球，ダイオード，抵抗素子のそれぞれに 60 mA の電流を流した．それぞれの素子に加わる電圧はいくらか．
(3) 豆電球，ダイオード，抵抗素子のそれぞれに太陽電池を接続した．それぞれの素子に加わる電圧および流れる電流はいくらか．
(4) 抵抗素子の抵抗値はいくらか．

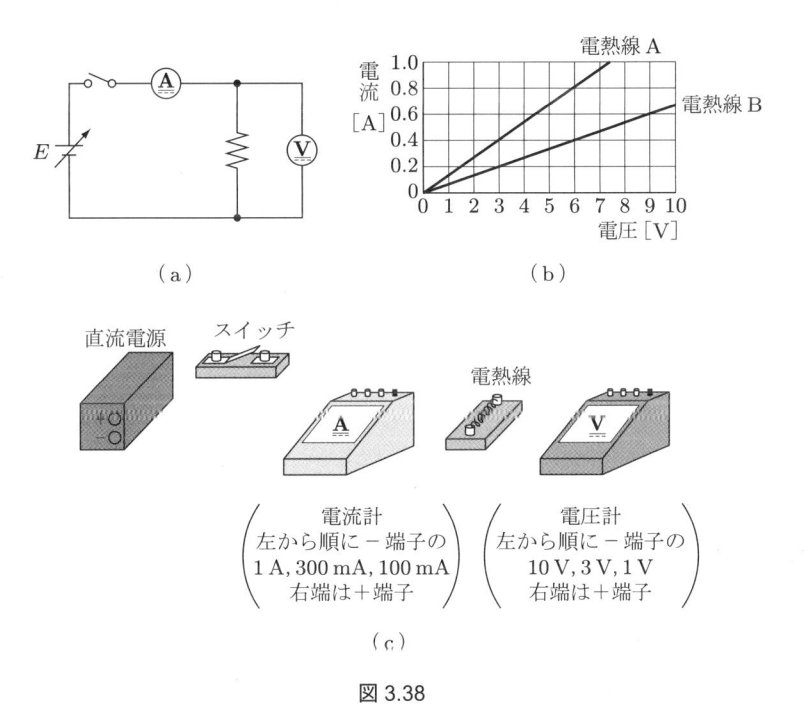

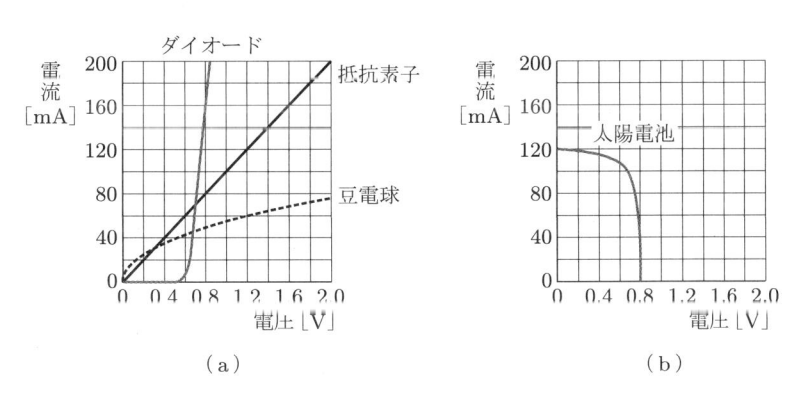

図 3.38

図 3.39

3.6 図 3.40 の電流電圧特性をもつ電源の電圧源モデル，および電流源モデルを求めなさい．

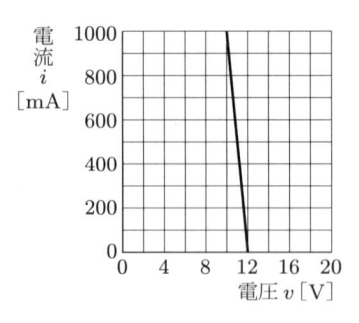

図 3.40

3.7 起電圧 1.5 V，内部抵抗 0.8 Ω の電源に 2.2 Ω の負荷抵抗をつないだとき，電源の端子電圧はいくらか．また，内部抵抗による電圧降下はいくらか．

4章　簡単な回路の計算

　1〜3章では，電気回路の基礎事項を学んできました．本章ではいよいよ簡単な回路について，各所の電圧や電流を求める方法について学びます．さらに，ある形状をした物体の抵抗値がどのように定まるのかを解説します．

　与えられた回路に対し，ある場所の電圧や電流などを求めることを，**回路を解析する**といいます．本章では，簡単な回路の解析ができるようになることを目指します．ここでいう簡単な回路とは，負荷が直列接続や並列接続された回路です．これから電気工学を学び進めていくなかで，たくさんの回路に出会うことになりますが，そこで必要とされる回路計算の多くは，ここで学ぶ程度の簡単な計算です．内容は簡単ですが，この意味では重要です．

　1, 2章では，どんな複雑な接続をした回路でも，電流や電圧が必ず満たす二つの法則，KCLとKVLについて学んできました．3章では，回路を構成する一つひとつの素子が満たす電流電圧特性について学びました．これらを組み合わせることで複雑な回路の解析もできるようになりますが，それについては5〜10章で学ぶことにします．本章では，直列接続，並列接続もしくはそれらを組み合わせた回路のみを考えます．本章で学ぶ公式に，直列接続や並列接続したときの**合成抵抗の公式**，**分圧の公式**，**分流の公式**があります．これらの公式はこれから何度も出てきますし，その使用頻度からいっても最重要といえるでしょう．完全に理解しておきましょう．そして，これらの公式が出てくるもととなる関係は，KCLとKVLと素子の電流電圧特性だということを確認します．

　回路を構成する抵抗の抵抗値は形状や寸法，材料，温度によって決まります．抵抗の直列接続や並列接続の考察から，抵抗は抵抗体の長さに比例し，断面積に反比例することが理解できます．このような形状や寸法としての情報を差し引いた，物質特有の電流の通しにくさを表す指標として**抵抗率**，そして，抵抗率そのものが温度によってどのように変化するのかを表す指標として**抵抗温度係数**があるということについても学びます．

4.1 直列接続と並列接続

電池と 2 個の豆電球をつないで回路とするには，図 4.1(a), (b) の二つの方法があります．比較しやすいように，豆電球 1 個の場合を図 (c) に示します．図 (a) は電流の通る道筋が一つしかなく，このような負荷のつなぎ方を**直列接続** (series connection) といいます．一方，図 (b) は電流が途中で分岐したり合流したりしており，このような負荷のつなぎ方を**並列接続** (parallel connection) といいます．

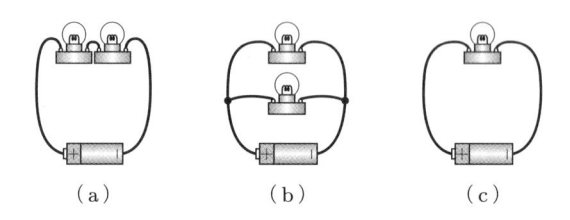

図 4.1 負荷の直列接続と並列接続

二つの豆電球は同等であるとして，三つの回路を比較してみましょう．簡単化して考えるために，電池の端子電圧はほぼ一定の 1.5 V として考えてみることにします．図 (b) や図 (c) の場合は，どの豆電球にも電池の電圧 1.5 V が加わりますから，同じ電流が流れて同じ明るさになります．一方，図 (a) では電池の電圧 1.5 V が二つの豆電球に等分され，それぞれの電圧は 0.75 V となり，図 (b) や図 (c) に比べて半分の電圧になってしまうので，暗くなります．

電源と負荷がつながれた回路で，負荷に流れる電流や負荷にかかる電圧を測定する方法については，すでに 3 章の電流計と電圧計のところで説明しました．図 4.2 に示すように，電流計は負荷に直列に，電圧計は負荷に並列に接続して測定します．

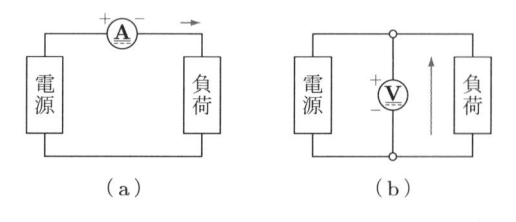

図 4.2 電流計や電圧計の接続

電源 (電池) が 2 個で負荷 (豆電球) が 1 個の場合にも，図 4.3(a), (b) のように，2 種類のつなぎ方があります．比較のために電源 1 個と負荷 1 個の場合を図 (c) に示します．図 (a) のようなつなぎ方を電源の直列接続，図 (b) のようなつなぎ方を電源の

(a)　　　　　　　(b)　　　　　　　(c)

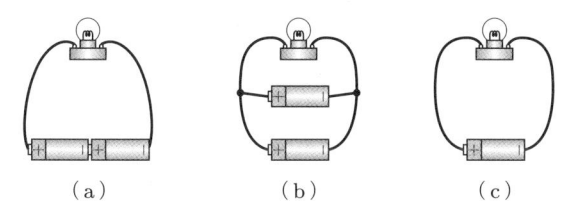

図 4.3　電源の直列接続と並列接続

並列接続といいます．

　図 4.3(b) では電池が 2 個並列につながれていますが，電気的な圧力は変わらず，豆電球には 1.5 V が加わるだけですから，明るさは図 (c) とほとんど変わりません．一方，図 (a) の場合は，電池が 2 個直列につながれていますから，たし合わせた 3.0 V が一つの豆電球に加わり，図 (c) に比べて明るく光ります．

　電圧源の並列接続については，実際に使用する場合には注意が必要です．それは，起電圧の異なる電池を並列に接続してはいけないということです．このように使用すると，起電圧の小さな電池に逆向きの大きな電流が流れ，電池が発熱したり内部の液体が浸み出してきて危険です．1.5 V の乾電池どうしでも，起電圧に差ができるとこのような危険性が生じてきますから，電圧源の並列接続は基本的にしないのが無難です．

4.2† 水路モデルでの直列と並列

　図 4.1(a)〜(c) の回路に対比させた水路モデルを図 4.4(a)〜(c) に示します．図 (a) では水車が直列に，図 (b) では並列に配置されています．図 (a) ではどちらの水車にも同じ流量 (1 秒間あたりに流れる水の量) の水が流れ，図 (b) ではどちらも同じ落差の斜面を水が分かれて流れる点があるなど，流量を電流に，落差を電圧に対応させて考えると，回路と類似していることがわかります．図 (b) の場合は，二つの水車の斜面の落差は同じですから，水路や水車のつくりが同じであれば，同じ程度の回転になることが想像できます．一方，図 (a) では，それぞれの水車の斜面の落差は図 (b) に比べて小さくなりますから，回転も小さくなると考えることもできます．このように考えると，回転の程度と豆電球の明るさの間に類似点を認めることができます．

　図 4.3(a)〜(c) の回路に対比させた水路モデルを図 4.5(a)〜(c) に示します．図 (a) では落差が大きくなり，水車がよく回りそうです．これに対し，図 (b) では，図 (a) と同じ落差ですから，回転の仕方も同じ程度であると推測できます．これらの推察も豆電球の明るさとの類似点を認めることができます．

　一方で，水路モデルでは十分ではないこともあります．電気回路の電圧を水路モデ

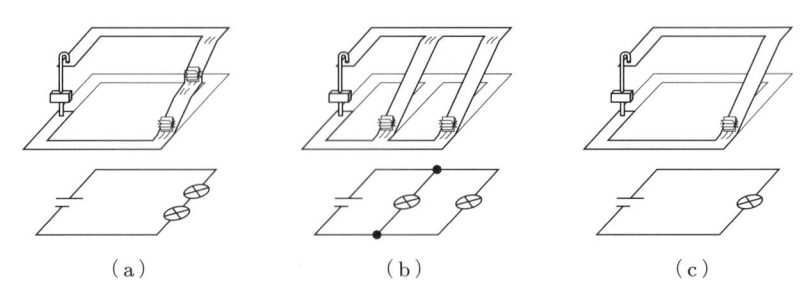

図 4.4 負荷の直列接続，並列接続に対応する水路モデル

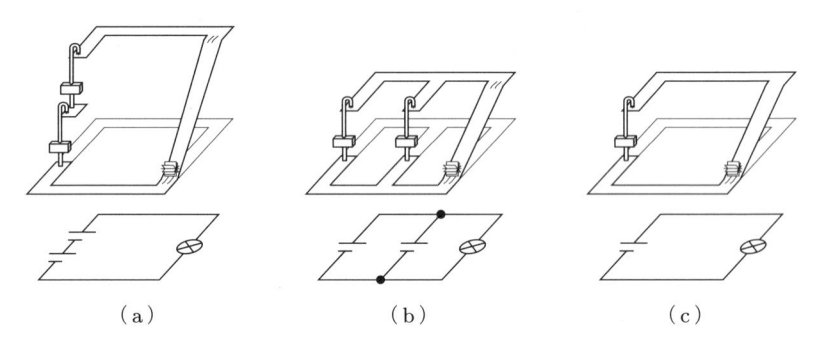

図 4.5 電源の直列接続，並列接続に対応する水路モデル

ルでは落差と対比させ，電源の電圧はポンプで水を汲み上げた高さに対応させて考えました．しかし，電池のようにほぼ電圧源と考えてよい場合は，流れる電流は負荷によって変わりますが，ポンプの場合は汲み上げる高さも流量も変えることができ，流量に対して水車による影響は小さいと考えられます．また，電池の直列接続では負荷とともに電流が調整されますが，水路モデルの場合，二つのポンプの汲み上げる流量が違ったら，この水路モデルは破綻してしまいます．負荷の抵抗を水路モデルで表現する方法として，堰をつくったり傾きを変えたりする方法などがありますが，理論上やイメージしやすさなどで問題も出てきます．このように，動力源としてのポンプと電源，また，負荷としての水車と豆電球では類似点もあれば相違点もあることがわかります．水路モデルよりも水道管モデルのほうがもう少し電気回路に近いのですが，やはり相違点があります．

　これまでは二つのモデルを通して，電気回路をイメージできるように努めてきました．多くの人は，新しい概念をつかむためには，これまでに理解できているほかの概念との類似点や相違点を見出そうと努めます．この意味で電気回路を水路モデル，水道管モデルと対比させることは有意義なことです．ただし，精緻に合わせようとして

もどうしても違いがあります．類似のモデルには，理解を助けることもあれば限界もあるということを心に留めておく必要があります．

4.3 これまでの復習

1〜3章で電気回路についての基本を学んできましたので，ここで，本章で用いる重要な定義，法則を整理しておきましょう．

【キルヒホッフの電流の法則】

KCL ①
　任意の節点において，流入する枝電流の和は流出する枝電流の和に等しい．

KCL ②
　任意の節点において，流入する枝電流の代数和はゼロに等しい．

KCL ③
　任意の節点において，流出する枝電流の代数和はゼロに等しい．

【キルヒホッフの電圧の法則】

KVL ①
　任意の閉路において，閉路に沿った枝電圧の代数和はゼロに等しい．

KVL ②
　任意の閉路において，閉路に沿った電源電圧の代数和は，この閉路に沿った抵抗による電圧降下の代数和に等しい．

KVL ③
　任意の閉路において，閉路に沿った起電圧の代数和は，この閉路に沿った抵抗による電圧降下の代数和に等しい．

抵抗値の定義

　素子に加わっている電圧を v [V]，素子に流れる電流を i [A] とすると，素子の抵抗値 r [Ω] はつぎのように表される．

$$r \equiv \frac{v}{i}, \quad i = \frac{v}{r}, \quad v = ri$$

オームの法則

金属などの物質では，常温において加えた電圧 v [V] と流れる電流 i [A] は比例する．つまり，抵抗値 R [Ω] は電流，電圧によらず一定で，つぎの関係が成り立つ．

$$v = Ri, \quad i = \frac{v}{R}, \quad R = \frac{v}{i}$$

例題 4.1

図 4.6 の回路において，以下の問いに答えなさい．

(1) 抵抗 8 Ω に流れる電流 i_2 はいくらか．
(2) 抵抗 R_1 に流れる電流 i_1 はいくらか．
(3) 抵抗 R_1 に加わる電圧 v_1 はいくらか．
(4) 抵抗 R_1 はいくらか．

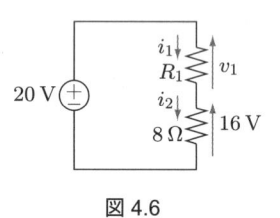

図 4.6

解 (1) オームの法則により，$i_2 = 16/8 = 2$ A.
(2) KCL により，$i_1 = i_2 = 2$ A.
(3) KVL により，$v_1 = 20 - 16 = 4$ V.
(4) オームの法則により，$R_1 = 4/2 = 2$ Ω.

4.4 抵抗の直列接続と分圧の公式

図 4.7 のように，三つの抵抗が直列に接続された回路に電圧 e が加わっている場合について考えてみましょう．それぞれの抵抗値を R_1, R_2, R_3 とします．

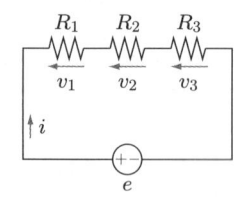

図 4.7 抵抗の直列接続

オームの法則から，

$$v_1 = R_1 i, \quad v_2 = R_2 i, \quad v_3 = R_3 i \tag{4.1}$$

また，KVL から，
$$v_1 + v_2 + v_3 = e \tag{4.2}$$
となります．式 (4.1) を式 (4.2) に代入すると，
$$e = R_1 i + R_2 i + R_3 i = (R_1 + R_2 + R_3)i$$
となり，これより，
$$i = \frac{e}{R_1 + R_2 + R_3} \tag{4.3}$$
が得られます．

式 (4.3) は，抵抗の直列回路全体に加えた電圧 e と，この回路に流れる電流 i が比例することを示しています．この比例定数を三つの抵抗 R_1, R_2, R_3 が直列接続された回路の**合成抵抗**といい，これを R で表すと，
$$R \equiv \frac{e}{i} = R_1 + R_2 + R_3 \tag{4.4}$$
となります．一方，式 (4.1) から，
$$v_1 : v_2 : v_3 = R_1 : R_2 : R_3 \tag{4.5}$$
となります．また，式 (4.3) を式 (4.1) に代入すれば，
$$v_1 = \frac{R_1}{R_1 + R_2 + R_3}e, \quad v_2 = \frac{R_2}{R_1 + R_2 + R_3}e, \quad v_3 = \frac{R_3}{R_1 + R_2 + R_3}e \tag{4.6}$$
となります．式 (4.5) および式 (4.6) を**分圧の公式**といいます．同様のことが直列接続する抵抗の数によらず成り立つことは十分理解できるでしょう．一般に，つぎのようにまとめられます．

【抵抗の直列接続】

合成抵抗

抵抗値 $R_1, R_2, \cdots, R_n$ の n 個の抵抗を直列に接続したときの合成抵抗 R は，それぞれの抵抗値の和に等しい．
$$R = R_1 + R_2 + \cdots + R_n$$

分圧の公式

抵抗値 $R_1, R_2, \cdots, R_n$ の n 個の抵抗を直列に接続した回路に電圧 e を加えたときのそれぞれの抵抗での電圧降下を $v_1, v_2, \cdots, v_n$ とすると，つぎの関係が成り立つ．

$$v_1 : v_2 : \cdots : v_n = R_1 : R_2 : \cdots : R_n$$

$$v_k = \frac{R_k}{R_1 + R_2 + \cdots + R_n} e$$

合成抵抗についての記述は，つぎのように理解することができます．図 4.8(a) の複数の抵抗が直列に接続された 2 端子回路は，図 (b) に示すように，それぞれの抵抗値の和を抵抗値としてもつ一つの抵抗で置き換えても等価なはたらきをするということです．抵抗値は電流の通りにくさを表す量ですが，直列接続では，その電流の通りにくさである抵抗値がたし算になって表現されるということです．分圧の公式は数式で書くと明確なのですが，覚えにくいかもしれません．要するに，「直列接続された抵抗のそれぞれの電圧降下はそれぞれの抵抗値の比にしたがって分配される」ということです．

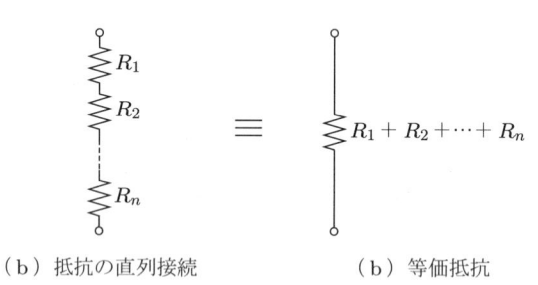

（b）抵抗の直列接続　　　　　（b）等価抵抗

図 4.8　直列接続された抵抗の合成抵抗

例題 4.2

図 4.9 の回路について，以下の問いに答えなさい．

(1) 回路の合成抵抗 R を求めなさい．
(2) 電流 i を求めなさい．
(3) 各抵抗の電圧降下 v_1, v_2, v_3 を求めなさい．
(4) 点Ⓖを電位の基準 (0 V) として，点Ⓐ～Ⓒの電位 v_A, v_B, v_C を求めなさい．
(5) 点Ⓐの電位は点Ⓒよりどれだけ低いか．

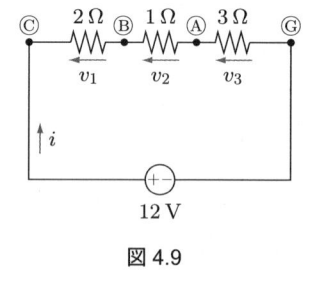

図 4.9

解　(1) $R = 2 + 1 + 3 = 6\ \Omega$.
(2) $i = 12/6 = 2$ A.

(3) $v_1 = R_1 i = 2 \times 2 = 4$ V, $v_2 = R_2 i = 1 \times 2 = 2$ V, $v_3 = R_3 i = 3 \times 2 = 6$ V.

(4) $v_3 = v_A - 0$, $\therefore v_A = v_3 + 0 = 6$ V. 同様にして, $v_B = v_A + v_2 = 6 + 2 = 8$ V, $v_C = v_B + v_1 = 8 + 4 = 12$ V.

(5) $v_A - v_C = 6 - 12 = -6$ V, つまり, 点Ⓐの電位は点Ⓒより 6 V 低い.

例題 4.3

図 4.10 の回路において, 15 Ω の抵抗に加わる電圧 v を求めなさい.

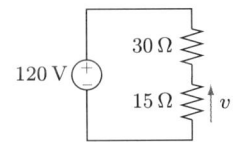

図 4.10

解 分圧の公式により, $v = 15/(30+15) \times 120 = 40$ V.

4.5 抵抗の並列接続と分流の公式

図 4.11 のように, 三つの抵抗が並列に接続された回路に起電圧 e が加わっている場合を考えてみます. それぞれの抵抗値を R_1, R_2, R_3 とし, その逆数のコンダクタンスを G_1, G_2, G_3 とします.

オームの法則から,

$$i_1 = \frac{e}{R_1} = G_1 e, \quad i_2 = \frac{e}{R_2} = G_2 e, \quad i_3 = \frac{e}{R_3} = G_3 e \tag{4.7}$$

また, KCL から,

$$i_1 + i_2 + i_3 = i \tag{4.8}$$

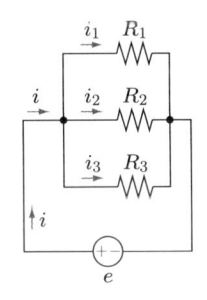

図 4.11 抵抗の並列接続

となります．式 (4.7) を式 (4.8) に代入すると，

$$i = G_1 e + G_2 e + G_3 e = (G_1 + G_2 + G_3)e = \left(\frac{1}{R_1} + \frac{1}{R_2} + \frac{1}{R_3}\right)e \quad (4.9)$$

が得られます．

式 (4.9) は，抵抗の並列回路に加えた電圧 e と，この回路全体に流れる電流 i が比例することを示しています．この比例定数 i/e を三つの抵抗 R_1, R_2, R_3 が並列接続された回路の**合成コンダクタンス**といい，これを G で表します．また，この逆数の e/i を**合成抵抗**といい，これを R で表すと，

$$\begin{aligned} G &\equiv \frac{i}{e} = G_1 + G_2 + G_3 = \frac{1}{R_1} + \frac{1}{R_2} + \frac{1}{R_3} \\ R &\equiv \frac{e}{i} = \frac{1}{G_1 + G_2 + G_3} = \frac{1}{\frac{1}{R_1} + \frac{1}{R_2} + \frac{1}{R_3}} \end{aligned} \quad (4.10)$$

となります．一方，式 (4.7) から，

$$i_1 : i_2 : i_3 = G_1 : G_2 : G_3 = \frac{1}{R_1} : \frac{1}{R_2} : \frac{1}{R_3} \quad (4.11)$$

が得られます．また，式 (4.7) と式 (4.9) から e を消去すれば，

$$i_1 = \frac{G_1}{G_1 + G_2 + G_3}i, \quad i_2 = \frac{G_2}{G_1 + G_2 + G_3}i, \quad i_3 = \frac{G_3}{G_1 + G_2 + G_3}i \quad (4.12)$$

となります．式 (4.11) および式 (4.12) を**分流の公式**といいます．以上のことは，抵抗の数が増えても同様に成り立つことはわかっていただけるのではないでしょうか．一般に，つぎのことが成り立ちます．

【抵抗の並列接続】

合成抵抗

コンダクタンス $G_1, G_2, \cdots, G_n$ (抵抗値 $R_1, R_2, \cdots, R_n$) の n 個の抵抗を並列に接続したときの合成コンダクタンス G は，それぞれのコンダクタンスの和に等しい．

$$G = G_1 + G_2 + \cdots + G_n, \quad \frac{1}{R} = \frac{1}{R_1} + \frac{1}{R_2} + \cdots + \frac{1}{R_n}$$

分流の公式

コンダクタンス $G_1, G_2, \cdots, G_n$ (抵抗値 $R_1, R_2, \cdots, R_n$) の n 個の抵抗を並列に接続した回路全体に電流 i を流したときのそれぞれの抵抗に流れる電流を $i_1, i_2, \cdots, i_n$ とすると，つぎの関係が成り立つ．

$$i_1 : i_2 : \cdots : i_n = G_1 : G_2 : \cdots : G_n = \frac{1}{R_1} : \frac{1}{R_2} : \cdots : \frac{1}{R_n}$$

$$i_k = \frac{G_k}{G_1 + G_2 + \cdots + G_n} i$$

合成抵抗についての記述は,つぎのように理解することができます.つまり,図 4.12(a) のように複数の抵抗が並列に接続された 2 端子回路は,図 (b) に示すように,それぞれのコンダクタンスの和をコンダクタンスにもつ一つの抵抗で置き換えても等価なはたらきをするということです.抵抗値が電流の通りにくさを表すのに対し,逆数のコンダクタンスは電流の通りやすさを表す指標だと考えることができます.並列接続では電流の通路が増えて,全体の通りやすさはそれぞれの通りやすさの和になっていると理解できます.抵抗値に比べコンダクタンスを用いることは少ないのですが,並列接続を考える場合にはコンダクタンスが便利であることがわかります.

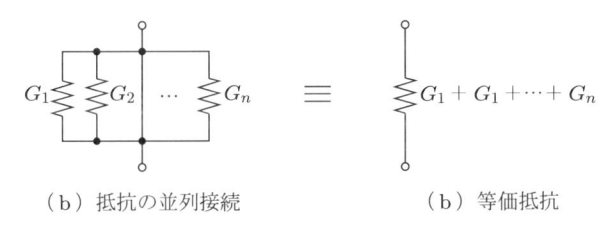

(b) 抵抗の並列接続　　　　　(b) 等価抵抗

図 4.12 並列接続された抵抗の合成コンダクタンス

また,分流の公式は,「並列接続された抵抗のそれぞれに流れる電流は,コンダクタンスの比にしたがって分配される」ということを表しています.並列合成抵抗は分数式で表され,表記が不便であることから,記号「//」が用いられることもあります.

$$R = R_1 // R_2 // \cdots // R_n = \frac{1}{\dfrac{1}{R_1} + \dfrac{1}{R_2} + \cdots + \dfrac{1}{R_n}}$$

とくに,二つの抵抗が並列接続された回路の合成抵抗値を,抵抗値を用いて書き表すと,

$$R = R_1 // R_2 = \frac{1}{\dfrac{1}{R_1} + \dfrac{1}{R_2}} = \frac{R_1 R_2}{R_1 + R_2}$$

となります.「和分の積」と覚えておくとよいでしょう.しかし,「和分の積」は抵抗が三つ以上の場合には使用できないことを肝に銘じておいてください.また,二つの抵抗が並列接続された場合の分流の公式を,抵抗値を用いて書き表すと,

$$i_1 = \frac{G_1}{G_1 + G_2}i = \frac{\dfrac{1}{R_1}}{\dfrac{1}{R_1} + \dfrac{1}{R_2}}i = \frac{R_2}{R_2 + R_1}i$$

となり，つぎのようにまとめられます．

$$i_1 = \frac{R_2}{R_1 + R_2}i, \quad i_2 = \frac{R_1}{R_1 + R_2}i$$

例題 4.4

図 4.13 の回路について，以下の問いに答えなさい．

(1) 各抵抗に流れる電流 i_1, i_2, i_3 を求めなさい．
(2) 電源電圧 e を求めなさい．
(3) 抵抗値の定義から回路の合成抵抗 R を求めなさい．
(4) 合成抵抗の公式を用いて，回路の合成抵抗 R を求めなさい．

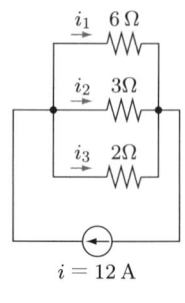

図 4.13

解 (1) $G_1 : G_2 : G_3 = \dfrac{1}{R_1} : \dfrac{1}{R_2} : \dfrac{1}{R_3} = \dfrac{1}{6} : \dfrac{1}{3} : \dfrac{1}{2} = 1 : 2 : 3$，したがって，電流 i_1, i_2, i_3 は 12 A を 1:2:3 で分流することになるから，$i_1 = 1/(1+2+3) \times 12 = 2$ A, $i_2 = 2/(1+2+3) \times 12 = 4$ A, $i_3 = 3/(1+2+3) \times 12 = 6$ A．

(2) オームの法則により，$e = 6 \times i_1 = 6 \times 2 = 12$ V．

(3) 抵抗値の定義により，$R = e/i = 12/12 = 1$ Ω．

(4) 合成抵抗の公式により，
$$R = R_1 // R_2 // R_3 = \frac{1}{\dfrac{1}{R_1} + \dfrac{1}{R_2} + \dfrac{1}{R_3}} = \frac{1}{\dfrac{1}{6} + \dfrac{1}{3} + \dfrac{1}{2}} = \frac{6}{1+2+3} = 1 \text{ Ω}.$$

4.6 直列接続と並列接続の組合せ

図 4.14 の回路は，10 Ω と 40 Ω の抵抗が並列接続され，さらにその並列回路に 4 Ω の抵抗が直列に接続されています．このように，直列接続と並列接続が組み合わされた回路では，直列接続の合成抵抗の公式，並列接続の合成抵抗の公式および分圧の公式と分流の公式を用いて，各所の電流や電圧を求めることができます．

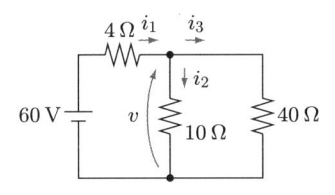

図 4.14 直列接続と並列接続の両方を含む回路

例題 4.5

図 4.14 の回路について，以下の問いに答えなさい．

(1) 40 Ω と 10 Ω の抵抗の合成抵抗を求めなさい．
(2) 分圧の公式を用いて電圧 v を求めなさい．
(3) 電流 i_2, i_3 を求めなさい．
(4) 電流 i_1 を求めなさい．

解 (1) 並列接続の合成抵抗の公式により，$r = 10 // 40 = \dfrac{1}{1/10 + 1/40} = \dfrac{40}{4+1} = 8$ Ω．

(2) 分圧の公式を用いて $v = 8/(4+8) \times 60 = 40$ V．

(3) オームの法則により，$i_2 = v/10 = 40/10 = 4$ A，$i_3 = v/40 = 40/40 = 1$ A．

(4) KCL により，$i_1 = i_2 + i_3 = 4 + 1 = 5$ A．

例題 4.6

図 4.14 の回路について，以下の問いに答えなさい．

(1) 回路全体の合成抵抗を求めなさい．
(2) 電流 i_1 を求めなさい．
(3) 分流の公式を用いて，電流 i_2, i_3 を求めなさい．
(4) 電圧降下 v を求めなさい．

解 (1) $R = 4 + 10 // 40 = 12$ Ω．

(2) 抵抗値の定義により，$i_1 = 60/12 = 5$ A．

(3) 分流の公式により，$i_2 = 40/(10+40) \times 5 = 4$ A，$i_3 = 10/(10+40) \times 5 = 1$ A．

(4) オームの法則により，$v = 10 i_2 = 10 \times 4 = 40$ V．

例題 4.7

図 4.15 の回路について，以下の問いに答えなさい．

(1) 回路全体の合成抵抗を求めなさい．
(2) 電源電圧 e を求めなさい．
(3) 分圧の公式を用いて電圧 v を求めなさい．
(4) 分流の公式を用いて電流 i_1, i_2 を求めなさい．
(5) オームの法則を用いて電源電圧 e および電圧降下 v を求めなさい．

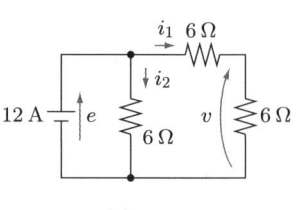

図 4.15

解 (1) $6//(6+6) = \dfrac{1}{\dfrac{1}{6}+\dfrac{1}{6+6}} = \dfrac{12}{2+1} = 4\ \Omega$.

(2) $e = 4 \times 12 = 48$ V.
(3) $v = 6/(6+6) \times 48 = 24$ V.
(4) $i_1 = 6/(6+12) \times 12 = 4$ A, $i_2 = 12/(6+12) \times 12 = 8$ A.
(5) $e = 6i_2 = 6 \times 8 = 48$ V, $v = 6i_1 = 6 \times 4 = 24$ V.

4.4 節から本節まで，抵抗の直列接続や並列接続，もしくはそれらが組み合わされた回路において，各所の電流や電圧の求め方について説明してきました．図 4.16(a) に示す回路は複雑そうに見えますが，直列接続と並列接続の組合せになっています．ところが，図 (b) に示す回路は直列接続と並列接続に分解することができない回路で，本章で説明した方法では各所の電流や電圧を求めることができません．さらに複雑な回路においても利用できる一般的な解析法が必要で，それを解説するのが 5 章，8 章，9 章の目的になります．

ところで，4.4 節から本節までの間に，**合成抵抗**という用語を何度も使ってきまし

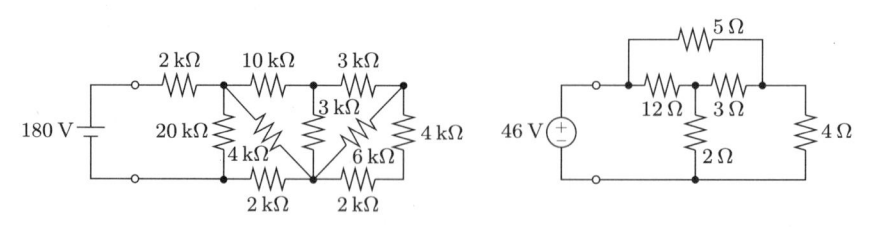

（a）直列接続と並列接続の
　　組合せからなる回路

（b）直列接続と並列接続に
　　分解できない回路

図 4.16　やや複雑な回路

4.6 直列接続と並列接続の組合せ

た．その説明は直列接続の場合や，並列接続の場合など，それぞれの状況で説明してきたので，ここで少し整理しておく必要があります．そもそも抵抗値は素子に加えた電圧とその素子を流れる電流の商として定義されました．これを1ポート回路 (1対の端子をもつ回路，2端子をもつ回路) に広げると，合成抵抗はつぎのように定義されます．

抵抗からなる1ポート回路の合成抵抗の定義

抵抗からなる1ポート回路の合成抵抗 r [Ω] は，この回路の電圧降下を v [V]，この回路を流れる電流を i [A] とすると，
$$r \equiv \frac{v}{i}$$
と定義され，次式で表される関係が成り立つ．
$$i = \frac{v}{r}, \quad v = ri$$

図 4.16(a), (b) の電源からみた回路や，その一部を図 4.17(a)〜(c) に描き出してみました．どれも1ポート回路になっています．これらに加わる電圧 v を流れた電流 i で割ったときの商が，合成抵抗の定義になります．

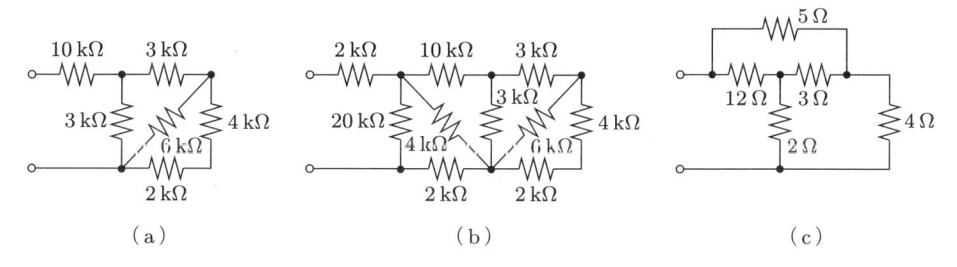

図 4.17 図 4.16 の回路内の1ポート回路

さて，抵抗値や合成抵抗の定義では，電圧 v と電流 i とが比例することは必ずしも必要ではないことに注意しておきましょう．ところで，オームの法則は，金属などの物質では電圧と電流が比例し，この抵抗値が電圧や電流によらず一定になるというものでした．そして，このような性質をもつ抵抗を線形抵抗といいました．

それでは，図 4.17(a)〜(c) に使われている抵抗が線形抵抗であったら，これらの1ポート回路に加わる電圧 v と流れる電流 i との間の関係はどうなるのでしょうか．それが4.4節から本節までで解説してきたことになります．直列接続の場合の合成抵抗はそれぞれの抵抗値の和になり，一定の数値で表されることになります．つまり，電

圧 v と電流 i とが比例し，抵抗値はこれらの値に依存しないということです．並列接続の場合も，さらにこれらが組み合わさった場合も，結果的には同様に，電圧 v と電流 i とが比例することがわかったのです．それでは，図 4.17(c) はどうかということになりますが，結論は同様なのです．このことを証明なしに整理して掲げておくことにします．このことは，7 章の合成抵抗に関する定理のところで再度説明します．

合成抵抗に関する定理

線形抵抗のみからなる 1 ポート回路の合成抵抗は，回路に加わる電圧やこれに流れる電流に無関係であり，1 ポート回路を構成する抵抗の抵抗値とそれらの回路接続によって定まる．

4.7 電気抵抗

■ 抵抗と抵抗率

抵抗体の抵抗値は，形や寸法によって違ってきます．図 4.18(a) のように，ある物質を円柱形にした抵抗体について，図 (b) のように直列に接続した場合と，図 (c) のようにの並列に接続した場合を考えてみましょう．図 (a) の抵抗値を R とすると，図 (b) の場合は直列ですから $2R$，図 (c) の場合は並列ですから $R/2$ となることがわかります．このように，同一の物質からなる抵抗体の断面積が同じで，長さが 2 倍になれば抵抗も 2 倍になりますし，図 (c) の場合のように，長さが同じなら，通過する断面積が 2 倍になると抵抗が半分になることがわかります．つまり，抵抗値 R [Ω] は材料の長さ l [m] に比例，断面積 S [m^2] に反比例し，つぎの式が成り立ちます．

$$R = \rho \frac{l}{S} = \frac{1}{\sigma} \frac{l}{S}$$

ここで，比例定数 ρ [Ω·m] はこの物質の**抵抗率** (resistivity)，その逆数の σ [S/m] を**導電率** (conductivity) とよびます．上式より，抵抗率は長さが 1 m，断面積が 1 m^2 の物体の抵抗値だともいえます．

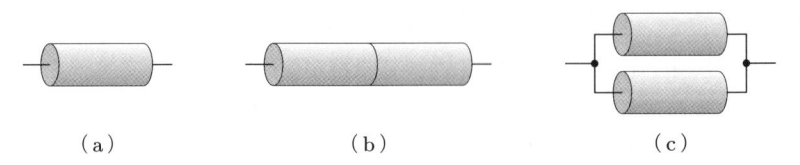

(a)　　　(b)　　　(c)

図 4.18　抵抗体に直列接続と並列接続

図 4.19 には，いろいろな物質の常温における抵抗率を示しています．約 10^{-4} Ω·m 以下の抵抗率をもつ物質は電気を流しやすく，**導体** (conductor) とよばれています．逆に，約 10^4 Ω·m 以上の抵抗率をもつ物質は電気を通しにくく，**絶縁体** (insulator) とよばれています．抵抗率のもっとも小さい物質は銀ですが，導線としては，コスト面や加工のしやすさなどで有利な銅やアルミニウムがよく使われます．

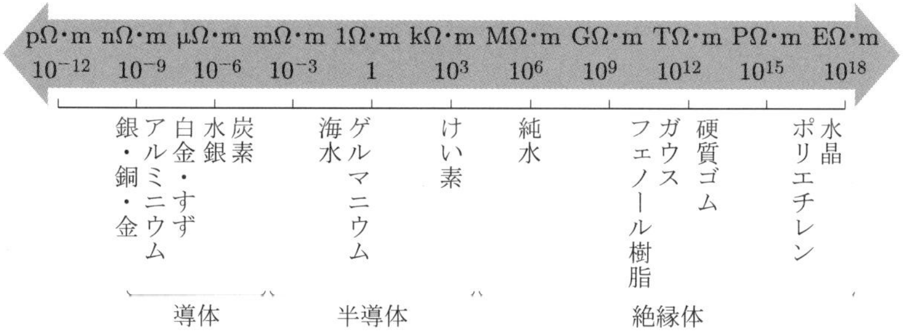

pΩ·m	nΩ·m	μΩ·m	mΩ·m	1Ω·m	kΩ·m	MΩ·m	GΩ·m	TΩ·m	PΩ·m	EΩ·m
10^{-12}	10^{-9}	10^{-6}	10^{-3}	1	10^3	10^6	10^9	10^{12}	10^{15}	10^{18}

銀・銅・金／アルミニウム／白金・すず／水銀／炭素／海水／ゲルマニウム／けい素／純水／フェノール樹脂／ガウス／硬質ゴム／ポリエチレン／水晶

導体／半導体／絶縁体

図 4.19 抵抗率の比較

ちなみに，標準軟銅の抵抗率 ρ は 17.4 nΩ·m ですので，長さ $l = 1$ km，直径 $r = 2$ mm の銅の導線の抵抗 R はつぎのとおりです．

$$R = \rho \frac{l}{S} = \rho \frac{l}{\pi r^2} = 17.4 \text{ n} \times \frac{1 \text{ k}}{3.14 \times (2 \text{ m})^2} = 1.39 \text{ Ω}$$

電子回路などでよく使う抵抗値は，10 Ω 程度から 100 kΩ 程度です．1 km の導線で数 Ω 程度ですから，導線の抵抗は非常に小さいといえますが，世界中の送電線の電力損失を考えると決して小さくはありません．

つぎに，絶縁体の抵抗値の例として，図 4.20 に示す被覆導線の被覆部分の抵抗値について試算してみることにします．通常，電流は導体部分を流れていますが，絶縁体の抵抗値を試算するためには，この絶縁体の中を中心の導体から外部へ広がるように電流が流れると仮定して考える必要があります．つまり，被覆絶縁体の外側にも外部導体があると考えて，導線の導体部分と，外部導体との間の絶縁体部分の抵抗値 R を計算するわけです．電流が通ると考える断面積 S は，チューブ状になった被覆部分を切って拡げたときの面積ということになりますが，チューブ内面の面積 S_1 と外面の面積 S_2 とでは値が異なります．先ほど示した抵抗値の公式を用いるとして，面積を S_1 として見積もった抵抗値を R_1，面積を S_2 として見積もった抵抗値を R_2 とします．明らかに $S_1 < S_2$ ですから，$R_1 > R_2$ となるはずです．それでは，被覆絶縁体の内径 $r = 2$ mm，外径 $r + d = 3$ mm，導線の長さは $l = 1$ km とし，抵抗率は $\rho = 1 \times 10^{18}$ Ω·m のポリエチレンを利用したとして，R_1, R_2 とを試算してみましょう．

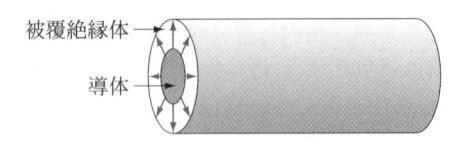

図 4.20　導線の導体と被覆絶縁体

$$R_1 = \rho \frac{d}{S_1} = \rho \frac{d}{2\pi rl} = 1 \times 10^{18} \times \frac{1 \text{ m}}{2 \times 3.14 \times 2 \text{ m} \times 1 \text{ k}} = 79.6 \times 10^{12} \text{ Ω}$$

$$R_2 = \rho \frac{d}{S_2} = \rho \frac{d}{2\pi(r+d)l} = 1 \times 10^{18} \times \frac{1 \text{ m}}{2 \times 3.14 \times 3 \text{ m} \times 1 \text{ k}} = 53.8 \times 10^{12} \text{ Ω}$$

理論的な抵抗値 R はこの両者の間にあるはずですが，どちらにしても非常に大きな値であり，絶縁としては十分だといえます．しかし，この値が有限の値であることは，電流に漏れがあるということを意味しているわけで，この漏れ電流による世界中の電力損失も，導線抵抗による損失と同じように小さくはありません．

図 4.19 はものの大きさを比べた図 1.3 に似ており，何の変哲もないような気がしますが，実は驚くべきことがあります．物質固有の性質を表す定数としては，ほかにも質量密度，弾性率，膨張率，熱伝導率，比熱，誘電率などいろいろとあるのですが，電気抵抗ほどの広がりを示すものはほかにはないのです．比熱にこれほどの違いがあったら，熱を安全に小さな領域に蓄えておけることになり，エネルギーの問題は一気に片付くかもしれません．電気抵抗の桁違いの広がりは，電気の流れを局在させることができることにつながります．電気伝送が熱伝送に比べて有利なのは，抵抗率の桁違いの広がりにあるのが理由の一つです．膨張率がこんな広がりを見せたとしたら，どんな世界が描けるのでしょうか．

ところで，もう一つ説明しておきたいことがあります．抵抗率のもっとも小さい物質は銀といいましたが，これは常温での話です．実は，抵抗値がゼロという夢のような物質があります．すでにいくつも発見されていて超電導(超伝導)物質とよばれていますが，残念ながらまだ常温では実現していません．

■ 抵抗温度係数

これまで説明してきたように，抵抗体の抵抗値は長さや断面積によって変わりますが，温度によっても変化します．例として，銅線とサーミスタとよばれる温度計測用の半導体素子の二つについて，それらの抵抗値の温度変化を図 4.21 に図示します．銅線は 20°C で 20 Ω，70°C で 24 Ω と，温度の上昇とともに抵抗値もほぼ直線的に増加していますが，サーミスタは温度の上昇に対して抵抗値が減少しています．

温度上昇 1°C に対する銅線の抵抗の増加の割合は，つぎのようになります．

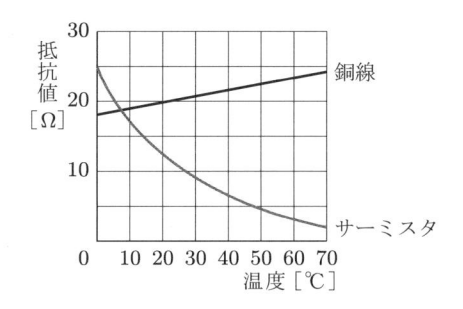

図 4.21 抵抗値の温度変化

$$\frac{24-20}{70-20} = 0.4 \; \Omega/°C$$

この値は 20°C のときの抵抗 20 Ω に対する値ですので，抵抗 1 Ω あたりの抵抗の増加率はつぎのようになります．

$$\alpha_{20} = \frac{24-20}{70-20} \times \frac{1}{20} = 0.004 \; [1/°C] = 4 \times 10^{-3} \; [1/°C]$$

この α_{20} は 20°C のときの抵抗 1 Ω あたりの温度上昇 1°C に対する抵抗の増加率を表しており，20°C における**抵抗温度係数**といいます．

一般に，温度 t_1 [°C]，t_2 [°C] における抵抗を R_{t1} [Ω]，R_{t2} [Ω] とするとき，温度 t_1 における抵抗温度係数 α_{t1} は次式で求められます．

$$\alpha_{t1} = \frac{R_{t2}-R_{t1}}{t_2-t_1} \times \frac{1}{R_{t1}}$$

逆に，R_{t2} [Ω] はつぎのように求められます．

$$R_{t2} = R_{t1}\{1 + \alpha_{t1}(t_2 - t_1)\}$$

図 4.21 のサーミスタについて，20°C における抵抗温度係数を求めてみましょう．20°C から 30°C までほぼ直線的に変化しており，20°C のとき 13 Ω，30°C のとき 9 Ω であるとすると，つぎのようになります．

$$\alpha_{20} = \frac{9-13}{30-20} \times \frac{1}{20} = -0.02 \; [1/°C] = -20 \times 10^{-3} \; [1/°C]$$

このように，温度が上昇すると抵抗値が減少する物質の抵抗温度係数は負になります．

4.8† 抵抗器の種類と使用方法

抵抗器は一定の電気抵抗値をもち，電流の制限や電圧の分圧，電流の分流などの使用目的につくられた電気回路用部品で，通常は単に「抵抗」とよばれています．このように抵抗器を一言で説明したものの，実はさまざまなものがあります．本節では，実験室や実際の製品の中でよく見かける抵抗器について解説します．

88　4章　簡単な回路の計算

　図 4.22 は，炭素皮膜抵抗とよばれる抵抗器です．価格が安く，電子回路を製作しやすいことから，簡易的に回路をつくったり，試作するのによく用いられます．図 4.23 は金属皮膜抵抗といい，炭素皮膜抵抗に比べ，高精度で雑音を生じにくいのですが，価格が 2 倍程度になります．

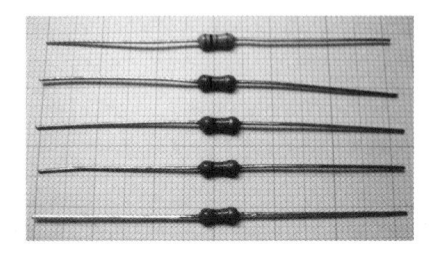

図 4.22　炭素皮膜抵抗　　　　　　　　図 4.23　金属皮膜抵抗

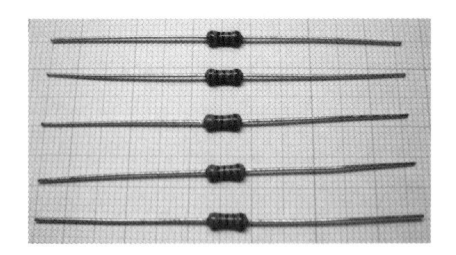

　商品にしやすい抵抗器の抵抗値は数 Ω〜数 $M\Omega$ です．抵抗器を販売するときには抵抗値を示す必要がありますが，この値は**公称抵抗値**と**許容差**によって表されます．公称抵抗が 470 Ω，許容差が 10 %の場合，実際の抵抗値は 423〜517 Ω の間にあることが保証されます．公称抵抗値と許容差については多くの標準化団体 (ISO, IEC, JIS など) で承認されている数値が使われており，それを表 4.1 に示します．この中で，E12 シリーズの抵抗器は有効数字が 2 桁で表に示すように 12 種類あり，許容差は $\pm$10 %です．また E96 シリーズの抵抗器は，有効数字が 3 桁で許容差は $\pm$1 %です．

　公称抵抗値と許容差は図 4.24 に示すように色のついた帯によって表されており，これを**カラーコード**といいます．カラーコードの帯の数は，E6〜E24 シリーズでは 4

表 4.1　標準系列と抵抗値表

標準系列	抵抗値許容差	公称抵抗値の有効数字										
E6	±20%	10		15		22		33		47		68
E12	±10%	10	12	15	18	22	27	33	39	47	56	68	82
E24	±5%	10 11	12 13	15 16	18 20	22 24	27 30	33 36	39 43	47 51	56 62	68 75	82 91
E96	±1%	100	121	147	178	215	261	316	383	464	562	681	825
		102	124	150	182	221	267	324	392	475	576	698	845
		105	127	154	187	226	274	332	402	487	590	715	866
		107	130	158	191	232	280	340	412	499	604	732	887
		110	133	162	196	237	287	348	422	511	619	750	909
		113	137	165	200	243	294	357	432	523	634	768	931
		115	140	169	205	249	301	365	442	536	649	787	953
		118	143	174	210	255	309	374	453	549	665	806	976

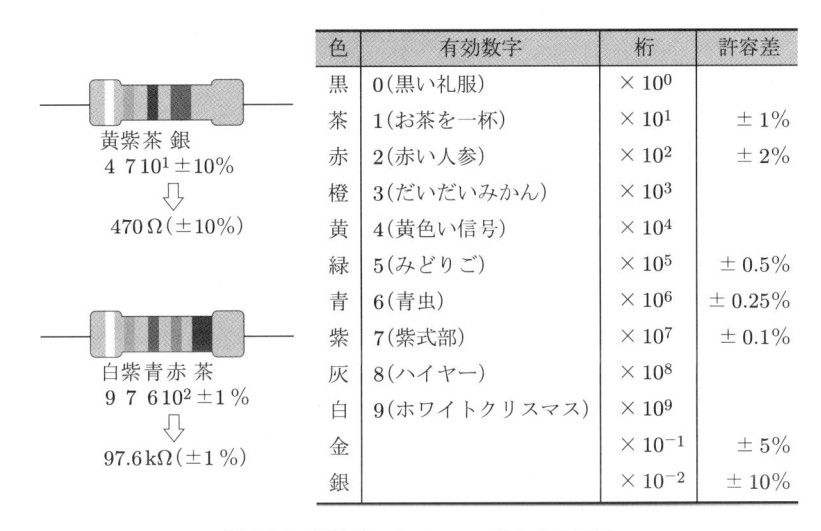

色	有効数字	桁	許容差
黒	0（黒い礼服）	$\times 10^0$	
茶	1（お茶を一杯）	$\times 10^1$	$\pm 1\%$
赤	2（赤い人参）	$\times 10^2$	$\pm 2\%$
橙	3（だいだいみかん）	$\times 10^3$	
黄	4（黄色い信号）	$\times 10^4$	
緑	5（みどりご）	$\times 10^5$	$\pm 0.5\%$
青	6（青虫）	$\times 10^6$	$\pm 0.25\%$
紫	7（紫式部）	$\times 10^7$	$\pm 0.1\%$
灰	8（ハイヤー）	$\times 10^8$	
白	9（ホワイトクリスマス）	$\times 10^9$	
金		$\times 10^{-1}$	$\pm 5\%$
銀		$\times 10^{-2}$	$\pm 10\%$

黄紫茶 銀
$4\ 7\ 10^1 \pm 10\%$
↓
$470\,\Omega\,(\pm 10\%)$

白紫青赤 茶
$9\ 7\ 6\ 10^2 \pm 1\%$
↓
$97.6\,\mathrm{k}\Omega\,(\pm 1\%)$

図 4.24　抵抗値のカラーコードによる表示

本，E96 シリーズでは 5 本です．外側の方から第 1 色帯，第 2 色帯，…とよびます．カラーコードが 4 本の場合，第 1 色帯と第 2 色帯で公称抵抗値の有効数字の第 1 数字と第 2 数字を表し，第 3 色帯は桁を 10 の乗数として，第 4 色帯は許容差を表しています．

なお，これらの抵抗器の定格電力は，形状の大きさによって決まり，1/16 W, 1/8 W, 1/4 W, 1/2 W, 1 W, 5 W, 10 W などがあります．

図 4.25 はチップ抵抗とよばれ，製品をコンパクトにつくるために開発されました．非常に小さな角板状をしており，リード線もありません．携帯電話機内部の回路基板の一部を図 4.26 に示しますが，たくさんのチップ抵抗が使われていることがわかります．現在では，小型の抵抗器としてはチップ抵抗が主流になっています．

ディジタル回路によく用いられる抵抗に，複数の抵抗器を一つのパッケージに納めた集合抵抗があります．これには，図 4.27(a) の SIP と，図 (b) の DIP とよばれる形状のものがあります．そのそれぞれに，図 4.28(a)〜(d) のように抵抗が独立しているものと，一方の端子が共通になっているものとがあります．

可変抵抗には，実験室でよく使う図 4.29 のダイヤル型可変抵抗器と，図 4.30 のすべり抵抗器に加え，電気製品や電子回路試作によく使われる，図 4.31 の回転型可変抵抗器があります．ダイヤル型可変抵抗は 2 端子をもち，この間の抵抗値が可変ですが，そのほかのものはほとんど，図 4.32 に描くように，抵抗の両端の固定端子と可動部分に接続されている可動端子をもつ 3 端子素子になっています．

90　4 章　簡単な回路の計算

図 4.25　チップ抵抗

図 4.26　回路基板

(a) SIP　　(b) DIP

図 4.27　集合抵抗

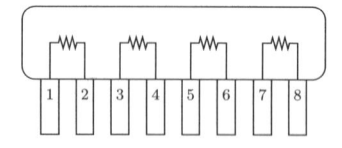

(a) SIP：抵抗が独立

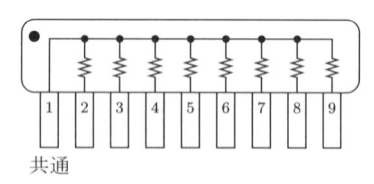

(b) SIP：一方の端子が共通
共通

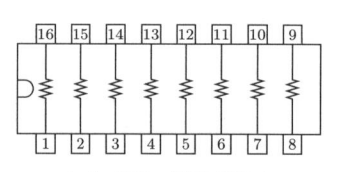

(c) DIP：抵抗が独立

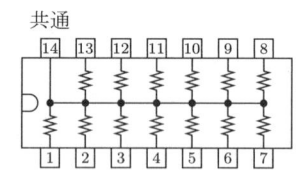

(d) DIP：一方の端子が共通
共通

図 4.28　集合抵抗内部の接続とピン配置

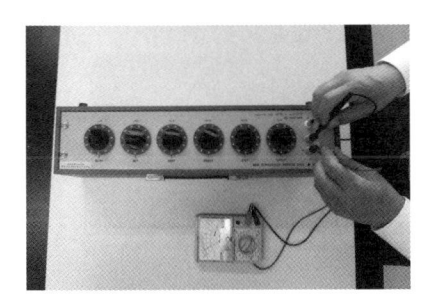

図 4.29 ダイヤル型可変抵抗器

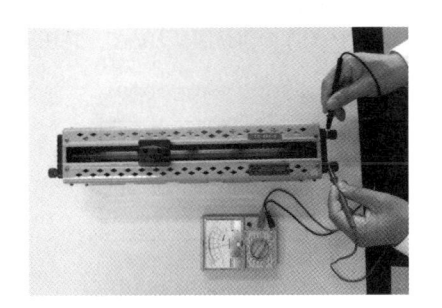

図 4.30 すべり抵抗器

(a)　　　(b)

図 4.31 回転型可変抵抗器

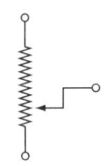

図 4.32 可動端子をもつ可変抵抗器

■■■ 演習問題 ■■■

4.1 図 4.33(a)〜(d) の回路図において，電圧 v，電流 i を求めなさい．

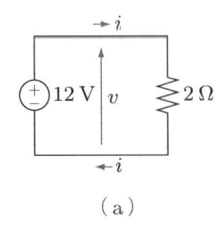

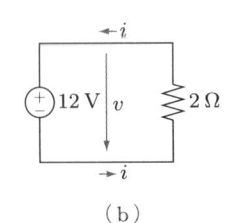

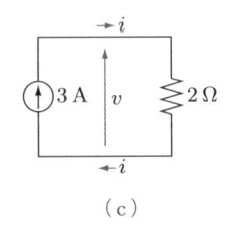

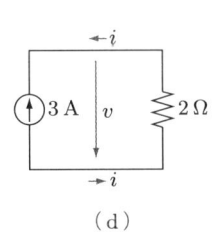

(a)　　　(b)　　　(c)　　　(d)

図 4.33

4.2 図 4.34(a), (b) の回路図において，電圧 v，電流 i を求めなさい．

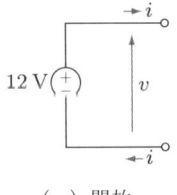

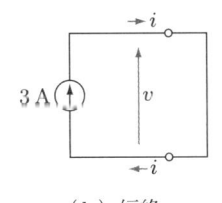

(a) 開放　　　(b) 短絡

図 4.34

4.3 図 4.35(a)〜(h) の回路図において，電圧 v，電流 i を求めなさい．

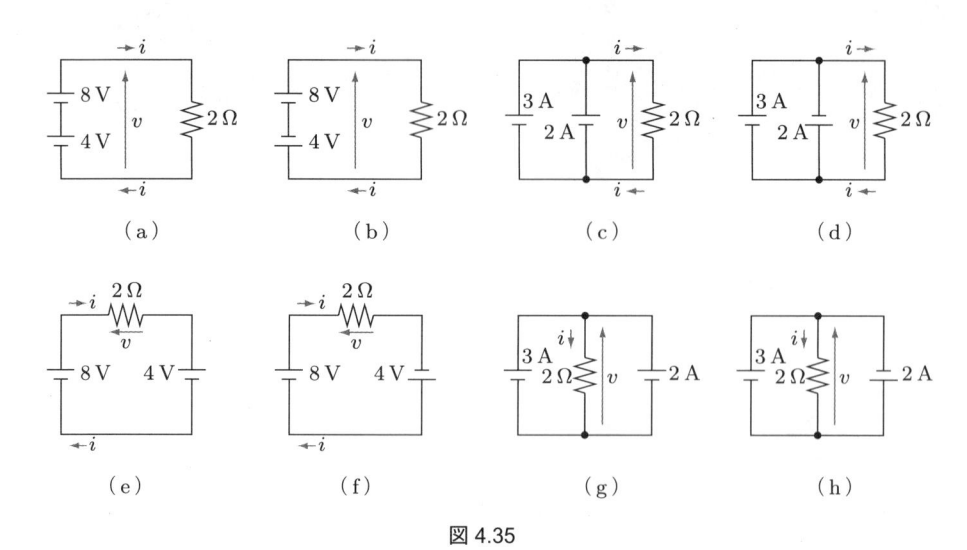

（a）　　　　（b）　　　　（c）　　　　（d）

（e）　　　　（f）　　　　（g）　　　　（h）

図 4.35

4.4 図 4.36(a)〜(h) の回路図において，電圧 v，電流 i を求めなさい．

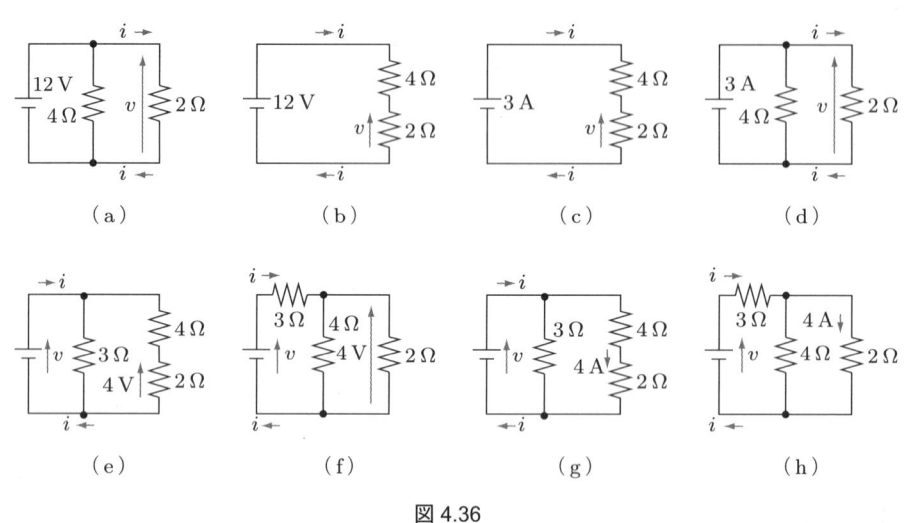

（a）　　　　（b）　　　　（c）　　　　（d）

（e）　　　　（f）　　　　（g）　　　　（h）

図 4.36

4.5 図 4.37(a)〜(d) の回路図において，電圧 v，電流 i を求めなさい．また，それぞれの電源から回路に供給する電力 p を求めなさい．

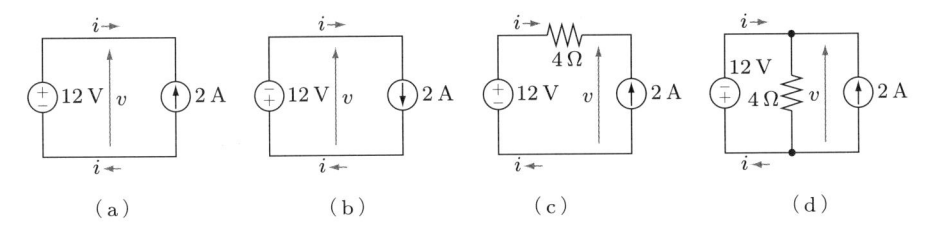

図 4.37

4.6 図 4.38(a)～(f) の回路図において，電圧 v，電流 i を求めなさい．また，それぞれの電源から回路に供給する電力 p を求めなさい．

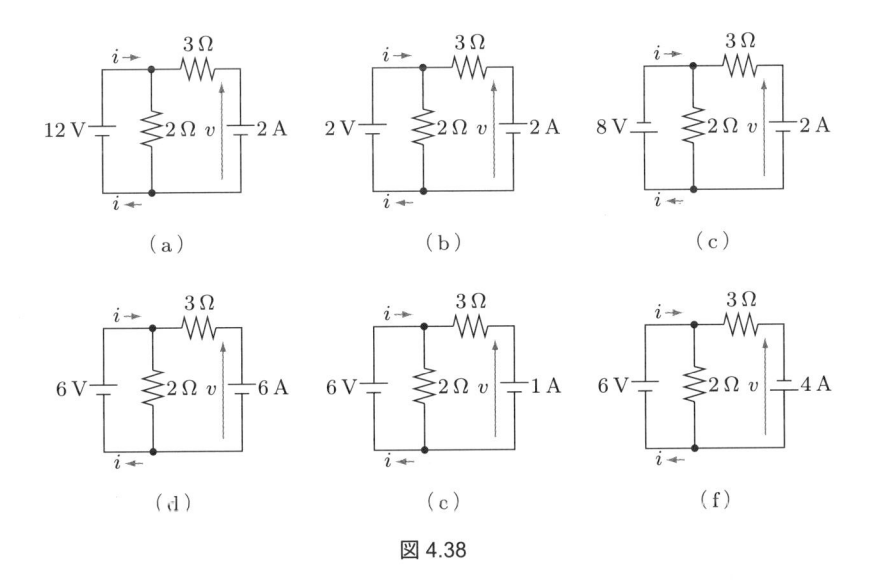

図 4.38

4.7 以下の問いに答えなさい．

(1) 4 Ω と 6 Ω の抵抗の直列回路に 5 A の電流を流した．それぞれの抵抗および全体の電圧降下はいくらか．
(2) 1 kΩ，2 kΩ，3 kΩ の三つの抵抗を直列接続したときの合成抵抗はいくらか．
(3) 1 kΩ，2 kΩ，3 kΩ の三つの抵抗の直列回路に 24 V の電圧を加えた．それぞれの電圧降下はいくらか．
(4) 1 Ω と 99 Ω の抵抗の直列回路に 200 V 加えた．1 Ω の抵抗の電圧降下はいくらか．
(5) 600 Ω の抵抗を 5 個直列に接続したときの合成抵抗はいくらか．
(6) R [Ω] の抵抗を n 個直列に接続したときの合成抵抗はいくらか．
(7) コンダクタンス 100 mS の抵抗に 20 V を加えたとき流れる電流はいくらか．

(8) 100 mS と 25 mS の二つの抵抗の直列回路において，その合成コンダクタンスはいくらか．

4.8 図 4.39(a)〜(c) の回路の合成抵抗を求めなさい．

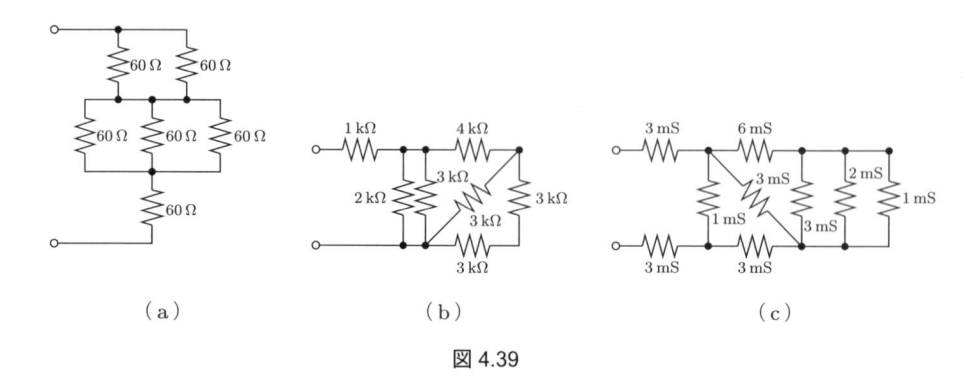

（a） （b） （c）

図 4.39

4.9 以下の問いに答えなさい．

(1) 4 Ω と 6 Ω の抵抗の並列回路に 60 V の電圧を加えた．それぞれに流れる電流，および全電流はいくらか．
(2) 2 kΩ と 3 kΩ の抵抗の並列回路の合成抵抗はいくらか．
(3) 二つの抵抗の並列の合成抵抗は 40 Ω であり，一方の抵抗値は 50 Ω であった．もう一方の抵抗値はいくらか．
(4) 抵抗値の同じ抵抗が五つある．すべてを並列に接続したときの合成抵抗は一つの抵抗の何倍か．
(5) 直流電源に抵抗を接続したところ 40 mA が流れた．これに抵抗値の同じ抵抗を二つ加えて，合わせて三つの抵抗を並列に接続したとき，全体に流れる電流はいくらか．
(6) 2 kΩ と 3 kΩ の抵抗の並列回路に流れ込む全電流が 150 mA であった．2 kΩ の抵抗に流れる電流はいくらか．
(7) 4 kΩ と 5 kΩ と 20 kΩ の抵抗の並列回路の合成抵抗はいくらか．
(8) 2 mS と 3 mS の抵抗がある．それぞれの抵抗値，および並列に接続した場合の合成コンダクタンス，合成抵抗はいくらか．
(9) 1 Ω と 999 Ω の抵抗の並列回路の合成抵抗はいくらか．
(10) 1 Ω と 99 Ω の抵抗の並列回路に 3 A の電流を流した．99 Ω の抵抗に流れる電流はいくらか．
(11) 10 mS と 40 mS の抵抗の並列回路に 3 A の電流を流した．それぞれの抵抗に流れる電流はいくらか．

4.10 以下の問いに答えなさい．

(1) ある均質で太さが一定の導線があり，100 分の 1 の長さに切って抵抗値を測ったところ，0.2 Ω であった．残りの導線の抵抗値はいくらか．

(2) 材質の同じ二つの導線 A, B があり，導線 A の直径は導線 B の 3 倍，導線 A の長さは導線 B の半分である．導線 A と導線 B の抵抗値の比はいくらか．

(3) 断面積 2 mm^2，長さ 8 m の導線があり，導線全体の抵抗値は 0.106 Ω であった．この導線は銅製かアルミ製か．ただし，銅の抵抗率は 17.4 nΩ·m，アルミのそれは 26.5 nΩ·m である．

(4) 銅，マンガニン，炭素でできた抵抗があり，温度 20°C でどれも 100.00 Ω になるようつくられている．温度 60°C ではそれぞれの抵抗値はいくらか．ただし，銅，マンガニン，炭素それぞれの温度 20°C における抵抗温度係数は 3.9×10^{-3} [1/°C]，0.002×10^{-3} [1/°C]，-0.5×10^{-3} [1/°C] である．

5章　電気回路の基礎方程式

4章までを学んで簡単な回路の解析ができるようになりましたが，図 5.1 の回路はどうでしょうか．図 (a) の回路は電源が二つありますし，図 (b) の回路は直列接続とも並列接続とも違っているので，これまでに学んだ方法で解くのは難しそうです．このような回路や，もっと複雑な回路でも解析できる一般的な方法として，**基礎解析法**，**閉路解析法**，**節点解析法**などがあり，それぞれ本章と 8 章，9 章で順に解説します．これらの解析法を自由に駆使できるようになっておくことは，電気回路を学んでいくうえでは必須です．

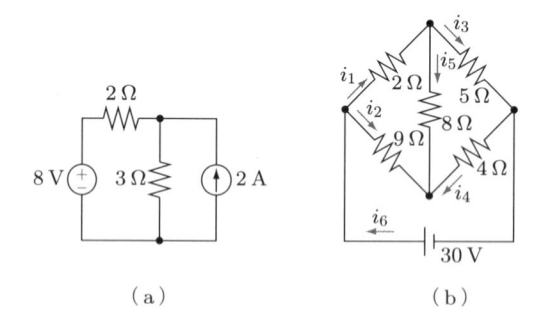

図 5.1　回路列

さて，これらの解析法を考えるうえで，さらにはもっと広く電気回路のすべてを説明するうえで，根本となる法則や方程式は何なのかについて，まず整理しておく必要があります．本書では，つぎに示す 3 種類の方程式からなる集まりを，**電気回路の基礎方程式**とします．一つ目は枝電流に関して KCL から得られる**節点方程式**，二つ目は枝電圧に関して KVL から導かれる**閉路方程式**，そして，三つ目は枝ごとに得られる電源や抵抗の電流電圧特性を表す**素子方程式**です．KCL は 1 章，KVL は 2 章，電流電圧特性は 3 章で学んだ内容です．4 章では簡単な回路の計算ができるようになりましたが，それらはこれらの基礎方程式がもとになって計算されていたのです．さらに，これから本書で解説する電気回路理論のすべては，この基礎方程式から導かれることになります．

解析法に話をもどしましょう．どの解析法も大きく三つの段階を踏みます．ま

ず未知数を定め，つぎに方程式を立て，その後で方程式を解いて必要な解を得ます．各種の解析法の大きな違いは，未知数の選び方です．基礎方程式をもとに，それぞれの解析法で立てられる "必要にして最小限" の方程式の組を，その解析法の**回路方程式**とよぶことにします．本章で解説する基礎解析法は，すべての枝の枝電流と枝電圧を未知数として，電気回路の基礎方程式のなかから選ばれた方程式を回路方程式とします．このため，基礎解析法の回路方程式は，電気回路の本質をとらえた，もっとも単純にして余すところのない方程式になっています．

電流電圧特性が非直線となる抵抗や電源を含んだ回路を非線形回路といいます．本章では取り扱いませんが，基礎解析法は，このような非線形回路にも利用しやすい解析法だということを一言付け加えておきます．

5.1 回路とグラフ

図 5.2(a) の回路は二つの抵抗と二つの電源，そして，それらを接続する導線からできています．図 (b) は，素子の一つひとつが何であるかは問わずに四角で置きなおしたものです．この図で破線で囲まれた三つの導線部分は，それぞれ導線で結ばれているため同電位になります．このような同電位となる結線部分を**節点** (node) といいます．三つの節点を区別するため，図では黒丸で表し，$n_1 \sim n_3$ の記号を付けています．

各素子は節点と節点の間に接続されています．素子のある部分を**枝** (branch) とい

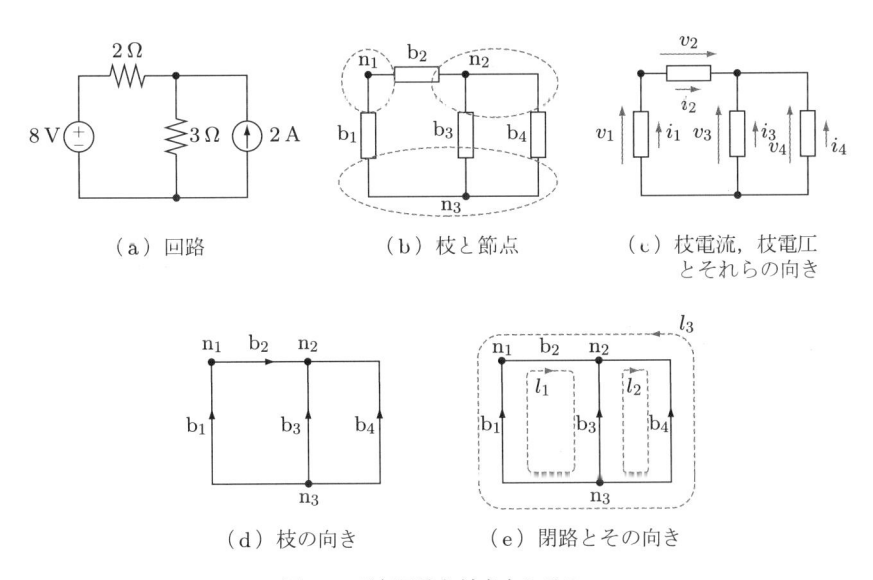

図 5.2 電気回路と対応するグラフ

います．素子には電流が流れ，枝両端の節点間には電圧(電位差)を生じます．1章，2章でも説明しましたが，これらをそれぞれ**枝電流** (branch current)，**枝電圧** (branch voltage) とよびます．

枝電流を未知数にするときには，向きも定めなければなりません．図 (c) には，枝電流や枝電圧に向きも含めて図示しています．枝電流と枝電圧の向きを同じに定める必要はないのですが，ここでは同じ向きにとることにします．このように定めると，抵抗の場合は，これらがいつでも異符号になります．このことを嫌って電圧の向きを逆にとる本が多いのですが，できるだけ向きに関する混乱を避けるために，ここでは向きをそろえて考えることにします．

枝電流，枝電圧の向きを枝の向きとして，図 (d) にはこれらの枝 $b_1 \sim b_4$ を記しています．図 (d) は，図 (a) の回路の接続関係に注意が向かうようにした図です．図 (d) のように，節点と枝からなり，それらの接続関係が定まっているものを**グラフ** (graph) とよんでいます．

素子が何であるかを無視したこのグラフは，

「3 個の節点 $n_1 \sim n_3$ とこれらを結ぶ 4 本の枝 $b_1(n_3 \to n_1)$，$b_2(n_1 \to n_2)$，$b_3(n_3 \to n_2)$，$b_4(n_3 \to n_2)$ をもつグラフ」

として表現することができます．また逆に，この表現から図 (d) が描けるのではないかと思います．

ある節点 A から出発し，いくつかの枝を通ってもとの節点 A にもどる経路において，とくにその出発点 (終点) を特定しない巡路を**閉路** (loop) といいます．図 (e) に閉路 $l_1 \sim l_3$ を示しています．図には閉路に向きを定め，矢印で記しています．

5.2 基礎解析法の紹介

いよいよ図 5.2(a) の回路を用いて回路解析の学習に入りますが，目的をはっきりさせておかなければなりません．ここでの回路解析とは，枝電流 $i_1 \sim i_4$，枝電圧 $v_1 \sim v_4$ の 8 個の値を求めることです．なお，i_4 と v_1 は 2 A と 8 V であることはすでにわかっていますので，実際には残りの 6 個の値を求めます．

■ 回路方程式を立てる

基礎解析法では，未知数を枝電流，枝電圧として解析します．これらを求めるための方程式は，KCL をもとにした**節点方程式**，KVL をもとにした**閉路方程式**，そして，それぞれの素子の電流電圧特性を表した**素子方程式**です．ここでは，基礎解析法の全体像を知っていただくために，説明が少し粗い感じになっていますが，節点方程式，

閉路方程式，素子方程式についてはそれぞれ 5.3 節～5.5 節で詳しく説明することにします．

まずは節点方程式から始めます．図 5.2(a) の回路に対応して，節点 n_1～n_3，枝電流 i_1～i_4 を図 5.2(c) のように定めたとして，あらためて描きなおしたのが図 5.3(a) です．KCL は「任意の節点において，流入する枝電流の代数和はゼロに等しい」という法則でした．これによると，節点 n_1, n_2 においてつぎの方程式が成り立ちます．

$$\begin{aligned} n_1: & \quad i_1 - i_2 = 0 \\ n_2: & \quad i_2 + i_3 + i_4 = 0 \end{aligned} \quad (5.1)$$

KCL から求められた式 (5.1) の一つひとつを**節点方程式** (nodal equation) といいます．

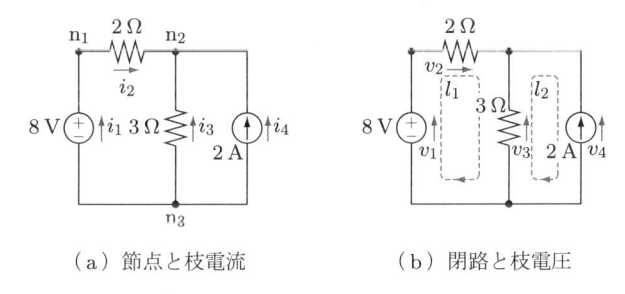

(a) 節点と枝電流 　　　(b) 閉路と枝電圧

図 5.3 解析する回路例

つぎは閉路方程式です．図 5.2(a) の回路に対応して，枝電圧 v_1～v_4 を図 (c)，閉路 l_1～l_2 を図 (d) のように定めたとして描きなおしたのが図 5.3(b) です．KVL は「任意の閉路において，閉路に沿った枝電圧の代数和はゼロに等しい」という法則でした．これによると，閉路 l_1, l_2 においてつぎの方程式が成り立ちます．

$$\begin{aligned} l_1: & \quad v_1 + v_2 - v_3 = 0 \\ l_2: & \quad v_3 \quad v_4 = 0 \end{aligned} \quad (5.2)$$

KVL から求められた式 (5.2) の一つひとつを**閉路方程式** (loop equation) といいます．

最後は素子方程式です．枝 b_1 の電源については電源電圧，枝 b_4 の電源については電源電流がわかっており，

$$\begin{aligned} b_1: & \quad v_1 = 8 \\ b_4: & \quad i_4 = 2 \end{aligned} \quad (5.3)$$

となります．また，二つの抵抗では，つぎの式が成り立ちます．

$$\begin{aligned}\text{b}_2:\quad & v_2 + 2i_2 = 0 \\ \text{b}_3:\quad & v_3 + 3i_3 = 0\end{aligned} \tag{5.4}$$

式 (5.3), (5.4) は電源および抵抗素子の電流電圧特性を表しており，これらを**素子方程式** (element equation) とよぶことにします．とくに，式 (5.4) はオームの法則を表しています．

未知数は枝電流 $i_1 \sim i_4$ と枝電圧 $v_1 \sim v_4$ ですから，全部で 8 個あります．式の数も (5.1)〜(5.4) までで 8 本ありますから，ふつうなら解けるはずです．解析するのに "必要にして最少限の方程式" を**回路方程式**とよぶことにすると，式 (5.1)〜(5.4) までの 8 本の方程式が基礎解析法の回路方程式ということになります．

■ 回路方程式を解く

v_1 と i_4 は式 (5.3) でわかっています．i_1 は式 (5.1) の上式，v_4 は式 (5.2) の下式にしか出てきませんから，後まわしにすることができます．そこで，未知数を i_2, i_3 と v_2, v_3 と考えると，

$$\begin{aligned}\text{n}_2:\quad & -i_2 - i_3 = i_4 = 2 \\ \text{l}_1:\quad & -v_2 + v_3 = v_1 = 8 \\ \text{b}_2:\quad & v_2 + 2i_2 = 0 \\ \text{b}_3:\quad & v_3 + 3i_3 = 0\end{aligned} \tag{5.5}$$

となり，未知数は 4 個，式は 4 本ですから，解けるはずです．v_2, v_3 を消去すれば，

$$\begin{aligned}\text{n}_2:\quad & -i_2 - i_3 = 2 \\ \text{l}_1:\quad & 2i_2 - 3i_3 = 8\end{aligned} \tag{5.6}$$

が得られます．これを解くと，$i_2 = 0.4$ A, $i_3 = -2.4$ A となります．この結果を式 (5.4) に代入すれば，$v_2 = -2i_2 = -0.8$ V, $v_3 = -3i_3 = 7.2$ V．式 (5.1) の上式から $i_1 = i_2 = 0.4$ A，式 (5.2) の下式から $v_4 = v_3 = 7.2$ V．以上ですべてが求められました．基礎解析法を用いた回路解析の終了です．結果を図 5.4 に示しておきます．

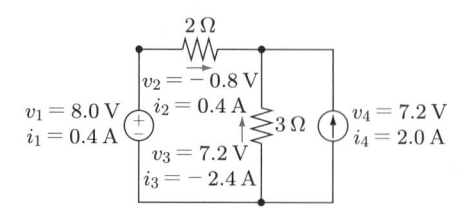

図 5.4 解析結果

■ 電気回路の基礎方程式

基礎解析法には，節点方程式，閉路方程式，素子方程式を用いました．節点方程式はKCLにもとづいたいくつかの枝電流の間の関係，閉路方程式はKVLにもとづいたいくつかの枝電圧の間の関係，素子方程式は電源や抵抗の電流電圧特性にもとづいた枝電流と枝電圧の関係を表したものですが，これらの3種類の方程式は相互には無関係だといえます．また，本節で取り上げた回路例からもわかるように，これらのどの方程式がなくても解析できないことから，電気回路について語るには，これらの方程式が必要なことがわかります．では，これらの方程式があれば十分かということになりますが，それには電気回路のすべてがこれらの方程式から導かれることを示す必要があります．それが可能であることがわかってはじめて，基礎方程式といえます．本書では節点方程式，閉路方程式，素子方程式を**電気回路の基礎方程式**として，これからの理論を展開していくことにします．

■ 基礎解析法の問題点

基礎解析法は，枝電流，枝電圧を未知数とし，電気回路の基礎方程式である節点方程式，閉路方程式，素子方程式の3種類の方程式を立てて解く方法でした．ところで，節点 n_1, n_2 について節点方程式を立てましたが，もう一つ，節点 n_3 についての節点方程式もあるはずです．また，閉路も閉路 l_1, l_2 についての閉路方程式を選びましたが，ほかにも閉路があり，その閉路についても閉路方程式が立てられるはずです．しかし，解を得るために必要以上に方程式があっても無意味です．素子方程式は問題ないとしても，どの節点で節点方程式を立て，どの閉路で閉路方程式を立てたらよいのかが問題になります．この問いに答えることができれば，"必要にして最少限の方程式" としての回路方程式が得られることになります．

まずは，5.3〜5.5節で電気回路の基礎方程式である節点方程式，閉路方程式，素子方程式に慣れるために，その代数的な取扱いを中心に詳しく説明します．また，節点方程式と閉路方程式はそれぞれ，一般には複数の方程式からなりますので，方程式間の従属と独立の関係について解説します．その後の5.6節では，回路方程式を得るための節点と閉路の選択の問題に対して，その解答を証明なしで示すことで，まずは基礎解析法の回路方程式の立て方を理解します．5.7節で証明のための数学的な準備をしたうえで，5.8節ではその証明をします．

5.3 | KCL と節点方程式

1章で説明したキルヒホッフの電流の法則 (KCL) は，つぎのように表されました．

【キルヒホッフの電流の法則】

KCL ①
　任意の節点において，流入する枝電流の和は流出する枝電流の和に等しい．

KCL ②
　任意の節点において，流入する枝電流の代数和はゼロに等しい．

KCL ③
　任意の節点において，流出する枝電流の代数和はゼロに等しい．

KCL ①では，流入する電流も流出する電流も文字どおりの意味で，どちらも正の数値として取り扱いました．一方，KCL ②では，流入する電流として正にも負にもなる代数として考え，実際に流出する電流の場合には，負として取り扱ったことを思い出しておきましょう．

例として，図5.5(a)のような回路のある節点nに対してKCL ①～③を適用すると，つぎの式が得られます．

$$\text{KCL ①:} \quad 4+1 = 3+2$$
$$\text{KCL ②:} \quad 4+(-3)+1+(-2) = 0$$
$$\text{KCL ③:} \quad (-4)+3+(-1)+2 = 0$$

KCL ②により得られた2番目の式では，実際に流入する場合は正の枝電流として，流出する場合は負の枝電流として取り扱っています．流入する向きの枝電流を図(b)のように $i_1 \sim i_4$ と定めると $i_1 = 4$ A, $i_2 = -3$ A, $i_3 = 1$ A, $i_4 = -2$ A となり，

$$\text{KCL ②:} \quad i_1 + i_2 + i_3 + i_4 = 0$$

と表されます．この式の左辺は，代数和という言葉がぴったりの表現になっています．

ところで，枝電流の向きの決め方は自由ですので，節点から流れ出る方向に決める場合もあるでしょう．このような場合の節点方程式はどのように立てたらよいので

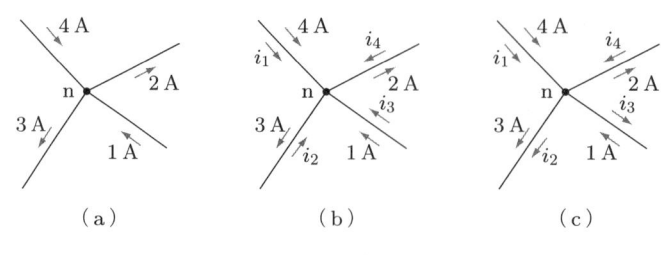

図 5.5　枝電流と節点方程式

しょうか．いま，図 (b) の枝電流 i_2, i_3 の向きを反対にして，図 (c) のように定めたとしましょう．

代数的に考えれば，流入する枝電流は $4\text{ A} = i_1, -3\text{ A} = (-i_2), 1\text{ A} = (-i_3), -2\text{ A} = i_4$ となります．したがって，このときの節点方程式はつぎのように書き表せます．

$$i_1 + (-i_2) + (-i_3) + i_4 = 0$$

この式の左辺では，「節点に向かっている向きをもつ枝電流の記号の符号を正，節点から出て行く向きをもつ枝電流の記号の符号を負にして加算」していることがわかります．実際の枝電流の向きとは関係なく，枝電流が節点に向かっているかどうかで頭につける符号が決まるという点に注意すれば，節点方程式を立てるのは簡単です．このように簡単に節点方程式を立てられるのも，負の数を数の仲間に入れ，代数的に取り扱えるようにした効果だといえます．

上式の両辺に -1 を乗じると，

$$(-i_1) + i_2 + i_3 + (-i_4) = 0$$

も成り立ちます．これは KCL ③を方程式で表現しています．

例題 5.1

図 5.6(1)～(3) において，グラフの各枝に流れる枝電流 $i_1 \sim i_6$ を図のように定める．それぞれのグラフのすべての節点 $\text{n}_1 \sim \text{n}_4$ に対して，節点方程式を立てなさい．

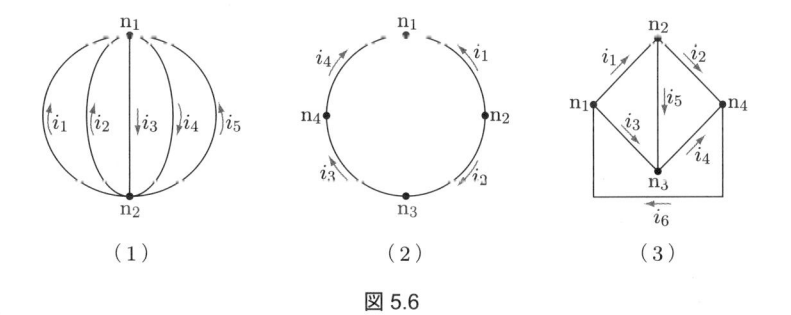

(1)   (2)   (3)

図 5.6

解 (1) $\text{n}_1: \ i_1 + i_2 + i_3 + i_4 + i_5 = 0$ (2) $\text{n}_1: \ i_1 + i_4 = 0$
    $\text{n}_2: \ -i_1 - i_2 + i_3 + i_4 - i_5 = 0$ $\text{n}_2: \ -i_1 - i_2 = 0$
                    $\text{n}_3: \ i_2 - i_3 = 0$
                    $\text{n}_4: \ i_3 - i_4 = 0$

(3) n_1: $\quad -i_1 - i_3 + i_6 = 0$
n_2: $\quad i_1 - i_2 - i_5 = 0$
n_3: $\quad i_3 - i_4 + i_5 = 0$
n_4: $\quad i_2 + i_4 - i_6 = 0$

例題 5.1 からもわかるように，節点方程式は節点の数だけありますが，それらの節点方程式の間にはどのような関係があるのかを考えてみましょう．ここでは，例題 5.1 の図 5.6(c) の回路の節点方程式を取り上げてみましょう．

$$\mathrm{n}_1: \quad -i_1 - i_3 + i_6 = 0$$
$$\mathrm{n}_2: \quad i_1 - i_2 - i_5 = 0$$
$$\mathrm{n}_3: \quad i_3 - i_4 + i_5 = 0$$
$$\mathrm{n}_4: \quad i_2 + i_4 - i_6 = 0$$

このように，節点と節点方程式とは 1 対 1 の関係にありますから，今後は「節点 n_i の節点方程式」というかわりに，「節点方程式 n_i」といういい方をすることにします．ところで，三つの節点方程式 n_1〜n_3 の両辺を加え合わせると，つぎの式が導かれます．

$$-i_2 - i_4 + i_6 = 0$$

この式の両辺に -1 を乗じると，節点方程式 n_4 と同じ式になります．少々乱暴ですが，このことをつぎのように表現してもよさそうに思われます．

$$\mathrm{n}_4 = -(\mathrm{n}_1 + \mathrm{n}_2 + \mathrm{n}_3) = -\mathrm{n}_1 - \mathrm{n}_2 - \mathrm{n}_3$$

節点方程式は単純な数値ではありませんから，ここでいう足し算や等号は実数の世界の足し算や等号とは違う意味ですが，意味は理解できるのではないでしょうか．つまり，節点 n_4 の節点方程式は，ほかの節点 n_1〜n_3 の節点方程式から導けるということです．同様に，$\mathrm{n}_1 = -\mathrm{n}_2 - \mathrm{n}_3 - \mathrm{n}_4$, $\mathrm{n}_2 = -\mathrm{n}_1 - \mathrm{n}_3 - \mathrm{n}_4$ などと表すことができますから，どの節点方程式もほかの節点方程式から導けることがわかります．

一方，節点方程式 n_1 を節点方程式 n_2 だけから導くことはできません．なぜなら，節点方程式 n_1 の左辺には枝電流 i_3 の項があるのに対し，節点方程式 n_2 の左辺には枝電流 i_3 の項がないからです．また，節点方程式 n_1 を節点方程式 n_2 と n_3 だけから導くこともできません．節点方程式 n_1 には枝電流 i_6 の項がありますが，節点方程式 n_2, n_3 にはこの項がないからです．

ある方程式 A がほかの方程式から導かれるとき，方程式 A はほかの方程式に**従属している**といい，一方，方程式 A がほかの方程式から導かれないとき，方程式 A はほかの方程式とは**独立している**といいます．

このいい方によれば，節点方程式 n_1 は節点方程式 n_2〜n_4 には従属しています．しかし，節点方程式 n_2, n_3, n_4 の一つ，もしくは節点方程式 n_2, n_3, n_4 のなかの任意の二つの組合せからは独立しているということになります．つまり，4本の節点方程式のなかの一つは，ほかの節点方程式から導くことができるので，解を得るのに必要な最小限の方程式としては必要ないということになります．また，節点方程式のどの3本を選んでも，それらは独立していますから，有効に使える方程式だということになります．

問題は，一般の回路を解析するには，どの節点の節点方程式を選択すればよいのかということです．これについては5.6節で説明します．

5.4　KVL と閉路方程式

2章と3章で学んだキルヒホッフの電圧の法則 (KVL) は，つぎのように表されました．

【キルヒホッフの電圧の法則】

KVL ①
　任意の閉路において，閉路に沿った枝電圧の代数和はゼロに等しい．

KVL ②
　任意の閉路において，閉路に沿った電源電圧の代数和は，この閉路に沿った抵抗による電圧降下の代数和に等しい．

KVL ③
　任意の閉路において，閉路に沿った起電圧の代数和は，この閉路に沿った抵抗による電圧降下の代数和に等しい．

図5.7(a) は，ある回路のある閉路 l を抜き出したもので，図 (b) は，それを簡略化してグラフで描いたものです．この閉路 l について閉路の向きを時計回りと考えると，KVL ①により，つぎの式が得られます．

$$l: \quad 6 + (-3) + (-2) + 4 + (-5) = 0$$

実際の枝電流が閉路の向きと同じ場合は正，逆向きの場合は負として取り扱っています．このように，枝電圧の正負を考えることが，KVL ①の代数和という表現に込められています．ところで，回路解析の目的はこの枝電圧の向きと大きさを求めることであり，事前にはわかっていません．そこで，枝電圧を代数的な変数として取り扱う

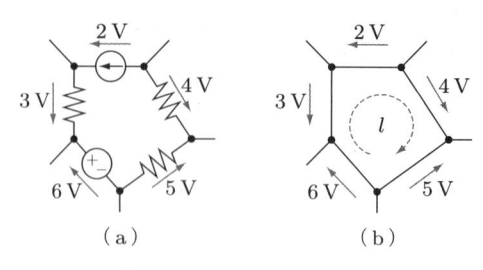

図 5.7　枝電圧と閉路方程式

こととして，向きは自由に選ぶことにします．最終的にその値が正であれば実際の枝電圧は定めた向きと同じ向きをもち，負であれば逆向きだと解釈すればよいことになります．

例として，図 5.8(a) のように，枝電圧 v_1〜v_5 を閉路 l と同じ向きにそろえて考えてみましょう．このときは $v_1 = 6$ V，$v_2 = -3$ V，$v_3 = -2$ V，$v_4 = 4$ V，$v_5 = -5$ V となり，先ほどの式は，つぎのように変数を使って表すことができます．

$$l: \quad v_1 + v_2 + v_3 + v_4 + v_5 = 0$$

代数和という言葉がぴったりする式です．

一般の回路には閉路がいくつもあって，たがいにある枝の上で交錯することもあります．また，ある枝を通る閉路が複数あり，その向きが異なることもあります．このようなときには，枝電圧の向きを閉路の向きと同じにはとれないこともあります．図 (b) では，枝電圧 v_1, v_2 の向きを閉路と同じ向きに定め，v_3〜v_5 の向きを閉路とは逆向きに定めています．

このときは $v_1 = 6$ V，$v_2 = -3$ V，$v_3 = 2$ V，$v_4 = -4$ V，$v_5 = 5$ V となり，先ほどの式はつぎのようになります．

$$l: \quad v_1 + v_2 + (-v_3) + (-v_4) + (-v_5) = 0$$

あらためてこの式の左辺の各項の符号をみると，閉路 l と同じ向きをもつ枝電圧 v_1, v_2 は，枝電圧の記号の前に正の符号がつき，逆向きになっている枝電圧 v_3〜v_5 の記号の

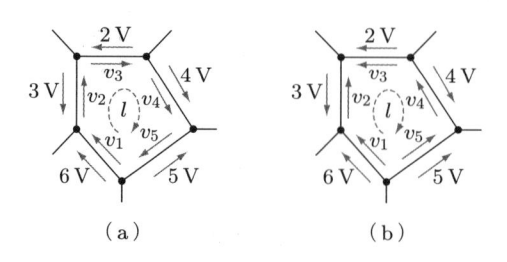

図 5.8　閉路と枝電圧の向き

前には負の符号がついていることがわかります．つまり，閉路方程式の左辺は，「閉路 l と同じ向きをもつ枝電圧の記号を正，閉路 l と逆向きをもつ枝電圧の記号を負にして加算」していることがわかります．このことが理解できると，形式的に閉路方程式を立てることができるようになります．

例題 5.2

図 5.9(1)〜(3) において，グラフの各枝の枝電圧 v_1〜v_6 を定める．それぞれのグラフの閉路 l_1〜l_6 に対して閉路方程式を立てなさい．

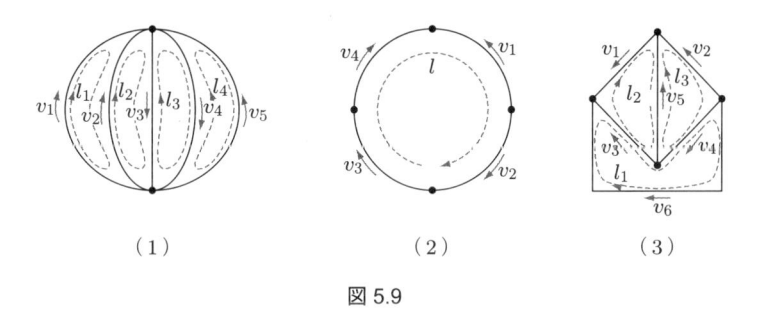

図 5.9

解 (1) l_1: $v_1 - v_2 = 0$ (2) l: $-v_1 + v_2 + v_3 + v_4 = 0$
l_2: $v_2 + v_3 = 0$
l_3: $-v_3 + v_4 = 0$ (3) l_1: $-v_3 - v_4 + v_6 = 0$
l_4: $-v_4 - v_5 = 0$ l_2: $-v_1 + v_3 - v_5 = 0$
                            l_3: $-v_2 + v_4 + v_5 = 0$

図 5.10 に描いたグラフに対し，その閉路の例を図 5.11(a)〜(e) に示します．図 (a) に示す閉路 l_a は，節点 n_2 から，$\mathrm{b}_4 \to \mathrm{n}_3 \to \mathrm{b}_3 \to \mathrm{n}_4 \to \mathrm{b}_2$ を通ってふたたび節点 n_2 にもどっています．図 (b), (c) に示す閉路 l_b, l_c も単純な閉路にみえます．一方，これらに対して，図 (d), (o) の閉路 l_d, l_e は少し特殊な閉路にみえます．

さて，枝 b_1〜b_6 に対応した枝電圧 v_1〜v_6 を向きも含めて図 5.10 のように定めるとして，以下に図 5.11(a)〜(e) に示した閉路 l_a〜l_e についての閉路方程式を示します．

l_a: $v_2 - v_3 - v_4 = 0$
l_b: $-v_1 + v_3 - v_5 = 0$
l_c: $-v_1 + v_2 - v_4 - v_5 = 0$
l_d: $-2v_2 + 2v_3 + 2v_4 = 0$
l_e: $v_1 + 2v_2 - 3v_3 - 2v_4 + v_5 = 0$

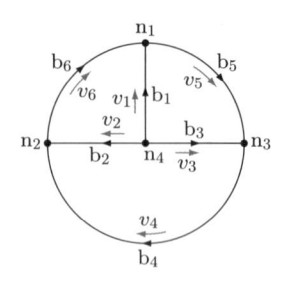

108 5章 電気回路の基礎方程式

図 5.10 対象となるグラフとその枝

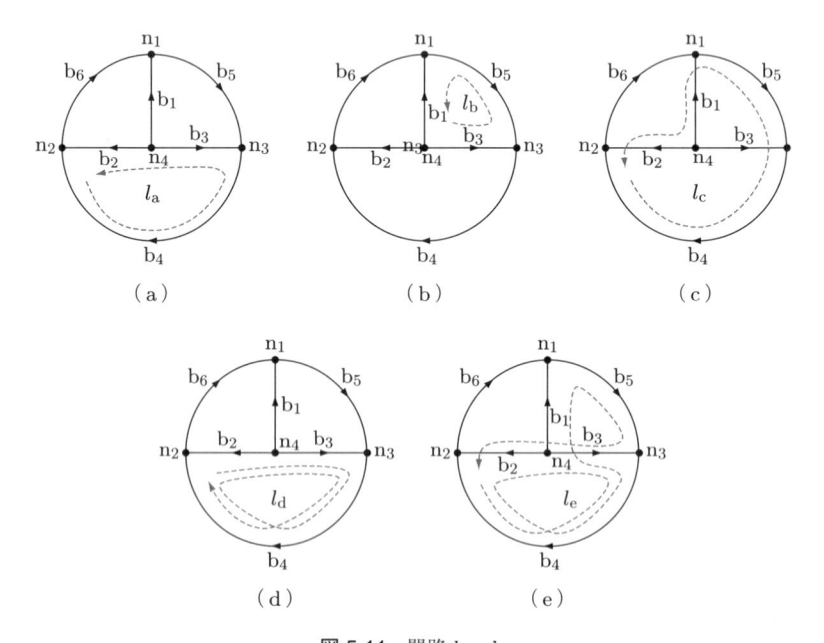

図 5.11 閉路 $l_\mathrm{a} \sim l_\mathrm{e}$

閉路 l_c の閉路方程式は，閉路 l_a の閉路方程式と閉路 l_b の閉路方程式を加えた式になっています．閉路方程式に対しても，閉路と同じ記号 $l_\mathrm{a} \sim l_\mathrm{e}$ を用いることにすると，このことを節点方程式の場合と同じように，つぎのように書き表すことができそうです．

$$l_\mathrm{c} = l_\mathrm{a} + l_\mathrm{b}$$

同じように考えると，ほかの閉路の閉路方程式についても，つぎのような関係があることがわかります．

$$l_\mathrm{d} = -2l_\mathrm{a}, \quad l_\mathrm{e} = 2l_\mathrm{a} - l_\mathrm{b}$$

同じ枝や節点を複数回通ることのない閉路を**単純閉路**といいます．図 5.10 の回路

において単純閉路だけを調べると，図 5.12 に示す閉路 $l_1 \sim l_7$ が考えられます．閉路に向きを考えれば，ここであげたのは時計回りの閉路だけですから，逆回りも含めると，全部で 14 個あることがわかります．

時計回りの閉路 $l_1 \sim l_7$ に対して，それぞれ逆回りの向きをもつ閉路 $l'_1 \sim l'_7$ とすると，閉路 $l_1 \sim l_7, l'_1 \sim l'_7$ の閉路方程式はつぎのように書き表すことができます．

$l_1:\quad -v_2 + v_3 + v_4 = 0 \qquad l'_1:\quad v_2 - v_3 - v_4 = 0$
$l_2:\quad -v_1 + v_2 + v_6 = 0 \qquad l'_2:\quad v_1 - v_2 - v_6 = 0$
$l_3:\quad v_1 - v_3 + v_5 = 0 \qquad l'_3:\quad -v_1 + v_3 - v_5 = 0$
$l_4:\quad v_2 - v_3 + v_5 + v_6 = 0 \qquad l'_4:\quad -v_2 + v_3 - v_5 - v_6 = 0$
$l_5:\quad -v_1 + v_3 + v_4 + v_6 = 0 \qquad l'_5:\quad v_1 - v_3 - v_4 - v_6 = 0$
$l_6:\quad v_1 - v_2 + v_4 + v_5 = 0 \qquad l'_6:\quad -v_1 + v_2 - v_4 - v_5 = 0$
$l_7:\quad v_4 + v_5 + v_6 = 0 \qquad l'_7:\quad -v_4 - v_5 - v_6 = 0$

閉路方程式 l_k と l'_k とは係数の符号が違うだけですから，どちらでも，一方からもう一方の方程式を導き出すことができます．つまり，たがいに従属しています．この符号の違いは，閉路の向きが逆になることから生じていることがわかります．ほかにも，閉路方程式 l_2 と l_3 の両辺を加え合わせると閉路方程式 l_4 が得られことがわかります．このことは式の上からわかることですが，図 5.13(a) からも一目瞭然でしょう．このような関係は，つぎのように書き表されます．

$$l_4 = l_2 + l_3$$

同じように，図 (b)〜(d) を参考にすると，

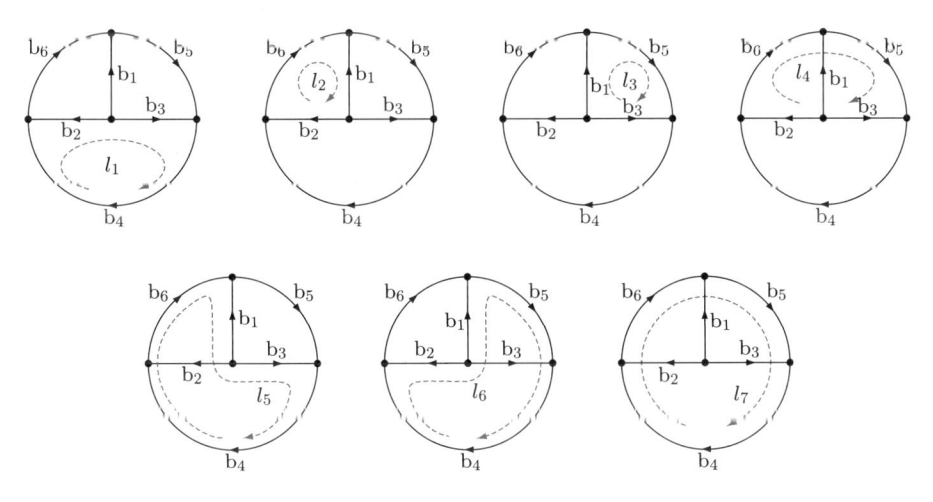

図 5.12　閉路 $l_1 \sim l_7$

$$l_5 = l_1 + l_2, \quad l_6 = l_1 + l_3, \quad l_7 = l_1 + l_2 + l_3$$

と書き表すことができます．これらの関係から，閉路方程式 $l_4 \sim l_7$ は閉路方程式 $l_1 \sim l_3$ に従属していることがわかります．一方，閉路方程式 $l_1 \sim l_3$ は，それぞれ枝 $b_4 \sim b_6$ を単独に含んでいますから，たがいに独立であることがわかります．つまり，解析に有効な閉路方程式として，閉路方程式 $l_1 \sim l_3$ を選ぶことができることがわかります．問題は，どのようにしてこのような独立な閉路 $l_1 \sim l_3$ を一般の回路でも簡単に見出すかです．これについては，5.6 節で説明します．

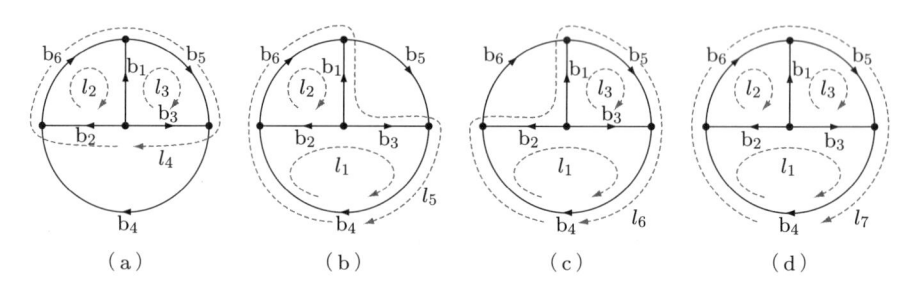

図 5.13　閉路 $l_1 \sim l_7$ の関係

5.5 素子方程式

基礎解析法を紹介した 5.2 節で取り扱った図 5.3(a) の回路を，図 5.14 に再掲します．

5.2 節では，節点を $n_1 \sim n_3$ の三つ，枝を $b_1 \sim b_4$ の四つとして考えました．各枝をそれぞれ単独にして取り出して描いたのが図 5.15 です．

それぞれの枝電圧と枝電流の関係を表したのが，つぎの素子方程式でした．

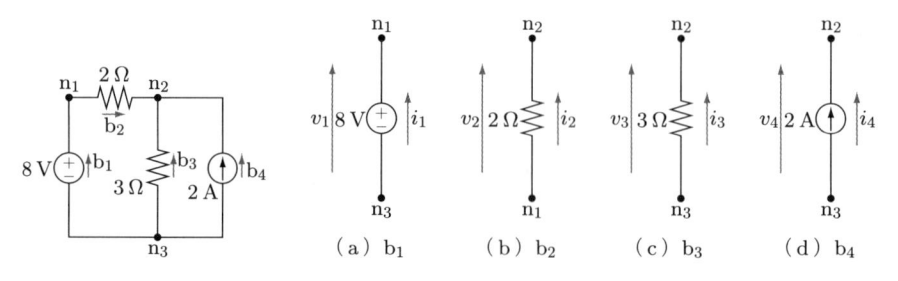

$$b_1: \quad v_1 = 8$$

図 5.14　5.2 節で対象とした回路

図 5.15　各枝の素子

$b_2:$ $v_2 + 2i_2 = 0$
$b_3:$ $v_3 + 3i_3 = 0$
$b_4:$ $i_4 = 2$

枝 b_1 および b_4 は，それぞれ電圧源の起電圧および電流源の起電流が与えられています．

■ 電源の取扱いの注意点

回路図では，図 5.16 のように，直流電源記号の側に電圧値や電流値が記されている場合があります．これらは電源の動作電圧 (動作時の電源電圧) もしくは動作電流 (動作時の電源電流) を意味しており，電源の起電力 (起電圧もしくは起電流) や内部抵抗，つまり電源の電流電圧特性は未知です．しかし，結果としての電源の端子電圧や電流が与えられた電圧値や電流値に等しくなければなりませんから，電圧値が与えられた場合にはこれを起電圧にもつ電圧源，電流値が与えられた場合にはこれを起電流にもつ電流源と考えて解けばよいことになります．

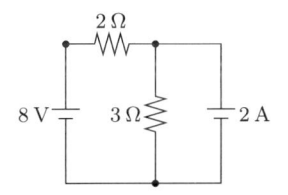

図 5.16 動作電圧と動作電流を記した電源

■ 抵抗の取扱いの注意点

図 5.14 の枝 b_2, b_3 の素子方程式について補足します．これらはどちらも抵抗の場合ですが，ここでは枝電圧と枝電流の向きを同じにとっています．しかし，必ずしもそうする必要性はありません．枝電圧と枝電流の向きをたがいに逆にとった場合の素子方程式は，もちろんつぎのようになります．

$b_2:$ $v_2 = 2i_2$
$b_3:$ $v_3 = 3i_3$

後のために整理しておきますと，図 5.17(a), (b) のように抵抗値 R の抵抗について，枝電圧の向きと枝電流の向きを同じにした場合と逆にした場合では，素子方程式はそれぞれ，つぎのように表されます．

(a) 枝電圧と枝電流を同じ向きにとった場合： $v + Ri = 0$
(b) 枝電圧と枝電流を逆の向きにとった場合： $v = Ri$

(a) 枝電圧と枝電流が同じ向き　(b) 枝電圧と枝電流が逆の向き

図 5.17　枝電圧と枝電流の向きのとり方

まず，図 (b) の場合の素子方程式について考えることにします．図 (b) の枝電流の向きに実際に電流が流れているとすると，枝電流 i は正になります．電流は抵抗では電位の高いところから低いところに向かって流れましたから，図の右側の電位が高く，左側が低いということになります．電位は電流の向きに沿って下がります．この下がる分が電圧降下でした．そうすると，図の枝電圧 v は正になります．オームの法則から，この枝電圧の大きさは 抵抗値×電流 ですから，$v = Ri$ となります．実際の電流の向きが枝電流の向きとは逆の場合は，枝電流は負，電圧降下も負になりますから，やはり $v = Ri$ が成り立ちます．

図 (a) の場合は，図 (b) の場合に対して枝電圧の向きが逆になっていますから，代数的には，図 (b) のときの枝電圧 v を $-v$ に置き換えれば $v + Ri = 0$ が出てきます．

■ 電源と抵抗を合わせた枝の素子方程式

図 5.14 の回路図を図 5.18(a) に再掲します．図 (a) の回路では，電源を一つの枝に対応させて考えました．この回路の枝 b_1 と b_2 とをまとめて枝 b_2' とし，枝 b_3 と b_4 とをまとめて枝 b_3' としたのが，図 (b) の回路です．ここでは，電源とそれに隣接する抵抗とを組にして一つの枝としています．枝の数を減らせば未知数の数も減ることになりますから，解法が簡単になることが期待できます．

枝 b_2', b_3' の枝電圧，枝電流をそれぞれ v_2', v_3', i_2', i_3' とすると，節点方程式，閉路方程式，素子方程式はつぎのように表現できます．

$$n_2: \ i_2' - i_3' = 0, \quad l: \ v_2' - v_3' = 0, \quad b_2': \ v_2' + 2i_2' = 8$$
$$b_3': \ v_3' + 3i_3' = 3 \times 2$$

未知数は四つ，方程式も四つ得られましたから解けるはずです．ここで問題になるのは素子方程式です．

一般的に取り扱うために，起電圧 E の電源と抵抗 r の直列回路である図 5.19(a) と，起電流 J の電源と抵抗 r の並列回路である図 (b) の回路の素子方程式を考えてみましょう．まず，図 (a) の回路では，枝電圧 v に抵抗 r での電流 i による電圧降下を加えた値が起電圧に等しいはずですから，素子方程式はつぎのように表されることがわかります．

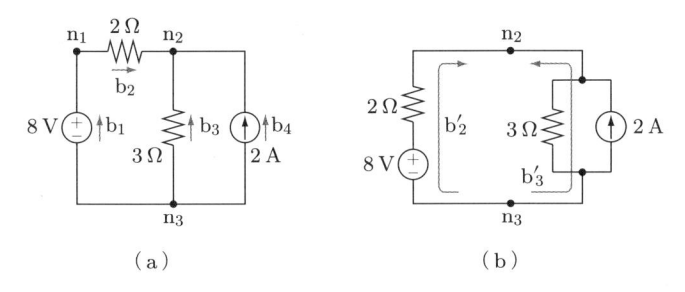

図 5.18　電源と隣接する抵抗との統合

$$v + ri = E$$

また，図 (b) の回路では，抵抗には枝の向きとは逆向きに v/r の電流が流れますから，

$$\frac{v}{r} + i = J$$

です．これから，つぎの素子方程式が得られます．

$$v + ri = rJ$$

もちろん，3 章で学んだ電源等価変換の定理を用いて電圧源に変換しても同じ結果が得られます．

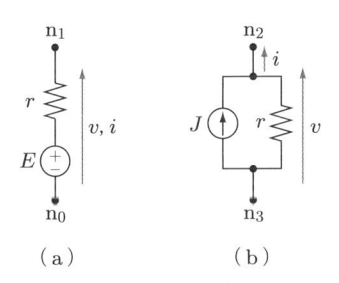

図 5.19　電源と抵抗を含む枝

5.6　節点と閉路の選び方

5.2 節では，基礎解析法を簡単に紹介しました．基礎解析法の未知数はすべての枝電圧と枝電流ですから，その数は枝の数を b 本として，その 2 倍の $2b$ 個になります．つまり，すべての枝電圧と枝電流を求めるには，$2b$ 本の方程式が必要だということになります．一方，素子方程式は枝の数 b 本分だけありますから，残りの b 本は，節点方程式，閉路方程式から得なければなりません．それぞれの方程式は，解法に有効な方程式でなければならないので，これらの方程式は**たがいに独立な方程式**でなければ

なりません．独立という意味は，たがいの方程式がほかの方程式から導き出されないということでした．ほかの方程式から導き出される方程式ならば，そもそも必要のない方程式だったということになります．問題は節点方程式，閉路方程式から残りの b 本のたがいに独立な方程式を得るには，どの節点，どの閉路を選択すればよいかということです．本節では，その具体的な選択方法を証明なしに紹介することにします．その証明は 5.8 節で行います．

■ 節点の選択

まず節点方程式ですが，n 個の節点のなかから任意の $n-1$ 個の節点を選べばよいというのが答えです．正確には，以下のように表すことができます．要するに，「どれでもよいが，一つだけは外せ」ということです．

節点の数が n 個の回路では，任意の $n-1$ 個の節点における節点方程式は独立である．

■ 閉路の選択

閉路方程式についてですが，閉路の代表的な選択方法に，以下に述べる**網目閉路** (mesh) と**基本閉路** (fundamental loop) があります．

● 網目閉路

網目閉路の例を図 5.20(a), (b) に示します．**網目閉路**とは，閉路の内側に枝が含まれないような閉路をいいます．図 (c) の閉路は，閉路の内側に枝 (◇の左下の枝) があるので網目閉路ではありません．回路全体にわたって網目閉路を考えるためには，枝が平面上で交差してはいけません．図 (d) のグラフは枝が交差しないようには描けな

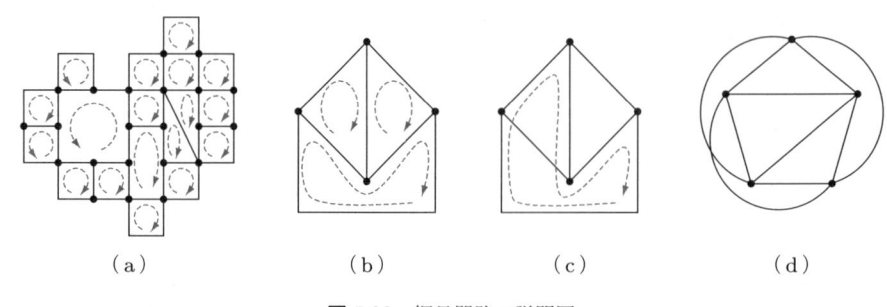

(a)　　　　(b)　　　　(c)　　　　(d)

図 5.20　網目閉路の説明図

いグラフの代表例です．逆に，図 (a)〜(c) のグラフは平面上で枝が交差しないように描けています．このような平面上に枝が交差しないように描けるグラフを**平面グラフ**とよんでいます．図 (a)〜(c) は平面グラフ，図 (d) は平面グラフではありません．つまり，回路のグラフが平面グラフであれば，網目閉路を選んで閉路方程式を立てれば，回路解析に必要な独立な閉路方程式が得られることがわかっているということです．網目の向きについては，時計回りでも反時計回りでもかまいません．網目閉路を閉路とする閉路方程式を**網目方程式**ということもあります．

● 基本閉路

独立な閉路として網目閉路を選ぶ方法は，簡単な回路，机上で解くような回路については有効ですが，平面グラフにならないような複雑な回路には対応できません．このようなときにも利用できるのが，つぎの基本閉路です．机上で解くような場合でも，解法を楽にするために基本閉路が用いられることもあります．

基本閉路について説明するには，グラフについての基本的な知識が必要です．基本的知識というのは，グラフの**木** (tree) と**補木** (cotree) という概念です．

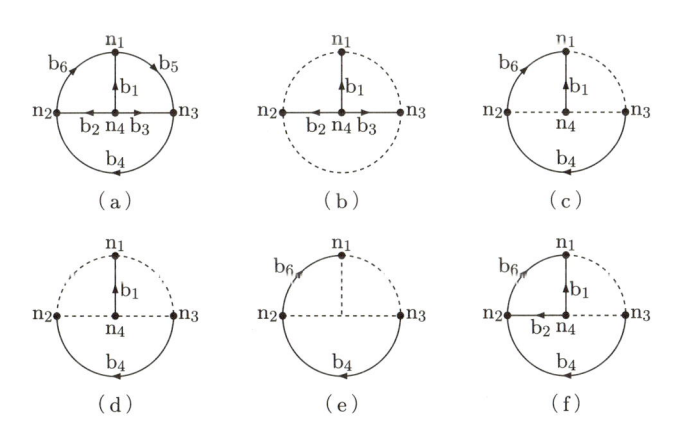

図 5.21 木の説明図

あるグラフ G について，その木 T というのは，グラフ G の部分グラフ (グラフを構成する枝の部分集合) で，①たがいに連結し，②すべての節点を含み，③閉路を含まないグラフをいいます．具体的な例を，図 5.21 を用いて説明します．図 (a) が考えるグラフ G です．このグラフ G の木の例が図 (b)，(c) に示す部分グラフです．図 (b)，(c) はともに木の条件①〜③を満たしていますが，図 (d)〜(f) はこれらの条件を満たしていません．図 (d) のグラフは連結していないので，条件①を満たしていません．図 (e) は節点 n_4 を含んでいないので，条件②を満たしていません．また，図 (f) は閉

路ができてしまっているので，条件③を満たしていません．

グラフ G と木 T が与えられたとき，T の枝を**木枝**とよび，木枝以外のグラフ G の枝を**補木枝**(リンク)，補木枝からなるグラフ G の部分グラフを**補木**とよんでいます．

これで基本閉路の説明ができる準備ができました．木に補木枝を一つ加えると一つ閉路ができます．たとえば，図 5.21(b) の木に補木枝 b_4 を加えると，図 5.22(a) の閉路 l_4 ができます．同じように，補木枝 b_5 を加えると閉路 l_5 が，補木枝 b_6 を加えると閉路 l_6 ができます．このようにして構成される閉路を**基本閉路**といいます．図 5.22(a) の閉路 $l_4 \sim l_6$ は図 5.21(b) の木から得られる基本閉路で，図 5.22(b) の閉路 l_2，l_3，l_5 は図 5.21(c) の木から得られる基本閉路です．

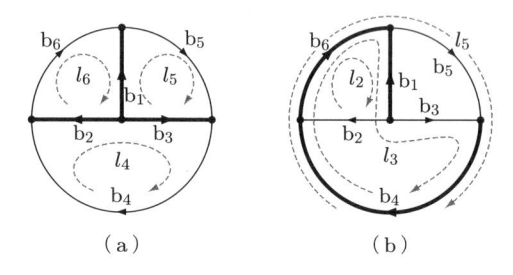

図 5.22 木と基本閉路

さて，網目閉路および基本閉路についてはつぎのことがわかっています．このことも，つぎの 5.8 節で証明することにします．

> 枝の数が b 個，節点の数が n 個の回路では，網目閉路もしくは基本閉路から得られる $b - n + 1$ 本の閉路方程式は独立である．

以上で独立な節点方程式と閉路方程式を得るための節点と閉路の具体的な選び方はとりあえずわかりました．証明すべき残された問題は以下の 3 点になりますが，これらは 5.8 節で証明します．

(1) 任意の $n-1$ 個の節点から得られた $n-1$ 本の節点方程式が独立であること
(2) 網目閉路が $b-n+1$ 個あり，それらから得られる $b-n+1$ 本の閉路方程式が独立であること
(3) 基本閉路が $b-n+1$ 個あり，それらから得られる $b-n+1$ 本の閉路方程式が独立であること

例題 5.3

図 5.23(1)〜(3) のグラフをもつ回路がある．それぞれの回路の枝の数，節点の数，基礎解析法の未知数の数，素子方程式の数，独立な節点方程式の数，独立な閉路方程式の数を答えなさい．

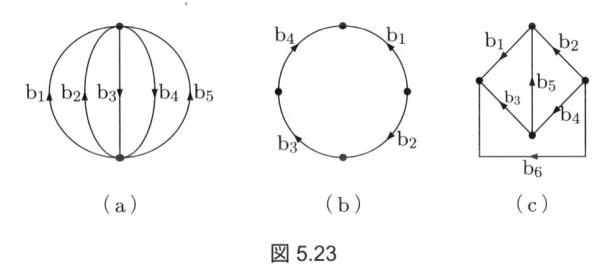

図 5.23

解 (1) 枝の数：$b=5$，節点の数：$n=2$，未知数の数：$2b=10$，素子方程式の数：$b=5$，独立な節点方程式の数：$n-1=1$，独立な閉路方程式の数：$b-n+1=4$．

(2) 枝の数：$b=4$，節点の数：$n=4$，未知数の数：$2b=8$，素子方程式の数：$b=4$，独立な節点方程式の数：$n-1=3$，独立な閉路方程式の数：$b-n+1=1$．

(3) 枝の数：$b=6$，節点の数：$n=4$，未知数の数：$2b=12$，素子方程式の数：$b=6$，独立な節点方程式の数：$n-1=3$，独立な閉路方程式の数：$b-n+1=3$．

例題 5.4

図 5.24 の回路において，基礎解析法の回路方程式を書きなさい．ただし，各枝 $b_1 \sim b_6$ の枝電流を $i_1 \sim i_6$，枝電圧を $v_1 \sim v_6$ とする．

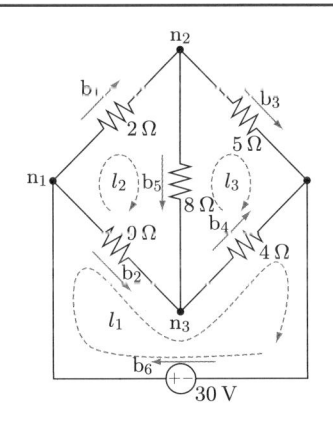

図 5.24

解 独立な節点方程式を得るための節点として図中の節点 $n_1 \sim n_3$ を選び，独立な閉路方程式を得るための閉路として図中の (網目) 閉路 $l_1 \sim l_3$ を選ぶと，つぎのようになる．

節点方程式	閉路方程式 (網目方程式)	素子方程式
$n_1: -i_1-i_2+i_6=0$	$l_1: v_2+v_4+v_6=0$	$b_1: v_1+2i_1=0$
$n_2: i_1-i_3-i_5=0$	$l_2: v_1-v_2+v_5=0$	$b_2: v_2+9i_2=0$
$n_3: i_2-i_4+i_5=0$	$l_3: v_3-v_4-v_5=0$	$b_3: v_3+5i_3=0$
		$b_4: v_4+4i_4=0$
		$b_5: v_5+8i_5=0$
		$b_6: v_6=30$

例題 5.5

図 5.25(1) の回路と，この回路の枝の一部をまとめた図 (2) の回路において，基礎解析法の回路方程式を書きなさい．

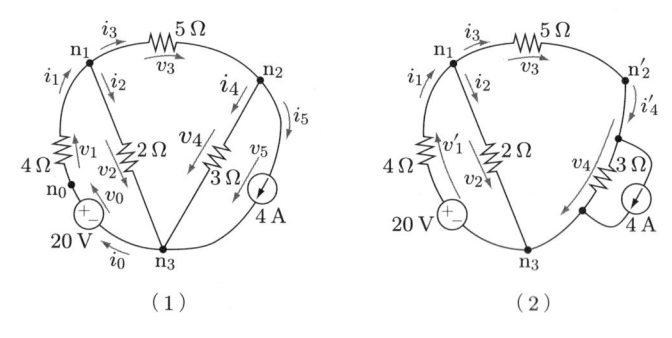

図 5.25

解 (1)

$n_0:$	$i_0-i_1=0$	$b_0: v_0=20$
$n_1:$	$i_1-i_2-i_3=0$	$b_1: v_1+4i_1=0$
$n_2:$	$i_3-i_4-i_5=0$	$b_2: v_2+2i_2=0$
$l_0:$	$v_0+v_1+v_2=0$	$b_3: v_3+5i_3=0$
$l_1:$	$-v_2+v_3+v_4=0$	$b_4: v_4+3i_4=0$
$l_2:$	$-v_4+v_5=0$	$b_5: i_5=4$

(2)

$n_1:$	$i_1-i_2-i_3=0$	$b_1': v_1'+4i_1=20$
$n_2':$	$i_3-i_4'=0$	$b_2: v_2+2i_2=0$
$l_0:$	$v_1'+v_2=0$	$b_3: v_3+5i_3=0$
$l_1':$	$-v_2+v_3+v_4=0$	$b_4': v_4+3i_4'=3\times 4$

5.7† 従属と独立

節点方程式と閉路方程式の選択の問題を片づける前に，1次方程式の従属と独立についてもう少し明確にしておく必要があります．まず，一般的な1次方程式を考えることにします．n個の未知変数 x_i $(i=1,2,\cdots,n)$ をもつ1次方程式は，定数 a_i $(i=1,2,\cdots,n,n+1)$ を用いて，つぎの形に書き表すことができます．

$$a_1 x_1 + a_2 x_2 + \cdots + a_n x_n - a_{n+1} = 0 \qquad ①$$

節点方程式や閉路方程式では，未知数を枝電流や枝電圧として，定数項 $a_{n+1}=0$ でしたが，式①はより一般的な式になっています．この1次方程式そのものを f と記し，この左辺の1次式を f' と記すと，

$$f: \quad f' = 0 \qquad\qquad ②$$
$$f' = a_1 x_1 + a_2 x_2 + \cdots + a_n x_n - a_{n+1} \qquad ②'$$

と表すことができます．1次方程式 f と1次式 f' は1対1に対応しますが，つぎの行ベクトル $\boldsymbol{f}$ もこれらに1対1に対応します．

$$\boldsymbol{f} = (a_1, a_2, \cdots, a_n, a_{n+1}) \qquad ②''$$

具体的に考えるために，つぎの連立1次方程式を考えてみましょう．

$$\begin{cases} -2x + y - z = -5 & ③ \\ -4x + 2y - z = -9 & ④ \\ 2x - y - 3z = 1 & ⑤ \end{cases}$$

1次方程式③，④，⑤をそれぞれ f, g, h と表し，これらに対応する1次式をそれぞれ f', g', h'，対応する行ベクトルを $\boldsymbol{f}, \boldsymbol{g}, \boldsymbol{h}$ とすると，つぎのように書き表すことができます．

$$f' = -2x + y - z - (-5) \quad ③' \qquad \boldsymbol{f} = (-2\ \ 1\ \ -1\ \ -5) \quad ③''$$
$$g' = -4x + 2y - z - (-9) \quad ④' \qquad \boldsymbol{g} = (-4\ \ 2\ \ -1\ \ -9) \quad ④''$$
$$h' = 2x - y - 3z - 1 \quad ⑤' \qquad \boldsymbol{h} = (2\ \ -1\ \ -3\ \ 1) \quad ⑤''$$

ところで，方程式⑤は，方程式③を7倍した方程式から方程式④を4倍した方程式を引き算して得られた方程式です．このことは，1次式やベクトルではつぎのように書き表すことができます．

$$h' = 7f' - 4g' \qquad ⑥' \qquad \boldsymbol{h} = 7\boldsymbol{f} - 4\boldsymbol{g} \qquad ⑥''$$

対応する1次方程式に対しても，つぎのように書くことにします．

$$h = 7f - 4g \qquad ⑥$$

この式は 1 次方程式に対する等式になっていて，通常の数の加算，乗算，等式の意味とは異なりますから注意が必要ですが，自然に理解できるのではないでしょうか．右辺は x, y, z を変数とする 1 次方程式に関した演算であり，左辺と右辺の 1 次方程式のそれぞれの係数が等しいことを意味しています．

式⑥は，方程式 h は方程式 f, g の組に従属していることを意味しています．式⑥を変形すれば，次式も得られます．

$$f = \frac{4}{7}g + \frac{1}{7}h, \quad g = \frac{7}{4}f - \frac{1}{4}h$$

つまり，方程式 f, g, h のどれか一つの方程式は，ほかの二つの方程式に従属しているといえます．式⑥，⑥′，⑥″ を変形すると次の式が得られます．

$$7f - 4g - h = 0 \qquad ⑦$$
$$7f' - 4g' - h' = 0 \qquad ⑦′$$
$$7\boldsymbol{f} - 4\boldsymbol{g} - \boldsymbol{h} = \boldsymbol{0} \qquad ⑦″$$

式⑦の右辺の 0 は，係数がすべて 0 の 1 次方程式を意味しています．1 次方程式の独立と従属はベクトルの独立と従属の定義に対応しており，つぎのように定義されます．

一次方程式の独立と従属

n 本の 1 次方程式 $f_1, f_2, \cdots, f_n$ において

$$c_1 f_1 + c_2 f_2 + \cdots + c_n f_n = 0$$

を満たすのが，

$$c_1 = c_2 = \cdots = c_n = 0$$

のときにかぎられるとき，$f_1, f_2, \cdots, f_n$ はたがいに (線形) **独立**であるという．$f_1, f_2, \cdots, f_n$ がたがいに独立ではないとき，これらの 1 次方程式はたがいに (線形) **従属**であるという．

---

1 次式とベクトルの (線形) 従属と (線形) 独立も同様に定義できます．ベクトルの従属と独立については，幾何学的なイメージを思い浮かべるとわかりやすいと思います．3 次元空間において，三つのベクトルがたがいに従属であるとは，三つのベクトルを始点をそろえて描いたときに，それらが同一の平面上にあることを意味します．また，三つのベクトルがたがいに独立であるとは，逆に，三つのベクトルを同一の平面上に描けないことを意味します．

式⑦では 1 次方程式 f, g, h の係数部分がどれも 0 ではない定数で書き表せているの

で，たがいに従属していることになります．このことは，1次方程式 f, g, h のどれでも，ほかの二つの1次方程式から導けるということを意味しています．

ところが，1次方程式 f, g に関して，

$$c_1 f + c_2 g = 0$$

という形に書き表そうとすると，左辺の1次方程式は，

$$c_1\{-2x + y - z - (-5)\} + c_2\{-4x + 2y - z - (-9)\}$$
$$= (-2c_1 - 4c_2)x + (c_1 + 2c_2)y + (-c_1 - c_2)z + (5c_1 + 9c_2) = 0$$

となり，右辺は係数がすべて0の1次方程式を意味しますから，係数 c_1, c_2 は次式を満たす必要があります．

$$\begin{cases} -2c_1 - 4c_2 = 0 \\ c_1 + 2c_2 = 0 \\ -c_1 - c_2 = 0 \\ 5c_1 + 9c_2 = 0 \end{cases}$$

これらを満たすためには，$c_1 = c_2 = 0$ 以外にありませんから，1次方程式 f, g はたがいに独立であることになります．同様に，1次方程式 f と h，g と h もたがいに独立であることを示すことができます．これらの結果は，1次方程式 f, g, h のどれもが，ほかのどちらか一つの1次方程式だけからでは導けないということを意味しています．

5.8† 節点方程式と閉路方程式の独立性

いよいよ残された問題を片づけるときがきました．示すべき問題はつぎの三つです．

(1) 任意の $n-1$ 個の節点から得られた $n-1$ 本の節点方程式が独立であること
(2) 網目閉路が $b-n+1$ 個あり，それらから得られる $b-n+1$ 本の閉路方程式が独立であること
(3) 基本閉路が $b-n+1$ 個あり，それらから得られる $b-n+1$ 本の閉路方程式が独立であること

より具体的なイメージがわかるように，図 5.26(a), (b)（図 5.2(c), (e) を再掲）の回路を例にとりながら説明することにします．

(1) **節点を n 個もつ回路において，任意の $n-1$ 個の節点から得られた $n-1$ 本の節点方程式は独立である**

図 5.24(a) の回路には n_1, n_2, n_3 の三つの節点があり，対応する節点方程式も n_1, n_2, n_3 と記すことにします．

(a)

(b)

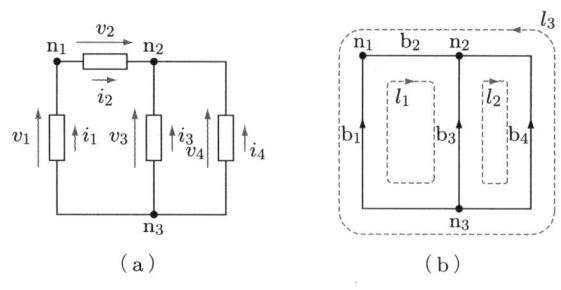

図 5.26　回路例

$$\text{n}_1: \quad i_1 - i_2 = 0$$
$$\text{n}_2: \quad i_2 + i_3 + i_4 = 0$$
$$\text{n}_3: \quad -i_1 - i_3 - i_4 = 0$$

各枝電流 $i_1 \sim i_4$ は，全部の節点方程式のなかに正負の枝電流を含んでいます．このため，

$$\text{n}_1 + \text{n}_2 + \text{n}_3 = 0$$

となっており，3本の節点方程式 $\text{n}_1 \sim \text{n}_3$ は従属だということがわかります．つぎに，任意の2本を選択したとき，これらが独立なのか従属なのかについて考えます．ここでは節点方程式 n_1, n_2 を考えてみましょう．節点方程式 n_1 には枝電流 i_1 の項がありますが，枝電流 i_3 の項がありません．また，節点方程式 n_2 には枝電流 i_3 の項はありますが，枝電流 i_1 の項がありません．したがって，二つの節点方程式 n_1, n_2 は独立だということがわかります．

一般的な場合について証明します．回路の節点の個数を n 個，対応する節点方程式を $\text{n}_1, \text{n}_2, \cdots, \text{n}_n$ とします．各枝には枝電流の流入する側と流出する側の二つの節点があり，すべての節点方程式のなかには必ず正負の2対の枝電流を含みますから，$\text{n}_1 + \text{n}_2 + \cdots + \text{n}_n = 0$ が成り立ちます．つまり，n 本の1次方程式 $\text{n}_1 \sim \text{n}_n$ は従属です．

つぎに，任意に選んだ $n-1$ 個の節点方程式がたがいに独立であることを証明します．このためには，$n-1$ 個の節点方程式のなかに，従属関係にある方程式がないことを証明すればよいことになります．そこで，任意に選択された k 個 $(1 < k < n)$ の節点方程式が従属だと仮定し，これが矛盾することを証明します．選ばれた k 個の節点方程式の順番を変更して $\text{n}_1 \sim \text{n}_k$ とします．これらが従属することから $c_1 \text{n}_1 + c_2 \text{n}_2 + \cdots + c_k \text{n}_k = 0$ において，$c_1 \neq 0, c_2 \neq 0, \cdots, c_k \neq 0$ と仮定しても一般性を失いません．

さて，$k < n$ ですから，図 5.27 に示すように，選ばれた k 個の節点のグループ G

5.8† 節点方程式と閉路方程式の独立性

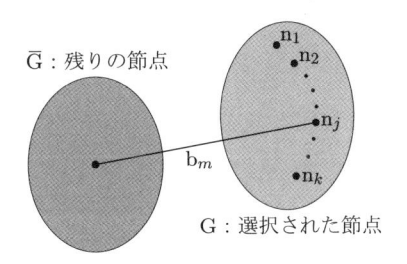

図 5.27 二分された節点グループ

とそれ以外の節点のグループ $\bar{G}$ に分けることができます．回路は連結しているとすれば，この二つのグループを結ぶ枝が必ず 1 本以上はあるはずです．その一つの枝を b_m としましょう．枝 b_m の両端の節点のうちの一つはグループ G に含まれ，もう一つはグループ $\bar{G}$ に含まれることになります．グループ G に含まれる節点を n_j としましょう．枝 b_m の枝電流 i_m の項は 1 次式 n_1〜n_k のなかの n_j だけにしか現れません．そうすると，$c_1 n_1 + c_2 n_2 + \cdots + c_k n_k = 0$ において，$c_j = 0$ にならなければなりません．これは仮定に反します．(証明終)

証明が少しわかりづらいかもそれません．そういう方は，図 5.26 の回路例と照らし合わせながら，もう一度説明を読んでみてください．

(2) 枝を b 本，節点を n 個もつ回路には，網目閉路が $b-n+1$ 個あり，それらから得られる $b-n+1$ 本の閉路方程式は独立である

図 5.26(a) の回路では，網目閉路が二つあります．枝の数 $b=4$，節点の数 $n=3$ ですから，$b-n+1 = 4-3+1 = 2$ で確かに網目閉路の数と一致します．網目閉路は図 (b) の閉路 l_1, l_2 ですが，これに外回りの閉路 l_3 を加えて閉路方程式を立てると，つぎのようになります．

$$l_1: \quad v_1 + v_2 - v_3 = 0$$
$$l_2: \quad v_3 \quad v_4 = 0$$
$$l_3: \quad -v_1 - v_2 + v_4 = 0$$

閉路 l_1〜l_3 に対応する閉路方程式にも同じ記号 l_1〜l_3 用いることにすると，閉路方程式全体のなかに各枝電圧 v_1〜v_4 を正負の対で含んでいるため，

$$l_1 + l_2 + l_3 = 0$$

となっています．つまり，これら 3 本の閉路方程式は従属だということがわかります．それでは，任意に 2 本の閉路方程式を選択したらそれらは従属でしょうか，独立でしょうか．見てもわかりますが，どれも独立になっています．

それでは，まず命題の前半部分，網目閉路の数 l は

$$l = b - n + 1 \quad ①$$

となることを数学的帰納法を使って証明しましょう．数学的帰納法では，まず命題が $l=1$ のときに成り立つことを証明します．つぎに一般に命題が網目閉路の数が l のときに成り立つと仮定し，網目閉路の数が $l+1$ のときにも成り立つことを証明します．これらの証明ができれば，どんな自然数 l に対しても命題が成り立つという論理です．

図 5.28(a) の回路では，$l=1$ で枝の数 b と節点の数 n が等しく，式① が成立することは明らかです．つぎに，図 (b) に示すように l 個の網目回路をもつ回路において，式①が成り立つと仮定し，これに $l+1$ 番目の網目回路を加えることにします．加える枝の数を m 本とすると，加える節点の数は $m-1$ 個となります．つまり，$b-n+1$ は一つ増えることになり，式①は網目回路を一増やした $l+1$ 個の網目回路をもった回路においても満たされることがわかります．(前半部分の証明終)

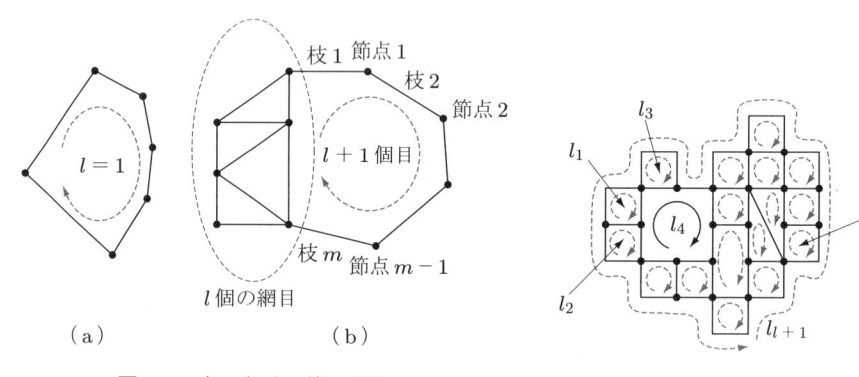

図 5.28 網目経路の数の説明図

図 5.29 網目閉路と外回り閉路

図 5.29 をみてみましょう．回路の網目閉路の個数は l 個，これに外回りの閉路を含めると $l+1$ 個．対応する閉路方程式を $l_1, l_2, \cdots, l_l, l_{l+1}$ とします．各枝は，両端に二つの節点をもちます．網目閉路の向きをすべて右回り，外回りの閉路 l_{l+1} のみ左回りと定めると，すべての閉路方程式のなかには必ず正負の 2 対の枝電圧を含みますから，$l_1 + l_2 + \cdots + l_l + l_{l+1} = 0$ が成り立ちます．つまり，$l+1$ 本の閉路方程式 $l_1 \sim l_{l+1}$ は従属です．

つぎに，命題の後半部分である，l 個の網目閉路の閉路方程式が 1 次独立であることを証明しましょう．このためには，l 個の節点方程式のなかに従属関係にある方程式がないことを証明すればよいことになります．そこで，任意に選択された k 個 $(1 < k \leqq l)$ の網目閉路の閉路方程式が従属だと仮定し，これが矛盾することを証明します．選ばれた k 個の閉路方程式の順番を変更して $l_1 \sim l_k$ とします．これらが従属することから，$c_1 l_1 + c_2 l_2 + \cdots + c_k l_k = 0$ とおいて，$c_1 \neq 0, c_2 \neq 0, \cdots, c_k \neq 0$ と

仮定しても一般性を失いません．

さて，選ばれた k 個の網目閉路のグループ G と，それ以外の網目閉路のグループ $\bar{\mathrm{G}}$ に分けます．この $\bar{\mathrm{G}}$ のグループには外回りの閉路も含めて考えます．この二つのグループの閉路が共通してもつ枝が必ずあるはずですので，この枝を b_m としておきましょう．枝 b_m を含む閉路は二つあり，一つはグループ G に，もう一つはグループ $\bar{\mathrm{G}}$ に含まれています．このなかで，グループ G に含まれる閉路を l_j としておきましょう．枝 b_m の枝電圧 v_m の項は 1 次式 $l_1 \sim l_k$ のなかの l_j だけにしか現れません．そうすると，$c_1 l_1 + c_2 l_2 + \cdots + c_k l_k$ において $c_j = 0$ にならなければなりません．これは仮定に反します．(後半部分の証明終)

(3) 枝を b 本，節点を n 個もつ回路には基本閉路が $b - n + 1$ 個あり，それらから得られる $b - n + 1$ 本の閉路方程式は独立である

この証明は比較的簡単です．図 5.30 を参考にしてください．回路の枝の数は b 本，節点の数は n 個だとします．木枝を太線で，補木枝を破線で描いています．

図からもわかるように，木枝の数は $n - 1$ 本です．なぜなら，最初の木枝 1 本を選ぶと，それには二つの節点が隣接しますが，これに隣接する木枝を 1 本加えるごとに節点は 1 個ずつ増していきます．木は全部の節点を隣接する節点として含まなければなりませんから，最終的な節点の数が n 個，木枝は $n - 1$ 本となります．枝の数は全部で b 本ですから，補木枝の数は $b - n + 1$ 本になります．補木枝 1 本につき一つの基本閉路ができますから，基本閉路の数は補木枝の数である $b - n + 1$ 本になります．

基本閉路について $b - n + 1$ 本の閉路方程式を立てると，それぞれの閉路方程式には補木枝の枝電圧が一つずつ含まれますので，これらは独立であることになります．(証明終)

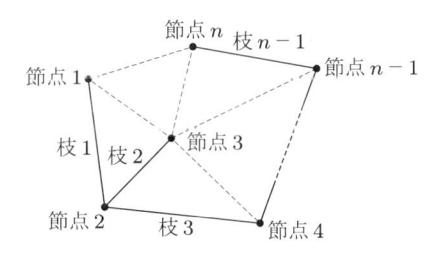

図 5.30 基本閉路の数の説明図

5.9† 枝電流解析法

基礎解析法の未知数を減らして，計算量を少なくする回路解析法がいくつかあります．この節では，その一つであり，多くのテキストで紹介されている**枝電流解析法**について解説します．ここで，5.2節で解析した図5.3(a), (b)の回路をそれぞれ図5.31(a), (b) として再掲します．

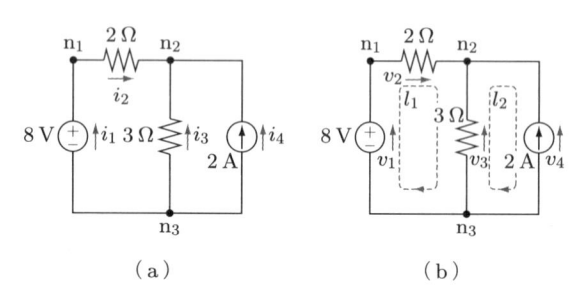

（a）　　　　　　　（b）

図 5.31

基礎解析法として得られた節点方程式，閉路方程式，素子方程式はつぎのとおりでした．

$n_1:$ $i_1 - i_2 = 0$　　$b_1:$ $v_1 = 8$
$n_2:$ $i_2 + i_3 + i_4 = 0$　　$b_2:$ $v_2 + 2i_2 = 0$
$l_1:$ $v_1 + v_2 - v_3 = 0$　　$b_3:$ $v_3 + 3i_3 = 0$
$l_2:$ $v_3 - v_4 = 0$　　$b_4:$ $i_4 = 2$

ここで，代入法を用いて未知数を枝電流のみにします．枝電圧を消去するために，素子方程式 $b_1 \sim b_3$ から枝電圧 $v_1 \sim v_3$ を表す式を導くと，

$b_1:$ $v_1 = 8$
$b_2:$ $v_2 = -2i_2$
$b_3:$ $v_3 = -3i_3$

となりますので，これを閉路方程式 l_1 に代入すると，

$l_1:$ $8 - 2i_2 + 3i_3 = 0$

となります．残る方程式と合わせて整理すると，未知数が枝電流だけの回路方程式4本が得られます．

$n_1:$ $i_1 - i_2 = 0$　　$l_1 : 2i_2 - 3i_3 = 8$
$n_2:$ $i_2 + i_3 + i_4 = 0$　　$b_4 : i_4 = 2$

この 4 本の方程式から，未知数である四つの枝電流 $i_1 \sim i_4$ を求めることができます．このように，基礎解析法から枝電流だけを未知数とする方程式が得られることがわかかりました．枝電流解析法はこのような手順を踏まずに，未知数を枝電流だけにした上記の方程式を直接導く方法です．つぎにその枝電流解析法を説明します．

図 5.32 の回路のように，枝電圧を記さずに枝電流のみを記します．先ほどの方程式 n_1, n_2, l_1, b_4 をみてみましょう．節点方程式 n_1, n_2 と素子方程式 b_4 はすぐに書き下すことができます．問題は閉路方程式 l_1 です．閉路方程式 l_1 についてのもとの方程式は，KVL ①「任意の閉路において，閉路に沿った枝電圧の代数和はゼロに等しい」により，

$$l_1: \quad v_1 + v_2 - v_3 = 0$$

でした．回路図を見ながらこの枝電圧を抵抗の枝電圧と電源の枝電圧とに分けて，左右の辺に書き表すと，

$$l_1: \quad -v_2 + v_3 = v_1$$

となります．右辺は閉路 l_1 上の電源電圧になっています．左辺は閉路 l_1 上の抵抗による電圧降下の和になっています．この結果をより一般的に表現したのが，KVL ②「**任意の閉路において，閉路に沿った電源電圧の代数和は，この閉路に沿った抵抗による電圧降下の代数和に等しい**」でした．

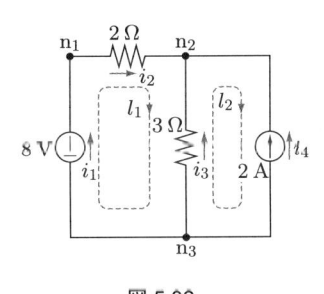

図 5.32

枝電流を未知数として，閉路 l_1 にこの KVL ② を適用すると，

$$l_1: \quad 2i_2 - 3i_3 = 8$$

がすぐに得られます．左辺の $2i_2$ は閉路 l_1 の向きへの 2Ω の抵抗の電圧降下ですし，$3i_3$ は 3Ω の抵抗の電圧降下を表しているのですが，閉路 l_1 と枝電流の向きが逆なので負の符号がついています．右辺は，閉路 l_1 の向きをもった電源電圧です．この例では電源が一つしかありませんが，複数あれば向きも考慮して加算すれば求められます．

例題 5.6
図 5.33(a), (b) の回路の枝電流解析法の回路方程式を書きなさい．

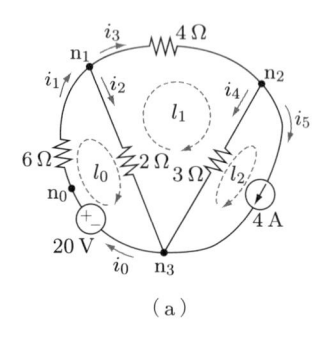

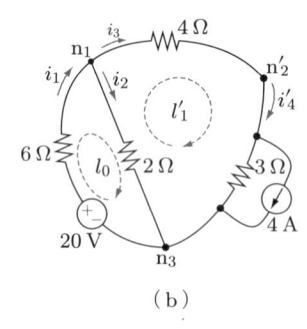

図 5.33

解 (a) $n_0:$ $i_0 - i_1 = 0$
$n_1:$ $i_1 - i_2 - i_3 = 0$
$n_2:$ $i_3 - i_4 - i_5 = 0$
$l_0:$ $6i_1 + 2i_2 = 20$
$l_1:$ $-2i_2 + 4i_3 + 3i_4 = 0$
$b_5:$ $i_5 = 4$

(b) $n_1:$ $i_1 - i_2 - i_3 = 0$
$n'_2:$ $i_3 - i'_4 = 0$
$l_0:$ $6i_1 + 2i_2 = 20$
$l'_1:$ $-2i_2 + 4i_3 + 3(i'_4 - 4) = 0$

例題 5.7
図 5.34 の回路の枝電流解析法の回路方程式を書きなさい．

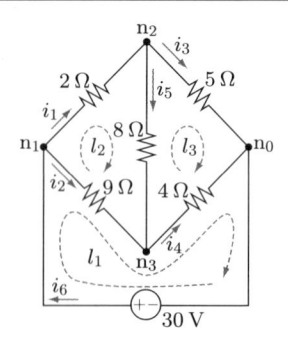

図 5.34

解 $n_1:$ $-i_1 - i_2 + i_6 = 0$ $\quad l_1:$ $9i_2 + 4i_4 = 30$
$n_2:$ $i_1 - i_3 - i_5 = 0$ $\quad l_2:$ $2i_1 - 9i_2 + 8i_5 = 0$
$n_3:$ $i_2 - i_4 + i_5 = 0$ $\quad l_3:$ $5i_3 - 4i_4 - 8i_5 = 0$

5.10† 枝電圧解析法

枝電圧解析法は，枝電流解析法と同じく，基礎解析法の未知数を減らして計算量を少なくする方法です．多くのテキストで枝電流解析法は説明されているのですが，枝電圧解析法についてはあまり見かけません．この節では，この枝電圧解析法について解説します．5.9 節の枝電流解析法の場合と同じように，図 5.3(a), (b) の回路をそれぞれ図 5.35(a), (b) として再掲します．

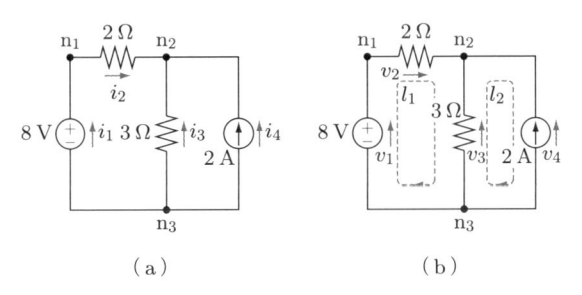

図 5.35

基礎解析法において，未知数を枝電流だけにしたものが枝電流解析法でした．逆に，枝電流を消去して未知数を枝電圧だけにすることもできます．こうして得られた式は以下のとおりです．

$$l_1: \quad v_1 + v_2 - v_3 = 0 \qquad n_2: \quad -\frac{v_2}{2} - \frac{v_3}{3} + 2 = 0$$

$$l_2: \quad v_3 - v_4 = 0 \qquad b_1: \quad v_1 = 8$$

この 4 本の方程式から，未知数である四つの枝電圧 $v_1 \sim v_4$ を求めることができます．このように，基礎解析法から枝電圧のみを未知数とする方程式に減らすことができます．枝電圧解析法はこのような手順を踏まずに，未知数を枝電圧だけだとした方程式を直接導く方法です．では，次に枝電圧解析法を説明します．

図 5.36 の回路図のように，枝電流を記さずに枝電圧のみを記します．先ほどの方程式 l_1, l_2, n_2, b_1 を見てみましょう．閉路方程式 l_1, l_2 と素子方程式 b_1 はすぐに書き下せます．問題は節点方程式 n_2 です．節点方程式 n_2 についてのもとの方程式は，KCL ②「任意の節点において，流入する枝電流の代数和はゼロに等しい」により，

$$n_2: \quad i_2 + i_3 + i_4 = 0$$

でした．回路図を見ながらこの枝電流を抵抗の枝電流と電源の枝電流とに分けて，左右の辺に書き表すと，

$$n_2: \quad -i_2 - i_3 = i_4$$

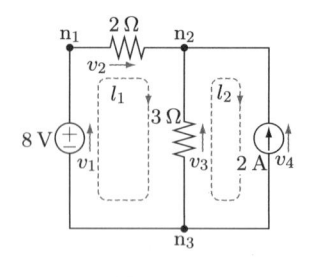

図 5.36

となります．右辺は電源を通して節点 n_2 に流れ込む電源電流になっています．左辺は節点 n_2 から抵抗を通して流れ出る電流の和になります．この結果をより一般的に述べると，つぎの KCL ④ のようになります．

> **KCL ④**
> 任意の節点において，節点に流れ込む電源電流の代数和は，この節点から抵抗を通して流れ出る電流の代数和に等しい．

枝電圧を未知数として，節点 n_2 にこの KCL ④ を適用すると，

$$n_2 : \frac{v_2}{2} + \frac{v_3}{3} = 2$$

がすぐに得られます．左辺の $v_2/2$ は 2Ω の抵抗を通して，$v_3/3$ は 3Ω の抵抗を通して節点 n_2 から流出する電流を表しています．また，右辺はこの節点に接続された電源の電源電流 2 A です．この例では，節点 n_2 に接続された電源が一つしかありませんが，複数あれば向きも考慮して加算すれば求められます．

■■■ 演習問題 ■■■

5.1 図 5.37(a)〜(f) 回路において，基礎解析法の回路方程式を立て，それを解きなさい．

5.2 図 5.38(a) の回路について図 (b) のように枝電流，枝電圧を定める．このとき，以下の問いに答えなさい．

(1) 各枝の素子方程式を書き表しなさい．
(2) 各節点における節点方程式を書きなさい．
(3) 網目閉路の閉路方程式を書きなさい．
(4) 図 (c) の実線の枝を木枝とし，破線を補木枝としたときの基本閉路を図示しなさい．
(5) (4) で得られた基本閉路の閉路方程式を求めなさい．

演習問題　131

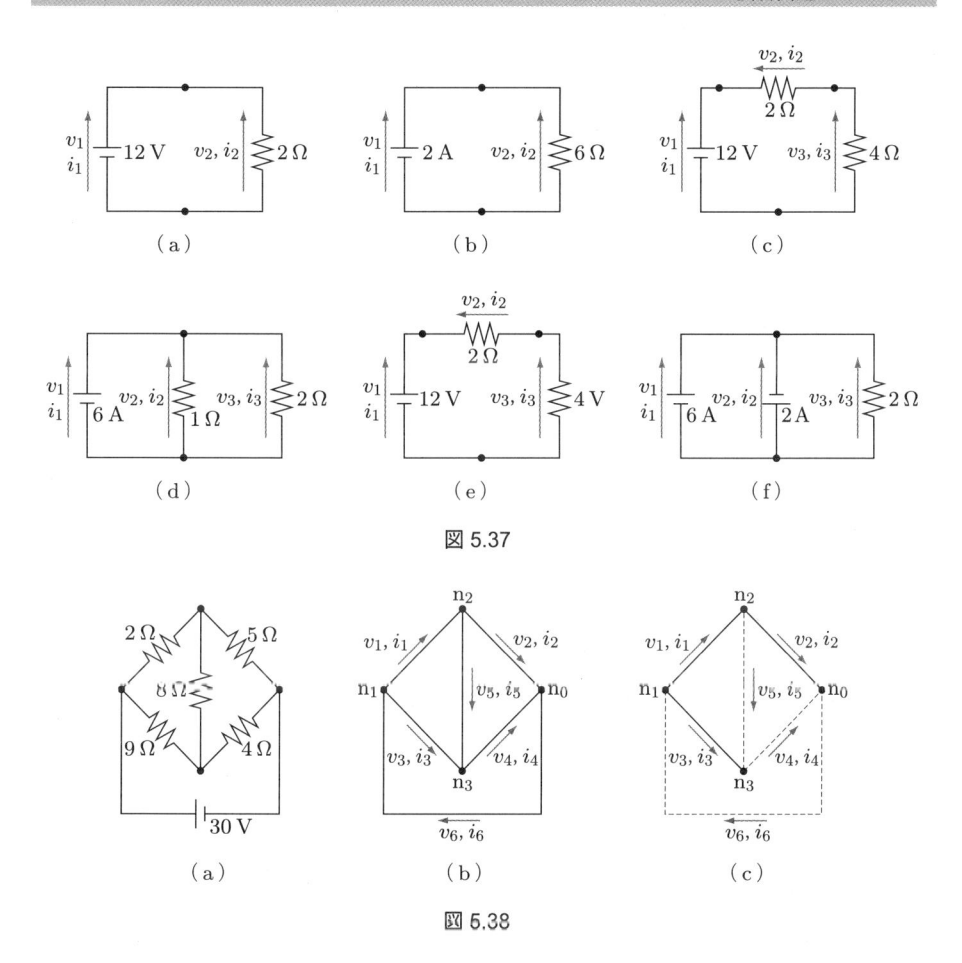

図 5.37

図 5.38

5.3 図 5.39(a)〜(c) は，それぞれある回路のグラフを表している．基礎解析法の回路方程式のなかの節点方程式，閉路方程式を求めなさい．ただし，閉路方程式は太線の枝を木枝としたときの基本閉路について立てなさい．

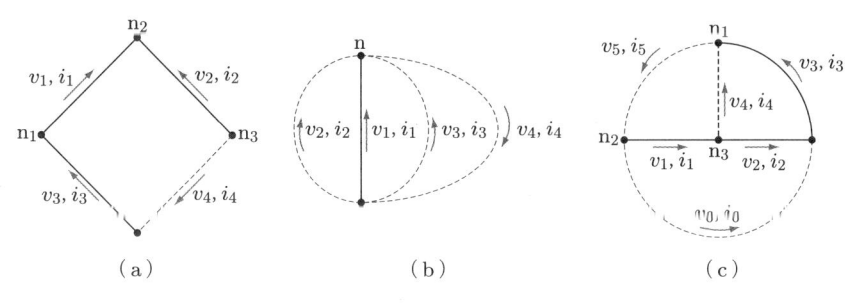

図 5.39

5.4 図 5.40(a)〜(d) の 2 端子素子の素子方程式を求めなさい．

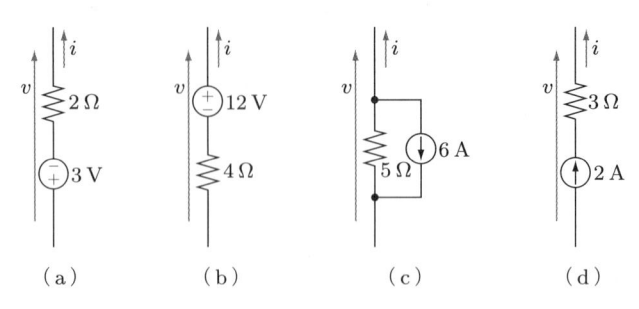

(a) (b) (c) (d)

図 5.40

6章　連立1次方程式

　5章では，回路の基礎解析法を学びました．基礎解析法とは，枝電流や枝電圧を未知数として，**連立1次方程式**を立てて解を得る方法でした．本章では，連立1次方程式の解法について学ぶことにします．連立1次方程式については，すでに知っていることがあるかもしれません．中学生の頃には代入法や加減法を学びました．元の数が2個の場合にはグラフ上に描いた2本の直線の交点として求められることは，3章でも学びました．このほかにも，**クラメルの公式**や，同等のことですが，逆行列を用いた解法があります．中学で学んだ加減法を未知数の多い場合にも拡張した方法に，**ガウスの消去法**があります．ガウスの消去法は，理論的にも実用的にも非常に重要な手段です．連立1次方程式の解法にもこれだけの方法があるのです．

　本章の中心となるテーマは，連立1次方程式とその解の空間の関係です．与えられたすべての1次方程式を満たす解はただ一つの場合もあれば，解がいくつもあり，広がりをもっている場合もあります．さらには，解がない場合もあります．電気回路の立場からは，解を得るために必要な最少限の回路方程式をどのようにして得ればよいのかが問題であり，このことに対しては，5章の基礎解析法で考えてきました．そこで考えた従属と独立の考え方などを整理するためには，本章のテーマについて考察しておく必要があります．

　このような内容は，高校では数学の行列，ベクトルなどで学び，大学では**線形代数**で学びます．一般の電気回路の教科書では，これらの学習が終わっていることを前提にしていたり，説明しなくても自然とわかってくるという事情もあってか，あらためて章を設けて説明することはないようです．しかし，電気回路では線形代数は重要な基礎です．線形代数は電気回路だけでなく多くの分野の数学的基礎でもあります．電気回路と線形代数の橋渡しをするためにも，さらに，線形代数の理解へのステップとするためにも，本章では，電気回路を理解するために必要となる線形代数の基礎について解説します．

6.1 連立1次方程式の例

連立1次方程式の解法には代入法，消去法(加減法)があります．このほかにも，グラフによる解法，**クラメルの公式**による解法があります．まずは，つぎの例題で復習しておきましょう．クラメルの公式による解法については6.3節で詳しく解説します．

例題 6.1

つぎの2元連立1次方程式を代入法，消去法(加減法)，グラフによる解法，クラメルの公式による解法の四つの方法を用いて解きなさい．

$$\begin{cases} x - y = -1 & ① \\ 2x + y = 4 & ② \end{cases}$$

解 [代入法]

式①から， $x = y - 1$ ③

式③を式②に代入して， $2(y-1) + y = 4$ ∴ $y = 2$

式③に代入して， $x = 1$ ∴ $x = 1, y = 2$

[消去法]

式①+式②から， $3x = 3$ ∴ $x = 1$

式②に代入して， $y = 2$

[グラフによる解法]

二つの方程式は，図6.1に示すように二つの直線で表される．両方を満足するのはその交点であるから，$x = 1, y = 2$．

[クラメルの公式による解法]

$$\Delta = \begin{vmatrix} 1 & -1 \\ 2 & 1 \end{vmatrix} = 1 \times 1 - 2 \times (-1) = 3$$

$$x = \frac{\begin{vmatrix} -1 & -1 \\ 4 & 1 \end{vmatrix}}{\Delta} = \frac{(-1) \times 1 - 4 \times (-1)}{3} = \frac{3}{3} = 1$$

$$y = \frac{\begin{vmatrix} 1 & -1 \\ 2 & 4 \end{vmatrix}}{\Delta} = \frac{1 \times 4 - 2 \times (-1)}{3} = \frac{6}{3} = 2$$

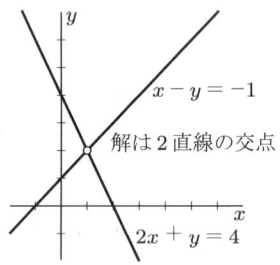

図6.1 グラフによる解法

6.2 解の諸相 I

例題 6.1 では，2 元連立 1 次方程式の解が一つだけ得られましたが，一般には解が一つとは決まっていません．$2x + y - 6 = 0$ では，$(x = 3, y = 0)$ も $(x = 0, y = 6)$ も解です．では一般に，連立 1 次方程式の解は常に存在するのでしょうか？ 存在するとすれば，どんな様子なのでしょうか．

解の様子を知るために，つぎの (a)〜(d) の代表的な 4 種類の 2 元連立 1 次方程式について考えてみましょう．それぞれのグラフを図 6.2 に示します．

(a) $\begin{cases} x - y = -1 & \text{①} \\ 2x + y = 4 & \text{②} \end{cases}$ (b) $\begin{cases} x - y = -1 & \text{①} \\ 2x - 2y = -2 & \text{③} \end{cases}$

(c) $\begin{cases} x - y = -1 & \text{①} \\ 2x - 2y = 2 & \text{④} \end{cases}$ (d) $\begin{cases} 0x + 0y = 0 & \text{⑤} \\ 0x + 0y = 0 & \text{⑥} \end{cases}$

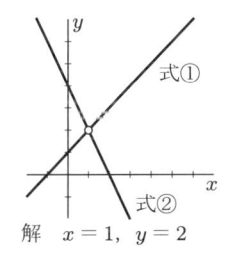

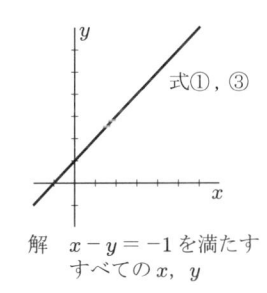

(a) 解が唯一つ存在する場合　解 $x = 1, y = 2$

(b) 解が 1 次元的な広がりをもつ場合　解 $x - y = -1$ を満たすすべての x, y

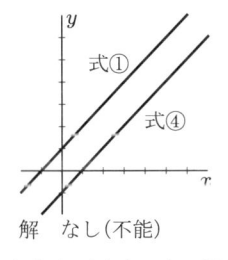

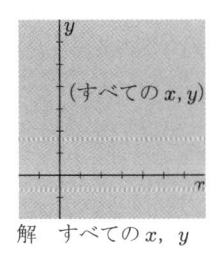

(c) 解が存在しない場合　解 なし (不能)

(d) 解が 2 次元的な広がりをもつ場合　解 すべての x, y

図 6.2　2 元連立次 1 方程式と解の様相

(a)〜(d) のそれぞれの場合について，以下で解説します．

(a) は，6.1 節で取り上げた連立 1 次方程式です．式①，②とも 1 次方程式ですから，x-y 平面上に描くと，両方とも直線となります．描き方はいろいろとありますが，

x 切片 ($y=0$ としたときの x の値), y 切片 ($x=0$ としたときの y の値) を考えると早いでしょう．図 6.2(a) にグラフを示しています．「連立する」という意味は，両方の式を満たすということですから，二つの直線の交点 (1,2) が求める解 $x=1, y=2$ に対応します．

(b) の場合，式③は式①を 2 倍した式になっています．式としては同じ意味になりますから，式が 1 本しかないのと同じです．当然ながら，x-y 平面上ではそれぞれの式に対応する直線は重なってしまいます．したがって，この直線上の各点が解になります．$(x=0, y=1)$ も解になりますし，$(x=-1, y=0)$ も解になります．解は直線上の各点で，1 次元的な広がりをもつことがわかります．

(c) の場合，式④は式③の右辺の定数を変更したもので，式③の直線を平行移動したものです．式③は式①と同じ直線ですから，式①と式④の直線は平行になり，交点がありません．交点がないということは，解がないということです．

(d) の場合，係数がすべて 0 です．式⑤も式⑥も同じ方程式です．あまり意味のある式には思えませんが，式としては正しいものです．どんな x, y の値でも両式を満たしていますから，解は x, y ともに任意の値でよいということになります．つまり，解は 2 次元的な広がりをもつことがわかります．

さて，はじめに取り上げた連立 1 次方程式 (a) についてもう少し考えてみましょう．式②から式①を引くと，$x+2y=5$ が得られます．では，この式も加えたつぎの連立 1 次方程式の解はどうなるのでしょうか．

$$\begin{cases} x-y=-1 & ① \\ 2x+y=4 & ② \\ x+2y=5 & ⑦ \end{cases}$$

これをグラフにしたのが図 6.3 です．式①，②を連立して解いたときの解 $x=1, y=2$ は式⑦も満足するはずですから，上の三つの式に対応する直線が 1 点で交わるのは当然といえば当然です．式⑦の定数項を変えたつぎの連立 1 次方程式はどうでしょうか．

$$\begin{cases} x-y=-1 & ① \\ 2x+y=4 & ② \\ x+2y=6 & ⑧ \end{cases}$$

グラフは図 6.4 です．三つの直線は同じ点で交わらず，三つの式を同時に満たす解がないことがわかります．

3 元連立 1 次方程式の場合はどうでしょうか．たとえば，つぎの連立 1 次方程式を考えましょう．

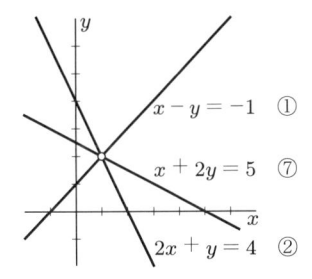

図 6.3　式①, ②, ⑦の直線　　　　　　　図 6.4　式①, ②, ⑧の直線

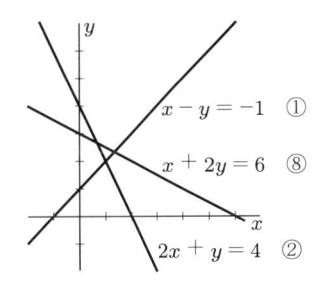

$$\begin{cases} 2x - y - 3z = 1 & \text{⑨} \\ -2x + 2y - z = -3 & \text{⑩} \end{cases}$$

2 式はどちらも $z = \cdots$ という形で書き表すことができます．つまり，x, y の値が決まれば z の値が定まりますから，それを 3 次元空間にとると平面になります．図 6.5 に上の 2 式⑨, ⑩が表す平面を描いています．2 平面の交わるところは直線になっていますが，これが上の 3 元連立 1 次方程式の解ということになります．式⑨, ⑩において，$z = t$ として x, y について解くと，$x = (7t - 1)/2$, $y = 4t - 2$ となりますから，解は t をパラメータとして，$x = (7t - 1)/2$, $y = 4t - 2$, $z = t$ と表すことができます．

もう一つ式を加えて，つぎの 3 元連立 1 次方程式の場合はどうでしょうか．

$$\begin{cases} 2x - y - 3z = 1 & \text{⑨} \\ -2x + 2y - z = -3 & \text{⑩} \\ x + y - z = 4 & \text{⑪} \end{cases}$$

これらの式を 3 次元空間に描いたのが図 6.6 です．交点の (3,2,1) が解になります．

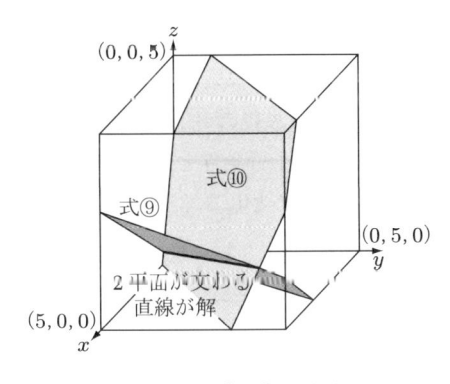

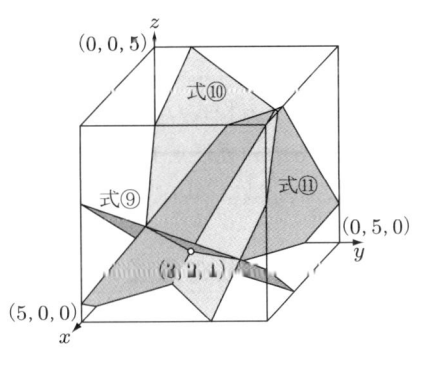

図 6.5　式⑨, ⑩の平面　　　　　　　図 6.6　式⑨, ⑩, ⑪の平面

以上の考察をまとめてみましょう．

(1) 未知数が二つの場合は2次元平面で，未知数が三つの場合は3次元空間で解を考えればよい．
(2) 2次元空間で平行な2本の直線や，3次元空間で2平面が平行な場合などの特殊な状況では，交わる点が存在しないことがあり，対応する連立1次方程式に解がないこともある．
(3) 解がただ一つ定まるには，未知数の数だけの方程式が必要である．
(4) 未知数の数以上の方程式がある場合，解が存在しない場合と，解を求めるのに必要な数以上の方程式がある場合がある．

電気回路の場合，電流や電圧はただ一つに定まることがほとんどです．前章の基礎解析法では枝電流，枝電圧を未知数としますが，素子方程式，節点方程式，閉路方程式をすべて数え上げると未知数の数以上あり，このなかから必要な数だけの独立な方程式を得る方法を学んだということになります．節点数より少ない数の節点方程式を立てたことなどがその一例です．

これで，本章で取り扱う内容を説明できるところまできました．これからの各節の内容について紹介します．6.3節では，未知数の数だけ方程式がある場合の解を表現するクラメルの公式について学びます．6.4節では行列について学び，6.5節では行列を用いて解を表現する方法を学びます．6.6節では，消去法の系統的な手順であるガウスの消去法を学びます．この方法は，未知数の数と方程式の数が異なる場合でも利用できる方法ですし，以下の節で利用する階数を求める有効な手段でもあります．また，コンピュータで解を求めるアルゴリズムはこの方法にもとづいています．理論的にも実用的にも利用度の高い手段といえます．6.7節では，ガウスの消去法を形式化した行列の基本変形について説明します．6.8節では，この基本変形から得られる行列の階数を定義した後，複数の1次方程式から得られる拡大係数行列の階数が，それらの1次方程式のなかで独立な1次方程式の数に等しいことを明らかにします．また，6.9節では，6.8節の結果を電気回路と結び付け，5章で学んだ節点方程式や閉路方程式の独立な方程式の数について確認します．さらに，最後の6.10節では，m個の方程式をもつn元連立1次方程式が解をもつための必要十分条件と，解の空間の広がりである次元数について解説し，本節の解の諸相のまとめとします．

6.3 クラメルの公式

代入法や消去法は中学でも学んでいると思います．**クラメルの公式**は初めての方もいるかもしれませんから，少し説明しておきます．

まず，つぎの 2 元連立 1 次方程式から考えていくことにしましょう．

$$\begin{cases} ax + by = e & \text{①} \\ cx + dy = f & \text{②} \end{cases}$$

式①，②に対して，

式① $\times d -$ 式② $\times b$ から，$(ad - bc)x = de - bf$　　③

式② $\times a -$ 式① $\times c$ から，$(ad - bc)y = af - ce$　　④

ここで，

$$\begin{vmatrix} a & b \\ c & d \end{vmatrix} \equiv ad - bc \qquad \text{⑤}$$

と定義すると，式③，④はつぎのように表現できます．

$$\begin{vmatrix} a & b \\ c & d \end{vmatrix} x = \begin{vmatrix} e & b \\ f & d \end{vmatrix}, \quad \begin{vmatrix} a & b \\ c & d \end{vmatrix} y = \begin{vmatrix} a & e \\ c & f \end{vmatrix}.$$

$\Delta \equiv \begin{vmatrix} a & b \\ c & d \end{vmatrix}$ と定義すると，$\Delta \neq 0$ の場合には，解 x, y はつぎのように表すことができます．

$$x = \frac{\begin{vmatrix} e & b \\ f & d \end{vmatrix}}{\Delta}, \quad y = \frac{\begin{vmatrix} a & e \\ c & f \end{vmatrix}}{\Delta} \qquad \text{⑥}$$

式⑥を，2 元連立 1 次方程式①，②に対する**クラメルの公式**といいます．式⑤で定義される値を四つの数 $a \sim d$ に対する 2 次の**行列式** (determinant) といいます．クラメルの公式の分母は x, y ともに Δ です．また，クラメルの公式の x についての公式の分子は，Δ の定義において方程式の x についての係数を右辺の定数項で置き換えた行列式 $\begin{vmatrix} e & b \\ f & d \end{vmatrix}$ に，同様に y についての公式の分子は，Δ の定義において方程式の y についての係数を右辺の定数項で置き換えた行列式 $\begin{vmatrix} a & e \\ c & f \end{vmatrix}$ になっています．

つぎに，以下の 3 元連立 1 次方程式について考察しましょう．

$$\begin{cases} a_{11}x + a_{12}y + a_{13}z = b_1 \\ a_{21}x + a_{22}y + a_{23}z = b_2 \\ a_{31}x + a_{32}y + a_{33}z = b_3 \end{cases} \qquad \text{⑦}$$

これを，y と z を未知数とする 2 元連立 1 次方程式と考えて，第 2 式，第 3 式をつぎのように変形します．

$$\begin{cases} a_{22}y + a_{23}z = b_2 - a_{21}x \\ a_{32}y + a_{33}z = b_3 - a_{31}x \end{cases}$$

これらの式から，y に関して

$$\begin{vmatrix} a_{22} & a_{23} \\ a_{32} & a_{33} \end{vmatrix} y = \begin{vmatrix} b_2 - a_{21}x & a_{23} \\ b_3 - a_{31}x & a_{33} \end{vmatrix} = (b_2 - a_{21}x)a_{33} - (b_3 - a_{31}x)a_{23}$$

$$= b_2 a_{33} - b_3 a_{23} - (a_{21}a_{33} - a_{31}a_{23})x$$

$$= \begin{vmatrix} b_2 & a_{23} \\ b_3 & a_{33} \end{vmatrix} - \begin{vmatrix} a_{21} & a_{23} \\ a_{31} & a_{33} \end{vmatrix} x \qquad ⑧$$

が得られます．同様に，z についても，

$$\begin{vmatrix} a_{22} & a_{23} \\ a_{32} & a_{33} \end{vmatrix} z = - \begin{vmatrix} b_2 & a_{22} \\ b_3 & a_{32} \end{vmatrix} + \begin{vmatrix} a_{21} & a_{22} \\ a_{31} & a_{32} \end{vmatrix} x \qquad ⑨$$

が得られます．ここで，式⑦の第 1 式に $\begin{vmatrix} a_{22} & a_{23} \\ a_{32} & a_{33} \end{vmatrix}$ をかけ，式⑧，⑨を代入して x について整理すると，

$$\left(a_{11} \begin{vmatrix} a_{22} & a_{23} \\ a_{32} & a_{33} \end{vmatrix} - a_{12} \begin{vmatrix} a_{21} & a_{23} \\ a_{31} & a_{33} \end{vmatrix} + a_{13} \begin{vmatrix} a_{21} & a_{22} \\ a_{31} & a_{32} \end{vmatrix} \right) x$$

$$= b_1 \begin{vmatrix} a_{22} & a_{23} \\ a_{32} & a_{33} \end{vmatrix} - a_{12} \begin{vmatrix} b_2 & a_{23} \\ b_3 & a_{33} \end{vmatrix} + a_{13} \begin{vmatrix} b_2 & a_{22} \\ b_3 & a_{32} \end{vmatrix}$$

となります．ここで，3 次の行列式として，

$$\begin{vmatrix} c_{11} & c_{12} & c_{13} \\ c_{21} & c_{22} & c_{23} \\ c_{31} & c_{32} & c_{33} \end{vmatrix} \equiv c_{11} \begin{vmatrix} c_{22} & c_{23} \\ c_{32} & c_{33} \end{vmatrix} - c_{12} \begin{vmatrix} c_{21} & c_{23} \\ c_{31} & c_{33} \end{vmatrix} + c_{13} \begin{vmatrix} c_{21} & c_{22} \\ c_{31} & c_{32} \end{vmatrix}$$

と定義すると，上式は

$$\begin{vmatrix} a_{11} & a_{12} & a_{13} \\ a_{21} & a_{22} & a_{23} \\ a_{31} & a_{32} & a_{33} \end{vmatrix} x = \begin{vmatrix} b_1 & a_{12} & a_{13} \\ b_2 & a_{22} & a_{23} \\ b_3 & a_{32} & a_{33} \end{vmatrix}$$

と表すことができます．y, z についても同様の関係式が得られます．

ここで，

$$\Delta \equiv \begin{vmatrix} a_{11} & a_{12} & a_{13} \\ a_{21} & a_{22} & a_{23} \\ a_{31} & a_{32} & a_{33} \end{vmatrix}$$

とおくと，$\Delta \neq 0$ の場合，解はつぎのように 2 元連立 1 次方程式の場合と同じような形で書き表すことができます．

$$x = \frac{\begin{vmatrix} b_1 & a_{12} & a_{13} \\ b_2 & a_{22} & a_{23} \\ b_3 & a_{32} & a_{33} \end{vmatrix}}{\Delta}, \quad y = \frac{\begin{vmatrix} a_{11} & b_1 & a_{13} \\ a_{21} & b_2 & a_{23} \\ a_{31} & b_3 & a_{33} \end{vmatrix}}{\Delta}, \quad z = \frac{\begin{vmatrix} a_{11} & a_{12} & b_1 \\ a_{21} & a_{22} & b_2 \\ a_{31} & a_{32} & b_3 \end{vmatrix}}{\Delta}$$

未知数の数が増えたときも同様に一般化できますが，詳しいことは数学 (線形代数) で学ぶとよいでしょう．

クラメルの公式

つぎの n 元連立 1 次方程式

$$\begin{cases} a_{11}x_1 + a_{12}x_2 + \cdots + a_{1n}x_n = b_1 \\ a_{21}x_1 + a_{22}x_2 + \cdots + a_{2n}x_n = b_2 \\ \quad\quad\quad\quad\quad\quad\quad \vdots \\ a_{n1}x_1 + a_{n2}x_2 + \cdots + a_{nn}x_n = b_n \end{cases}$$

の解は，

$$\Delta \equiv \begin{vmatrix} a_{11} & a_{12} & \cdots & a_{1n} \\ a_{21} & a_{22} & \cdots & a_{2n} \\ \vdots & \vdots & \ddots & \vdots \\ a_{n1} & a_{n2} & \cdots & a_{nn} \end{vmatrix} \neq 0$$

のとき，つぎのようになる．

$$x_1 = \frac{\begin{vmatrix} b_1 & a_{12} & \cdots & a_{1n} \\ b_2 & a_{22} & \cdots & a_{2n} \\ \vdots & \vdots & \ddots & \vdots \\ b_n & a_{n2} & \cdots & a_{nn} \end{vmatrix}}{\Delta}, \quad x_2 = \frac{\begin{vmatrix} a_{11} & b_1 & \cdots & a_{1n} \\ a_{21} & b_2 & \cdots & a_{2n} \\ \vdots & \vdots & \ddots & \vdots \\ a_{n1} & b_n & \cdots & a_{nn} \end{vmatrix}}{\Delta},$$

$$\cdots, \quad x_n = \frac{\begin{vmatrix} a_{11} & a_{12} & \cdots & b_1 \\ a_{21} & a_{22} & \cdots & b_2 \\ \vdots & \vdots & \ddots & \vdots \\ a_{n1} & a_{n2} & \cdots & b_n \end{vmatrix}}{\Delta}$$

例題 6.2

つぎの 3 元連立 1 次方程式をクラメルの公式を用いて解きなさい．
$$\begin{cases} x - 2y + 3z = 11 \\ 4x + 5y - 6z = -5 \\ -7x + 8y + 9z = -11 \end{cases}$$

解

$$\Delta \equiv \begin{vmatrix} 1 & -2 & 3 \\ 4 & 5 & -6 \\ -7 & 8 & 9 \end{vmatrix} = 1 \times \begin{vmatrix} 5 & -6 \\ 8 & 9 \end{vmatrix} - (-2) \times \begin{vmatrix} 4 & -6 \\ -7 & 9 \end{vmatrix} + 3 \times \begin{vmatrix} 4 & 5 \\ -7 & 8 \end{vmatrix}$$

$$= 1 \times \{5 \times 9 - 8 \times (-6)\} - (-2) \times \{4 \times 9 - (-7) \times (-6)\} + 3 \times \{4 \times 8 - (-7) \times 5\}$$
$$= 93 - 12 + 201 = 282$$

$$x = \frac{\begin{vmatrix} 11 & -2 & 3 \\ -5 & 5 & -6 \\ -11 & 8 & 9 \end{vmatrix}}{\Delta} = \frac{846}{282} = 3, \quad y = \frac{\begin{vmatrix} 1 & 11 & 3 \\ 4 & -5 & -6 \\ -7 & -11 & 9 \end{vmatrix}}{\Delta} = \frac{-282}{282} = -1,$$

$$z = \frac{\begin{vmatrix} 1 & -2 & 11 \\ 4 & 5 & -5 \\ -7 & 8 & -11 \end{vmatrix}}{\Delta} = \frac{564}{282} = 2$$

6.4 行 列

一般に，$m \times n$ 個の数 a_{ij} $(i = 1, \cdots, m; j = 1, \cdots, n)$ をつぎのように四角形に並べたもの

$$\begin{array}{c} \\ \text{第 1 行} \\ \text{第 2 行} \\ \vdots \\ \text{第 } m \text{ 行} \end{array} \begin{pmatrix} \text{第} \\ 1 \\ \text{列} \end{pmatrix} \begin{matrix} \text{第} \\ 2 \\ \text{列} \end{matrix} \begin{matrix} \\ \cdots \\ \end{matrix} \begin{matrix} \text{第} \\ n \\ \text{列} \end{matrix}$$

$$\begin{pmatrix} a_{11} & a_{12} & \cdots & a_{1n} \\ a_{21} & a_{22} & \cdots & a_{2n} \\ \vdots & \vdots & \ddots & \vdots \\ a_{m1} & a_{m2} & \cdots & a_{mn} \end{pmatrix}$$

を**行列** (matrix) もしくは $\boldsymbol{m \times n}$ **行列**といいます．これを構成する一つひとつの数 a_{ij} を行列の**要素**もしくは**成分** (element) といい，a_{ij} を (i, j) 要素といいます．また，行列では要素の横の並びを**行** (row) といい，縦の並びを**列** (column) といいます．行

列は，要素を用いて (a_{ij}) と表したり，大文字を使って A などと一つの文字で表すことが多くあります．

行列と行列式とは関係がないわけではありませんが，異なるものです．行列式は横と縦の並びが等しい $m \times m$ 個の数に対して，ある数を対応させています．一方，行列は，ただの数の並びですので注意してください．1×1 行列は特別で，通常の 1 個の数になります．その意味では，$m \times n$ 行列は数の世界を拡げたことになります．

二つの行列の行の数，列の数が一致しているとき，この二つの行列は同じ型であるといいます．同じ型の二つの行列 A, B のそれぞれの対応する要素がすべて等しいとき，二つの行列は等しいといい，$A = B$ と書きます．

例題 6.3
つぎの等式を満たす a, b, c を求めなさい．
$$\begin{pmatrix} a & a+b \\ -a+2c & -1 \end{pmatrix} = \begin{pmatrix} 3 & 2 \\ 1 & -1 \end{pmatrix}$$

解
$\begin{cases} a = 3 \\ a+b = 2 \\ -a+2c = 1 \end{cases}$ を解いて, $\begin{cases} a = 3 \\ b = -1 \\ c = 2 \end{cases}$

$1 \times n$ の行列を n 次の**行ベクトル**，$m \times 1$ の行列を m 次の**列ベクトル**といいます．

$$\text{行ベクトル}: \begin{pmatrix} a_1 & a_2 & \cdots & a_n \end{pmatrix}, \quad \text{列ベクトル}: \begin{pmatrix} a_1 \\ a_2 \\ \vdots \\ a_m \end{pmatrix}$$

行と列の等しい行列を**正方行列**といい，それが $n \times n$ の場合は **n 次の正方行列**といいます．n 次の正方行列 $A = (a_{ij})$ において，$a_{11}, a_{22}, \cdots, a_{nn}$ を**対角成分**といい，対角成分以外がすべてゼロである行列を**対角行列**といいます．さらに，対角成分がすべて 1 である対角行列を**単位行列**といいます．

$$n \text{ 次の正方行列}: \begin{pmatrix} a_{11} & a_{12} & \cdots & a_{1n} \\ a_{21} & a_{22} & \cdots & a_{2n} \\ \vdots & \vdots & \ddots & \vdots \\ a_{n1} & a_{n2} & \cdots & a_{nn} \end{pmatrix}$$

4次の対角行列：$\begin{pmatrix} a_{11} & 0 & 0 & 0 \\ 0 & a_{22} & 0 & 0 \\ 0 & 0 & a_{33} & 0 \\ 0 & 0 & 0 & a_{44} \end{pmatrix}$, 4次の単位行列：$\begin{pmatrix} 1 & 0 & 0 & 0 \\ 0 & 1 & 0 & 0 \\ 0 & 0 & 1 & 0 \\ 0 & 0 & 0 & 1 \end{pmatrix}$

同じ型の二つの行列 A, B の対応する要素の和を要素とする行列を**行列の和**といい，$A+B$ と表します．差についても同じように定義できます．以下に例を示しておきます．

$$\begin{pmatrix} 2 & 0 & -3 \\ -1 & -2 & 5 \end{pmatrix} + \begin{pmatrix} 3 & -2 & 1 \\ 4 & 0 & 1 \end{pmatrix} = \begin{pmatrix} 5 & -2 & -2 \\ 3 & -2 & 6 \end{pmatrix}$$

$$\begin{pmatrix} 2 & 0 & -3 \\ -1 & -2 & 5 \end{pmatrix} - \begin{pmatrix} 3 & -2 & 1 \\ 4 & 0 & 1 \end{pmatrix} = \begin{pmatrix} -1 & 2 & -4 \\ -5 & -2 & 4 \end{pmatrix}$$

すべての要素がゼロである行列を**零行列**といい，O で表します．

零行列：$\begin{pmatrix} 0 & 0 & 0 \\ 0 & 0 & 0 \end{pmatrix}$, $\begin{pmatrix} 0 & 0 \\ 0 & 0 \end{pmatrix}$

数 k と行列 A に対して，行列 A の各要素を k 倍したものを成分とする行列を，数 k と行列 A の積といい，kA と書き表します．以下に例を示します．

$$3 \begin{pmatrix} 2 & 0 & -3 \\ -1 & -2 & 5 \end{pmatrix} = \begin{pmatrix} 6 & 0 & -9 \\ -3 & -6 & 15 \end{pmatrix}$$

$m \times n$ 次の行列 A の行と列を入れ替えてできる $n \times m$ 行列を A の**転置行列**といい，A^{T} と表します．

$$\begin{pmatrix} 2 & 0 & -3 \\ -1 & -2 & 5 \end{pmatrix}^{\mathrm{T}} = \begin{pmatrix} 2 & -1 \\ 0 & -2 \\ -3 & 5 \end{pmatrix}, \quad \begin{pmatrix} 2 & -1 \\ 0 & -2 \\ -3 & 5 \end{pmatrix}^{\mathrm{T}} = \begin{pmatrix} 2 & 0 & -3 \\ -1 & -2 & 5 \end{pmatrix}$$

$m \times n$ 次の行列 A と $n \times l$ 次の行列 B に対して，それらの**行列の積**をつぎのように定めます．

$$\begin{pmatrix} a_{11} & a_{12} & \cdots & a_{1n} \\ a_{21} & a_{22} & \cdots & a_{2n} \\ \vdots & \vdots & \ddots & \vdots \\ a_{m1} & a_{m2} & \cdots & a_{mn} \end{pmatrix} \begin{pmatrix} b_{11} & b_{12} & \cdots & b_{1l} \\ b_{21} & b_{22} & \cdots & b_{2l} \\ \vdots & \vdots & \ddots & \vdots \\ b_{n1} & b_{n2} & \cdots & b_{nl} \end{pmatrix}$$

$$= \begin{pmatrix} a_{11}b_{11} + a_{12}b_{21} + \cdots + a_{1n}b_{n1} & a_{11}b_{12} + a_{12}b_{22} + \cdots + a_{1n}b_{n2} \\ a_{21}b_{11} + a_{22}b_{21} + \cdots + a_{2n}b_{n1} & a_{21}b_{12} + a_{22}b_{22} + \cdots + a_{2n}b_{n2} \\ \vdots & \vdots \\ a_{m1}b_{11} + a_{m2}b_{21} + \cdots + a_{mn}b_{n1} & a_{m1}b_{12} + a_{m2}b_{22} + \cdots + a_{mn}b_{n2} \end{pmatrix}$$

$$\begin{pmatrix} \cdots & a_{11}b_{1l} + a_{12}b_{2l} + \cdots + a_{1n}b_{nl} \\ \cdots & a_{21}b_{1l} + a_{22}b_{2l} + \cdots + a_{2n}b_{nl} \\ \ddots & \vdots \\ \cdots & a_{m1}b_{1l} + a_{m2}b_{2l} + \cdots + a_{mn}b_{nl} \end{pmatrix}$$

この定義にしたがうと，行ベクトル A と列ベクトル B の積はつぎのようになります．

$$(a_1 \ a_2 \ \cdots \ a_n) \begin{pmatrix} b_1 \\ b_2 \\ \vdots \\ b_n \end{pmatrix} = a_1 b_1 + a_2 b_2 + \cdots + a_n b_n$$

$$\begin{pmatrix} a_1 \\ a_2 \\ \vdots \\ a_m \end{pmatrix} (b_1 \ b_2 \ \cdots \ b_n) = \begin{pmatrix} a_1 b_1 & a_1 b_2 & \cdots & a_1 b_n \\ a_2 b_1 & a_2 b_2 & \cdots & a_2 b_n \\ \vdots & \vdots & \ddots & \vdots \\ a_m b_1 & a_m b_2 & \cdots & a_m b_n \end{pmatrix}$$

これらの例を示します．

$$\begin{pmatrix} 2 & 0 & -3 \\ -1 & -2 & 5 \end{pmatrix} \begin{pmatrix} 2 & -1 \\ 1 & 3 \\ -1 & 0 \end{pmatrix}$$

$$= \begin{pmatrix} 2 \times 2 + 0 \times 1 + (-3) \times (-1) & 2 \times (-1) + 0 \times 3 + (-3) \times 0 \\ (-1) \times 2 + (-2) \times 1 + 5 \times (-1) & (-1) \times (-1) + (-2) \times 3 + 5 \times 0 \end{pmatrix}$$

$$= \begin{pmatrix} 7 & 2 \\ -9 & -5 \end{pmatrix}$$

$$(2 \ 0 \ -3) \begin{pmatrix} 2 \\ 1 \\ 1 \end{pmatrix} = 2 \times 2 + 0 \times 1 + (-3) \times (-1) = 7$$

$$\begin{pmatrix} 2 \\ 1 \\ -1 \end{pmatrix} (2 \ 0 \ -3) = \begin{pmatrix} 4 & 0 & -6 \\ 2 & 0 & -3 \\ -2 & 0 & 3 \end{pmatrix}$$

はじめは違和感を感じるかもしれませんが，$AB = BA$ が一般には成り立たないことに注意してください．

これらの演算について成立する演算法則を整理しておきます．

同じ型の任意の行列 A, B, C について，次式が成り立つ．

$$A + B = B + A \qquad \text{(交換法則)}$$
$$(A + B) + C = A + (B + C) \qquad \text{(結合法則)}$$

任意の行列 A と零行列 O が同じ型のとき，次式が成り立つ．

$$A + O = O + A = A \qquad \text{(零行列の存在)}$$
$$A + (-A) = O \qquad \text{(加法に関する逆元の存在)}$$

A, B を同じ型の任意の行列，k, l を任意の数とするとき，次式が成り立つ．

$$k(A \pm B) = kA \pm kB \qquad \text{(分配法則)}$$
$$(k \pm l)A = kA \pm lA \qquad \text{(分配法則)}$$
$$(kl)A = k(lA) \qquad \text{(結合法則)}$$

A, B を同じ型の任意の行列，k を任意の数とするとき，次式が成り立つ．

$$(A \pm B)^\mathrm{T} = A^\mathrm{T} \pm B^\mathrm{T}$$
$$(A^\mathrm{T})^\mathrm{T} = A,$$
$$(kA)^\mathrm{T} = kA^\mathrm{T}$$

A, B, C をつぎの和および積が可能な任意の行列とし，k を任意の数とするとき，次式が成り立つ．

$$k(AB) = (kA)B = A(kB)$$
$$(AB)C = A(BC) \qquad \text{(結合法則)}$$
$$A(B + C) = AB + AC \qquad \text{(分配法則)}$$

$$(A+B)C = AC + BC \qquad \text{(分配法則)}$$

任意の行列 A に対して積が可能な単位行列を E とすると，次式が成り立つ．
$$AE = EA = A$$

積 AB が可能な任意の行列 A, B に対して，次式が成り立つ．
$$(AB)^{\mathrm{T}} = B^{\mathrm{T}} A^{\mathrm{T}}$$

n 次の正方行列 A と n 次の単位行列 E に対して，
$$AX = XA = E$$
を満たす n 次の正方行列 X があるとき，この X を A の**逆行列**といいます．X, Y をともに A の逆行列とすると，
$$X = XE = XAY = EY = Y$$
となって，A の逆行列は一つであることが証明されます．A の逆行列を A^{-1} と表します．つぎの例題で逆行列を求めてみましょう．

例題 6.4

つぎの 2 次の正方行列 A の逆行列を求めなさい．
$$A = \begin{pmatrix} a & b \\ c & d \end{pmatrix}$$

解 逆行列を X とし，
$$X = \begin{pmatrix} x & y \\ z & w \end{pmatrix}$$
とおくと，逆行列の定義 $AX = E$ から，
$$AX = \begin{pmatrix} ax+bz & ay+bw \\ cx+dz & cy+dw \end{pmatrix} = \begin{pmatrix} 1 & 0 \\ 0 & 1 \end{pmatrix}$$
となる．要素ごとに比較して，
$$\begin{cases} ax+bz = 1 \\ cx+dz = 0 \end{cases} \qquad \begin{cases} ay+bw = 0 \\ cy+dw = 1 \end{cases} \qquad ①$$

これから，

$$\begin{cases}(ad-bc)x=d\\(ad-bc)z=-c\end{cases}\quad\begin{cases}(ad-bc)y=-b\\(ad-bc)w=a\end{cases}\quad ②$$

となる.

まず，$ad-bc=0$ の場合は，式②から，$a=b=c=d=0$ となって式①が成り立たず，このような解はない，つまり，逆行列が存在しないことがわかる．

つぎに，$ad-bc\neq0$ の場合は，式②から，

$$x=\frac{d}{ad-bc},\quad y=\frac{-b}{ad-bc},\quad z=\frac{-c}{ad-bc},\quad w=\frac{a}{ad-bc}$$

となり，A の逆行列 A^{-1} は，つぎのように求められる．

$$A^{-1}=X=\begin{pmatrix}x&y\\z&w\end{pmatrix}=\begin{pmatrix}\dfrac{d}{ad-bc}&\dfrac{-b}{ad-bc}\\\dfrac{-c}{ad-bc}&\dfrac{a}{ad-bc}\end{pmatrix}=\frac{1}{ad-bc}\begin{pmatrix}d&-b\\-c&a\end{pmatrix}$$

6.5 行列による連立1次方程式の解法

行列を用いた連立1次方程式の解法を解説します．

$$\begin{cases}ax+by=e&①\\cx+dy=f&②\end{cases}$$

これを行列で表すと，つぎのように表現できます．

$$\begin{pmatrix}a&b\\c&d\end{pmatrix}\begin{pmatrix}x\\y\end{pmatrix}=\begin{pmatrix}e\\f\end{pmatrix}$$

ここで，

$$A=\begin{pmatrix}a&b\\c&d\end{pmatrix},\quad \boldsymbol{x}=\begin{pmatrix}x\\y\end{pmatrix},\quad \boldsymbol{b}=\begin{pmatrix}e\\f\end{pmatrix}$$

とおくと，問題の連立1次方程式は以下のように表されます．

$$A\boldsymbol{x}=\boldsymbol{b}\qquad ③$$

この解は，逆行列 A^{-1} を使って書き表すことができます．式③の両辺に左から A^{-1} をかけると，つぎのようになります．

$$A^{-1}A\boldsymbol{x}=A^{-1}\boldsymbol{b},\quad E\boldsymbol{x}=A^{-1}\boldsymbol{b},\quad \therefore\ \boldsymbol{x}=A^{-1}\boldsymbol{b}$$

未知数が2個の場合は行列 A の次数は2で，例題6.4の結果が使えます．これより，

$$\begin{pmatrix} x \\ y \end{pmatrix} = \boldsymbol{x} = A^{-1}\boldsymbol{b} = \frac{1}{ad-bc} \begin{pmatrix} d & -b \\ -c & a \end{pmatrix} \begin{pmatrix} e \\ f \end{pmatrix}$$

$$= \frac{1}{ad-bc} \begin{pmatrix} de-bf \\ -ce+af \end{pmatrix} = \begin{pmatrix} \dfrac{de-bf}{ad-bc} \\ \dfrac{-ce+af}{ad-bc} \end{pmatrix}$$

となります．行列式を使えば，次式のように書き表すことができることがわかります．

$$x = \frac{\begin{vmatrix} e & b \\ f & d \end{vmatrix}}{\Delta}, \quad y = \frac{\begin{vmatrix} a & e \\ c & f \end{vmatrix}}{\Delta} \qquad \text{ただし，} \Delta \equiv \begin{vmatrix} a & b \\ c & d \end{vmatrix} \qquad ④$$

この式は，6.3 節で解説したクラメルの公式と同じであることがわかります．逆行列が存在するのは $ad-bc \neq 0$ の場合です．つまり，$\Delta \neq 0$ の場合で，このとき逆行列はただ一つ決まりましたから，解も一つだけ存在することがわかります．$\Delta = 0$ のときは逆行列は存在しませんでした．解はどうなるのでしょうか．これについては，次節以降で考えることにしましょう．

数の世界の拡張

　人類は物の数を数えるために自然数を生み出しました．分数としてなじみ深い有理数は，古代から知られていました．「2 乗して 2 になる数は何？」と聞かれたらみなさんだったらすぐに $\pm\sqrt{2}$ が浮かんでくるでしょう．でも，あのギリシャの哲人であるピタゴラスは，この数が有理数ではないことを認識しながらも，無理数の存在をなかなか受け入れられませんでした．ゼロや負の数が利用されるようになったのは意外にも遅く，インドのブラーマグプタが 628 年に「ブラーマ・スプタ・シッダーンタ」を著して，ゼロや負の数を確立させ，世界に広まりました．これより前，四則演算をする際に桁をそろえた位取り記数法が使われるようになり，このときに位のないことを表す 0 が使われました．また，財産と借金を考えるのに負の数が使われました．ヨーロッパの多くの数学者の間では，17 世紀になっても負の数に対する抵抗があったようです．

　本書でも，電流や電圧に負の数を考えると便利なことを学んできました．負の数も含めて代数的に取り扱うことにより，導線の中を流れる電流の向きがわからないときにも，とりあえず向きを定めておいて，その結果が負であれば定めた向きとは逆に流れると考えればよいのです．

　無理数とはどんな数だか知っていますか．2 の平方根，黄金分割比 $(1+\sqrt{5})/2$，$\log_2 3$，円周率 π，ネイピア数などがあります．有理数と無理数を合わせて実数といいます．負の数も入れて連続的な数としての実数は，自然科学に現れる連続する量を計測する上では完備な数であると考えられています．

　$x^2 - 2 = 0$ の解を数の仲間にいれましたが，$x^2 + 1 = 0$ には解がないのでしょうか．み

なさんだったら複素数であることを知っていて，$\pm i$ と答えてくれますね．ところが，この解は長い間数のうちに入れられませんでした．しかし，3次や4次の方程式の解の公式のなかで根号のなかが負になることがあり，研究を進めていくうちに，徐々に複素数を数として認めるとすっきりすることがわかってきました．数学史上の大天才といわれるガウスも本格的に研究し，複素数の世界では，n 次方程式には n 個の解があるという代数学の基本定理を証明しました．複素数 i は虚数 (imaginary number) とよばれ，想像上の数とかうつろな感じの名称を与えられていますが，とんでもありません．後で交流回路を学ぶとわかることですが，複素数は正弦波関数を取り扱うには非常に便利な数で，いまでは否定的な側面は完全に払拭されています．

さて，本章で行列の紹介をしたわけですが，行列もみなさんには風変わりに思えるかもしれません．でも，行列も数の自然な拡張です．行列にも加算，減算，乗算を考えることができました．行列の演算に除算がないことは実数や複素数との相違点ですが，それに代わるものが逆行列でした．

6.6† ガウスの消去法

n 元連立1次方程式

$$\begin{cases} a_{11}x_1 + a_{12}x_2 + \cdots + a_{1n}x_n = b_1 \\ a_{21}x_1 + a_{22}x_2 + \cdots + a_{2n}x_n = b_2 \\ \quad\vdots \qquad\quad \vdots \qquad\qquad\quad \vdots \qquad\quad \vdots \\ a_{n1}x_1 + a_{n2}x_2 + \cdots + a_{nn}x_n = b_n \end{cases}$$

に対し，つぎの変形を加えても式の意味は変わりません．

 [変形1] ある式に0でない定数をかける
 [変形2] ある式の定数倍をほかの式に加える
 [変形3] 二つの式を入れかえる

この三つの変形を**基本変形**とよぶことにします．消去法の核心は，基本変形によってつぎのどちらかの形に変形することです．

$$\begin{cases} c_{11}x_1 + c_{12}x_2 + \cdots + c_{1,n-1}x_{n-1} + c_{1n}x_n = d_1 \\ \quad\qquad c_{22}x_2 + \cdots + c_{2,n-1}x_{n-1} + c_{2n}x_n = d_2 \\ \qquad\qquad\quad \ddots \qquad\quad \vdots \qquad\qquad \vdots \qquad\quad \vdots \\ \qquad\qquad\qquad\qquad c_{n-1,n-1}x_{n-1} + c_{n-1,n}x_n = d_{n-1} \\ \qquad\qquad\qquad\qquad\qquad\qquad\qquad\quad c_{nn}x_n = d_n \end{cases} \quad (6.1)$$

$$\begin{cases} x_1 & = d_1 \\ & x_2 & = d_2 \\ & & \ddots & \vdots \\ & & & x_n = d_n \end{cases} \tag{6.2}$$

式 (6.1) の場合，最後の式から x_n がわかり，最後から 2 番目の式にこれを代入すれば x_{n-1} がわかります．これを続ければ，すべての未知数がわかります．対角上の係数 c_{ii} が 0 となる場合は，特異な場合として別に考えることにします．式 (6.2) の場合は，解がそのまま得られています．このような解法を**ガウスの消去法**といいます．

なお，方程式の係数を並べた以下の行列を**係数行列**とよび，

$$\begin{pmatrix} a_{11} & a_{12} & \cdots & a_{1n} \\ a_{21} & a_{22} & \cdots & a_{2n} \\ \vdots & \vdots & \ddots & \vdots \\ a_{n1} & a_{n2} & \cdots & a_{nn} \end{pmatrix}$$

定数項も付加した以下の行列を**拡大係数行列**とよびます．

$$\begin{pmatrix} a_{11} & a_{12} & & a_{1n} & b_1 \\ a_{21} & a_{22} & \cdots & a_{2n} & b_2 \\ \vdots & \vdots & \ddots & \vdots & \vdots \\ a_{n1} & a_{n2} & \cdots & a_{nn} & b_n \end{pmatrix}$$

例題 6.5

つぎの 3 元連立 1 次方程式を消去法を用いて解きなさい．

$$\begin{cases} 2x - y - 3z = 1 \\ -2x + 2y - z = -3 \\ x + y - z = 4 \end{cases}$$

解 以下の変形 1, 2 の基本変形を行う (なお，対応する拡大係数行列を右側に示す)．

$$\begin{cases} 2x - y - 3z = 1 \\ -2x + 2y - z = -3 \\ x + y - z = 4 \end{cases} \Leftrightarrow \begin{pmatrix} 2 & -1 & -3 & 1 \\ -2 & 2 & -1 & -3 \\ 1 & 1 & -1 & 4 \end{pmatrix}$$

変形 1：1 番目の式はそのまま．2 番目の式には 1 番目の式を加え，3 番目の式は 2 倍して 1 番目の式を引く．1 番目の式の未知数 x の係数 2 が，2 番目と 3 番目の式の未知数 x の係数を消去するかなめの数になる．このような消去のかなめの数を**ピボット**という．

$$\begin{cases} 2x - y - 3z = 1 \\ y - 4z = -2 \\ 3y + z = 7 \end{cases} \Leftrightarrow \begin{pmatrix} 2 & -1 & -3 & 1 \\ 0 & 1 & -4 & -2 \\ 0 & 3 & 1 & 7 \end{pmatrix}$$

変形 2：1 番目と 2 番目の式はそのまま．3 番目の式に 2 番目の式を 3 倍したものを引く．

$$\begin{cases} 2x - y - 3z = 1 \\ + y - 4z = -2 \\ 13z = 13 \end{cases} \Leftrightarrow \begin{pmatrix} 2 & -1 & -3 & 1 \\ 0 & 1 & -4 & -2 \\ 0 & 0 & 13 & 13 \end{pmatrix}$$

これは式 (6.1) の形になっており，3 番目の $13z = 13$ から $z = 1$．2 番目の $y - 4z = -2$ より，$y = 2$．1 番目の $2x - y - 3z = 1$ より，$x = 3$．

もとの連立 1 次方程式から式 (6.1) の形に変形する変形 1，2 の一連の方法を**前進消去**といい，変形 2 によって得られた連立方程式から，解を順次得る方法を**後退代入**とよぶ．

なお，変形 2 から，さらに以下のような変形を続けて式 (6.2) の形に変形することもできる．

変形 3：1 番目と 2 番目の式はそのまま．3 番目の式を 13 で割る．

$$\begin{cases} 2x - y - 3z = 1 \\ y - 4z = -2 \\ z = 1 \end{cases} \Leftrightarrow \begin{pmatrix} 2 & -1 & -3 & 1 \\ 0 & 1 & -4 & -2 \\ 0 & 0 & 1 & 1 \end{pmatrix}$$

変形 4：3 番目の式はそのまま．2 番目の式に 3 番目の式の 4 倍を加え，1 番目の式に 3 番目の式の 3 倍を加える．

$$\begin{cases} 2x - y \phantom{{}- 3z} = 4 \\ y \phantom{{}- 4z} = 2 \\ z = 1 \end{cases} \Leftrightarrow \begin{pmatrix} 2 & -1 & 0 & 4 \\ 0 & 1 & 0 & 2 \\ 0 & 0 & 1 & 1 \end{pmatrix}$$

変形 5：2 番目と 3 番目の式はそのまま．1 番目の式に 2 番目の式を加える．

$$\begin{cases} 2x = 6 \\ y = 2 \\ z = 1 \end{cases} \Leftrightarrow \begin{pmatrix} 2 & 0 & 0 & 6 \\ 0 & 1 & 0 & 2 \\ 0 & 0 & 1 & 1 \end{pmatrix}$$

変形 6：2 番目と 3 番目の式はそのまま．1 番目の式を 2 で割る．

$$\begin{cases} x = 3 \\ y = 2 \\ z = 1 \end{cases} \Leftrightarrow \begin{pmatrix} 1 & 0 & 0 & 3 \\ 0 & 1 & 0 & 2 \\ 0 & 0 & 1 & 1 \end{pmatrix}$$

これより，$x = 3, y = 2, z = 1$．

6.7† 行列の基本変形

前節で連立1次方程式に対する基本変形を紹介しましたが，得られた式に対して，逐一対応する拡大係数行列を右に書き加えてみました．拡大係数行列は，連立1次方程式の係数と定数が並んでいるだけですので，連立1次方程式に対する基本変形作業と同じことを，拡大係数行列の変形作業として実行することも容易にできることがわかります．したがって，連立1次方程式を解くには，拡大係数行列のピボット以外の要素がゼロになるように順次計算を進めればよいのです．そこで，今度は行列に対する**基本変形**をつぎのように定義することにします．

行列の基本変形

(1) ある行に 0 でない定数をかける
(2) ある行の定数倍をほかの行に加える
(3) 二つの行を入れかえる

例題 6.5 はつぎのように解くことができます．

解 与えられた連立1次方程式の拡大係数行列に対し，つぎのように基本変形を繰り返す．

$$\begin{pmatrix} 2 & -1 & -3 & 1 \\ -2 & 2 & -1 & -3 \\ 1 & 1 & -1 & 4 \end{pmatrix} \Rightarrow \begin{pmatrix} 2 & -1 & -3 & 1 \\ 0 & 1 & -4 & -2 \\ 0 & 3 & 1 & 7 \end{pmatrix} \Rightarrow \begin{pmatrix} 2 & -1 & -3 & 1 \\ 0 & 1 & -4 & -2 \\ 0 & 0 & 13 & 13 \end{pmatrix}$$

3番目の式 $13z = 13$ より，$z = 1$．2番目の式 $y - 4z = -2$ より，$y = 2$．1番目の式 $2x - y - 3z = 1$ より，$x = 3$．

基本変形により，拡大係数行列は行列としては異なったものに変換されます．基本変形はガウスの消去法での式の変形に対応するものですから，等号で結ぶことはできないことに注意してください．

消去のかなめになるピボットは，例題 6.5 の変形1，2 で出てきました．ところで，前進消去をしていてこのピボットが 0 になった場合はどう考えたらよいのでしょうか．このときには，基本変形の (3) を使って，それより下の行と入れ替えればつぎの操作に進むことができます．このことをつぎの例題 6.6 で確かめましょう．

例題 6.6

つぎの3元連立1次方程式を消去法を用いて解きなさい.

$$\begin{cases} 2x - y - 3z = 1 \\ -4x + 2y - z = -9 \\ x + y - z = 4 \end{cases}$$

解 前進消去を試みると,

$$\begin{pmatrix} 2 & -1 & -3 & 1 \\ -4 & 2 & -1 & -9 \\ 1 & 1 & -1 & 4 \end{pmatrix} \Rightarrow \begin{pmatrix} 2 & -1 & -3 & 1 \\ -4+2\times 2 & 2+2\times(-1) & -1+2\times(-3) & -9+2\times 1 \\ 1\times 2-2 & 1\times 2-(-1) & -1\times 2-(-3) & 4\times 2-1 \end{pmatrix}$$

$$\Rightarrow \begin{pmatrix} 2 & -1 & -3 & 1 \\ 0 & 0 & -7 & -7 \\ 0 & 3 & 1 & 7 \end{pmatrix}$$

ここで, 基本変形の (3) を使うと,

$$\Rightarrow \begin{pmatrix} 2 & -1 & -3 & 1 \\ 0 & 3 & 1 & 7 \\ 0 & 0 & -7 & -7 \end{pmatrix}$$

となる. 3行目の $-7z=-7$ より, $z=1$. 2行目の式 $3y+z=7$ より, $y=2$. 1行目の $2x-y-3z=1$ より, $x=3$.

ここで, また問題が生じます. 入れ替えたい下の行の係数が0になっている場合はどうすればよいのでしょうか. つぎの例で考えてみましょう.

例題 6.7

つぎの3元連立1次方程式を消去法を用いて解きなさい.

$$\begin{cases} 2x - y - 3z = 1 \\ -4x + 2y - z = -9 \\ -2x + y - z = 1 \end{cases}$$

解 前進消去を試みると,

$$\begin{pmatrix} 2 & -1 & -3 & 1 \\ -4 & 2 & -1 & -9 \\ -2 & 1 & -1 & 1 \end{pmatrix} \Rightarrow \begin{pmatrix} 2 & -1 & -3 & 1 \\ 0 & 0 & -7 & -7 \\ 0 & 0 & -4 & 2 \end{pmatrix}$$

となる．今度は，2 行 3 列の要素をピボットとして 3 行目の消去を進めると，

$$\Rightarrow \begin{pmatrix} 2 & -1 & -3 & 1 \\ 0 & 0 & 1 & 1 \\ 0 & 0 & -4 & 2 \end{pmatrix} \Rightarrow \begin{pmatrix} 2 & -1 & -3 & 1 \\ 0 & 0 & 1 & 1 \\ 0 & 0 & 0 & 6 \end{pmatrix}$$

となるが，3 行目は $0z=6$ を意味している．この式を満足する z は存在しないので，解が存在しないことがわかる．

例題 6.8
つぎの 3 元連立 1 次方程式を消去法を用いて解きなさい．

$$\begin{cases} 2x - y - 3z = 1 \\ -4x + 2y - z = -9 \\ -2x + y - z = -5 \end{cases}$$

解 前進消去を試みると，

$$\begin{pmatrix} 2 & -1 & -3 & 1 \\ -4 & 2 & -1 & -9 \\ -2 & 1 & -1 & -5 \end{pmatrix} \Rightarrow \begin{pmatrix} 2 & -1 & -3 & 1 \\ 0 & 0 & -7 & -7 \\ 0 & 0 & -4 & -4 \end{pmatrix}$$

となる．今度は，2 行 3 列の要素をピボットとして 3 行目の消去を進めると，

$$\Rightarrow \begin{pmatrix} 2 & -1 & -3 & 1 \\ 0 & 0 & -7 & -7 \\ 0 & 0 & 0 & 0 \end{pmatrix}$$

となる．3 行目の式は $0z=0$ となり問題ないが，意味もないことがわかる．2 行目から $-7z=-7$ が得られ，$z=1$．これを 1 行目の式 $2x-y-3z=1$ に代入すると，$2x-y=4$．x を任意の値 t と定めたとして，$x=t$ とすると，$y=2x-4=2t-4$ が得られる．つまり，解は t を任意の定数として，つぎのように求められる．

$$\begin{cases} x = t \\ y = 2t - 4 \\ z = 1 \end{cases}$$

例題 6.9
つぎの 3 元連立 1 次方程式を消去法を用いて解きなさい．

$$\begin{cases} 2x - y - 3z = 1 \\ -2x + 2y - z = -3 \\ 2x \quad\quad - 7z = -1 \end{cases}$$

解

$$\begin{pmatrix} 2 & -1 & -3 & 1 \\ -2 & 2 & -1 & -3 \\ 2 & 0 & -7 & -1 \end{pmatrix} \Rightarrow \begin{pmatrix} 2 & -1 & -3 & 1 \\ 0 & 1 & -4 & -2 \\ 0 & 1 & -4 & -2 \end{pmatrix} \Rightarrow \begin{pmatrix} 2 & -1 & -3 & 1 \\ 0 & 1 & -4 & -2 \\ 0 & 0 & 0 & 0 \end{pmatrix}$$

3行目の式 $0z=0$ は，解に対する拘束がない．1行目および2行目から $2x-y-3z=1$，$y-4z=-2$ が得られる．z をある任意の値 t と定めたとして，$z=t$ とすると，$y=4t-2$，$x=(7t-1)/2$ が得られる．つまり，解は t をパラメータとして，つぎのように求められる．

$$\begin{cases} x = \dfrac{7t-1}{2} \\ y = 4t-2 \\ z = t \end{cases}$$

　例題6.8，6.9では方程式は3本与えられましたが，実は解を得るのに有効な式は2本しかありませんでした．それでも，解を得る方法がわかりました．ガウスの消去法は式変形に対応する操作であり，未知数の数と方程式の数とが違っていても，出てきた結果は意味を失いません．クラメルの公式を使う方法は解が陽な形で表現できるというすばらしい長所がありますが，未知数の数と方程式の数とが同じでなければなりません．それに対し，ガウスの消去法にはこの制限がありません．計算の手間数(一般にはかけ算の回数)に関しても，クラメルの方法に比べて少なくてすみ，計算機に用いるアルゴリズムとしても利用されます．さらに，以降では行列の階数について学び，連立1次方程式の解との関連性について学ぶことにしますが，この階数を求める有効な方法としても，ガウスの消去法があります．ガウスの消去法は原始的ですが，理論的にも，また実用的にも，重要な手法だといえます．

6.8† 階数と独立な1次方程式の数

　ガウスの消去法を用いた連立1次方程式の解の導き方がわかってきました．対応する行列が係数行列であれ，拡大係数行列であれ，前進消去して得られる最終的な行列は，つぎのような階段型をしていることがわかります．

$$\begin{pmatrix} * & \# & \# & \# \\ 0 & * & \# & \# \\ 0 & 0 & * & \# \\ 0 & 0 & 0 & * \end{pmatrix}, \quad \begin{pmatrix} * & \# & \# & \# \\ 0 & * & \# & \# \\ 0 & 0 & * & \# \end{pmatrix}, \quad \begin{pmatrix} * & \# & \# & \# & \# & \# & \# \\ 0 & * & \# & \# & \# & \# & \# \\ 0 & 0 & 0 & 0 & * & \# & \# \\ 0 & 0 & 0 & 0 & 0 & 0 & * \\ 0 & 0 & 0 & 0 & 0 & 0 & 0 \end{pmatrix}$$

*はピボットで，0ではない数です．#は任意の数を表しています．ピボットの数をもとの行列の**階数** (rank) といい，つぎのように定義します．

行列の階数の定義

与えられた行列に対してガウスの消去法を用い，前進消去が終了した段階の階段型行列を考える．このとき，一つは0でない要素をもつ行の個数は，消去の方法によらず一定であり，この個数を，与えられた行列の**階数**という．行列 A の階数を rank A と書く．

例題 6.8 の拡大係数行列の 3 行目は，$0x + 0y + 0z = 0$ という意味のない 1 次方程式を意味します．これは，もともと 1 次方程式が 3 本ありましたが，1 本はほかの方程式から導かれることを意味しています．また，これ以上には係数を消去できないことから，独立な 1 次方程式の数は拡大係数行列の階数に等しく，2 となることがわかります．このことは，つぎのようにまとめることができます．

連立 1 次方程式の独立な方程式の数は，拡大係数行列の階数に等しい．

例題 6.10

例題 6.6〜6.8 までの連立 1 次方程式の独立な 1 次方程式の個数を求めなさい．

解 [例題 6.6]

$$\begin{pmatrix} 2 & -1 & -3 & 1 \\ -4 & 2 & -1 & -9 \\ 1 & 1 & -1 & 4 \end{pmatrix} \Rightarrow \begin{pmatrix} 2 & -1 & -3 & 1 \\ 0 & 3 & 1 & 7 \\ 0 & 0 & -7 & -7 \end{pmatrix} \text{より,}$$

拡大係数行列の階数が 3 であることから，独立な 1 次方程式の数は 3 本．

[例題 6.7]

$$\begin{pmatrix} 2 & -1 & -3 & 1 \\ -4 & 2 & -1 & -9 \\ -2 & 1 & -1 & 1 \end{pmatrix} \Rightarrow \begin{pmatrix} 2 & -1 & -3 & 1 \\ 0 & 0 & 1 & 1 \\ 0 & 0 & 0 & 6 \end{pmatrix} \text{より,}$$

$$\mathrm{rank} \begin{pmatrix} 2 & -1 & -3 & 1 \\ -4 & 2 & -1 & -9 \\ -2 & 1 & -1 & 1 \end{pmatrix} = \mathrm{rank} \begin{pmatrix} 2 & -1 & -3 & 1 \\ 0 & 0 & 1 & 1 \\ 0 & 0 & 0 & 6 \end{pmatrix} = 3$$

したがって，独立な 1 次方程式の数は 3 本．

[例題 6.8]

$$\begin{pmatrix} 2 & -1 & -3 & 1 \\ -4 & 2 & -1 & -9 \\ -2 & 1 & -1 & -5 \end{pmatrix} \Rightarrow \begin{pmatrix} 2 & -1 & -3 & 1 \\ 0 & 0 & -7 & -7 \\ 0 & 0 & 0 & 0 \end{pmatrix} \text{より,}$$

$$\mathrm{rank} \begin{pmatrix} 2 & -1 & -3 & 1 \\ -4 & 2 & -1 & -9 \\ -2 & 1 & -1 & 5 \end{pmatrix} = \mathrm{rank} \begin{pmatrix} 2 & -1 & -3 & 1 \\ 0 & 0 & -7 & -7 \\ 0 & 0 & 0 & 0 \end{pmatrix} = 2$$

したがって，独立な 1 次方程式の数は 2 本．

6.9† 節点方程式と閉路方程式の独立な方程式の数

5 章では，回路から得られる節点方程式や閉路方程式のなかで，独立な 1 次方程式の数について，つぎの結論を得ました．

> 節点を n 個もつ回路において，任意の $n-1$ 個の節点から得られた $n-1$ 本の節点方程式は独立である．

> 枝を b 本，節点を n 個もつ回路では，網目閉路が $b-n+1$ 個あり，それらから得られる $b-n+1$ 本の閉路方程式は独立である．

6.9† 節点方程式と閉路方程式の独立な方程式の数

> 枝を b 本，節点を n 個もつ回路では，基本閉路が $b-n+1$ 個あり，それらから得られる $b-n+1$ 本の閉路方程式は独立である．

図 6.7 のグラフでは $n=3, b=4$ ですから，独立な節点方程式の数は $n-1=2$，独立な閉路方程式の数は $b-n+1=2$ となります．本章で学んだ階数と独立な方程式の数について，この結果を確かめてみましょう．

例題 6.11

図 6.7 のように枝電圧 $v_1 \sim v_4$，枝電流 $i_1 \sim i_4$ を定める．節点 $n_1 \sim n_3$ における節点方程式，および閉路 $l_1 \sim l_3$ における閉路方程式を書き，そのなかの独立な方程式の数を求めなさい．

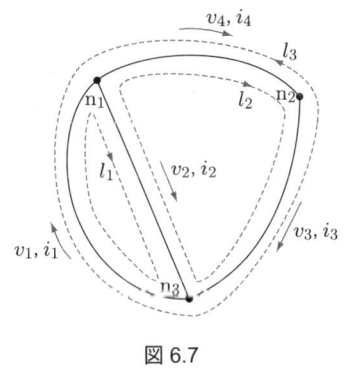

図 6.7

解 節点 $n_1 \sim n_3$ における節点方程式は，

$n_1: \quad i_1 - i_2 - i_4 = 0$

$n_2: \quad -i_3 + i_4 = 0$

$n_3: \quad -i_1 + i_2 + i_3 = 0$

となり，この連立 1 次方程式の拡大係数行列の基本変形は，つぎのようになる．

$$\begin{pmatrix} 1 & -1 & 0 & -1 & 0 \\ 0 & 0 & -1 & 1 & 0 \\ -1 & 1 & 1 & 0 & 0 \end{pmatrix} \Rightarrow \begin{pmatrix} 1 & -1 & 0 & -1 & 0 \\ 0 & 0 & -1 & 1 & 0 \\ 0 & 0 & 1 & -1 & 0 \end{pmatrix} \Rightarrow \begin{pmatrix} 1 & -1 & 0 & -1 & 0 \\ 0 & 0 & -1 & 1 & 0 \\ 0 & 0 & 0 & 0 & 0 \end{pmatrix}$$

階数が 2 であることから，独立な節点方程式の数は 2 本．

閉路 $l_1 \sim l_3$ における閉路方程式は，

$l_1: \quad v_1 + v_2 = 0$

$l_2: \quad -v_2 + v_3 + v_4 = 0$

$l_3: \quad -v_1 - v_3 - v_4 = 0$

この連立 1 次方程式の拡大係数行列の基本変形は，つぎのようになる．

$$\begin{pmatrix} 1 & 1 & 0 & 0 & 0 \\ 0 & -1 & 1 & 1 & 0 \\ -1 & 0 & -1 & -1 & 0 \end{pmatrix} \Rightarrow \begin{pmatrix} 1 & 1 & 0 & 0 & 0 \\ 0 & -1 & 1 & 1 & 0 \\ 0 & 1 & -1 & -1 & 0 \end{pmatrix} \Rightarrow \begin{pmatrix} 1 & 1 & 0 & 0 & 0 \\ 0 & -1 & 1 & 1 & 0 \\ 0 & 0 & 0 & 0 & 0 \end{pmatrix}$$

階数が2であることから,独立な閉路方程式は2本.

6.10† 解の諸相 II

連立1次方程式の拡大係数行列を基本変形して得られる最終的な階段型の行列は,おおむねつぎのような形をしていました.

$$\begin{pmatrix} * & \# & \# & \# \\ 0 & 0 & * & \# \\ 0 & 0 & 0 & * \end{pmatrix} \quad (1) \qquad \begin{pmatrix} * & \# & \# & \# \\ 0 & * & \# & \# \\ 0 & 0 & 0 & * \\ 0 & 0 & 0 & 0 \\ 0 & 0 & 0 & 0 \end{pmatrix} \quad (2) \qquad \begin{pmatrix} * & \# & \# & \# \\ 0 & * & \# & \# \\ 0 & 0 & * & \# \end{pmatrix} \quad (3)$$

$$\begin{pmatrix} * & \# & \# & \# \\ 0 & 0 & * & \# \\ 0 & 0 & 0 & 0 \end{pmatrix} \quad (4) \qquad \begin{pmatrix} * & \# & \# & \# \\ 0 & * & \# & \# \\ 0 & 0 & * & \# \\ 0 & 0 & 0 & 0 \\ 0 & 0 & 0 & 0 \end{pmatrix} \quad (5) \qquad \begin{pmatrix} * & \# & \# & \# \\ 0 & 0 & * & \# \\ 0 & 0 & 0 & 0 \\ 0 & 0 & 0 & 0 \\ 0 & 0 & 0 & 0 \end{pmatrix} \quad (6)$$

*はピボットで,0でない数です.

(1)の例は,例題 6.7 です.例題 6.7 では,この最終形の3行目は $0x + 0y + 0z = 6$ という矛盾した方程式を意味していて,解がないことがわかりました.階数を調べると,拡大係数行列が3で,係数行列が2です.この違いが解のないことを示していることがわかります.(2)も同様の形をしており,解がないことがわかりますが,(3)〜(6)は,解を求めることができる形です.

一般に,連立1次方程式の解の存在について,以下のようにまとめることができます.

連立1次方程式の解の存在

m 個の式をもつ n 元連立1次方程式

$$\begin{cases} a_{11}x_1 + a_{12}x_2 + \cdots + a_{1n}x_n = b_1 \\ a_{21}x_1 + a_{22}x_2 + \cdots + a_{2n}x_n = b_2 \\ \vdots \qquad \vdots \qquad \qquad \vdots \qquad \vdots \\ a_{m1}x_1 + a_{m2}x_2 + \cdots + a_{mn}x_n = b_m \end{cases}$$

が解をもつための必要十分条件は,つぎの拡大係数行列 $\tilde{A}$ と係数行列 A

$$\tilde{A} = \begin{pmatrix} a_{11} & a_{12} & \cdots & a_{1n} & b_1 \\ a_{21} & a_{22} & \cdots & a_{2n} & b_2 \\ \vdots & \vdots & \ddots & \vdots & \vdots \\ a_{m1} & a_{m2} & \cdots & a_{mn} & b_m \end{pmatrix}, \quad A = \begin{pmatrix} a_{11} & a_{12} & \cdots & a_{1n} \\ a_{21} & a_{22} & \cdots & a_{2n} \\ \vdots & \vdots & \ddots & \vdots \\ a_{m1} & a_{m2} & \cdots & a_{mn} \end{pmatrix}$$

の階数が一致することである.

先ほどの (3)〜(6) の例は解があることがわかりましたが,その解はどのような様子をしているのでしょうか.このことを考える前に,6.2 節で解説した解の様子についてもう一度調べてみることにします.これまでに階数について学んできましたから,その観点から,6.2 節で取り上げた代表的な 4 種類の 2 元連立 1 次方程式 (a)〜(d) を検討します.図 6.2 を図 6.8 に再掲します.

(a) $\begin{pmatrix} 1 & -1 \\ 2 & 1 \end{pmatrix} \begin{pmatrix} x \\ y \end{pmatrix} = \begin{pmatrix} -1 \\ 4 \end{pmatrix}$ ①②   (b) $\begin{pmatrix} 1 & -1 \\ 2 & -2 \end{pmatrix} \begin{pmatrix} x \\ y \end{pmatrix} = \begin{pmatrix} -1 \\ -2 \end{pmatrix}$ ①③

(c) $\begin{pmatrix} 1 & -1 \\ 2 & -2 \end{pmatrix} \begin{pmatrix} x \\ y \end{pmatrix} = \begin{pmatrix} -1 \\ 2 \end{pmatrix}$ ①④   (d) $\begin{pmatrix} 0 & 0 \\ 0 & 0 \end{pmatrix} \begin{pmatrix} x \\ y \end{pmatrix} = \begin{pmatrix} 0 \\ 0 \end{pmatrix}$ ⑤⑥

さて,それぞれの連立 1 次方程式の拡大係数行列 $\tilde{A}$ と係数行列 A の階数を調べると,つぎのようになります.

(a) $\begin{pmatrix} 1 & -1 & -1 \\ 2 & 1 & 4 \end{pmatrix} \Rightarrow \begin{pmatrix} 1 & -1 & -1 \\ 0 & 3 & 6 \end{pmatrix} \Rightarrow \begin{pmatrix} 1 & -1 & -1 \\ 0 & 1 & 2 \end{pmatrix}$

したがって,$\text{rank}\,\tilde{A} = 2$, $\text{rank}\,A = 2$.

(b) $\begin{pmatrix} 1 & -1 & -1 \\ 2 & -2 & -2 \end{pmatrix} \Rightarrow \begin{pmatrix} 1 & -1 & -1 \\ 0 & 0 & 0 \end{pmatrix}$ したがって,$\text{rank}\,\tilde{A} = 1$, $\text{rank}\,A = 1$.

(c) $\begin{pmatrix} 1 & -1 & -1 \\ 2 & 2 & 2 \end{pmatrix} \Rightarrow \begin{pmatrix} 1 & -1 & -1 \\ 0 & 0 & 4 \end{pmatrix}$ したがって,$\text{rank}\,\tilde{A} = 2$, $\text{rank}\,A = 1$.

(d) $\begin{pmatrix} 0 & 0 & 0 \\ 0 & 0 & 0 \end{pmatrix}$ したがって $\text{rank}\,\tilde{A} = 0$, $\text{rank}\,A = 0$.

解の有無についての上記の定理から,拡大係数行列と係数行列の階数が等しい (a),

162   6章 連立1次方程式

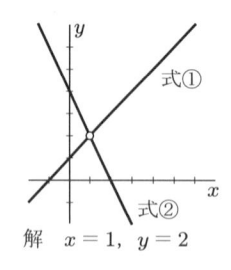

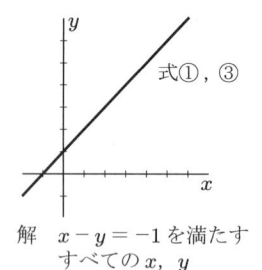

（a）解が唯一つ存在する場合　解 $x=1, y=2$

（b）解が1次元的な広がりをもつ場合　解 $x-y=-1$ を満たすすべての x, y

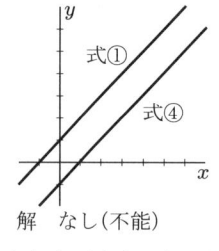

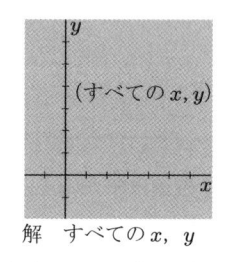

（c）解が存在しない場合　解 なし（不能）

（d）解が2次元的な広がりをもつ場合　解 すべての x, y

図 6.8　2次連立1次方程式と解の様相

(b), (d) には解が存在すること，階数の異なる (c) には解が存在しないことがわかりますが，このことと図による考察は一致します．解の広がりについては，(a) では解は交点1点のみなので，解の広がりは0次元，(b) では解は直線上にあるので1次元，(d) では，解は x-y 平面上にあるので2次元です．そして，それぞれの階数は 2,1,0 なので，階数と解の広がりの次元との和が，常に元の数の2に等しくなっていることがわかります．

　一般的に説明しましょう．連立1次方程式の元の数，つまり未知数の数 n に対し，独立な1次方程式の数だけ解の空間の次元は小さくなります．一方，6.8節で，「連立1次方程式の独立な1次方程式の数は，拡大係数行列の階数に等しい」ことがわかりましたから，つぎの結果が得られます．

> n 元連立1次方程式の拡大係数行列 $\tilde{A}$ の階数と係数行列 A が一致し，この階数を r とするとき，解は $n-r$ 次元の広がりをもつ．つまり，$n-r$ 個のパラメータを用いて表現できる．

例題 6.12

つぎの連立1次方程式の解について，以下の方法で検討しなさい．

$$\begin{cases} 2x + y = 6 \\ 2x - y = 0 \\ x - y = 0 \end{cases}$$

(1) 図式解法
(2) 係数行列と拡大係数行列，それぞれの階数

解 (1) 図式解法：三つの式は図の直線で表現できる．三つの直線は一点で交わらず，三つの式のすべてを満たす解は存在しない．

(2) 拡大係数行列は基本変形により，つぎのように変換できる．

$$\begin{pmatrix} 2 & 1 & 6 \\ 2 & -1 & 0 \\ 1 & -1 & 0 \end{pmatrix} \Rightarrow \begin{pmatrix} 1 & -1 & 0 \\ 2 & -1 & 0 \\ 2 & 1 & 6 \end{pmatrix}$$

$$\Rightarrow \begin{pmatrix} 1 & -1 & 0 \\ 0 & 1 & 0 \\ 0 & 3 & 6 \end{pmatrix} \Rightarrow \begin{pmatrix} 1 & -1 & 0 \\ 0 & 1 & 0 \\ 0 & 0 & 6 \end{pmatrix}$$

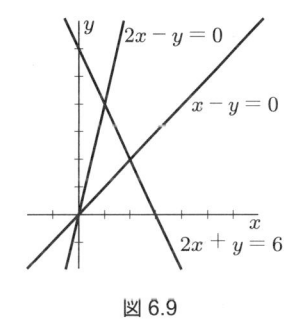

図 6.9

これより，係数行列の階数は 2，拡大係数行列の階数は 3 であることがわかり，これらが一致しないことから，解は存在しない．

例題 6.13

例題 6.6〜6.9 までの連立1次方程式の解の有無と，解の広がりの次元数を求めなさい．

解 [例題 6.6]

$$\begin{pmatrix} 2 & -1 & -3 & 1 \\ -4 & 2 & -1 & -9 \\ 1 & 1 & -1 & 4 \end{pmatrix} \Rightarrow \begin{pmatrix} 2 & -1 & -3 & 1 \\ 0 & 3 & 1 & 7 \\ 0 & 0 & -7 & -7 \end{pmatrix}$$

より，拡大係数行列と係数行列の階数がともに 3 であることから，解は存在する．また，連立1次方程式の元の数が 3 であることから，解の次元数は 0 であり，解はただ一つだけ存在する．

[例題 6.7]

$$\begin{pmatrix} 2 & -1 & -3 & 1 \\ -4 & 2 & -1 & -9 \\ -2 & 1 & -1 & 1 \end{pmatrix} \Rightarrow \begin{pmatrix} 2 & -1 & -3 & 1 \\ 0 & 0 & 1 & 1 \\ 0 & 0 & 0 & 6 \end{pmatrix}$$

より，拡大係数行列と係数行列の階数はそれぞれ 3 と 2 であり，これらが異なることから，解は存在しない．

[例題 6.8]

$$\begin{pmatrix} 2 & -1 & -3 & 1 \\ -4 & 2 & -1 & -9 \\ -2 & 1 & -1 & -5 \end{pmatrix} \Rightarrow \begin{pmatrix} 2 & -1 & -3 & 1 \\ 0 & 0 & -7 & -7 \\ 0 & 0 & 0 & 0 \end{pmatrix}$$

より，拡大係数行列と係数行列の階数はともに 2 であるから解は存在し，その次元数は $3-2=1$．

■■■ 演習問題 ■■■

6.1 以下の連立 1 次方程式を，クラメルの公式およびガウスの消去法を用いて求めなさい．

(1) $\begin{cases} 4x+y=7 \\ 2x+3y=1 \end{cases}$
(2) $\begin{cases} 4x-y=2 \\ -2x+3y=4 \end{cases}$
(3) $\begin{cases} 2x-y+z=4 \\ -2x+3y-z=0 \\ 3x-y+z=7 \end{cases}$

(4) $\begin{cases} x+5y-2z=7 \\ x-4y+z=-5 \\ 6x+y-2z=5 \end{cases}$

6.2 以下の連立 1 次方程式を，逆行列を用いる方法で解きなさい．

(1) $\begin{cases} 4x+y=7 \\ 2x+3y=1 \end{cases}$
(2) $\begin{cases} 4x-y=2 \\ -2x+3y=4 \end{cases}$

6.3 以下の連立 1 次方程式の解の有無を調べ，解の次元数を求めなさい．さらに，解がある場合には，その解を表現しなさい．

(1) $\begin{cases} x+y=2 \\ 2x-y=-5 \end{cases}$
(2) $\begin{cases} x+y=2 \\ 2x+2y=7 \end{cases}$
(3) $\begin{cases} x+y=2 \\ 2x+2y=4 \end{cases}$

(4) $\begin{cases} 0x+y=2 \\ 0x+2y=4 \end{cases}$
(5) $\begin{cases} x+y+z=2 \\ x-y-z=4 \\ x+y-z=0 \end{cases}$
(6) $\begin{cases} x+y+z=2 \\ x-y-z=4 \\ y+z=0 \end{cases}$

(7) $\begin{cases} x+y+z=2 \\ x-y-z=4 \\ y+z=-1 \end{cases}$
(8) $\begin{cases} x+y+z=2 \\ 2x+2y+2z=4 \\ 3x+3y+3z=6 \end{cases}$

7章 電圧電流分布に関する定理

　電気回路の各枝の電圧や電流，各節点の電位の組を**電圧分布**，**電流分布**，**電位分布**とよんでいます．今後は，これらをまとめて**電圧電流分布**とよぶことにします．本章では，この電圧電流分布についてのいくつかの定理を解説します．**置換の定理**と**電源分置の定理**，それに後で説明する線形回路において成り立つ**重ね合わせの定理**と**合成抵抗に関する定理**です．

　これらのなかでもっとも重要な定理は，重ね合わせの定理です．これは，「電源が複数ある回路の電圧電流分布は，それぞれの電源が単独にはたらいた場合の和で表され，単独の電源がはたらいた回路の電圧電流分布は，その電源の電源電圧もしくは電源電流に比例する」というものです．電源が原因となって電圧電流分布という結果を生み出すわけですが，上記の表現を電気回路と切り離してもう少し抽象化すると，「原因が複数あれば，その結果は原因がそれぞれ単独ではたらいた場合の結果の和になり，原因が単独であれば，結果は原因に比例する」といえます．このような性質を**線形性** (linearity) といいます．線形性をもつ系 (システム) とは，重ね合わせの定理が成り立つ系であるということと同じ意味です．

　本章で対象とする回路は，ひとまず「線形抵抗，つまりオームの法則にしたがう抵抗素子と直流の電源からなる回路」とします．このような回路を**線形回路** (linear circuit) として定式化することができ，特殊な場合を除くと，線形性をもつこと，つまり重ね合わせの定理が成り立つことがわかります．実は，線形回路は本章で対象とする直流回路に限られません．将来的には，線形回路の範囲を交流回路などにも広げて考えることになります．本章では，重ね合わせの定理についての理解を直流回路の範囲に限定するのではなく，より広い範囲に拡張して考えやすいように，線形性についてできるだけ詳しく説明することにします．

　本章では，置換の定理，電源分置の定理についても解説します．この二つの定理は回路にある種の変更を加えても電圧電流分布が変わらないことを述べた定理です．よく利用される定理であるにもかかわらず，ほとんど自明だという理由で多くの電気回路のテキストでは忘れられているようです．しかし，はっきりとした説明がないために混乱していたり，十分に応用できていなかったりする学習者も多いように見受けられます．

7章　電圧電流分布に関する定理

本章で重ね合わせの定理と並べて，置換の定理，電源分置の定理を説明するのには理由があります．一方は線形性にもとづいた定理ですし，後者の二つは線形性のないところでも成り立つ定理です．同じ章に並置することで，これらの区別を明確に記憶しやすくしたつもりです．線形回路ではなくても成り立つ電気回路の基本法則としてキルヒホッフの電流の法則，電圧の法則がありますが，置換の定理と電源分置の定理もまた，テレヘンの定理，電力保存則とともに線形回路以外でも成り立つ定理なのです．

7.1 重ね合わせの定理

図 7.1(a) の回路には電源が二つあり，一方の起電圧は 8 V，他方は起電流が記されていて 2 A を供給するとしています．これらの電源が別々にはたらいた回路図を図 (b), (c) に描いています．つまり，図 (b) では，左側の電源がはたらくので起電圧は 8 V，右側の電源ははたらかないので，その起電流が 0 A になっており，この枝が開放されています．一方，図 (c) では，右側の電源がはたらいて，起電流が 2 A となっているのに対し，左側の電源ははたらかずその起電圧が 0 V になっており，この枝が短絡されています．重ね合わせの定理は，これらの電源が別々にはたらいた場合の電圧，電流と，もとの回路の電圧，電流の関係に関する定理です．

図 7.1(a) の回路の枝電圧，枝電流は 5.2 節ですでに求めており，その値を図 7.2(a)

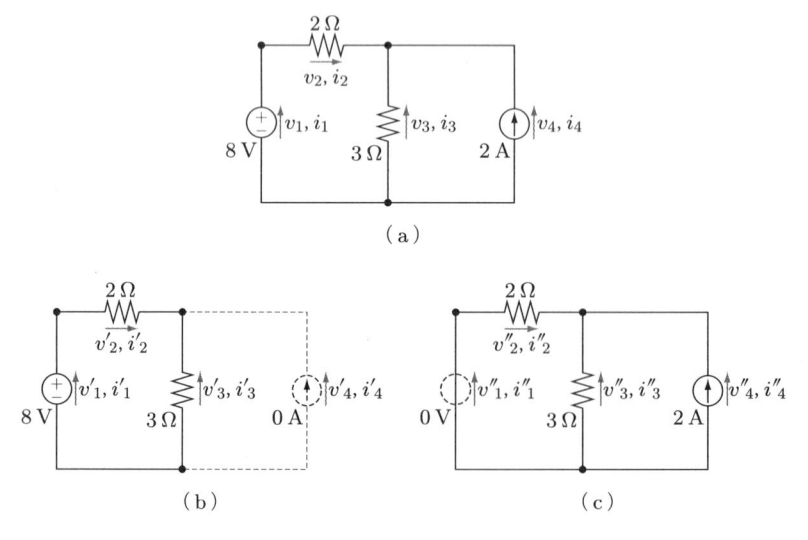

図 7.1　重ね合わせの定理の例

7.1 重ね合わせの定理　167

(a)

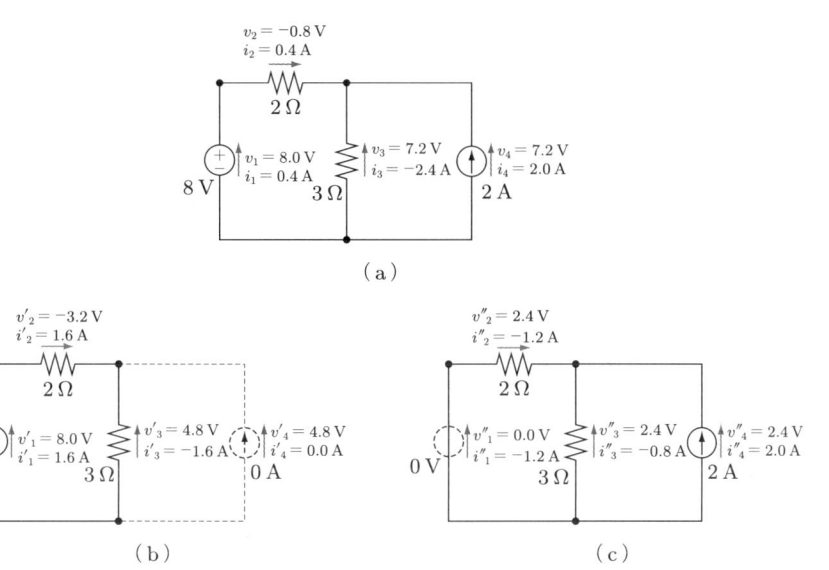

(b)　(c)

図 7.2　図 7.1 の回路の電圧電流分布

に記しています．図 7.1(b), (c) の回路についての結果は，図 7.2(b), (c) に記していますので各自で計算してみてください．

各枝の枝電圧や枝電流もしくは各節点の電位の値の組を，それぞれ**電圧分布**，**電流分布**，**電位分布** (今後はあわせて**電圧電流分布**とよぶことにします) とよびますが，図 7.2(a) の回路の電圧電流分布は，図 (b) と図 (c) の回路の電圧電流分布の和になっていることが確認できます．このことを定理として述べたものが，以下の**重ね合わせの定理** (superposition theorem) の①です．②については，起電力が 2 倍になれば電圧電流分布も 2 倍になるという意味で，およそ理解できるのではないでしょうか．

重ね合わせの定理

① 線形抵抗と複数の直流電源を含む回路の電圧電流分布は，それぞれの電源が単独にはたらいたときの電圧電流分布の和に等しい．このとき，はたらかない電源とは電圧源では電源電圧をゼロにすることであるから短絡し，電流源では電源電流をゼロにすることであるから開放することを意味する．

② 線形抵抗と一つの直流電源を含む回路の電圧電流分布は，電源の電源電圧もしくは電源電流に比例する．

例題 7.1

図 7.3(a)～(c) の回路において，電圧 v', v'', v を求めなさい．

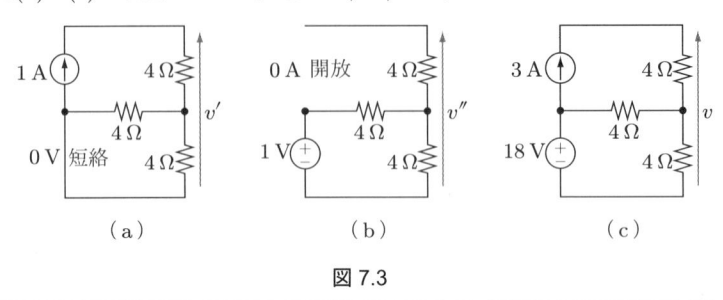

図 7.3

解 (a) 電圧 v' は回路の抵抗全体にかかる電圧であり，全抵抗は二つの 4 Ω の抵抗の並列ともう一つの 4 Ω の抵抗の直列であるから，つぎのように求められる．

$$v' = (4+2) \times 1 = 6 \text{ V}$$

(b) 上辺の 4 Ω の抵抗には電流が流れず，下辺の 4 Ω の抵抗にかかる電圧は中辺と下辺の抵抗で分圧するため，電圧 v'' はつぎのように求められる．

$$v'' = \frac{4}{4+4} \times 1 = \frac{1}{2} \text{ V}$$

(c) 重ね合わせの定理②により，図 (a) の起電流が 3A の場合，問題の部位の電圧は $3v' = 18$ V，図 (b) の起電圧が 18 V の場合，問題の部位の電圧は $18v'' = 9$ V．したがって，重ね合わせの定理①により，つぎのように求められる．

$$v = 3v' + 18v'' = 18 + 9 = 27 \text{ V}$$

例題 7.2

図 7.4 の回路の電流分布，電位分布を求め，それぞれ ( ) および [ ] に記しなさい．

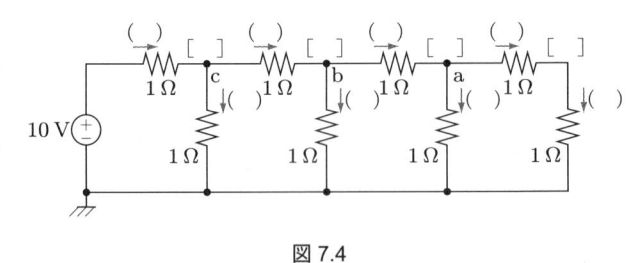

図 7.4

解 まず，左端の起電圧はわからないとして，右端の 1 Ω の抵抗に 1 A の電流が流れていると仮定し，以下のように起電圧を求める．(結果を図 7.5(a) に示すので，これを参照しながら説明を確認するとよい．)

節点 a の電位は二つの 1 Ω の抵抗に 1 A の電流が流れているので，2 V であることがわかる．この節点 a から下の 1 Ω の抵抗に流れる電流は 2 V/1 Ω＝2 A．したがって，節点 a の左の抵抗には 3 A が流れ，節点 b の電位は，節点 a よりも 3 V 高く，5 V となる．これを続けると，図 7.5(a) のような電流分布，電位分布が得られ，左端の起電圧は 34 V だということがわかる．

問題の起電圧は 10 V なので，上記で得られた起電圧の 10/34 となる．得られた図 (a) の電流分布，電位分布をすべて 10/34 倍すれば，解として図 (b) が得られる．

(a)

(b)

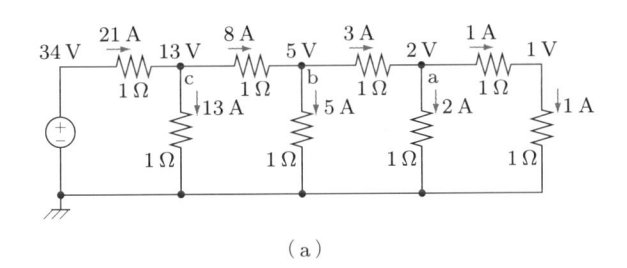

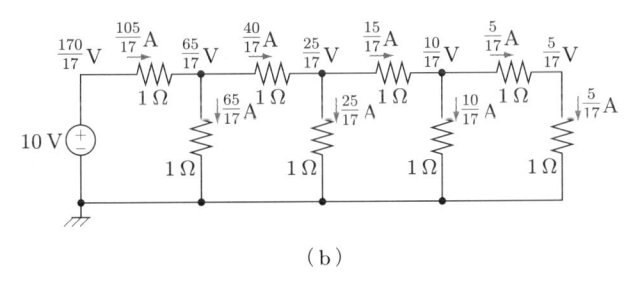

図 7.5

例題 7.3

図 7.6(a) のように，各辺が 1 Ω の無限に広がる格子状の回路がある．隣接する格子点間に 10 V の電圧を加えた場合の起電流 i を求めなさい．

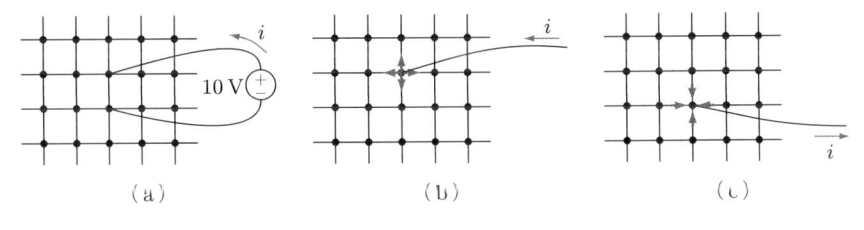

図 7.6

解 電源が接続されている二つの格子点に注目し，図7.6(b), (c) のように格子への流入と格子からの流出を分けて考える．流入のみを考えると，流入する節点に隣接する四方の枝に $i/4$ が流れる．一方，流出のみを考えると，流出する節点に隣接する四方の枝に $i/4$ が流れる．これらを重ね合わせると外部から電源を接続して電流 i を流した回路になり，このとき，両節点間の一辺の抵抗 $1\,\Omega$ には図 (b), (c) の重ね合わせにより，$i/2$ が流れることになる．この抵抗の電圧降下は $1\times i/2$ であり，これが加えた電圧の 10 V に等しいことから，$i=10\times 2=20$ A．

7.2 線形抵抗からなる1ポート回路の合成抵抗

図7.7 には，線形抵抗のみからなる1ポート回路を示しています．1ポート回路の中の回路接続はどのようなものでもかまいません．このような1ポート回路について，重ね合わせの定理②から，簡単ですがつぎの重要な定理が得られます．

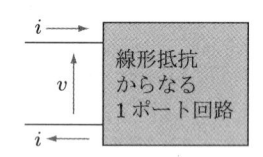

図 7.7 1 ポート回路の電圧と電流

合成抵抗に関する定理
　線形抵抗のみからなる1ポート回路の合成抵抗は，これに加わる電圧やこれを流れる電流に無関係であり，1ポート回路を構成する抵抗の抵抗値とそれらの回路接続によって定まる．

重ね合わせの定理②は，この1ポート回路に加わる電圧 v と電流 i とが比例するといっています．したがって，その比例定数の合成抵抗はもちろん，電圧 v や電流 i には無関係になります．つぎに，図7.7 の1ポート回路に起電流 i の電流源を接続した場合を考えましょう．このときの電圧降下 v は，電流源の起電流 i と1ポート回路の内部構成のみから定まることは，基礎解析法から明らかです．内部構成といっても，必要な情報は内部の抵抗の抵抗値と回路接続のみです．ところが，電流 i は電圧 v に関しては比例するだけですから，その比例定数である合成抵抗は，1ポート回路の内

部構成のみから定まると結論できます．以上で定理の証明は終わります．
　オームの法則は，金属など多くの物質ではそれを材料として1ポート素子をつくると，加えた電圧とそこを流れる電流とが比例するという物理法則を意味していました．なかには比例関係にない物質もありますから，比例関係にある抵抗を線形抵抗といいました．さらに，それらの線形抵抗だけから構成した1ポート回路においても，電圧と電流とが比例関係にあるというのが，合成抵抗に関する定理の前半部分の主張です．
　$v = Ri$ という式は，オームの法則の関係式でもありますが，抵抗値や合成抵抗の定義でもあり，また，線形抵抗のみからなる1ポート回路の電圧と電流とが比例関係にあるということをも意味しているのです．

7.3 重ね合わせの定理の適用範囲

　本章で述べる重ね合わせの定理では，適用できる回路を制限しています．対象とする回路は，「線形抵抗と直流電源からなる直流回路」です．
　線形抵抗ではない抵抗，すなわちオームの法則にしたがわない抵抗を用いた回路では重ね合わせの定理が成り立たないことを説明するために，まず，図 7.8(a) の回路を考えることにします．負荷は線形抵抗と豆電球の2種類で，その電流電圧特性を図 (b) に示します．
　電源の電圧 E を 1.0 V，2.0 V としたときに回路に流れる電流は，線形抵抗の場合はそれぞれ 100 mA，200 mA となり比例します．一方，豆電球の場合は，それぞれ 150 mA，200 mA となって比例していません．また 1.0 V と 2.0 V の電源を二つ直列につなぎ負荷に電流を流すことを考えると，線形抵抗の場合は 300 mA が流れ，豆電球の場合は 240 mA が流れると読み取ることができます．線形抵抗の場合はそれぞれの電源が単独にはたらいた場合の電流 100 mA と 200 mA の和になっていますが，

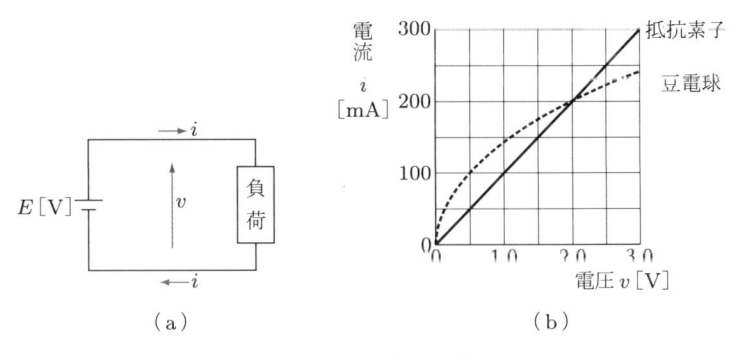

(a)　　　　　　　　　　(b)

図 7.8　重ね合わせの定理の適用の可否

豆電球の場合には 150 mA と 200 mA の和にはならないことがわかります．つまり，重ね合わせの定理は線形抵抗の場合には適用できますが，豆電球の場合には適用できないことがわかります．豆電球の場合に重ね合わせの定理を適用できない理由は，豆電球の電流電圧特性が原点を通る直線になっていなかった，つまり，オームの法則にしたがっていないためだということがわかります．

同じように，LED でも加える電圧と流れる電流が比例しませんから，LED を含む回路でも重ね合わせの定理は使えません．このように，線形性をもたない抵抗などを含む回路では，重ね合わせの定理を適用することはできません．

重ね合わせの定理が適用できる範囲が狭まってしまいそうな勢いになってきましたが，実はそうでもありません．重ね合わせの定理は力学，電磁気学，量子力学など多くの物理学の分野にも認められ，それぞれの分野で非常に重要な定理になっています．分野をまたぐという意味では，エネルギー保存則と双璧をなします．このような意味で，**重ね合わせの原理** (principle of superposition) とよばれることもあります．また，物理学の分野以外でも，経済理論，最適計画法などにも適用されています．もちろん，これらの分野では電源や抵抗，電圧や電流という言葉は使いませんから，これらの物理量はほかの分野ではほかの数量を意味しています．そこでもなお重ね合わせの定理が成り立つということは，いろいろな分野にまたがる共通の性質があるということです．この重ね合わせの定理が成り立つ性質を線形性といい，線形性をもつ回路を線形回路といいます．これらの詳細は 7.6 節以下で説明します．

7.4 置換の定理

本節および次節では，線形回路でなくても成り立つ電圧電流分布に関する二つの定理を紹介します．一つはこの節で説明する置換の定理，もう一つは電源分置の定理です．この二つは，電気回路にある種の変更を加えても，電圧電流分布が変わらないことを述べた定理です．線形回路において成り立つ定理には重ね合わせの定理や 10 章で解説するテブナンの定理，ノルトンの定理などがありますが，線形回路ではなくても成り立つ電気回路の基本法則に，キルヒホッフの電流の法則，電圧の法則があります．また，この二つから導かれたテレヘンの定理や電力保存則，さらに，ここで説明する置換の定理と電源分置の定理もまた，線形回路以外でも成り立つ定理です．

図 7.9(a) の回路を用いて，**置換の定理** (substitution theorem) を紹介します．この回路の枝電圧，枝電流はすでに 5.2 節や 7.1 節で求めており，その値を図 (b) に記しています．

さて，中央の抵抗の枝電圧は 7.2 V，枝電流は -2.4 A でしたが，この抵抗を図

7.4 置換の定理

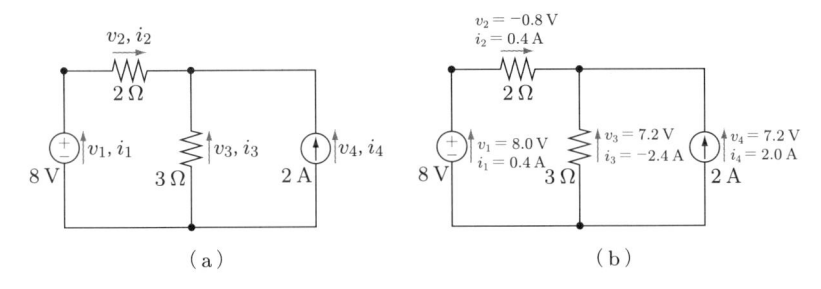

図 7.9 置換の定理の説明

7.10(a) もしくは図 (b) のように，電源電圧 7.2 V もしくは電源電流が逆向きの 2.4 A の電源に置き換えたとき，それぞれの枝電圧，枝電流はどうなるでしょうか．実は，置換した回路の解のなかには，もとの回路の解を含んでいるのです．このことを述べた定理がつぎの置換の定理です (図 7.11 参照).

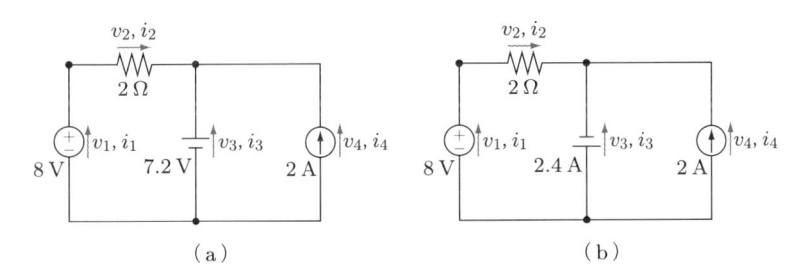

図 7.10 置換の定理の適用例

置換の定理

ある枝の枝電圧，枝電流がそれぞれ v, i であるとき，この枝を電源電圧 v もしくは電源電流 i の電源で置き換えても，同じ電圧電流分布の解をもつ．

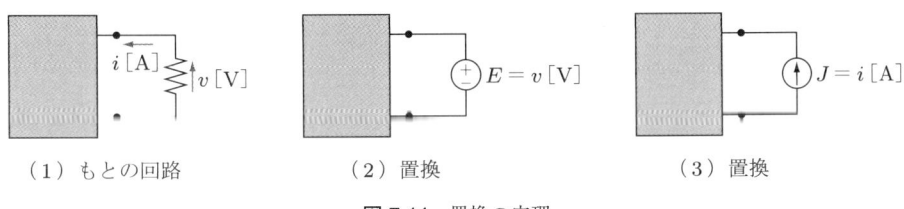

(1) もとの回路　　(2) 置換　　(3) 置換

図 7.11 置換の定理

電源というと，ふつうはエネルギー供給源と考えられますが，ここで抵抗と等価なはたらきをする置換電源は，エネルギーを消費します．したがって，置換電源の電圧と電流の向きは反対になることに注意しておきましょう．

当然とも思える定理ですが，なぜこのようなことがいえるのでしょうか．それは基礎解析法の回路方程式にもどって考えるとわかります．もとの回路と置換した後の回路での差は，置換する枝の素子方程式のみで，ほかの方程式はすべて同じです．

(もとの回路)：$v_3 + 3i_3 = 0$

(置換した回路 (2))：$v_3 = 7.2$ V

(置換した回路 (3))：$i_3 = -2.4$ A

もとの回路の解に，$v_3 = 7.2$ V, $i_3 = -2.4$ A がありますが，これらの一つをもとの回路の回路方程式に加えて連立させても解は変わりません．置換した回路の回路方程式はこのようにして得られた複数の方程式から，置換された枝のもとの素子方程式を除いた連立方程式ですが，制約条件が一つ減っただけで，それらがもとの解を含んでいることは自明です．

さて，置換された回路ではもとの回路の解以外の解をもつのでしょうか．その可能性はあります．たとえば，12 V の電源と 3 Ω の抵抗とからなる回路に流れる電流は 4 A です．抵抗の電圧降下は 12 V ですから，これを 12 V の電源に置換したらどうでしょうか．これでは電流が定まりません．しかし，12 V, 4 A というもとの回路の解は，置換後の回路の解の一つではあります．

ここでは線形回路にかぎって説明していますが，式が非線形になるだけで非線形回路でも同様だということを付け加えておきます．

置換の定理において，枝の抵抗値が無限大で枝電流がゼロの場合や，枝の抵抗値がゼロで枝電圧がゼロの場合を考えると，つぎの置換の定理の補題①，② (図 7.12) が得られます．

置換の定理 補題

① ある 2 節点間の電位差が v であるとき，この 2 節点の間に電源電圧 v の電源を挿入しても同じ電圧電流分布の解をもつ．

② 電流 i が流れているところに電源電流 i の電源を挿入しても，同じ電圧電流分布の解をもつ．

補題①，②において，電位差 $v = 0$，電流 $i = 0$ とした場合を考えると，つぎの補題③，④が得られます (図 7.13)．

置換の定理 補題

③ ある2節点の電位差がゼロの場合，その端子は短絡しても，同じ電圧電流分布の解をもつ．

④ ある枝の電流がゼロの場合，その枝を取り除いて開放しても，同じ電圧電流分布の解をもつ．

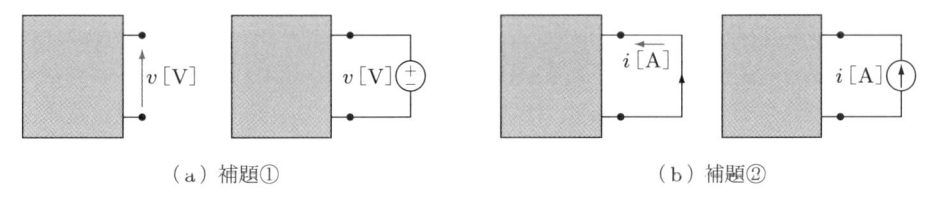

(a) 補題①　　　　　(b) 補題②

図 7.12　置換の定理

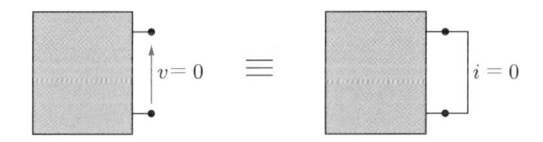

図 7.13　置換の定理 補題③，④

例題 7.4

図 7.14 の回路の ab 間の抵抗値を求めなさい．

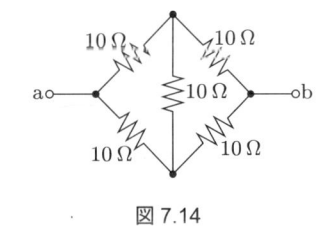

図 7.14

解 1　回路が図の上下に対称であるから，ab 間に電圧を加えたときの中央の抵抗の両端の電位は等しい．したがって，置換の定理 補題③から，これらの端子を短絡しても同じ電流電圧分布をもつ．そのようにして得られた等価回路は，2個の $10\,\Omega$ の抵抗の並列回路が二つあり，これらが直列に接続された回路になっている．したがって，合成抵抗は $10\,\Omega$.

解 2　回路が図の上下に対称であるから，ab 間に電圧を加えたときの中央の抵抗の両端の電位は等しく，中央の抵抗には電流が流れない．したがって，置換の定理 補題④か

ら，この枝を取り除いて開放しても同じ電流電圧分布をもつ．そのようにして得られた等価回路は 2 個の 10 Ω の抵抗の直列回路が二つあり，これらが並列に接続された回路になっている．したがって，合成抵抗は 10 Ω．

7.5 電源分置の定理

前節に引き続いて，線形回路ではなくても成り立つ電圧電流分布に関するもう一つの定理，**電源分置の定理**を紹介します．図 7.15 を参照しながら，定理の主張を読み解いてください．証明が必要ないくらい自明な定理ですが，以下の例題で学ぶとわかるように，役立ちそうな定理であることがわかると思います．また，3 章では，電圧源と抵抗の直列回路や，電流源と抵抗の並列回路をたがいに変換できる電源等価変換の定理を学びましたが，そこでは，電流源のみからなる枝や，電圧源のみからなる枝についてはそれを適用することができませんでした．しかし，ここで学ぶ電源分置の定理を利用すると，電流源のみからなる枝でも，ほかの枝の抵抗と組み合わせて電圧源に置換したり，電圧源のみからなる枝についても，ほかの枝の抵抗と組み合わせて電流源に置換したりできるようになります．

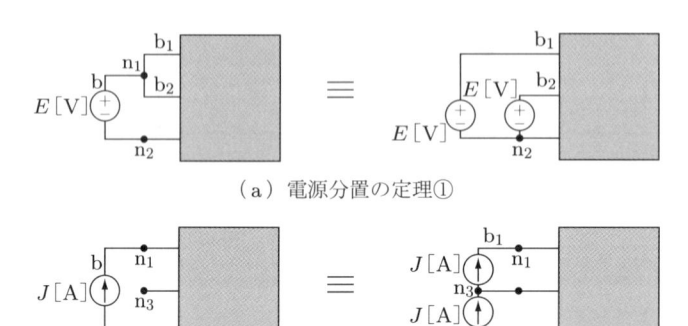

（a）電源分置の定理①

（b）電源分置の定理②

図 7.15 電源分置の定理

電源分置の定理

① 電源電圧 E の電源のみからなる枝 b (その両節点を n_1, n_2 とする) において，その枝の端の節点 n_1 から別に二つの枝 b_1, b_2 とが接続されているとき，枝 b および節点 n_1 を取り除いて，節点 n_1 に接続されていた枝 b_1, b_2

の両方に電源電圧 E の電源を挿入して節点 n_2 に接続しても，ほかの部分の電圧電流分布は変わらない．

② 電源電流 J の電源のみからなる枝 b (その両節点を n_1, n_2 とする) において，電源電流 J の電源からなる二つの枝 b_1, b_2 に分け，枝 b_1, b_2 のもつ共通の節点を回路の別の節点につないで一つの節点にしても，ほかの部分の電圧電流分布は変わらない．

例題 7.5

図 7.16(a) の回路の中央の抵抗 $1\,\Omega$ に流れる電流 i を求めなさい．

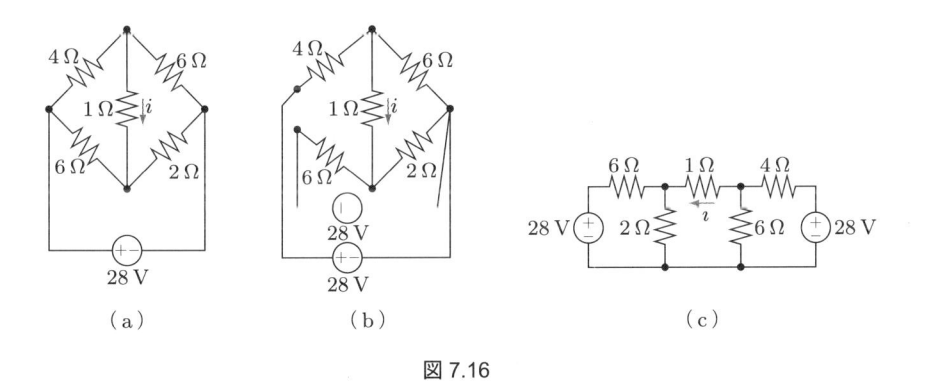

(a)　(b)　(c)

図 7.16

解　電源分置の定理により，電源を二つに分け，回路を図 (b), (c) のように変換することができる．図 (c) の回路において，重ね合わせの定理を用いて電流 i を求めると，つぎのようになる．

$$i = \frac{28}{4+6//(1+6//2)} \times \frac{6}{6+(1+6//2)} - \frac{28}{6+2//(1-4//6)} \times \frac{2}{2+(1+4//6)}$$

$$= \frac{28}{4+\dfrac{6\times 2.5}{6+2.5}} \times \frac{6}{6+2.5} - \frac{28}{6+\dfrac{2\times 3.4}{2+3.4}} \times \frac{2}{2+3.4} = \frac{28\times 6}{4\times 8.5+6\times 2.5} - \frac{28\times 2}{6\times 5.4+2\times 3.4}$$

$$= \frac{28\times 6\times 2}{4\times 17+6\times 5} - \frac{28\times 2\times 10}{6\times 54+2\times 34} = \frac{28\times 6\times 2}{4\times 17+6\times 5} - \frac{28\times 2\times 10}{6\times 54+2\times 34}$$

$$= \frac{28\times 6\times 2}{98} - \frac{28\times 2\times 10}{392} = \frac{784}{392} = 2\,\text{A}$$

例題 7.6

図 7.17(a) の回路の中央の抵抗 $1\,\Omega$ に流れる電流 i を求めなさい.

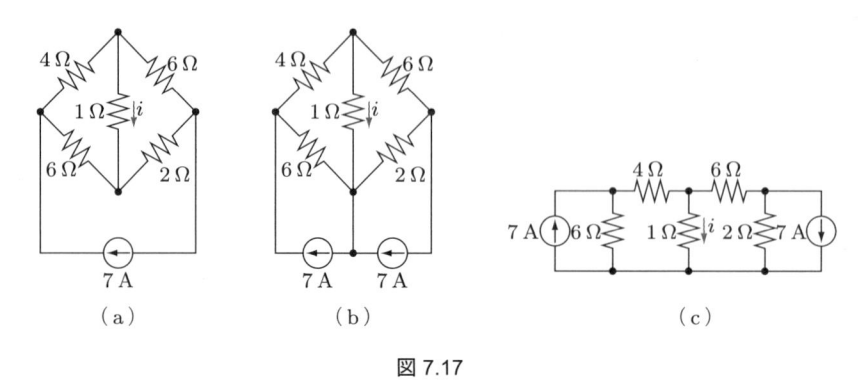

図 7.17

解 電源分置の定理により，電源を二つに分け，回路を図 (b)，(c) のように変換することができる．図 (c) の回路において，重ね合わせの定理を用いて電流 i を求めると，つぎのようになる．

$$i = 7 \times \frac{6}{6+\left(4+\frac{1\times 8}{1+8}\right)} \times \frac{8}{1+8} - 7 \times \frac{2}{2+\left(6+\frac{1\times 10}{1+10}\right)} \times \frac{10}{1+10} = \frac{336}{98} - \frac{140}{98} = 2\,\text{A}$$

7.6 線形性

それぞれの分野では，それぞれに取り扱う数値としての変量があります．また，複数の変量にはある一定の関係があることがふつうです．これらの複数の変量と一定の関係をまとめて，**系 (システム)** とよんでいます．電気回路では，電圧や電流，電位，電源の起電力などの変量があり，その一定の関係は，5 章で説明した電気回路の基礎方程式です．一方，変量のなかには原因となる変量と，結果となる変量といったものを考えることができます．電気回路では電源の起電圧や起電流が原因となる変量で，電圧電流分布が結果となる変量だとみなすことができます．原因と結果となる変量は，工学ではそれぞれ入力と出力を，数学では関数の独立変数と従属変数に対応させることができます．

本節では重ね合わせの定理についての理解を直流回路の範囲に限定するのではなく，より広い範囲に拡張して考えやすいように，線形性について詳しく説明します．7.7 節では，ある基礎方程式で記述されるシステムが線形性をもつこと，つまり，線

形システムとなることを示します．7.8 節では，線形抵抗と直流電源からなる回路が線形系 (線形回路) であることを説明します．7.9 節では一般の線形性と電気回路の線形性とのすり合わせをし，結果として，対象とする回路では重ね合わせの定理が成り立つことを証明します．

この線形性を数学的に取り扱う科目に，線形代数，線形空間論などがあります．線形代数は解析学とあわせて大学初学年で学ぶ数学の 2 大基礎科目になっています．線形性は非常に広がりをもった概念ですから，よく理解しておくことをお勧めします．

図 7.18 を見てみましょう．図 (a) は二つの値 x_1, x_2 に対する二つの計算を表しています．その計算の一つは「x_1 を 2 倍して x_2 を加えた結果を y_1 とする」というもので，もう一方は「x_1 から x_2 を 3 倍した値を引いて y_2 とする」というものです．図 (b) は二つの値 u_1, u_2 に対する計算を表しており，その一つは「u_1 から u_2 を引いて 2 乗し，その結果を v_1 とする」，もう一つは「u_1 に u_2 の 2 乗を加え，その結果を v_2 とする」というものです．数学ではこれらの処理を，つぎのように数式で表現します．

$$y_1 = f_1(x_1, x_2) = 2x_1 + x_2$$
$$y_2 = f_2(x_1, x_2) = x_1 - 3x_2 \quad (7.1)$$

$$v_1 = g_1(u_1, u_2) = (u_1 - u_2)^2$$
$$v_2 = g_2(u_1, u_2) = u_1 + u_2^2 \quad (7.2)$$

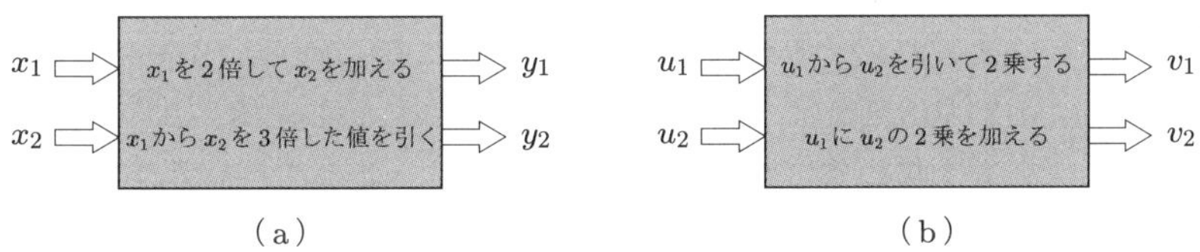

図 7.18　入出力関係の例

ここで，処理のもとになる数値を変数として $x_1, x_2; u_1, u_2$ と表し，結果として出てくる数値を変数として $y_1, y_2; v_1, v_2$ と表しましたが，数学ではこのような $x_1, x_2; u_1, u_2$ を**独立変数**，$y_1, y_2; v_1, v_2$ を**従属変数**，また，これらの関係を表す $f_1(x_1, x_2) = 2x_1 + x_2, f_2(x_1, x_2) = x_1 - 3x_2; g_1(u_1, u_2) = (u_1 - u_2)^2, g_2(u_1, u_2) = u_1 + u_2^2$ を**関数**といいます．これに対して工学では，このような処理そのものを装置と考えて，装置に入ってくるデータ $x_1, x_2; u_1, u_2$ を**入力**，装置から出てくるデータ $y_1, y_2; v_1, v_2$ を**出力**といったりします．さらに一般化すると，前者が原因で，後者が結果だとみなすこともできます．

ところで，図 (a) の計算には特徴的なことがあります．図 7.19 を見てください．(x_1, x_2) に $(3, -2), (0, 1), (3, -1)$ を入力した場合の出力 (y_1, y_2) は，それぞれ $(4, 9), (1, -3), (5, 6)$ となっており，入力の $(3, -2) + (0, 1) = (3, -1)$ という和の関係が，出力でも $(4, 9) + (1, -3) = (5, 6)$ となって保たれていることがわかります．この

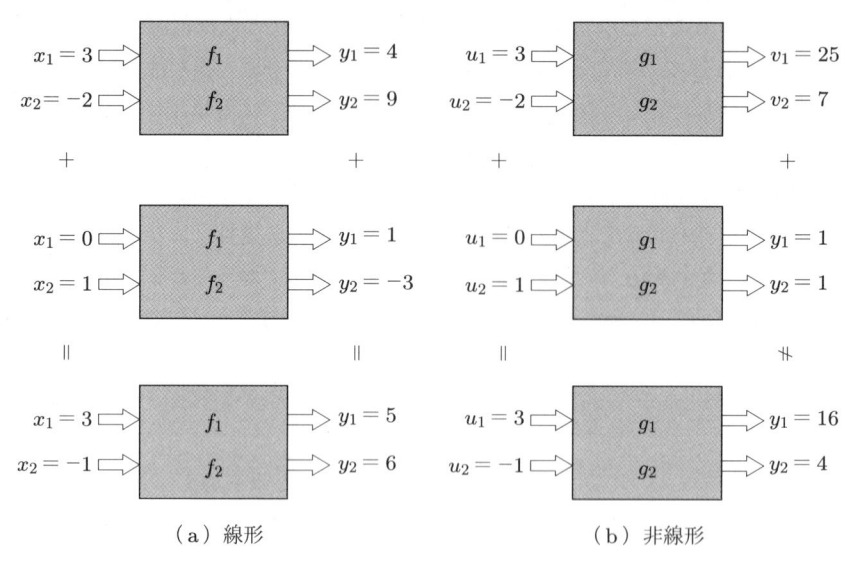

180　7章　電圧電流分布に関する定理

(a) 線形　　　(b) 非線形

図 7.19　加法についての線形性と非線形性の違い

ことは図 (b) の計算では成り立っていません．もう一つ，今度は図 7.20 を見てください．$(x_1, x_2) = (3, -2)$ のそれぞれの成分を 2 倍した $(x_1, x_2) = (6, -4)$ を入力した場合の出力 (y_1, y_2) は $(8, 18)$ となって，もとの入力 $(x_1, x_2) = (3, -2)$ の場合の出力 $(y_1, y_2) = (4, -3)$ の 2 倍の値になっています．しかし，このことも図 (b) では成立していません．

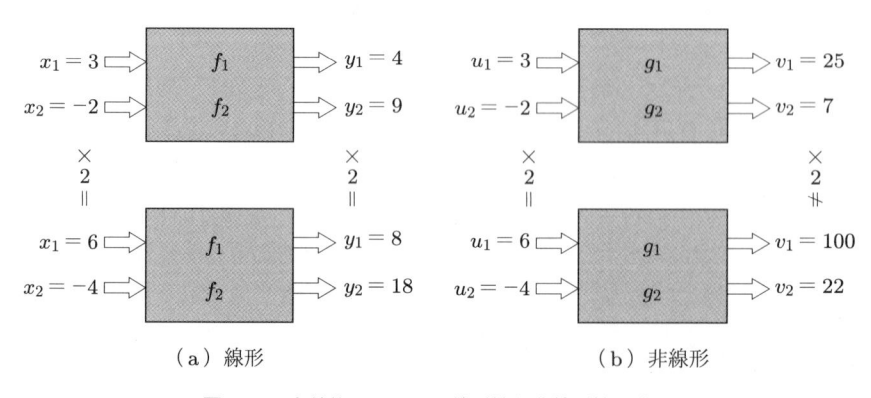

(a) 線形　　　(b) 非線形

図 7.20　定数倍についての線形性と非線形性の違い

これらの結果は，つぎのように表現できます．
$$\begin{aligned} f_1(x_1' + x_1'', x_2' + x_2'') &= f_1(x_1', x_2') + f_1(x_1'', x_2'') \\ f_2(x_1' + x_1'', x_2' + x_2'') &= f_2(x_1', x_2') + f_2(x_1'', x_2'') \\ f_1(\lambda x_1, \lambda x_2) &= \lambda f_1(x_1, x_2) \\ f_2(\lambda x_1, \lambda x_2) &= \lambda f_2(x_1, x_2) \end{aligned} \quad (7.3)$$

実際に，式 (7.1) の $f_1(x_1, x_2), f_2(x_1, x_2)$ では，
$$\begin{aligned} f_1(x_1' + x_1'', x_2' + x_2'') &= 2(x_1' + x_1'') + (x_2' + x_2'') = (2x_1' + x_2') + (2x_1'' + x_2'') \\ &= f_1(x_1', x_2') + f_1(x_1'', x_2'') \\ f_2(x_1' + x_1'', x_2' + x_2'') &= (x_1' + x_1'') - 3(x_2' + x_2'') \\ &= (x_1' - 3x_2') + (x_1'' - 3x_2'') = f_2(x_1', x_2') + f_2(x_1'', x_2'') \\ f_1(\lambda x_1, \lambda x_2) &= 2(\lambda x_1) + (\lambda x_2) = \lambda(2x_1 + x_2) = \lambda f_1(x_1, x_2) \\ f_2(\lambda x_1, \lambda x_2) &= (\lambda x_1) - 3(\lambda x_2) = \lambda(x_1 - 3x_2) = \lambda f_2(x_1, x_2) \end{aligned}$$

となって，式 (7.3) の性質をもっていることが確かめられます．一方，式 (7.2) の $g_1(x_1, x_2), g_2(x_1, x_2)$ では，この関係が成り立ちません．

独立変数の数を n 個，従属変数を m 個として一般化しましょう．式 (7.1) はつぎのように表現されます．

$$\boldsymbol{y} = \boldsymbol{f}(\boldsymbol{x}) \quad (7.4)$$

ここで，

$$\boldsymbol{x} = \begin{pmatrix} x_1 \\ x_2 \\ \vdots \\ x_n \end{pmatrix}, \quad \boldsymbol{y} = \begin{pmatrix} y_1 \\ y_2 \\ \vdots \\ y_m \end{pmatrix}, \quad \boldsymbol{f}(\boldsymbol{x}) = \begin{pmatrix} f_1(\boldsymbol{x}) \\ f_2(\boldsymbol{x}) \\ \vdots \\ f_m(\boldsymbol{x}) \end{pmatrix}$$

さらに，式 (7.3) の関係から，つぎのように一般化した表現式 (7.5) が得られます．

$$\begin{aligned} \boldsymbol{f}(\boldsymbol{x}' + \boldsymbol{x}_2'') &= \boldsymbol{f}(\boldsymbol{x}') + \boldsymbol{f}(\boldsymbol{x}_2'') \\ \boldsymbol{f}(\lambda \boldsymbol{x}) &= \lambda \boldsymbol{f}(\boldsymbol{x}) \end{aligned} \quad (7.5)$$

系の変量の間の関係式 (7.4) が式 (7.5) を満たすとき，この系は**線形性**をもつといいます．

ところで，線形性をもつためには，関数が「定数項をもたない」1 次式である必要があることに気づいていただけるのではないでしょうか．この場合，関数もしくは入出力関係は，6 章で学んだ行列を用いて表すことができます．式 (7.1) の場合はつぎのとおりです．

$$\begin{pmatrix} y_1 \\ y_2 \end{pmatrix} = \begin{pmatrix} 2 & 1 \\ 1 & -3 \end{pmatrix} \begin{pmatrix} x_1 \\ x_2 \end{pmatrix} \tag{7.1'}$$

この式では，独立変数(入力)が2個，従属変数(出力)が2個でしたが，これを独立変数をn個，従属変数をm個として一般化すると，式(7.4)に変わる関係式は，つぎのようになります．

$$\boldsymbol{y} = A\boldsymbol{x} \tag{7.4'}$$

$$\boldsymbol{x} = \begin{pmatrix} x_1 \\ x_2 \\ \vdots \\ x_n \end{pmatrix}, \quad \boldsymbol{y} = \begin{pmatrix} y_1 \\ y_2 \\ \vdots \\ y_m \end{pmatrix}, \quad A = \begin{pmatrix} a_{11} & a_{12} & \cdots & a_{1n} \\ a_{21} & a_{22} & \cdots & a_{2n} \\ \vdots & \vdots & \ddots & \vdots \\ a_{m1} & a_{m2} & \cdots & a_{mn} \end{pmatrix}$$

式(7.4')で表現できる系が線形性をもつことは，つぎの行列に関する式変形からも理解することができます．

$$\begin{aligned} A(\boldsymbol{x}' + \boldsymbol{x}'') &= A\boldsymbol{x}' + A\boldsymbol{x}'' \\ A(\lambda \boldsymbol{x}) &= \lambda A \boldsymbol{x} \end{aligned} \tag{7.6}$$

つまり，入力 $\boldsymbol{x} = \boldsymbol{x}' + \boldsymbol{x}''$ に対する出力は，$\boldsymbol{x}', \boldsymbol{x}''$ が個別に入力されたときの出力 $A\boldsymbol{x}', A\boldsymbol{x}''$ の和に等しいということ，また，入力がλ倍されれば，出力もλ倍されるということがわかります．

7.7 線形系と線形性

系については前節で少し説明しました．系の変量としては入力の $\boldsymbol{x}$ と出力 $\boldsymbol{y}$ のほかにも考えられますが，ほかの変量も，ここではすべて出力 $\boldsymbol{y}$ のなかに取り込んで考えることにします．系の変量の関係はつぎのように表すことができます．

$$\boldsymbol{f}(\boldsymbol{x}, \boldsymbol{y}) = \boldsymbol{0} \tag{7.7}$$

ここで，$\boldsymbol{0}$ は系の変量の間にある関係式の数 p だけの次元をもつ零ベクトルです．

$$\boldsymbol{x} = \begin{pmatrix} x_1 \\ x_2 \\ \vdots \\ x_n \end{pmatrix}, \quad \boldsymbol{y} = \begin{pmatrix} y_1 \\ y_2 \\ \vdots \\ y_m \end{pmatrix}, \quad \boldsymbol{f}(\boldsymbol{x}, \boldsymbol{y}) = \begin{pmatrix} f_1(\boldsymbol{x}, \boldsymbol{y}) \\ f_2(\boldsymbol{x}, \boldsymbol{y}) \\ \vdots \\ f_p(\boldsymbol{x}, \boldsymbol{y}) \end{pmatrix}, \quad \boldsymbol{0} = \begin{pmatrix} 0 \\ 0 \\ \vdots \\ 0 \end{pmatrix}$$

前節の入出力関係式(7.4')では，出力が入力の関数として表現されています．求めたい量が左辺にあって，右辺はその計算式とみなせる形になっている方程式を，**陽に書かれた方程式**といいます．一方，式(7.7)は，独立変数と従属変数が一方の辺に混然

となった形に表されており，このような方程式を**陰に書かれた方程式**といい，独立変数と従属変数の関係としては，**陰関数**とよぶこともあります。

式 (7.7) において，x と y の関係がつぎのように表されるとき，**線形系** (線形システム) だといいます。

$$Bx + Cy = 0 \tag{7.8}$$

$$B = \begin{pmatrix} b_{11} & b_{12} & \cdots & b_{1n} \\ b_{21} & b_{22} & \cdots & b_{2n} \\ \vdots & \vdots & \ddots & \vdots \\ b_{p1} & b_{p2} & \cdots & b_{pn} \end{pmatrix}, \quad C = \begin{pmatrix} c_{11} & c_{12} & \cdots & c_{1m} \\ c_{21} & c_{22} & \cdots & c_{2m} \\ \vdots & \vdots & \ddots & \vdots \\ c_{p1} & c_{p2} & \cdots & c_{pm} \end{pmatrix}$$

係数行列 C が $p = m$ の正方行列で，逆行列が存在する場合には，式 (7.8) は

$$y = -C^{-1}Bx$$

となって (7.4') の形をしていますから，線形性をもつことがわかります。

さて，そうではない場合も，式 (7.8) で表される系は線形性をもつことについて説明します．ある入力 x' のときの出力を y' とし，別の入力 x'' のときの出力を y'' とします．式 (7.8) から，それぞれの間にはつぎの関係が成り立ちます．

$$Bx' + Cy' = 0, \quad Bx'' + Cy'' = 0$$

これから，

$$B(x' + x'') + C(y' + y'') = Bx' + Bx'' + Cy' + Cy''$$
$$= (Bx' + Cy') + (Bx'' + Cy'') = 0 + 0 = 0$$

となります．つまり，入力が $x' + x''$ になったとき，入力 x' のときの出力 y' と，入力 x'' のときの出力 y'' の和である $y' + y''$ が出力となり得ることがわかります．

ところで，線形性という場合には，式 (7.4') のように，ある入力に対して出力がただ一つ定まるということを前提にしています．したがって，正確にいえば，「入力に対して出力がただ一つに定まる線形系は線形性をもつ」といえます．入力に対して出力が定まらないような例もありますが，直流回路では，無理な電源の接続を考える以外にはありえないことを付け加えておきます．

7.8 回路方程式の行列を用いた表現

重ね合わせの定理の対象となる電気回路は，線形抵抗と電源からなる直流回路でした．本節では，対象とする回路が線形であることを調べます．線形系であるためには，電源電圧や電源電流，各所の電圧や電流を変量として，これらを式 (7.8) の形で表現

できればよいわけです．ここで得られる行列表現は，今後の学習にもおおいに役立ちますので，よく理解しておいてください．

さて，電気回路の電圧電流分布を求める解析法として基礎解析法があり，回路の電圧電流分布は，その回路方程式で完全に記述されました．したがって，ここではこの回路方程式が式 (7.8) の形に表されることをみていくことにしますが，より具体的に理解するために，例として図 7.21(a) の回路を取り上げてみます．各枝 $b_1 \sim b_4$ を図のように定め，対応する枝電流 $i_1 \sim i_4$，枝電圧 $v_1 \sim v_4$ も同じ向きに定めます．さらに，図 (b) のように節点 n_1, n_2，閉路 l_1, l_2 を定めると，節点方程式，閉路方程式，素子方程式はつぎのようになります．

$n_1:\ i_1 - i_2 - i_3 = 0$ $\qquad$ $b_1:\ v_1 + 6i_1 = E$
$n_2:\ i_3 - i_4 = 0$ $\qquad$ $b_2:\ v_2 + 2i_2 = 0$
$l_1:\ v_1 + v_2 = 0$ $\qquad$ $b_3:\ v_3 + 4i_3 = 0$
$l_2:\ -v_2 + v_3 + v_4 = 0$ $\qquad$ $b_4:\ v_4 + 3i_4 = 3J$

これらの方程式は，つぎのように行列を用いて表現できます．

節点方程式：$\begin{pmatrix} 1 & -1 & -1 & 0 \\ 0 & 0 & 1 & -1 \end{pmatrix} \begin{pmatrix} i_1 \\ i_2 \\ i_3 \\ i_4 \end{pmatrix} = \begin{pmatrix} 0 \\ 0 \end{pmatrix}$

閉路方程式：$\begin{pmatrix} 1 & 1 & 0 & 0 \\ 0 & -1 & 1 & 1 \end{pmatrix} \begin{pmatrix} v_1 \\ v_2 \\ v_3 \\ v_4 \end{pmatrix} = \begin{pmatrix} 0 \\ 0 \end{pmatrix}$

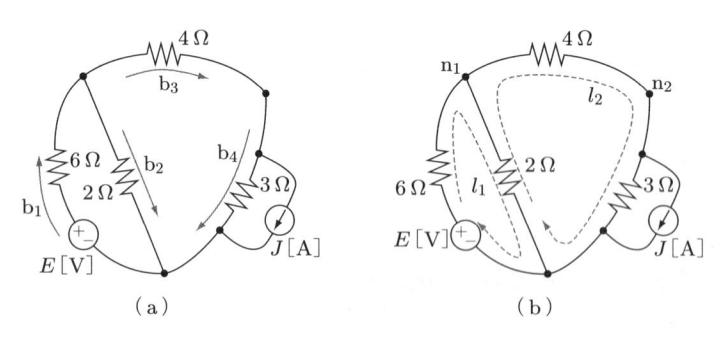

図 7.21 回路例

素子方程式：$\begin{pmatrix} v_1 \\ v_2 \\ v_3 \\ v_4 \end{pmatrix} + \begin{pmatrix} 6 & 0 & 0 & 0 \\ 0 & 2 & 0 & 0 \\ 0 & 0 & 4 & 0 \\ 0 & 0 & 0 & 3 \end{pmatrix} \begin{pmatrix} i_1 \\ i_2 \\ i_3 \\ i_4 \end{pmatrix} = \begin{pmatrix} E \\ 0 \\ 0 \\ 0 \end{pmatrix} + \begin{pmatrix} 6 & 0 & 0 & 0 \\ 0 & 2 & 0 & 0 \\ 0 & 0 & 4 & 0 \\ 0 & 0 & 0 & 3 \end{pmatrix} \begin{pmatrix} 0 \\ 0 \\ 0 \\ J \end{pmatrix}$

ここで，

$A = \begin{pmatrix} 1 & -1 & -1 & 0 \\ 0 & 0 & 1 & -1 \end{pmatrix}, \quad \boldsymbol{i} = \begin{pmatrix} i_1 \\ i_2 \\ i_3 \\ i_4 \end{pmatrix}, \quad B = \begin{pmatrix} 1 & 1 & 0 & 0 \\ 0 & -1 & 1 & 1 \end{pmatrix}, \quad \boldsymbol{v} = \begin{pmatrix} v_1 \\ v_2 \\ v_3 \\ v_4 \end{pmatrix}$

$R = \begin{pmatrix} 6 & 0 & 0 & 0 \\ 0 & 2 & 0 & 0 \\ 0 & 0 & 4 & 0 \\ 0 & 0 & 0 & 3 \end{pmatrix}, \quad \boldsymbol{E} = \begin{pmatrix} E \\ 0 \\ 0 \\ 0 \end{pmatrix}, \quad \boldsymbol{J} = \begin{pmatrix} 0 \\ 0 \\ 0 \\ J \end{pmatrix}, \quad \boldsymbol{0} = \begin{pmatrix} 0 \\ 0 \end{pmatrix}$

と表すことにすると，三つの方程式をつぎのように表すことができます．

節点方程式：　$A\boldsymbol{i} = \boldsymbol{0}$ (7.9)

閉路方程式：　$B\boldsymbol{v} = \boldsymbol{0}$ (7.10)

素子方程式：　$\boldsymbol{v} + R\boldsymbol{i} = \boldsymbol{E} + R\boldsymbol{J}$ (7.11)

以上では，図 7.21 の回路を取り上げましたが，一般の回路においても，上記のように三つの行列を用いた方程式で表現されることがわかるでしょう．電流源が単独で枝を構成している場合は少し変更する必要がありますが，ここでは説明を省略することにします．これらは，O を零行列，I を単位行列としてつぎのようにまとめて表現することもできます．

$$\begin{pmatrix} O & O \\ O & O \\ R & I \end{pmatrix} \begin{pmatrix} \boldsymbol{J} \\ \boldsymbol{E} \end{pmatrix} + \begin{pmatrix} A & O \\ O & B \\ -R & -I \end{pmatrix} \begin{pmatrix} \boldsymbol{i} \\ \boldsymbol{v} \end{pmatrix} = \boldsymbol{0} \tag{7.12}$$

起電流 $\boldsymbol{J}$，起電圧 $\boldsymbol{E}$ を入力，枝電流 $\boldsymbol{i}$，枝電圧 $\boldsymbol{v}$ を出力とみなせば，これは方程式 (7.8) と同型です．これで，「線形抵抗と電源からなる直流回路は線形系，つまり線形回路である」ことがわかりました．

7.9 重ね合わせの定理の証明

節のタイトルを「重ね合わせの定理の証明」としましたが，実はすでにほとんど終わっています．これまでの経緯を少しまとめておきましょう．対象とする回路は「線

形抵抗と電源からなる直流回路」です．電源の起電流を J，起電圧を E，枝電流を i，枝電圧を v とすると，式 (7.12) の形に表現できました．つまり，電源の起電流，起電圧を入力，枝電流，枝電圧を出力とみなせば，7.7 節で説明したように，対象の回路が線形系 (線形回路) であることになります．出力がただ一つに決まる線形系は線形性をもつことを 7.6 節で説明しました．直流回路では，一部の不適切な電源配置をしないかぎり，出力が決まらないことはありません．したがって，対象とする回路はほとんど問題なく，入出力関係において線形性をもちます．後は，線形性と重ね合わせの定理の主張部分をすりあわせることです．

線形性をもつ回路は，7.5 節で考えたように，入力を x，出力を y として，

$$y = Ax$$

と表現できました．ここで，x, y は，つぎのように対応させて考えることができます．

$$y = \begin{pmatrix} i \\ v \end{pmatrix}, \quad x = \begin{pmatrix} J \\ E \end{pmatrix}$$

いよいよ重ね合わせの定理①を証明しましょう．複数の電源をすべて異なる枝になるように枝を決めておきます．さらに，枝に番号をつけ，その番号順に枝の起電流を $J_1, J_2, \cdots, J_b$，枝の起電圧を $E_1, E_2, \cdots, E_b$ と定めます．J_1 のみがはたらき，ほかがすべてゼロのときの入力を x_1，そのときの出力を y_1 とし，J_2 のみがはたらきほかがすべてゼロのときの入力を x_2，そのときの出力を y_2 とし，ほかも同様に定めます．さらに，E_1 のみがはたらき，ほかがすべてゼロのときの入力を x_{b+1}，そのときの出力を y_{b+1} とし，E_2 のみがはたらき，ほかがすべてゼロのときの入力を x_{b+2}，そのときの出力を y_{b+2} とし，ほかも同様に定めるとすると，

$$y_1 = Ax_1, \quad \cdots \quad y_b = Ax_b, \quad y_{b+1} = Ax_{b+1}, \quad \cdots \quad y_{2b} = Ax_{2b}$$

となります．これらから，

$$A(x_1 + x_2 + \cdots + x_{2b}) = Ax_1 + Ax_2 + \cdots + Ax_{2b} = y_1 + y_2 + \cdots + y_{2b}$$

となり，それぞれの電源が単独ではたらいた場合の電圧電流分布の和に等しいことがわかります．

重ね合わせの定理②では，単独の電源がはたらいたときの入力を x，そのときの出力を y とすると，

$$y = Ax$$

であり，電源の入力を λ 倍して λx とすると，そのときの出力は，

$$A(\lambda x) = \lambda Ax = \lambda y$$

となって，単独ではたらいた場合の λ 倍になっていることがわかります．

本節で入力とした変数は起電圧と起電流ですが，置換の定理を用いれば，これを電源電圧，電源電流と置き換えてもかまいません．重ね合わせの定理の文言のなかでは，原因となる変数を電源電圧，電源電流として記述していますが，これは電源に内部抵抗があることなどを考慮しなくてすむようにした表現です．以上で証明は終わりです．

証明をみると，電気回路の重ね合わせの定理は，線形性を電気回路の言葉におきなおしただけで，ほとんど線形性そのものだということがわかるのではないでしょうか．さらに注意深く考えてみましょう．電気回路の基礎方程式は節点方程式，閉路方程式，素子方程式からなります．このなかで，前者の二つは常に変数の 1 次式で書き表すことができます．一方，素子方程式は素子の電流電圧特性を示すもので，オームの法則によらない抵抗の場合，電流と電圧の関係を比例関係では表すことができず，このことが重ね合わせの定理が成り立つかどうかの岐路になっています．つまり，電気回路の線形性は，素子の性質にのみ依存していることがわかります．

今後は，交流回路や過渡回路などの回路の学習に進んでいくことになりますが，そこで重ね合わせの定理が利用できるかどうかは，対象を表現する基礎方程式が線形性をもっているかどうかにかかっています．重ね合わせの定理は他分野にも広がります．微分や積分にも線形関係があります．電磁気学や量子力学にも線形関係があります．多くの分野に共通する構造としての線形性を学ぶ一歩として，直流回路の重ね合わせの定理は好材料です．よく理解しておいてください．

■■ 演習問題 ■■

7.1 図 7.22(a) の二つの電源を含む回路の電位分布および電流分布を求めるのに，重ね合せの原理を用いて，図 (b), (c) のように分解して考えるとする．それぞれの電流分布および電位分布を求め，( ) および [ ] に記しなさい．

7.2 図 7.23(a) の回路の電流分布および電位分布を求めるのに重ね合せの原理を用いるとして，二つの電源が単独ではたらいた場合の回路を図 (b), (c) に示している．それぞれの電流分布および電位分布を求め，( ) および [ ] に記しなさい．

7.3 図 7.24 について以下の問いに答えなさい．

(1) 電流 i を 1 A と仮定するとき，電源電圧 e を求めなさい．

(2) 電源電圧 e を 10 V と仮定するとき，電流 i を求めなさい．

7.4 図 7.25 の回路において，右上の抵抗の電圧 v を求めなさい．

7.5 図 7.26 のような格子状の回路があり，格子の各辺の抵抗は 2 Ω であるという．右上の接続点と左下の接続点の間に 12 V 加えたときに流れる電流 i を求めなさい．

188　7章　電圧電流分布に関する定理

(a)

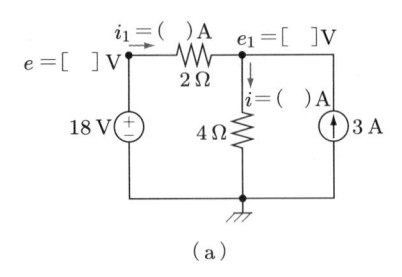

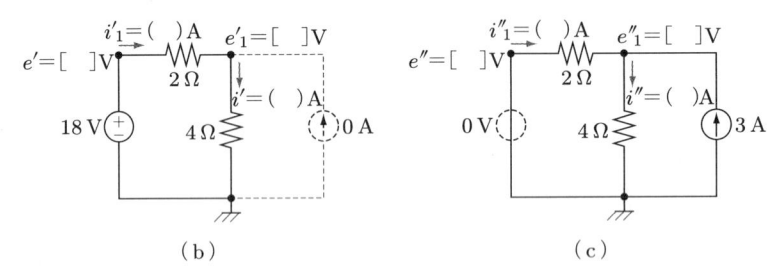

(b)　　　　　　　　　(c)

図 7.22

(a)

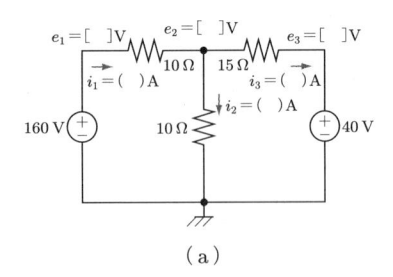

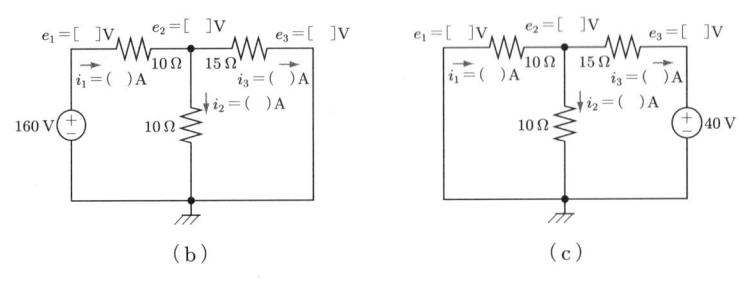

(b)　　　　　　　　　(c)

図 7.23

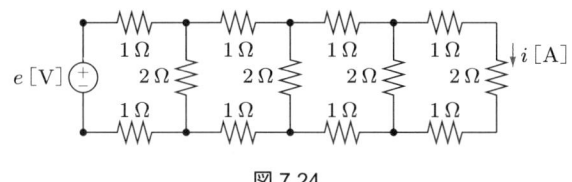

図 7.24

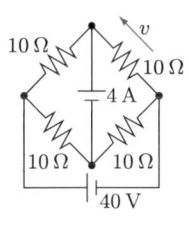

図 7.25

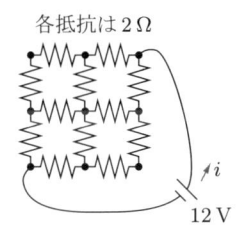

図 7.26

各抵抗は 2 Ω

8章 閉路解析法

　5章で学んだ基礎解析法は，各枝の枝電流，枝電圧を未知数として，未知数の数だけの独立な回路方程式を立て，これを解く方法でした．未知数は多いものの，回路方程式のなかに電気回路の基礎方程式である節点方程式，閉路方程式，素子方程式がきちんとそろっていて，回路の本質が見抜きやすく，非線形回路の場合にも応用しやすいといった利点があります．

　しかし，簡単な回路でも未知数の数が非常に多いといった望ましくない特徴もあります．未知数の多い連立1次方程式でも計算機なら簡単に解けますが，これが手計算だと，かなりたいへんな作業になります．通常，手計算できるのは3元くらいまでで，4元ともなると限界です．ちょっとした回路を理論的に理解するにも手計算は必要なことですから未知数の数，それは同時に必要な回路方程式の数にもなりますが，これを減らすことは非常に有益です．

　未知数の数を減らす方法にはいくつかあります．5章の最後に解説した，枝電流解析法や枝電圧解析法もそのような方法の一つです．これら以外にも，本章で学ぶ**閉路解析法**，次章で学ぶ節点解析法があります．

　閉路解析法では**閉路電流**を未知数に選び，これと同じ数の回路方程式を立てて解く解析法です．回路の枝の数を b，節点の数を n とすると，未知数に選ぶ閉路電流の数は $b-n+1$ となり，基礎解析法の未知数の数 $2b$ に比べて格段に減ります．この意味で，回路理論を学ぶうえで現実的な解析法だともいえます．本章ではまず，閉路電流がどのようなものなのかを紹介し，その後，閉路解析法について解説します．

8.1 閉路電流

　本章で解説する閉路解析法は，閉路電流を未知数とし，回路方程式を立てて解く解析法です．具体的な解析の仕方はつぎの節から学んでいくこととして，この節ではまず，図8.1(a)の簡単な回路を用いて閉路電流を紹介します．その後，閉路電流と枝電流との違い，また，それらの間にはどのような関係があるのか，さらに，節点方程式との関係について学んでいくことにします．

8.1 閉路電流

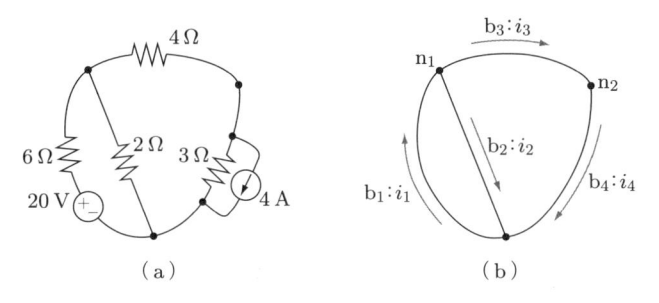

図 8.1 回路とグラフ

図 8.1(a) の回路において，図 (b) のように，枝 $b_1 \sim b_4$，枝電流 $i_1 \sim i_4$，節点 n_1, n_2 を定めます．節点方程式はつぎのようになります．

$$\begin{aligned} n_1 &: \quad i_1 - i_2 - i_3 = 0 \\ n_2 &: \quad i_3 - i_4 = 0 \end{aligned} \tag{8.1}$$

結論から先にいうと，枝電流は $i_1 = 3$ A, $i_2 = 1$ A, $i_3 = i_4 = 2$ A です．これが式 (8.1) の節点方程式を満たしていることを確認しておきましょう．この結果を，図 8.2(a) に図示しました．節点 n_1 に出入りする枝電流に注意すると，$i_1 = 3$ A の電流が $i_2 = 1$ A, $i_3 = i_4 = 2$ A に分かれて流れていることがわかります．i_1 を $i_2 + i_3$ として二つに分けて考えると，図 (b) のように解釈できます．つまり，枝 b_2 に流れる電流 i_2 は枝 b_1 にも巡回して流れ，また，枝 b_3, b_4 に流れる電流 i_3, i_4 も枝 b_1 を巡回して流れており，結果的に，枝 b_1 には巡回する両者の電流が流れていると考えられます．枝 b_1, b_2 でできる右回りの閉路を l_1，枝 b_1, b_3, b_4 でできる右回りの閉路を l_2 とし，それぞれの閉路に流れる電流を j_1, j_2 とすると，この場合には $j_1 = 1$ A, $j_2 = 2$ A になります．このように，閉路を巡回する電流を**閉路電流** (loop current) とよびます．各枝電流は，閉路電流を用いてつぎのように表現することができます．

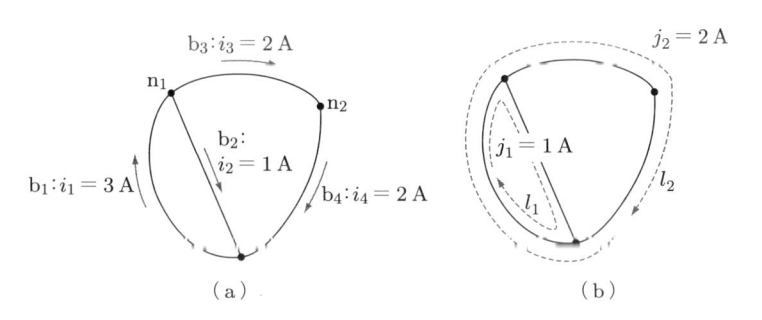

図 8.2 枝電流と閉路電流

$$i_1 = j_1 + j_2, \quad i_2 = j_1, \quad i_3 = j_2, \quad i_4 = j_2$$

ここで考えた閉路電流は j_1, j_2 の二つですが，これらが単独に流れた場合を図 8.3(a), (b) のように想定すると，このような閉路電流の電流分布はどちらも明らかに節点方程式 (8.1) を満足します．したがって，その合成である図 8.2(a) の枝電流も，節点方程式 (8.1) を満たします．実際，この節点方程式の左辺に上式を代入すると，つぎのように恒等的にゼロになります．

$$\begin{aligned} \mathrm{n}_1: \quad & i_1 - i_2 - i_3 = (j_1 + j_2) - j_1 - j_2 = 0 \\ \mathrm{n}_2: \quad & i_3 - i_4 = j_2 - j_2 = 0 \end{aligned}$$

これは，閉路電流の具体的な数値 $j_1 = 1\,\mathrm{A}, j_2 = 2\,\mathrm{A}$ によらず成り立ちます．つまり，「いくつかの閉路電流を使って枝電流を表せば，すべての節点方程式を自動的に満足させることができる」ことがわかります．

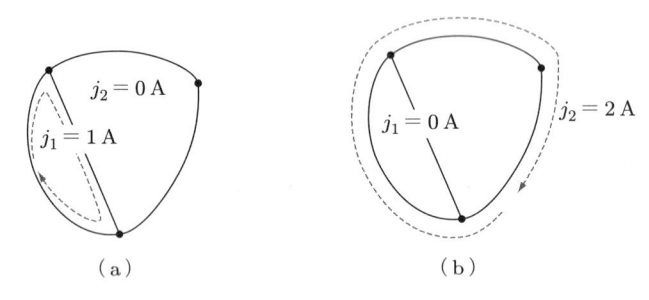

図 8.3　各閉路電流が単独で流れた場合

閉路電流の組を定める方法はほかにもあり，先ほどの例も含め，閉路電流を右回りに選んだものだけを，その具体的な数値とともに図 8.4(a)～(c) に示します．ここで注意すべきことがあります．図 (c) の閉路電流は $j_2 = -1\,\mathrm{A}$ と負になっており，実際には反対向きに閉路電流 1 A が流れているということです．代数学の教えは，向きも

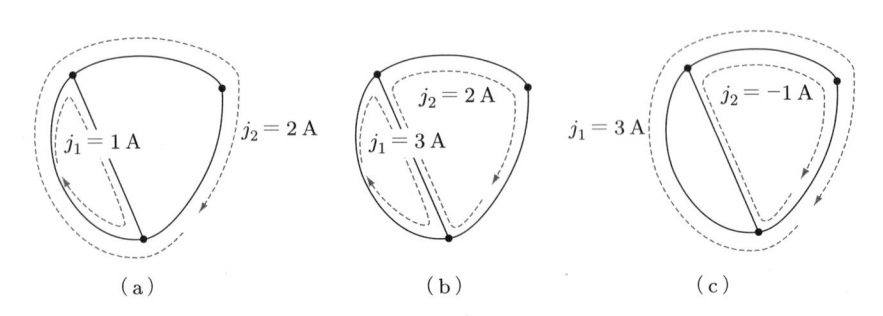

図 8.4　いくつかの閉路電流のとり方

含めてその量がわからないときは，とりあえずの向きを決めておいて，結果が負になれば，実際の向きは逆であったと解釈すればよいというものでした．基礎解析法でも，枝電流や枝電圧の向きを自由に定め，解いた結果の正負に応じて，実際の電流や電圧の向きを知ることができました．閉路解析法でも事情は同じで，未知数としての閉路電流は向きも含めて定めます．

8.2 閉路解析法

図 8.5(a) の回路を用いて，閉路解析法がどんな解析法なのかを紹介します．基礎解析法では，各枝の枝電流，枝電圧を未知数に選びましたが，閉路解析法では，前節で紹介した閉路電流を未知数に選びます．すると，ここで問題が生じます．未知数に選ぶ閉路電流の閉路としては，どのような閉路の組を選ぶのかという問題です．このことについては，8.5 節で詳しく説明しますが，その答えは，5 章でも説明した基本閉路もしくは網目閉路です．ここでは，その答えにしたがって，図 (a) に対して図 (b) のような閉路 l_1, l_2 を考えます．これらの閉路の組は基本閉路にも網目閉路にもなっています．これらの閉路に流れる閉路電流を j_1, j_2 とします．

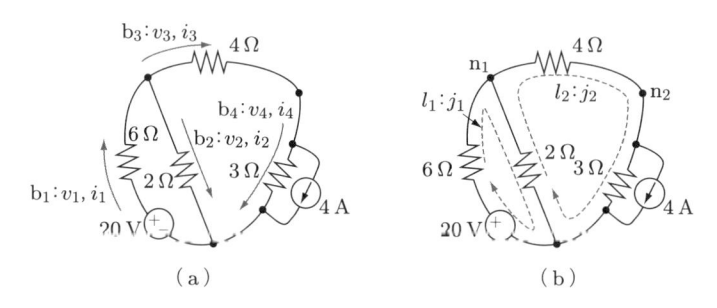

図 8.5 回路例

電気回路の基礎方程式を必要にして最小限で取り込んだ方程式の組が，つぎの基礎解析法の回路方程式でした．

$$\begin{array}{ll} n_1: & i_1 - i_2 - i_3 = 0 \\ n_2: & i_3 - i_4 = 0 \end{array} \quad (8.2)$$

$$\begin{array}{ll} l_1: & v_1 + v_2 = 0 \\ l_2: & -v_2 + v_3 + v_4 = 0 \end{array} \quad (8.3)$$

$$\begin{array}{ll} b_1: & v_1 + 6i_1 = 20 \\ b_2: & v_2 + 2i_2 = 0 \\ b_3: & v_3 + 4i_3 = 0 \\ b_4: & v_4 + 3i_4 = 3 \times 4 \end{array} \quad (8.4)$$

式 (8.2) は節点方程式，式 (8.3) は閉路方程式，式 (8.4) が素子方程式でした．これから閉路解析法について説明しますが，その出発点は上記の方程式です．

さて，各枝電流 $i_1 \sim i_4$ はここで定めた閉路電流 j_1, j_2 を用いて，つぎのように表すことができます．

$$i_1 = j_1, \quad i_2 = j_1 - j_2, \quad i_3 = j_2, \quad i_4 = j_2 \tag{8.5}$$

このように閉路電流を定めると，節点方程式 (8.2) を自動的に満たすことは，前節で説明したとおりです．実際に節点方程式 (8.2) の左辺に式 (8.5) を代入すると，つぎのようにすべて 0 になります．

$$\begin{aligned} \text{n}_1: & \quad i_1 - i_2 - i_3 = j_1 - (j_1 - j_2) - j_2 = 0 \\ \text{n}_2: & \quad i_3 - i_4 = j_2 - j_2 = 0 \end{aligned}$$

閉路電流を定めることで，わざわざ節点方程式を立てる必要がないことがわかります．

素子方程式 (8.4) を各枝電圧 $v_1 \sim v_4$ を表す式に変形し，さらに，式 (8.5) を代入すると，各枝電圧を閉路電流で表したつぎの方程式が得られます．

$$\begin{aligned} \text{b}_1: & \quad v_1 = -6i_1 + 20 = -6j_1 + 20 \\ \text{b}_2: & \quad v_2 = -2i_2 = -2(j_1 - j_2) = -2j_1 + 2j_2 \\ \text{b}_3: & \quad v_3 = -4i_3 = -4j_2 \\ \text{b}_4: & \quad v_4 = -3i_4 + 3 \times 4 = -3j_2 + 12 \end{aligned} \tag{8.6}$$

はじめの枝 b_1 についての方程式は，枝電圧 v_1 が電源電圧 20 V から抵抗による電圧降下 $6j_1$ を引いた値であることを意味していますし，2 番目の枝 b_2 の方程式においては，枝電圧 v_2 が 2 Ω の抵抗の電圧降下として閉路電流 j_1 による $2j_1$ と閉路電流 j_2 による $-2j_2$ があり，これらの和の符号を変えた値に等しくなっていることがわかります．そのほかも，同様の解釈ができる式になっています．

さて，式 (8.6) を閉路方程式 (8.3) に代入すると，つぎの方程式が得られます．

$$\begin{aligned} & (-6j_1 + 20) + (-2j_1 + 2j_2) = 0 \\ & -(-2j_1 + 2j_2) + (-4j_2) + (-3j_2 + 12) = 0 \end{aligned}$$

これは，つぎのように書きあらためることもできます．

$$\begin{cases} 6j_1 + 2(j_1 - j_2) = 20 \\ 2(j_2 - j_1) + 4j_2 + 3(j_2 - 4) = 0 \end{cases} \tag{8.7}$$

式 (8.7) のように書きあらためたのには理由があります．それは，これらの式であれば基礎解析法の回路方程式から導き出さなくても，キルヒホッフの電圧の法則とオームの法則を利用して，簡単に得ることができるからです．

【キルヒホッフの電圧の法則】

KVL ①

任意の閉路において，閉路に沿った枝電圧の代数和はゼロに等しい．

KVL ②

任意の閉路において，閉路に沿った電源電圧の代数和は，この閉路に沿った抵抗による電圧降下の代数和に等しい．

KVL ③

任意の閉路において，閉路に沿った起電圧の代数和は，この閉路に沿った電圧降下の代数和に等しい．

連立方程式 (8.7) の第 1 式を得るには，閉路 l_1 に沿って KVL ③を適用します．この閉路には 6 Ω の抵抗，2 Ω の抵抗，20 V の電源があります．6 Ω の抵抗には枝電流 $i_1 = j_1$ が流れています．したがって，閉路 l_1 の向きの電圧降下は $6j_1$ です．2 Ω の抵抗には枝電流 $i_2 = j_1 - j_2$ が流れていますから，閉路 l_1 の向きの電圧降下は $2(j_1 - j_2)$ です．また，この閉路 l_1 上での電源電圧は 20 V です．これらの量に対して KVL ③ を適用すれば，結果として，式 (8.7) の第 1 式が得られます．式 (8.7) の第 2 式を得るには，閉路 l_2 に沿って KVL ③を適用します．この閉路上の素子は抵抗 2 Ω，抵抗 4 Ω，抵抗 3 Ω と 4 A の電流の流れる電源です．まず，抵抗 2 Ω には閉路 l_2 の向きに枝電流 $-i_2 = j_2 - j_1$ が流れていますから，この向きの電圧降下は $2(j_2 - j_1)$ です．向きや符号に注意してください．抵抗 4 Ω には枝電流 $i_3 = j_2$ が流れていますから，この向きの電圧降下は $4j_2$ です．抵抗 3 Ω には枝電流 $i_4 - 4 = j_2 - 4$ が流れています．したがって，閉路 l_2 の向きの抵抗 3 Ω による電圧降下は $3(j_2 - 4)$ です．結果として，式 (8.7) の第 2 式が得られます．

連立方程式 (8.7) は，つぎのように整理することもできます

$$\begin{cases} (6+2)j_1 - 2j_2 = 20 \\ -2j_1 + (2+4+3)j_2 = 12 \end{cases} \tag{8.8}$$

未知数は 2 個の閉路電流，方程式は 2 本ですので解けるはずです．連立 1 次方程式 (8.7), (8.8) が**閉路解析法**の回路方程式です．とくに，式 (8.8) は最終形といえます．

解はつぎの通りです．

$$j_1 = \frac{\begin{vmatrix} 20 & -2 \\ 12 & 9 \end{vmatrix}}{\begin{vmatrix} 8 & -2 \\ -2 & 9 \end{vmatrix}} = \frac{180+24}{72-4} = 3 \text{ A}, \quad j_2 = \frac{\begin{vmatrix} 8 & 20 \\ -2 & 12 \end{vmatrix}}{\begin{vmatrix} 8 & -2 \\ -2 & 9 \end{vmatrix}} = \frac{96+40}{72-4} = 2 \text{ A}$$

枝電流は式 (8.5), 枝電圧は式 (8.6) に代入して, 以下のように求めることができます.

$$\begin{aligned}
i_1 &= j_1 = 3 \text{ A} & v_1 &= 20 - 6i_1 = 2 \text{ V} \\
i_2 &= j_1 - j_2 = 1 \text{ A} & v_2 &= -2i_2 = -2 \text{ V} \\
i_3 &= j_2 = 2 \text{ A} & v_3 &= -4i_3 = -8 \text{ V} \\
i_4 &= j_2 = 2 \text{ A} & v_4 &= 12 - 3i_4 = 6 \text{ V}
\end{aligned}$$

いかがでしたか. 閉路解析法は基礎解析法に比べて格段に未知数が少なくなりました. 枝の数を b 本, 節点の数を n 個として一般的に考えると, 基礎解析法のときの未知数の数は, 枝電流と枝電圧で合わせて $2b$ 個でした. これに対し, 閉路解析法では, 未知数は閉路電流で, この数は基本閉路もしくは網目閉路の数に等しいので, 5章で説明したように $b-n+1$ 個です. 図 8.5 の回路だと前者が $2 \times 4 = 8$ 個で後者は $4-3+1 = 2$ 個. 方程式の数も同じ数だけ必要でした. 方程式の数が減れば, 相当に手間が省けます.

基礎解析法の場合は節点方程式, 閉路方程式, 素子方程式を解析の基礎となる回路方程式としましたが, 閉路解析法では, 閉路方程式だけを考えているようにも思えます. しかし, 素子方程式は, 閉路方程式を立てるときに抵抗による電圧降下や電源電圧として, 閉路解析法の回路方程式のなかに取り込んでいるのです. また, 節点方程式は, 閉路電流を考えることで自動的に満たされるものとしてすでに取り込まれているのです.

閉路解析法の手順を整理しておきましょう.

閉路解析法の手順

Step 1 $b-n+1$ 個の閉路電流に対して変数名をつける
- 独立な閉路 (基本閉路もしくは網目閉路としてよい) を定める
- 定めた閉路に流れる閉路電流に変数名 $j_1, j_2, \cdots, j_{b-n+1}$ をつける

Step 2 回路方程式を立てる
- 定めた独立な閉路のそれぞれに KVL を適用して, 回路方程式を立てる
- 回路方程式を立てる際の枝電圧にあたる項は, 素子方程式を利用してすべて閉路電流で表す

Step 3　回路方程式を解く

Step.1 の基本閉路と網目閉路の定め方について，図 8.5 の回路を用いて確認しておきましょう．

図 8.6 にいろいろな木の定め方に応じた基本閉路のとり方を示しました．太線が木枝で，細線が補木枝です．基本閉路は木に補木枝 1 本を加えてできる閉路の集まりで，補木枝の数 $b-n+1$ だけあります．基本閉路を閉路電流が流れると想定しますが，これらは結果的に，補木枝に流れる閉路電流になります．

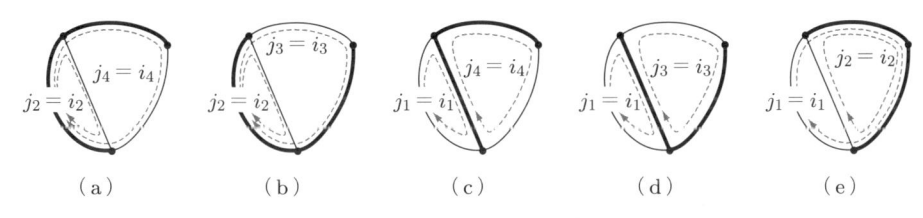

(a)　(b)　(c)　(d)　(e)

図 8.6　基本閉路のとり方

網目閉路の例を図 8.7 に示します．これは，図 8.6(d) の基本閉路の組と同じです．ここで，網目閉路の向きは右回りにとっていますが，逆でもかまいません．ただし，後でも説明しますが，一方向に定めておくと，閉路解析法での閉路方程式を立てるときに符号がある一定の規則にしたがうため，間違いが少なくなるでしょう．閉路として網目閉路を選んだ閉路解析法を，とくに**網目解析法** (mesh analysis) とよびます．また，網目閉路に流れる閉路電流を**網目電流**とよぶこともあります．机上で解けるような簡単な回路の場合は網目解析法で十分ですが，網目閉路を考えることができるのは平面回路の場合でしたから，平面回路にならない回路では，基本閉路に流れる電流を未知数に選ぶ閉路解析法を使う必要があります．

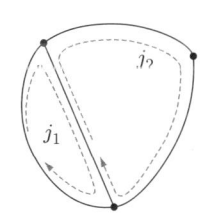

図 8.7　網目閉路のとり方

例題 8.1

図 8.8(a) の回路の 8 Ω の抵抗に流れる電流 i を，網目解析法を用いて求めなさい．

解 Step 1 図 (b) のように閉路 $l_1 \sim l_3$ および電流 $j_1 \sim j_3$ を定める．

Step 2 9 Ω の抵抗には閉路 l_1 の向きに枝電流 $j_1 - j_2$ が流れるから，閉路 l_1 の向きの 9 Ω の抵抗による電圧降下は $9(j_1 - j_2)$．4 Ω の抵抗には閉路 l_1 の向きに枝電流 $j_1 - j_3$ が流れるから，閉路 l_1 の向きの 4 Ω の抵抗による電圧降下は $4(j_1 - j_3)$．閉路 l_1 の向きの電源電圧は 30 V．したがって，KVL ②から，つぎの方程式が得られる．

$$l_1: \quad 9(j_1 - j_2) + 4(j_1 - j_3) = 30$$

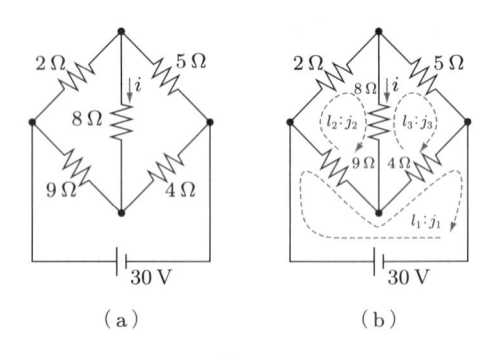

図 8.8

閉路 l_2, l_3 においても同様に考えると，

$$l_2: \quad 2j_2 + 8(j_2 - j_3) + 9(j_2 - j_1) = 0$$
$$l_3: \quad 5j_3 + 4(j_3 - j_1) + 8(j_3 - j_2) = 0$$

となり，これらを整理すると，つぎの回路方程式を得る．

$$\begin{cases} (9+4)j_1 - 9j_2 - 4j_3 = 30 \\ -9j_1 + (2+8+9)j_2 - 8j_3 = 0 \\ -4j_1 - 8j_2 + (5+4+8)j_3 = 0 \end{cases}$$

Step 3 上記の回路方程式を j_2, j_3 について解くと，

$$j_2 = \frac{\begin{vmatrix} 13 & 30 & -4 \\ -9 & 0 & -8 \\ -4 & 0 & 17 \end{vmatrix}}{\begin{vmatrix} 13 & -9 & -4 \\ -9 & 19 & -8 \\ -4 & -8 & 17 \end{vmatrix}} = \frac{5550}{1110} = 5 \text{ A}, \quad j_3 = \frac{\begin{vmatrix} 13 & -9 & 30 \\ -9 & 19 & 0 \\ -4 & -8 & 0 \end{vmatrix}}{\begin{vmatrix} 13 & -9 & -4 \\ -9 & 19 & -8 \\ -4 & -8 & 17 \end{vmatrix}} = \frac{4440}{1110} = 4 \text{ A}$$

となり，求める電流は $i = j_2 - j_3 = 5 - 4 = 1$ A．

例題 8.2

図 8.9(a) の回路において，電流 i を閉路解析法を用いて求めなさい．ただし，電流 i が流れる中央の 8 Ω の枝には一つの閉路電流だけが流れるように閉路を選びなさい．

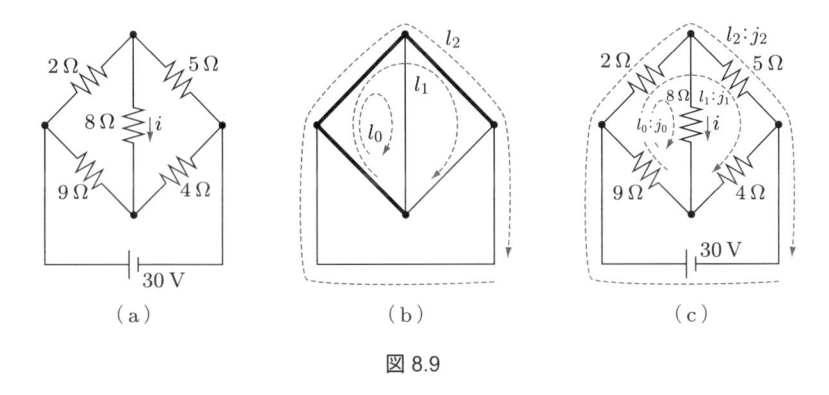

図 8.9

解 Step 1 求めたい電流 i の通る枝を補木枝とするように，図 (b) の太線で示した枝を木と定めると，その基本閉路として，l_0, l_1, l_2 が得られる．これらの閉路に流れる閉路電流を，図 (c) に示すように j_0, j_1, j_2 と定める．

Step 2 それぞれの閉路に対して回路路方程式を立てると，

l_0: $2(j_0+j_1+j_2)+8j_0+9(j_0+j_1)=0$
l_1: $2(j_0+j_1+j_2)+5(j_1+j_2)+4j_1+9(j_0+j_1)=0$
l_2: $2(j_0+j_1+j_2)+5(j_1+j_2)=30$

となり，これを整理すると，つぎの回路方程式を得る．

$$\begin{cases} 19j_0+11j_1+2j_2=0 \\ 11j_0+20j_1+7j_2=0 \\ 2j_0+7j_1+7j_2=30 \end{cases}$$

Step 3 これを $i=j_0$ について解くと，つぎのようになる．

$$i=j_0=\frac{\begin{vmatrix} 0 & 11 & 2 \\ 0 & 20 & 7 \\ 30 & 7 & 7 \end{vmatrix}}{\begin{vmatrix} 19 & 11 & 2 \\ 11 & 20 & 7 \\ 2 & 7 & 7 \end{vmatrix}}=\frac{30\cdot(11\cdot7-2\cdot20)}{19\cdot(20\cdot7-7\cdot7)-11\cdot(11\cdot7-2\cdot7)+2\cdot(11\cdot7-2\cdot20)}$$

$$=\frac{1110}{1110}=1 \text{ A}$$

例題 8.3

図 8.10(a) の回路において，以下の問いに答えなさい．

(1) 閉路電流 j を未知数として，閉路解析法の回路方程式を求めなさい．
(2) 図 (b) のように枝電流 i_1, i_2，枝電圧 v_1, v_2 を定めたとして，基礎解析法の回路方程式を求めなさい．
(3) 基礎解析法の回路方程式から閉路解析法の回路方程式を導きなさい．

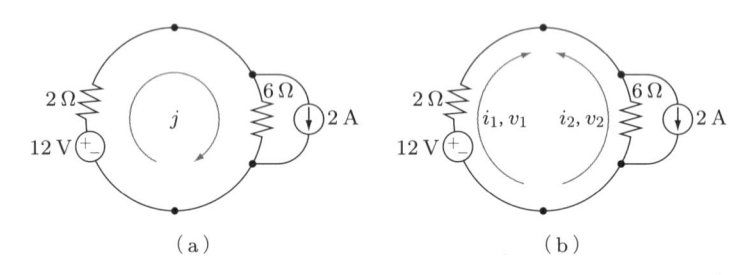

図 8.10

解 (1) $2j + 6\{j + (-2)\} = 12$ より，回路方程式は $(2+6)j = 12 - 6 \times (-2)$ となる．

(2) n: $i_1 + i_2 = 0$ 　　　b_1: $v_1 + 2i_1 = 12$
　　l: $v_1 - v_2 = 0$ 　　　b_2: $v_2 + 6i_2 = 6 \times (-2)$

(3) 閉路電流 j を図 (a) のように定めると $i_1 = j, i_2 = -j$．これを素子方程式に代入して，

$$b_1: v_1 = -2i_1 + 12 = -2j + 12$$
$$b_2: v_2 = -6 \times (-j) + 6 \times (-2) = 6j - 6 \times 2$$

これを閉路方程式に代入すると，$(-2j + 12) - (6j - 6 \times 2) = 0$ となる．これより，$(2+6)j = 12 + 6 \times 2$．

8.3 閉路解析法の回路方程式を直接得る方法

前節で取り上げた回路を図 8.11(a) に，また，そこで得られた閉路解析法の回路方程式 (8.7), (8.8) を式 (8.9), (8.10) として再掲します．簡単にするため，電源等価変換の定理により，図 (a) の電流源と抵抗の並列回路を電圧源と抵抗の直列回路に変換し，図 (b) のように置き換えておきます．また，閉路 l_1, l_2，および閉路電流 j_1, j_2 を図 (b) のように定めます．

8.3 閉路解析法の回路方程式を直接得る方法

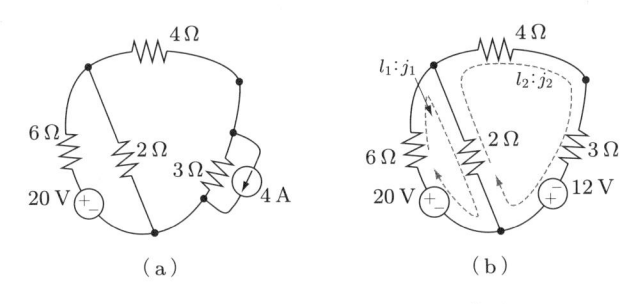

図 8.11 電流源から電圧源への置換

$$\begin{cases} 6j_1 + 2(j_1 - j_2) = 20 \\ 2(j_2 - j_1) + 4j_2 + 3(j_2 - 4) = 0 \end{cases} \tag{8.9}$$

$$\begin{cases} (6+2)j_1 - 2j_2 = 20 \\ -2j_1 + (2+4+3)j_2 = 12 \end{cases} \tag{8.10}$$

回路方程式 (8.9) は基礎解析法の回路方程式から導くこともできましたが，物理的意味を考えて，この表現を直接得ることもできました．抵抗の電圧降下は，その枝に流れる閉路電流の代数和としての枝電流を考え，これに抵抗値を乗じて表現されています．しかし，実際の計算には，式 (8.9) より式 (8.10) のほうが整理されています．本節では，与えられた回路から閉路解析法の整理された回路方程式を直接得る方法について説明します．式を整理するだけですので大きな差はないように思われますが，計算の手間を省ける，計算の誤りを少なくできるなど実用的です．また，回路方程式の係数や定数項の意味も明らかになり，回路への理解も深まります．

まず，閉路 l_1 についての式 (8.10) の第 1 式について考えてみます．右辺の 20 V は，閉路 l_1 上の起電圧が 20 V であることから容易に理解できます．一方，電圧降下ですが，この閉路 l_1 を流れる電流は閉路電流 j_1 のほかに，閉路電流 j_2 が 2 Ω の抵抗に流れています．閉路電流 j_1 によるこの閉路 l_1 上の電圧降下は 6 Ω の抵抗と 2 Ω の抵抗で生じ，合わせて $(6+2)j_1$ だと考えることができます．また，閉路電流 j_2 による閉路 l_1 上の電圧降下は 2 Ω の抵抗で生じますが，j_2 の向きと閉路 l_1 の向きとが反対であるため，$-2j_2$ だと考えられます．これらの和をとることで，左辺が得られます．閉路 l_2 についても同様に考えることができ，式 (8.10) の第 2 式を得ることができます．少し述べ方を変えて解釈してみます．まず，左辺第 1 項の $-2j_1$ の係数 -2 は，閉路 l_2 と閉路 l_1 の共通する枝にある抵抗値で，閉路の向きが逆なので負号がついています．第 2 項の $(2+4+3)j_2$ の係数 $(2+4+3)$ は閉路 l_2 上の枝にある抵抗値の和です．右辺はもちろん，閉路 l_2 上の起電圧の 12 V です．

一般に，閉路解析法の回路方程式をつぎのようにまとめることができます．

閉路解析法の回路方程式

$$\begin{pmatrix} r_{11} & r_{12} & \cdots & r_{1l} \\ r_{21} & r_{22} & \cdots & r_{2l} \\ \vdots & \vdots & \ddots & \vdots \\ r_{l1} & r_{l2} & \cdots & r_{ll} \end{pmatrix} \begin{pmatrix} j_1 \\ j_2 \\ \vdots \\ j_l \end{pmatrix} = \begin{pmatrix} E_1 \\ E_2 \\ \vdots \\ E_l \end{pmatrix}$$

ここで，係数 r_{pq}，定数 E_p はつぎのようにまとめられる．ただし，$p, q = 1, 2, \cdots, l$，$l = b - n + 1$ とする．

- j_q: 未知数となる閉路 l_q に流れる閉路電流
- E_p: 閉路 l_p 上の電源電圧の代数和．ただし，電源電圧は閉路の向きと同じ向きのときは正，逆向きのときは負とする
- r_{pp}: 閉路 l_p 上の抵抗の抵抗値の和
- r_{pq}: 閉路 l_p と閉路 l_q が交錯する枝の抵抗の抵抗値の代数和．ただし，閉路の向きと同じ向きのときは抵抗値は正，逆向きのときは負とする

このように，閉路解析法の回路方程式の係数や定数項を回路を見ながら直接得る方法を，ここでは手短に**直接法**とよぶことにします．

例題 8.4

閉路および閉路電流の定め方が異なる図 8.12(a)〜(c) の回路がある．それぞれの定め方に応じて，閉路解析法による回路方程式を直接法により求めなさい．

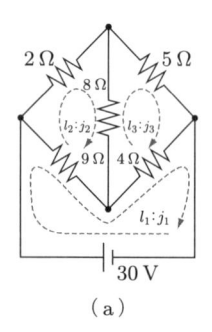

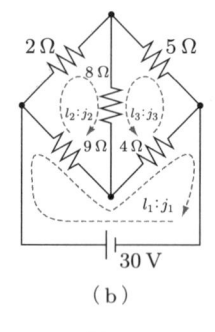

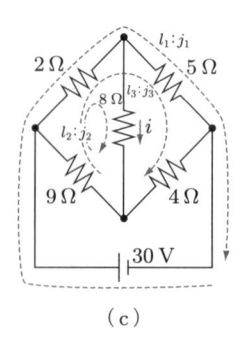

図 8.12

解 (a) $\begin{cases} l_1: & (9+4)j_1 - 9j_2 - 4j_3 = 30 \\ l_2: & -9j_1 + (2+8+9)j_2 - 8j_3 = 0 \\ l_3: & -4j_1 - 8j_2 + (5+4+8)j_3 = 0 \end{cases}$ (b) $\begin{cases} l_1: & (9+4)j_1 - 9j_2 + 4j_3 = 30 \\ l_2: & -9j_1 + (2+8+9)j_2 + 8j_3 = 0 \\ l_3: & 4j_1 + 8j_2 + (5+4+8)j_3 = 0 \end{cases}$

(c) $\begin{cases} l_1: & (2+5)j_1 + 2j_2 + (2+5)j_3 = 30 \\ l_2: & 2j_1 + (2+8+9)j_2 + (2+9)j_3 = 0 \\ l_3: & (2+5)j_1 + (2+9)j_2 + (2+5+4+9)j_3 = 0 \end{cases}$

上記の例題からも推察されることですが，閉路解析法の回路方程式の係数行列には，以下の三つの性質があります．

① 対角項の数値はすべて正である
② 係数行列は対称行列 ($r_{pq} = r_{qp}$) である
③ 網目閉路を選択し，それらをすべて時計回りに定めた場合，係数行列の非対角項はすべて負である

まず，性質①についてですが，対角項の係数は先ほど示した r_{pp} であり，「閉路 l_p 上の抵抗の抵抗値の和」でしたが，抵抗値がすべて正ですから，その和も正になることからわかります．つぎに，性質②ですが，係数行列の p 行 q 列の係数は先ほど示した r_{pq} のことであり，これは，「閉路 l_p と閉路 l_q が交錯する枝の抵抗の抵抗値の代数和．ただし，閉路の向きと同じ向きのときは抵抗値は正，逆向きのときは負として代数和をとる」でした．この値は p と q を入れ替えても同じ値になることがわかります．つまり，$r_{pq} = r_{qp}$ が成り立ちます．最後に性質③ですが，網目閉路をすべて時計回りに選ぶと，隣接する閉路の向きは必ず逆向きになります．逆向きの抵抗値は負として代数和をとりましたから，その結果も負になります．

これらの性質①〜③は，得られた回路方程式のチェックに使えます．また，性質②は回路の重要な性質 (相反性) を表しているのですが，ここでは詳しい説明を省きます．

8.4 制約式のある閉路解析法

本節では，ある枝に電流源が単独に存在する場合の回路方程式について学びます．

図 8.13 の閉路 l_1, l_2 に KVL を適用して得られる，閉路電流 $j_1 \sim j_3$ を用いた方程式はつぎのようになります．

$$l_1 : \quad 8j_1 - 2j_2 = 20$$
$$l_2 : \quad -2j_1 + 9j_2 - 3j_3 = 0$$

ところが，閉路 l_3 において KVL を適用しようにも，この枝電圧を未知量の閉路電流

204　8章　閉路解析法

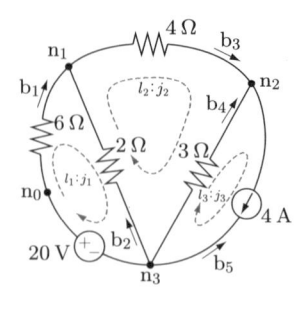

図 8.13

$j_1 \sim j_3$ を用いて表すことができませんので，これまで説明した方法では対応する方程式を得ることができません．これだけでは未知数が三つで方程式が二つしかありませんから，ただ一つの解を得ることができません．

それでも，閉路電流 j_3 は電流源を流れるただ一つの閉路電流ですから，

$$j_3 = 4 \text{ A}$$

という制約条件があります．これらをまとめると，つぎの回路方程式が得られます．

$$\begin{cases} l_1 : & 8j_1 - 2j_2 = 20 \\ l_2 : & -2j_1 + 9j_2 - 3j_3 = 0 \\ 制約式 : & j_3 = 4 \end{cases}$$

2 本は KVL を利用して得られた回路方程式ですが，最後の 1 本は電流源の起電流に関して得られた条件で，このような式を**制約式**とよんでいます．この方程式を解くと，$j_1 = 3$ A, $j_2 = 2$ A が得られます．

例題 8.5
　図 8.14 の回路において，制約式を付加する閉路解析法を用いて電流 i を求めなさい．

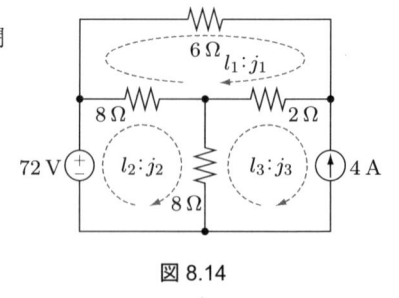

図 8.14

解　Step 1　図 8.14 のように網目閉路 $l_1 \sim l_3$ と，これを流れる網目電流 $j_1 \sim j_3$ を定める．

Step 2 網目閉路 l_1, l_2 について回路方程式を立てると，

$$l_1: \quad (6+8+2)j_1 - 8j_2 - 2j_3 = 0$$
$$l_2: \quad -8j_1 + (8+8)j_2 - 8j_3 = 72$$

となる．一方，電流源を通る網目電流は j_3 のみであり，電流源の起電流が 4 A であることから，$j_3 = -4$ A．

これらを整理すると，つぎの回路方程式を得る．

$$\begin{cases} (6+8+2)j_1 - 8j_2 - 2j_3 = 0 \\ -8j_1 + (8+8)j_2 - 8j_3 = 72 \\ j_3 = -4 \end{cases}$$

Step 3 回路方程式を j_1, j_2 について解いて，$j_1 = 1$ A，$j_2 = 3$ A．したがって $i = j_2 - j_1 = 2$ A．

つぎの例題 8.6 の回路図 8.15(a) は，例題 8.5 の回路図 8.14 と素子の位置が違うように見えますが，両者は同じ回路です．網目閉路の違いがあるため，若干の注意が必要です．

例題 8.6
図 8.15(a) の回路において，電流 i を求めなさい．

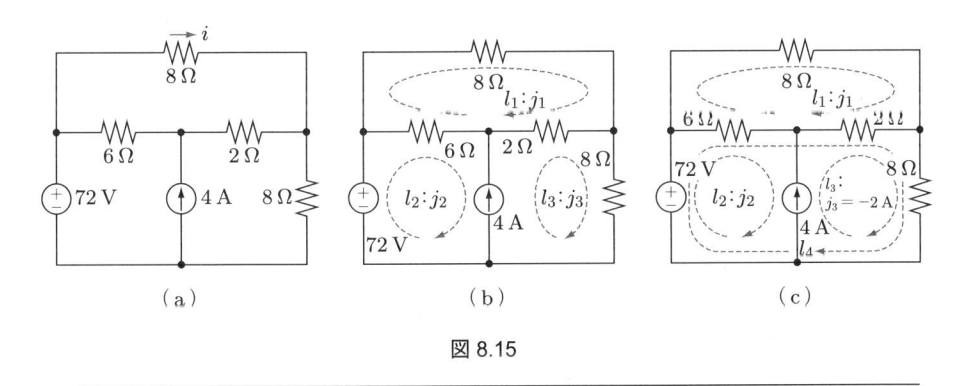

図 8.15

解 Step 1 図 (b) のように網目閉路 $l_1 \sim l_3$ と，これを流れる網目電流 $j_1 \sim j_3$ を定める．

Step 2 網目閉路 l_1 において

$$l_1: \quad 8j_1 + 6(j_1 - j_2) + 2(j_1 - j_3) = 0$$

また，図 (c) の網目閉路 l_4 については，

$$l_4: \quad 6(j_2-j_1)+2(j_3-j_1)+8j_3=72$$

となる．一方，電流源を通る網目電流は j_2 と j_3 であり，電流源の起電流が 4 A であることから，$j_3-j_2=4$ A．

これらを整理すると，つぎの回路方程式を得る．

$$\begin{cases} (8+6+2)j_1-6j_2-2j_3=0 \\ -(6+2)j_1+6j_2+(2+8)j_3=72 \\ -j_2+j_3=4 \end{cases}$$

Step 3 回路方程式を j_1 について解いて，$i=j_1=2$ A．

例題 8.5，例題 8.6 とも，独立な閉路として網目を選んだといえます．その意味で網目解析法なのですが，例題 8.5 では，電流源が回路の外周に位置しており，電流源には網目電流が一つだけ通っていました．一方，例題 8.6 では，電流源が回路の外周ではなく内部に位置していて，このときには電流源を通る網目電流は二つありました．

後者については，図 8.15(c) を用いてもう少し説明しておきましょう．電流源の電圧を V_c とすると，網目閉路 l_2, l_3 において，つぎのように回路方程式を書くことができます．

$$l_2: \quad 6(j_2-j_1)-V_c=72$$
$$l_3: \quad V_c+2(j_3-j_1)+8j_3=0$$

両式の辺どうしを加えると，つぎの方程式ができます．

$$l_2+l_3: \quad 6(j_2-j_1)+2(j_3-j_1)+8j_3=72$$

整理すると，

$$l_2+l_3: \quad -6j_1+6j_2+(2+8)j_3=72$$

となり，これは閉路 l_4 において得られた閉路方程式と同じ方程式で，この意味で網目閉路 l_2, l_3 の和が閉路 l_4 だといういい方もできます．大事なことは，閉路電流で表現できなかった電流源の電圧 V_c が消去されて，未知数である閉路電流に関する解法に必要な方程式が得られることです．電流源のある枝では，これを囲う l_4 のような閉路を**超網目** (supermesh) とよんでいます．

電流源を含む回路に網目解析法を用いる場合の注意点を，二つに分けて整理しておきましょう．

● **電流源が回路の外周にある場合**

電流源を通る網目については，未知数である閉路電流を用いて枝電圧が表せないため，閉路電流を用いた方程式は立てられない．しかし，この網目電流は電流源の起電流で表すことができ，これが制約式となる．

● 電流源が回路の内部にある場合

電流源を通る網目は必ず二つあるが，これらの網目について，KVL を利用した閉路電流を用いた方程式は立てられない．しかし，これらの網目からできる超網目においての方程式が一本得られ，閉路電流のみで表現できる．また，両網目電流の差が電流源の起電流に等しく，これが制約式になる．

8.5† 閉路電流の考え方

8.1 節では，枝電流を規定する新たな量として，閉路電流の組というものがあることがわかりました．そして，8.2 節では，閉路解析法では未知数として，基本閉路もしくは網目閉路の閉路電流を選択すればよいことを証明なしに紹介したうえで，閉路解析法の具体的なやり方を説明しました．閉路電流については理論的にもきちんとしたものですので，今後の電気回路の学習も安心して続けてよいことを断言しておきます．しかし，電気回路は基礎方程式の上に成り立っているのですから，その上で閉路電流をきちんと定義しておこうというのは，理論的にもやっておかなければならないことです．

おさらいをしておきましょう．電気回路の基礎方程式は，枝電流，枝電圧を未知数とする節点方程式，閉路方程式，素子方程式でした．未知数は枝の数の 2 倍の $2b$ 個．これに対し，素子方程式は b 本，節点方程式は n 本．閉路方程式は実際にはいくらでもつくれますから，これらのなかから解析に必要な方程式だけを選ぶ必要がありました．基礎解析法では，これらのなかから解析に必要な最小限の方程式，つまり，素子方程式はそのままの b 本，節点方程式は $n-1$ 本，閉路方程式は $b-n+1$ 本，合わせて $2b$ 本を選び，これらを回路方程式としました．問題は，いかに未知数の数を減らして解析を簡単にすることができるかです．そのための方策の一つが枝電流解析法，もう一つが枝電圧解析法で，ともに未知数の数は b 個になります．もっと未知数の数を減らしたい，その要求に応えるものの一つが閉路電流です．

枝電流は全部で b 個ありますが，それには制約もあります．その制約が節点方程式です．節点方程式はそもそも節点の数 n だけの方程式があるのですが，5 章で証明したように，そのなかで独立な 1 次方程式の数は $n-1$ 本でした．つまり，枝電流は b 個ありますが，$n-1$ 本の節点方程式という制約があるのです．式が一つあれば未知数を一つ減らせますし，式が二つあれば未知数は二つ減らせます．ということは，枝電流の未知数は $n-1$ 個減らすことができ，節点方程式を満たす枝電流の自由度，つまり，節点方程式を満たす枝電流は $b-n+1$ 個の未知数で表すことができるということです．その未知数も枝電流である必要はなく，新たな量でもかまいません．結論

を急ぐと，それが $b-n+1$ 個の閉路電流です．

閉路電流とは文字どおり，ある閉路を流れる電流ですが，単数形の閉路電流はあまり意味をもちません．複数の閉路をもつ回路では，枝電流を表すには，一般には複数の閉路電流が必要になります．閉路電流の組を構成する一つひとつの閉路電流はそれ自体が循環する電流になっているため，KCL を満たします．枝電流はこれら一つひとつの閉路電流の線形和ですから，その線形和である枝電流もまた KCL を満たします．閉路電流を考えることは節点方程式を自動的に満たしますから，KCL を考慮する必要がなくなることを意味します．

枝電流に対して閉路電流を考えるのと似た状況は枝電圧にもあります．枝電流は節点方程式を満足しなければならないのに対し，枝電圧は閉路方程式を満足しなければなりません．この制約を考慮する必要性をなくしたのが電位でした．このことは 2 章で学びました．枝電圧に関する閉路方程式から，電位が定義できました．そして，各枝の両端の電位の差として枝電圧が表されました．このようにして求められた枝電圧は，閉路方程式を自動的に満たしました．枝電圧は枝の数である b 個ありました．一方，独立な閉路方程式の数は $b-n+1$ 本であることは 5 章ですでに学びました．枝電圧の自由度は $b-(b-n+1)=n-1$ となりますが，枝電圧を規定する電位の数も $n-1$ 個でした．

閉路については，似た問題を 5 章で検討しました．それは，枝電圧に関する独立な閉路方程式を選ぶための閉路の選択の問題です．その具体的な閉路の選び方として，基本閉路と網目閉路がありました．しかし，似た問題とはいえ，本章の問題は別の問題です．枝電流を未知数として回路方程式を立てるよりも，より便利な変数の選び方はないかという問題なのです．

この問題の解答もまた，5 章の解答と類似しています．すなわち，「節点方程式を満たす枝電流を表現できるもっとも数の少ない変数に，基本閉路もしくは網目閉路の閉路電流がある」ということです．以下では，基本閉路の閉路電流や網目電流が，節点方程式を満たす枝電流から一意的に定められることを示します．節点方程式を満たす枝電流がこれらの閉路電流から一意的に定められることは，これまで何度も確認してきたことです．

■ 基本閉路の閉路電流

基本閉路は，木に一つの補木枝を加えることでできる閉路です．図 8.16(a) のグラフをもつ回路を例にとると，太線で描かれた枝は木枝で，細線で描かれた枝が補木枝です．図 (b) のように，基本閉路に対応して閉路電流を定めれば，各補木枝に流れる閉路電流はただ一つですから，$j_{10}=i_{10}, j_{11}=i_{11}, \cdots, j_{16}=i_{16}$ となって，補木枝

に流れる枝電流が閉路電流になります．また，当然のことですが，木枝に流れる電流はこれらの閉路電流の和の形で表されます．

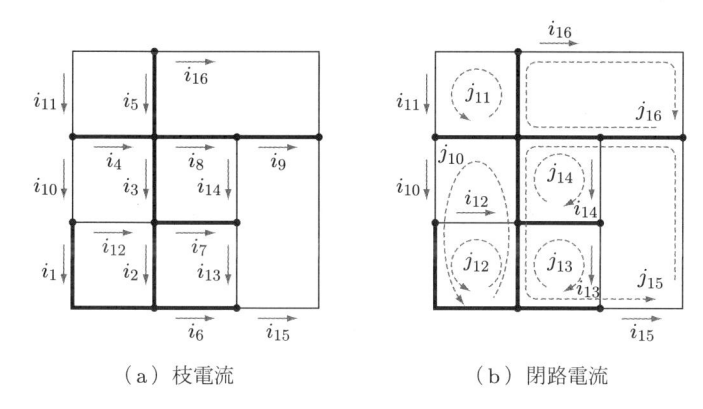

（a）枝電流　　　　　　　（b）閉路電流

図 8.16　基本閉路の閉路電流

■ 網目電流

まず，網目電流が一意に定められることを，図 8.17 の回路を用いて説明します．図では，必要なところの枝電流 $i_1, i_2, \cdots$ を記しています．節点 $n_1 \sim n_3$ において節点方程式を求めると，つぎのようになります．

$n_1:$　$i_1 - i_2 + i_3 = 0$

$n_2:$　$-i_3 - i_4 + i_5 + i_7 = 0$

$n_3:$　$-i_1 + i_4 - i_6 = 0$

この式をすべて加えて符号を変えると，つぎの式が得られます．

c：　$i_2 - i_5 + i_6 - i_7 = 0$

図 (a) に示す左上から下へと進む破線の経路を c としましょう．まず，枝電流 i_2 をまたぎます．つぎに i_5，さらに i_7, i_6 とまたぎますが，i_2, i_6 は進行方向に対して右から左向きに横断し，i_5, i_7 は左から右向きに横断しますから，結果的に右から左向きに横断する枝電流の代数和はゼロというのが，上式の意味です．これは回路を二分し，その間を出入りする電流の代数和はゼロであるという，いわば拡張されたキルヒホッフの電流の法則といえます．

この破線の経路を中央の網目で二つに分け，図 (b) のように c_1, c_2 とします．また，経路 c_2 は経路 c とは逆向きにとるとします．そうすると，経路 c に沿って右から左向きに横断する枝電流の和は，経路 c_1 に沿って右から左向きに横断する枝電流の和か

(a) (b)

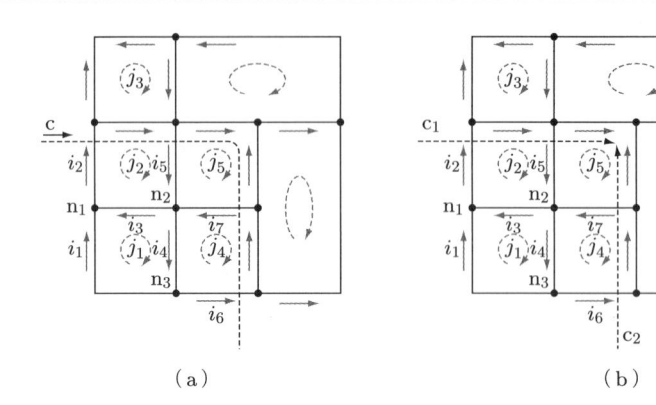

図 8.17 網目電流

ら，経路 c_2 に沿って右から左向きに横断する枝電流の和を引いた値になり，先ほどの拡張された KCL では，この値がゼロでした．そこで，枝電流 i_k をあらためて経路に沿って右から左向きに流れる向きを正と定めて一般的に扱うと，つぎのように表せます．

$$\sum_{k \in c} i_k = \sum_{k \in c_1} i_k - \sum_{k \in c_2} i_k = 0$$

したがって，つぎのようになります．

$$\sum_{k \in c_1} i_k = \sum_{k \in c_2} i_k$$

このことから，回路の外側からある閉路に至るまでの経路に対して，右から左に横断する枝電流の和は経路によらず一定だということがわかります．図 (b) の回路では，中央の閉路に至る経路 c_1 をとると，この間に横断した枝電流の和は $i_2 - i_5$ になります．経路 c_2 の場合は $i_7 - i_6$ となり，これらが等しいことが KCL から導かれています．このように，この和は経路によらず一意的に定まります．そこで，この値をもつ新たな電流の名前として，網目電流を定めるのです．この場合，中央の網目電流を j_5 とすると，$j_5 = i_2 - i_5 = i_7 - i_6$ となります．ほかにも，$j_5 = i_1 + i_3 - i_5 = i_1 - i_4 + i_7$ などとも表せることがわかります．

このようにすると，隣接する網目電流の差がその両閉路に共通する枝の枝電流に等しくなります．たとえば，$j_2 = i_2, j_5 = i_2 - i_5$ ですから，$i_5 = j_2 - j_5, i_2 = j_2 - 0$ などとなります．これは，枝電圧が枝の両端の電位差で表されるのに非常に似ています．

例題 8.7

図 8.18(a) のグラフをもつ回路において、図のように四つの枝電流がわかっている。以下の問いに答えなさい。

(1) 図 (a) の網目電流 $j_1 \sim j_4$ を求めなさい。
(2) 得られた網目電流 $j_1 \sim j_4$ から、図 (b) の枝電流 $i_1 \sim i_5$ を求めなさい。

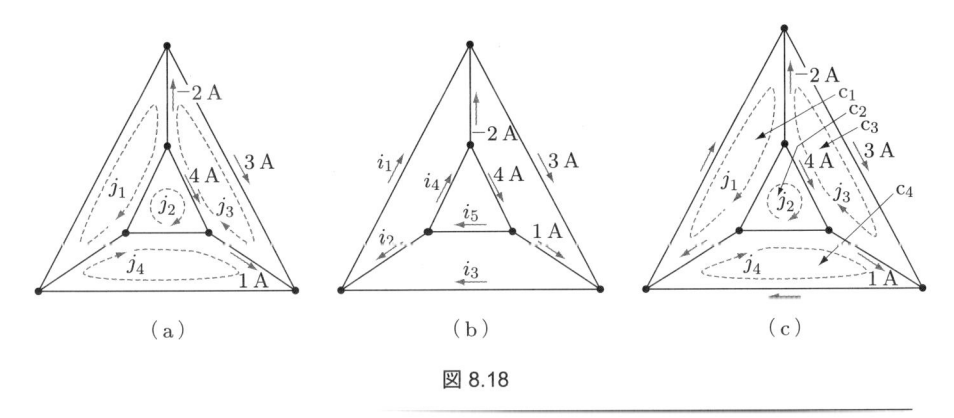

図 8.18

解 (1) 図 (c) のように、回路の外から各網目閉路に至る経路 $c_1 \sim c_4$ を考える。これらの経路 $c_1 \sim c_4$ 上で枝をまたぐときに右から左に流れる枝電流 $j_1 \sim j_4$ の代数和が網目電流であるから、つぎのように求められる。

$$j_1 = 3-(-2) = 5 \text{ A}, \quad j_2 = 3+4 = 7 \text{ A}, \quad j_3 = 3 \text{ A}, \quad j_4 = 3+1 = 4 \text{ A}$$

(2) 各枝電流は両サイドの網目電流の差として、つぎのように求められる。

$$i_1 = j_1 = 5 \text{ A}, \quad i_2 = j_1 - j_4 - 5 - 4 - 1 \text{ A}, \quad i_3 - j_4 - 4 \text{ A}$$
$$i_4 = j_2 - j_1 = 7 - 5 = 2 \text{ A}, \quad i_5 = j_2 - j_4 = 7 - 4 = 3 \text{ A}$$

8.6† 行列表現によるまとめ

これまでの学習で、閉路解析法の回路方程式を簡単に得ることができるようになりました。ところで、回路の理論的基礎は KCL から得られた節点方程式、KVL から得られた閉路方程式、それに、素子方程式でした。8.2 節の学習では、閉路解析法の回路方程式が基礎解析法の回路方程式をもとにして、新たに閉路電流や網目電流を導入することにより得られることを学びました。しかし、話の展開がゆっくりしすぎて全体が見通しづらかったかもしれません。本節では、閉路解析法の回路方程式の理論的根拠を行列を用いた表現でまとめてみましょう。

基礎解析法の回路方程式の行列表現については 7.7 節で学びました．説明に用いた回路例 (図 7.21) を図 8.19 に再掲します．そこで得られた基礎解析法の回路方程式の行列表現式 (7.9)〜(7.11) はつぎのとおりでした．

$$\text{節点方程式}: \quad A\boldsymbol{i} = \boldsymbol{0}$$
$$\text{閉路方程式}: \quad B\boldsymbol{v} = \boldsymbol{0}$$
$$\text{素子方程式}: \quad \boldsymbol{v} + R\boldsymbol{i} = \boldsymbol{E} + R\boldsymbol{J}$$

ただし，

$$A = \begin{pmatrix} 1 & -1 & -1 & 0 \\ 0 & 0 & 1 & -1 \end{pmatrix}, \quad \boldsymbol{i} = \begin{pmatrix} i_1 \\ i_2 \\ i_3 \\ i_4 \end{pmatrix}, \quad B = \begin{pmatrix} 1 & 1 & 0 & 0 \\ 0 & -1 & 1 & 1 \end{pmatrix}, \quad \boldsymbol{v} = \begin{pmatrix} v_1 \\ v_2 \\ v_3 \\ v_4 \end{pmatrix}$$

$$R = \begin{pmatrix} 6 & 0 & 0 & 0 \\ 0 & 2 & 0 & 0 \\ 0 & 0 & 4 & 0 \\ 0 & 0 & 0 & 3 \end{pmatrix}, \quad \boldsymbol{E} = \begin{pmatrix} E \\ 0 \\ 0 \\ 0 \end{pmatrix}, \quad \boldsymbol{J} = \begin{pmatrix} 0 \\ 0 \\ 0 \\ J \end{pmatrix}, \quad \boldsymbol{0} = \begin{pmatrix} 0 \\ 0 \end{pmatrix}$$

としています．枝電流 i_1〜i_4，枝電圧 v_1〜v_4 の記号については察しがつくとは思いますが，枝 b_1〜b_4，節点 n_1, n_2，閉路 l_1, l_2 などを図のように定めます．

得られた行列表現式は，節点方程式，閉路方程式，素子方程式ごとにまとめられてすっきりしましたし，この結果から，線形抵抗と電源からなる直流回路が線形系であることがわかります．

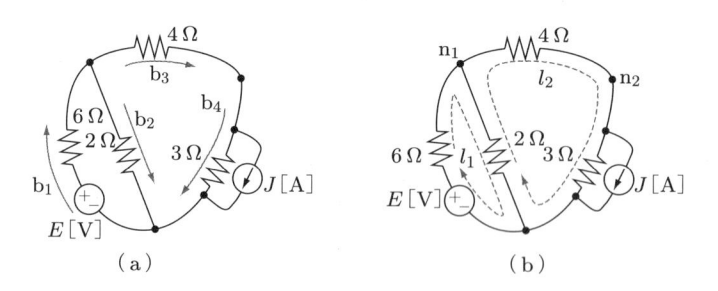

図 8.19 回路例

さて，閉路 l_1, l_2 に流れる網目電流を j_1, j_2 とすると，

$$i_1 = j_1, \quad i_2 = j_1 - j_2, \quad i_3 = j_2, \quad i_4 = j_2$$

であり，これを行列で表示すると，

$$\boldsymbol{i} = \begin{pmatrix} i_1 \\ i_2 \\ i_3 \\ i_4 \end{pmatrix} = \begin{pmatrix} j_1 \\ j_1 - j_2 \\ j_2 \\ j_2 \end{pmatrix} = \begin{pmatrix} 1 & 0 \\ 1 & -1 \\ 0 & 1 \\ 0 & 1 \end{pmatrix} \begin{pmatrix} j_1 \\ j_2 \end{pmatrix}$$

となります．係数行列を見て何か気がつきますか．何と，閉路方程式の係数行列 B の転置行列 B^{T} になっています．上式は

$$\boldsymbol{j} = \begin{pmatrix} j_1 \\ j_2 \end{pmatrix}$$

とおくと，つぎのように表現できます．

$$\boldsymbol{i} = B^{\mathrm{T}} \boldsymbol{j}$$

ここで，2点ほど注意をしておきましょう．一つは網目電流や閉路電流の存在は節点方程式によって保証されるということで，このことについては8.5節で説明しました．枝電流についての節点方程式による制限から，枝電流を次元数のさらに少ない閉路電流で表すことができました．

もう一つは，枝電流を閉路電流で表したときの係数行列が，閉路方程式の係数行列 B の転置行列 B^{T} になることです．驚くかもしれませんが，このことはつぎに説明するように，一般的に成立する事実です．枝電流を閉路電流で表したときの係数行列の k 行 l 列要素は，枝電流 i_k が閉路電流 j_l に依存しているかどうかを表しており，閉路 l_l 上に枝 b_k が同じ向きに存在すれば $+1$，逆向きであれば -1，存在しなければ 0 でした．一方，閉路方程式の係数行列 B の k 行 l 列要素は，閉路 l_k 上に対する枝電圧 v_l の関わりの有無を表しており，閉路 l_k 上に枝 b_l が同じ向きに存在すれば $+1$，逆向きであれば -1，関わりがなければ 0 でした．意外と簡単な事実であることがわかります．

道具はそろいました．閉路解析法の基礎理論をまとめてみましょう．回路の基礎を KCL，KVL，素子特性とします．これらは基礎解析法の回路方程式として，枝電流 $\boldsymbol{i}$，枝電圧 $\boldsymbol{v}$ を未知数として以下のように表されます．

節点方程式 ： $A\boldsymbol{i} = \boldsymbol{0}$

閉路方程式 ： $B\boldsymbol{v} = \boldsymbol{0}$

素子方程式 ： $\boldsymbol{v} + R\boldsymbol{i} = \boldsymbol{E} + R\boldsymbol{J}$

枝電流についての節点方程式による制限から，閉路電流の存在が保証され，その係数行列は閉路方程式の係数行列の転置行列です．つまり，

枝電流と閉路電流の関係 ： $\boldsymbol{i} = B^{\mathrm{T}} \boldsymbol{j}$

となります．これらをまとめるために，まず素子方程式の左から行列 B をかけます．

$$Bv + BRi = B(E + RJ)$$

この式に，閉路方程式 $Bv = 0$ と先ほどの $i = B^{\mathrm{T}} j$ を代入すると，以下の閉路解析法の回路方程式の行列表示が得られます．

$$BRB^{\mathrm{T}} j = B(E + RJ) \tag{8.11}$$

実際に，図 8.19 の回路の場合を計算してみると，

$$BRB^{\mathrm{T}} = \begin{pmatrix} 1 & 1 & 0 & 0 \\ 0 & -1 & 1 & 1 \end{pmatrix} \begin{pmatrix} 6 & 0 & 0 & 0 \\ 0 & 2 & 0 & 0 \\ 0 & 0 & 4 & 0 \\ 0 & 0 & 0 & 3 \end{pmatrix} \begin{pmatrix} 1 & 0 \\ 1 & -1 \\ 0 & 1 \\ 0 & 1 \end{pmatrix}$$

$$= \begin{pmatrix} 6 & 2 & 0 & 0 \\ 0 & -2 & 4 & 3 \end{pmatrix} \begin{pmatrix} 1 & 0 \\ 1 & -1 \\ 0 & 1 \\ 0 & 1 \end{pmatrix} = \begin{pmatrix} 8 & -2 \\ -2 & 9 \end{pmatrix}$$

$$B(E + RJ) = \begin{pmatrix} 1 & 1 & 0 & 0 \\ 0 & -1 & 1 & 1 \end{pmatrix} \left\{ \begin{pmatrix} E \\ 0 \\ 0 \\ 0 \end{pmatrix} \begin{pmatrix} 6 & 0 & 0 & 0 \\ 0 & 2 & 0 & 0 \\ 0 & 0 & 4 & 0 \\ 0 & 0 & 0 & 3 \end{pmatrix} \begin{pmatrix} 0 \\ 0 \\ 0 \\ J \end{pmatrix} \right\} = \begin{pmatrix} E \\ 3J \end{pmatrix}$$

となりますので，閉路解析法の回路方程式はつぎのようになります．

$$\begin{pmatrix} 8 & -2 \\ -2 & 9 \end{pmatrix} \begin{pmatrix} j_1 \\ j_2 \end{pmatrix} = \begin{pmatrix} E \\ 3J \end{pmatrix}$$

この結果を直接法の結果と比較し，同じになっていることを確認してください．つまり，閉路解析法の回路方程式は式 (8.11) のようにまとめることができることがわかります．この式は理論的にも重要ですが，回路計算ソフトでも利用されます．ただし，机上で回路方程式を立てる際には，直接法を用いて求めればよいでしょう．

■■■ 演習問題 ■■■

8.1 図 8.20(a)～(r) の各回路において，閉路解析法の回路方程式を求めなさい．

演習問題 215

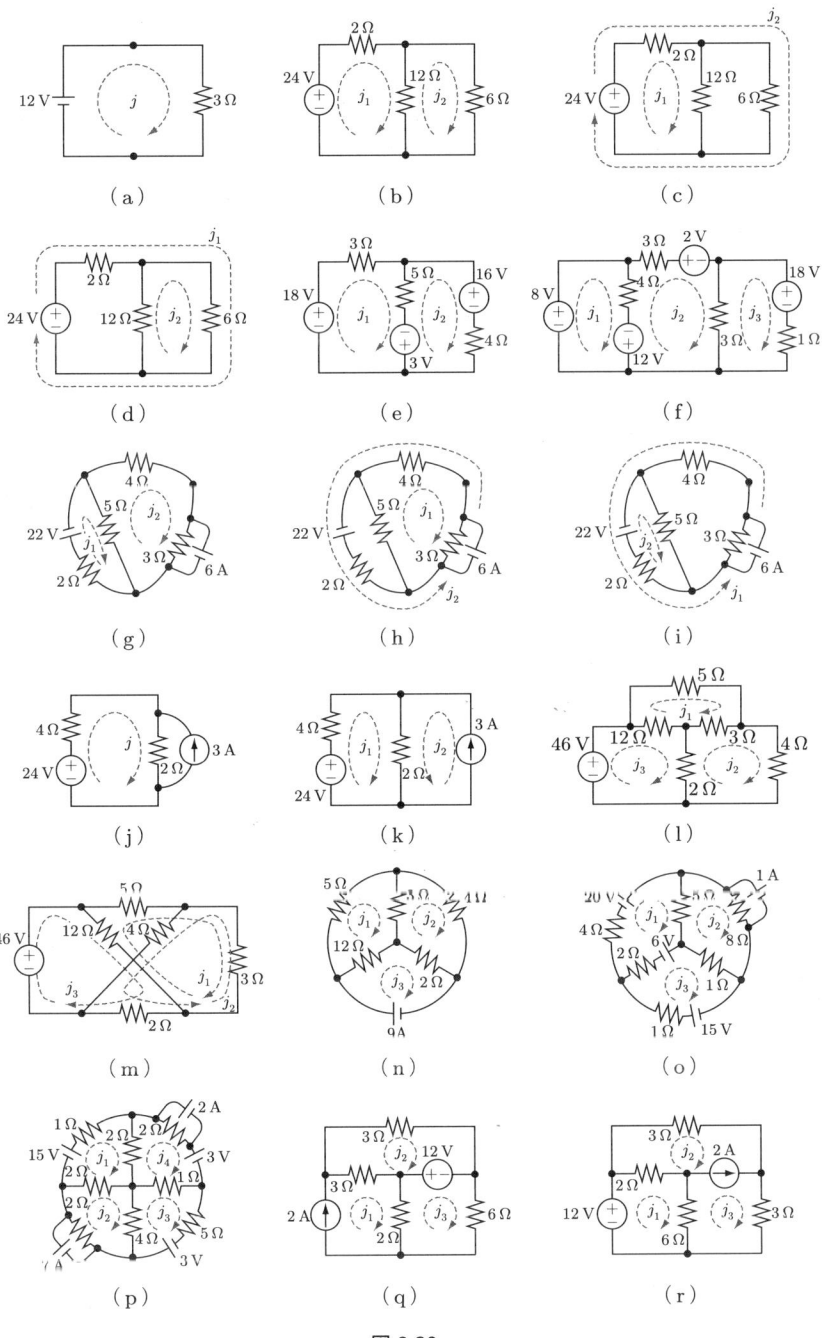

図 8.20

8.2 図 8.21 の回路において，図 (a) のように閉路電流 j_1, j_2 を定め，閉路解析法の回路方程式を立てなさい．また，これを解いて閉路電流を求め，さらに，図 (b) に定める枝電流 i_1～i_4，枝電圧 v_1～v_4 を求めなさい．

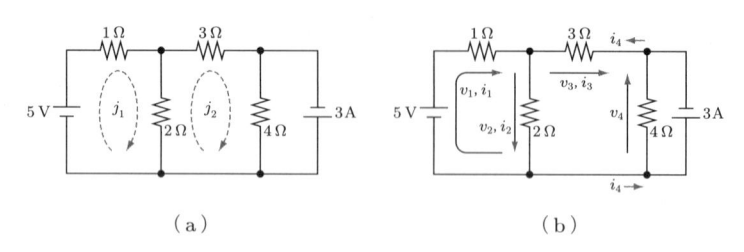

図 8.21

8.3 図 8.22(a)～(c) の回路において，それぞれ図に記す電流 i を求めなさい．

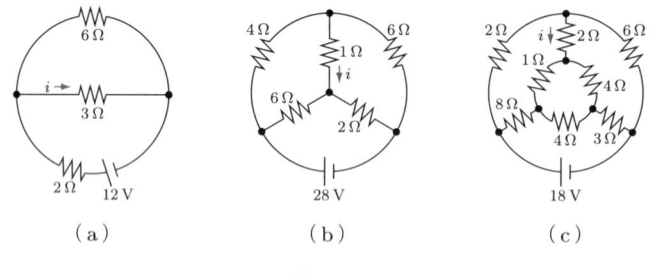

図 8.22

9章　節点解析法

節点解析法は電位を未知数にした解析法で，前回学んだ閉路解析法とならび，よく用いられる回路解析法です．電位を用いると，枝電圧はこの電位を用いて表すことができます．枝電圧は閉路方程式を満たす必要がありますが，電位によって表された枝電圧は，常に閉路方程式を満足します．つまり，電位を考えることで，閉路方程式を考慮する必要がなくなります．このことは，閉路解析法で閉路電流を考えることで，節点方程式を考慮する必要がなくなったのと似ています．

回路の枝の数を b，節点の数を n とするとき，閉路解析法の未知数である閉路電流の数は，独立な閉路方程式の数と等しく $b - n + 1$ 個でしたが，本章で学ぶ節点解析法の未知数である電位の数は，独立な節点方程式の数と等しく $n - 1$ 個になります．特別な事情がないかぎり，未知数の少ないほうを選択するほうが計算に有利だといえます．図 9.1(a)～(c) の例では枝の数はどれも 6 本ですが，節点の数はそれぞれ 4 個，6 個，2 個です．したがって，独立な閉路の数はそれぞれ 3 個，1 個，5 個，独立な節点の数は 3 個，5 個，1 個となります．図 (a) の回路では，閉路解析法でも節点解析法でも未知数の数は同じですが，図 (b) の回路では，閉路解析法のほうが節点解析法より未知数が少なく，図 (c) では，節点解析法のほうが閉路解析法よりも未知数が少なく，解を得るのに有利になります．

節点解析法と閉路方程式とを比較すると，閉路解析法では独立な閉路の選び方を考える必要がありましたが，節点解析法では，独立な節点は n 個の全節点のなかで任意の節点を一つだけ除くだけでよく，除いた節点の電位を電位の基準とすればよいという簡単さがあります．

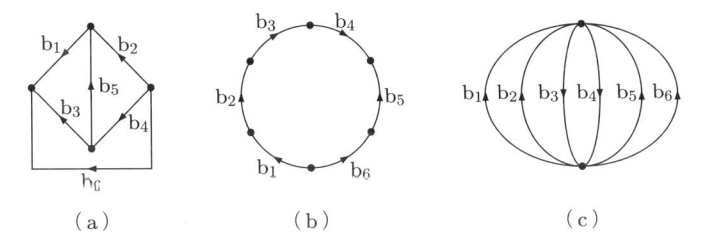

図 9.1　枝の数が 6 本の三つのグラフ

9.1 電位による枝電流の表現

節点解析法では，電位 (節点電位) を未知数として回路方程式を立てます．節点方程式は KCL をもとにした方程式で，節点から出ていく枝電流の代数和がゼロであるというものでした．したがって，電位を未知数として節点方程式を立てるには，枝電流を電位を使って表現する必要があります．具体的な節点解析法は次節で学ぶとして，本節では枝電流を電位で表す練習をしましょう．

図 9.2(a) の 3 Ω の抵抗に流れる電流 i は，両端の電位差 $4-(-2)=6$ V を 3 Ω で割って，2A となります．電流は電位の高いところから電位の低いところへ流れるので，このやり方は自然な感じです．同じ状況で，図 (b) のように逆向きの電流 i' はいくらになるのでしょうか．代数的には当然 -2 A となるはずです．この場合は電位差を $(-2)-4=-6$ V として，これを 3 Ω で割って -2 A となると考えることができます．

これらを図 9.3(a), (b) のように一般化して考え，左の節点 n_1 の電位を e_1，右の節点 n_2 の電位を e_2 とおくと，右向きの電流 i および左向きの電流 i' はそれぞれ

$$i = \frac{e_1 - e_2}{r}, \quad i' = \frac{e_2 - e_1}{r}$$

と表すことができます．

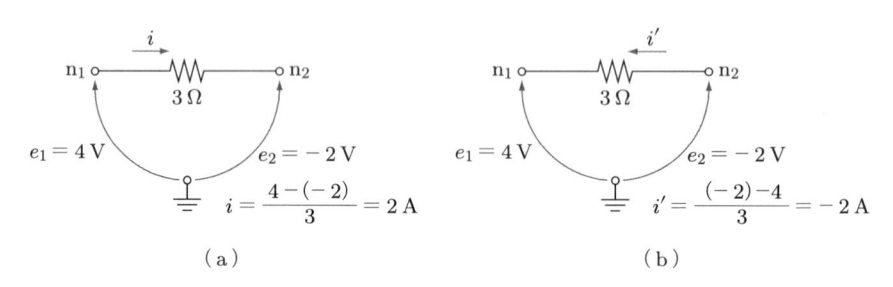

図 9.2 電位を用いた枝電流の計算の具体例

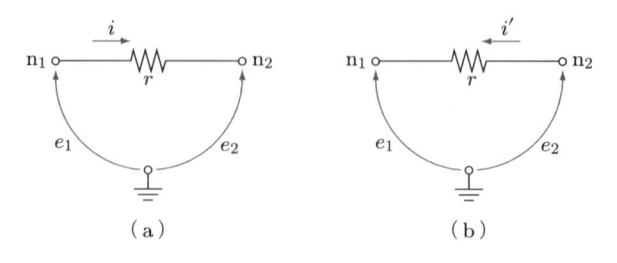

図 9.3 電位と枝電流の関係

両式は異なった表現になっていますが，つぎのように一般化することができます．
$$(抵抗を流れる電流) = \frac{(電流が流れ込む側の電位) - (電流が流れ出る側の電位)}{抵抗値}$$

例題 9.1

図 9.4(a)〜(d) の回路において，電流 i を電位 e_1, e_2 を用いて表しなさい．

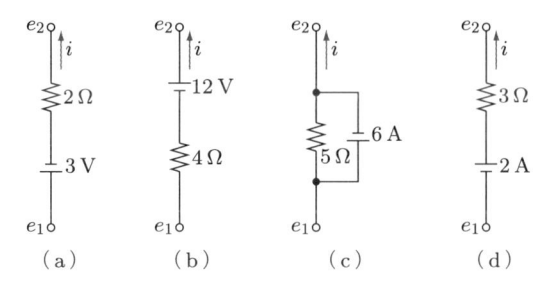

図 9.4

解 (a) $i = \dfrac{(e_1 - 3) - e_2}{2}$, (b) $i = \dfrac{e_1 - (e_2 - 12)}{4}$, (c) $i = \dfrac{e_1 - e_2}{5} - 6$, (d) $i = 2$.

9.2 節点解析法

8.2 節で閉路解析法を紹介したときと同じ回路図 9.5(a) を用いて，節点解析法がどのような解析法なのかを紹介します．

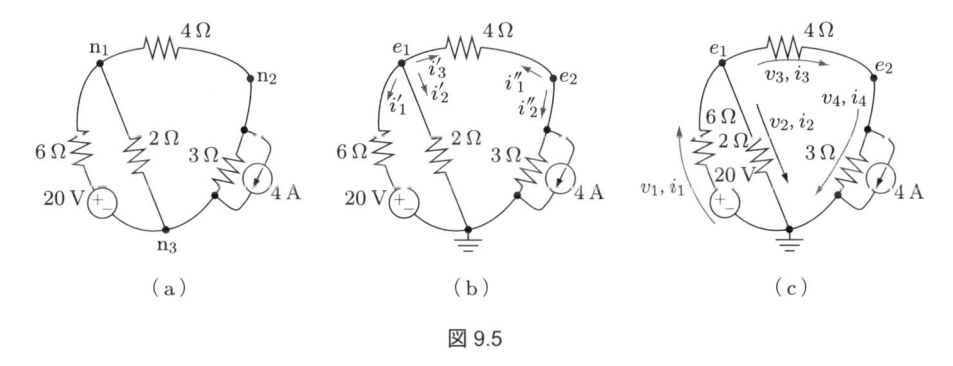

図 9.5

2 章でも説明しましたが，電位を定めるには，電位の基準を定めなければいけません．図 (a) のように，三つの節点を $n_1 \sim n_3$ と記し，節点 n_3 を電位の基準として，図 (b) のように節点 n_1, n_2 の電位を e_1, e_2 とします．

図 (b) のように，節点 n_1 から出て行く枝電流を i'_1, i'_2, i'_3，および節点 n_2 から出て行く枝電流を i''_1, i''_2 とすると，これらの枝電流は，電位 e_1, e_2 を用いてつぎのように表すことができます．

$$i'_1 = \frac{e_1 - (0+20)}{6}, \quad i'_2 = \frac{e_1 - 0}{2}, \quad i'_3 = \frac{e_1 - e_2}{4}$$

$$i''_1 = \frac{e_2 - e_1}{4}, \quad i''_2 = \frac{e_2 - 0}{3} + 4$$

いよいよ，節点解析法の回路方程式を導きましょう．利用するのは，「KCL ③：任意の節点において，流出する枝電流の代数和はゼロに等しい」という関係です．節点 n_1, n_2 においてこれを適用すると，つぎの方程式が得られます．

$$\begin{aligned} n_1: &\quad \frac{e_1 - (0+20)}{6} + \frac{e_1 - 0}{2} + \frac{e_1 - e_2}{4} = 0 \\ n_2: &\quad \frac{e_2 - e_1}{4} + \left(\frac{e_2 - 0}{3} + 4\right) = 0 \end{aligned} \tag{9.1}$$

節点から流れ出る電流を計算するときは，「ある節点から流れ出る電流は，その節点の電位から相手先の電位を引いて抵抗で割る」と覚えておくとよいでしょう．式 (9.1) を整理すると，

$$\begin{cases} n_1: & \left(\dfrac{1}{6} + \dfrac{1}{2} + \dfrac{1}{4}\right)e_1 - \dfrac{e_2}{4} = \dfrac{20}{6} \\ n_2: & -\dfrac{e_1}{4} + \left(\dfrac{1}{4} + \dfrac{1}{3}\right)e_2 = -4 \end{cases} \tag{9.2}$$

となり，この方程式が**節点解析法**の回路方程式です．

解を得るには，分母を払って

$$\begin{cases} 11e_1 - 3e_2 = 40 \\ -3e_1 + 7e_2 = -48 \end{cases}$$

とし，クラメルの公式を用いれば，つぎのように計算できます．

$$e_1 = \frac{\begin{vmatrix} 40 & -3 \\ -48 & 7 \end{vmatrix}}{\begin{vmatrix} 11 & -3 \\ -3 & 7 \end{vmatrix}} = \frac{280 - 144}{77 - 9} = 2\,\text{V}, \quad e_2 = \frac{\begin{vmatrix} 11 & 40 \\ -3 & -48 \end{vmatrix}}{\begin{vmatrix} 11 & -3 \\ -3 & 7 \end{vmatrix}} = \frac{-528 + 120}{77 - 9} = -6\,\text{V}$$

図 (c) のように枝電圧 $v_1 \sim v_4$ および枝電流 $i_1 \sim i_4$ を定めると，これらは以下のように求められます．

$$v_1 = e_1 - 0 = 2 \text{ V}, \qquad i_1 = \frac{(0+20) - e_1}{6} = 3 \text{ A}$$
$$v_2 = 0 - e_1 = -2 \text{ V}, \qquad i_2 = \frac{e_1 - 0}{2} = 1 \text{ A}$$
$$v_3 = e_2 - e_1 = -8 \text{ V}, \qquad i_3 = \frac{e_1 - e_2}{4} = 2 \text{ A}$$
$$v_4 = 0 - e_2 = 6 \text{ V}, \qquad i_4 = \frac{e_2 - 0}{3} + 4 = 2 \text{ A}$$

いかがでしたか．枝の数が $b=4$ 本，節点の数が $n=3$ 個ですから，基礎解析法の未知数の数は $2b = 2 \times 4 = 8$ 個，閉路解析法の未知数の数は $b - n + 1 = 4 - 3 + 1 = 2$ 個でした．これに対して，節点解析法の未知数の数も $n - 1 = 3 - 1 = 2$ 個となり，基礎解析法に比べると閉路解析法も節点解析法も未知数の数がぐんと減りました．ここで取り上げた回路では，閉路解析法も節点解析法も未知数の数が同数ですが，冒頭でも説明したように，回路によっては節点解析法が有利になることもあります．

さて，回路方程式の導出過程をもう一度みてみましょう．最初に導いた方程式は式(9.1)でした．この式は節点方程式ともみなせますが，抵抗値が用いられており，素子方程式が取り込まれているといえます．回路の基礎方程式には，このほかに閉路方程式がありましたが，閉路方程式を意識しなくてもよいところが節点解析法の便利なところです．

節点解析法の手順を整理しておきましょう．

節点解析法の手順

Step 1 $n-1$ 個の電位に対して変数名をつける
- 電位の基準とする節点を定める
- 基準以外の節点の電位に変数名 $e_1, e_2, \cdots, e_{n-1}$ をつける

Step 2 回路方程式を立てる
- 基準以外の節点のそれぞれに KCL を適用して，回路方程式を立てる
- 回路方程式を立てる際の枝電流にあたる項は，素子方程式 (線形抵抗の場合はオームの法則) を利用してすべて電位で表す

Step 3 回路方程式を解く
- 問題によってはすべての解を必要としないで，ある枝電流やある枝電圧を求めるだけでよいことがある．必要とされるものについて解くだけでよい

例題 9.2

図 9.6 の回路の 8Ω の抵抗に流れる電流 i を，節点解析法の手順に従って求めなさい．

解 Step 1 節点 n_4 を電位の基準として，節点 $n_1 \sim n_3$ の電位を $e_1 \sim e_3$ とする．

Step 2 節点 $n_1 \sim n_3$ において KCL ③ を用いると，

$$n_1: \frac{e_1-e_2}{2} + \frac{e_1-e_3}{9} + (-7) = 0$$
$$n_2: \frac{e_2-e_1}{2} + \frac{e_2-e_3}{8} + \frac{e_2-0}{5} = 0$$
$$n_3: \frac{e_3-e_1}{9} + \frac{e_3-e_2}{8} + \frac{e_3-0}{4} = 0$$

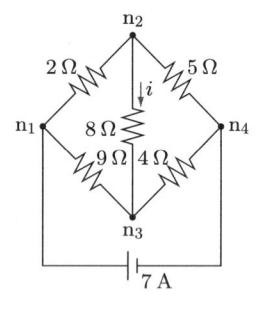

図 9.6

これを整理すると，つぎのようになる．

$$\begin{cases} \left(\frac{1}{2}+\frac{1}{9}\right)e_1 - \frac{1}{2}e_2 - \frac{1}{9}e_3 = 7 \\ -\frac{1}{2}e_1 + \left(\frac{1}{2}+\frac{1}{8}+\frac{1}{5}\right)e_2 - \frac{1}{8}e_3 = 0 \\ -\frac{1}{9}e_1 - \frac{1}{8}e_2 + \left(\frac{1}{9}+\frac{1}{8}+\frac{1}{4}\right)e_3 = 0 \end{cases}$$

Step 3 分母を払って整理すると

$$\begin{cases} 11e_1 - 9e_2 - 2e_3 = 126 \\ -20e_1 + 33e_2 - 5e_3 = 0 \\ -8e_1 - 9e_2 + 35e_3 = 0 \end{cases}$$

これを e_2, e_3 について解くと $e_2=20$ V, $e_3=12$ V. したがって，$i=(e_2-e_3)/8=1$ A.

別解 Step 1 節点 n_3 を電位の基準として，節点 n_1, n_2, n_4 の電位を e_1, e_2, e_4 とする．

Step 2 節点 n_1, n_2, n_4 において KCL ③ を用いると，

$$n_1: \frac{e_1-e_2}{2} + \frac{e_1-0}{9} + (-7) = 0$$
$$n_2: \frac{e_2-e_1}{2} + \frac{e_2-0}{8} + \frac{e_2-e_4}{5} = 0$$
$$n_3: \frac{e_4-e_2}{5} + \frac{e_4-0}{4} + 7 = 0$$

これを整理すると，つぎのようになる．

$$\begin{cases} \left(\frac{1}{2}+\frac{1}{9}\right)e_1 - \frac{1}{2}e_2 = 7 \\ -\frac{1}{2}e_1 + \left(\frac{1}{2}+\frac{1}{8}+\frac{1}{5}\right)e_2 - \frac{1}{5}e_4 = 0 \\ -\frac{1}{5}e_2 + \left(\frac{1}{5}+\frac{1}{4}\right)e_4 = -7 \end{cases}$$

Step 3 分母を払って整理すると，

$$\begin{cases} 11e_1 - 9e_2 = 126 \\ -20e_1 + 33e_2 - 8e_4 = 0 \\ -4e_2 - 9e_4 = -140 \end{cases}$$

これを e_2 について解くと $e_2 = 8$ V．したがって，$i = (e_2 - 0)/8 = 1$ A．

9.3 基礎解析法と節点解析法の関係

前節で解いた回路を図 9.7 に再掲します．図 (a) のように枝 $b_1 \sim b_4$，枝電圧 $v_1 \sim v_4$，枝電流 $i_1 \sim i_4$，また，図 (b) のように節点 $n_1 \sim n_3$ を定め，図 (c) のように節点 n_3 を電位の基準として節点 n_1, n_2 の電位を e_1, e_2 と定めることにします．

回路の基礎解析法の回路方程式はつぎのとおりです．

$$\begin{aligned} n_1: \quad & i_1 - i_2 - i_3 = 0 \\ n_2: \quad & i_3 - i_4 = 0 \end{aligned} \quad (9.3)$$

$$\begin{aligned} l_1: \quad & v_1 + v_2 = 0 \\ l_2: \quad & -v_2 + v_3 + v_4 = 0 \end{aligned} \quad (9.4)$$

$$\begin{aligned} b_1: \quad & i_1 + \frac{v_1}{6} = \frac{20}{6} \\ b_2: \quad & i_2 + \frac{v_2}{2} = 0 \\ b_3: \quad & i_3 + \frac{v_3}{4} = 0 \\ b_4: \quad & i_4 + \frac{v_4}{3} = 4 \end{aligned} \quad (9.5)$$

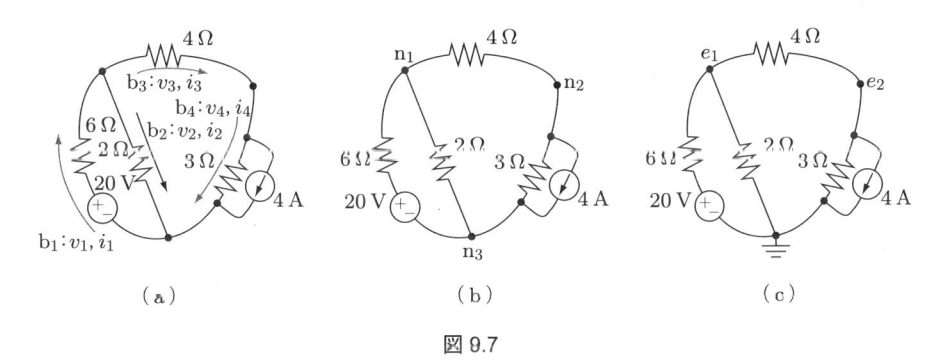

図 9.7

枝電圧 $v_1 \sim v_4$ は，電位 e_1, e_2 を用いてつぎのように表せます．

$$v_1 = e_1 - 0, \quad v_2 = 0 - e_1, \quad v_3 = e_2 - e_1, \quad v_4 = 0 - e_2 \quad (9.6)$$

これらの式を素子方程式に代入すると，つぎの方程式が得られます．

b₁ : $i_1 = \dfrac{20}{6} - \dfrac{v_1}{6} = -\dfrac{1}{6}e_1 + \dfrac{20}{6}$

b₂ : $i_2 = -\dfrac{v_2}{2} = \dfrac{1}{2}e_1$

b₃ : $i_3 = -\dfrac{v_3}{4} = -\dfrac{e_2 - e_1}{4} = \dfrac{1}{4}e_1 - \dfrac{1}{4}e_2$

b₄ : $i_4 = 4 - \dfrac{v_4}{3} = 4 - \dfrac{(-e_2)}{3} = \dfrac{1}{3}e_2 + 4$
(9.7)

これらの枝電流を節点方程式に代入して全式に -1 をかけると，つぎの方程式が得られます．

$$-\left(-\dfrac{1}{6}e_1 + \dfrac{20}{6}\right) + \left(\dfrac{1}{2}e_1\right) + \left(\dfrac{1}{4}e_1 - \dfrac{1}{4}e_2\right) = 0$$
$$-\left(\dfrac{1}{4}e_1 - \dfrac{1}{4}e_2\right) + \left(\dfrac{1}{3}e_2 + 4\right) = 0$$
(9.8)

整理すると，つぎのようになります．

$$\begin{cases} n_1 : & \left(\dfrac{1}{6} + \dfrac{1}{2} + \dfrac{1}{4}\right)e_1 - \dfrac{1}{4}e_2 = \dfrac{20}{6} \\ n_2 : & -\dfrac{1}{4}e_1 + \left(\dfrac{1}{4} + \dfrac{1}{3}\right)e_2 = -4 \end{cases}$$
(9.9)

これが，前節で求めた節点解析法の回路方程式 (9.2) でした．電位を用いると，基礎解析法の素子方程式と節点方程式から節点解析法の回路方程式が得られるということがわかりました．閉路方程式が利用されていないようにも思えますが，電位を考慮した時点で，閉路方程式が取り込まれているのです．実際，つぎに示すように，式 (9.6) を式 (9.4) の左辺に代入すると両式ともゼロになり，閉路方程式が自動的に満たされていることがわかります．

l_1 : $(e_1 - 0) + (0 - e_1) = 0$
l_2 : $-(0 - e_1) + (e_2 - e_1) + (0 - e_2) = 0$

このことは閉路解析法で閉路電流を考えることで，節点方程式が自動的に満たされたのと同じです．

例題 9.3

図 9.8(a) の回路において，以下の問いに答えなさい．

(1) 図 (a) のように電位の基準と電位 e を定め，節点解析法の回路方程式を求めなさい．
(2) 図 (b) のように枝電流 i_1, i_2 と枝電圧 v_1, v_2 を定め，基礎解析法の回路方程式を求めなさい．
(3) 基礎解析法の回路方程式から節点解析法の回路方程式を導きなさい．

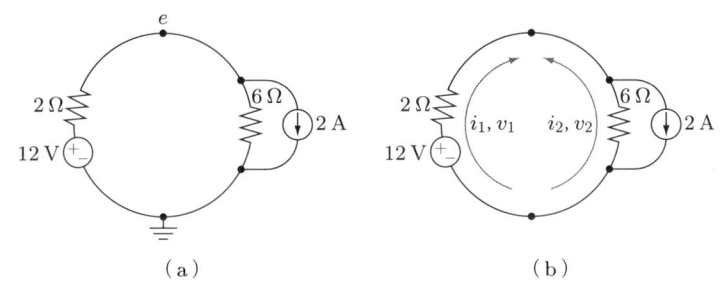

図 9.8

解 (1) KCL により，$\dfrac{e-(0+12)}{2}+\left(\dfrac{e-0}{6}+2\right)=0$. これを整理すると，$\left(\dfrac{1}{2}+\dfrac{1}{6}\right)e=\dfrac{12}{2}+(-2)$ となる．

(2) $i_1+i_2=0$, $v_1-v_2=0$, $i_1+\dfrac{v_1}{2}=\dfrac{12}{2}$, $i_2+\dfrac{v_2}{6}=(-2)$.

(3) $v_1=v_2=e-0$. これを素子方程式に代入して，
$$i_1=\dfrac{12}{2}-\dfrac{v_1}{2}=\dfrac{12}{2}-\dfrac{e}{2}, \quad i_2=(-2)-\dfrac{e}{6}$$
これらを節点方程式に代入すると，$\left(\dfrac{12}{2}-\dfrac{e}{2}\right)+\left(-2-\dfrac{e}{6}\right)=0$ となり，これを整理すると，$\left(\dfrac{1}{2}+\dfrac{1}{6}\right)e=\dfrac{12}{2}+(-2)$ となる．

9.4 節点解析法の回路方程式を直接得る方法

節点解析法を用いて回路方程式を立てるときには，未知数である電位の関係式として求めました．この際，注目している節点に流れ込む枝電流を，それぞれ別々に考えて和をとりました．ところで，このようにして得られた回路方程式 (9.2) を，閉路解析法の直接法と同じように，回路図を見ながら簡単に得る方法があります．図 9.9(a) の回路を用いて説明します．

まず，電源等価変換の定理により電圧源を電流源に置換し，図 (b) の回路に変換しておきましょう．節点 $n_1 \sim n_3$ のうち，節点 n_3 を電位の基準とし，電位 e_1, e_2 を図のように定めます．これまでの方法で「KCL ③：任意の節点において，流出する枝電流の代数和はゼロに等しい」を文字どおり適用すると，つぎの回路方程式が得られます．

$$n_1: \quad \dfrac{e_1-0}{6}+\dfrac{e_1-0}{2}+\dfrac{e_1-e_2}{4}+\left(-\dfrac{20}{6}\right)=0$$

$$n_2: \quad \dfrac{e_2-e_1}{4}+\dfrac{e_2-0}{3}+4=0$$

226　9 章　節点解析法

(a)

(b)

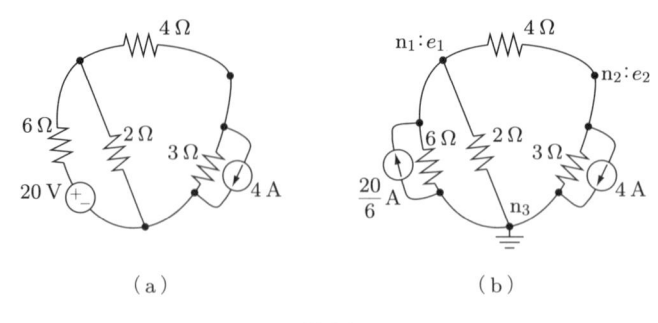

図 9.9

これを整理して，つぎの節点解析法の回路方程式が得られます．

$$\begin{cases} \left(\dfrac{1}{6}+\dfrac{1}{2}+\dfrac{1}{4}\right)e_1 - \dfrac{1}{4}e_2 = \dfrac{20}{6} \\ -\dfrac{1}{4}e_1 + \left(\dfrac{1}{4}+\dfrac{1}{3}\right)e_2 = -4 \end{cases}$$

問題は，回路図である図 (b) を見ながら，この回路方程式が得られないかということです．その前に，KCL ③について考えてみましょう．KCL ③のなかで流出する枝電流といういい方をしていますが，これを抵抗を通って流出する電流と電流源を通って流出する電流とに分け，つぎのように表現することが可能です．

> **KCL ④**
> 任意の節点において，抵抗を通って流出する枝電流の代数和は，電源を通って流入する枝電流の代数和に等しい．

準備はできました．では，閉路解析法の直接法と同様に，回路図から回路方程式を直接得る方法を説明します．

節点 n_1 における節点方程式を考えます．この節点に電源を通って流入する枝電流は $20/6$ A だけです．一方，抵抗を通って流れ出る枝電流は $(e_1-0)/6, (e_1-0)/2, (e_1-e_2)/4$ の三つです．これらの和の e_1 に関する項は，$(1/6+1/2+1/4)e_1$ となります．この項は $e_1 \neq 0, e_2 = 0$ と考えたときに節点 n_1 から抵抗を通って流れ出る電流の代数和と考えることもできます．また，その係数は節点 n_1 に接続する抵抗のコンダクタンスの和になっていることにも注意をしておきましょう．e_2 に関する項は $-e_2/4$ となります．この項は $e_1 = 0, e_2 \neq 0$ と考えたときに節点 n_1 から抵抗を通って流れ出る電流の代数和と考えることができます．その係数は節点 n_1 と節点 n_1 の間の枝の

抵抗のコンダクタンスに負符号がついています．同じように，節点 n_2 における節点方程式を考え，先ほど得られた結果と比較してみてください．このように，回路図を見ながら，電位を用いた回路方程式がただちに得られます．

一般に，閉路解析法の回路方程式をつぎのようにまとめることができます．

節点解析法の回路方程式

$$\begin{pmatrix} g_{11} & g_{12} & \cdots & g_{1,n-1} \\ g_{21} & g_{22} & \cdots & g_{2,n-1} \\ \vdots & \vdots & \ddots & \vdots \\ g_{n-1,1} & g_{n-2,2} & \cdots & g_{n-1,n-1} \end{pmatrix} \begin{pmatrix} e_1 \\ e_2 \\ \vdots \\ e_{n-1} \end{pmatrix} = \begin{pmatrix} J_1 \\ J_2 \\ \vdots \\ J_{n-1} \end{pmatrix}$$

ここで，係数 g_{pq}，定数 J_p はつぎのようにまとめられる．ただし，$p, q = 1, 2, \cdots, n-1$ とする．

e_q： 未知数となる節点 n_q の電位

J_p： 節点 n_p に流れ込む電源電流の代数和

g_{pp}： 節点 n_p につながる枝の抵抗のコンダクタンスの和

g_{pq}： 節点 n_p と節点 n_q との間にある枝のコンダクタンスの代数和に負符号をつけた値

このように，節点解析法の回路方程式の係数や定数項を回路を見ながら直接得る方法を，閉路方程式の場合と同じように，手短に直接法とよぶことにします．

例題 9.4

電位の基準が異なる図 9.10(a)〜(c) の回路がある．それぞれの定め方に応じて，節点解析法による回路方程式を直接法によって求めなさい．

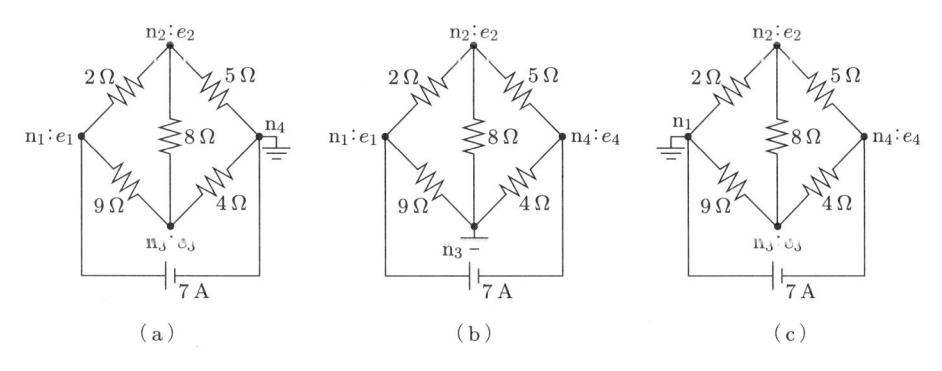

(a)　　　　　　　　　(b)　　　　　　　　　(c)

図 9.10

解 (a) $\begin{cases} \left(\dfrac{1}{2}+\dfrac{1}{9}\right)e_1 - \dfrac{1}{2}e_2 - \dfrac{1}{9}e_3 = 7 \\ -\dfrac{1}{2}e_1 + \left(\dfrac{1}{2}+\dfrac{1}{8}+\dfrac{1}{5}\right)e_2 - \dfrac{1}{8}e_3 = 0 \\ -\dfrac{1}{9}e_1 - \dfrac{1}{8}e_2 + \left(\dfrac{1}{9}+\dfrac{1}{8}+\dfrac{1}{4}\right)e_3 = 0 \end{cases}$

(b) $\begin{cases} \left(\dfrac{1}{2}+\dfrac{1}{9}\right)e_1 - \dfrac{1}{2}e_2 = 7 \\ -\dfrac{1}{2}e_1 + \left(\dfrac{1}{2}+\dfrac{1}{8}+\dfrac{1}{5}\right)e_2 - \dfrac{1}{5}e_4 = 0 \\ -\dfrac{1}{5}e_2 + \left(\dfrac{1}{5}+\dfrac{1}{4}\right)e_4 = -7 \end{cases}$

(c) $\begin{cases} \left(\dfrac{1}{2}+\dfrac{1}{8}+\dfrac{1}{5}\right)e_2 - \dfrac{1}{8}e_3 - \dfrac{1}{5}e_4 = 0 \\ -\dfrac{1}{8}e_2 + \left(\dfrac{1}{9}+\dfrac{1}{8}+\dfrac{1}{4}\right)e_3 - \dfrac{1}{4}e_4 = 0 \\ -\dfrac{1}{5}e_2 - \dfrac{1}{4}e_3 + \left(\dfrac{1}{5}+\dfrac{1}{4}\right)e_4 = -7 \end{cases}$

例題 9.4 の三つの閉路の定め方から，左辺の係数からなる行列について，以下の性質がわかります．

① 対角項の数値はすべて正，非対角項の数値はすべて負である
② 係数行列は対称行列である

まず性質①について説明します．対角項の係数は先ほど示した g_{pp} であり，「節点 n_p につながる枝の抵抗のコンダクタンスの和」です．コンダクタンスはすべて正ですから，その和も正になります．一方，非対角項の係数 g_{pq} は「節点 n_p と節点 n_q との間にある枝のコンダクタンスの代数和に負符号をつけた値」ですから負だとわかります．また，この値は p と q を入れ替えても同じ値になりますから，$g_{pq} = g_{qp}$ であることがわかり，性質②が成り立ちます．この性質②は相反性とよばれますが，ここでは詳しい説明を省きます．

9.5 制約式のある節点解析法

9.4 節では，回路に電圧源がある場合，これを電流源に変換しましたが，本節では，電圧源のまま回路方程式を得る方法を学びます．図 9.11 のように節点 n_0 を加え，この電位を e_0 とすると，節点 $\mathrm{n}_1, \mathrm{n}_2$ での方程式はつぎのようになります．

$\mathrm{n}_1:\quad -\dfrac{1}{6}e_0 + \left(\dfrac{1}{6}+\dfrac{1}{2}+\dfrac{1}{4}\right)e_1 - \dfrac{1}{4}e_2 = 0$

$\mathrm{n}_2:\quad -\dfrac{1}{4}e_1 + \left(\dfrac{1}{4}+\dfrac{1}{3}\right)e_2 = -4$

未知数が 3 個ですから，これら 2 本の方程式だけでは解を得ることができません．しかし，電位 e_0 は電源電圧から，$e_0 = 20\,\mathrm{V}$ という制約が課されます．これらをまとめると，つぎの回路方程式が得られます．

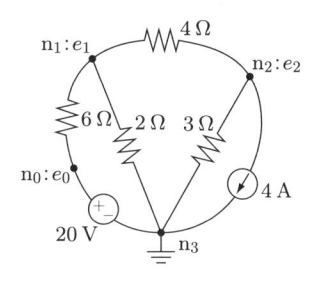

図 9.11　回路例

$$\begin{cases} n_1: & -\dfrac{1}{6}e_0 + \left(\dfrac{1}{6}+\dfrac{1}{2}+\dfrac{1}{4}\right)e_1 - \dfrac{1}{4}e_2 = 0 \\ n_2: & -\dfrac{1}{4}e_1 + \left(\dfrac{1}{4}+\dfrac{1}{3}\right)e_2 = -4 \\ 制約式: & e_0 = 20 \end{cases}$$

はじめの 2 本は KCL を用いて得られた方程式です．最後の 1 本は電圧源の起電圧に関して得られた条件で，このような式を**制約式**とよびます．この方程式を解くと，$e_1 = 2$ V, $e_2 = -6$ V が得られます．

例題 9.5

図 9.12 の回路において，図のように節点 $n_1 \sim n_3$ とその電位を $e_1 \sim e_3$ と定め，制約式を付加する節点解析法を用いて電流 i を求めなさい．

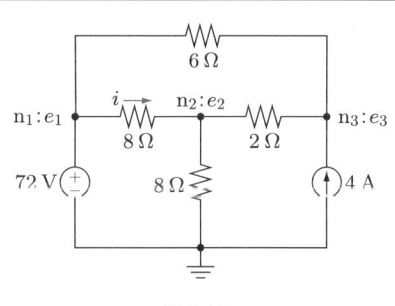

図 9.12

解　Step 2　電位 e_1 は $e_1 = 72$ であり，節点 n_2, n_3 について方程式を立てると，

$$n_2: \quad -\dfrac{1}{8}e_1 + \left(\dfrac{1}{8}+\dfrac{1}{8}+\dfrac{1}{2}\right)e_2 - \dfrac{1}{2}e_3 = 0$$
$$n_3: \quad -\dfrac{1}{6}e_1 - \dfrac{1}{2}e_2 + \left(\dfrac{1}{6}+\dfrac{1}{2}\right)e_3 = 4$$

となる．また，制約式は，つぎのようになる．

　　　制約式：　$e_1 = 72$

Step 3　回路方程式を e_2 について解くと $e_2 = 56$ V．したがって，$i = (72-56)/8 = 2$ A．

■電位の基準を替えた場合

つぎに，図 9.11 とは電位の基準をかえて，図 9.13 のようにとった場合を考えてみましょう．

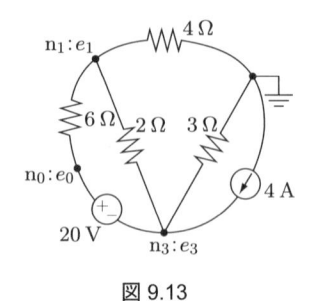

図 9.13

まず，節点 n_1 における方程式は，

$$n_1: \quad -\frac{1}{6}e_0 + \left(\frac{1}{6} + \frac{1}{2} + \frac{1}{4}\right)e_1 - \frac{1}{2}e_3 = 0$$

となります．また，20 V の電圧源から，つぎの式が考えられます．

$$e_0 - e_3 = 20$$

未知数は 3 個で，これまでのところ得られた方程式は 2 本ですから，まだ不足しています．残りの 1 本を立てるために，まず節点 n_0, n_3 での方程式を立てます．節点 n_0, n_3 では，電圧源に流れる電流がわからないので方程式が立てられませんが，ここでは，いったん電圧源を流れる電流を J_0 として，方程式を立ててみます．

$$n_0: \quad \frac{1}{6}e_0 - \frac{1}{6}e_1 = J_0$$

$$n_3: \quad -\frac{1}{2}e_1 + \left(\frac{1}{2} + \frac{1}{3}\right)e_3 = 4 - J_0$$

これらの二つの式を加えるとつぎの式が得られ，これが 3 本目の方程式となります．

$$n_0 + n_3: \quad \frac{1}{6}e_0 - \left(\frac{1}{6} + \frac{1}{2}\right)e_1 + \left(\frac{1}{2} + \frac{1}{3}\right)e_3 = 4$$

3 本の方程式を整理すると，つぎのようになります．

$$n_1: \quad -\frac{1}{6}e_0 + \left(\frac{1}{6} + \frac{1}{2} + \frac{1}{4}\right)e_1 - \frac{1}{2}e_3 = 0$$

$$n_0 + n_3: \quad \frac{1}{6}e_0 - \left(\frac{1}{6} + \frac{1}{2}\right)e_1 + \left(\frac{1}{2} + \frac{1}{3}\right)e_3 = 4$$

$$制約式: \quad e_0 - e_3 = 20$$

■ 超節点

ここで，$n_0 + n_3$ と表した方程式，つまり，節点 n_0, n_3 で得られた方程式の和の方程式について，図 9.14 を用いてもう少し考えてみましょう．

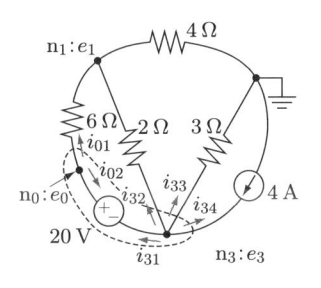

図 9.14 超節点

節点 n_0 から流出する電流を i_{01}, i_{02}，節点 n_3 から流出する電流を $i_{31} \sim i_{34}$ とすると，KCL ③ から，

$$n_0: \quad i_{01} + i_{02} = 0$$
$$n_3: \quad i_{31} + i_{32} + i_{33} + i_{34} = 0$$

となります．両式の和をとって，$i_{02} + i_{31} = 0$ を代入すると，つぎの式が得られます．

$$n_0 + n_3: \quad i_{01} + i_{32} + i_{33} + i_{34} = 0$$

この式は，図 9.14 の節点 n_0 と節点 n_3 を含む破線で囲まれた部分から出て行く電流の和がゼロになることを示しています．当然といえば当然ですが，このような考えから，KCL をつぎのように拡張することができます．

【キルヒホッフの電流の法則】

KCL ①
任意の節点もしくは部分回路において，流入する枝電流の和は流出する枝電流の和に等しい

KCL ②
任意の節点もしくは部分回路において，流入する枝電流の代数和はゼロに等しい

KCL ③
任意の節点もしくは部分回路において，流出する枝電流の代数和はゼロに等しい

> **KCL ④**
> 任意の節点もしくは部分回路において，抵抗を通って流出する枝電流の代数和は，電源を通って流入する枝電流の代数和に等しい

説明をもとにもどしましょう．節点 n_0 と節点 n_3 を含む破線で囲まれた部分回路において，KCL ④を適用して得られる方程式はつぎのとおりです．

$$\frac{e_0 - e_1}{6} + \frac{e_3 - e_1}{2} + \frac{e_3 - 0}{3} = 4$$

これを整理すると，先ほどの $n_0 + n_3$ として表した方程式と同じになります．

$$\frac{1}{6}e_0 - \left(\frac{1}{6} + \frac{1}{2}\right)e_1 + \left(\frac{1}{2} + \frac{1}{3}\right)e_3 = 4$$

この方程式は直接法によって得ることもできます．

ここで考えた部分回路は，電圧源のみからなる枝の両端を含む部分回路でした．このような部分回路を**超節点** (super node) とよびます．電圧源のみからなる枝を含む回路の節点解析では，その両端の節点において節点方程式が得られませんが，超節点において KCL ①〜④を用いれば，節点方程式にかわる方程式が一つ得られます．もう一つは，この超節点の両端の電位の関係式である制約式です．

電圧源を含む回路に節点解析法を用いる場合の注意点を，二つの場合に分けて整理しておきましょう．

● **電圧源が電位の基準とする節点に隣接する場合**

電圧源の両端の 2 節点のうち，電位の基準とならない節点では，未知数である電位を用いて電圧源の枝電流が表せないため，電位を用いた節点方程式は立てられない．しかし，この節点の電位は電圧源の起電圧で表せ，これが制約式となる．

● **電圧源が電位の基準とする節点に隣接しない場合**

電圧源の両端の節点では電位を用いた方程式は立てられない．しかし，両節点からなる超節点において，KCL を利用した電位を用いた方程式が一本得られる．また，両節点の電位差が電圧源の起電圧に等しく，これが制約式になる．

例題 9.6

図 9.15(a) の回路において，図のように節点 n_1, n_2, n_4，電位 e_1, e_2, e_4 を定め，制約式を付加する節点解析法を用いて電流 i を求めなさい．

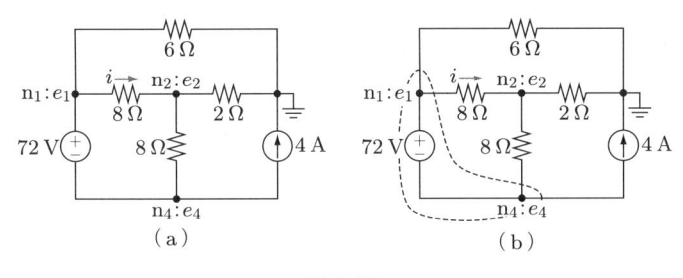

図 9.15

解 Step 1 図 (b) のように，節点 n_1 と節点 n_4 を含む破線で囲まれた部分を超節点 n_1+n_4 とする.
Step 2 節点 n_1 および超節点 n_1+n_4 において，つぎの方程式が得られる.

$$n_2: \quad -\frac{1}{8}e_1 + \left(\frac{1}{8}+\frac{1}{8}+\frac{1}{2}\right)e_2 - \frac{1}{8}e_4 = 0$$

$$n_1+n_2: \quad \left(\frac{1}{6}+\frac{1}{8}\right)e_1 - \left(\frac{1}{8}+\frac{1}{8}\right)e_2 + \frac{1}{8}e_4 = -4$$

また，電圧源の起電圧から，つぎの方程式が得られる.

制約式： $e_1 - e_4 = 72$

Step 3 e_1, e_2 について方程式を解くと $e_1=6$ V, $e_2=-10$ V. したがって，$i=\{6-(-10)\}/8=2$ A.

9.6† 行列表現によるまとめ

8.6 節では，閉路方程式の回路方程式が基礎解析法の回路方程式から導かれることを行列表現を通してみてきました．本節では，節点解析法の回路方程式について同じように考えてみます．8.6 節と同じく，7.7 節で解析した図 7.21 の回路例を図 9.16 として再掲し，この回路を通して説明します．さて，7.7 節で得られた基礎解析法の回路方程式の行列表現式 (7.9)〜(7.11) はつぎのとおりでした．

節点方程式： $A\boldsymbol{i} = \boldsymbol{0}$
閉路方程式： $B\boldsymbol{v} = \boldsymbol{0}$
素子方程式： $\boldsymbol{v} + R\boldsymbol{i} = \boldsymbol{E} + R\boldsymbol{J}$

ただし，

$$A = \begin{pmatrix} 1 & -1 & -1 & 0 \\ 0 & 0 & 1 & -1 \end{pmatrix}, \quad \boldsymbol{i} = \begin{pmatrix} i_1 \\ i_2 \\ i_3 \\ i_4 \end{pmatrix}, \quad B = \begin{pmatrix} 1 & 1 & 0 & 0 \\ 0 & -1 & 1 & 1 \end{pmatrix}, \quad \boldsymbol{v} = \begin{pmatrix} v_1 \\ v_2 \\ v_3 \\ v_4 \end{pmatrix}$$

$$R = \begin{pmatrix} 6 & 0 & 0 & 0 \\ 0 & 2 & 0 & 0 \\ 0 & 0 & 4 & 0 \\ 0 & 0 & 0 & 3 \end{pmatrix}, \quad \boldsymbol{E} = \begin{pmatrix} E \\ 0 \\ 0 \\ 0 \end{pmatrix}, \quad \boldsymbol{J} = \begin{pmatrix} 0 \\ 0 \\ 0 \\ J \end{pmatrix}, \quad \boldsymbol{0} = \begin{pmatrix} 0 \\ 0 \end{pmatrix}$$

としています．枝 $b_1 \sim b_4$，節点 n_1, n_2，閉路 l_1, l_2，枝電流 $i_1 \sim i_4$，枝電圧 $v_1 \sim v_4$ の記号については，7.7 節を参照してください．

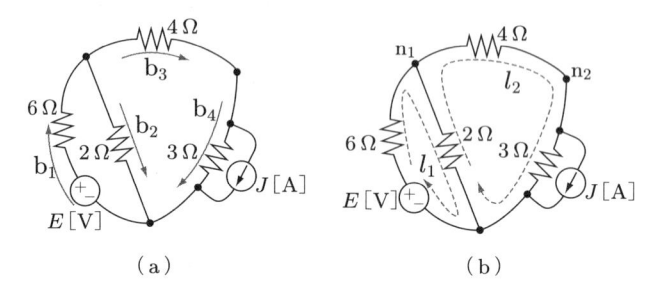

図 9.16 回路例

節点解析法の回路方程式との関連を述べる前に，3 点ほど補足しておきます．まず，素子方程式 $\boldsymbol{v} + R\boldsymbol{i} = \boldsymbol{E} + R\boldsymbol{J}$ の変形についてです．行列 G を $G \equiv R^{-1}$ と定義すると，

$$G \equiv R^{-1} = \begin{pmatrix} 1/6 & 0 & 0 & 0 \\ 0 & 1/2 & 0 & 0 \\ 0 & 0 & 1/4 & 0 \\ 0 & 0 & 0 & 1/3 \end{pmatrix}$$

となり，これをもとの素子方程式 $\boldsymbol{v} + R\boldsymbol{i} = \boldsymbol{E} + R\boldsymbol{J}$ に対して左からかけると，

左辺 $= G(\boldsymbol{v} + R\boldsymbol{i}) = G\boldsymbol{v} + GR\boldsymbol{i} = \boldsymbol{i} + G\boldsymbol{v}$

右辺 $= G(\boldsymbol{E} + R\boldsymbol{J}) = G\boldsymbol{E} + GR\boldsymbol{J} = \boldsymbol{J} + G\boldsymbol{E}$

つまり，次式が得られます．

$$\boldsymbol{i} + G\boldsymbol{v} = \boldsymbol{J} + G\boldsymbol{E}$$

これも素子方程式といいます．

以上の説明がわかりにくい方には，つぎの説明ではどうでしょうか．もとの素子方程式と，それをそれぞれの枝の抵抗で割った式を書き並べてみます．

$$b_1: \quad v_1 + 6i_1 = E \iff b_1: \quad i_1 + \frac{1}{6}v_1 = \frac{E}{6}$$

$$b_2: \quad v_2 + 2i_2 = 0 \iff b_2: \quad i_2 + \frac{1}{2}v_2 = 0$$

$$b_3: \quad v_3 + 4i_3 = 0 \iff b_3: \quad i_3 + \frac{1}{4}v_3 = 0$$

$$b_4: \quad v_4 + 3i_4 = 3J \iff b_4: \quad i_4 + \frac{1}{3}v_4 = J$$

書きあらためた式を行列で表現すると，

$$\begin{pmatrix} i_1 \\ i_2 \\ i_3 \\ i_4 \end{pmatrix} + \begin{pmatrix} 1/6 & 0 & 0 & 0 \\ 0 & 1/2 & 0 & 0 \\ 0 & 0 & 1/4 & 0 \\ 0 & 0 & 0 & 1/3 \end{pmatrix} \begin{pmatrix} v_1 \\ v_2 \\ v_3 \\ v_4 \end{pmatrix} = \begin{pmatrix} 0 \\ 0 \\ 0 \\ J \end{pmatrix} + \begin{pmatrix} 1/6 & 0 & 0 & 0 \\ 0 & 1/2 & 0 & 0 \\ 0 & 0 & 1/4 & 0 \\ 0 & 0 & 0 & 1/3 \end{pmatrix} \begin{pmatrix} E \\ 0 \\ 0 \\ 0 \end{pmatrix}$$

となり，$\boldsymbol{i} + \boldsymbol{Gv} = \boldsymbol{J} + \boldsymbol{GE}$ の形をしていることがわかります．

2点目は電位についてです．電位についてはじめて説明したのは2章でした．電位は水路モデルでは水位，水道管モデルでは水圧に類似した概念でした．ところで，電気回路の基礎をKCL，KVL，素子特性におくと，これらは枝電流，枝電圧の関係を述べた法則で，電位という言葉はどこにもでてきません．2.3節では枝電圧がKVLを満たすということから電位の存在を導きました．電位という概念の存在はKVL，つまり閉路方程式が保証しているといえます．

最後に，枝電圧と電位の関係について補足しておきましょう．節点 n_3 を電位の基準として，節点 n_1, n_2 の電位を e_1, e_2 とすると，

$$v_1 = e_1 - 0, \quad v_2 = 0 - e_1, \quad v_3 = e_2 - e_1, \quad v_4 = 0 - e_2$$

でした．これを行列で表示すると，

$$\boldsymbol{v} = \begin{pmatrix} v_1 \\ v_2 \\ v_3 \\ v_4 \end{pmatrix} = \begin{pmatrix} e_1 - 0 \\ 0 - e_1 \\ e_2 - e_1 \\ 0 - e_2 \end{pmatrix} = \begin{pmatrix} 1 & 0 \\ -1 & 0 \\ -1 & 1 \\ 0 & -1 \end{pmatrix} \begin{pmatrix} e_1 \\ e_2 \end{pmatrix}$$

となります．係数行列を見て何か気がつきますか．何と，この係数行列は節点方程式の係数行列 A の転置行列 A^T になっています．そこで，

$$\boldsymbol{e} = \begin{pmatrix} e_1 \\ e_2 \end{pmatrix}$$

とおくと，つぎのように表現できます．

$$\boldsymbol{v} = A^\mathrm{T} \boldsymbol{e}$$

ちょっと意表をつかれますが，このことは一般にも成り立つ事実です．理由はそれほど難しくありません．説明しましょう．まず，枝電圧を電位で表したときの係数行列の k 行 l 列要素は，枝電圧 v_k の電位 e_l との関与を表しており，節点 n_l に枝 b_k が向かっていれば $+1$，逆向きであれば -1，関係がなければ 0 でした．一方，節点方程式の係数行列 A の k 行 l 列要素は，節点 n_k への枝電流 i_l の流入の有無を表しており，節点 n_k に枝 b_l が向かっていれば $+1$，逆向きであれば -1，流入がなければ 0 でした．枝電圧と電位の関係を表す係数行列の要素と節点方程式の係数行列の要素では添え字が入れ代わっていることがわかります．つまり，これらの係数行列はたがいに転置になっているということです．

道具はそろいました．節点解析法の回路方程式を，基礎解析法のつぎの回路方程式から導いてみましょう．

節点方程式 : $A\boldsymbol{i} = \boldsymbol{0}$

閉路方程式 : $B\boldsymbol{v} = \boldsymbol{0}$

素子方程式 : $\boldsymbol{i} + G\boldsymbol{v} = \boldsymbol{J} + G\boldsymbol{E}$

枝電圧についての閉路方程式による制限から電位の存在が保証され，その係数行列は，節点方程式の係数行列の転置になります．つまり，

枝電圧と節点電位との関係 : $\boldsymbol{v} = A^\mathrm{T} \boldsymbol{e}$

です．さて，素子方程式の左から A をかけると，

$$A\boldsymbol{i} + AG\boldsymbol{v} = A(\boldsymbol{J} + G\boldsymbol{E})$$

となり，節点方程式 $A\boldsymbol{i} = \boldsymbol{0}$ と先ほどの $\boldsymbol{v} = A^\mathrm{T}\boldsymbol{e}$ を代入すると，以下の節点解析法の回路方程式の行列表示が得られます．

$$AGA^\mathrm{T}\boldsymbol{e} = A(\boldsymbol{J} + G\boldsymbol{E}) \tag{9.10}$$

実際に図 9.16 の回路の場合を計算してみると，

$$AGA^\mathrm{T} = \begin{pmatrix} 1 & -1 & -1 & 0 \\ 0 & 0 & 1 & -1 \end{pmatrix} \begin{pmatrix} 1/6 & 0 & 0 & 0 \\ 0 & 1/2 & 0 & 0 \\ 0 & 0 & 1/4 & 0 \\ 0 & 0 & 0 & 1/3 \end{pmatrix} \begin{pmatrix} 1 & 0 \\ -1 & 0 \\ -1 & 1 \\ 0 & -1 \end{pmatrix}$$

$$= \begin{pmatrix} 1/6 & -1/2 & -1/4 & 0 \\ 0 & 0 & 1/4 & -1/3 \end{pmatrix} \begin{pmatrix} 1 & 0 \\ -1 & 0 \\ -1 & 1 \\ 0 & -1 \end{pmatrix}$$

$$= \begin{pmatrix} (1/6)+(1/2)+(1/4) & -1/4 \\ -1/4 & (1/4)+(1/3) \end{pmatrix}$$

$$A(\boldsymbol{J}+G\boldsymbol{E}) = \begin{pmatrix} 1 & -1 & -1 & 0 \\ 0 & 0 & 1 & -1 \end{pmatrix} \left\{ \begin{pmatrix} 0 \\ 0 \\ 0 \\ J \end{pmatrix} + \begin{pmatrix} 1/6 & 0 & 0 & 0 \\ 0 & 1/2 & 0 & 0 \\ 0 & 0 & 1/4 & 0 \\ 0 & 0 & 0 & 1/3 \end{pmatrix} \begin{pmatrix} E \\ 0 \\ 0 \\ 0 \end{pmatrix} \right\}$$

$$= \begin{pmatrix} E/6 \\ -J \end{pmatrix}$$

となりますから，閉路解析法の回路方程式はつぎのように書き表せます．

$$\begin{pmatrix} \dfrac{1}{6}+\dfrac{1}{2}+\dfrac{1}{4} & -\dfrac{1}{4} \\ -\dfrac{1}{4} & \dfrac{1}{4}+\dfrac{1}{3} \end{pmatrix} \begin{pmatrix} e_1 \\ e_2 \end{pmatrix} = \begin{pmatrix} \dfrac{E}{6} \\ -J \end{pmatrix}$$

この結果は，直接法の結果と同じであることを確認してください．

■■ **演習問題** ■■

9.1 図 9.17(a)〜(r) の各回路において，節点解析法の回路方程式を求めなさい．

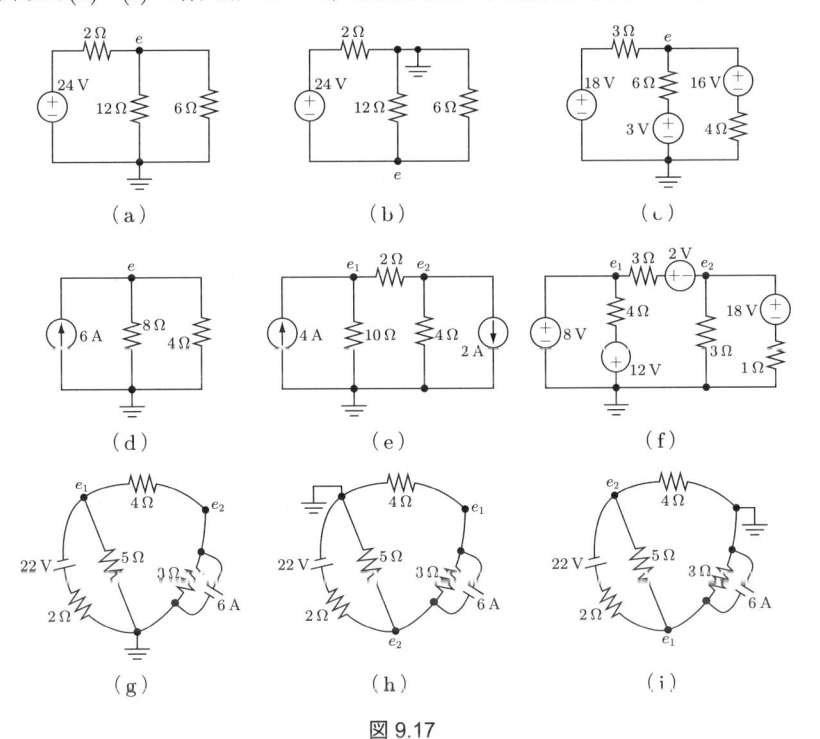

図 9.17

(j) (k) (l)

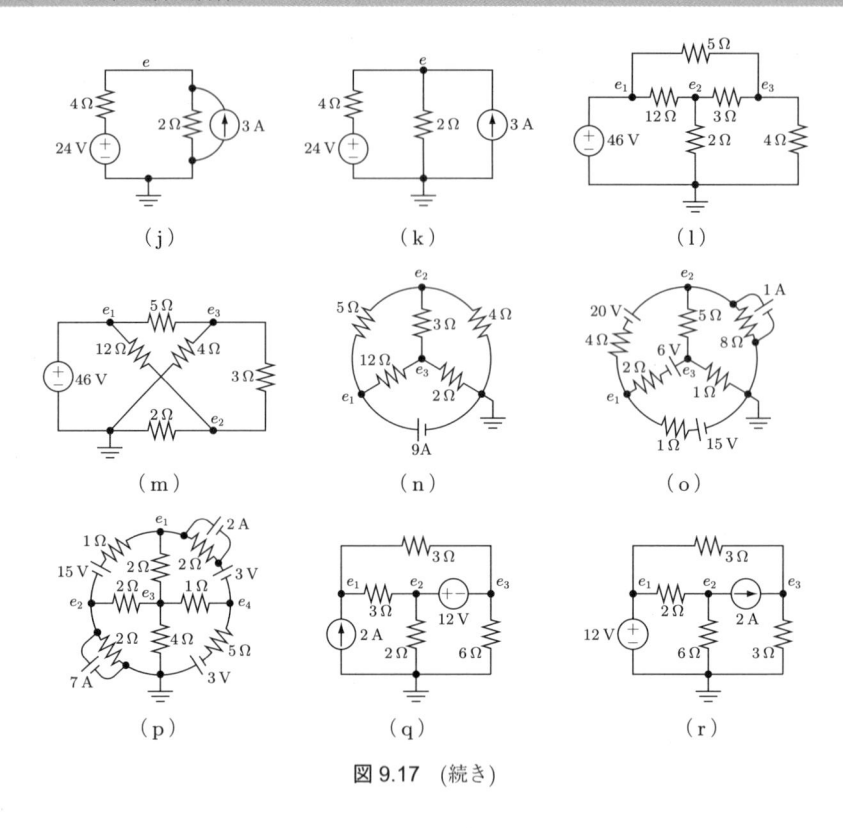

(m) (n) (o)

(p) (q) (r)

図 9.17 （続き）

9.2 図 9.18 の回路において，図 (a) のように電位 e_1, e_2 を定め，節点解析法の回路方程式を立てなさい．また，これを解いて電位 e_1, e_2 を求め，さらに図 (b) に定める枝電圧 $v_1 \sim v_4$，枝電流 $i_1 \sim i_4$ を求めなさい．

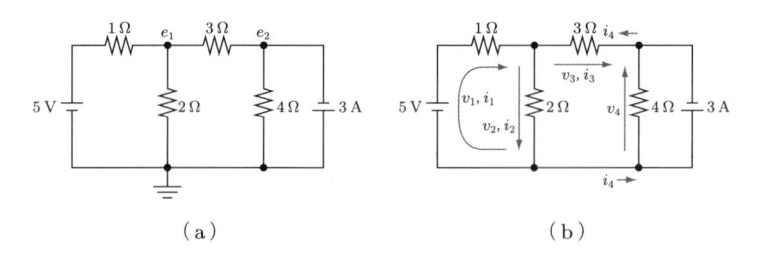

(a) (b)

図 9.18

9.3 図 9.19(a), (b) の回路において，それぞれ図に記す電圧 v を求めなさい．

(a)

(b)

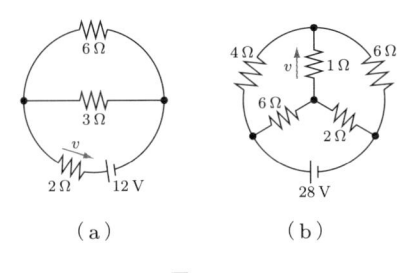

図 9.19

10章 テブナンの定理とノルトンの定理

　図 10.1(a) の回路の抵抗 12 Ω に流れる電流を計算するのに，どれくらいの時間がかかるでしょうか．これまでの解析法を用いると，10 分以上はかかるのではないでしょうか．この電流を数分で計算できる方法があるとしたらどうでしょう．この問題に答えた後で，この抵抗が 24 Ω に変わった場合を計算するようにいわれたらどうしますか．いい加減にしてくれといいたくなるのではないでしょうか．ところが，ある方法を使うと，このように抵抗が変わった場合の計算を 1 分以内に終わらせることができます．その方法というのが，本章で学ぶ**テブナンの定理**と**ノルトンの定理**です．

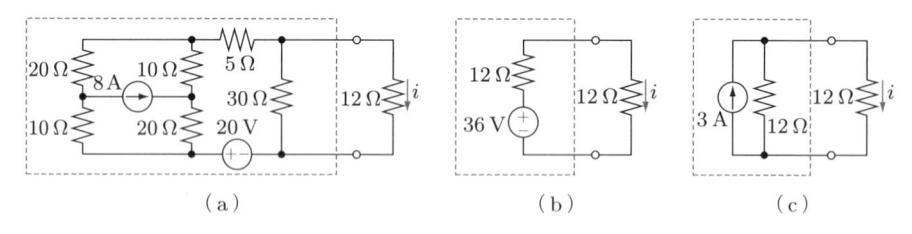

図 10.1　テブナンの定理とノルトンの定理

　テブナンの定理は，図 10.1(a) の破線で囲まれた部分の 1 ポート回路を，図 (b) のように電圧源と抵抗の直列回路に変換できるということを述べた定理です．また，ノルトンの定理は，同じ回路を図 (c) のように電流源と抵抗の並列回路に変換できるという定理です．図 (b), (c) の破線で囲まれた部分の 1 ポート回路は，すでに 3 章で学んだ電源モデルと同じ回路であり，両者が等価であるという条件を述べた定理が**電源等価変換の定理**でした．これらの三つの定理をまとめて，本書では**等価電源の定理**とよぶことにします．

　テブナンの定理やノルトンの定理が利用できるのは線形 1 ポート回路にかぎられるのですが，ことは回路の計算を簡単にするだけではありません．線形 1 ポート回路であれば，いつでも図 (b) や図 (c) の回路に置き換えて考えられることになり，電気回路理論が見透しのよいものになります．

10.1 等価回路

図 10.2 の上下に示すいくつかの回路は，たがいに等価なはたらきをします．図 (a) は 10 Ω の抵抗と 15 Ω の抵抗の直列であり，その合成抵抗は 25 Ω ですから，図 (a′) の回路と等価です．外部から同じ電圧を加えたときには，どちらにも同じ値の電流が流れます．図 (b) は 10 Ω の抵抗と 15 Ω の抵抗が並列になった回路ですが，この合成抵抗は 6 Ω であり，図 (b′) の回路と等価です．図 (c) は起電圧 3 V の電源二つを直列に接続して LED を点灯させた回路で，これは起電圧 6 V の電源をもつ図 (c′) と同じはたらきをします．3 章で学んだ電源モデルには，電圧源を用いた図 (d) と電流源を用いた図 (d′) とがあり，これらがたがいに置換できるとしたのが，電源等価変換の定理です．それぞれの回路において，破線で囲んだ部分の回路構成は異なっていても，それ以外の回路が同じであれば，それらの回路に対しては同じはたらきをします．等価なはたらきをする回路という意味で，たがいを**等価回路**とよんでいます．

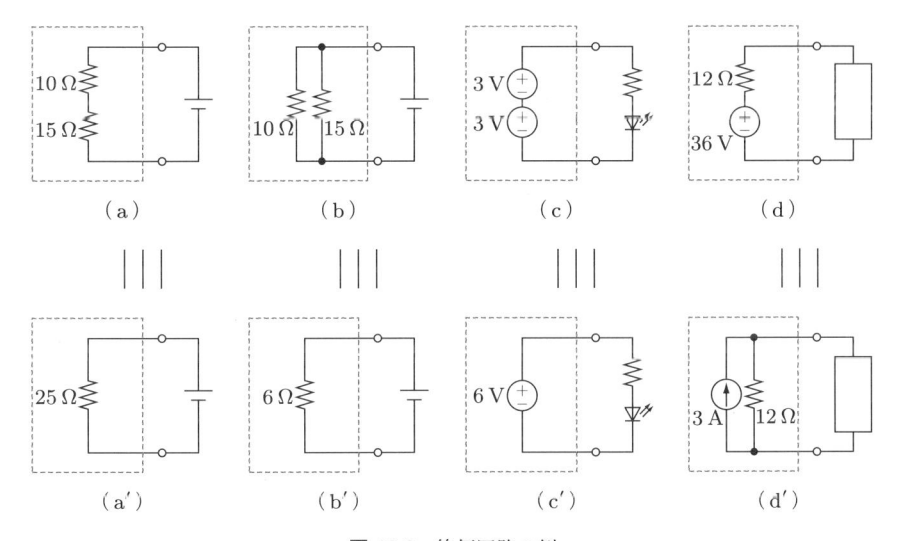

図 10.2 等価回路の例

例題 10.1

電源等価変換の定理を用いて，図 10.3(a) の回路の電圧 v および電流 i を求めなさい．

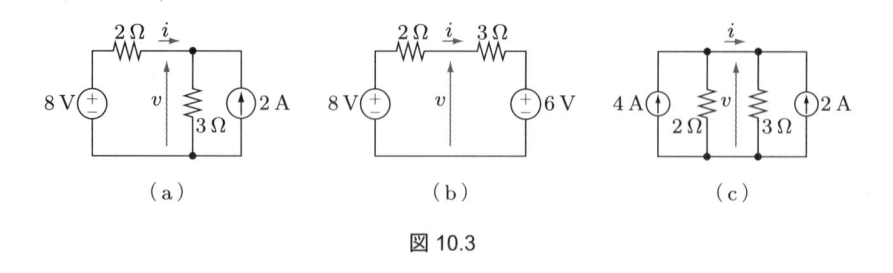

242　10章　テブナンの定理とノルトンの定理

図 10.3

解　2 A の電流源と 3 Ω の抵抗の並列回路を等価変換すると，図 (b) が得られる．これより，$i=(8-6)/(2+3)=0.4$ A．$v=6+3\times 0.4=7.2$ V．

別解　8 V の電圧源と 2 Ω の抵抗の直列回路を等価変換すると，図 (c) が得られる．これより，2 Ω と 3 Ω の抵抗の並列回路全体に $4+2=6$ A が流れることになり，分流の公式から，2 Ω の抵抗には $6\times 3/(2+3)=3.6$ A が流れる．したがって，$v=2\times 3.6=7.2$ V, $i=4-3.6=0.4$ A．

例題 10.2
電源等価変換の定理を用いて図 10.4 の回路の電流 i を求めなさい．

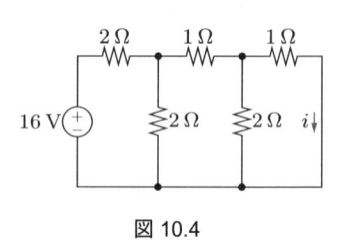

解　図 10.5 に示すように，電源等価変換の定理を順次用いることにより，図 (f) の回路が得られる．分流の公式により，電流 $i=2$ A．

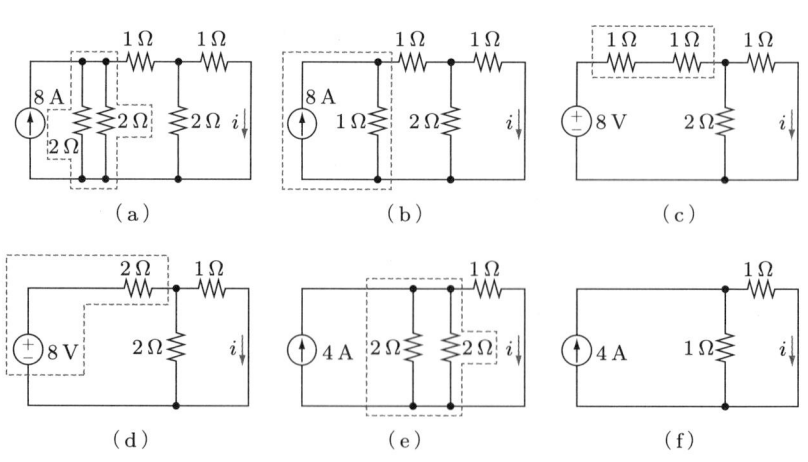

図 10.4

図 10.5

10.2 テブナンの定理とノルトンの定理

本章の冒頭でも述べましたが，図 10.6(a) の回路は図 (b), (c) の回路に置き換えられます．図 (b) の回路に置き換えられることを述べた定理が**テブナンの定理**，図 (c) の回路に置き換えられることを述べた定理が**ノルトンの定理**です．つまり，破線で囲まれた部分の 1 ポート回路はたがいに等価回路であるということです．電源等価変換の定理によれば，図 (b) と図 (c) の回路は等価でした．これらの三つの法則をまとめて**等価電源の定理**とよぶことにします．

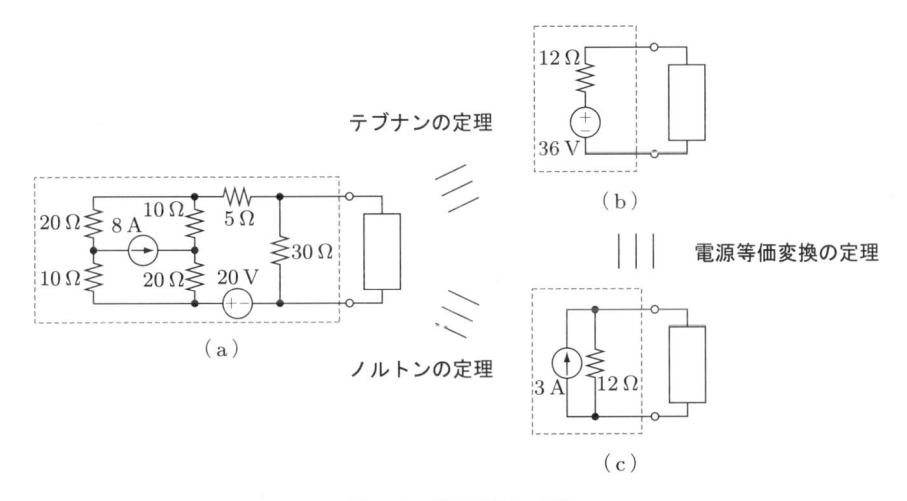

図 10.6 等価電源の定理

問題は，図 (b), (c) の電源の起電圧，起電流，抵抗をどのように定めたらよいのかということになりますが，テブナンの定理とノルトンの定理はそれに答えてくれます．図 10.7, 図 10.8 を参照しながら，それぞれの定理の言葉を噛み締めてください．

直流回路におけるテブナンの定理

回路中の任意の線形 1 ポート回路 N_0 を，起電圧 E_0 の電圧源と抵抗 r_0 の直列回路に置き換えても，外部 1 ポート回路 N の電圧電流分布は変わらない．ここで，E_0 は線形 1 ポート回路 N_0 の開放電圧であり，抵抗 r_0 は線形 1 ポート回路 N_0 の内部抵抗 (つまり，線形 1 ポート回路 N_0 の中の電圧源を取り除いて短絡，電流源を取り除いて開放したときの線形 1 ポート回路 N_0 の合成抵抗) である．

(a) テブナンの定理

(b) 開放電圧 E_0　　(c) 内部抵抗 r_0

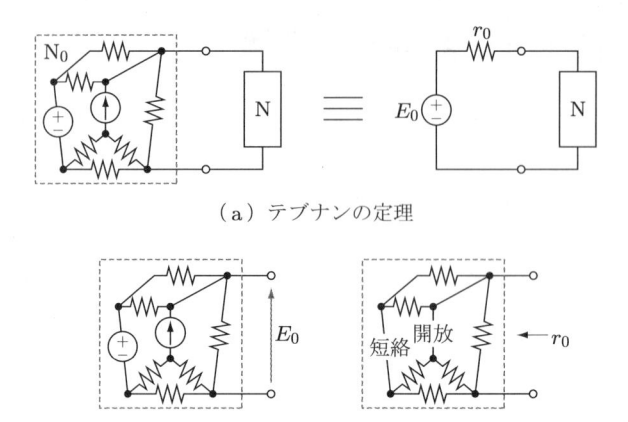

図 10.7　テブナンの定理

直流回路におけるノルトンの定理

回路中の任意の線形 1 ポート回路 N_0 を，起電流 J_0 の電流源と抵抗 r_0 の並列回路に置き換えても，外部 1 ポート回路 N の電圧電流分布は変わらない．ここで，J_0 は線形 1 ポート回路 N_0 の短絡電流であり，抵抗 r_0 は線形 1 ポート回路 N_0 の内部抵抗 (つまり，線形 1 ポート回路 N_0 の中の電圧源を取り除いて短絡，電流源を取り除いて開放したときの線形 1 ポート回路 N_0 の合成抵抗) である．

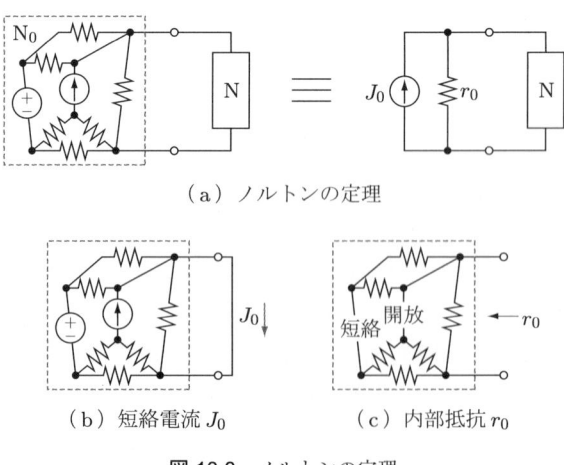

(a) ノルトンの定理

(b) 短絡電流 J_0　　(c) 内部抵抗 r_0

図 10.8　ノルトンの定理

例題 10.3

テブナンの定理およびノルトンの定理を用いて，図 10.9(a)〜(d) の 1 ポート回路の等価回路を求めなさい．

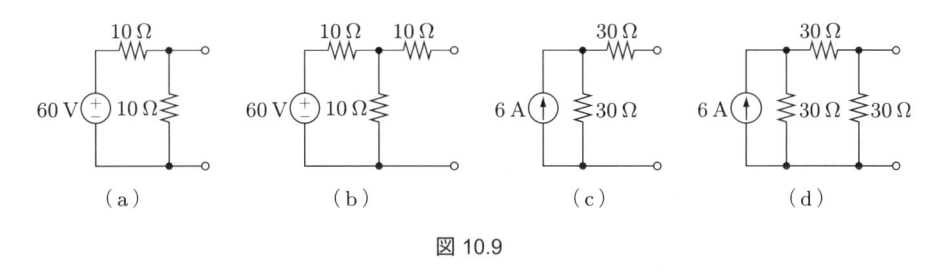

図 10.9

解 テブナンの定理，ノルトンの定理による等価回路を，それぞれ図 10.10，図 10.11 に示す．

図 10.10 テブナンの定理による等価回路

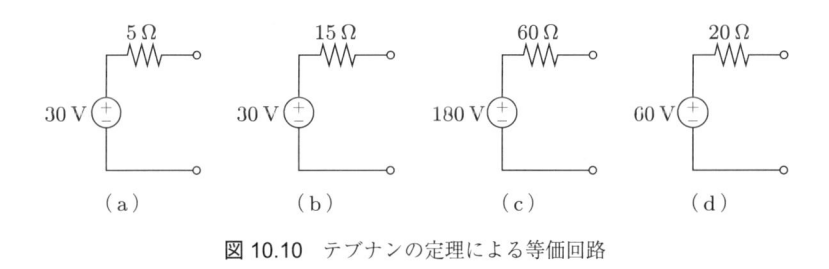

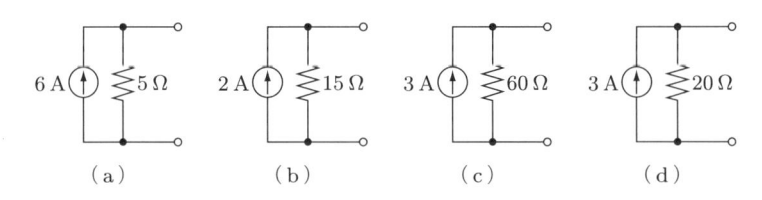

図 10.11 ノルトンの定理による等価回路

(a) 開放電圧は，分圧の公式により 2 分されて 30 V．短絡電流は 60/10=6 A．内部抵抗は二つの 10 Ω 抵抗の並列であるから 5 Ω．
(b) 図 (a) に 10 Ω が直列接続されているだけだから，開放電圧は 30 V のまま．内部抵抗は図 (a) の 5 Ω に 10 Ω を加えて 15 Ω．短絡電流は 60/(10+5)×1/2=2 A．
(c) 開放時には上辺の 30 Ω に電流が流れず，この電圧降下は 0 V，もう一方の 30 Ω の抵抗には 6 A がすべて流れ，この電圧降下は 180 V．したがって，開放電圧は 180 V．短絡電流は 6 A が 2 分されて 3 A．内部抵抗は，電流源を開放すると，二つの 30 Ω 抵抗の直列であるから 60 Ω．

(d) 図 (c) に 30 Ω が並列に入るため，短絡電流は 3 A のまま．内部抵抗は 60 Ω と 30 Ω の並列で 20 Ω．開放電圧は $3 \times 20 = 60$ V．

例題 10.4

図 10.12 の回路において，図に示す電流 i を以下の方法を用いて求めなさい．

(1) 全電流を求めた後，分流の公式を用いる
(2) 先に分圧の公式を用いる
(3) テブナンの定理
(4) ノルトンの定理

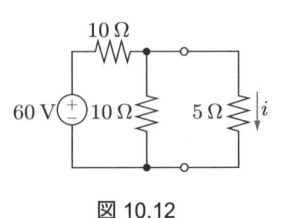

図 10.12

解 (1) 全電流は $60 / \left(10 + \dfrac{10 \times 5}{10 + 5}\right)$，分流の公式を用いて
$i = 60 / \left(10 + \dfrac{10 \times 5}{10 + 5}\right) \times \dfrac{10}{10 + 5} = 3$ A．

(2) 抵抗 5 Ω に加わる電圧は，分圧の公式により，
$60 \times \left(\dfrac{10 \times 5}{10 + 5}\right) / \left(10 + \dfrac{10 \times 5}{10 + 5}\right)$，したがって，
$i = 60 \times \left(\dfrac{10 \times 5}{10 + 5}\right) / \left(10 + \dfrac{10 \times 5}{10 + 5}\right) \div 5 = 3$ A．

(3) テブナンの定理を用いるとして，抵抗 5 Ω を取り外したときの開放電圧 E_0 は分圧の公式から，$E_0 = 10/(10+10) \times 60 = 30$ V．また，内部抵抗 r_0 は，電圧源がはたらかない (0 V) として，$r_0 = (10 \times 10)/(10+10) = 5$ Ω．したがってテブナンの定理により，図 10.13 の等価回路を得る．右端の抵抗 5 Ω に流れる電流 i は，$i = E_0/(r_0 + 5) = 30/(5+5) = 3$ A．

(4) ノルトンの定理を用いるとして，抵抗 5 Ω を取り外したときの短絡電流 J_0 は，$J_0 = 60/10 = 6$ A．また，内部抵抗 r_0 は，前問と同様にして 5 Ω である．したがって，ノルトンの定理により，図 10.14 の等価回路を得る．右端の抵抗 5 Ω に流れる電流 i は，2 分して 3 A．

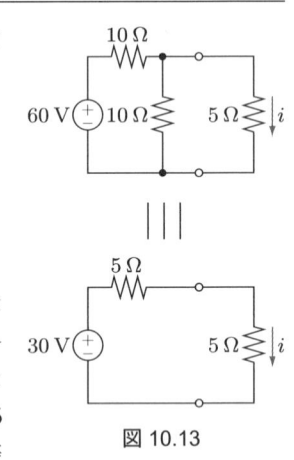

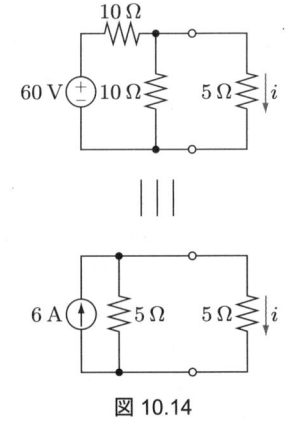

図 10.13

図 10.14

例題 10.5

図 10.15(a) の回路において，豆電球に流れる電流と豆電球の電圧降下を求めなさい．ただし，豆電球の電流電圧特性は図 (b) のとおりである．

(a)

(b)

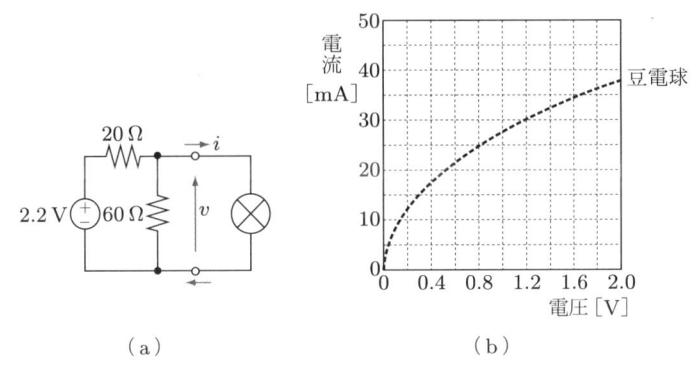

図 10.15

解 豆電球を除いた部分の回路の開放電圧は，分圧の公式により $2.2 \times 60/(20+60) = 1.65$ V，内部抵抗は $20 \times 60/(20+60) = 15$ Ω．テブナンの定理により，この回路の電圧電流特性の式は，
$$v + 15i = 1.65.$$

この式を図 (b) のグラフに描くと図 10.16 のようになり，その交点から，$v = 1.2$ V，$i = 30$ mA．

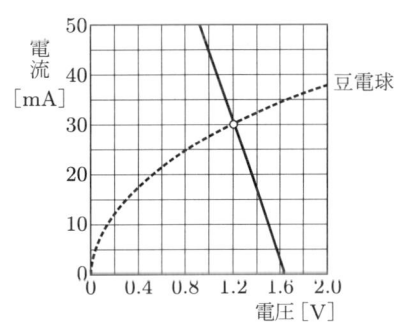

図 10.16

10.3 線形1ポート回路の同定

前節では，電源と抵抗からなる線形1ポート回路の内部構成から，これらを簡単な回路に等価変換する方法について，二つの定理を紹介しました．本節では，この回路を外部から観察して特定する方法を考えます．

さて，テブナンの定理では開放電圧 E_0 と内部抵抗 r_0，ノルトンの定理では短絡電流 J_0 と内部抵抗 r_0 がわかれば，線形1ポート回路を特定できました．開放電圧や短絡電流は電圧計や電流計で観測できます．一方，内部抵抗は内部の電源がはたらかな

い，つまり，電圧源は起電圧が0Vとなって短絡状態，電流源は起電流が0Aになって開放状態にして計測する必要がありますが，このような状態をつくり出すことが難しい場合もあります．しかし，テブナンの定理で得られた回路とノルトンの定理で得られた回路はたがいに等価ですから，電源等価変換の定理から，$E_0 = r_0 J_0$ が成り立ちます．この式から，内部抵抗 r_0 は次式で求められることがわかります．

$$r_0 = \frac{E_0}{J_0}$$

ただし，電池などでは短絡電流を測るのは危険ですので，注意が必要です．

例題 10.6

図 10.17 のような線形 1 ポート回路 N を含む回路がある．スイッチ S を a に倒したときの電圧計は 30 V を示し，b に倒したときは電流計は 0.6 A を示した．スイッチ S を c に倒して抵抗 100 Ω を接続するとき，電流計および電圧計はいくらを示すか．ただし，電流計の内部抵抗は 0 Ω，電圧計の内部抵抗は無限大とする．

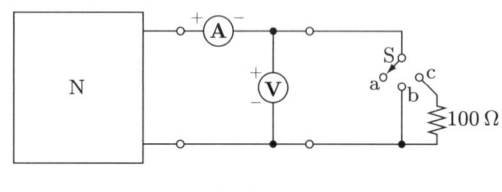

図 10.17

解 線形 1 ポート回路 N の内部抵抗は 30/0.6＝50 Ω．これより，100 Ω の抵抗に流れる電流は 30/(50＋100)＝0.2 A．電圧降下は 100×0.2＝20 V．したがって，電流計および電圧計は，それぞれ 0.2 A，20 V を示す．

例題 10.7

図 10.18 のような線形 1 ポート回路 N を含む回路がある．この 1 ポート間に，ある抵抗を接続したところ，電流が 4 mA，電圧降下が 2 V であった．さらに，別の抵抗を接続したときにはそれぞれ 3 mA，3 V であった．2 kΩ の抵抗を接続したとき，この抵抗を流れる電流とその電圧降下を求めなさい．

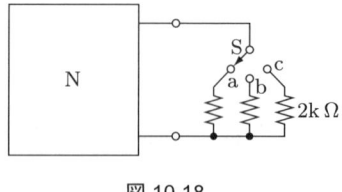

図 10.18

解 線形 1 ポート回路 N の開放電圧，内部抵抗をそれぞれ E, r とすると，テブナンの定理から，この回路は起電力 E の電圧源と抵抗 r の直列回路と等価である．この回路に外部の回路を接続したときに流れる電流を i，端子電圧を v とすると，$v + ri = E$ であり，題意より，つぎの方程式が得られる．

$$\begin{cases} 2+4\mathrm{m} \times r = E \\ 3+3\mathrm{m} \times r = E \end{cases}$$

これを解くと $r=1$ kΩ, $E=6$ V. したがって，2 kΩ の抵抗を接続したときの電流は $6/(1\mathrm{k}+2\mathrm{k})=2$ mA，電圧降下は $2\mathrm{m} \times 2\mathrm{k} = 4$ V.

例題 10.8

図 10.19 の回路において，スイッチ S を開いたときの電圧計の電圧は 30 V であった．閉じたときの電圧計にかかる電圧を求めなさい．ただし，電圧計の内部抵抗は無限大とする．

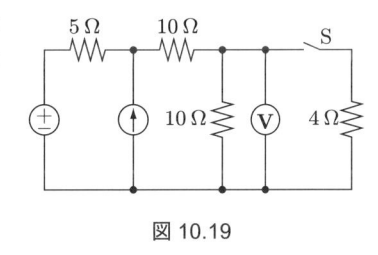

図 10.19

解 開放電圧は，題意から，$E_0 = 30$ V．内部抵抗は $r_0 = \{(5+10) \times 10\}/\{(5+10)+10\} = 6$ Ω であるから，テブナンの定理および分圧の公式により，$4/(6+4) \times 30 = 12$ V.

10.4† テブナンの定理の証明

対象とする線形 1 ポート回路に対し，図 10.20(a) のように，外部に電流源を接続して強制的に電流 i を流すことを考えましょう．線形 1 ポート回路の中に複数個の電圧源と電流源があり，電圧源の起電圧を $E_1, \cdots, E_m$，電流源の起電流を $J_1, \cdots, J_n$ とすると，線形 1 ポート回路の端子電圧は，重ね合わせの定理から，つぎのように表すことができます．

$$v = A_0 i + A_1 E_1 + \cdots + A_m E_m + A_{m+1} J_1 + \cdots + A_{m+n} J_n \quad (10.1)$$

ここで $A_0, A_1, \cdots, A_{m+n}$ は定数です．流す電流を $i=0$ とすると，端子電圧 v は開放電圧 E_0 となり，$v = E_0$ であるので，これを式 (10.1) に代入すると，次式のようになります．

$$E_0 = A_1 E_1 + \cdots + A_m E_m + A_{m+1} J_1 + \cdots + A_{m+n} J_n \quad (10.2)$$

また，線形 1 ポート回路の電源がすべてはたらかないときは $E_1 = E_2 = \cdots = E_m = 0$, $J_1 = J_2 = \cdots = J_m = 0$ で，このときの端子電圧 v と電流 i の比が内部抵抗 r_0 ですので，

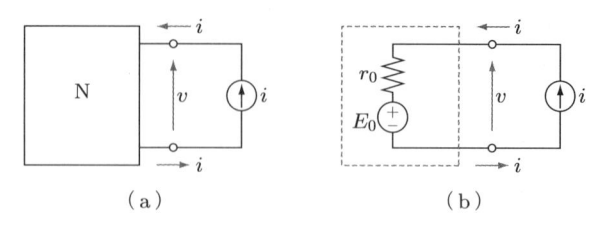

図 10.20　証明のための説明図

$$r_0 \equiv \left.\frac{v}{i}\right|_{\text{内部電源がはたらかない}} = \frac{A_0 i}{i} = A_0 \qquad (10.3)$$

となります．式 (10.2), (10.3) を式 (10.1) に代入すると，$v = r_0 i + E_0$．つまり，図 (b) のように，起電圧 E_0 の電圧源と内部抵抗 r_0 の直列回路と等価であることがわかります．(証明終)

10.5† ノルトンの定理の証明

テブナンの定理と電源等価変換の定理から，ノルトンの定理が得られことは明らかです．しかし，ここでは，テブナンの定理の証明と同じように，重ね合せの定理から直接証明することにします．

対象とする線形 1 ポート回路に対し，図 10.21(a) のように外部に電圧源を接続し，電圧 v を加えます．線形 1 ポート回路に流れる電流 i は，重ね合わせの定理から，つぎのように表すことができます．

$$i = B_0 v + B_1 E_1 + \cdots + B_m E_m + B_{m+1} J_1 + \cdots + B_{m+n} J_n \qquad (10.4)$$

ここで $B_0, B_1, \cdots, B_{m+n}$ は定数です．加える電圧を $v = 0$ とすると，これは電圧源を短絡したことを意味し，流れる電流 i は短絡電流 J_0 となりますが，向きを考慮すると，

$$-J_0 = B_1 E_1 + \cdots + B_m E_m + B_{m+1} J_1 + \cdots + B_{m+n} J_n \qquad (10.5)$$

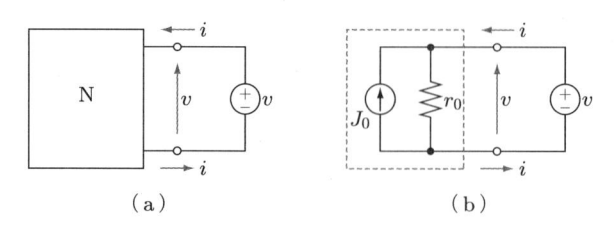

図 10.21　証明のための説明図

となります．また，線形1ポート回路の電源がすべてはたらかないときは $E_1 = E_2 = \cdots = E_m = 0$, $J_1 = J_2 = \cdots = J_m = 0$ で，このときの端子電圧 v と電流 i の比が内部抵抗 r_0 ですので，

$$r_0 \equiv \left.\frac{v}{i}\right|_{\text{内部電源がはたらかない}} = \frac{v}{B_0 v} = \frac{1}{B_0} \tag{10.6}$$

式 (10.5), (10.6) を式 (10.4) に代入すると，$i = v/r_0 - J_0$. つまり，図 (b) のように，起電流 J_0 の電流源と内部抵抗 r_0 の並列回路と等価であることがわかります．(証明終)

10.6† テブナンの定理とノルトンの定理の適用範囲

テブナンの定理とノルトンの定理の証明が終わりましたが，注意すべきことが2点あります．

① 置換の対象となる1ポート回路は線形であること

証明では，外部回路の部分に任意の電流を流したり任意の電圧を加えたりするための電流源や電圧源を考えました．しかし，問題としたのは対象となる1ポート回路で，その電圧と電流の関係がどのようなものであるかを検討し，重ね合わせの定理を利用しました．重ね合わせの定理が利用できるのは線形回路ですから，対象となる1ポート回路は線形回路である必要があります．

ところで，線形回路の構成要素は，これまでのところ，線形抵抗と電圧源，電流源です．将来は線形回路をもっと広い意味に拡張して考え，電源も交流になったり，素子もインダクタやキャパシタなどを含むようになりますが，そのときも重ね合わせの定理が成り立ちます．したがって，用語については一部に変更が必要ですが，同じ形式のテブナンの定理とノルトンの定理が得られます．

② 置換の対象となる回路以外の外部回路は非線形でもかまわない

重ね合わせの定理は，回路全体が線形回路である必要がありましたが，テブナンの定理やノルトンの定理では，外部回路の部分については何の制約もなく，非線形回路でもかまいません．例題 10.6 はそのような例でした．

以上を図に表すと，図 10.22 のようになります．

10章 テブナンの定理とノルトンの定理

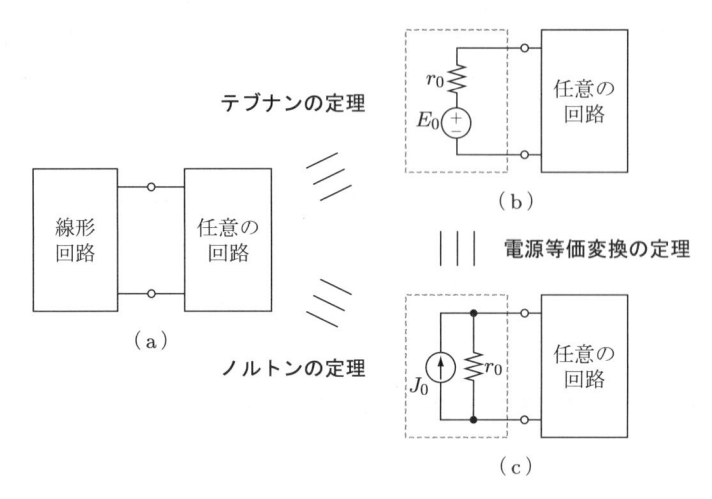

図 10.22 等価電源の定理

■■■ 演習問題 ■■■

10.1 テブナンの定理およびノルトンの定理を用いて，図 10.23(a)～(d) の 1 ポート回路の等価回路を求めなさい．

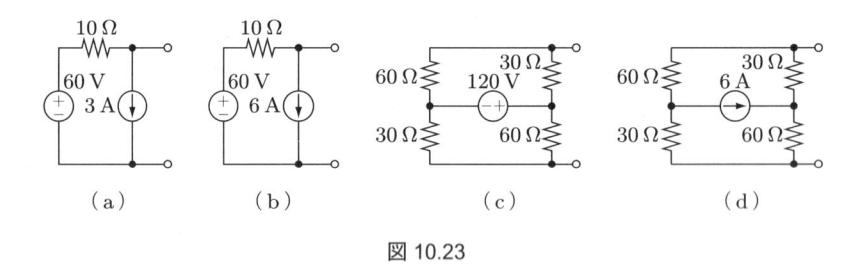

図 10.23

10.2 図 10.24 の回路でスイッチ S を開いたとき，電圧計は 12 V を示した．スイッチ S を閉じたときの電圧計の示す値を求めなさい．ただし，電圧計の内部抵抗は無限大とする．

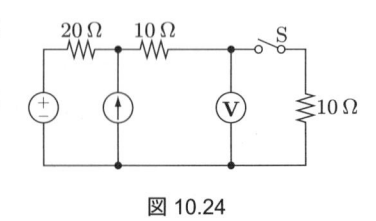

図 10.24

10.3 図 10.25 の回路において，スイッチ S を閉じたときと開いたときのそれぞれの場合について，電流計に流れる電流を求めなさい．ただし，電流計の内部抵抗は 0 Ω とする．

図 10.25

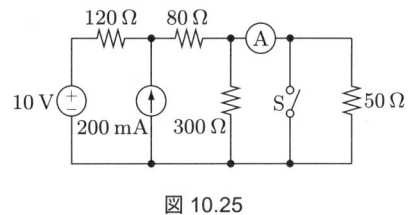

10.4 図 10.26 の回路において，スイッチ S を開いたときと閉じたときのそれぞれの場合について，電圧計の示す値を求めなさい．ただし，電圧計の内部抵抗は無限大とする．

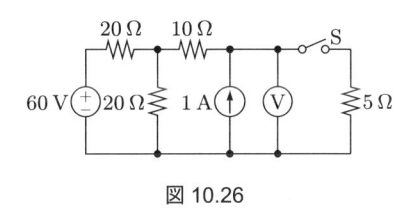

図 10.26

10.5 図 10.27 の回路において，スイッチ S を閉じたときと開いたときのそれぞれの場合について，電流計に流れる電流を求めなさい．ただし，電流計の内部抵抗は 0 Ω とする．

図 10.27

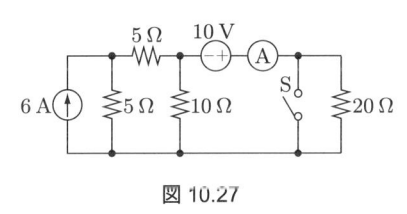

10.6 図 10.28 の回路でスイッチ S を a に倒したとき，電圧計 V の示す値を求めなさい．また，スイッチ S を b に倒したとき，電流計 A の示す値を求めなさい．ただし，電流計の内部抵抗は 0 Ω，電圧計の内部抵抗は無限大とする．

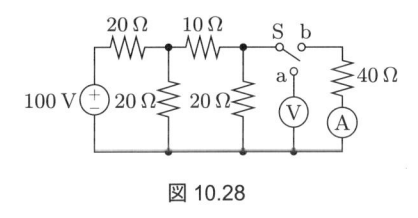

図 10.28

11章　従属電源を含む回路の解析

3章では，直流の電圧源と電流源を紹介しました．そこでは，電圧源の電源電圧を起電圧，電流源の電源電流を起電流とよびました．また，電池などの一般の直流電源も，電圧源と抵抗の直列回路，もしくは電流源と抵抗の並列回路で近似的にモデル化できることも紹介しました．ところで，これから先に学んでいく新たな電気素子 (多くは電子素子とよぶほうがふさわしい) のなかには，それらをモデル化するときに，起電圧や起電流がほかの枝に流れる電圧や電流によって変化するような電源を考えると都合がよいものがいくつかあります．たとえば，変成器結合インダクタやトランジスタなどです．二つの枝があり，一方の枝電流や枝電圧によりほかの枝電流や枝電圧が制御される電源は，**従属電源**といいます．これに対し，これまでに学んだような，ほかの枝の枝電流や枝電圧に無関係に起電圧や起電流が一定の電源を**独立電源**とよびます．

結合インダクタは23章で詳しく説明しますが，トランジスタは電子回路という科目で学びます．回路解析法を学んだいま，従属電源を含んだ回路解析について総合的な立場で学んでおいたほうがあとあと理解しやすいとの考えから，本章では，4種類の従属電源と，それらを含んだ回路の解析法について学びます．

11.1　従属電源

まず，図 11.1(a) の回路を見てみましょう．回路を二つに分けて描いていますが，二つの回路は連動しています．四角の電気記号で表されているのはここで初めて登場する電流源で，その横の添え字 $100i$ は，その起電流が別の 1 kΩ の抵抗に流れる電流 i の 100 倍の電流を流すことを意味しています．左の回路では，0.2 V の電圧源が 3 kΩ と 1 kΩ の直列になっていますから，ここに流れる電流 i は，$i = 0.2/(3\mathrm{k}+1\mathrm{k}) = 50$ μA．したがって，右の回路の電流源にはその 100 倍の $100i = 100 \times 50\mathrm{μ} = 5$ mA が流れ，抵抗 500 Ω の電圧降下 v は，$v = 500 \times 5\mathrm{m} = 2.5$ V となります．同様に，図 (b) の回路の四角の記号は電圧源ですが，横の添え字 $10v$ は，この起電圧が 1 kΩ の抵抗の電圧降下 v の 10 倍だということを意味しています．1 kΩ の抵抗の電圧降下 v は，0.2 V を 3 kΩ と 1 kΩ で分圧していますから 50 mV，電圧源の起電圧はその 10

11.1 従属電源

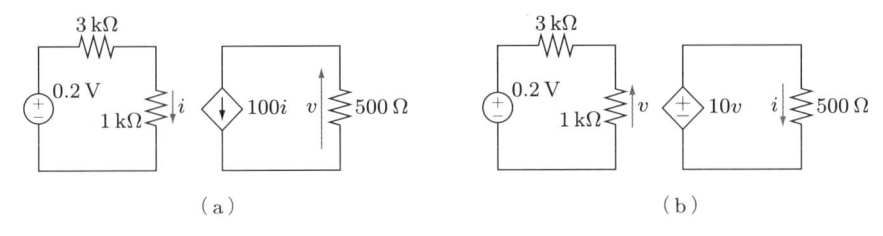

図11.1 従属電源を含んだ回路例

倍の 0.5 V，これが 500 Ω の抵抗に加わるので，この抵抗に流れる電流は 1 mA となります．

図 11.1(a) の四角で表された電流源は，その起電流がほかの枝に流れる電流に依存しています．また，図 (b) の四角で表された電圧源は，その起電圧がほかの枝に加わる電圧に依存しています．このように，ほかの枝の枝電流や枝電圧によって起電流や起電圧が制御される電圧源や電流源を，**従属電源** (dependent source) といいます．これらに対して，これまでに学んだようなほかの枝の枝電流や枝電圧に無関係に起電圧や起電流が決まる電源を，**独立電源** (independent source) とよびます．

従属電源そのもの，つまり制御される電源が電圧源なのか電流源なのかということと，これらを制御する物理量がほかの枝の電圧なのか電流なのかという二つの組合わせにより，従属電源をつぎの四つに分類することができます．

① **電圧制御電圧源** (VCVS：voltage-controlled voltage source)
　　　別の枝の枝電圧により制御される電圧源
② **電流制御電圧源** (CCVS：current-controlled voltage source)
　　　別の枝の枝電流により制御される電圧源
③ **電圧制御電流源** (VCCS：voltage-controlled current source)
　　　別の枝の枝電圧により制御される電流源
④ **電流制御電流源** (CCCS：current-controlled current source)
　　　別の枝の枝電流により制御される電流源

図 11.1(a) の回路では，抵抗に流れる電流により従属電源の起電流が制御されますが，左の回路のどこでもこの電流 i が流れることから，図 11.2(a) のように，短絡している枝 ab に流れる電流 i によって従属電源の起電流が制御されていると考えてもかまいません．電流制御の場合は，このように短絡した枝の枝電流によって制御されると考えることができます．一方，図 11.1(b) の回路のような電圧制御の場合は，図 11.2(b) の回路のように，ある開放した枝の枝電圧によって制御されると考えることができます．

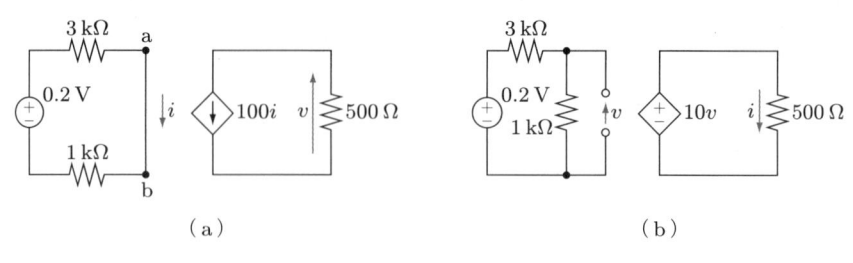

図 11.2 短絡枝の枝電流と開放枝の枝電圧

さらに，制御する量と制御される量との間に一定の比例関係があるとき，その従属電源は線形であるといい，**線形従属電源**とよばれることもあります．図 11.3 には 4 種類の線形従属電源の図記号を記しています．図中の α, r, g, β は比例定数を表しています．

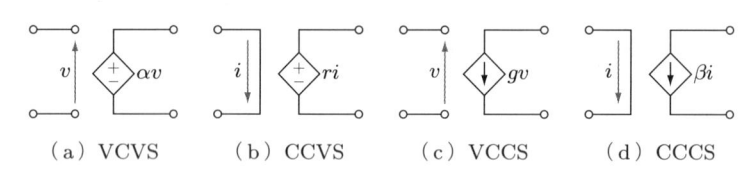

(a) VCVS　　(b) CCVS　　(c) VCCS　　(d) CCCS

図 11.3　4 種の従属電源

例題 11.1

図 11.4 の二つの回路において，図 (a) では電流 i を，図 (b) では電圧 v を求めなさい．

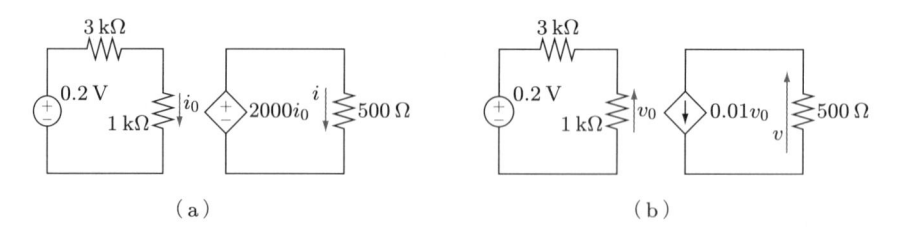

図 11.4

解　(a) $i_0 = 0.2/(3\mathrm{k}+1\mathrm{k}) = 50\mathrm{\mu A}$．従属電圧源の起電圧は $2000i = 2\mathrm{k} \times 50\mathrm{\mu} = 100\mathrm{m} = 0.1$ V．したがって，$i = 0.1/500 = 0.2$ mA．
(b) 1 kΩ の抵抗の電圧降下 v_0 は，$v_0 = 0.2 \times 1\mathrm{k}/(3\mathrm{k}+1\mathrm{k}) = 50$ mV．電流源の起電流は $0.01v = 0.01 \times 50\mathrm{m} = 0.5$ mA．したがって $v = 500 \times 0.5\mathrm{m} = 250$ mV．

11.2 従属電源を含む回路の基礎解析法

図 11.1(a) と同じ回路を図 11.5(a) に再掲しています．この回路の解析は簡単でしたが，本節では，基礎解析法での取扱いについて説明をします．図 (b) のように，この回路の枝，節点，閉路に記号をつけ，枝 b_k の枝電流を i_k，枝電圧を v_k と記すことにします．

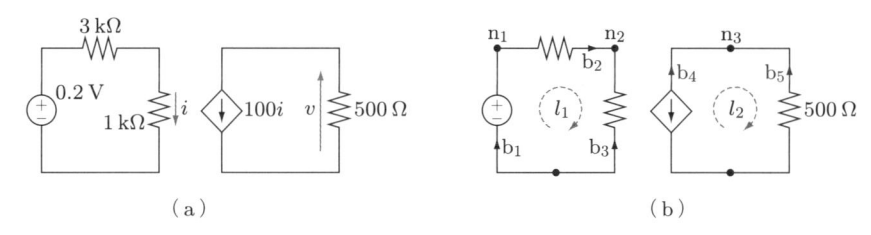

図 11.5 従属電源を含む回路例

基礎解析法の回路方程式はつぎのように表せます．

$n_1:$ $i_1 - i_2 = 0$ $b_1:$ $v_1 = 0.2$
$n_2:$ $i_2 + i_3 = 0$ $b_2:$ $v_2 + 3\mathrm{k}\, i_2 = 0$
$n_3:$ $i_4 + i_5 = 0$ $b_3:$ $v_3 + 1\mathrm{k}\, i_3 = 0$
$l_1:$ $v_1 + v_2 - v_3 = 0$ $b_4:$ $i_4 = 100\, i_3$
$l_2:$ $v_4 - v_5 = 0$ $b_5:$ $v_5 + 500\, i_5 = 0$

枝 b_4 の素子方程式を除いては，KCL から得られる節点方程式，KVL から得られる閉路方程式，オームの法則や電源の方程式としての素子方程式はこれまでと同じようにして得られます．枝 b_4 の素子方程式についてはこれまでとは異なっていますが，従属電源に関する前節の説明から，電流の向きに注意しながら考えると，つぎの関係が得られます．

$$i_4 = -100i = -100 \times (-i_3) = 100i_3$$

これが枝 b_4 の素子方程式です．枝が 5 個ですから未知数は 10 個，得られた方程式も 10 本ですから解けるはずです．

■ 従属電源を含む回路に関する基礎解析法の修正

従属電源を含む回路では，5 章で解説した基礎解析法の理論において，独立な節点方程式の数と独立な閉路方程式の数について修正する必要があります．回路の枝の数が b 本，節点の数が n 個の場合，5 章の説明では，独立な節点方程式の数は $n-1$ 本，

独立な閉路方程式の数は $b-n+1$ 本でした．図 11.5(b) の例では，枝の数が $b=5$ 本，節点の数が $n=5$ 個ですから，5 章の説明では，独立な節点方程式の数は 4 本，独立な閉路方程式の数は 1 本となるはずです．ところが，先ほど得られた独立な節点方程式の数は 3 本，独立な閉路方程式の数は 2 本となっています．5 章で考えた回路とこの例では，何が違うのでしょうか．

従属電源が含まれているという違いはありますが，グラフとしては，従属電源の有無は関係ないはずです．違いは回路の**連結数**です．図 11.5(b) のグラフの例では，グラフが二つに分離しています．これに対して，5 章では分離していないグラフのみを考えていました．これらを区別するために，分離したグラフの数を連結数 c として区別することにします．この定義により，図 (b) のグラフの連結数は $c=2$ で，これまで考えてきた分離していない回路の連結数は $c=1$ と考えることができます．この連結数を用いると，独立な節点方程式の数は $n-c$ 本，独立な閉路方程式の数は $b-n+c$ 本とすれば，つじつまが合います．証明はここでは省略することにしますが，少し具体例を考えてみると納得できるのではないかと思います．

回路に従属電源が含まれる場合にも，基礎解析法を利用できることが理解できたと思います．変更点としては，従属電源が含まれる枝の素子方程式には，その枝の枝電圧や枝電流だけでなく，ほかの枝の枝電圧や枝電流が関係するということです．

例題 11.2

図 11.6(a) の回路について，基礎解析法の回路方程式を書き下しなさい．

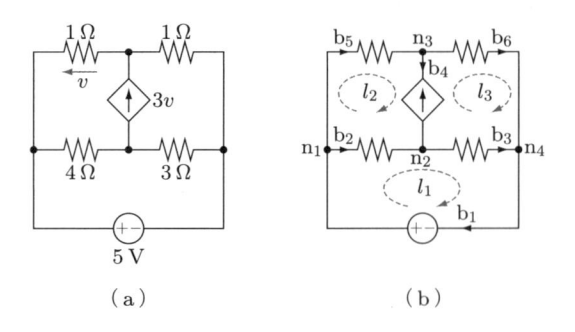

図 11.6

解 図 (b) のように枝 $b_1 \sim b_6$ を定め，これに対応させて枝電圧 $v_1 \sim v_6$，枝電流 $i_1 \sim i_6$ を定める．枝 b_4 の従属電流源の枝電流 i_4 については，$i_4 = -3v = -3 \times (-v_5) = 3v_5$ であり，回路方程式は以下のようになる．

$n_1:\ i_1-i_2-i_5=0$	$b_1:\ v_1=5$	$i_1=3$ A
$n_2:\ i_2-i_3+i_4=0$	$b_2:\ v_2+4i_2=0$	$i_2=2$ A
$n_3:\ -i_4+i_5-i_6=0$	$b_3:\ v_3+3i_3=0$	$i_3=-1$ A
$l_1:\ v_1+v_2+v_3=0$	$b_4:\ i_4=3v_5$	$i_4=3$ A
$l_2:\ -v_2+v_4+v_5=0$	$b_5:\ v_5+i_5=0$	$i_5=1$ A
$l_3:\ -v_3-v_4+v_6=0$	$b_6:\ v_6+i_6=0$	$i_6=4$ A

*参考

例題 11.3

図 11.7(a) の回路について，基礎解析法の回路方程式を書き下しなさい．

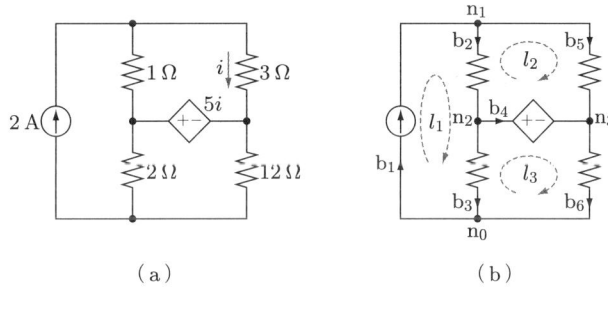

図 11.7

解 図 (b) のように枝 $b_1 \sim b_6$ を定め，これに対応させて枝電圧 $v_1 \sim v_6$，枝電流 $i_1 \sim i_6$ を定める．枝 b_4 の従属電圧源の枝電圧 v_4 については，$v_4=-5i=-5i_5$ であり，回路方程式は以下のようになる．

$n_1:\ i_1-i_2-i_5=0$	$b_1:\ i_1=2$	$i_1=2$ A
$n_2:\ i_2-i_3-i_4=0$	$b_2:\ v_2+i_2=0$	$i_2=4$ A
$n_3:\ i_4+i_5-i_6=0$	$b_3:\ v_3+2i_3=0$	$i_3=1$ A
$l_1:\ v_1+v_2+v_3=0$	$b_4:\ v_4=-5i_5$	$i_4=3$ A
$l_2:\ -v_2-v_4+v_5=0$	$b_5:\ v_5+3i_5=0$	$i_5=-2$ A
$l_3:\ -v_3+v_4+v_6=0$	$b_6:\ v_6+12i_6=0$	$i_6=1$ A

*参考

11.3 従属電源を含む回路の閉路解析法

基本的にこれまでの閉路解析法と変わりませんが，従属電源ではほかの枝の枝電圧や枝電流の制御を受けるため，これらの枝電圧や枝電流を閉路解析法の未知数である閉路電流で表現して回路方程式に取り込む必要があります．以下の例題を通して学んでいきましょう．

例題 11.4

図 11.8(a) の回路について，閉路解析法の回路方程式を書き下し，電流 i を求めなさい．

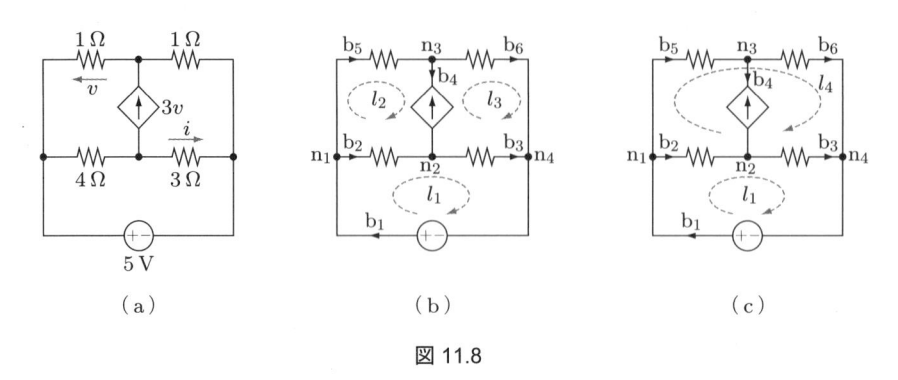

図 11.8

解 図 (b) の網目閉路 $l_1 \sim l_3$ に流れる網目電流をそれぞれ $j_1 \sim j_3$ とし，網目閉路 l_1 および超網目 $l_4 = l_2 + l_3$ において閉路方程式を立てると，つぎのようになる．

$$l_1: \quad (4+3)j_1 - 4j_2 - 3j_3 = 5$$
$$l_4: \quad -(4+3)j_1 + (4+1)j_2 + (3+1)j_3 = 0$$

一方，枝 b_4 の従属電流源の起電流は上向きに $3v$ であり，これは $-j_2 + j_3$ に等しい．電圧降下 v は $v = 1 \times j_2 = j_2$ であるから，これを代入すると，

$$-j_2 + j_3 = 3v = 3j_2$$

となる．上記の三つの式を整理すると，

$$\begin{cases} 7j_1 - 4j_2 - 3j_3 = 5 \\ -7j_1 + 5j_2 + 4j_3 = 0 \\ -4j_2 + j_3 = 0 \end{cases}$$

となる．これを解くと，$j_1 = 3$ A，$j_2 = 1$ A，$j_3 = 4$ A となり，$i = j_1 - j_3 = 3 - 4 = -1$ A．

例題 11.5

図 11.9(a) の回路について，閉路解析法の回路方程式を書き下し，電圧 v を求めなさい．

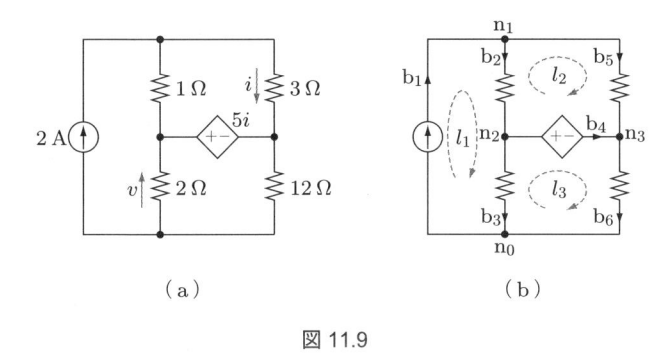

(a)

(b)

図 11.9

解 図 (b) の閉路 $l_1 \sim l_3$ に流れる閉路電流をそれぞれ $j_1 \sim j_3$ とする．まず，閉路電流 j_1 は独立電流源の起電流に等しく，

$b_1: \quad j_1 = i_1 = 2 \text{ A}$

となる．閉路 l_2, l_3 について方程式を立てると

$l_2: \quad -j_1 + (1+3)j_2 = 5i$
$l_3: \quad -2j_1 + (2+12)j_3 = -5i$

となり，ここで $i = j_2$ であるから，これを代入して，整理すると，つぎの回路方程式を得る．

$$\begin{cases} j_1 = 2 \\ -j_1 - j_2 = 0 \\ -2j_1 + 5j_2 + 14j_3 = 0 \end{cases}$$

これを解くと，$j_1 = 2$ A, $j_2 = -2$ A, $j_3 = 1$ A が得られる．したがって，$v = 2(j_1 - j_3) = 2$ V．

11.4 従属電源を含む回路の節点解析法

閉路解析法と同様に，節点解析法もこれまでと基本的に変わりませんが，従属電源の起電圧や起電流を制御するほかの枝の枝電圧や枝電流を，節点解析法の未知数である節点電位で表現して回路方程式に取り込む必要があります．以下の例題を通して学んでいきましょう．

例題 11.6

図 11.10(a) の回路について，節点解析法の回路方程式を書き下し，電流 i を求めなさい．

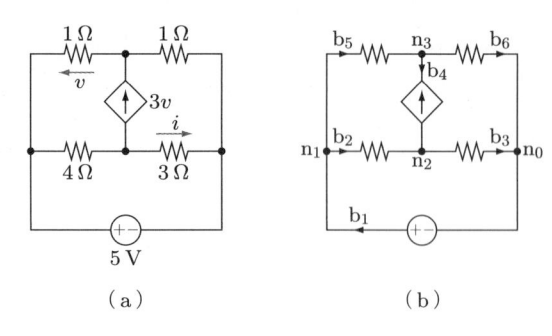

図 11.10

解 図(b)の節点 n_0 を電位の基準とし，節点 n_1〜n_3 の電位をそれぞれ e_1〜e_3 とする．まず，枝 b_1 の独立電源の起電圧により，

$$e_1 = 5 \text{ V}$$

となる．節点 n_2, n_3 で方程式を立てると，つぎのようになる．

$$n_2: \quad -\frac{1}{4}e_1 + \left(\frac{1}{4} + \frac{1}{3}\right)e_2 = -3v$$

$$n_3: \quad -\frac{1}{1}e_1 + \left(\frac{1}{1} + \frac{1}{1}\right)e_3 = 3v$$

ここで，$v = e_1 - e_3$ であるから，これを代入して整理すると，

$$\begin{cases} e_1 = 5 \\ \left(3 - \dfrac{1}{4}\right)e_1 + \left(\dfrac{1}{4} + \dfrac{1}{3}\right)e_2 - 3e_3 = 0 \\ -\left(\dfrac{1}{1} + 3\right)e_1 + \left(\dfrac{1}{1} + \dfrac{1}{1} + 3\right)e_3 = 0 \end{cases}$$

となり，これを解くと，$e_1 = 5$ V, $e_2 = -3$ V, $e_3 = 4$ V．したがって，$i = (e_2 - 0)/3 = -1$ A.

例題 11.7

図 11.11(a) の回路について，節点解析法の回路方程式を書き下し，電流 v を求めなさい．

11.4 従属電源を含む回路の節点解析法

図 11.11

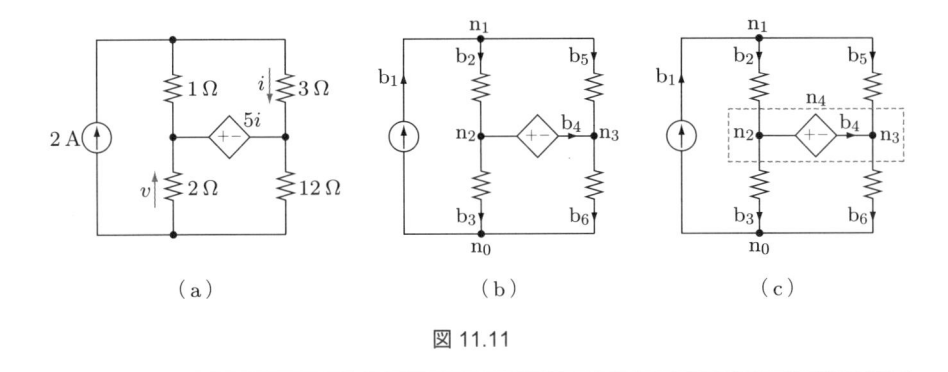

解 図 (b) の節点 n_0 を電位の基準として,節点 $n_1 \sim n_3$ の電位をそれぞれ $e_1 \sim e_3$ とする.節点 n_1 および超節点 $n_4 = n_2 + n_3$ (図 (c) 参照) において方程式を立てると,つぎのようになる.

$$n_1: \quad \left(\frac{1}{1}+\frac{1}{3}\right)e_1 - \frac{1}{1}e_2 - \frac{1}{3}e_3 = 2$$

$$n_4: \quad -\left(\frac{1}{1}+\frac{1}{3}\right)e_1 + \left(\frac{1}{2}+\frac{1}{1}\right)e_2 + \left(\frac{1}{3}+\frac{1}{12}\right)e_3 = 0$$

枝 b_4 の両端の電位差は $e_2 - e_3 = 5i$,また,枝 b_5 の枝電流は,オームの法則により $i = (e_1 - e_3)/3$. したがって,

$$e_2 - e_3 = 5 \times \frac{e_1 - e_3}{3}$$

となる.これらを整理すると,つぎの回路方程式を得る.

$$\begin{cases} \left(\dfrac{1}{1}+\dfrac{1}{3}\right)e_1 - \dfrac{1}{1}e_2 - \dfrac{1}{3}e_3 = 2 \\ -\left(\dfrac{1}{1}+\dfrac{1}{3}\right)e_1 + \left(\dfrac{1}{2}+\dfrac{1}{1}\right)e_2 + \left(\dfrac{1}{3}+\dfrac{1}{12}\right)e_3 = 0 \\ -\dfrac{5}{3}e_1 + e_2 + \left(\dfrac{5}{3}-1\right)e_3 = 0 \end{cases}$$

さらに整理すると,

$$\begin{cases} 4e_1 - 3e_2 - e_3 = 6 \\ -16e_1 + 18e_2 + 5e_3 = 0 \\ -5e_1 + 3e_2 + 2e_3 = 0 \end{cases}$$

となり,これを解くと,$e_1 = 6$ V,$e_2 = 2$ V,$e_3 = 12$ V.したがって $v = e_2 = 2$ V.

11.5 線形回路の各種定理の拡張

7章では，重ね合わせの定理が成り立つ回路を線形回路とよび，独立電源とオームの法則を満たす抵抗からなる回路は線形回路であるということを学びました．本章では従属電源について学びましたが，これを含む回路でも重ね合わせの定理が成り立ち，線形回路とよべるのでしょうか．その答えは，「線形の従属電源については許される」となり，線形でない従属電源を含む回路では，重ね合わせの定理は成り立ちません．

理由は簡単なのですが，一般論として紙面をつぶすのはもったいないので，ここでは大まかな説明をするにとどめます．これまでは，各種解析法の回路方程式に，独立電源の起電圧や起電流として取り込まれた項は定数でした．つまり，回路方程式は一般に $A\bm{x} = \bm{b}$ と表され，右辺のベクトルは起電力を表す項でした．従属電源ではこの項が定数ではなくなりますが，回路方程式の未知数に対しては，線形和として表現できます．つまり，従属電源を含む場合には，回路方程式が $A\bm{x} = \bm{b} + C\bm{x}$ という形になります．これは $(A - C)\bm{x} = \bm{b}$ と変形できますから，やはり線形方程式になり，独立電源の起電力を表す項 $\bm{b}$ を強制項とする重ね合わせの定理が成り立つのです．

ただし，ここで気をつける必要があります．重ね合わせの定理にある「電源」とは，独立電源にかぎられるということです．従属電源は，そもそもそれ自体では起電力を生じませんから当然のことなのですが，方程式でいえば，$C\bm{x}$ の項を左辺に移項したことからも理解できます．

線形従属電源を含む場合，重ね合わせの定理はつぎのように拡張されます．

重ね合わせの定理

① 複数の電源を含む線形回路の電圧電流分布は，それぞれの独立電源が単独にはたらいたときの電圧電流分布の和に等しい．このときはたらかない独立電源とは，電圧源では起電圧をゼロにすることであるから短絡すること，また独立電流源では起電流をゼロにすることであるから開放することを意味する．

② 一つの電源を含む線形回路の電圧電流分布は，独立電源の起電圧もしくは起電流に比例する．

例題 11.8

図 11.12(a)〜(c) の回路において，それぞれの電圧 v を求めなさい．

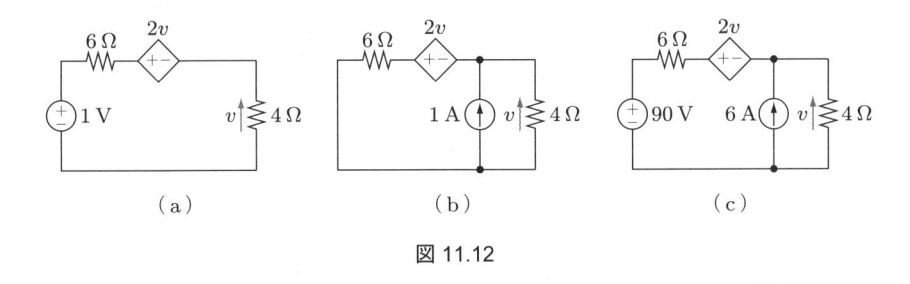

11.5 線形回路の各種定理の拡張   265

図 11.12

解 (a) 4 Ω の抵抗に流れる電流は $v/4$. 6 Ω の抵抗の電圧降下は, $6 \times v/4 = 3v/2$. KVL から, $3v/2 + 2v + v = 1$. これより, $v = (2/9)$ V.

(b) 6 Ω の抵抗には $v + 2v = 3v$ の電圧が加わっているから, 上部の節点において KCL を用いると, $3v/6 + v/4 = 1$ これより, $v = (4/3)$ V.

(c) 90 V の電圧源のみがはたらいたときは, 図 (a) の結果と線形性により, $v = (2/9) \times 90 = 20$ V. 6 A の電流源のみがはたらいたときは, 図 (b) の結果と線形性により, $v = (4/3) \times 6 = 8$ V. 重ね合わせの定理により, $v = 20 + 8 = 28$ V.

重ね合わせの定理をもとにしたテブナンの定理やノルトンの定理も, これに合わせてつぎのように表現されます.

テブナンの定理

回路中の任意の線形 1 ポート回路 N_0 を, 起電圧 J_0 の電圧源と抵抗 r_0 の直列回路に置き換えても, 外部 1 ポート回路 N の電圧電流分布は変わらない. ここで, E_0 は線形 1 ポート回路 N_0 の開放電圧であり, 抵抗 r_0 は線形 1 ポート回路 N_0 の内部抵抗 (つまり, 線形 1 ポート回路 N_0 の中の独立電圧源を取り除いて短絡, 独立電流源を取り除いて開放したときの線形 1 ポート回路 N_0 の合成抵抗) である.

ノルトンの定理

回路中の任意の線形 1 ポート回路 N_0 を, 起電流 J_0 の電流源と抵抗 r_0 の並列回路に置き換えても, 外部 1 ポート回路 N の電圧電流分布は変わらない. ここで, J_0 は線形 1 ポート回路 N_0 の短絡電流であり, 抵抗 r_0 は線形 1 ポート回路 N_0 の内部抵抗 (つまり, 線形 1 ポート回路 N_0 の中の独立電圧源を取り除いて短絡, 独立電流源を取り除いて開放したときの線形 1 ポート回路 N_0 の合成抵抗) である.

例題 11.9

図 11.13(a) の回路において，以下の問いに答えなさい．

(1) 開放電圧 E_0 を求めなさい．
(2) 短絡電流 J_0 を求めなさい．
(3) 内部抵抗 r_0 を求めなさい．
(4) 図 (b) のように 4 Ω の抵抗をつないだとき，この抵抗の電圧降下 v を求めなさい．

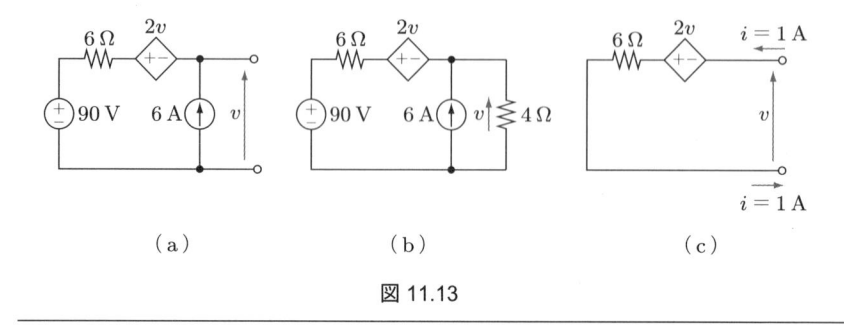

(a)　　　　　　(b)　　　　　　(c)

図 11.13

解 (1) 開放時には 6 Ω の抵抗には 6 A の電流が流れるから，KVL により，$v+2v+6\times(-6)=90$．これより，$E_0=v=42$ V．

(2) 短絡時には $v=0$．6 Ω の抵抗に流れる電流は $90/6=15$ A．したがって，短絡電流は $J_0=15+6=21$ A．

(3) $r_0=E_0/J_0=42/21=2$ Ω．

(4) テブナンの定理および分圧の公式により，$v=\{4/(2+4)\}\times42=28$ V．またはノルトンの定理により，$v=(2//4)\times21=\{(2\times4)/(2+4)\}\times21=28$ V．

11.6† 負性抵抗

図 11.14(a) に示すのは CCVS を用いた 1 ポート回路ですが，電流 i を流したとき，電流の向きの電圧は ri，電圧降下は $-ri$ となります．ふつうの抵抗であれば，電位の高いほうから電位の低いほうに電流が流れるのですが，これだと逆になっています．結果として，抵抗値は $-r$ となります．同じように，図 (b) は VCCS を用いた 1 ポート回路ですが，電位が高いほうに向かって電流が流れることになり，抵抗値は $-1/g$ となります．このように，従属電源を用いると**負性抵抗**，つまり負の抵抗をもつ素子を実現できます．このことは，これまでにはなかったこととして，とくに注意しておく必要があります．

11.6† 負性抵抗

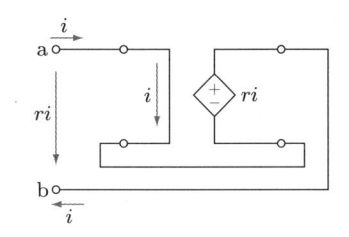

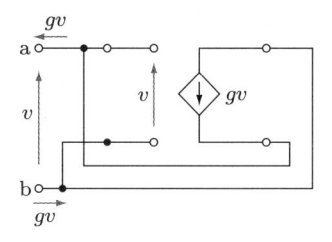

(a) CCVS を用いた 1 ポート回路　　(b) VCCS を用いた 1 ポート回路

図 11.14　従属電源による負性抵抗の例

例題 11.10

図 11.15(a), (b) の 1 ポート回路のそれぞれの開放電圧 E_0, 短絡電流 J_0, および内部抵抗 r_0 を求めなさい．また，$\alpha = -1, 0, 1, 2$ もしくは $\beta = -1, 0, 1, 2$ における内部抵抗値を求めなさい．

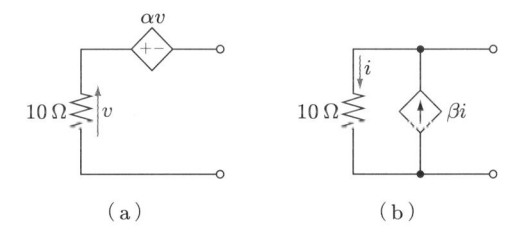

図 11.15

解 (a) 開放時には電流が流れ込まないから $v=0$，したがって，開放電圧 $E_0 = v + (-\alpha v) = 0$．短絡時には端子電圧はゼロであるから，$v + (-\alpha v) = (1-\alpha)v = 0$ より，$\alpha \neq 1$ では $v=0$，短絡電流 $J_0 = v/10 = 0$．$\alpha = 1$ では v が不定となり，短絡電流も不定．端子電流 1 A を仮定すると，$v = 10 \times 1 = 10$ V，端子電圧は $10 + (-\alpha \times 10) = 10(1-\alpha)$ [V]．したがって，内部抵抗 $r_0 = 10(1-\alpha)/1 = 10(1-\alpha)$ [Ω]．$\alpha = -1, 0, 1, 2$ に対応して，$r_0 = 20$ Ω, 10 Ω, 0 Ω, -10 Ω．

(b) 短絡時には端子電圧がゼロであるから $i = 0/10 = 0$，したがって，短絡電流 $J_0 = i - \beta i = 0$．開放時には電流が流れ込まないから，$\beta i = i$ より，$\beta \neq 1$ では $i = 0$，開放電圧 $E_0 = 10i = 0$．$\beta = 1$ では i が不定，したがって，開放電圧 E_0 も不定．端子電圧 1 V を仮定すると $i = 1/10 = 0.1$ A，端子電流は $0.1 + (-\beta \times 0.1) = (1-\beta)/10$ [A]．したがって，内部抵抗 $r_0 = 10/(1-\beta)$ [Ω]．$\beta = -1, 0, 1, 2$ に対応して，$r_0 = 5$ Ω, 10 Ω, ∞, -10 Ω．

■■ 演習問題 ■■

11.1 図 11.16(a)〜(d) の回路において，図中の電圧 v もしくは電流 i を求めなさい．

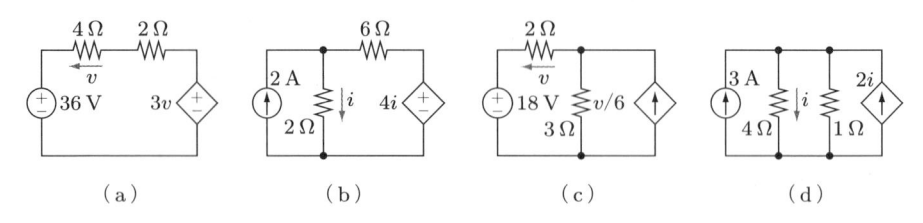

図 11.16

11.2 図 11.17 の回路において，電流 i_1, i_2 を求めなさい．

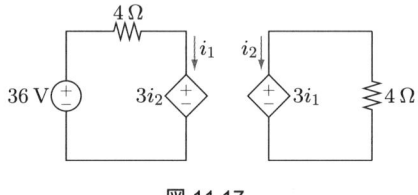

図 11.17

12章　直流計測

　直流の電圧計，電流計については3章で説明し，素子の電流電圧特性の説明へと展開しました．電気についての主な計測器については，このほかにも抵抗計，電力計などがあります．本章では直流の電圧計，電流計，抵抗計およびこれらを合わせてつくられたマルチメータについて解説します．

　ところで，電圧計や電流計に要求されることにはどんなことがあるのでしょうか．軽いほうが携帯に便利，価格は安いほうがよいなど，実際にはいろいろな要求があると思われますが，何といっても計器ですから，第一に考えるべきことは，目的のものを正確に測れることです．

　ヘルスメータで卵1個の重さを量ろうとしても正確な測定はできないことからもわかるように，小さな電流から大きな電流までを測るには，それぞれに適した測り方をしないと正確な測定ができません．このため，実験室でよく使用される電流計や電圧計にはいくつかの測定端子があり，広範囲の電圧，電流を小さな誤差で測れるようにしています．また，できるだけいろいろなものを測定できるようにしたいという要求に応えたものに，テスタとよばれているマルチメータがあります．スイッチを切り替えることにより，一つのテスタで直流電圧や直流電流，交流電圧，抵抗値などを測ることができるようにつくられています．

　これらの電気計器を注意深く見ると，指針を振らすメータ部分は一つであることがわかります．このメータ部分には，小さな電圧，小さな電流を測ることのできる高感度な電気メータが使われています．この電気メータを上手く利用することで，電圧や電流の測定領域を広げたり，抵抗値を測ることができるのです．

　本章の目的は，このような直流計測の原理や使い方を知ることのほかに，もう一つあります．それは，直流回路に慣れてきたところで，少し複雑な回路も回路図を見ながら理解できるようになることです．その例として，テスタを取り上げます．素子としては高感度の電気メータ，電池，スイッチのほかにもたくさんの抵抗が使われますが，それぞれの抵抗にはそれぞれのはたらきがあります．これまでは直流回路の解析ができるようになることを目的にしてきたため，抵抗素子もその性質を表す数値としての抵抗値のみで区別してきました．ところが，テスタに使用されるそれぞれの抵抗には，それぞれにオンリーワンとしてのはたらき

があります．抵抗全般に共通する性質を考えることと，個別の抵抗の役割を考えることは回路を理解するためにも重要なことです．

12.1 電気メータ

図 12.1 は直流電圧計の外観とその内部，図 12.2 は直流電流計の外観とその内部の写真です．どちらも測定端子がいくつかあり，計測したい電圧・電流の大きさの違いによって測定端子を変えて接続しますが，計器内部の指針を振らすメータ部分は一つで対応しています．直流用の電圧計や電流計では，このメータ部分に，12.5 節で説明する可動コイル型メータとよばれる高感度の直流の電気メータがよく使われています．内部を見るとわかるように，電圧計や電流計はこの電気メータにいくつかの抵抗や端子をつけてつくられています．

さらに小さな微小電流を測る計測器に**検流計** (Galvanometer) があり，これは精度を要求される計測に利用されます．電圧計，電流計，それらの内部に使われる電気

(a) パネル面   (b) 直流電圧計の内部

図 12.1 直流電圧計

(a) パネル面   (b) 直流電流計の内部

図 12.2 直流電流計

メータ，さらに検流計と紹介しましたが，これらの電圧もしくは電流を測る計器を本章では**電気メータ**もしくは単に**メータ**とよぶことにして，統一的に解説します．電気メータとよぶ計器にはほかにも電力計，電力量計(電力メータ)がありますが，電力計については 22 章で説明します．

一般に，メータに流す電流を i_A，その電圧降下を v_A，**メータの内部抵抗**を r_A とすると，つぎのように表せます．

$$r_A \equiv \frac{v_A}{i_A}, \quad v_A = r_A i_A$$

電圧計や電流計の内部の写真からもわかるように，抵抗がいくつか使われていますし，内部メータのさらに内部には導線を巻いたコイルがあって，このコイルにも抵抗があります．これらの抵抗の合成抵抗がメータ全体の内部抵抗になります．電圧と電流は比例しますから，電圧計は電流を測っているともいえますし，電流計は電圧を測っているともいえることがわかります．電圧計と電流計の違いはもちろん目盛が違うことにありますが，根本的な違いは内部抵抗の違いです．計測したい箇所に挿入しても電流電圧分布が変わらないようにする必要があります．そのために，電圧計の内部抵抗は大きく，電流計の内部抵抗は小さくつくられているのです．

メータの目盛板上には**目盛** (scale) が記され，**指標** (index) により測定量を読みとれるようにつくられています．指示計器では指標に指針が用いられています．指針が最大目盛りを指すときの電圧，電流をそれぞれ**最大振れ電圧**，**最大振れ電流**といいます．電気メータについては，その指針を 1 目盛振らせるために流れる電流を**電流感度** (current sensitivity)，1 目盛振らせるために加える電圧を**電圧感度** (voltage sensitivity) といいます．これらの値が小さいほうが感度がよいということになります．

例題 12.1

図 12.3(a) の回路において，電圧計の内部抵抗は 30.0 kΩ，指示値は 1.50 V，電流計の内部抵抗は 0.400 Ω，指示値は 34.8 mA であった．電圧計，電流計は正しく指示するものとして，以下の問いに答えなさい．

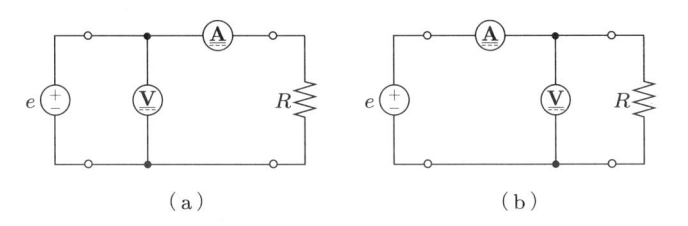

図 12.3

(1) 電圧源の起電圧 e および抵抗 R はいくらか.
(2) 電圧計,電流計を図 (b) に示すように接続しなおした. 電圧計および電流計の指示値はいくらか.

解 (1) $e = 1.50$ V, $R + 0.4 = 1.50/34.8\text{m} \fallingdotseq 43.1$ より, $R \fallingdotseq 43.1 - 0.4 = 42.7$ Ω.

(2) $i \fallingdotseq \dfrac{1.50}{0.4 + 42.7//30\text{k}} = \dfrac{1.50}{0.4 + \dfrac{42.7 \times 30\text{k}}{42.7 + 30\text{k}}} = 34.9$ mA

$v \fallingdotseq 42.7 \times 34.9 \text{ m} \fallingdotseq 1.49$ V

例題 12.2

以下の問いに答えなさい.

(1) 最大振れ電流が 50 μA,内部抵抗が 6 kΩ の電気メータの最大振れ電圧はいくらか.
(2) 最大振れ電圧が 300 mV,目盛数が 50 目盛の電気メータの電圧感度はいくらか.
(3) 電圧感度が 6 mV/目盛,内部抵抗が 6 kΩ の電気メータの電流感度はいくらか.

解 (1) $6\text{k} \times 50\mu = 300\text{m} = 300$ mV.
(2) $300\text{m}/50 = 6\text{m} = 6$ mV/目盛.
(3) $6\text{m}/6\text{k} = 1\mu = 1$ μA/目盛.

12.2 倍率器と電圧計

最大振れ電圧 1 V,内部抵抗 1 kΩ の電気メータがあったとします. このメータの測定範囲を 10 V まで測れるようにしたいときは,どのようにしたらよいでしょうか. そのためには,図 12.4 のようにこのメータに抵抗 R_M を直列に接続し,全体に加わる電圧が 10 V のときに,メータ部分には 1 V が加わるようにすればよいことになります. 分圧の公式から $1\text{k} : (1\text{k} + R_M) = 1 : 10$ となりますから,$R_M = 9$ kΩ とすれ

図 12.4 倍率器

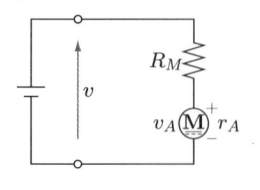

ばよいことがわかります．直列接続する抵抗 R_M を**倍率器** (multiplier)，電圧の測定範囲を広げた拡大率 $10/1 = 10$ を**倍率器の倍率**といいます．

一般化して考えてみましょう．測りたい電圧を v，メータの内部抵抗を r_A，メータの電圧降下を v_A，倍率器の抵抗を R_M，倍率器の倍率を m とします．分圧の公式により，

$$v_A = \frac{r_A}{r_A + R_M} v$$

となります．これより，次式のように倍率器を設計するときの公式が得られます．

$$m = \frac{v}{v_A} = \frac{r_A + R_M}{r_A} = 1 + \frac{R_M}{r_A}, \quad R_M = (m-1)r_A$$

先ほどの例だと，メータの内部抵抗が 1 kΩ，倍率器の倍率が 10 でしたから，この式から $(10 - 1) \times 1\text{k} = 9$ kΩ となります．

例題 12.3

図12.5のような最大振れ電圧 300 mV，内部抵抗 6 kΩ の電気メータを使った電圧計がある．中央の灰色の四角は導体で，この上を黒の四角で描いたスライダを動かして，回路を切り替えられるようにしている．以下の問いに答えなさい．

(1) 図のようにスライダを右に動かして倍率器の抵抗を 194 kΩ としたとき，電圧計全体の内部抵抗はいくらか．

(2) スライダを右にしたとき，この電圧計のフルスケールはいくらになるか．

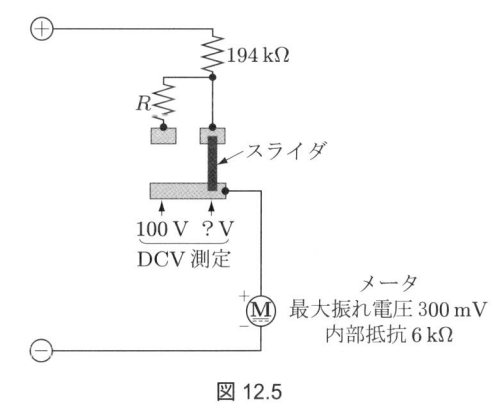

(3) スライダを左に動かしてフルスケールを 100 V にするために，電圧計の内部抵抗をいくらにしたらよいか．

(4) 抵抗値 R をいくらにしたらよいか．

図 12.5

解 (1) 回路全体の抵抗は $6\text{k} + 194\text{k} = 200$ kΩ．

(2) フルスケールのときの電流は $300\text{m}/6\text{k} = 50$ μA．電圧計全体に加わる電圧は $200\text{k} \times 50\mu = 10$ V．

(3) 電圧計全体の合成抵抗は $100/50\mu = 2$ MΩ．

(4) $R = 2\text{M} - 194\text{k} - 6\text{k} = 1.8$ MΩ．

12.3 分流器と電流計

最大振れ電流 1 mA，内部抵抗 1 kΩ のメータがあったとして，このメータを使って測定範囲を 10mA まで測れるようにするには，どのようにしたらよいでしょうか．そのためには，図 12.6 のようにこのメータに抵抗 R_S を並列に接続し，全体に流れる電流が 10 mA のときに，メータには 1 mA が流れるようにすれば，10.0 mA をフルスケールにする電流計ができることになります．抵抗 R_S には残りの 9.0 mA を流す必要がありますが，最大振れ電圧は 1k × 1m = 1 V ですから，これが抵抗 R_S にも加わります．ということは，$R_S = 1.00/9.0\text{m} \fallingdotseq 111$ Ω にする必要があります．このように，メータに並列に接続する抵抗 R_S を**分流器** (shunt)，電流の測定範囲を広げた拡大率 10 mA/1 mA = 10 を**分流器の倍率**といいます．

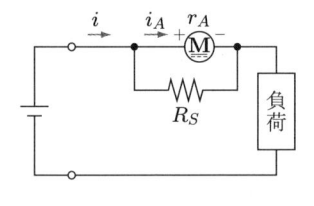

図 12.6 分流器

一般化して考えましょう．負荷に流れる電流を i，メータの内部抵抗を r_A，メータを流れる電流を i_A，分流器の抵抗を R_S，分流器の倍率を m とします．分流の公式により，

$$i_A = \frac{R_S}{r_A + R_S} i$$

となります．これから，次式のように分流器を設計するときの公式が得られます．

$$m = \frac{i}{i_A} = \frac{r_A + R_S}{R_S} = 1 + \frac{r_A}{R_S}, \quad R_S = \frac{r_A}{m - 1}$$

先ほどの例だと，メータの内部抵抗が 1 kΩ，分流器の倍率が 10 でしたから，この式から $1\text{k}/(10 - 1) \fallingdotseq 111$ Ω となります．

例題 12.4

図 12.7 のように，最大振れ電流 50 μA，内部抵抗 6 kΩ のメータを使った電流計がある．中央の灰色の四角は導体で，この上を黒の四角で描いたスライダを動かして，回路を切り替えられるようにしている．以下の問いに答えなさい．

(1) 図のようにスライダを右に動かして分流器の抵抗を 30.15 Ω にすると，この電流計のフルスケールはいくらになるか．

(2) スライダを左に動かしたときのフルスケールを 100 mA としたい．分流抵抗の抵抗値 R はいくらにしたらよいか．

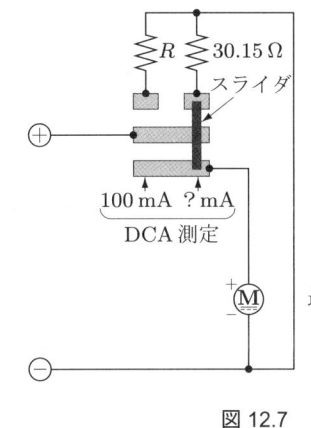

図 12.7

解 (1) フルスケールになったときにメータに流れる電流は 50 μA．このときのメータおよび分流抵抗に加わる電圧は 6k×50μ＝300 mV だから，分流抵抗には 300m/30.15≒9.95 mA 流れる．したがって，フルスケールでは 50μ＋9.95m＝10.00 mA の電流が流れる．

(2) フルスケールを 100 mA にするには，メータに流れる 50 μA を差し引いて，99.95 mA を分流器に流せばよい．このとき，分流器には 300 mV が加わるから，$R=300\text{m}/99.95\text{m}\fallingdotseq 3.00\ \Omega$．

例題 12.5

最大振れ電流が 0.5 mA，内部抵抗が 100 Ω のメータを使って，図 12.8 に示すようなフルスケールを 10 mA，30 mA，100 mA とする電流計を構成したい．以下の問いに答えなさい．

(1) 分流器 $R_1 \sim R_3$ はそれぞれいくらにしたらよいか．

(2) 三つの端子それぞれを使用するときの電流計の内部抵抗はいくらか．

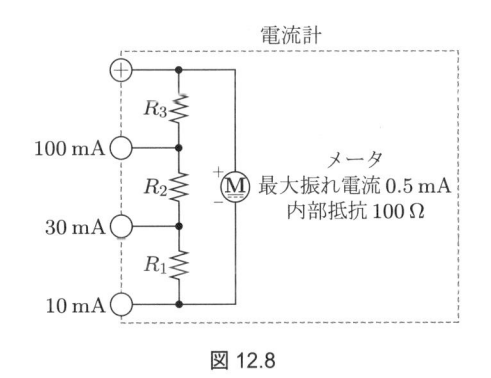

図 12.8

解 (1) 10 mA 端子を使用する場合，倍率は 10m/0.5m＝20 倍，メータの内部抵抗 100 Ω，分流抵抗は $R_1+R_2+R_3=100/(20-1)$ となる．同様に，30 mA 端子を使用する場合，倍率は 30m/0.5m＝60 倍，メータ側の合成抵抗は $100+R_1$，分流側の抵抗は R_2+R_3 であるから $R_2+R_3=(100+R_1)/(60-1)$．また，100 mA 端子を使用する場合，倍率は 100m/0.5m＝200 倍，メータ側の合成抵抗 $100+R_1+R_2$，

分流側の抵抗は R_3 だけであるから，$R_3 = (100 + R_1 + R_2)/(200 - 1)$.
これらの式より，

$$\begin{cases} R_1 + R_2 + R_3 = \dfrac{100}{19} \\ -R_1 + 59R_2 + 59R_3 = 100 \\ -R_1 - R_2 + 199R_3 = 100 \end{cases}$$

となり，この第 1 式を第 2 式，第 3 式に加えると，つぎのようになる．

$$\begin{cases} R_1 + R_2 + R_3 = \dfrac{100}{19} \\ 60R_2 + 60R_3 = 100 + \dfrac{100}{19} \\ 200R_3 = 100 + \dfrac{100}{19} \end{cases}$$

下から順番に解くと，$R_3 = 10/19 ≒ 0.526\ \Omega$，$R_2 = 70/(3 \times 19) ≒ 1.23\ \Omega$，$R_1 = 200/(3 \times 19) ≒ 3.51\ \Omega$.

(2) 各抵抗値から合成抵抗として内部抵抗を求めると，つぎのようになる．

10 mA 端子： $100//(R_1 + R_2 + R_3) = 100//(100/19) = \dfrac{100 \times 100/19}{100 + 100/19} = 5.00\ \Omega$

30 mA 端子： $(100 + R_1)//(R_2 + R_3) ≒ 1.73\ \Omega$

100mA 端子： $(100 + R_1 + R_2)//R_3 ≒ 0.524\ \Omega$

---

(2) の別解 フルスケールのときの電流計の電圧降下を電流で割ることにより，つぎのように求められる．

10 mA 端子： メータに 0.5 mA 流れたときのメータの電圧降下は $100 \times 0.5\text{m} = 50$ mV．電流計の内部抵抗はこれを全電流で割って，$50\text{m}/10\text{m} = 5\ \Omega$.

30 mA 端子： メータと抵抗 R_1 の直列回路に 0.5 mA 流れたとき，この電圧降下は $(100 + 3.51) \times 0.5\text{m} ≒ 51.8$ mV．これを全電流で割って，$51.8\text{m}/30\text{m} ≒ 1.73\ \Omega$.

50 mA 端子： 同様に，電圧降下は $(100 + 3.51 + 1.23) \times 0.5\text{m} ≒ 52.4$ mV，電流計の内部抵抗は，$52.4\text{m}/100\text{m} ≒ 0.524\ \Omega$.

12.4　テスタと測定

テスタ (回路計) は直流や交流の電圧や電流，さらに抵抗値などを，広範囲に測定できるようにした計器です．図 12.9 に示すようなアナログ式とディジタル式とがあります．

図 12.10 に，アナログテスタの各部の名称を示します．ロータリ (ダイアル) 式のレンジ切替スイッチを切り替えて，抵抗値，直流電圧，直流電流，交流電圧などの測定

12.4 テスタと測定　277

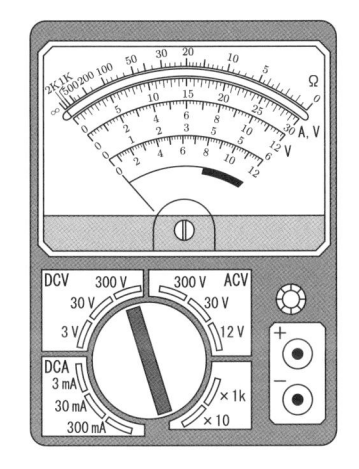

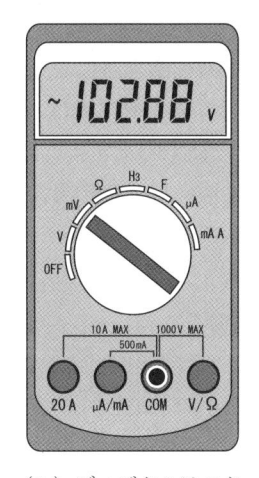

（a）アナログテスタ　　　　　（b）ディジタルテスタ

図 12.9　テスタの概観

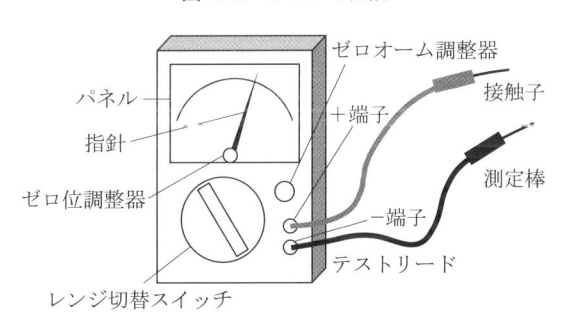

図 12.10　アナログテスタの各部の名称

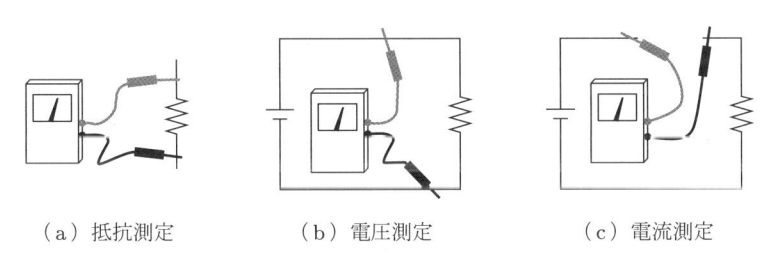

（a）抵抗測定　　　（b）電圧測定　　　（c）電流測定

図 12.11　各種測定

対象や測定範囲(レンジ)を選びます．テストリードを測定用端子に接続し，測定棒の先の接触子を対象に当てて計測します．図 12.11 に，各測定の場合のテストリードの接触の仕方を図示しています．直流電流や直流電圧の測定についてはこれまで説明したとおりですので，以下では抵抗測定について説明します．

■ 抵抗測定

抵抗測定で最初に不思議に思うのは，その目盛です．図 12.12 は，テスタの目盛盤を示しています．電圧や電流は，指針の振れがないときに指す一番左の目盛に，0 V や 0 A が目盛られています．一方，抵抗値は，一番外側 (上段) に目盛られていますが，一番左の位置に抵抗値無限大 (∞)，一番右のフルスケールの位置に 0 Ω が目盛られていて，初めての人は，おや，と思うわけです．

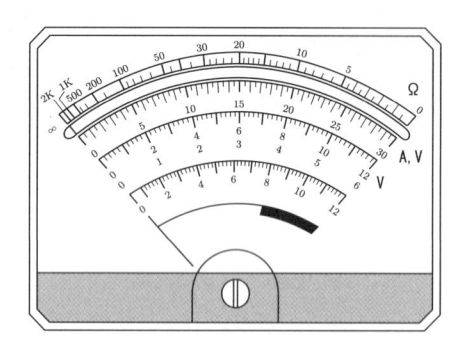

図 12.12 テスタの目盛盤

抵抗測定は図 12.11(a) のように，測りたい抵抗の二つの端子に二つの接触子を当てて測ります．電圧測定や電流測定では，測りたい測定物からパワーをもらってメータを振らせました．これに対して，抵抗測定では，抵抗そのものはパワーを供給しませんから，テスタに電池を内臓させ，この電池から供給されるパワーで測定物とメータに電流を流し，メータの指針を振らせます．測定物の抵抗が大きければ指針はあまり振れず，抵抗が小さければ指針はよく振れることになります．抵抗の目盛が左のほうが大きく，右のほうが小さいのは，以上の理由からです．

おおまかに理解できたところで，図 12.13 に示すテスタを使った抵抗測定の原理回路について考えてみましょう．破線で囲まれた部分が抵抗測定回路で，左は測定したい抵抗 R_x です．R_x が無限大であれば，電流が流れずメータの振れはありませんが，

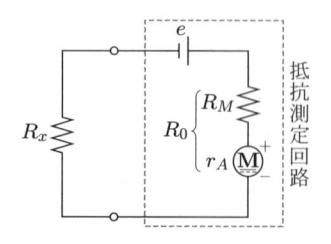

図 12.13 抵抗測定の原理回路

R_x が小さくなれば，電流が流れてメータが振れるはずです．したがって，R_x の値とメータの振れには関係があるはずです．

あらためて回路に流れる電流を i とすると，

$$i = \frac{e}{R_0 + R_x}$$

となります．ここで R_0 は，メータの内部抵抗 r_A とこれに直列に接続する抵抗 R_M の和，つまり，$R_0 \equiv r_A + R_M$ です．R_x とメータに流れる電流 i との関係が明らかになりましたが，問題は R_x と振れとの関係です．振れは角度で表すこともできますが，ここではメータの指針がフルスケールに対してどれくらい振れたかを示す比率 x を振れ率とよぶことにし，これで振れを測ることにします．したがって，フルスケールで $x = 1.0$，ハーフスケールで $x = 0.5$ となります．さて，R_x は 0 未満になることはありませんから，$R_x = 0$，つまり短絡したときにフルスケールになるようにします．このときの電流を i_F とすると，

$$i_F = \frac{e}{R_0}$$

となります．一般のメータは振れと電流が比例するようにつくられていますから，振れ率 x はつぎのように表されます．

$$x = \frac{i}{i_F} = \frac{R_0}{R_0 + R_x}$$

$R_x \to \infty$ のときは $x = 0$ が成り立つのはもちろんです．$R_x = 0$ のときは $x = 1.0$，つまりフルスケールになります．このとき，電源電圧 e はすべて R_0 に加わっています．注意しておきたいのは $R_x = R_0$ のときで，$x = 0.5$，つまりハーフスケールになります．電源電圧 e が R_x と R_0 で二分されることを考えると，直感的にも理解できます．

上の式を R_x について解くと，次式が得られます．

$$R_x = \left(\frac{1}{x} - 1\right) R_0$$

この振れ率 x と抵抗値 R_x の関係を，R_0 をパラメータとして図 12.14 に示します．振れ率 $x = 1.0$ のときは R_0 によらず，いつでも抵抗値 $R_x = 0$ です．また，振れが小さくなれば，どの場合にも測定抵抗 R_x が大きくなることを示しています．ところで，$x = 0.2$〜0.8 に対応する測定値は，上の式から R_0 が 1 Ω のときは 4〜0.25 Ω で，R_0 が 10 Ω のときは 40〜2.5 Ω になり，この辺りの抵抗が測りやすい抵抗値だということがわかります．図 12.14 でも確認してください．つまり，測定しやすい抵抗値は R_0 によることがわかり，レンジの切替えは，R_0 を変えることで実現できます．また $x = 0.5$，つまりハーフスケールのときに $R_x = R_0$ となっており，レンジの目安は R_0 程度であることにも注意してください．

12章 直流計測

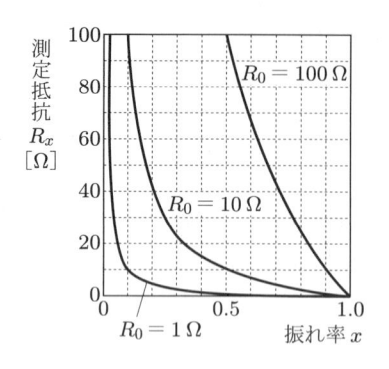

図 12.14 振れ率と抵抗値との関係

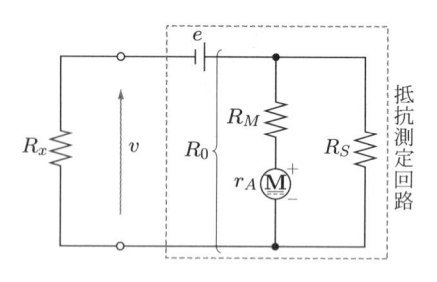

図 12.15 抵抗測定回路

ところが，感度のよいメータの内部抵抗 r_A は比較的大きいため，図 12.13 の回路のままだと R_0 が大きくなって，小さな抵抗を測るのには適していません．この点を改良した回路が，図 12.15 に示すような，メータと抵抗 R_M の直列回路に分流抵抗 R_S を入れた抵抗測定回路です．

抵抗測定回路の内部抵抗 R_0 を用いれば，この場合の試料抵抗 R_x とメータの振れ率 x の間の関係は，もとの原理回路とまったく同じで，

$$x = \frac{i}{i_F} = \frac{R_0}{R_0 + R_x}, \quad R_x = \left(\frac{1}{x} - 1\right) R_0$$

となります．ただし，内部抵抗 R_0 はつぎのとおりです．

$$R_0 = (r_A + R_M) // R_S$$

このように，分流抵抗 R_S を小さくすれば，R_0 を小さくすることができます．

例題 12.6

図 12.16 は抵抗測定器の回路図である．以下の問いに答えなさい．

(1) 可変抵抗 R をいくらに設定したらよいか．
(2) スライダを右に動かして抵抗測定したところ，ハーフスケールになった．このとき，試料の測定値 R_x はいくらか．
(3) スライダを右に動かして抵抗測定したところ，フルスケールの4分の1であった．このとき，試料の測定値 R_x はいくらか．
(4) スライダを右に動かして抵抗測定したところ，振れ率が x になった．試料の測定値 R_x はいくらか．
(5) スライダを左に動かして測定する場合，ハーフスケールを 10 Ω としたい．抵抗 R_S はいくらにしたらよいか．

12.4 テスタと測定　281

図 12.16

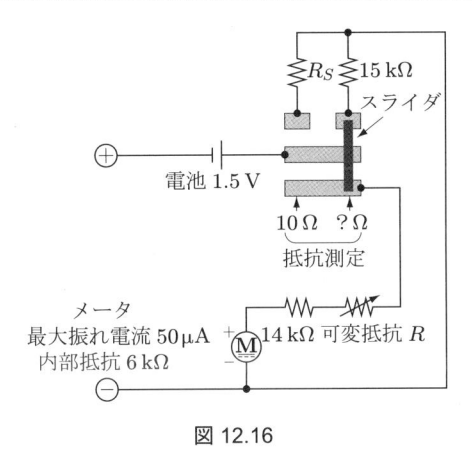

解 (1) 測定端子を短絡したときにフルスケールになるようにすればよいので，$R+14\mathrm{k}+6\mathrm{k}=1.5/50\mu$，したがって，$R=1.5/50\mu-14\mathrm{k}-6\mathrm{k}=10\mathrm{k}=10\ \mathrm{k}\Omega$.

(2) メータと可変抵抗の直列回路に加わる電圧は，測定端子を短絡してフルスケールにしたときは電池の電圧 1.5 V がそのまま加わり，測定端子に試料をはさんでハーフスケールにしたときは半分の 0.75 V になる．試料にも同じ 0.75 V が加わっているはずだから，試料抵抗は測定側の内部抵抗と等しい．したがって，$R_x=15\mathrm{k}//(6\mathrm{k}+14\mathrm{k}+10\mathrm{k})=10\mathrm{k}=10\ \mathrm{k}\Omega$.

(3) 測定時には可変抵抗とメータの直列回路に $1.5/4=0.375$ V が加わり，試料には 1.125 V が加わる．分圧の公式により，試料の抵抗値は測定側の内部抵抗の 3 倍に等しい．したがって，$R_x=\{15\mathrm{k}//(6\mathrm{k}+14\mathrm{k}+10\mathrm{k})\}\times 3=30\mathrm{k}=30\ \mathrm{k}\Omega$.

(4) 可変抵抗とメータの直列回路に $1.5x$ が加わり，試料には $1.5-1.5x=1.5(1-x)$ が加わる．分圧の公式により，$R_x:15\mathrm{k}//(6\mathrm{k}+14\mathrm{k}+10\mathrm{k})=1-x:x$ となるので，これより，$R_x=(1/x-1)\times 10\ \mathrm{k}\Omega$.

(5) ハーフスケールの場合は，試料の抵抗値は測定側の内部抵抗に等しい．したがって，$10=R_S//(6\mathrm{k}+14\mathrm{k}+10\mathrm{k})$，$R_S=\dfrac{1}{\dfrac{1}{10}-\dfrac{1}{6\mathrm{k}+14\mathrm{k}+10\mathrm{k}}}=10.0\ \Omega$.

図 12.16 の回路の抵抗 R を可変にしている理由は電池にあります．電池が消耗すればメータを流れる電流が小さくなりますから，リード線を短絡してもフルスケールの 0 Ω を指さなくなります．これを補うためには，抵抗 R を小さくすればリード線を短絡したときにフルスケールにできます．つまり，抵抗 R には 0 Ω 調整の役割があり，このため可変になっているのです．

■テスタの内部回路

　テスタの内部回路は，本章で学んだ測定回路をまとめたものが基礎になり，このほかに，交流電圧を測定できる回路が加わるのがふつうです．これまで例題で紹介した電流計，電圧計，抵抗測定回路をまとめてつくったテスタの内部回路例を図 12.17 に示します．少し複雑に見えますが，例題を通して考えてきた回路をまとめただけですので，もう一度丁寧に見て，直流電流，直流電圧，抵抗値が測定できることを確認してください．

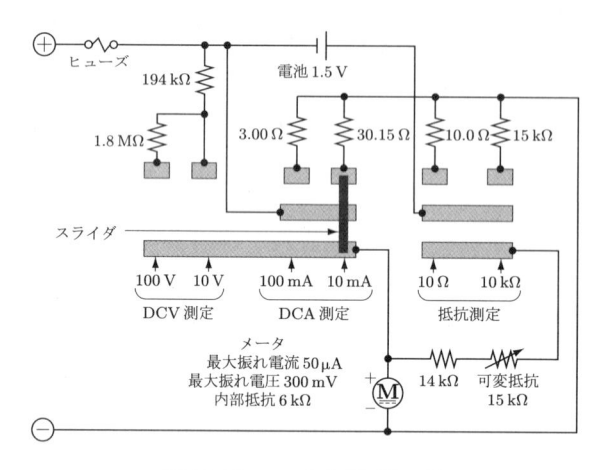

図 12.17 テスタ内部回路の例

12.5† 可動コイル型メータ

　高感度電気メータとして直流測定によく利用されるのが**可動コイル型メータ**です．図 12.18 にトートバンド方式とよばれる可動コイルの構造を示します．図のように NS 極の磁極の間に鉄心が配置され，そのエアギャップには均等な磁場がつくられています．エアギャップには円筒形の巻き枠に巻かれた可動コイルが，トートバンドとよばれる張り吊り線で指針と一緒に支えられています．

　電流がトートバンドを通して可動コイルに流れると，電流に比例した力がはたらき，回転力を生みます．トートバンドには金属の弾性により可動コイルをもとにもどそうとする力がはたらき，釣り合ったところで指針が停止します．

　トートバンドにきわめて細い金属吊り線を使用して，微小な電流でも感知できるように感度を上げたものは，**検流計** (galvanometer) とよばれています．

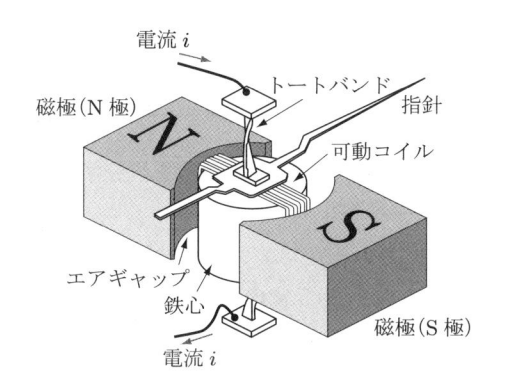

図 12.18 可動コイルの構造

12.6 誤差

誤差 (error) とは，一般に，正しい値に対するずれの大きさをいいます．正しい値というのは理論的に期待される値のことで，**真の値** (true value) とよばれます．真の値は円周率など特別な場合を除けば観念的な値であり，実際には求められないことが多く，真の値とみなせる値を用いることもあります．誤差は，測定の際や計算の際，標本調査の際などに生じます．計器で測定した値は**測定値** (measured value)，計算して得られた結果は**計算値**，統計処理によって推定される値は**推定値** (estimate value) などとよばれ，それぞれが真の値との誤差をもっています．

測定値や計算値，推定値を M，真の値を T と表すと，誤差 ε および**絶対誤差** (absolute error) ε_a はつぎのように表されます．

$$\varepsilon \equiv M - T, \quad \varepsilon_a \equiv |M - T|$$

次式のように，誤差の真の値に対する比率 ε_0 を**相対誤差** (relative error) もしくは**誤差率**といい，これを百分率で示したものを**百分率誤差**といいます．

$$\varepsilon_0 \equiv \frac{M - T}{T}$$

この定義において，誤差の代わりに絶対誤差をとる場合もあるので注意する必要があります．

例題 12.7

ある抵抗の抵抗値が 413 Ω であった．真の値が 415 Ω であるとき，絶対誤差および百分率誤差を求めなさい．

解 $\varepsilon_a \equiv |M-T| = |413-415| = 2\ \Omega$, $\varepsilon_0 \equiv \dfrac{|M-T|}{T} = \dfrac{|413-415|}{415} \fallingdotseq 0.482\ \%$

計器には誤差の許容範囲があります．この精度を区分する指数を**階級指数**といい，計器のパネル面に 2, 1, 0.5 などのように示されています．

階級指数の数値は，それぞれの測定レンジで最大目盛に対する絶対誤差の許容範囲を百分率で示しています．つまり，0.5 級の電圧計を 12 V レンジで測定する場合，絶対誤差が $12 \times 0.005 = 6$ mV 以内にあることを意味します．

例題 12.8
ある電圧を 2 級の電圧計を用いて 30 V レンジで測ったところ，測定値が 12.6 V であった．真の値の範囲を求めなさい．

解 絶対誤差の許容範囲は $30 \times 0.02 = 0.6$，したがって，真の値は 12.6 ± 0.6 V，つまり，12.0〜13.2 V の間にある．

■■■ 演習問題 ■■■

12.1 最大振れ電流 3 mA，内部抵抗 90 Ω の電流計がある．以下の問いに答えなさい．

(1) 図 12.19 のように，この電流計に分流器をつけた回路がある．この回路はどのようなことができるのかを，できるだけ詳しく説明しなさい．

(2) 倍率器を使って最大目盛 3 V の電圧計を構成したい．どのようにすればよいか，図を用いて説明しなさい．

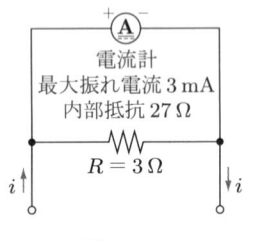

図 12.19

12.2 電源 E と抵抗 R とからなる回路に，内部抵抗 10.0 Ω の電流計，10.0 kΩ の電圧計を図 12.20(a), (b) のように接続して電流，電圧を計測し，電圧の値を電流の値で割ることによって抵抗 R の測定値とした．それぞれの場合の誤差率を求め，どちらの配置がよいか説明しなさい．ただし，抵抗 R の真の値は 100 Ω とし，計器の指示値は正しいものとする．

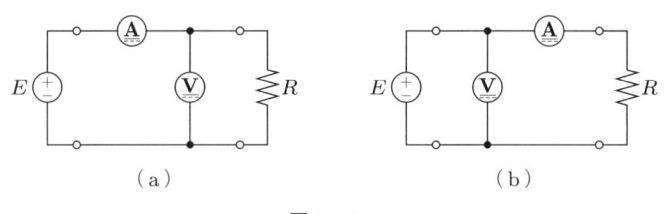

図 12.20

12.3 図 12.21(a) は電圧計の内部回路，図 (b) はテスタの内部回路である．電圧計の 1.0 V 端子の内部抵抗を図 (b) のテスタを用いて測りたい．以下の問いに答えなさい．

(1) 電圧計の目盛は全部で何目盛あるか．
(2) テスタのメータの最大振れ電圧はいくらか．
(3) 電圧計とテスタをどのように接続するばよいか．また，そのときの電流の流れる道筋を示しなさい．
(4) テスタ内部の 15 kΩ の可変抵抗を 10 kΩ にしたとき，各所を流れる電流はいくらか．
(5) テスタの指針の振れはフルスケールの何%か．
(6) 電圧計の指針の振れは何目盛を指すか．

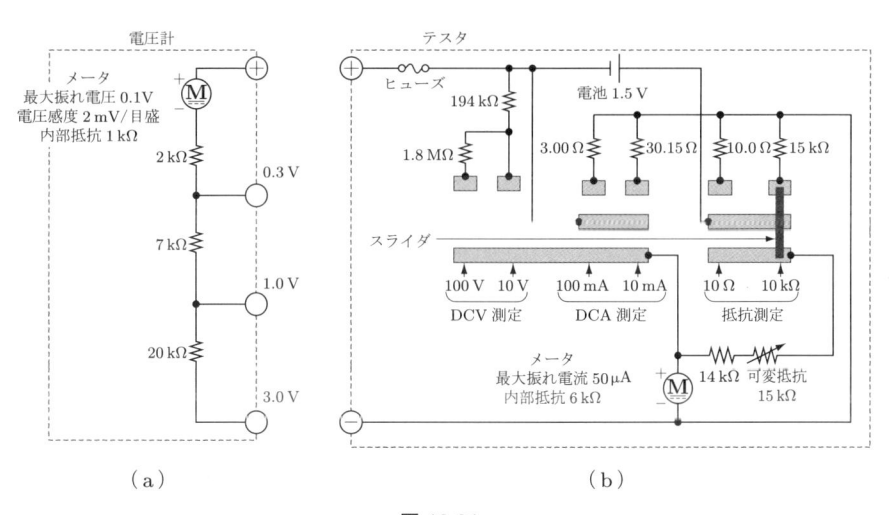

図 12.21

13章 キャパシタ

　電気回路を構成する装置や素子として，これまでに各種の電源や抵抗，さらにはダイオードなどについて学んできました．これからの13章から16章では，新たに**キャパシタ**と**インダクタ**という素子を加え，そのはたらきについて学んでいきます．本章ではキャパシタについて学びます．

　キャパシタは充電式電池に似ていて，電気を蓄えたり，放出したりすることができます．充電式電池との違いは，充電式電池が電気エネルギーを化学的エネルギーに変換して蓄えるのに対し，キャパシタは電気を電気エネルギーのまま蓄えることです．

　また，キャパシタはバネに似ています．バネに力を加えると伸びたり縮んだりします．バネが伸びればバネには縮もうとする力がはたらきますし，逆に，バネが縮めば伸びようとする力がはたらきます．バネのこのような性質を**弾性**といい，もとにもどろうとする力を**復元力**といいます．同じように，キャパシタに電圧を加えると，キャパシタには電気が蓄えられるとともに，電気をもたないもとの状態にもどろうとする電気的な圧力を生じます．その後，キャパシタの両極を導線で接続し，外部に電気の流れる回路をつくると，蓄えられた電気が放出されます．このように，外部から電気的な圧力を加えて電気を蓄えることを**充電**といい，電気的な圧力を取り除いて蓄えられた電気を放出することを**放電**といいます．

　バネに加える力と，伸びたり縮んだりする長さの関係は，通常は比例関係にあります．同じように，キャパシタでは，加える電圧と蓄えられる電気量とが比例します．蓄えられた電気量はそれまでに流れた電流の蓄積ですから，過去に流れた電流の総量と電圧との間に比例関係があるともいえます．

　直流回路では，加えた電圧に対して電流を制限する素子として抵抗がありましたが，交流回路ではキャパシタと，15章で学ぶインダクタとが加わり，回路のはたらきは格段に広がります．その広がりは本書だけでは収まりきれないほどですが，本章はその入口になります．

13.1 バネのようなキャパシタ

■ 充電と放電

図 13.1 のように，帯電していない金属導体に，摩擦で正に帯電したガラス棒を接触させて離すと，金属は正に帯電します．正の電気どうしは反発するので，図 (d) のように，曲率が大きく凸になったところの金属表面にたがいに反発しながら帯電します．また，図 13.2 のように，この帯電した金属に大地に接地した導線を接触させると，正の電気は大地に逃げて金属導体の帯電はなくなります．このように，金属導体は電気を蓄えたり放出したりすることができます．電気を蓄えることを**充電** (charge)，電気を放出することを**放電** (discharge) といいます．

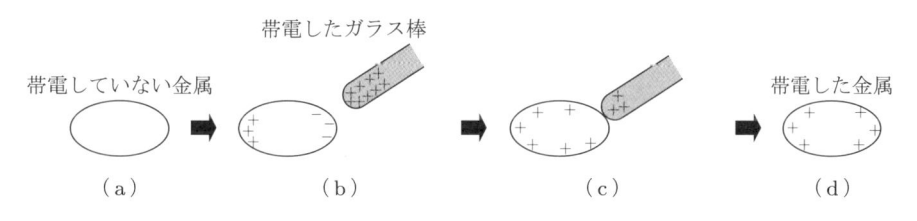

図 13.1 充電

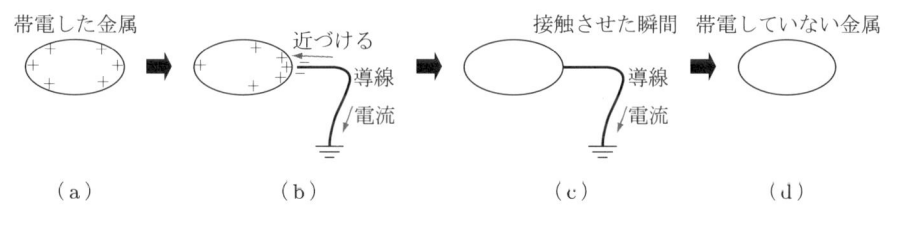

図 13.2 放電

充電と放電の簡単な説明は以上のとおりですが，もう少しイメージの湧く説明がほしいところですし，細かい点での注意も必要です．

まず，帯電させるところから説明します．ガラス棒自体は絶縁体ですので電気を流しませんが，絹布で摩擦するとガラス棒の表面の電子がはがされ，ガラス棒の表面は正に帯電します．このガラス棒を金属導体に接触させると，金属内を活発に動いていた自由電子は正に帯電したガラス棒の表面に引き寄せられ，電子がはがされていた穴の多くを埋めます．その結果，金属内の自由電子は正にイオン化した原子よりも少なくなり，金属は全体で正に帯電します．正の電気どうしは反発しますから，正に帯電した部分，つまり自由電子の少なくなったところは金属導体表面に限定されます．正の電気に気持ちがあるとするなら，ほかの正の電気とはできるだけ離れたい，どこか

逃げ場があるなら逃げていきたいといった心境でしょう．

そこで，正に帯電した金属導体に**接地**された導線の先端を近づけたらどうなるでしょうか．接地というのは，地球に接続するという意味で，アースともよびます．地球は全体で導体です．金属導体内の正の電気は導線の先端に自由電子を引き寄せ，導線中の自由電子は，つぎつぎとその位置を金属導体に近いほうにずらします．大地に近いところでは，大地から負の電気を引き寄せます．地球全体は相当に大きいので，この程度の電気量が導線を移動したとしても，大地の帯電の状況にはほとんど影響はないでしょう．導線が金属導体に接触すると，接触部分の近くに集まっていた金属導体中の正の電気と導線の負の電気とが結合します．金属導体に余った正の電気があれば，これが導線を伝わって，電流として地球へと流れ，金属導体の帯電はなくなります．

ここで，注意しておきたいことがあります．充電や放電はどれくらいの時間にわたるのかということです．実は，ここで考えた例のような充電と放電は，私たちの時間感覚から考えると一瞬にして終わります．充電や放電を抵抗を通して行うと電流の流れが制限され，この時間をもっと長くすることができますが，金属導体や導線では一瞬です．ところで，自由電子そのものの速さは相当に速いのですが，全体でつくる流れとしてのドリフト速度は相当に遅いということを1章で説明しました．したがって，放電の際，金属導体に蓄えられた正の電気が導線を通して一瞬にして地球に流れるという表現は正確さを欠いていて，実は金属導体や導線の中には自由電子がたくさんいて，これが全体でわずかにシフトすることで電流が流れ，一瞬にして放電が終わるのです．充電の場合も同じです．

■ キャパシタのはたらき

金属は電気を蓄えることができるのですが，もっとたくさんの電気を蓄えることのできる装置（というより部品といったほうがよいかと思いますが）として，**キャパシタ** (capacitor) があります．かつては電気を集める器の意味でよくコンデンサとよばれ，**蓄電器** (蓄電池ではありません) と訳されていました．しかし，いまでは，容れ物という意味で，キャパシタというよび方がよく使われています．

キャパシタは図 13.3 のように，金属の導体板を 2 枚向かい合わせて配置したものです．両導体板には極性の異なる電気が誘導され，それらがたがいに引き合いますから，金属が単独であるときよりも電気を蓄えやすくなります．二つの導体を**電極**ともよびます．

図 13.4 は，電池による充電と導線による放電を図にしたものです．電池によってキャパシタに電圧が加わると，上下の導体板の中の自由電子は全体に下の導体板のほ

(a)　　　　　（b）　　　　　（c）　　　　　（d）　　　　　（e）　　　　　（f）

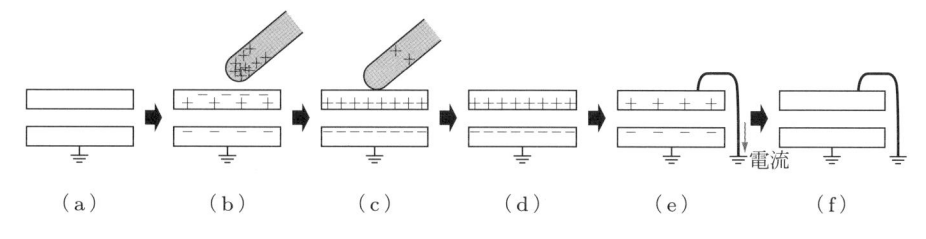

図 13.3　キャパシタの，ガラス棒による充電と導線による放電

うにシフトします．その結果，上の導体板は自由電子の少ない状態，下の導体板は自由電子の多い状態がつくられます．ところが，この状態は上下の導体板の中で均一にはなりません．同符号の電気どうしは反発しますから，上下の導体板にある同符号の電気どうしはできるだけ離れ離れになろうとします．また，異符号の電気の間には引力がはたらきますから，上下導体板にある極性の異なる電気は引き合います．この二つの力によって，自由電子の少ないところ，つまり正に帯電したところは，上の導体板の下表面に集中します．同じように，自由電子の多いところ，つまり負に帯電したところは，下の導体板の上表面に集中します．これが電気の蓄えられた状態です．

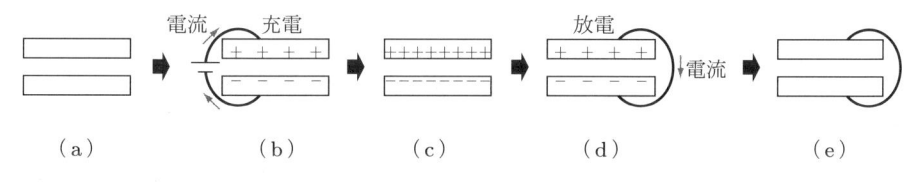

(a)　　　　　（b）　　　　　（c）　　　　　（d）　　　　　（e）

図 13.4　電池による充電と導線による放電

　電気を蓄えたキャパシタの両導体板を導線でつなぐと放電しますが，このとき，どんなことが起こっているのでしょうか．たがいに好きあって対岸に面していた正の電気と負の電気が，わざわざ迂回してでも一緒になるというのは，お話としてはおもしろいのですが，電気ってそこまでクールでスマートなのかと疑わないではいられません．導体板や導線といった導体の中では，自由電子はほぼ原子の数と同じほどの電子が存在するということを 1 章で紹介しました．正に帯電しているというのは，その自由電子がいくらか不足しており，負に帯電しているというのは，自由電子がいくらか過剰になっている状態です．帯電していない部分には何もないのではなく，正イオンである金属原子と自由電子がほぼ同数となっています．とにかく，自由電子はたくさんあるのです．そんな状態にあるキャパシタを導線で短絡するとどうなるでしょうか．先ほどの電池がつながれた場合と違って，上下の導体板とそれをつなぐ導線とは全体で一つの導体となっています．もともと正と負で極性は違いましたが，同じ量の電気

が両導体板に蓄えられていましたから，全体が，導線でつながれば電気量に過不足はありません．導体の中では固定された正イオンの金属原子と自由電子とが引き合いますから，自由電子にも金属原子と同じように，密度を均一にしようとする力がはたらきます．つまり，たくさんあった自由電子が全体として上の導体板のほうにシフトして正に帯電している部分をなくそうとするのです．このようにして，導線の中を電流が流れることになります．やがて放電が終わり，両導体板の帯電はなくなります．

■水流モデルによるアナロジー

キャパシタの充放電を水流モデルで表したのが，図 13.5 です．図 (a) ではタンクの中には仕切り板があって，バネによって釣り合いがとれています．図 (b) のようにポンプを通して力を加えると，水道管の水を通してタンクの仕切り板は力を受け，その位置をずらします．この状態でタンクの栓を閉めると，図 (c) のように，上部の部屋の容積が大きく，下部の部屋の容積が小さい状態が維持されます．この状態から図 (d) のように外部の水道管をつないでやると，仕切り板についたバネの復元力で水道管を水が流れます．仕切り板の両側についているバネの力が釣り合うと，水の流れは止まります．

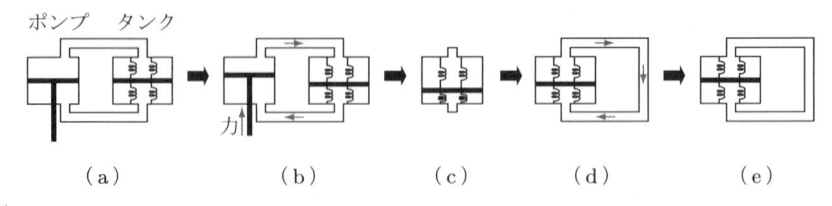

図 13.5 キャパシタの充放電の水流モデルによるアナロジー

このようなはたらきは，キャパシタの充放電にそっくりです．タンクの両側の部屋の容積を変えるにはポンプに力を加える必要がありますが，キャパシタでも，電気を蓄えるためには，外部から電圧を加えなければならないのです．タンクの水に偏りがある状態は，キャパシタに電気が蓄えられいる状態と似ています．つまり，タンクの両方の栓さえ開けたら，上部の穴からはすぐにでも水が押し出される状態です．キャパシタも似ていて，蓄えられた電気はいつでも飛び出したい状態なのです．

タンクの上下を水道管でつなぐと水は勢いよく流れます．同じように，キャパシタの両導体板を導線でつなぐと，たちまち電流が流れて放電します．バネには伸びたり縮んだりするともとにもどろうとする力がはたらき，そのような性質を**弾性** (elasticity) といいますが，キャパシタにもこのような性質があることがわかります．つまり，電気を蓄えることができますが，いつでも押しもどそうとしているのです．

13.2 静電容量 (キャパシタンス)

図 13.5 の水流モデルでは，タンクのバネの復元力はポンプで加えた力と釣り合います．バネの復元力は仕切り板の位置のずれに比例します．さらに，仕切り板の位置のずれは，片方の部屋の容積の増量分に比例しています．つまり，片方の部屋の容積の増量分は，ポンプの力に比例することになります．この二つの量は，キャパシタでは導体板の電気量 $\pm q$ と電池の起電圧 v に対応していて，つぎの式で表されるように，たがいに比例関係にあります．

キャパシタの電気量と電圧の関係

キャパシタに蓄えられた電気量 q [C] と電圧 v [V] とは比例し，つぎの関係が成り立つ．
$$q = Cv$$
比例定数 C [F] を**静電容量** (capacitance) という．

静電容量の単位は [C/V] になりますが，固有の単位として [F] (ファラッド) が使われます．

■ 平行平板キャパシタ

キャパシタの電気量と電圧とが比例することについての詳細は，電磁気学で学びます．図 13.6 のように，二つの導体平板が接近して平行に位置しているキャパシタを**平行平板キャパシタ** (parallel plate capacitor) といいます．本書ではこの平行平板キャパシタについて，上記の式が成り立つことを 13.6 節で説明します．しかし，この段階で定性的にでも静電容量がどのような量で定まるのかをつかんでおくことは，後の学習にも役に立ちますし，この章を理解するうえでもおおいに助けになると考えられます．でも，細かいところで十分理解できないことがあったとしてもくじけないでください．理解しようと試みたうえで，「ううん，本当か？」と猜疑心を抱くくらいでちょうどよいかと思います．このような気持ちが将来の学習へといざないます．

図 13.6(a) の平行平板キャパシタを標準として，図 (b)〜(d) について考えてみましょう．どれも同じ電圧 v を加えているとして考えてください．さて，図 (a) のキャパシタ二つを並列に接続して同じ電圧 v を加えたらどうでしょうか．蓄えられる電気量が 2 倍になることが想像できるのではないでしょうか．二つのキャパシタの並列接

(a)　　　　　　　(b)　　　　　　　(c)　　　　　　　(d)

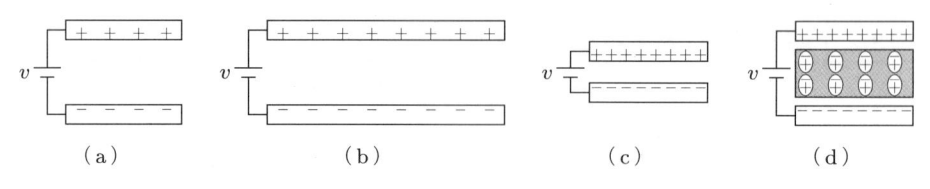

図 13.6 蓄える電気量を増やす方法

続の代わりに，図 (b) のように両平板の面積を広げることも考えられます．こうすれば，蓄えられる電気量が増えるはずです．図 (c) は，平板間の距離を小さくしています．そうすると引きつけ合う力が強くなり，蓄える電気量も多くなります．もう一つが図 (d) です．ここでは，二つの導体板の間に**絶縁体** (insulator) をはさんでいます．絶縁体は電気を流しませんが，外部の電気的な力で絶縁体内部の電気の位置関係にずれが起こります．これを**分極** (dielectric polarization) といいます．絶縁体をつくる分子には，原子核内の陽子と原子核外を運動している電子があるのですが，電子は自由電子とはならずに分子の中で運動しているため，電気の流れをつくることはありません．しかし，外部の電気によって，図のように絶縁体内部で正と負の電気の位置ずれが生じるのです．絶縁体の上部表面には負の電気，下部表面には正の電気が分布していますから，両平板表面の電気を引きつける能力も増し，両平板の電気は増えることになります．

このように，図 (b)〜(d) のキャパシタは，図 (a) のキャパシタに比べ，同じ電圧 v で蓄える電気量 q を増やすことができます．先ほど紹介した関係式 $q = Cv$ に絡めると，どれも静電容量が増したことになります．

上記の考察から，平行平板キャパシタの静電容量 C については，つぎのことが推察できます．

平行平板キャパシタの静電容量

平行平板の断面積を S [m^2]，平板間の間隔を d [m]，平板間の物質の誘電率を ε [F/m] とするとき，平行平板キャパシタの静電容量 C [F] は以下の式で表される．

$$C = \frac{\varepsilon S}{d}$$

平行平板キャパシタの静電容量についての上の公式を求める問題は電磁気学で取り扱う範囲になりますが，電磁気学との結びつきを考える好材料として，13.6 節で導出することにします．

■ 誘電率

平行平板キャパシタの静電容量の式の中の比例定数 ε (イプシロン) を，板間にある物質の**誘電率** (permittivity) といいます．真空は物質ではありませんが，板間が真空の場合の静電容量 C_0 はつぎのように表されます．

$$C_0 = \frac{\varepsilon_0 S}{d}$$

ここで，ε_0 は**真空の誘電率**とよばれ，その値はつぎのように定められています．

$$\varepsilon_0 \equiv \frac{1}{4\pi \times 10^{-7} \times c_0^2} \fallingdotseq 8.85418782 \times 10^{-12} \text{ F/m}$$

c_0 は真空中での光速であり，$c_0 \equiv 2.99792458 \times 10^8$ m/s です．なぜ真空の誘電率が光速と関係するのかについては，電磁気学での少し突っ込んだ学習が必要になります．

上記の公式によると，「平行平板キャパシタの静電容量 C は，平行平板の断面積 S に比例し，平板間の間隔 d に反比例する」となります．ちなみに，平行平板の面積を 10 cm × 10 cm，平板間の間隔を 1 mm としたときの静電容量を計算すると 88.5pF，100 V 加えても 8.85 nC しか蓄えられません．これを 1 ms の間に流し終えるとすると，電流は平均として 8.85 μA になります．

キャパシタの導体板間に絶縁体を入れると，平板に何も入れない場合に比べて，一般に静電容量が増します．この比をその物質の**比誘電率** (relative permittivity) といいます．比誘電率を ε_s と表すと，C と C_0 の定義から，つぎのように表せます．

$$\varepsilon_s \equiv \frac{C}{C_0} = \frac{\varepsilon}{\varepsilon_0}$$

これまでは平板間にはさむ物質を，電気が流れないという意味で絶縁体とよんでいましたが，外部の電気によって物質内部の電気的な位置関係にずれを誘起するという意味で，**誘電体** (dielectrics) ともいいます．詳しいことは電磁気学で学びます．いろいろな物質の比誘電率を表 13.1 に示しておきます．

表 13.1 いろいろな物質の比誘電率

物質	空気	紙	ゴム	陶器(セラミック)	木材	ガラス	純水	酸化チタン
比誘電率	1.00059	2.0〜2.6	2.0〜3.5	5.7〜6.8	2.5〜7.7	5.4〜9.9	80.4 (20°C) 温度によって変化	83〜183

例題 13.1

以下の問いに答えなさい．

(1) 平行平板キャパシタがあり，面積は 10 cm^2，間隔は 0.2 mm であった．10 V の電圧を加えたときに蓄えられる電気量はいくらか．キャパシタは空気中にあるとする．

(2) 100 pF の平行平板キャパシタの導体板間に比誘電率 3.0 の誘電体を挿入したら，静電容量はいくらになるか．
(3) ある平行平板キャパシタに，10 V の電源を接続して電気を蓄えた．その後，電源を外し，平板間の距離を 2 倍にしたとき，両電極間の電圧はいくらになるか．

解 (1) $C = \dfrac{\varepsilon S}{d} = \dfrac{\varepsilon_s \varepsilon_0 S}{d} = \dfrac{1.00 \times 8.85 \times 10^{-12} \times 10 \times 10^{-4}}{0.2 \times 10^{-3}} = 443 \times 10^{-13} = 44.3 \text{ pF}$．

(2) 静電容量は比誘電率に比例するから，$100\text{p} \times 3.0 = 300 \text{ pF}$．

(3) 距離を 2 倍にしてもその前後で蓄えられている電気量は同じ．一方，静電容量は 2 分の 1 に減少するから，$q = Cv$ により，電圧は 2 倍になる．したがって，電圧は 20 V．

13.3　いろいろなキャパシタ

電子機器の中には図 13.7 のような回路基板が収められています．基板上にはいろいろな部品が配置されていますが，そのなかには多くのキャパシタがあります．

図 13.7　電子部品が実装された回路基板

キャパシタは用途，構造，絶縁体の材料や性質などによっていろいろに分類されます．
　構造：単板型，巻き型，積層型，貫通型など．
　材料：真空，紙，オイル，ガス，プラスチックフィルム，セラミック，雲母，電解液など．
　性質：静電容量 (固定，可変)，極性，使用する電圧，使用する周波数，損失，大きさ，コストなど．

キャパシタの構造として代表的なものを，図 13.8 に示しています．図 (a) の平行平板型は面積を大きく取れないので一般に静電容量が小さく，これを大きくするには大型になります．図 (b) 巻き型は 2 枚の導体箔と誘電体膜を交互に重ねて巻き込んだもので，小型のわりに大きな静電容量をもたせることができます．図 (c) の積層型は導体と誘電体とを交互に重ねたものです．図 (d) の貫通型は導体の軸の周りに誘電体の管を形成し，その外側にさらに導体の管を形成して同軸構造としたものです．このほかにも，図 (e) の静電容量を変えられる可変型 (通称バリコン)，製品の出荷時に調整用として利用される，図 (f) の半固定可変があります．

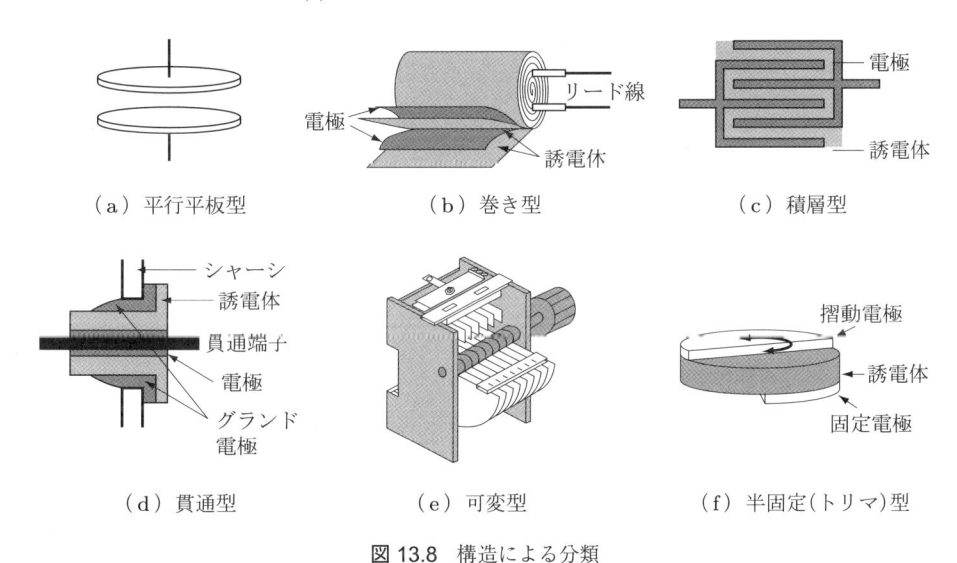

(a) 平行平板型　　　(b) 巻き型　　　(c) 積層型

(d) 貫通型　　　(e) 可変型　　　(f) 半固定(トリマ)型

図 13.8　構造による分類

材料によるキャパシタの分類として代表的なものを図 13.9 に，またその名称，特徴などを表 13.2 に示します．

静電容量などのデータは，素子の表面に記号で記されています．たとえば「103J50」という記号は，はじめの三つの数字が静電容量を表していて，10×10^3 pF = 10 nF を意味しています．つぎの J は誤差で，この記号は静電容量の誤差が 5% 以内であることを表しています．この記号が K の場合は誤差 10% 以内，M の場合は 20% 以内です．その後の数字 50 は耐電圧の表示です．したがって，この例は，静電容量 10 nF，静電容量の誤差 ±5% 以内，耐電圧 50 V を表してます．

キャパシタを回路図に描くときには，図 13.10 に示す図記号が用いられます．電気回路で学ぶ場合は，できるだけ理論的に単純に取り扱うという姿勢から，ほとんどの場合に図 (a) を用いますが，より実用的な電力系統や電子回路の分野では，極性を

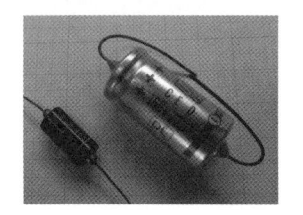

(a) オイルコンデンサ 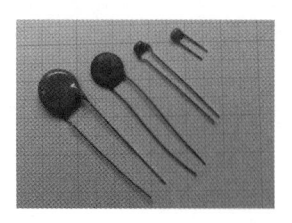　　(b) セラミックコンデンサ 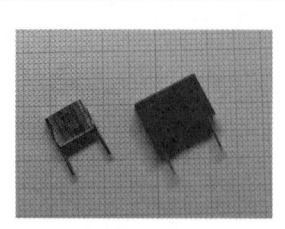　　(c) プラスチックコンデンサ

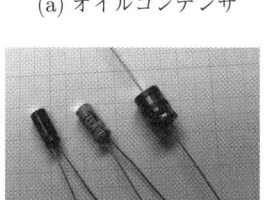

(d) アルミ電解コンデンサ 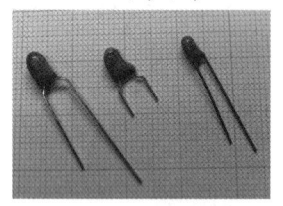　　(e) タンタル電解コンデンサ 　　(f) 電気二重層コンデンサ

図 13.9　キャパシタの種類

表 13.2　いろいろなキャパシタの特徴

名称	特徴など	静電容量	極性
オイルコンデンサ	絶縁油を浸み込ませた紙を誘電体としたもの．耐電圧は低いが静電容量の大きいものや，静電容量はそれほど大きくないが，耐電圧(最大許容電圧)の高いものなどがある．	100 pF～100 μF 数 V～数千 V	なし
セラミックコンデンサ	酸化チタン，アルミナなどの磁器を用いたものがある．	1pF～1.0 μF 25 V～3 kV	なし
プラスチックコンデンサ	スチロール，ポリエステル，ポリプロピレンなどの樹脂を用いたものがある．比較的に安価なことからよく使われる．ポリエステルを用いたものはマイラコンデンサともよぶ．	10 pF～10 μF	なし
アルミ電解コンデンサ	電極表面を化学処理して絶縁体薄膜を形成し，これを誘電体としたもの．大きな静電容量が得られるが，極性があり，諸特性はそれほどよくない．耐電圧を守らなかったり，極性を間違えると正常に動作しないだけでなく，発熱したり電解液が漏れ出たり，場合によっては破裂することもある．	0.1 μF～20 mF 2 V～500 V	あり
タンタル電解コンデンサ	アルミ電解コンデンサと同様，極性があるが，小型で特性もよい．比較的に高価．	0.1 μF～220 μF 3 V～35 V	あり
電気二重層コンデンサ	イオン分子として電荷を蓄えさせる機構を利用したキャパシタで，静電容量が非常に大きい．2次電池に代替できる素子として注目されている．	0.01 F～0.5 F 数 V	あり

```
   ┴     ┴正   ┴ +     ⊬
   ┬     ┬負   ┬       ⁄
  (a)    (b)   (c)    (d)
```

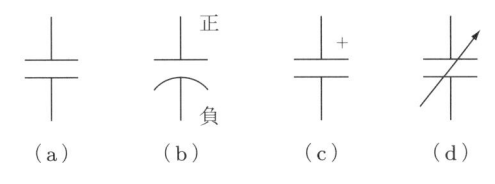

図 13.10 キャパシタの図記号

はっきりさせておくことがとても重要になることが多く，極性がある場合には図 (b), (c) を用いています．図 (d) は可変コンデンサの図記号です．

13.4 電荷保存則

本章の初めにキャパシタの充放電について考えましたが，そのなかで，非常に重要な前提がありました．それは，**電荷保存則** (Law of charge conservation) として，つぎのように言い表すことができます．

電荷保存則
① ある任意の領域において電気の出入りがなければ，その領域の内部の電気量の代数和は変化しない．
② ある任意の領域において電気の出入りがあるとき，その領域の内部の電気量の代数和は，代数的に流入した電気量の分だけ増加する．

回路のある節点だけを含む領域を考えることにします．節点では電気を蓄えることはできませんから，節点だけを含むこの小領域では，その中の電気量の代数和は常にゼロです．とすると，電荷保存則②により，この小領域に流入する代数的な電気量はゼロになる必要があります．このことから，1 章で学んだ KCL ②「任意の節点において，流入する枝電流の代数和はゼロに等しい」が導かれます．

13.5 キャパシタ回路

■ キャパシタの並列接続

静電容量 C_1 と C_2 のキャパシタを並列に接続したとき，全体の静電容量 C はそれぞれの静電容量の和になります．つまり，次式が成り立ちます．

$$C = C_1 + C_2$$

もし，それぞれのキャパシタが平行平板キャパシタで，極板間の距離が等しくかつ内部の誘電体が同じであれば，並列に接続することは，全体の面積がそれぞれの面積の和で表されることを意味します．このことと静電容量の公式 $C = \varepsilon S/d$ から，全体の静電容量はそれぞれの和になることがわかります．

図 13.11 の回路を用いて，もう少し一般的に理論立てて考えることにしましょう．図 (a), (b) の回路が等価であるためには，同じ電圧 v を加えたときに，同じ電気量を蓄えなければなりません．その電気量を q とし，図 (a) のキャパシタの並列回路では，それぞれのキャパシタに蓄えられる電気量を q_1, q_2 とします．破線で囲まれた領域に対して電荷保存則②を適用すると，つぎの式が成り立ちます．

$$q = q_1 + q_2$$

一方，それぞれに電圧 v が加えられていますから，

$$q = Cv, \quad q_1 = C_1 v, \quad q_2 = C_2 v$$

となり，つぎの結論が得られます．

$$C = \frac{q}{v} = \frac{q_1 + q_2}{v} = \frac{C_1 v + C_2 v}{v} = C_1 + C_2$$

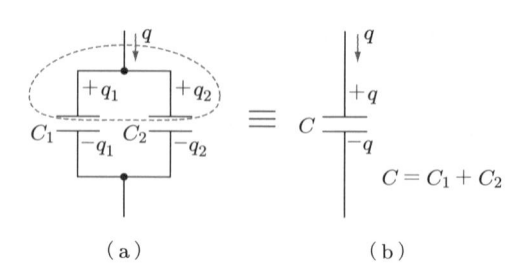

図 13.11 キャパシタの並列接続

複数のキャパシタが並列に接続された場合については，つぎのようにまとめられます．

キャパシタの並列接続
静電容量 $C_1, C_2, \cdots, C_n$ をもつ n 個のキャパシタが並列に接続されたときの全体の静電容量 C は，それぞれの静電容量の和に等しい．

$$C = C_1 + C_2 + \cdots + C_n$$

■キャパシタの直列接続

静電容量 C_1 と C_2 のキャパシタを直列に接続したときは，全体の静電容量の逆数がそれぞれの静電容量の逆数の和になります．つまり，次式が成り立ちます．

$$\frac{1}{C} = \frac{1}{C_1} + \frac{1}{C_2}$$

もし，それぞれのキャパシタの平行平板の面積が同じであれば，直列に接続する場合には平行平板の距離がそれぞれの距離の和になると考えることができます．このことと静電容量の公式 $C = \varepsilon S/d$ から，上式を得ることができます．

ここでも，図 13.12 を用いて一般的に考えることにしましょう．どのキャパシタにも初めは電気は蓄えられていないとします．図 (a), (b) の回路が等価であるためには，同じ電圧 v を加えたとき，同じ電気量 q が蓄えられなければなりません．図 (a) のように直列接続されたキャパシタの電圧をそれぞれ v_1, v_2，それぞれのキャパシタに蓄えられる電気量を q_1, q_2 とすると，次式が成り立ちます．

$$q = Cv, \quad q_1 = C_1 v_1, \quad q_2 = C_2 v_2$$

まず，両者に加えた電圧が等しいことから

$$v = v_1 + v_2$$

となります．一方，図中の破線で囲まれた領域に対して電荷保存則①を適用すると，$-q_1 + q_2 = 0$ となります．これから $q_1 = q_2$ であり，図の回路で流し込んだ電気量は等しいことから，

$$q_1 = q_2 = q$$

となり，つぎの結論が得られます．

$$\frac{1}{C} = \frac{v}{q} = \frac{v_1 + v_2}{q} = \frac{v_1}{q} + \frac{v_2}{q} = \frac{v_1}{q_1} + \frac{v_2}{q_2} = \frac{1}{C_1} + \frac{1}{C_2}$$

複数のキャパシタが直列に接続された場合については，つぎのようにまとめられます．

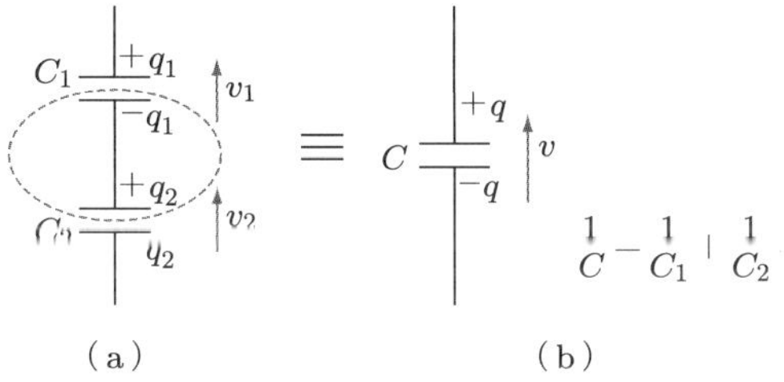

(a)   (b)

図 13.12 キャパシタの直列接続

キャパシタの直列接続

静電容量 $C_1, C_2, \cdots, C_n$ をもつ n 個のキャパシタが直列に接続されたときの全体の静電容量 C は，次式のように表される．

$$\frac{1}{C} = \frac{1}{C_1} + \frac{1}{C_2} + \cdots + \frac{1}{C_n}$$

例題 13.2

以下の問いに答えなさい．

(1) 2 μF と 3 μF と 6 μF のキャパシタを並列に接続したとき，合成静電容量はいくらか．

(2) 2 μF と 3 μF と 6 μF のキャパシタの並列回路に 22 μC の電気量を蓄えさせたとき，それぞれのキャパシタに蓄えられる電気量はいくらか．

(3) 2 μF と 3 μF と 6 μF のキャパシタを直列に接続したとき，合成静電容量はいくらか．

(4) 2 μF と 3 μF と 6 μF のキャパシタの直列回路に 24 V の電圧を加えた．それぞれのキャパシタに蓄えられる電気量はいくらか．また，それぞれの電圧はいくらか．

(5) 100 μF のキャパシタと等価な回路を 20 μF の複数のキャパシタを用いてつくる方法を考えなさい．

(6) 4 μF のキャパシタと等価な回路を 20 μF の複数のキャパシタを用いてつくる方法を考えなさい．

解 (1) $C = 2 + 3 + 6 = 11$ μF．

(2) 2 μF と 3 μF と 6 μF のキャパシタに蓄えられる電気量を q_1, q_2, q_3 とすると，$q_1 + q_2 + q_3 = 22$ μC．並列であるから加わる電圧は等しく，蓄えられる電気量は静電容量に比例するから，$q_1 : q_2 : q_3 = 2 : 3 : 6$ となる．二つの式から，$q_1 = 4$ μC, $q_2 = 6$ μC, $q_3 = 12$ μC．

(3) $C = \dfrac{1}{\dfrac{1}{C_1} + \dfrac{1}{C_2} + \dfrac{1}{C_3}} = \dfrac{1}{\dfrac{1}{2\mu} + \dfrac{1}{3\mu} + \dfrac{1}{6\mu}} = \dfrac{12\mu}{\dfrac{12\mu}{2\mu} + \dfrac{12\mu}{3\mu} + \dfrac{12\mu}{6\mu}} = \dfrac{12\mu}{6 + 4 + 2} = 1$ μF

(4) 2 μF と 3 μF と 6 μF のキャパシタに加わる電圧をそれぞれ v_1, v_2, v_3 とすると，$v_1 + v_2 + v_3 = 24$ V．直列であるから，それぞれに蓄えられる電気量は等しい．したがって，それぞれのキャパシタの電圧は，それぞれの静電容量に反比例する．つまり，$v_1 : v_2 : v_3 = 1/2 : 1/3 : 1/6 = 3 : 2 : 1$ となる．二つの式から，$v_1 = 12$ V, $v_2 = 8$ V, $v_3 = 4$ V．

(5) たとえば，20 μF のキャパシタを五つ並列に接続すると，合成静電容量は 100 μF になる．

(6) たとえば，20 μF のキャパシタを五つ直列に接続すると，合成静電容量は 4 μF になる．

13.6† キャパシタ内部の電場

平行平板キャパシタの静電容量が次式で表されることは，先ほど紹介しました．

$$C = \frac{\varepsilon S}{d}$$

本節では，この式がどのように導出され，その基礎概念がどのようなものであるかを学びます．本格的に学ぶには電磁気学を学ぶ必要がありますが，ここでは平行平板キャパシタに限定することで，キャパシタと電磁気学の橋渡しをします．また，このことは，後ほどインダクタの基礎を学ぶときにもおおいに参考になると思います．ただ，これ以降の電気回路の学習に大きな影響を与えるものではないという意味で，飛ばして読んでもかまいません．

図 13.13 のように，正に帯電した物体の近くに導体を近づけると，導体表面の帯電体に近いところは負に帯電し，帯電体から遠いところは正に帯電します．これは静電誘導とよばれ，1 章で説明しましたが，図 13.14 のように，異種の電気は引き合い，同種の電気は反発するからでした．このような力を**静電気力**といい，静電気力の及ぶ空間を**静電場** (electrostatic field) といいます．

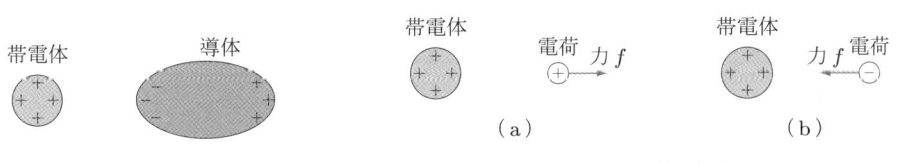

図 13.13 静電誘導

図 13.14 静電気力

静電場の様子を表現する方法に**電気力線**があります．図 13.15 に電気力線の例をいくつか示します．電気力線の接線は，その点に電荷を置いたときにはたらく静電力と同じ方向をもっています．また，電気力線には向きがあり，正電荷を置いたときの静電力の向きと同じ向きをもちます．たとえば，図 (a) のように正電荷の周囲に別の正の電荷を置くと反発力を受けるので，電気力線は放射状に広がります．逆に，図 (b) のように負電荷の周囲に正の電荷を置くと引力がはたらくので，電気力線は放射状で集まってくる向きをもちます．図 (c) は同じ電気量の正負の電荷を対峙させた場合ですが，電気力線は正の電荷から発生し，負の電荷で消滅しています．詳しいことは電

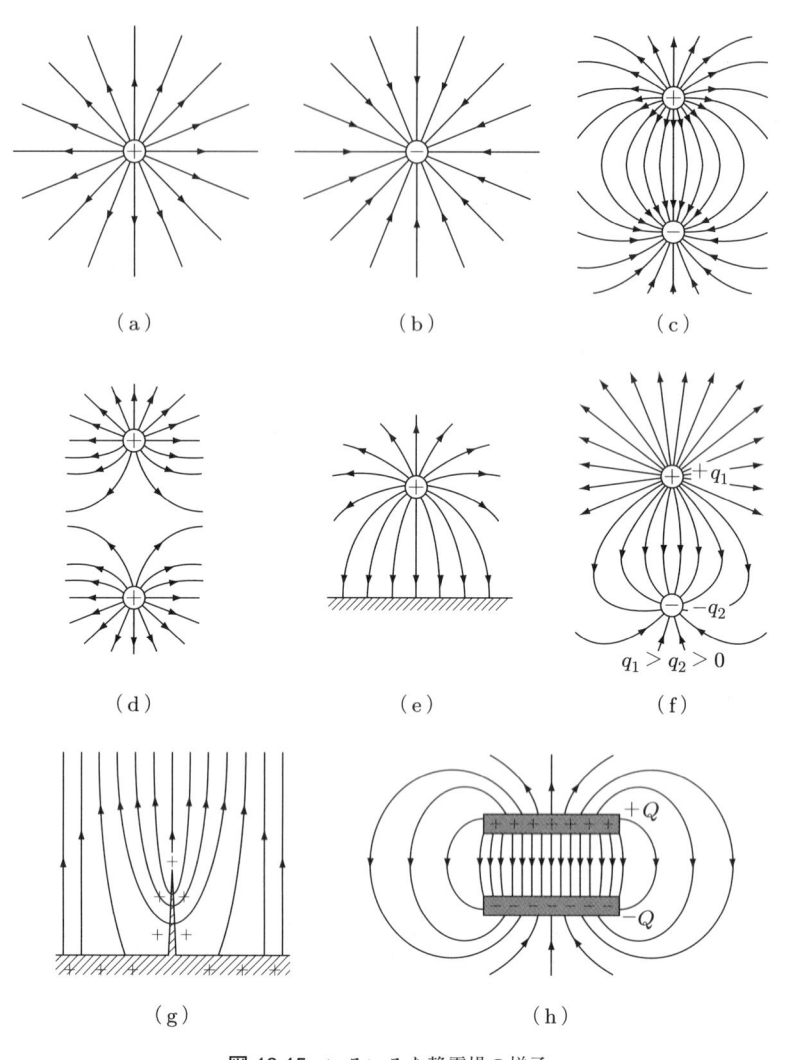

図 13.15 いろいろな静電場の様子

磁気学で学びますが，図を見ながらイメージを膨らませておくことは後の学習の役に立つでしょう．

本章のキャパシタの学習で重要なのは，図 (h) のように，平行平板キャパシタに電荷が蓄えられている場合です．このとき，平板間の電気力線はほとんど平行になります．このことから，平板間に電荷を置いたときは，どこでもほぼ一様な向きに力がはたらくことがイメージできます．実は，その力の大きさはほとんど同じなのです．

静電場は静電気力が及ぶ空間としましたが，静電気力には大きさがありますから，

静電場にも向きだけでなくその大きさを決めることができます．つまり，単位正電荷 (電気量 1 C の電荷) にはたらく静電気力を**電場** (electric field) として定義します．向きは正電荷にはたらく力の向きと同じで，その大きさは，単位正電荷にはたらく力の大きさと同じであり，電場は向きと大きさをもったベクトルになります．空間の各点にベクトル量が定義できる空間を**ベクトル場**といいます．したがって，電場はベクトル場であるといえます．

1 C の電荷にはたらく力の大きさが 1 N のとき，電場の大きさは 1 N/C となります．電気量 q の電荷にはたらく力を f とすると，その点の電場の大きさ E は，つぎのように定義されます．

$$E \equiv \frac{f}{q}$$

この式から，電場の単位を N/C としてもよいのですが，一般には V/m を用います．単位がこれでよいことは，13.7 節で学ぶことにします．

この電場の定義によると，平行平板キャパシタの平板間では，電場はベクトルとしてほぼ一様だということができます．図 (h) では，平板間以外のキャパシタの外部にも電気力線が描かれていますが，その電場は小さい，つまりキャパシタ外部に及ぼす静電気力は非常に小さいことがわかります．程度問題ですが，電場の大きなところは，ほぼ平板間にかぎられるのです．

電場 E にその点の誘電率 ε を乗じた量を**電束密度** (electric flux density) といい，D で表すことにします．電束密度に垂直な面を考え，この面積を S とするとき，電束密度 D と S をかけた量を**電束** (electric flux) といい，これを Ψ (プサイまたはプシイ) と表すと，次式が成り立ちます．

$$D \equiv \varepsilon E, \quad \Psi \equiv DS = \varepsilon ES$$

ところで，このようにして定義した電束と電気量との間には，つぎの重要な物理法則が成り立ち，**電場におけるガウスの法則** (Gauss's law of electric field) とよばれています．図 13.16 を参照しながら確認してください．

電場におけるガウスの法則

任意の閉曲面から出て行く電束の総量 Ψ [C] は，その閉曲面内の電気量 Q [C] に等しい．

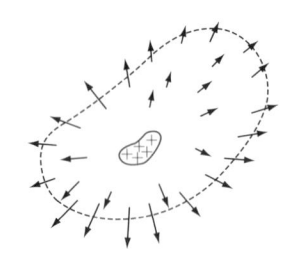

図 13.16 電場におけるガウスの法則

13.7† 平行平板キャパシタの静電容量の導出

さて，いよいよ 13.2 節で説明した平行平板キャパシタの静電容量の式を求めてみましょう．図 13.17 のように両極板には電圧 v が加えられ，両極板に $\pm q$ の電気量の電荷が蓄えられており，両極板の電場の大きさを E と表すことにします．

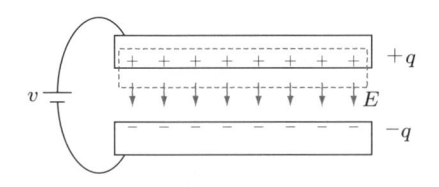

図 13.17 平行平板キャパシタ

電場におけるガウスの法則を，図中の破線の閉曲面に適用してみましょう．閉曲面の上面は上の導体板の中にあり，下面は極板間にあります．ガウスの法則において，まず，閉曲面内の電気量は q です．つぎに，この閉曲面から出て行く電束の総量 Ψ について考えます．導体内部の電場はゼロですから，電束の総量 Ψ は，閉曲面の下面からの電束のみになり，平行平板の面積を S とすれば，つぎのようになります．

$$\Psi = \varepsilon_0 E S$$

したがって，電場におけるガウスの法則により，つぎの式が得られます．

$$q = \Psi = \varepsilon_0 E S \tag{13.1}$$

つぎに，極板間の電場 E について考えます．極板間に，キャパシタに蓄えられた電気分布を変えない程度の小さな電気量 q をもつ電荷を想定してみましょう．この電荷にはたらく静電気力 f はつぎのとおりです．

$$f = qE$$

さて，この電荷を下の導体板から上の導体板まで運ぶときにする仕事 W (=力×距離) は，つぎのようになります．

$$W = fd = qEd$$

ところで，2章で学んだように，「電位差は電荷を運ぶときの単位正電荷あたりの仕事」でしたから，上下の導体板の間の電位差 v は，

$$v \equiv \frac{W}{q} = Ed \tag{13.2}$$

となります．この式から，電場の単位は V/m でよいことがわかります．

式 (13.1), (13.2) を用いると，13.2 節で説明した平行平板キャパシタの静電容量 C_0 の公式をつぎのように導くことができます．

$$C_0 \equiv \frac{q}{v} = \frac{\varepsilon_0 ES}{Ed} = \frac{\varepsilon_0 S}{d}$$

極板間が誘電率 ε の誘電体で満たされていれば，そのときの静電容量は，比誘電率 ε_s の定義により，つぎのように求められます．

$$C \equiv \varepsilon_s C_0 = \varepsilon_s \frac{\varepsilon_0 S}{d} = \frac{\varepsilon S}{d}$$

13.8 キャパシタに蓄えられるエネルギー

図 13.18(a) は可変の直流電源を使ってキャパシタを充電する回路，図 (b) は抵抗 r を通して放電する回路です．これに似たはたらきをする水流モデルを，図 13.19(a), (b) に示しています．

キャパシタを充電するときには，電流を流した向きと逆向きの電圧が生じます．このときは，電力は電源からキャパシタに向かって供給されます．一方，放電の場合はキャパシタの電圧の向きと電流の向きとが同じですから，電力はキャパシタから抵抗に向かっています．このことから，充電するときにはエネルギーが蓄えられ，放電

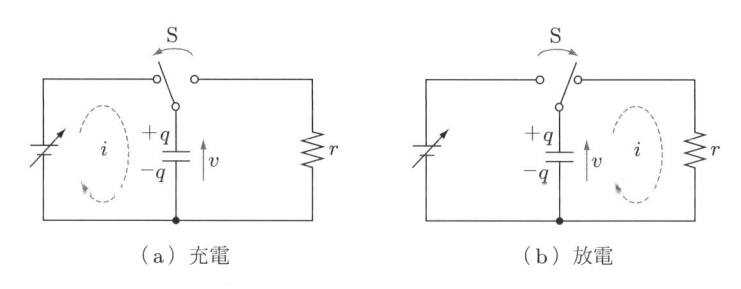

(a) 充電　　　　　　　　(b) 放電

図 13.18　キャパシタの充放電

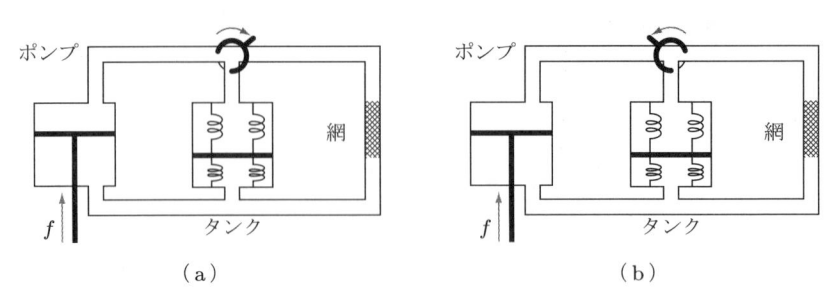

図 13.19 充放電の水流モデルによるアナロジー

するときにはそのエネルギーを放出していると考えることができます．キャパシタに蓄えられるエネルギーは電気エネルギーで，とくに**静電エネルギー** (electrostatic energy) とよぶこともあります．ここで考えたいのは，この静電エネルギーを量としてとらえることができる式です．

図 13.19 の水流モデルでは，ポンプで力 f を加え，タンク内の隔壁を動かしています．隔壁の変位 x は，力を加えていないときの位置を基準にして測るとします．バネ定数を k とすると，フックの法則により

$$f = kx$$

となります．この関係を図 13.20(a) に図示します．変位が小さいときは反発力も弱いので，隔壁を動かす力も弱くてすむのですが，変位が大きくなると反発力が大きく，隔壁を動かすのに大きな力を加える必要があります．バネを縮めたときをイメージして考えてみてください．同じだけ変位させるにも，仕事＝力×距離ですから，変位が大きいときほど大きな仕事が必要となります．図 (a) に図示していますが，変位が x のときにさらに Δx だけ変位させようとすると[†]，$f\Delta x$ の仕事をする必要があ

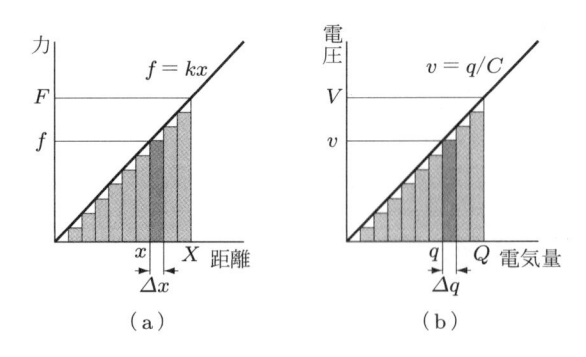

図 13.20 弾性エネルギーと静電エネルギーのアナロジー

[†] デルタエックスと読む．Δ と x の積ではなく，Δx でバネの変位を意味する．

りますから，この仕事は図の濃い灰色の長方形の面積で近似することができます．変位が 0 から X になるまでの仕事の合計は，図の柱状の長方形の総面積で近似されます．近似というのは，Δx 変位させるときにも力はそれに対応して変化しているからです．近似の精度を上げるためには，Δx を非常に小さくした極限を考えればよく，このとき，柱状の長方形の総面積の極限は，関数 $f = kx$ のグラフの下の三角形の部分の面積に等しくなります．この三角形の面積は，変位 X のときの反発力を F として，$FX/2 = kX^2/2$ となることがわかります．バネを縮めるのにした仕事がバネに蓄えられたエネルギーであると考えられ，このエネルギーを弾性エネルギーとよびます．まとめると，バネに力 f が加わって自然の長さから x だけ伸びたとき，バネに蓄えられた弾性エネルギー w は次式で表されます．

$$w = \frac{1}{2}fx = \frac{1}{2}kx^2$$

それでは，キャパシタの場合を考えましょう．キャパシタに加わる電圧を少しずつ増やしていくと電流が流れ，電気量も少しずつ増えていきます．キャパシタの静電容量を C とし，キャパシタに加わる電圧が v，蓄えられた電気量が q だとします．このとき，$q = Cv$ が成り立ちます．

この状態からさらに電気量 Δq がキャパシタに流れ込んだとします．電源の電圧はキャパシタの電圧と等しく v でした．そもそも，電圧の定義は「電荷を運ぶときの単位正電荷あたりの仕事」でしたから，電源がする仕事は $\Delta w = v \Delta q$ です．図 13.20(b) の濃い灰色の長方形の面積で近似することができます．近似というのは，少しでも電気量が増えれば電圧も少し変化するので，v を一定とした長方形の面積とは少し違います．電気量が 0 から Q の状態まで変化するまでに電源がした仕事は，先ほどのバネの場合と同じ論理で，関数 $v = q/C$ のグラフの下の三角形の部分の面積 $VQ/2 = CV^2/2$ に等しくなります．この電源の行った仕事は，キャパシタに蓄えられた静電エネルギーと考えることができます．まとめると，つぎの結果が得られます．

キャパシタに蓄えられる静電エネルギー

静電容量 C [F]，電圧 v [V]，蓄えられた電気量が q [C] のキャパシタの静電エネルギー w [J] は次式で表される．

$$w = \frac{1}{2}qv = \frac{q^2}{2C} = \frac{1}{2}Cv^2$$

例題 13.3

以下の問いに答えなさい．

(1) 図 13.21 のように，電荷を蓄えていない 1 F のキャパシタに 1 A の電流を 1 s 流した．電圧はいくらになるか．また，蓄えられた電荷の電気量および電気エネルギーはいくらになるか．

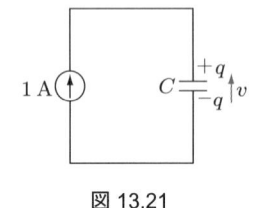

図 13.21

(2) 体重 60 kg の人を 1m 高い位置に動かすには，10 V の電圧を加えた 50 μF のキャパシタ何個分のエネルギーが必要か．

解 (1) 蓄えられた電気量は $q = it = 1 \times 1 = 1$ C，電圧は $v = q/C = 1/1 = 1$ V，電気エネルギーは，$w = qv/2 = 1 \times 1/2 = 0.5$ J．

(2) 10 V の電圧を加えた 50 μF のキャパシタに蓄えられた電気エネルギーは，$w = (1/2)Cv^2 = (1/2) \times 50\mu \times 10^2 = 2.5$ mJ．体重 60 kg の人を 1 m 高い位置に動かすための仕事は $w = mgh \fallingdotseq 60 \times 9.8 \times 1 = 588$ J．したがって，$588/2.5\text{m} = 235\text{k} = 235000$ 個．

■■ 演習問題 ■■

13.1 以下の問いに答えなさい．

(1) 静電容量 500 μF のキャパシタに電源を接続している．電源の電圧を 10 V から 30 V に 5 s かけて少しずつ変化させた．この間の電流が一定だとすると，電流の大きさはいくらになるか．

(2) 20 μF のキャパシタともう一つのキャパシタを並列接続して 30 μF にしたい．もう一つのキャパシタの静電容量をいくらにしたらよいか．

(3) 20 μF のキャパシタともう一つのキャパシタを直列接続して 10 μF にしたい．もう一つのキャパシタの静電容量をいくらにしたらよいか．

(4) 図 13.22(a)〜(c) の回路のそれぞれの合成静電容量を求めなさい．

(5) 巻き型のキャパシタがある．導体箔の間にはさむ誘電体の比誘電率は 60 であり，厚さ 0.1 mm のフィルムを用いた．有効面積は 20 cm^2 として，静電容量を求めなさい．

(a)　(b)　(c)

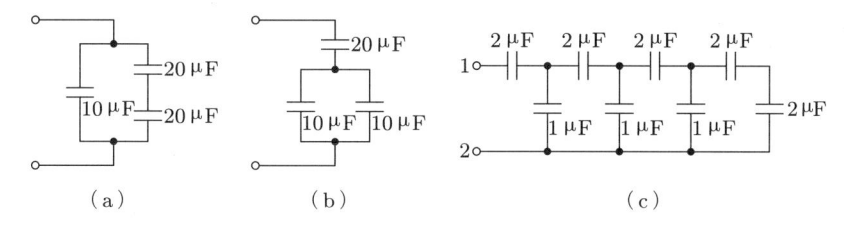

図 13.22

13.2 図 13.23(a), (b) のように，4 F と 12 F のキャパシタの直列回路と並列回路があり，はじめ電荷が蓄えられていない状態から，どちらにも 12 秒間だけ 2 A の電流を流した．以下の問いに答えなさい．

(1) 図 (a) の回路の電気量 q，電圧 v_1, v_2 および全電圧 v を求めなさい．また，4 F と 12 F のそれぞれのキャパシタに蓄えられる電気エネルギー w_1, w_2，および全体の電気エネルギー w を求めなさい．

(2) 図 (a) の回路の電気量 q，電気量 q_1, q_2，および全電圧 v を求めなさい．また，4 F と 12 F のそれぞれのキャパシタに蓄えられる電気エネルギー w_1, w_2 および全体の電気エネルギー w を求めなさい．

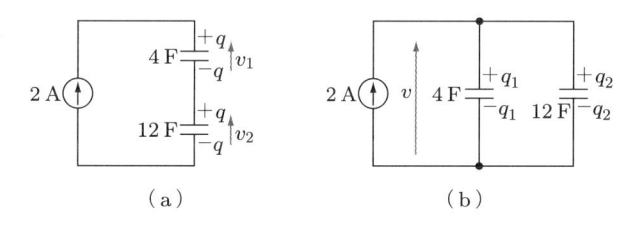

(a)　(b)

図 13.23

14章　積分と微分

　電気回路の中の基本的な受動素子としては，抵抗，キャパシタと次章で解説するインダクタがあります．キャパシタやインダクタのはたらきを深く理解するには，本章で学ぶ微分積分法が欠かせません．微分積分法は数学的方法で，これを取り扱う学問に微分積分学，さらに広げた体系的学問として解析学があります．高等学府で学ぶ数学的教養は解析学と線形代数学だといわれています．両者とも物理，工学，経済など幅広い分野に応用されています．線形代数学については，本書でも6章でその一端に触れました．もう一つの解析学の主なテーマが，本章で学ぶ微分積分法です．微分積分法と線形代数は，電気回路の学習にも非常に重要です．本章では，微分積分法の根底にある考え方を解説します．すでに微分積分法を学んだ人も，もう一度目を通しておくことをお勧めします．初めて学ぶ人はこの章を読んだだけでは練習が足らず，十分に理解できないかもしれません．考え方を読んだうえで，ほかのテキストにもぜひ挑戦してください．

　微分積分法は，本来は**積分法**と**微分法**とに分けられるものです．どちらも紀元前のギリシャの時代にその萌芽を認めることができます．その頃から，面積や体積を求める求積法として積分法が先に発展し，球の面積や体積を求める問題は，アルキメデスとその仲間たちによって解かれました．微分法は瞬時的な変化の割合をとらえるものとして，12世紀頃から断片的に発展してきました．そして，積分法と微分法とを結びつける**微分積分法の基本定理**を見出したのが，17世紀後半のニュートンとライプニッツでした．この基本定理により，多くの積分の問題が統一的な方法で解けるようになりました．

　本章を学ぶうえでは，つぎの①〜④に留意してください．

① 積分と微分の意味をグラフを用いて感覚的につかみ，その後で数学的な定義を理解できるようにする
② 積分もしくは微分の関係にある二つの物理量の関係について，より具体的なイメージをつかめるようにする
③ 微分積分法の基本定理の重要性を理解する
④ 連続関数の積分だけでなく，不連続関数の積分についても理解する

14.1 面積と積分

積分の説明をする前に，密接な関係にある面積の話から始めます．問題とするのは，図 14.1(a) の面積 S です．灰色の部分は，正の関数 $f(x)$ のグラフと x 軸，および $x=a$ となる位置とその右側に位置する直線 $x=x$ で囲まれた領域です．右側の直線の位置する x の値を変えると領域が広がり，面積も変化しますから，面積 S を x の関数と考えて $S(x)$ と表現することができます．図 (b) にその変化を描いています．

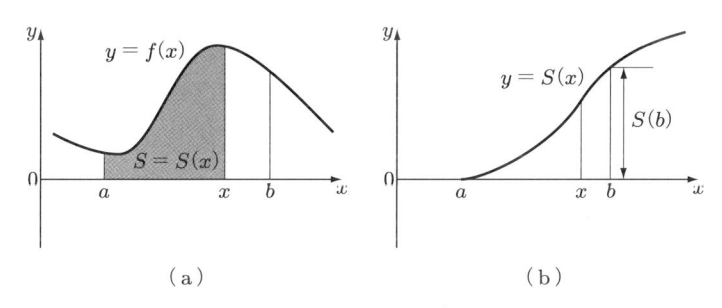

図 14.1 関数 $f(x)$ と面積を表す関数 $S(x)$

例題 14.1

図 14.2 の関数 $f(x)$ に対して，この関数のグラフと x 軸および $x=x$ の垂線とで囲まれた領域の面積を $S(x)$ として，このグラフを描きなさい．

解 $0 \leq x \leq 2$ では $f(x)=0$ であるから，x 軸との間に幅がなく $S(x)=0$．

図 14.2

$2 \leq x \leq 4$ では $f(x)$ は直線的に増加しており，面積を求める領域は底辺 $x-2$，高さは $(x-2)/2$ の三角形である．面積 $S(x)$ は，$S(x)=1/2 \times$ (底辺) $\times$ (高さ) $= 1/2 \times (x-2) \times (x-2)/2 = (x-2)^2/4$．

グラフでは放物線を描き，$S(2)=0$，$S(2.5)=1/16=0.0625$，$S(3)=1/4=0.25$，$S(3.5)=9/16=0.5625$，$S(4)=1.0$．

図 14.3

$4 < x < 6$ では $f(x)=1$ と定数であり，x が 1 増えるごとに面積が 1 増えることから，$S(4)=1.0$，$S(5)=2.0$，$S(6)=3.0$．したがって，そのグラフは図 14.3 のようになる．

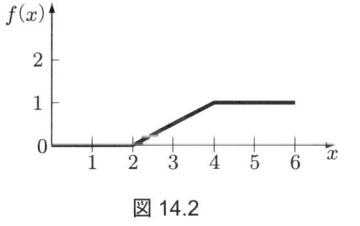

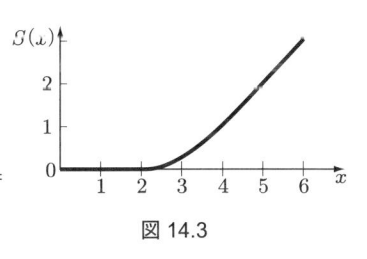

さて，関数 $f(x)$ に対して面積の意味をもつ関数 $S(x)$ を考えてきましたが，この面積の概念を二つの意味で拡張して考えることにします．一つは，ここまで関数 $f(x)$ は正の関数として面積 $S(x)$ を考えてきましたが，$f(x)$ が負になる場合への拡張です．もう一つは，起点となった a と，終点となった x については，$x \geq a$ と仮定しましたが，この制約を外して $x \leq a$ も含め，どんな x に対しても対応できるように拡張することです．結果的に得られる関数を $I(x)$ と表記することにします．$f(x)$ が正の関数で $x \geq a$ の場合には面積の意味になりますから，$I(x) = S(x)$ となります．

具体的な拡張の仕方については，図 14.4(a), (b) を見てください．今度は関数 $f(x)$ が正のところもあれば負のところもあります．図 (a) は $x \geq a$ の場合，図 (b) は $x \leq a$ の場合の説明の図です．まず，図 (a) の場合では，$f(x)$ が正の場合には加算し，負の場合には減算するとします．また，図 (b) のように a を起点として x の負の方向に関数 $I(x)$ を求める場合には，$f(x)$ が正の場合には減算し，負の場合には加算するとします．

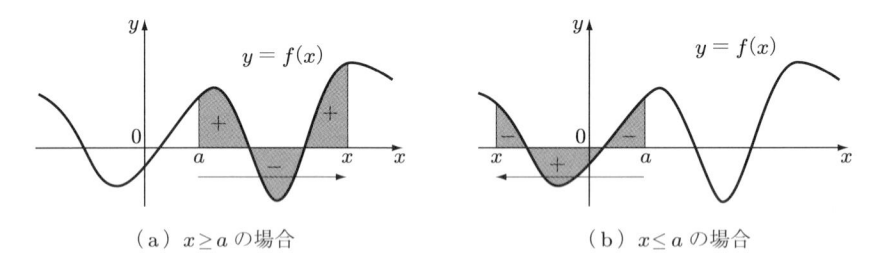

(a) $x \geq a$ の場合　　(b) $x \leq a$ の場合

図 14.4　積分関数 $I(x)$ への拡張

$f(x)$ から $I(x)$ を求めることを**積分する**といいます．また，$I(x)$ を $f(x)$ の**積分関数**といいます．$I(x)$ はもはや面積 $S(x)$ の概念を超えています．特別な場合，つまり $f(x)$ が正の関数で $x \geq a$ の場合には $I(x) = S(x)$ ですから，$I(x)$ は面積関数 $S(x)$ の拡張になっています．この節では，積分がどのようなものであるのかをつかむことを重視することにして，積分の正確な定義は 14.5 節で説明することにします．

例題 14.2

つぎの関数 $f(x)$ を積分し，関数 $f(x)$ とその積分関数 $I(x)$ をグラフに描きなさい．ただし，積分の起点は $x = 0$ とする．

$$f(x) = \begin{cases} 0 & (x < -3) \\ -1 & (-3 \leq x < -1) \\ 2 & (-1 \leq x < 1) \\ -1 & (1 \leq x < 3) \\ 0 & (3 \leq x) \end{cases}$$

解 図 14.5(a), (b) に関数 $f(x)$ およびその積分関数 $I(x)$ のグラフを示す.

$0 \leq x < 1$ では $f(x) = 2$ であるから, 縦2, 横 x の面積を考えて, 積分は $I(x) = S(x) = 2x$. $x = 1$ では $I(1) = 2x|_{x=1} = 2$ となる. その右の $1 \leq x < 3$ では, $f(x) = -1$ であるから, $x = 1$ より右の部分の面積は負の $-1 \times (x-1)$ として $I(1) = 2$ に加算することになり, $I(x) = I(1) - (x-1) = 2 - x + 1 = 3 - x$. とくに, $I(3) = (3-x)|_{x=3} = 0$. さらに右の $x \geq 3$ では $f(x) = 0$ であり, 加算や減算する面積はないから, $I(x) = I(3) + 0 = 0 + 0 = 0$.

$-1 \leq x \leq 0$ では $f(x) = 2$ であるが, x が起点 0 より左にあるから, 面積は縦2, 横 $(-x)$ として $S(x) = -2x$. これを負として加算して, 積分は $I(x) = -S(x) = -2 \times (-x) = 2x$. $x = -1$ では $I(-1) = 2x|_{x=-1} = -2$ となる. その左の $-3 \leq x < -1$ では $f(x) = -1$ であるから, $x = -1$ より左の部分の面積は正の $1 \times (-1-x) = -x - 1$ として, $I(-1) = -2$ に加算することとなり, $I(x) = I(-1) - (x+1) = -2 - x - 1 = -3 - x$. とくに, $I(-3) = (-3-x)|_{x=-3} = 0$. さらに左の $x < -3$ では $f(x) = 0$ であり, 加算や減算する面積はないから, $I(x) = I(-3) + 0 = 0 + 0 = 0$ となる. 結果として, 積分 $I(x)$ はつぎのようになる.

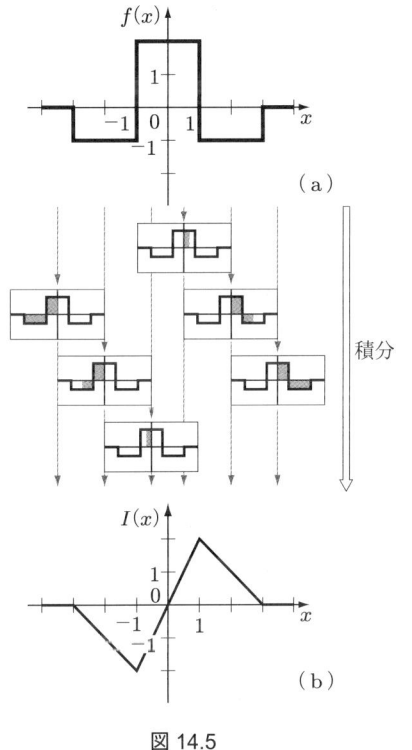

$$I(x) = \begin{cases} 0 & (x < -3) \\ -x - 3 & (-3 \leq x < -1) \\ 2x & (-1 \leq x < 1) \\ -x + 3 & (1 \leq x < 3) \\ 0 & (3 \leq x) \end{cases}$$

図 14.5

例題 14.3

図 14.6(1)～(5) で表される関数 $f(x)$ に対し，それぞれの積分 $I(x)$ のグラフを図 (a)～(e) から選びなさい．ただし，積分の起点は $x=0$ とする．

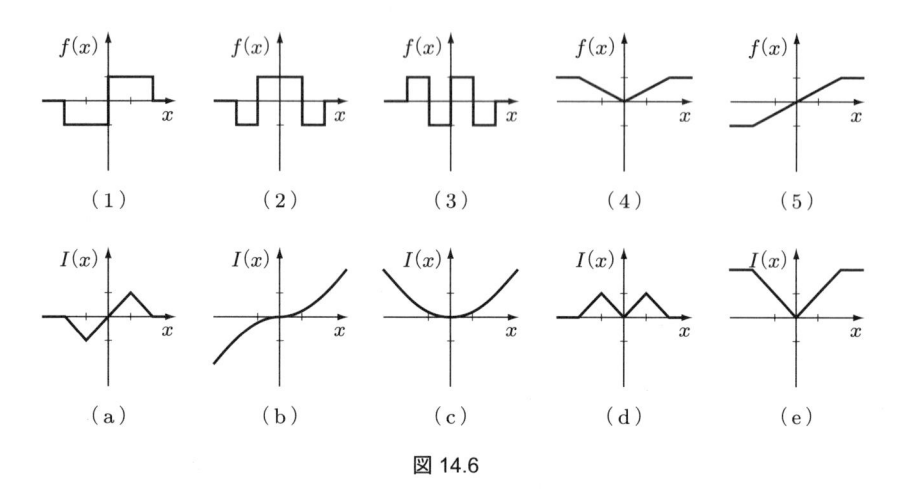

図 14.6

解 (1) $0<x<2$ では，$f(x)=1$ とすると積分は $I(x)=S(x)=x$．$x=2$ では $I(2)=x|_{x=2}=2$ となる．その右 $x>2$ では $f(x)=0$ であり，加算や減算する面積はないから，$I(x)=I(2)+0=2+0=2$．$-2<x<0$ では，$f(x)=-1$ とすると，x が起点 0 より左にあるから，面積は縦 -1，横 $(-x)$ として x．積分は $I(x)=-1\times x=-x$．$x=-2$ では，$I(-2)=-x|_{x=-2}=2$ となる．その左 $x<-2$ では $f(x)=0$ であり，加算や減算する面積はないから，$I(x)=I(-2)+0=2+0=2$ となる．

(2) $0<x<1$ では，$I(x)=x$．$x=1$ では，$I(1)=x|_{x=1}=1$．$1<x<2$ では，$I(x)=1-(x-1)=2-x$．$x=2$ では $I(2)=0$．その右は $I(x)=I(2)+0=0+0=0$．$-1<x<0$ では $I(x)=x$．$x=-1$ では $I(-1)=x|_{x=-1}=-1$．$-2<x<-1$ では $I(x)=-1+(-x-1)=-x-2$．$I(-2)=0$．その左は $I(x)=I(-2)+0=0+0=0$．

(3) $0<x<1$ で，$I(x)=x$．$1<x<2$ で，$I(x)=2-x$．$2<x$ で，$I(x)=0$．$-1<x<0$ で，$I(x)=-x$．$-2<x<-1$ で，$I(x)=x+2$．$x<-2$ で，$I(x)=0$．

(4) $0<x<2$ で，$I(x)=x^2/4$．$2<x$ で，$I(x)=x-1$．$-2<x<0$ で，$I(x)=-x^2/4$．$x<-2$ で，$I(x)=x+1$．

(5) $0<x<2$ で，$I(x)=x^2/4$．$2<x$ で，$I(x)=x-1$．$-2<x<0$ で，$I(x)=x^2/4$．$x<-2$ で，$I(x)=-x-1$．

以上より，(a) e　(b) a　(c) d　(d) b　(e) c．

14.2 傾きと微分

この節では微分について説明しますが，この微分と密接な関係にある傾きについて説明をしておきます．図 14.7 に描いたグラフは $y = x/2 - 1$ という 1 次関数です．このグラフの傾きは $1/2$ です．図に描いているように，独立変数を $x = 4$ から $x = 6$ に変化させたとき，従属変数は $y = 1$ から $y = 2$ に変化します．独立変数の増分をよく Δx という記号で表します．この場合は $\Delta x = 6 - 4 = 2$ です．同じように従属変数の増分を Δy と表すと，この例の場合は $\Delta y = 2 - 1 = 1$ です[†]．グラフの傾き a は $a \equiv \Delta y / \Delta x$ と定義され，この例では $1/2$ となります．

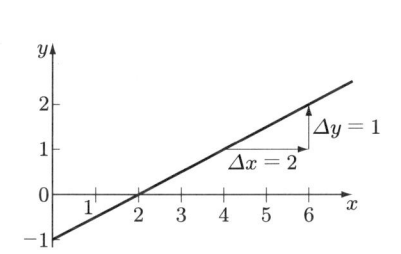

図 14.7　独立変数の増分 Δx と従属変数の増分 Δy

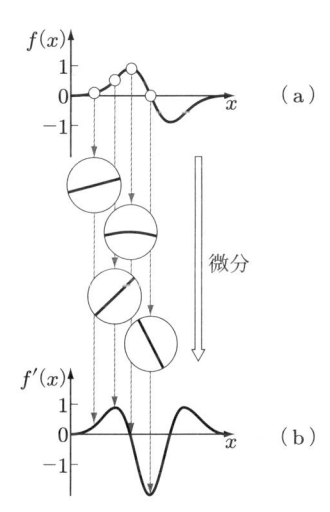

図 14.8　関数 $f(x)$ とその微分 $f'(x)$

1 次関数の場合はグラフが直線ですから，傾きは x の値にかかわらずどこでも同じですが，一般の関数の場合には，様子が違ってきます．図 14.8(a) に示す関数 $f(x)$ のグラフを見てください．グラフは曲線になっていますから，1 次関数のようには傾きを考えることができません．しかし，曲線のある箇所を拡大してみると，ほとんど直線のように見えてきます．拡大率をどんどん上げてその極限を考えると，直線だと想像することができます．この極限操作によって得られた直線の傾きをもって，関数 $f(x)$ のその場所での傾きと定義することにしましょう．そうすると，関数 $f(x)$ の傾きが各所，つまり任意の x に対して求められます．こうして得られた傾きの関数を図

[†] Δ はギリシャ語のアルファベットでデルタと読み，$\Delta x, \Delta y$ はそれぞれデルタエックス，デルタワイと読みます．Δx や Δy が Δ と x との積もしくは Δ と y との積ではないことに注意してください．

(b) に示しています．ある場所 x における関数 $f(x)$ の傾きを，その場所での**微分係数**といいます．関数 $f(x)$ から微分係数を求めることを，**微分する**といいます．微分係数もまた x の関数と考えることができますが，これを**導関数**といい，よく右肩にプライム (′) をつけて，$f'(x)$ と表します．導関数 $f'(x)$ を求めることを，微分するということもあります．

例題 14.4

図 14.9(1)～(5) のグラフで表されるそれぞれの関数について，その導関数のグラフを図 (a)～(e) のグラフから選びなさい．

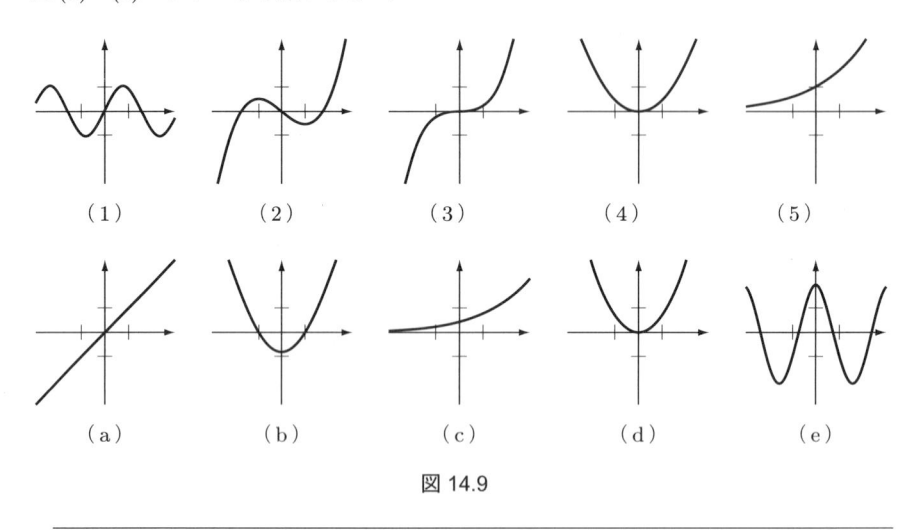

図 14.9

解 (1) e (2) b (3) d (4) a (5) c.

14.3 収支と残高にみる積分と微分のアナロジー

積分と微分に非常に似た関係にある例として，収支と残高の話をしておきます．ある人の日々の収支と残高を図 14.10(a), (b) に表しています．この図からどんなことがわかるでしょうか．当然のことですが，収支が正のときには残高が増え，負のときは残高が減ってきます．収支がゼロであれば，残高に変化はありません．この逆もあります．残高が増えているときは収支が正であり，減っているときは収支が負です．残高に変化がなければ収支はゼロです．ほかにもわかることがあります．残高の増え方が大きいときは，それだけ収支の値も正に大きいということです．

14.3 収支と残高にみる積分と微分のアナロジー

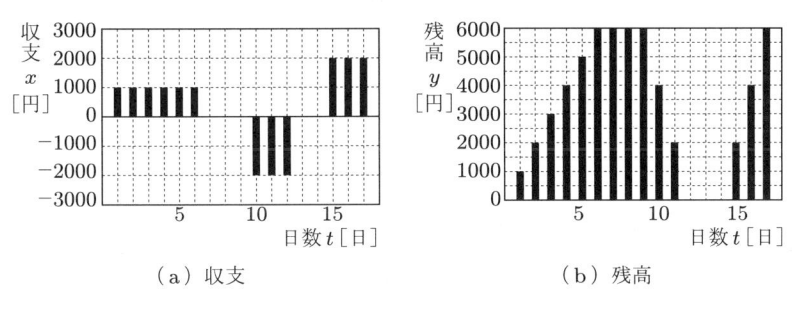

(a) 収支   (b) 残高

図 14.10 収支と残高の関係

この関係を，式を用いて説明しましょう．横軸の日数を t で表すことにして，t 日後の収支を $x(t)$，残高を $y(t)$ と表すことにします．残高は 0 から始めることにして，$y(0) = 0$ としています．1 日目の収支は $x(1) = 1000$ で，残高は $y(1) = 1000$ です．2 日目の収支は $x(2) = 1000$ で，残高は $y(2) = 2000$ となります．このことを理解すると，つぎの式が理解できます．

$$y(t) = y(t-1) + x(t)$$

これを変形すると，

$$x(t) = y(t) - y(t-1)$$

となり，$x(t)$ が正であれば，$y(t) - y(t-1) = x(t) > 0$ ですから残高が増えますし，$x(t)$ が負であれば，$y(t) - y(t-1) = x(t) < 0$ ですから残高が減るのは当然です．

収支から残高を求める操作は，積分とよく似ています．一方，残高から収支を求める操作は，微分とよく似ています．収支から残高を求める操作は積算するということですが，積分の場合も面積を加算，つまりは積算するということですから，似ているのは当然といえば当然のようです．残高から収支を求めるには当日の残高と前日の残高との差をとっていますが，これは 1 日あたりの変化率とも考えられますから，傾きとしての微分とよく似ているのは当然のようにも思えます．

一方，違いもあります．収支と残高のときは横軸が離散的な量になっています．ここでは 1 日ごとに収支と残高を計算していますから，1 日をさらに細かく分けて考えることはしていません．一方，積分や微分を考えるときの横軸の表す量は，離散的ではなく連続的な量です．横軸の表す量が離散的であるか連続的であるかによって，表すグラフも棒グラフと連続する実線との違いを生んでいます．このような違いはあっても，それは取り扱う量が離散的であるか連続的であるかの違いで，積算する，変化をみるという操作については，非常に類似しています．

ところで，収支から残高を求める操作と，残高から収支を求める操作は逆の操作で

例題 14.5

図 14.11(a)〜(h) に示すグラフをもつ関数について，微分と積分の関係にある組をすべてあげなさい．ただし，積分の起点は $x=0$ とする．

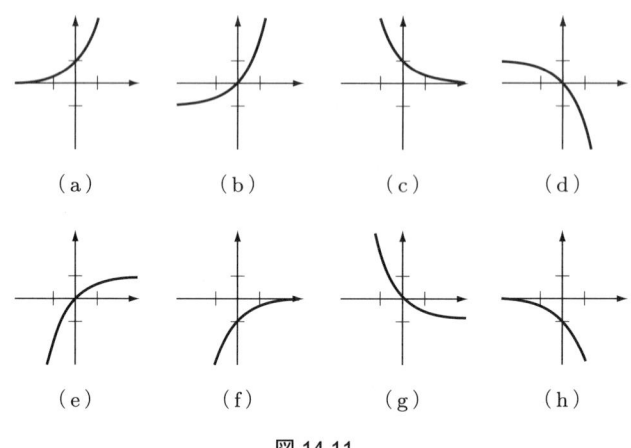

図 14.11

解 積分の起点が 0 であるから積分関数は原点を通る．したがって，積分関数の候補は (b), (d), (e), (g)．(b) の導関数は (a)，逆に (a) の積分関数は (b) であるから，微分と積分の関係にある組として (a,b)．同様にして，(c,e), (f,g), (h,d)．

14.4 積分と微分の関係にあるいくつかの例

本章の初めの二つの節では積分と微分がどんなものかについて，そのつぎの節ではそれらの間の関係について感覚的に把握してきました．この節では，積分と微分の関係にある物理的な具体例をみていくことにします．これまで面積とか傾きなどとよんでいたものが，より具体的な量として意味をもってきます．微分と積分が単に数学上の問題であるばかりでなく，自然を理解するための大きな道具になるということが予感できるのではないかと思います．

14.4 積分と微分の関係にあるいくつかの例

例題 14.6

図 14.12(a) のように，車の位置 $x(t)$ [km] とし，車の速度 $v(t)$ [km/h] を時間 t [h] の関数として，以下の問いに答えなさい．

(1) 速度 v の時間変化が図 (b) のようであった．距離 x の時間変化をグラフに表しなさい．ただし，時間 $t=0$ で $x=0$ とする．

(2) 距離 x の時間変化が図 (c) のようであった．速度 v の時間変化をグラフに表しなさい．

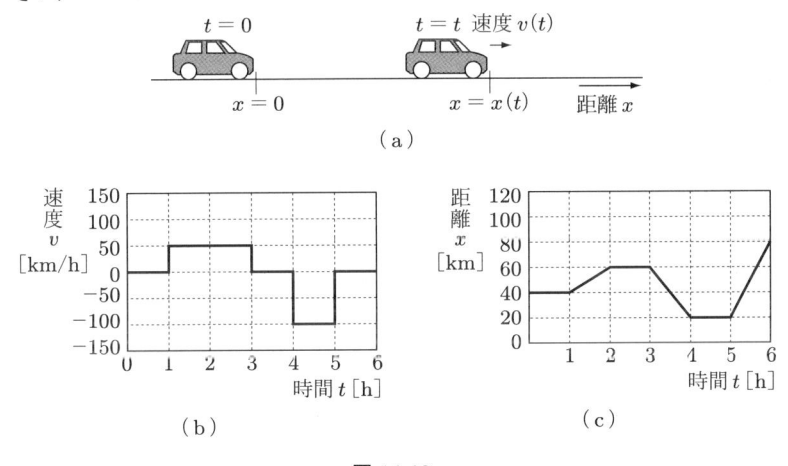

図 14.12

解 (1) グラフを図 14.13(a) に示す．はじめの 1 時間は速度がゼロなので動かない．$t=1 \sim 3$ h の間は 50 km/h なので，この間に 100 km 進む．速度が一定なので，進んだ距離はグラフのうえでは直線的に変化する．$t=3 \sim 4$ h の間も速度はゼロなので動かない．$t=4 \sim 5$ h の間は速度が -100 km/h なので，100 km 後退する．

(2) グラフを図 (b) に示す．$t=1 \sim 2$ h の間では一定の割合で進んだ距離が伸びているので，速度は一定と考えられる．速度は $(60-40)/(2-1)=20$ km/h.

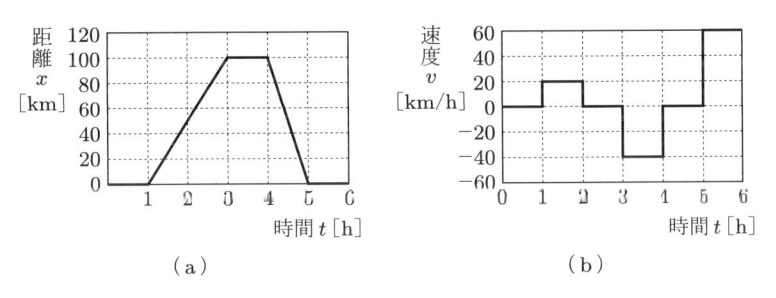

図 14.13

例題 14.7

図 14.14(a) のように断面積 $S = 4 \text{ m}^2$ のタンクがあり，このタンクの流量を i [m^3/分]，タンクの中の水量 q [m^3]，水位 h [m] とする．流量 i が図 (b) のように変化したとき，水量 q と水位 h の変化をグラフに表しなさい．ただし，はじめタンクの水量は 0 とする．

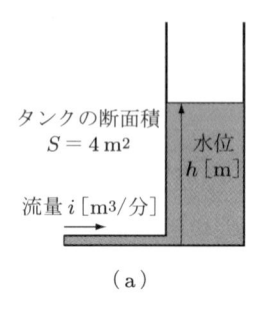

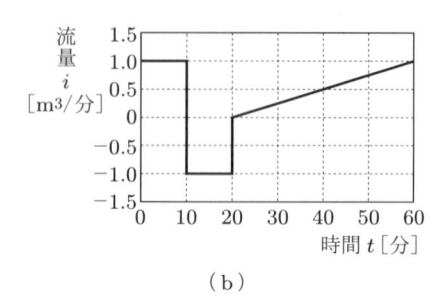

(a)　　　　　　　　(b)

図 14.14

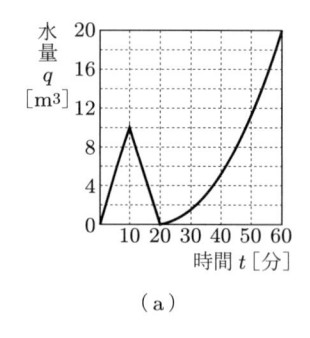

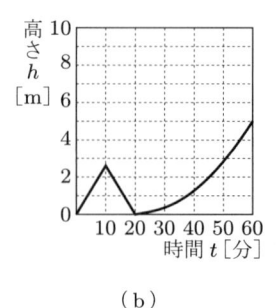

解 時間 t が 0〜10 分の間は流量 i は一定なので，水量 q は一定の割合で増える．$t = 10$ 分までには $1 \text{ m}^3/\text{分} \times 10 \text{ 分} = 10 \text{ m}^3$ が貯まる．$t = 10$〜20 分の間は水が逆流してタンクの水量は減るが，$t = 0$〜10 分と符号は違うが同じ大きさの流量で，時間も同じなので，$t = 20$ 分には水量 q は 0 m^3 になる．$t = 20$〜60 分の間は流量 i が一定ではなく徐々に増えている．$t = 20$〜30 分の間は流量 i が $0 \text{ m}^3/\text{分}$ から $0.25 \text{ m}^3/\text{分}$ に直線的に増えているから，平均としての流量 i は $0.125 \text{ m}^3/\text{分}$，これが 10 分間続いたと同じことになり，$t = 30$ 分の時点で貯まっている水量 q は 1.25 m^3 となる．同様に，t が 20〜40 分の間は流量 i が $0 \text{ m}^3/\text{分}$ から $0.5 \text{ m}^3/\text{分}$ に直線的に増えているから，平均としての流量 i は $0.25 \text{ m}^3/\text{分}$，これが 20 分間続いたとして，$t = 40$ 分の時点で貯まっている水量 q は 5.0 m^3 となる．同様に考えて，図 14.15(a) が得られる．高さと水量の関係は $q = Sh = 4h$ であるから，図 (b) のようになる．

(a)　　　　　　　　(b)

図 14.15

14.4 積分と微分の関係にあるいくつかの例

例題 14.8

図 14.16(a) のような長さ 5 m の棒がある．位置によって材質が違うため，質量密度 λ [kg/m] も異なる．左端から x [m] のところまでの質量を w [kg] とし，以下の問いに答えなさい．

(1) 質量密度 λ [kg/m] が図 (b) のようにわかっているとして，質量 w [kg] のグラフを描きなさい．
(2) 質量 w [kg] が図 (c) のようにわかっているとして，質量密度 λ [kg/m] のグラフを描きなさい．

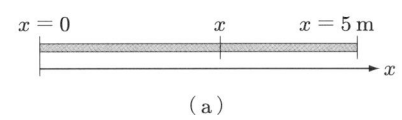

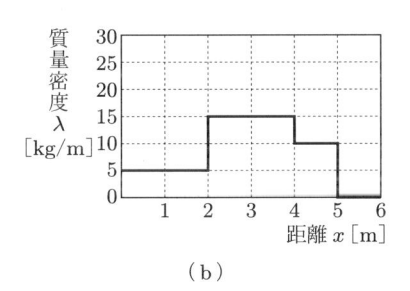

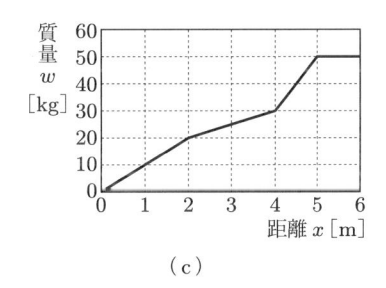

図 14.16

解 (1) 図 14.17(a) のとおり．
(2) 図 (b) のとおり．

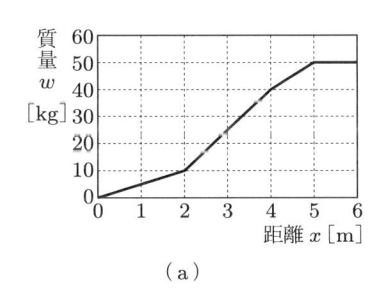

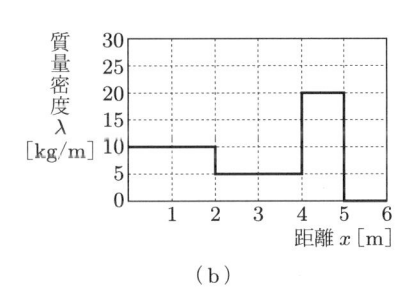

図 14.17

例題 14.9

水平に 1 m 進んだときに高さが 1 m 高くなるときの傾きを 1，2 m 高くなるときの傾きを 2 という．図 14.18(a) を参照し，水平方向の距離 x [m] と高さ h [m]，傾き t の関係について，以下の問いに答えなさい．

(1) 高さ h が図 (b) のように変化するとき，傾き t のグラフを描きなさい．
(2) 傾き t が図 (c) のように変化するとき，高さ h のグラフを描きなさい．ただし，$x = 0$ において高さは $h = 0$ とする．

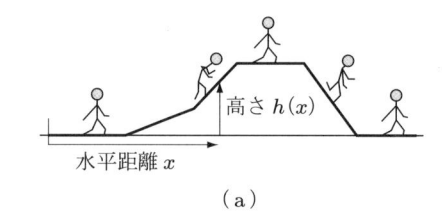

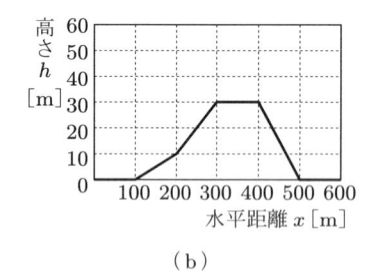

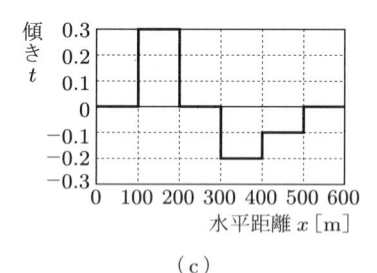

図 14.18

解 (1) 図 14.19(a) のとおり．
(2) 図 (b) のとおり．

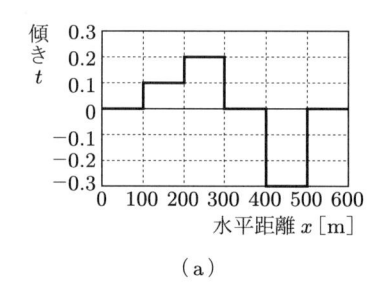

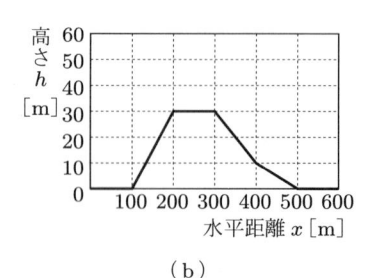

図 14.19

14.4 積分と微分の関係にあるいくつかの例

例題 14.10

図 14.20(a) のような水流システムがあり，ピストン A に加える力 F [N] は図 (b) のように変化するとする．タンク B の水量 q [cm^3] と反発力 f [N] の間には $q = 50f$ の関係があるとして，反発力 f [N]，水量 q [cm^3]，流量 i [cm^3/s] の変化を図示しなさい．

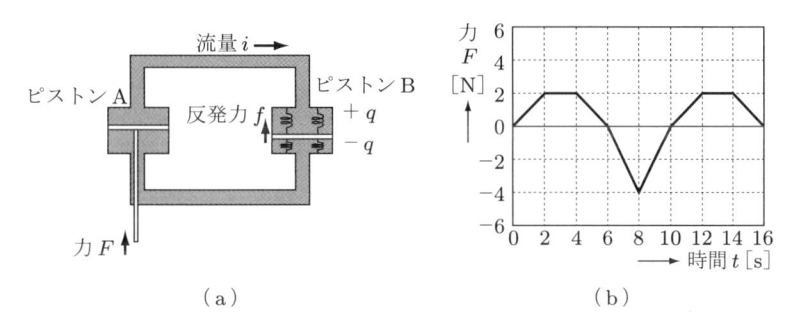

図 14.20

解 図 14.21(a)〜(c) のとおり．

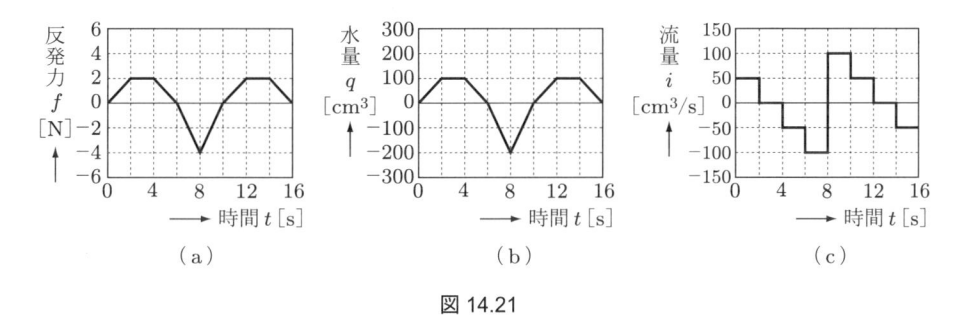

図 14.21

例題 14.11

図 14.22(a) の回路において，電源の起電圧 e [V] を図 (b) のように変化させる．静電容量 C を 50 μF として，キャパシタに加わる電圧 v [V]，キャパシタに蓄えられる電荷量 q [mC]，キャパシタに流れる電流 i [mA] の変化を図示しなさい．

(a)

(b)

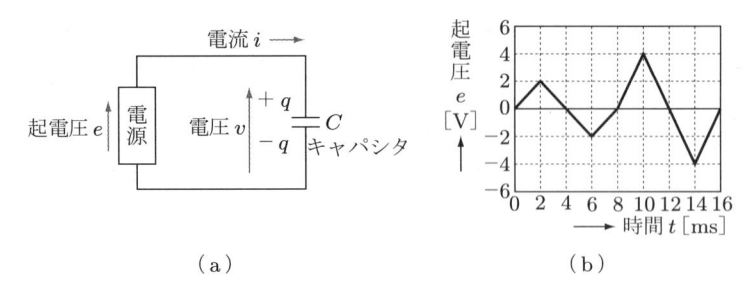

図 14.22

解 図 14.23 のとおり.

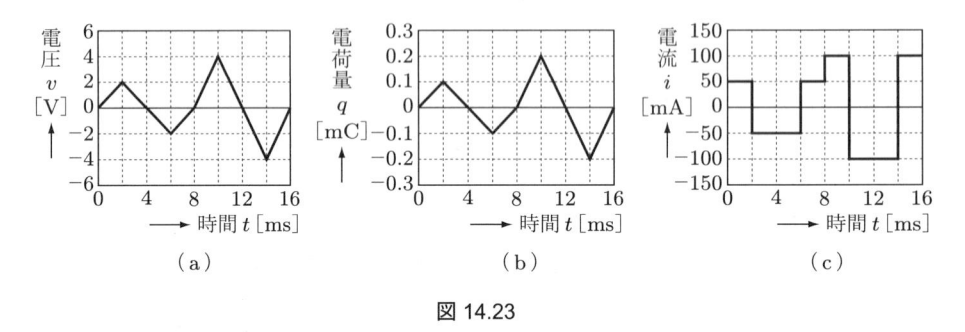

(a)　(b)　(c)

図 14.23

14.5 | 積 分

いよいよ積分を定義します．ここで考える関数 $f(x)$ は，区間 $[a,b]$ で定義される有界な関数とします．ここで，有界という用語は，区間上で $|f(x)| < M$ となるような M が存在することを意味します．図 14.24 のように，区間 $[a,b]$ を $x_1, x_2, \cdots, x_{n-1}$ において n 個の小区間 $I_1, I_2, \cdots, I_n$ に分けます．ここで，$a = x_0 < x_1 < x_2 < \cdots < x_n = b$，$I_k = [x_{k-1}, x_k]$ で，小区間 I_k の幅を $\Delta x_k \equiv x_k - x_{k-1}$ とします．このように分割することを，下付きの Δ で表すことにします．このようにおくと，つぎの和 Σ_Δ を想定することができます[†].

$$\Sigma_\Delta = \sum_{k=1}^n f(\xi_k) \Delta x_k$$

ここで，ξ_k は I_k 上の任意の点とします[†].

[†] Σ, ξ はともにギリシャ文字のアルファベットで，Σ はシグマ，ξ はグザイと読みます．

14.5 積 分

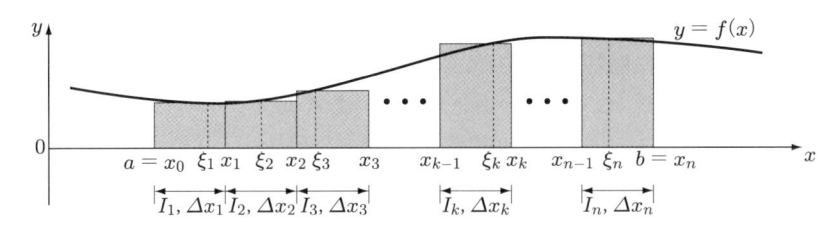

図 14.24 定積分の定義

分割を細かくして小区間の幅 Δx_k の最大値 δ (デルタ Δ の小文字) を小さくしていったときに，Σ_Δ が収束しその値が I である場合，つまり，

$$I \equiv \lim_{\delta \to 0} \Sigma_\Delta = \lim_{\substack{\delta \to 0 \\ n \to \infty}} \sum_{k=1}^{n} f(\xi_k) \Delta x_k$$

が存在するとき，関数 $f(x)$ は区間 $[a,b]$ で**積分可能**といい，この収束値を関数 $f(x)$ の**定積分**とよび，つぎのように記号で表します．単に積分ということもあります．

$$I = \int_a^b f(x)\,dx$$

積分可能といういい方の裏には，積分ができないことがあるということ，つまり I_Δ が収束しないことがあるのです．積分ができない具体例をつぎの例題で示します．注意すべき点は ξ_k の選び方です．ξ_k は I_k 上の任意の点といいましたが，「積分可能」というのは「ξ_k を I_k 上のどこにとった場合にも Σ_Δ が収束する」という意味で，決して「I_k 上に x_k をうまく選んだ場合に Σ_Δ が収束する」という意味ではないということを注意しておきます．

例題 14.12

区間 $[0,1]$ において，x が有理数のときは 1，無理数のときは 0 となる関数 $f(x)$ は区間 $[0,1]$ で積分可能かどうか検討しなさい．

解 区間 $[0,1]$ を n 等分し，各小区間を小さい方から $I_1, I_2, \cdots, I_n$ とする．n がどんなに大きくとも各区間に有理数も無理数も存在するから，小区間 I_k の関数の下限 m_k は $m_k = 0$，関数の上限 M_k は $M_k = 1$．したがって，

$$S_\Delta = \sum_{k=1}^{n} M_k \Delta x_k = \sum_{k=1}^{n} \Delta x_k = 1, \quad s_\Delta = \sum_{k=1}^{n} m_k \Delta x_k = \sum_{k=1}^{n} 0 \times \Delta x_k = 0$$

したがって，$\lim_{\delta \to 0} s_\Delta = 0$, $\lim_{\delta \to 0} S_\Delta = 1$ となって，収束値が異なるので積分できない．

例題 14.12 のように，積分できないこともあるということがわかりました．ところで，図 14.24 のような連続関数の場合には積分可能なことが推察できますが，このことも含め，一般的には，つぎのことがわかっています．

積分可能であるための十分条件

ある閉区間 (両端点も区間に含まれる) において不連続点が有限個でかつ有界な関数は，この区間で積分可能である．

さて，いよいよ複雑な積分の問題として，つぎの例題で放物線 $y = x^2$ と x 軸，直線 $x = 1$ に囲まれた面積の計算に挑戦してみましょう．いまの段階では，積分の定義にしたがうしかありません．ここでの計算は，求積法に類する方法です．少したいへんかもしれませんが，昔はいろいろと工夫して面積を求めていたのです．しかし，本章の核心である 14.9 節まで学ぶと，この計算が簡単になり，求積法のたいへんさから解放されます．微分積分法の重要性や，これを発見したニュートンやライプニッツの偉大さを理解するためにも，ぜひ挑戦してみてください．放物線の面積が計算できるだけでもそれなりの感動があるはずです．まず，そのための準備を二つしておきましょう．

【準備 1】 $\displaystyle\sum_{k=1}^{n} k = \frac{n(n+1)}{2}$

(証明) 左辺を小さい順と大きい順で書き下すと，

$$\sum_{k=1}^{n} k = 1 + 2 + 3 + \cdots + n$$

$$\sum_{k=1}^{n} k = n + (n-1) + (n-2) + \cdots + 1$$

となります．両辺を加え，右辺では各項ごとに加えると，

$$2\sum_{k=1}^{n} k = (n+1) + (n+1) + (n+1) + \cdots + (n+1) = n(n+1)$$

となり，次式が示されます．

$$\sum_{k=1}^{n} k = \frac{n(n+1)}{2}$$

【準備 2】 $\displaystyle\sum_{k=1}^{n} k^2 = \frac{n(n+1)(2n+1)}{6}$

(証明)　$(k-1)^3 = k^3 - 3k^2 + 3k - 1$ を利用して，この k を 1 から n まで変化させた式を書き下します．

$$0^3 = 1^3 - 3 \times 1^2 + 3 \times 1 - 1$$
$$1^3 = 2^3 - 3 \times 2^2 + 3 \times 2 - 1$$
$$\vdots$$
$$(k-1)^3 = k^3 - 3k^2 + 3k - 1$$
$$k^3 = (k+1)^3 - 3(k+1)^2 + 3(k+1) - 1$$
$$\vdots$$
$$(n-1)^3 = n^3 - 3n^2 + 3n - 1$$

この両辺を加え合わせ，左右の辺にある3乗の同じ値の項を消去すると，

$$0 = n^3 - 3(1^2 + 2^2 + \cdots + n^2) + 3(1 + 2 + \cdots + n) - n$$

となり，和の記号を使って書き表すと，

$$0 = n^3 - 3\sum_{k=1}^{n} k^2 + 3\sum_{k=1}^{n} k - n$$

となります．これから，次式が示されます．

$$\sum_{k=1}^{n} k^2 = \frac{\left(n^3 + 3\sum_{k=1}^{n} k - n\right)}{3} = \frac{n^3 + 3 \times \dfrac{n(n+1)}{2} - n}{3}$$
$$= \frac{2n^3 + 3n^2 + 3n - 2n}{6} = \frac{2n^3 + 3n^2 + n}{6} = \frac{n(n+1)(2n+1)}{6}$$

例題 14.13

$f(x) = x^2$ の区間 [0,1] 上での定積分 $\displaystyle\int_0^1 x^2 \, dx$ を求めなさい．

解　区間 [0,1] を n 等分し，k 番目の区間 $I_k (k=1,2,\cdots,n)$ を $[(k-1)/n, k/n]$ とする．区間の幅はどれも同じで $\delta = \Delta x_k = 1/n$. $f(x)$ は連続関数であるから積分可能であり，ξ_k を区間 I_k 上のどこにとっても，

$$\Sigma_\Delta \equiv \sum_{k=1}^{n} f(\xi_k) \Delta x_k$$

は同じ値 I に収束することが保証されている．

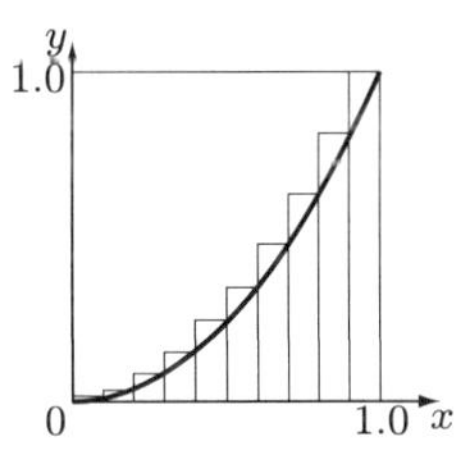

図 14.25

ξ_k を各区間の右端に選ぶと，$f(\xi_k) = f(k/n) = (k/n)^2$. これを代入して，

$$\Sigma_\Delta \equiv \sum_{k=1}^{n} f(\xi_k) \Delta x_k = \sum_{k=1}^{n} \left(\frac{k}{n}\right)^2 \cdot \frac{1}{n} = \frac{1}{n^3} \sum_{k=1}^{n} k^2 = \frac{1}{n^3} \times \frac{n(n+1)(2n+1)}{6}$$

$$= \frac{1}{3}\left(1+\frac{1}{n}\right)\left(1+\frac{1}{2n}\right)$$

より，つぎのように求められる．

$$\int_0^1 x^2\,dx = \lim_{\delta \to 0} \Sigma_\Delta = \lim_{n \to \infty} \frac{1}{3}\left(1+\frac{1}{n}\right)\left(1+\frac{1}{2n}\right) = \frac{1}{3}$$

この節では積分を説明するのに面積という言葉を使っていませんが，関数 $f(x)$ が正の場合には，14.1 節「面積と積分」で説明したように，この定積分はいくつかの直線で囲まれた面積に対応することがわかります．積分が面積よりも広い概念となっていることの一つは，関数 $f(x)$ が負になることを許すことでした．定積分の定義

$$\int_a^b f(x)\,dx \equiv \lim_{\delta \to 0} \Sigma_\Delta = \lim_{\substack{\delta \to 0 \\ n \to \infty}} \sum_{k=1}^n f(\xi_k)\Delta x_k$$

によれば，$f(x)$ が負になるところでは $f(\xi_k)\Delta x_k < 0$ として加算される，つまり負の面積として加算されることが理解できます．

もう一つの拡張は，積分と起点となる a と終点となる b の大小関係でした．14.1 節で説明した拡張は，x 軸上の負側に積分するときは，$f(x)$ が正のときは x 軸との間につくる面積を減算し，$f(x)$ が負のときは面積を加算するというやり方でした．この節では $a<b$ として積分の定義を説明してきましたが，$b<a$ として考え直すことも可能です．このときには分割の仕方を $a = x_0 > x_1 > x_2 > \cdots > x_n = b$ とし，各小区間の幅の定義を変更せず $\Delta x_k \equiv x_k - x_{k-1}$ を負と考えればよいのです．そうすると，$f(\xi_k)$ が正のときは，$f(\xi_k)\Delta x_k < 0$ として結果的に減算されますし，$f(\xi_k)$ が負のときは，$f(\xi_k)\Delta x_k > 0$ として加算されることがわかります．つまり，14.1 節で説明した積分の仕方は，実は $f(\xi_k)$ と Δx_k の積を加算した代数的な結果であり，自然な拡張になっていることがわかります．

定積分の性質のなかでよく利用されるものを以下に掲げておきます．

定積分の性質

① $\displaystyle\int_a^c f(x)\,dx = \int_a^b f(x)\,dx + \int_b^c f(x)\,dx$ （定積分の区間に関する加法性）

② 定数 c に対して，$\displaystyle\int_a^b cf(x)\,dx = c\int_a^b f(x)\,dx$ （定積分の線形性）

③ $\displaystyle\int_a^b (f(x) \pm g(x))\,dx = \int_a^b f(x)\,dx \pm \int_a^b g(x)\,dx$ （定積分の線形性）

④ ある区間で $f(x), g(x)$ が積分可能ならば，同じ区間で積 $f(x)g(x)$ も積分可能である

さて，14.1節では**積分関数** $I(x)$ を面積を用いて説明してきましたが，定積分を定義したいまとなっては，積分関数 $I(x)$ をつぎのように定義することができます．

積分関数の定義

関数 $f(x)$ に対して，つぎの積分を積分関数という．
$$I(x) \equiv \int_a^x f(x)\,dx$$

14.6 微分

14.2節「傾きと微分」で微分についてのおおまかな説明をしましたが，ここでは，その定式化について説明します．その前には，つぎの**平均変化率**の理解が必要です．関数 $f(x)$ において独立変数 x の値が x_1 から x_2 まで変化し，それにしたがって従属変数 y の値が $y_1 = f(x_1)$ から $y_2 = f(x_2)$ まで変化するとき，$x = x_1$ から $x = x_2$ まで**平均変化率**はつぎのように定義されます．

$$(\text{平均変化率}) \equiv \frac{y_2 - y_1}{x_2 - x_1} = \frac{f(x_2) - f(x_1)}{x_2 - x_1}$$

x の変化量 $x_2 - x_1$ を **x の増分**，y の変化量 $y_2 - y_1$ を **y の増分**といいます．それぞれを $\Delta x, \Delta y$ と表すと，つぎのようにも表せます．

$$(\text{平均変化率}) \equiv \frac{\Delta y}{\Delta x} = \frac{f(x_2) - f(x_1)}{x_2 - x_1} = \frac{f(x_1 + \Delta x) - f(x_1)}{(x_1 + \Delta x) - x_1}$$
$$= \frac{f(x_1 + \Delta x) - f(x_1)}{\Delta x}$$

これらの関係を図14.26に示します．変化率は点 (x_1, y_1) と点 (x_2, y_2) を通る直線の傾きであると理解できます．図では $x_1 < x_2$ としていますが，定義にはその条件はなく，$x_2 < x_1$，つまり $\Delta x < 0$ であってもかまわないことに注意をしておきましょう．

さて，ここで x_1 を固定して x_2 を x_1 に近づけ，$\Delta x \to 0$ とすることを考えます．$\Delta x \to 0$ としたときの平均変化率に一定の極限値が存在するとき，関数 $f(x)$ の $x = x_1$ において**微分可能**であるといいます．微分可能なとき，この極限値を関数 $f(x)$ の $x = x_1$ における**微分係数**または**変化率**といい，よく $f'(x_1)$ とプライムをつけて表します．

$$f'(x_1) \equiv \lim_{x_2 \to x_1} \frac{f(x_2) - f(x_1)}{x_2 - x_1} = \lim_{\Delta x \to 0} \frac{f(x_1 + \Delta x) - f(x_1)}{\Delta x}$$

図14.27に示すように，微分係数は関数 $f(x)$ の点における接線の傾きを表していることがわかります．この接線上の点を (X, Y) とすると，つぎのように表されます．

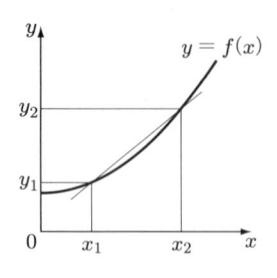

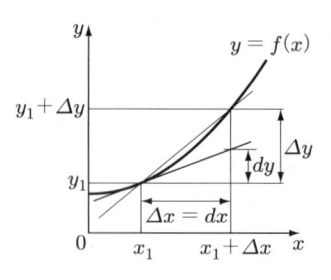

図 14.26　平均変化率　　　　図 14.27　増分と微分，微分係数

$$Y - y_1 = f'(x_1)(X - x_1)$$

接線上における変化分を dx, dy と表して，$dx = X - x_1, dy = Y - y_1$ とすると[†]，

$$dy = f'(x_1)\,dx$$

であり dx を変数 x の**微分**，dy を関数 $y = f(x)$ の**微分**といいます．また，独立変数である x については $dx = \Delta x$ とすることができますが，従属変数の y については，対応する dy と Δy について，一般に $dy \neq \Delta y$ だということにも気をつけておく必要があります．上記の式から，つぎの関係が得られます．

$$f'(x_1) = \frac{dy}{dx}\left(= \frac{Y - y_1}{X - x_1}\right)$$

この意味で，微分係数を**微分商**とよぶこともあります．

　ある区間内のすべての点 x において関数 $f(x)$ が微分可能であるとき，微分係数は x の関数と考えることができます．この関数を $y = f(x)$ の**導関数**といい，$f'(x)$ と表します．

$$f'(x) \equiv \lim_{\Delta x \to 0}\frac{\Delta y}{\Delta x} = \lim_{\Delta x \to 0}\frac{f(x + \Delta x) - f(x)}{\Delta x}$$

導関数をつぎのように表すこともあります．

$$f'(x),\quad y',\quad \frac{dy}{dx},\quad \frac{df(x)}{dx},\quad \frac{d}{dx}f(x),\quad Df(x)$$

　ニュートンは時間の関数である $y = f(t)$ の導関数を，$\dot{y}$ と表していました．**微分する**という用語は，ある場所での微分係数を求める場合にも，関数 $f(x)$ から導関数を求める場合にも使われます．

[†] それぞれディエックス，ディワイと読みます．増分のときと同じで，d と x の積ではないので注意してください．

例題 14.14

以下の関数の $x=2$ における微分係数を求めなさい．
(1) $y=x^2$ (2) $y=\dfrac{1}{x}$ (3) $y=|x-2|$

解 (1) $f'(2) \equiv \lim\limits_{\Delta x \to 0} \dfrac{f(2+\Delta x)-f(2)}{\Delta x} = \lim\limits_{\Delta x \to 0} \dfrac{(2+\Delta x)^2 - 2^2}{\Delta x} = \lim\limits_{\Delta x \to 0} \dfrac{4\Delta x + (\Delta x)^2}{\Delta x}$
$= \lim\limits_{\Delta x \to 0}(4+\Delta x) = 4$

(2) $f'(2) \equiv \lim\limits_{\Delta x \to 0} \dfrac{f(2+\Delta x)-f(2)}{\Delta x} = \lim\limits_{\Delta x \to 0} \dfrac{\dfrac{1}{2+\Delta x}-\dfrac{1}{2}}{\Delta x} = \lim\limits_{\Delta x \to 0} \dfrac{\dfrac{2-(2+\Delta x)}{2(2+\Delta x)}}{\Delta x}$
$= \lim\limits_{\Delta x \to 0} \dfrac{-1}{2(2+\Delta x)} = -\dfrac{1}{4}$

(3) $f'(2) \equiv \lim\limits_{\Delta x \to 0} \dfrac{f(2+\Delta x)-f(2)}{\Delta x}$ において，$\Delta x > 0$ とすると $\lim\limits_{\Delta x \to 0} \dfrac{f(2+\Delta x)-f(2)}{\Delta x}$
$= \lim\limits_{\Delta x \to 0} \dfrac{|\Delta x|-0}{\Delta x} = \lim\limits_{\Delta x \to 0} \dfrac{\Delta x}{\Delta x} = 1$ となるが，$\Delta x < 0$ とすると，$\lim\limits_{\Delta x \to 0} \dfrac{f(2+\Delta x)-f(2)}{\Delta x}$
$= \lim\limits_{\Delta x \to 0} \dfrac{|\Delta x|-0}{\Delta x} = \lim\limits_{\Delta x \to 0} \dfrac{-\Delta x}{\Delta x} = -1$ となって，$\Delta x \to 0$ としたときに一定の極限値をもたない．したがって，微分不可能．

(注意) 14.4 節では折れ線グラフで表せる変化をする量の微分を考えましたが，例題 14.14 (3) からもわかるように，連続なグラフでも折れ曲がったところでは微分はできません．このことに関しては，14.10 節「不連続関数の積分」であらためて説明します．

例題 14.15

つぎの関数の導関数を求めなさい．
(1) $f(x)=c$ (定数) (2) $f(x)=x^2$ (3) $f(x)=\dfrac{1}{x}$

解 (1) $f'(x) \equiv \lim\limits_{\Delta x \to 0} \dfrac{f(x+\Delta x)-f(x)}{\Delta x} = \lim\limits_{\Delta x \to 0} \dfrac{c-c}{\Delta x} = \lim\limits_{\Delta x \to 0} \dfrac{0}{\Delta x} = 0$

(2) $f'(x) \equiv \lim\limits_{\Delta x \to 0} \dfrac{f(x+\Delta x)-f(x)}{\Delta x} = \lim\limits_{\Delta x \to 0} \dfrac{(x+\Delta x)^2 - x^2}{\Delta x} = \lim\limits_{\Delta x \to 0} \dfrac{2x\Delta x + (\Delta x)^2}{\Delta x}$
$= \lim\limits_{\Delta x \to 0}(2x+\Delta x) = 2x$

(3) $f'(x) \equiv \lim\limits_{\Delta x \to 0} \dfrac{f(x+\Delta x)-f(x)}{\Delta x} = \lim\limits_{\Delta x \to 0} \dfrac{\dfrac{1}{x+\Delta x}-\dfrac{1}{x}}{\Delta x} = \lim\limits_{\Delta x \to 0} \dfrac{\dfrac{x-(x+\Delta x)}{x(x+\Delta x)}}{\Delta x}$
$= \lim\limits_{\Delta x \to 0} \dfrac{-1}{x(x+\Delta x)} = -\dfrac{1}{x^2}$

具体的な関数の導関数を以下にまとめて掲げておきます．これらの公式の証明は省きますが，できたらその一つひとつを調べてみるとよいでしょう．⑤の正弦波の微分については，17.9 節で詳しく説明します．右側は次節で説明する原始関数ですが，導関数の公式の反対の演算として得られます．表中の a は定数です．また，C は任意の定数で，積分定数とよばれます．

関数と導関数の公式

① $\dfrac{d}{dx}(a) = 0$

② $\dfrac{d}{dx} x^a = a x^{a-1} \quad (a \neq 0)$

$\begin{pmatrix} a \text{ が正の整数の場合はすべての } x \text{ に対して} \\ a \text{ が負の整数の場合は } x \neq 0 \\ a \text{ が実数の場合には } x > 0 \end{pmatrix}$

③ $\dfrac{d}{dx} \ln |x| = \dfrac{1}{x}$

④ $\dfrac{d}{dx} e^x = e^x$

⑤ $\dfrac{d}{dx} \sin x = \cos x$

⑥ $\dfrac{d}{dx} \cos x = -\sin x$

⑦ $\dfrac{d}{dx} \tan x = \sec^2 x$

⑧ $\dfrac{d}{dx} \mathrm{Sin}^{-1} \dfrac{x}{a} = \dfrac{1}{\sqrt{a^2 - x^2}} \quad (a > 0)$

⑨ $\dfrac{d}{dx} \mathrm{Tan}^{-1} \dfrac{x}{a} = \dfrac{a}{x^2 + a^2} \quad (a \neq 0)$

⑩ $\dfrac{d}{dx} \ln |x + \sqrt{x^2 + a}| = \dfrac{1}{\sqrt{x^2 + a}}$
$(a \neq 0)$

関数と原始関数の公式

① $\displaystyle\int 0 \, dx = C$

② $\displaystyle\int x^a \, dx = \dfrac{1}{a+1} x^{a+1} + C \quad (a \neq -1)$

$\begin{pmatrix} a \text{ が正の整数の場合はすべての } x \text{ に対して} \\ a \text{ が負の整数の場合は } x \neq 0 \\ a \text{ が実数の場合には } x > 0 \end{pmatrix}$

③ $\displaystyle\int \dfrac{1}{x} \, dx = \ln |x| + C$

④ $\displaystyle\int e^x \, dx = e^x + C$

⑤ $\displaystyle\int \cos x \, dx = \sin x + C$

⑥ $\displaystyle\int \sin x \, dx = -\cos x + C$

⑦ $\displaystyle\int \sec^2 x \, dx = \tan x + C$

⑧ $\displaystyle\int \dfrac{1}{\sqrt{a^2 - x^2}} \, dx = \mathrm{Sin}^{-1} \dfrac{x}{a} + C$
$(a > 0)$

⑨ $\displaystyle\int \dfrac{1}{x^2 + a^2} \, dx = \dfrac{1}{a} \mathrm{Tan}^{-1} \dfrac{x}{a} + C$
$(a \neq 0)$

⑩ $\displaystyle\int \dfrac{1}{\sqrt{x^2 + a}} \, dx$
$= \ln |x + \sqrt{x^2 + a}| + C$
$(a \neq 0)$

14.6 微 分

微分可能な一つひとつの関数に対して導関数が定まりますが,一般的な導関数の性質として,つぎの公式は頻繁に利用されるものです.

導関数の性質

f, g を微分可能な関数,c を定数とするとき,以下の関係が成り立つ.

① $(c)' = 0$ (定数の微分)
② $(cf)' = cf'$ (微分の線形性)
③ $(f \pm g)' = f' \pm g'$ (複合同順) (微分の線形性)
④ $(fg)' = f'g + fg'$ (積の微分)
⑤ $\left(\dfrac{f}{g}\right)' = \dfrac{f'g - fg'}{g^2}$ $(g \neq 0)$ (商の微分)

$y = f(u), u = g(x)$ が微分可能な関数であるとき,以下の関係が成り立つ.

⑥ $\dfrac{dy}{dx} = \dfrac{dy}{du}\dfrac{du}{dx} = f'(u)g'(x) = f'(g(x))g'(x)$ (合成関数の微分)

例題 14.16

以下の関数 $y(x)$ の導関数 $y'(x) = dy/dx$ を求めなさい.

(1) $y = x^3$ (2) $y = 3(x - 1)$ (3) $y = (x - 3)^2$ (4) $y = \sin 3x$

解 (1) (解法 1) 関数と導関数の公式②において $\alpha = 3$ として,$y'(x) = \dfrac{dy}{dx} = \dfrac{d}{dx}x^3 = 3x^2$.

(解法 2) 微分の定義より,

$$\begin{aligned} y'(x) &= \frac{dy}{dx} = \lim_{\Delta x \to 0} \frac{(x+\Delta x)^3 - x^3}{(x+\Delta x) - x} \\ &= \lim_{\Delta x \to 0} \frac{(x^3 + 3x^2\Delta x + 3x\Delta x^2 + \Delta x^3) - x^3}{\Delta x} \\ &= \lim_{\Delta x \to 0} (3x^2 + 3x\Delta x + \Delta x^2) = 3x^2 \end{aligned}$$

(2) (解法 1) 導関数の性質②を用いると,$y'(x) = \dfrac{d}{dx}3(x-1) = 3\dfrac{d}{dx}(x-1)$. さらに,性質③を用いると,$y'(x) = 3\dfrac{d}{dx}(x-1) = 3\left(\dfrac{d}{dx}x - \dfrac{d}{dx}1\right)$. $\dfrac{d}{dx}x = 1$, $\dfrac{d}{dx}1 = 0$ により,

$$y'(x) = 3\left(\frac{d}{dx}x - \frac{d}{dx}1\right) = 3(1 - 0) = 3$$

(解法 2) まず $y = 3(x - 1) = 3x - 3$ と展開しておいて,性質③を用いると,$y'(x) = \dfrac{d}{dx}(3x - 3) = \left\{\dfrac{d}{dx}(3x) - \dfrac{d}{dx}3\right\}$. 性質②および $c' = 0$, $\dfrac{d}{dx}x = 1$ により,

$$y'(x)=\left\{\frac{d}{dx}(3x)-\frac{d}{dx}3\right\}=\left(3\frac{dx}{dx}-0\right)=(3-0)=3$$

(解法 3) 合成関数として，$y=3u,\ u=x-1$ と分解すると，性質⑥により，

$$y'(x)=\frac{dy}{dx}=\frac{dy}{du}\frac{du}{dx}=\frac{d}{du}(3u)\frac{d}{dx}(x-1)=3$$

(解法 4) 微分の定義により，

$$y'(x)=\lim_{\Delta x \to 0}\frac{3\{(x+\Delta x)-1\}-3(x-1)}{(x+\Delta x)-x}=\lim_{\Delta x \to 0}\frac{3\Delta x}{\Delta x}=3$$

(3) (解法 1) $y=(x-3)^2=x^2-6x+9$ と展開すると，

$$y'(x)=\frac{d}{dx}(x-3)^2=\frac{d}{dx}(x^2-6x+9)=\frac{d}{dx}x^2-\frac{d}{dx}6x+\frac{d}{dx}9=2x-6$$

(解法 2) 合成関数として，$y=u^2,\ u=x-3$ と分解すると，

$$y'(x)=\frac{dy}{dx}=\frac{dy}{du}\frac{du}{dx}=\frac{d}{du}u^2\frac{d}{dx}(x-3)=2u\times 1=2(x-3)$$

(4) 合成関数として，$y=\sin u,\ u=3x$ と分解すると，

$$y'(x)=\frac{dy}{dx}=\frac{dy}{du}\frac{du}{dx}=\frac{d}{du}\sin u\frac{d}{dx}(3x)=\cos u\times 3=3\cos 3x$$

14.7 原始関数

ある関数 $f(x)$ に対して

$$\frac{dF(x)}{dx}=f(x)$$

を満たす関数 $F(x)$ を $f(x)$ の**原始関数**といいます．$F(x)$ が $f(x)$ の原始関数であることを，積分記号を用いてつぎのように表します．

$$F(x)=\int f(x)\,dx$$

この定義は，積分関数の定義

$$I(x)=\int_a^x f(x)\,dx$$

のときと似た記号を使っています．しかし，ある関数 $f(x)$ に対する積分関数と原始関数とでは定義がまったく異なっていることに留意しておいてください．

ところで，$f(x)$ の原始関数は一つとはかぎりません．たとえば，x^2 と x^2+3 の導関数はともに $2x$ ですから，$2x$ の原始関数は x^2 でも x^2+3 でもよいことになります．一般に，$F(x)$ が $f(x)$ の原始関数であれば，$F(x)$ に任意の定数 C を加えた $F(x)+C$ も原始関数になることがわかります．

定数の違い以外に，ほかの原始関数はないのでしょうか．このほかにはないというのがその答えです．それを証明しましょう．$F(x)$ と $G(x)$ がともに $f(x)$ の原始関数だとします．原始関数の定義から

$$\frac{dF(x)}{dx} = f(x), \quad \frac{dG(x)}{dx} = f(x)$$

となりますから，次式が成り立ちます．

$$\frac{d}{dx}\{G(x) - F(x)\} = \frac{dG(x)}{dx} - \frac{dF(x)}{dx} = f(x) - f(x) = 0$$

ここで，導関数が 0 になるのは定数以外にありません．したがって，この定数を C とすると，

$$G(x) - F(x) = C$$

であり，原始関数 $G(x)$ はある原始関数 $F(x)$ に対して，

$$G(x) = F(x) + C$$

である必要があります．この定数 C を**積分定数**といいます．

原始関数

$f(x)$ の原始関数の一つを $F(x)$ とすると，$f(x)$ の原始関数は次式で表される．

$$\int f(x)\,dx = F(x) + C$$

導関数についての基本的な性質である線形性から，原始関数についてもつぎの線形的な性質が得られます．

原始関数の線形的性質

① $\displaystyle\int kf(x)\,dx = k\int f(x)\,dx$ 　（k は定数）

② $\displaystyle\int \{f(x) \pm g(x)\}\,dx = \int f(x)\,dx \pm \int g(x)\,dx$ 　（復号同順）

関数と原始関数の関係についての具体的な例は前節に掲げましたので，復習がてら確認しておいてください．

例題 14.17

以下の関数 $f(x)$ の原始関数を求めなさい．
(1) $f(x) = x^3$ (2) $f(x) = 3(x-1)$ (3) $f(x) = (x-3)^2$
(4) $f(x) = \sin 3x$

解 (1) (解法1) $\dfrac{d}{dx}x^4 = 4x^3$ より，$\displaystyle\int 4x^3\,dx = x^4 + C$．$\displaystyle\int x^3\,dx = \dfrac{1}{4}x^4 + \dfrac{C}{4}$．$\dfrac{C}{4}$ は定数であるから，これをあらためて C と置けば，
$$\int x^3\,dx = \frac{1}{4}x^4 + C$$
(解法2) 関数とその原始関数の公式②において，$a = 3$ と置けば，
$$\int x^3\,dx = \frac{1}{4}x^4 + C$$
(2) (解法1) $\displaystyle\int 3(x-1)\,dx = 3\int(x-1)\,dx = 3\left(\int x\,dx - \int dx\right) = 3\left(\dfrac{1}{2}x^2 - x\right) + C$
$$= \frac{3}{2}x^2 - 3x + C$$
(解法2) $\displaystyle\int 3(x-1)\,dx = \int(3x-3)\,dx = 3\int x\,dx - 3\int dx = \dfrac{3}{2}x^2 - 3x + C$
(3) (解法1) $\displaystyle\int(x-3)^2\,dx = \int(x^2 - 6x + 9)\,dx = \dfrac{1}{3}x^3 - 3x^2 + 9x + C$
(解法2) $\displaystyle\int(x-3)^2\,dx = \dfrac{1}{3}(x-3)^3 + C' = \dfrac{1}{3}x^3 - 3x^2 + 9x + 27 + C'$
$$= \frac{1}{3}x^3 - 3x^2 + 9x + C$$
(4) $\displaystyle\int \sin 3x\,dx = \dfrac{1}{3}(-\cos 3x) + C = -\dfrac{1}{3}\cos 3x + C$

14.8 微分積分法の基本定理

「積分関数を求めることと導関数を求めることは逆の操作」だということは，収支と残高 (14.3 節) および積分と微分の関係にあるいくつかの例 (14.4 節) の学習から感覚的にではありますが，十分推測できることだと思います．ところで，導関数を求める逆の操作は原始関数を求めることでした．ここで，私たちの調べることは，積分関数と原始関数の関係です．このことを明確に述べたものが**微分積分法の基本定理**です．いよいよ佳境です．この節では，この定理とこれから導かれる定積分の計算法について説明します．

ここでは積分する関数 $f(x)$ は連続関数に限定し，その積分関数を $I(x)$ とします．つまり，

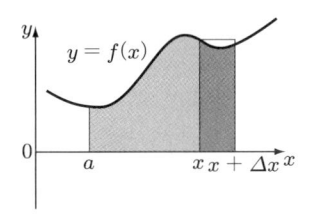

図 14.28

$$I(x) = \int_a^x f(x)\,dx$$

とします．積分関数 $I(x)$ は図 14.28 の薄い灰色部分の面積を代数的に拡張したものでした．$I(x+\Delta x)$ は，$I(x)$ にさらに濃い灰色部分を加えたものです．したがって，$I(x+\Delta x) - I(x)$ はこの濃い灰色部分の面積に対応します．区間 $[x, x+\Delta x]$ 内の連続関数 $f(x)$ の最大値および最小値を M および m とすると，この斜線部分の面積について，つぎの関係が得られます．

$$m\Delta x \leq I(x+\Delta x) - I(x) \leq M\Delta x$$

これから，次式が成り立ちます．

$$m \leq \frac{I(x+\Delta x) - I(x)}{\Delta x} \leq M$$

関数 $f(x)$ は連続であると仮定しましたから，$\Delta x \to 0$ とすると M も m も $f(x)$ に近づきます．したがって，

$$\frac{dI}{dx} = \lim_{\Delta x \to 0} \frac{I(x+\Delta x) - I(x)}{\Delta x} = f(x)$$

となります．

以上をまとめたものが，つぎの微分積分法の基本定理です．

微分積分法の基本定理

$f(x)$ は定数 a を含む区間で連続な関数であり，その区間内の値 x において

$$I(x) = \int_a^x f(x)\,dx$$

とおくと，次式が成り立つ．

$$\frac{dI}{dx} = f(x)$$

つまり，「関数 $f(x)$ の積分関数 $I(x)$ は関数 $f(x)$ の原始関数の一つ」ということです．関数 $f(x)$ の任意の原始関数の一つを $F(x)$ とおくと，

$$I(x) \equiv \int_a^x f(x)\,dx = F(x) + C$$

となり，これから，次式が成り立ちます．

$$\int_b^c f(x)\,dx = \int_a^c f(x)\,dx - \int_a^b f(x)\,dx = I(c) - I(b)$$
$$= \{F(c) + C\} - \{F(b) + C\} = F(c) - F(b)$$

このように，「定積分が微分の逆操作で得られた原始関数から求められる」ことがわかります．

上式の b, c をあらためて a, b と置きなおすと，つぎの公式が得られます．

定積分の基本公式

$f(x)$ の原始関数の一つを $F(x)$ とすると，定積分はつぎのように求められる．

$$\int_a^b f(x)\,dx = F(b) - F(a)$$

微分積分法の基本定理や定積分の基本公式など一連の理論は，数学史上に燦然と輝くニュートンとライプニッツの発見です．つぎの例題 14.18 (3) は例題 14.13 の問題です．二つの解答を比べて，積分がどれほど簡単になったかを堪能してください．

例題 14.18

以下の定積分を求めなさい．ただし，c は定数である．

(1) $\displaystyle\int_3^5 2\,dx$　　(2) $\displaystyle\int_0^x cx\,dx$　　(3) $\displaystyle\int_0^1 x^2\,dx$ （例題 14.13）　　(4) $\displaystyle\int_0^\pi \sin x\,dx$

解 (1) $\displaystyle\int_3^6 2\,dx = 2x\Big|_{x=3}^{x=6} = 2\times 6 - 2\times 3 = 6$

(2) $\displaystyle\int_0^x cx\,dx = \frac{1}{2}cx^2\Big|_{x=0}^{x=x} = \frac{1}{2}cx^2 - 0 = \frac{1}{2}cx^2$

(3) $\displaystyle\int_0^1 x^2\,dx = \frac{1}{3}x^3\Big|_{x=0}^{x=1} = \frac{1}{3}\times 1^3 - \frac{1}{3}\times 0^3 = \frac{1}{3}$

(4) $\displaystyle\int_0^\pi \sin x\,dx = (-\cos x)\Big|_{x=0}^{x=\pi} = -\cos\pi - (-\cos 0) = -(-1) - (-1) = 2$

微分積分の発展の歴史

面積や体積を求める問題は求積法とよばれ，紀元前のアルキメデスの頃から考えられ始めました．アルキメデスは放物線と直線とで囲まれる面積や球の表面積なども求めていま

す.そのやり方の多くは,求める領域をはじめは大きな長方形や直方体で埋め,徐々に小さな長方形や直方体で埋め尽くしていき,これらを加え合わせるという形で搾り出してしまおうという方法でした.このようなやり方を搾出法といいますが,それぞれの問題について個別に考える必要があり,その一つひとつが巧妙なものでした.

微分については,10世紀頃からイスラムの学者やインドで断片的に研究され,17世紀になって定式化されました.そして17世紀後半,ニュートン,ライプニッツによって微分積分学の基礎ができあがったとされています.その後もコーシーやワイエルシュトラスによってその基礎が磐石になっていきますが,ニュートンとライプニッツが微分積分学の創始者であるといわれます.それは,微分積分法の基本定理,つまり「積分と微分とは逆の操作」だということに気づき,定積分の基本公式を手に入れたからです.関数 $F(x)$ に対して,その導関数を $f(x)$ とすると,$f(x)$ に関する面積は定積分の基本公式を用いて求められます.導関数がわかっている関数 $F(x)$ はたくさん知られていましたから,面積を求める問題の多くが解けたことになったのです.アルキメデスたちが求めた数々の面積や体積などは,その一つひとつが巧妙な方法でしたが,ニュートンやライプニッツのおかげで,誰でも簡単にかつ系統的に求めることができるようになりました.

さらには,微分積分学のおかげではじめて,体系的かつ合理的な学問である物体の運動を記述する力学という学問体系ができあがり,多くの物体の運動が解けるようになりました.さらに,ニュートンは,天体の運動からどんな物体間でも距離の2乗に反比例する引力がはたらくという万有引力の法則を発見するに至ります.

14.9† 微分積分法の求積法への応用

まず,面積を求めるつぎの問題に微分積分を応用して,千年以上にわたる微分積分学の発展を堪能してください.

例題 14.19

以下の面積を求めなさい.

(1) $y = x^2$ と x 軸,直線 $x = 1$ とで囲まれた面積
(2) $y = \sin x$ の区間 $[0, \pi]$ の半周期にわたる曲線と x 軸とで囲まれた面積

解 (1) $\displaystyle\int_0^1 x^2\,dx = \dfrac{x^3}{3}\bigg|_0^1 = \dfrac{1}{3} - \dfrac{0}{3} = \dfrac{1}{3}$

(2) $\displaystyle\int_0^\pi \sin x\,dx = -\cos x\bigg|_0^\pi = (-\cos\pi) - (-\cos 0) = \{-(-1)\} - (-1) = 2$

これまでは被積分関数 $f(x)$ を独立変数 x の関数として考えてきましたが、この変数 x を別の変数で表すことで、積分が簡単になることがあります。ここで、新たな変数を s とし、x が

$$x = \varphi(s)$$

と表されるとしましょう。ここでは s が独立変数で、x は従属変数になっています。$y = f(x)$ と $x = \varphi(s)$ を合わせて

$$y = f(x) = f(\varphi(s))$$

とすると、s に関する新たな関数 $f(\varphi(s))$ が定義されますが、これを関数 f と φ の合成関数といいます。積分は $x = a$ から $x = b$ までとし、対応する s を α, β とします。つまり $a = \varphi(\alpha)$, $b = \varphi(\beta)$ です。

さて、$f(x)$ の原始関数を $F(x)$ とすると、

$$F(x) = \int_a^x f(x)\,dx$$

となり、合成関数の微分の公式を用いると、

$$\frac{d}{ds}F(\varphi(s)) = \frac{d}{dx}F(x)\frac{dx}{ds} = f(x)\frac{dx}{ds} = f(\varphi(s))\varphi'(s)$$

となります。この式は $f(\varphi(s))\varphi'(s)$ の原始関数は $F(\varphi(s))$ だということを意味していますから、つぎの公式が得られます。

$$\int_\alpha^\beta f(\varphi(s))\varphi'(s)\,ds = F(\varphi(\beta)) - F(\varphi(\alpha)) = F(b) - F(a) = \int_a^b f(x)\,dx$$

置換積分

$x = \varphi(s)$ とし、$a = \varphi(\alpha), b = \varphi(\beta)$ であるとき、次式が成り立つ

$$\int_a^b f(x)\,dx = \int_\alpha^\beta f(\varphi(s))\varphi'(s)\,ds$$

例題 14.20

半径 1 の円の面積を求めなさい。

解 中心を原点においた半径 1 の円の方程式は $x^2 + y^2 = 1$. これより、x 軸より上の曲線の方程式として、$y = \sqrt{1-x^2}$ が得られる。したがって、上半分の円の面積は、

$$\int_{-1}^1 \sqrt{1-x^2}\,dx$$

で表せる．一方，
$$\frac{d}{dx}(x\sqrt{1-x^2}+\text{Sin}^{-1}x)=2\sqrt{1-x^2} \quad (|x|\leq 1)$$
であることが知られている．実際，これは
$$\frac{d}{dx}(x\sqrt{1-x^2}+\text{Sin}^{-1}x)=\sqrt{1-x^2}+x\times\frac{-x}{\sqrt{1-x^2}}+\frac{1}{\sqrt{1-x^2}}=2\sqrt{1-x^2}$$
より確かめられる．したがって，つぎのように求められる．

$$\begin{aligned}\int_{-1}^{1}\sqrt{1-x^2}\,dx&=\frac{1}{2}(x\sqrt{1-x^2}+\text{Sin}^{-1}x)\Big|_{-1}^{1}\\ &=\frac{1}{2}\left\{(1\times\sqrt{1-1^2}+\text{Sin}^{-1}1)-\left[1\times\sqrt{1-(-1)^2}+\text{Sin}^{-1}(-1)\right]\right\}\\ &=\frac{1}{2}\left\{\frac{\pi}{2}-\left(-\frac{\pi}{2}\right)\right\}=\frac{\pi}{2}\end{aligned}$$

下半分も合わせると，面積は π．

別解① 上の解答の
$$\int_{-1}^{1}\sqrt{1-x^2}\,dx$$
において，$x=\sin s$ とおくと，x の積分区間 $[-1,1]$ は s の積分区間として，$[-\pi/2,\pi/2]$ に対応する．したがって，つぎのようになる．

$$\begin{aligned}\int_{-1}^{1}\sqrt{1-x^2}\,dx&=\int_{-\pi/2}^{\pi/2}\sqrt{1-\sin^2 s}\cos s\,ds\\ &=\int_{-\pi/2}^{\pi/2}\cos^2 s\,ds=\int_{-\pi/2}^{\pi/2}\frac{1+\cos 2s}{2}\,ds\\ &=\frac{1}{2}\int_{-\pi/2}^{\pi/2}ds+\frac{1}{2}\int_{\pi/2}^{\pi/2}\cos 2s\,ds\end{aligned}$$

右辺第 2 項ではさらに $2s=t$ とおくと，t の積分区間は，$[-\pi,\pi]$ となり，

$$\begin{aligned}\int_{-1}^{1}\sqrt{1-x^2}\,dx&=\frac{1}{2}\int_{-\pi/2}^{\pi/2}ds+\frac{1}{2}\int_{-\pi/2}^{\pi/2}\cos 2s\,ds\\ &=\frac{1}{2}(s\big|_{-\pi/2}^{\pi/2})+\frac{1}{4}\int_{-\pi}^{\pi}\cos t\,dt=\frac{1}{2}\left\{\frac{\pi}{2}-\left(-\frac{\pi}{2}\right)\right\}+\frac{1}{4}\left(\sin t\big|_{-\pi}^{\pi}\right)\\ &=\frac{\pi}{2}+\frac{1}{4}\left[\sin\pi-\left\{\sin(-\pi)\right\}\right]=\frac{\pi}{2}\end{aligned}$$

となる．この値は円の上半分であったから，円全体の面積は π．

別解② 区間 $[0,1]$ を n 個の小区間 $I_1,I_2,\cdots,I_n$ に分ける分点を $r_1,r_2,\cdots,r_{n-1}$ とすると，$0=r_0<r_1<r_2<\cdots<r_n=1$，$I_k=[r_{k-1},r_k]$．小区間 I_k の幅を $\Delta r_k\equiv r_k-r_{k-1}$ とおき，図 14.29 のように半径 r_k の円から半径 r_{k-1} の円をとり除いた円環部分の面積を考える．この円環部分の面積は $l(\xi_k)\Delta r_k$ で近似される．ここで，ξ_k は I_k の中の任意

の点とし，$l(\xi_k)$ は半径 ξ_k の円の円周の長さである．これらの円環の面積の総和をとると，半径 1 の円の面積を近似できる．つまり，

$$S \fallingdotseq \sum_{k=1}^{n} l(\xi_k) \Delta r_k$$

となる．ここで，n を増やしながら，各 Δr_k を小さくしていけば，その極限が円の面積 S であると考えられる．したがって，定積分の定義から，

$$S = \lim_{\substack{\Delta r_k \to 0 \\ n \to \infty}} \sum_{k=1}^{n} l(\xi_k) \Delta r_k = \int_0^1 l(r)\, dr$$

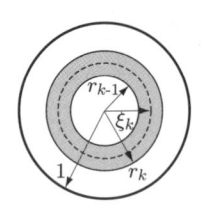

図 14.29

となる．半径 r の円の円周の長さ $l(r)$ は $2\pi r$ であるから，つぎのように求められる．

$$S = \int_0^1 l(r)\, dr = \int_0^1 2\pi r\, dr = 2\pi \int_0^1 r\, dr = \pi r^2 \Big|_0^1 = \pi - 0 = \pi$$

アルキメデスの頃の円の面積の求め方 1

図 14.30(a) のように扇形に分け，図 (b) のように配置を変える．分割を細かくすれば，縦 1，横は円周の半分つまり π の長方形に近づく．その極限の面積は π．

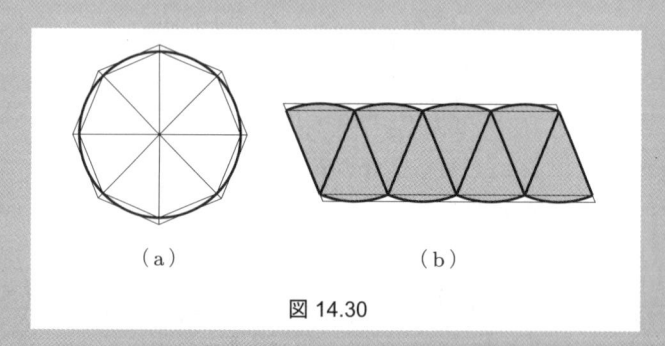

(a) (b)

図 14.30

求め方 2 図 14.31 のように，円に内接する正 n 角形を考える．線分 AP の長さを l_n，正 n 角形の周囲の長さを L_n とすると，

$$L_n = 2n l_n$$

である．正 n 角形の面積を S_n とすると，ピタゴラスの定理を用いて，

$$S_n = n l_n \sqrt{1 - l_n^2}$$

となる．$n \to \infty$ とすれば，この正 n 角形は円に近づく．一方，円周率 π の定義から，半径 1 の円周は 2π であるから，$L_n \to 2\pi$，つまり，$2nl_n \to 2\pi$．もちろん $l_n \to 0$ であるから，

$$S_n = nl_n\sqrt{1-l_n^2} \to \pi$$

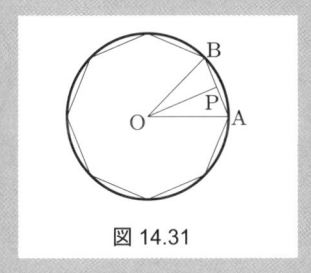

図 14.31

■ 体積の求め方

図 14.32 のように，ある立体が二つの平面 $x = a$, $x = b$ の間にあり，x 軸に垂直な切り口の面積が $S(x)$ であるとき，この立体の体積 V を求めることを考えます．

区間 $[a,b]$ の中に分点 $x_1, x_2, \cdots, x_{n-1}$ をとり，$a = x_0 < x_1 < x_2 < \cdots < x_n = b$ として，小区間 $I_k = [x_{k-1}, x_k]$ の幅を $\Delta x_k \equiv x_k - x_{k-1}$ とおくと，この小区間で切り取られる立体の部分の体積は $S(\xi_k)\Delta x_k$ と近似できます．ここで，ξ_k は I_k 上の任意の点とします．これらの総和をとり，n を増やしながら，各 Δx_k を小さくしていけば，その極限が立体の体積 V であると考えられます．したがって，定積分の定義から，次式のようになります．

$$V = \lim_{\substack{\Delta x_k \to 0 \\ n \to \infty}} \sum_{k=1}^{n} S(\xi_k)\Delta x_k = \int_a^b S(x)\,dx$$

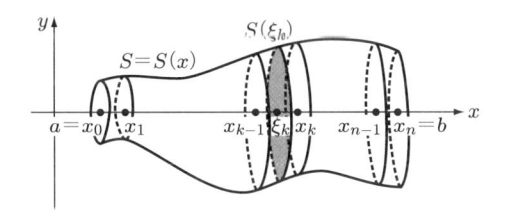

図 14.32 立体の体積の求め方

例題 14.21

半径 1 の球の体積を求めなさい．

解 図 14.33 のように，原点に半径 1 の球の中心をおいて考える．この球を x 座標が x の点で x 軸に垂直な平面で切ると，この切り口の円の半径はピタゴラスの定理から $\sqrt{1-x^2}$ になり，この円の面積は $S(x)=\pi(1-x^2)$ となる．したがって，半径 1 の球の体積 V はつぎのように求められる．

$$V = \int_{-1}^{1} \pi(1-x^2)\,dx = \pi \left(x - \frac{x^3}{3} \right) \Big|_{-1}^{1}$$
$$= \pi \left\{ \left(1 - \frac{1}{3} \right) - \left(-1 - \frac{-1}{3} \right) \right\} = \frac{4\pi}{3}$$

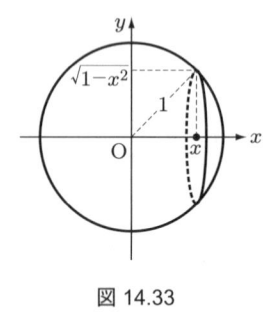

図 14.33

14.10† 不連続関数の積分

図 14.34 には，ある被積分関数 $f(x)$ とその積分関数 $F(x)$ の例を示しています．もちろん積分関数 $F(x)$ の導関数は $f(x)$ です．

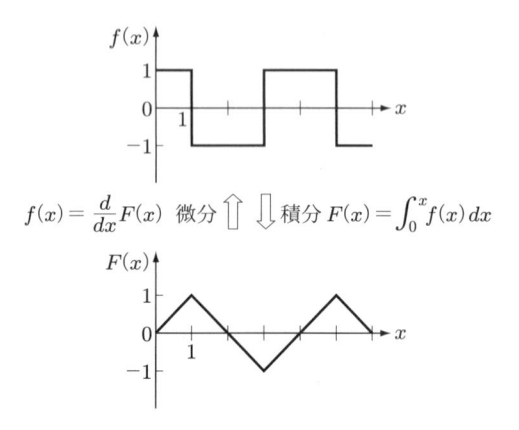

$$f(x) = \frac{d}{dx}F(x) \quad 微分 \Updownarrow \quad 積分 \quad F(x) = \int_0^x f(x)\,dx$$

図 14.34 不連続関数の積分と折れ曲がった関数の微分

これまで学んだ積分の意味，微分の意味から考えて，二つのグラフの関係は納得いくものになっています．$f(x)$ は矩形関数で，x の値によって 1 もしくは -1 の値をとる不連続関数です．一方，$F(x)$ は区分的に直線になった連続関数です．

ところで，ここで一つ問題が生じます．$f(x)$ が不連続になっていますが，この点 $x=1$ での $f(x)$ の値はいくらでしょうか．関数という以上，独立変数に対して従属変数の値が定まらなければなりません．$f(1)$ は 1 なのか，-1 なのか．しかし，$f(x)$ の積分関数 $f(x)$ を求める場合には，この値が定まらなくても，まったく影響しません．積分は面積の拡張でしたが，$f(1)$ が 1 なのか，-1 なのかといった議論はみみっちい話だといわんばかりの操作です．

ところで，逆に $F(x)$ を微分しようとすると，$0 < x < 1$ では $F'(x) = 1$ で，$1 < x < 3$ では $F'(x) = -1$ ですが，$x = 1$ では微分不可能で $F'(1)$ は定まりません．このように，与えられた $f(x)$ に対して積分関数 $F(x)$ を求め，それを微分しても，完全には $f(x)$ にもどらないことがわかります．

このすっきりしないモヤモヤを払拭する手はないでしょうか．一つの方法は，$f(x)$ を連続関数にかぎるという方法です．本書でも，14.8 節では $f(x)$ を連続関数にかぎるとして説明してきました．こうすると，微分積分法の基本定理から積分関数 $f(x)$ は常に微分できます．もう一つの方法は $f(x)$ の不連続点だけは無視するとするやり方です．微分積分法の基本定理の支えはなくなりますが，この点での $f(x)$ の値が定まらないというだけで，あとは同様に取り扱ってかまいません．14.4 節では，このような説明を抜きに微分していましたが，折れ曲がった場所での微分を定めることをあきらめて，ここはどうなっているかわからないとしていたのです．

14.11 変化する電流

ある導線に直流の電流 i が流れており，時刻 $t = 0$ から時刻 $t > 0$ に至るまでに導線のある断面を通過した電気量の総量を q とすると，$q = it$ ですから，図 14.35(a) に示すように，q は時間に対して直線的な変化をします．ところが，この電気量 q が直

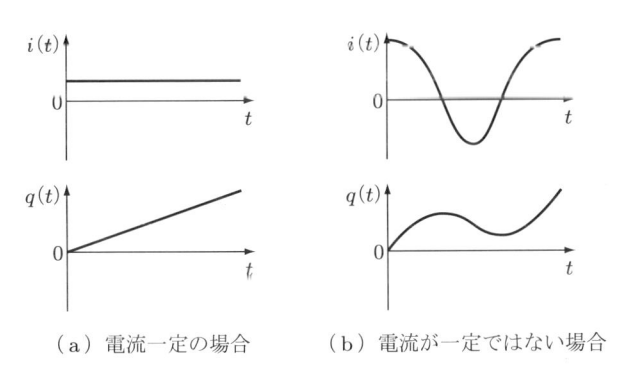

（a）電流一定の場合　　（b）電流が一定ではない場合

図 14.35　変化する電流と電荷

線的な変化をせず，図 (b) の下段のグラフのような変化をしたとするとどうでしょうか．流れた電流は一定とはならず，時間的に変化することがわかるでしょう．

時刻 t までにある断面を通過した電気量を $q(t)$ とすると，時刻 t から $t + \Delta t$ の Δt の間にこの断面を通過した電気量は $q(t + \Delta t) - q(t)$ となりますから，この間の平均的な電流は

$$\frac{q(t + \Delta t) - q(t)}{\Delta t} \equiv \frac{\Delta q(t)}{\Delta t}$$

となります．$\Delta t \to 0$ とした極限が時刻 t における瞬時的な電流値であると考えられます．これを**瞬時電流**とよび，$i(t)$ と表すと，

$$i(t) = \frac{dq(t)}{dt}$$

と書くことができます．微分の逆操作が積分です．通過する電気量 $q(t)$ の測り始めの時刻を一般化して $t = a$ とおくと，つぎの表現が得られます．

$$q(t) = \int_a^t i(t)\, dt$$

電流と電気量

導線を流れる電流 (瞬時電流) $i(t)$ と，導線のある断面を時刻 $t = a$ から時刻 $t = t$ までの間に通過した電気量 $q(t)$ との間にはつぎの関係がある．

$$i(t) = \frac{dq(t)}{dt}, \quad q(t) = \int_a^t i(t)\, dt$$

14.12 キャパシタの電圧と電流の関係

13 章ではキャパシタについて説明し，キャパシタに蓄えられた電気量 q と加えられた電圧 v との間には，つぎの比例関係があることを学びました．

$$q = Cv$$

比例定数 C をこのキャパシタの静電容量，もしくはキャパシタンスとよびました．

この関係は，q や v が時間的に変化しても成り立ちますから，これらを時間の関数として $q(t)$ や $v(t)$ と表すと，つぎのように表すことができます．

$$q(t) = Cv(t)$$

このキャパシタに流れる電流を $i(t)$ とすると，前節の電流と電気量との関係から，

$$i(t) = \frac{dq(t)}{dt} = \frac{dCv(t)}{dt} = C\frac{dv(t)}{dt}$$

となります．$q(t)$ は $i(t)$ の原始関数ですから，定積分の基本公式を用いて，

$$v(t) - v(t_0) = \frac{q(t) - q(t_0)}{C} = \frac{1}{C}\int_{t_0}^{t} i(t)\,dt$$

となります．とくに，$t_0 \to -\infty$ において $v(-\infty) = 0$ であったと仮定するのはそれほど無理ではありませんから，このときは

$$v(t) = \frac{1}{C}\int_{-\infty}^{t} i(t)\,dt$$

となります．

電気回路におけるキャパシタの基本式

静電容量 C のキャパシタにおいて，流れる電流 $i(t)$ と電圧降下 $v(t)$ との間にはつぎの関係がある．

$$i(t) = C\frac{dv(t)}{dt}, \quad v(t) = v(t_0) + \frac{1}{C}\int_{t_0}^{t} i(t)\,dt = \frac{1}{C}\int_{-\infty}^{t} i(t)\,dt$$

例題 14.22

図 14.36 のように，50 μF の静電容量をもつキャパシタを使った回路がある．この回路に図 14.37(a), (b) のような電流 i を流した．このときの電源電圧 e の変化をグラフに描きなさい．ただし，キャパシタにははじめ電荷が蓄えられていなかったとする．

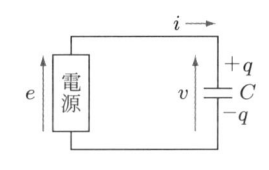

図 14.36

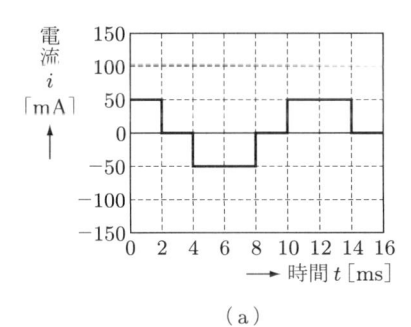

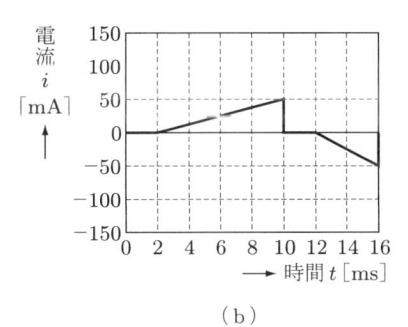

図 14.37

解 (a) 電流 $i(t)$ が区分的には一定であるから，この間の積分関数は直線的に変化する．$t=0$ ms から $t=2$ ms までは電流 $i(t)=50$ mA であるから，この積分値は $50\text{ m}\times 2\text{ m}=100$ μC．キャパシタンス 50 μF で割ると 2 V．電源電圧 e はこのキャパシタの電圧降下 v に等しく 2 V．同様にして，図 14.38(a) を得る．

(b) $t=0\sim 2$ ms：電流 $i(t)=0$ mA であるから，この間の積分値はいつでも 0 μC．

$t=2\sim 10$ ms：電流 $i(t)$ は直線的に増加しているから，積分関数は 2 次関数となり，電圧 $v(t)=K(t-0.002)^2$ となる．この 8 ms の間にキャパシタに流れ込んだ電気量は，図 (c) より，50 mA の電流が 8 ms の半分の 4 ms 流れたときと同じであるから，$50\text{ m}\times 4\text{ m}=200$ μC．これを先ほどの 2 次関数に代入すると，$K(0.010-0.002)^2=200$ μ．これをキャパシタンス 50 μF で割ると 4 V．$v(t)$ に代入すると $K=625000$ となり，$v(t)=625000(t-0.002)^2$ となる．

$t=10\sim 12$ ms：電流が流れないから，キャパシタに蓄えられた電気量は変化せず，電圧 $v(t)$ も変わらない．

$t=12\sim 16$ ms：放電で直線的に電流が変化しており，この間の電圧も 2 次関数で表される．この間の 4 ms の間に流れ出した電気量は，50 mA が 2 ms 間流れた場合と等量であるから 100 μC．先ほどの電圧が半分になることがわかる．

以上より，図 (b) を得る．

(a)

(b)

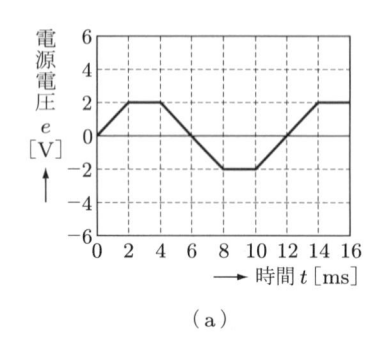

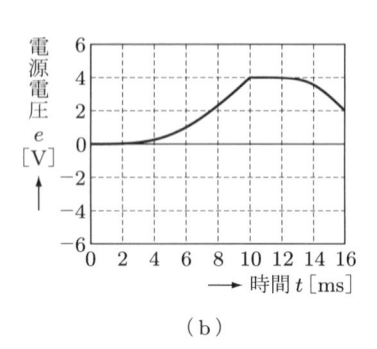

図 14.38

■■ 演習問題 ■■

14.1 図 14.39(a) のグラフを関数 $f_1(x)$，図 (b) のグラフを $f_2(x)=f_1(-x)$ とする．以下に示す (1)～(8) の関数のグラフを，残りの図 (c)～(j) から選びなさい．

(1) $\dfrac{f_1(x)+f_2(x)}{2}$　　(2) $f_2(x)-f_1(x)$　　(3) $\dfrac{f_1(x)f_2(x)}{2}$　　(4) $f_1(x-1)$

(5) $\dfrac{df_1(x)}{dt}$ (6) $\dfrac{df_2(x)}{dt}$ (7) $\int f_1(x)\,dx$ (8) $\int f_2(x)\,dx$

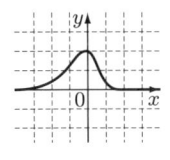

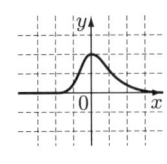

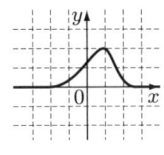

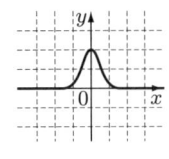

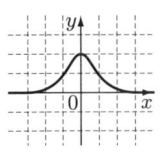

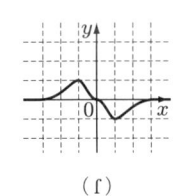

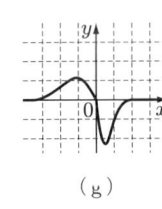

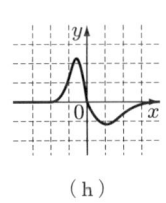

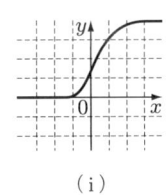

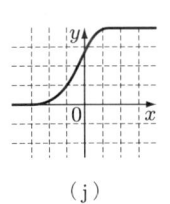

(a) $f_1(x)$ (b) $f_2(x)$ (c) (d) (e)

(f) (g) (h) (i) (j)

図 14.39

14.2 図 14.40 の四つの関数 $f_1(x)$〜$f_4(x)$ の間で，微分と積分の関係にあるものをすべてあげなさい．

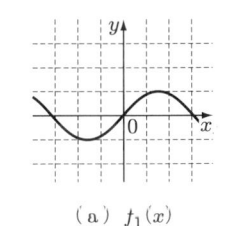

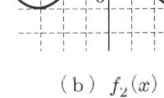

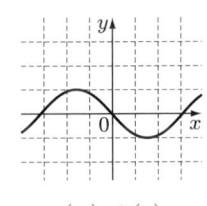

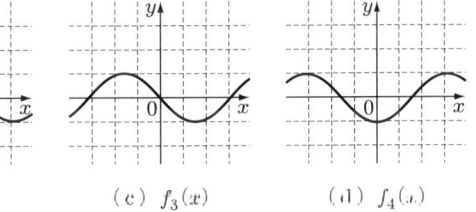

(a) $f_1(x)$ (b) $f_2(x)$ (c) $f_3(x)$ (d) $f_4(x)$

図 14.40

14.3 以下の関数 $y(x)$ の導関数 $y'(x)=dy/dx$ を求めなさい．
(1) $y=2(x-3)^4$ (2) $y=\sqrt{x^2+1}$ (3) $y=2\sin(3x+30°)$

14.4 以下の関数 $f(x)$ の原始関数を求めなさい．
(1) $f(x)=(x-2)^3$ (2) $f(x)=3e^{2x}$ (3) $f(x)=\dfrac{1}{x-1}$ (4) $f(x)=\cos 2x$

14.5 以下の定積分を求めなさい．
(1) $\int_{-1}^{3} 3\,dx$ (2) $\int_{0}^{3}(x-1)^2\,dx$ (3) $\int_{-1}^{1} x\,dx$ (4) $\int_{0}^{\pi}\cos x\,dx$

15章 インダクタ

インダクタは，キャパシタと並び電気回路の双璧をなす素子です．インダクタなどと新たな言葉が飛び出すとかまえてしまいますが，導線を巻いてコイル状にしただけでインダクタになります．キャパシタの形状を簡略化して考えると，導線を断線し，二つの向かい合った端点の面積を大きくしたものとみなすことができます．対面する両極の面積を変えたり，その間隔を変えたり，誘電体をはさんだりすることで，キャパシタとしての性質を変えることができました．一方，インダクタは，導線の巻き方や巻数を変えたり，その内部に入れるコアとよばれるものの形状や材質を変えることで，インダクタとしての性質を変えることができます．さて，このインダクタの性質とはどんなものなのでしょうか．キャパシタは電荷を蓄えることができ，状況さえ整えばいつでも放電するという，力学的にはバネのような性質をもっていましたが，インダクタはどうなのでしょうか．

インダクタに電圧を加えても，すぐには電流が流れません．それでも電圧を加え続けると，徐々に電流が流れるようになります．徐々にといっても，私たちの時間感覚からいえば非常に短いことが多いのですが，本当に徐々にと感じられる程度にすることもできます．逆に，インダクタに電流が流れている状態で断線しようとすると，インダクタは電流を流し続けようとして，断線したところに火花を生じることもあります．「流れろ」といってもすぐには流れず，流れているところで「流れるな」といってもすぐには流れを止めることができません．物理学では，このような性質を**慣性**とよんでいます．

インダクタのこのような性質はどこからくるのでしょうか．電磁気学がそれに答えてくれます．その背後にはエルステッド，アンペアやファラディのすばらしい発見があります．

15.1 保守的なインダクタ

■ インダクタと水道管モデル

インダクタ (inductor) は図 15.1(a) のように，導線をコイル状に巻いたものです．回路図では，図 (b) の図記号を用います．インダクタの性質はコイルの巻き方や，内部に挿入する物質の性質によって変わります．巻き方や内部に挿入する物質のことを考慮してインダクタを基礎から理解するには，電磁気学を学ぶ必要があります．しかし，それらについては 15.2 節以降で考えることにして，本節ではまず電気回路の中でのインダクタのはたらきとして，どんな性質があるのかについて説明します．

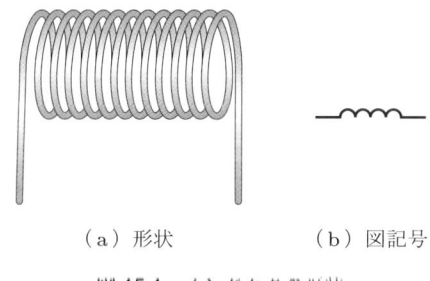

（a）形状　　　（b）図記号

図 15.1 インダクタの形状

インダクタのはたらきを水道管モデルで模擬したのが，図 15.2 のはずみ車のついた水車です．水道管モデルは 1 章で紹介しました．電源はポンプ，抵抗は水の流れの抵抗となる網，スイッチは開閉用の栓で模擬しました．13 章「キャパシタ」では，キャパシタをバネのついたタンクとしてモデル化しました．さて，インダクタをモデル化したこの水車は，水の流れの力を受けて回転する羽根車とはずみ車を同じ軸で連結したものです．水の圧力を受けると羽根板は回転力を受けますが，はずみ車が重く，はじめはなかなか回転しようとしてくれません．それでも，羽根板に引き続き水の圧力が加わり続けると，徐々に回転を始めることになります．逆に，いったん回転を始めると，なかなか止まってくれません．

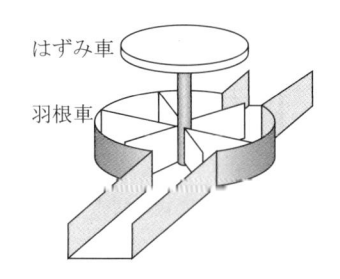

図 15.2 インダクタの水道管モデル

■水道管モデルによるアナロジー

インダクタのはたらきがよくわかる電気回路を用意しました．その回路の一連の時間変化を図 15.3(a)〜(f) に示します．それぞれの下に描かれた図 (a′)〜(f′) は，それぞれの電気回路に対応する水道管モデルです．まず，水道管モデルについて説明し，その後，電気回路について説明します．

(a) スイッチを開いた後の定常状態
(b) スイッチを閉じた直後の状態
(c) スイッチを閉じてしばらくの間

(a′) 栓を閉じた後の定常状態
(b′) 栓を開いた直後の状態
(c′) 栓を開いてしばらくの間

(d) スイッチを閉じた後の定常状態
(e) スイッチを開いた直後の状態
(f) スイッチを開いてしばらくの間

(d′) 栓を開いた後の定常状態
(e′) 栓を閉じた直後の状態
(f′) 栓を閉じてしばらくの間

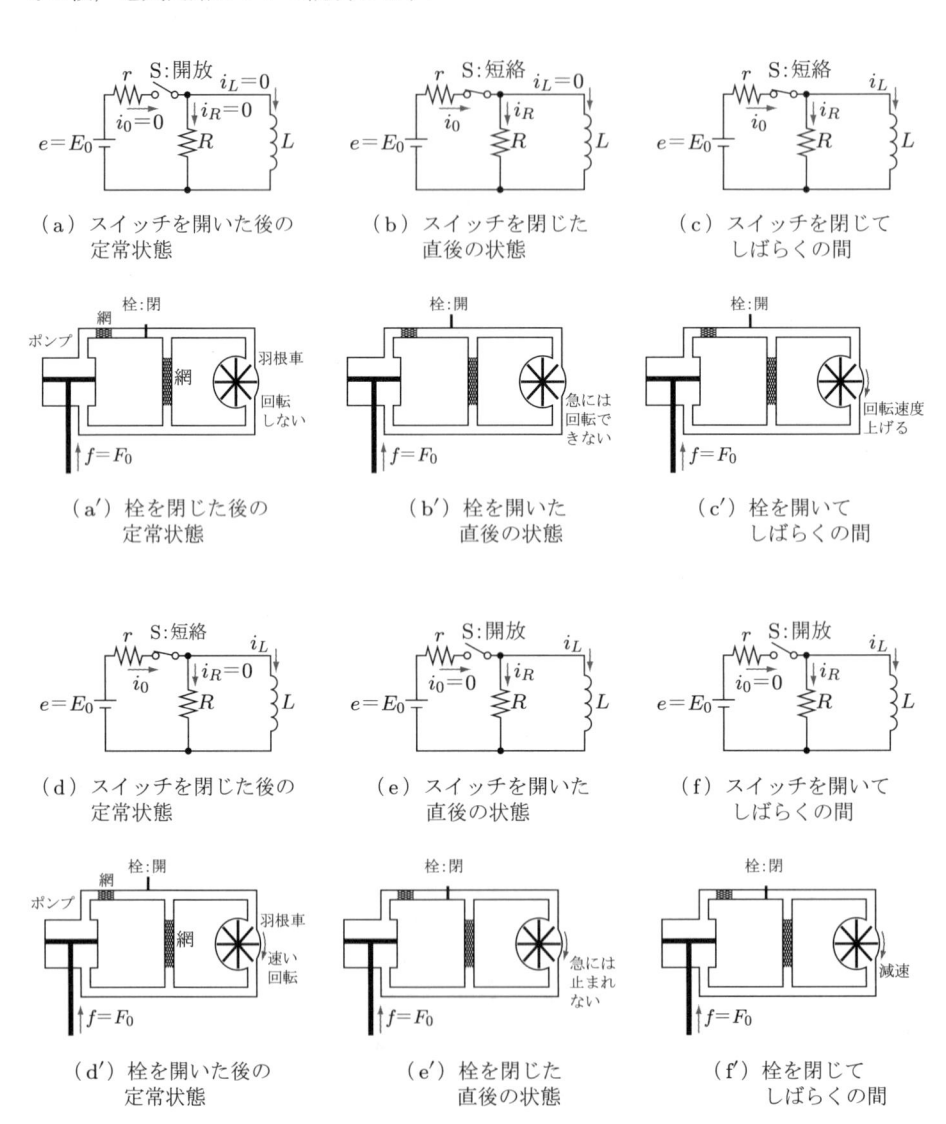

図 15.3　インダクタの性質を理解するための回路とそれを模擬する水道管モデル

(a′) 栓を閉じた後の定常状態

　　水はどこにも流れず，羽根車は止まっています．
(b′) 栓を開いた直後の状態

　　ポンプには常に水を流そうとする力がはたらいていますから，栓を開くと同時に，二つの網と羽根車に水を流そうとする力がはたらきます．実際には，ポンプの力でポンプの (図の) 上下に水圧の違いが生まれ，これが二つの網や羽根車にも伝わり，網や羽根車の上下の圧力差が，網や羽根車に水を流そうとする力になります．二つの網は水の流れにとっては妨げにはなりますが，圧力差に比例してただちに水が流れます．一方，羽根車は，はずみ車が重いためすぐに回りだすことはできませんが，徐々に回転を始めます．
(c′) 栓を開いてしばらくの間

　　中央の網と羽根車にかかる圧力差は等しく，中央の網にはこの圧力差に比例した水の流れが生じるのに対し，羽根車は圧力差が回転を加速する力となり，回転はその速さを増します．しかし，よく回るようになると，羽根車の圧力差は小さくなり，羽根車の回転はそれほど加速しなくなります．また，中央の網の圧力差も小さくなって水の流れも遅くなります．
(d′) 栓を開いた後の定常状態

　　(c′) の状態で十分な時間がたった後では，羽根車はよく回りますが，その速さは一定で加速しません．加速しないということは，羽根車にかかる圧力差がなくなったということでもあります．こうなると，中央の網の圧力差もなくなり，水はこの網には流れなくなります．結果として，ポンプから押し出された水は，図の上部に描いた網と羽根車とを通って流れ，中央に描いた網には流れないことになります．このとき，水の流れはどこでも一定の定常状態になります．
(e′) 栓を閉じた直後の状態

　　(d′) の定常状態で栓を閉じます．ポンプからの力ははたらかなくなりますが，羽根車にははずみ車があり，急には回転を止めることはできません．しかし，羽根車を流れる水は，ポンプへの流れを断ち切られています．水の圧力は中央の網の図の下側が大きくなり，上側が小さくなります．行き場を失った水は中央の網を下から上に向かって流れるしかありません．
(f′) 栓を閉じてしばらくの間

　　はずみ車の勢いで，中央の網に水が流れますが，網の抵抗ではずみ車も徐々に勢いを失っていきます．そして，水の流れは徐々に静かになって，どこにも水の流れない定常状態 (a′) にもどることになります．

■ インダクタのはたらき

図 15.3(a)〜(f) に示す電気回路では，この水道管モデルとそっくりの現象が起きます．順を追って整理してみます．回路のスイッチを開くことが水道管の栓を閉じることに対応しており，開閉が言葉のうえでは逆になっていますので注意してください．

(a) スイッチを開いた後の定常状態

　　電源がはたらいていますが，スイッチは開いており，電流はどこにも流れません．

(b) スイッチを閉じた直後の状態

　　二つの抵抗に電流が流れますが，インダクタは急には電流を流すことができません．二つの抵抗 r, R で分圧し，抵抗 R に加わる電圧がインダクタにも加わります．

(c) スイッチを閉じてしばらくの間

　　抵抗 R に加わる電圧がインダクタにも加わり，インダクタに流れる電流が徐々に増えます．抵抗 R に加わる電圧は徐々に低くなり，流れる電流も徐々に小さくなります．

(d) スイッチを閉じた後の定常状態

　　抵抗 r およびインダクタに一定の電流が流れ，抵抗 R には電流が流れなくなります．

(e) スイッチを開いた直後の状態

　　スイッチを開いたため，電源には電流が流れません．一方，インダクタに流れていた電流は流れをすぐに止めることはできず，中央の抵抗 R を図の下側から上側に流れます．

(f) スイッチを開いてしばらくの間

　　インダクタと中央の抵抗 R を流れる電流は，徐々に小さくなり，ふたたびどこにも電流が流れない定常状態 (a) にもどります．

■ 慣性

少々話が長くなりましたが，これがインダクタを含む電気回路の現象です．回路例としては特殊ですが，インダクタの性質をよく表しています．電圧が加わってもすぐには電流が流れず，徐々に電流が増えていく，インダクタからみれば「そんなにいうのなら流させてやろうか」とでもいっているようです．また，流れを止めようとしても，すぐには流れが止まりません．インダクタに気持ちがあるとするなら，少々保守的な性格のようです．

このような性質はほかでも観察することができます．車を動かすにはエンジンの力が必要です．アクセルを踏んだからといって，すぐにはスピードは増加しません．スピードを増加させるには少しの時間がかかります．逆に，止まろうと思ってブレーキを踏んでも，これまたすぐには止まってくれません．コマは回転を始めるとすぐには止まらず，回り続けようとします．コマの芯と地面の間の摩擦があって徐々に回転のスピードを落としますが，この摩擦がなければずっと回り続けるだろうということは誰にも予想がつきます．月は地球のまわりを回っていますし，地球は太陽のまわりを回りながら，それ自体でも自転しています．その回転はずっと持続されているようです．物の世界だけでなく，生物や人間の歴史にも似たところがあると思いますが，いかがでしょうか．このように，多くの現象において現れる「現状を維持しようとする性質」を物理学では**慣性** (inertia) といいます．インダクタは，加えた電圧に対して電流が慣性的な反応をするといえます．

15.2 電流と磁束

■ 電流と磁場

インダクタの慣性的なはたらきを説明するには，二つの現象を理解する必要があります．その一つが，電流による磁場の発生です．この節では，この磁場について説明します．もう一つは，磁場の変化による起電圧の発生ですが，このことについては次節で説明します．

磁場 (magnetic field) とは，そこに磁石を置いたり電流を流すと，ほかの磁石や電流に力がはたらく空間をいいます．図 15.4 を見てください．このような磁場の中に図 (a) のように磁針を置くと，回転力を生じます．また，図 (b) のように磁場の中で導線に電流を流すと，導線は力を受けます．

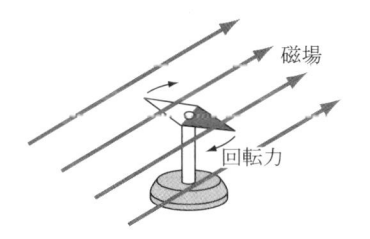

（a）磁場の中で磁石が受ける力 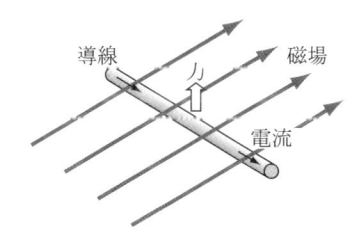　　（b）磁場の中で電流が受ける力

図 15.4

ところで，その磁場はどうやってできるのでしょう．図 15.5 を見てください．図 (a) には磁石のまわりに磁針を置いたときの様子，図 (b) には紙面からこちら向きに流

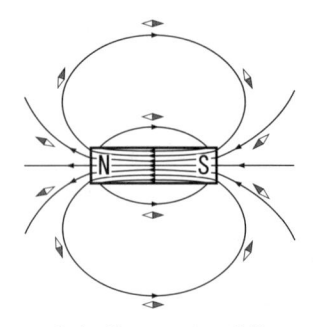

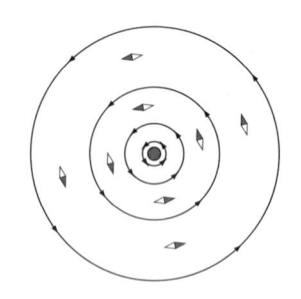

(a) 磁石のつくる磁場　　(b) 直流電流のつくる磁場
　　　　　　　　　　　　（電流の向きは紙面から出てくる向き）

図 15.5　磁場の例

れる直線電流のまわりに磁針を置いたときの様子を描いています．図から，磁針が磁石や電流から力を受けている様子がわかります．磁石や電流がそのまわりに磁場をつくっているのです．磁針の向きから，磁場には空間の各点に向きがあることがわかります．また，磁針の向きを変えたときに磁針がもとの向きにもどろうとする回転力によって，その位置の磁場の強さの様子を観察することができます．磁場が弱いところでは磁針はゆっくりもどりますが，強いところでは即座に向きを変え，強い力がはたらいている様子が観察できます．以上により，磁場は向きとその強さをもった物理量だということがわかります．向きと大きさをもった量を一般にベクトルといい，空間の各点にベクトル量が定義できる空間を**ベクトル場**といいましたから，磁場は 13 章で学んだ電場と同じく，ベクトル場であるといえます．

■ 磁場と磁束

磁場の様子をうまく表現する向きのついた曲線に，**磁束線**があります．図 15.5(a)，(b) に描かれた曲線がそれです．磁束線は，任意の場所で磁束線の接線の向きが磁場の向きと一致するように描かれています．図 15.6 は磁場のある小さな領域を拡大し，磁場に垂直で同じ磁束線が貫く二つの面を図示しています．大きく拡大すれば，それ

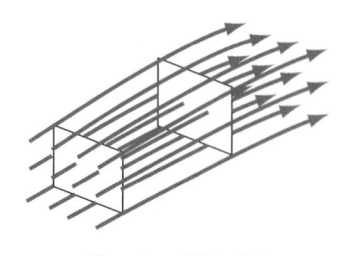

図 15.6　磁場と磁束

ぞれの面上の磁場の強さはほぼ等しく，同じ向きを向いていると考えることができます．それぞれの面上で，磁場の強さと面の面積をかけた量を**磁束** (magnetic flux) といいます．逆に，磁場の強さは磁束を面積で割った値になりますから，磁場のことを**磁束密度**ともいいます．磁場の単位は Wb (ウェーバ) で，磁束密度の単位は T (テスラ) または Wb/m^2 です．ところで，磁場の重要な性質として，このような二つの面を貫く磁束は等しいことがわかっています．このことから，磁場が広がっているところでは，広がる前で磁場が強く，広がった先では磁場が弱くなるということがわかります．

図には磁束線を数本しか描いていませんが，実際には数えられるようなものではなく，磁場のある空間すべてを埋めています．1本の磁束線では磁場の強さを表現することができませんが，磁場が強いところでは磁束線を密に，磁場が弱いところでは磁束線をまばらに描いて表現します．

図 15.5(a) では磁石の両極の近く，図 (b) では電流の流れている近くで磁場が強い様子が見てとれます．磁石には N 極と S 極という磁極がありますが，図 15.5(a) のように，磁束は磁石の中では S 極から N 極へと向かい，磁石の外では N 極から S 極へと向かいます．一方，図 (b) は紙面の中央を奥から手前側に電流が流れたときにできる磁場を表しており，磁束線は同心円で，その向きは電流の流れる向きを向いたとき (紙面から手前側に向いて) に右回りです．

■ 磁気と電気の関係についての歴史的経緯

磁石も電流も磁場をつくるといいましたが，少し歴史的経緯を振り返ってみたいと思います．磁石の異極どうしには引力がはたらき，同極どうしには斥力がはたらくことは知っていますね．また，磁極の近くでは強い磁場を生じます．もともと磁石ではない鉄などを磁石に近づけると，鉄の中に磁極が誘導され引力がはたらきます．鉄を磁石でこすると鉄自身が磁石になります．イギリスのギルバートは 1600 年に「磁気について」を著して，これまでの磁気に関することをまとめ，さらに，地球も大きな磁石だと説明しました．このようなことを研究する学問分野を**磁気学**とよんでいました．

磁気に似た性質をもっているのが摩擦電気でした．コハクを布でこするとコハクは埃や紙片などを引きつけます．ギルバートはコハク以外にも硫黄，ガラス，皮，布などには摩擦電気が生じ，金属には摩擦電気による力が現れないことを発見しました (実際には摩擦電気を生じますが，すぐに移動してしまうため，力としては発見できませんでした)．摩擦電気と磁気は引きつけたり反発したりするという点で似たところがありますが，これらの間の関連性についてはまったくわかっていませんでした．

18 世紀には摩擦電気には 2 種類あること，これらの摩擦電気にはたらく力の関係，

絶縁体や導体などが少しずつわかるようになりました．1800年にはイタリアのボルタが電池を発明し，とうとう人類は定常的な電流を手に入れることができたのです．そして，電流を流すと，図15.5(b)のように，そのまわりに磁場ができたのです．電流の近くではより強い磁場が生じていました．これは1820年，デンマークのエルステッドによって発見されました．

電流が磁場をつくり，磁針に力がはたらくということは，作用反作用の法則から，磁針によってできる磁場により，電流にも力がはたらいているはずです．つまり，磁場中の電流には力がはたらくことになります．さらに，電流が磁場をつくり，その磁場中に別の電流を流せば，この電流にも力がはたらくはずです．つまり，二つの電流の間に力がはたらくはずです．このような考察をもとに，ビオとサバール，アンペアらによって電流の磁気作用についての精緻な理論がつくり上げられました．とうとう電気と磁気が結びついたのです．

■ 電流と磁束

電流と磁場，さらに磁束との関係の詳細は電磁気学で学びますが，ここではインダクタに関係する事項をまとめておきます．

> **アンペアの右ネジの法則**
> 電流により磁場が生じ，その向きは電流の流れに対して右回りである．

電流の向きと磁場の向きの関係を，図15.7に示しています．

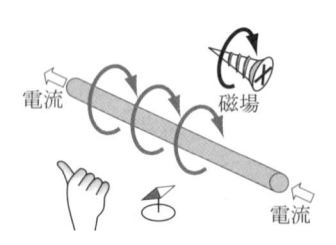

図 15.7　直線電流のつくる磁場

> **電流と磁束**
> ある面を貫く磁束 ϕ [Wb] は，それをつくる電流の大きさ i [A] に比例する．
> $$\phi \propto i$$

電流と磁束の関係はアンペアの法則にもとづくもので，ここではこれらが比例すると簡潔に表現していますが，実際には媒質によって，この比例関係がくずれることがあります．その詳細は，電磁気学でアンペアの法則などとともに学びます．ただし，媒質が空気である場合や小さな電流の場合など，多くの場合に比例関係が成り立つことから，ここでは上記のようにまとめています．

磁場を強くするには，直線電流よりも，図 15.8(a) のように導線を円形に巻いたほうが，その中心に磁束線が集まって，より強い磁場が得られることがわかります．図 (b) のように何重にも巻くと，磁場が重ねられて強い磁場が得られます．これは，15.1 節で紹介したインダクタと同じ形状です．さらに，図 15.9(a) のように内部に軟鉄 (炭素成分の少ない鉄) などを入れたり，図 (b), (c) のように磁束線の通過する経路をすべて軟鉄などにしてやると，強い磁場が得られることがわかっています．

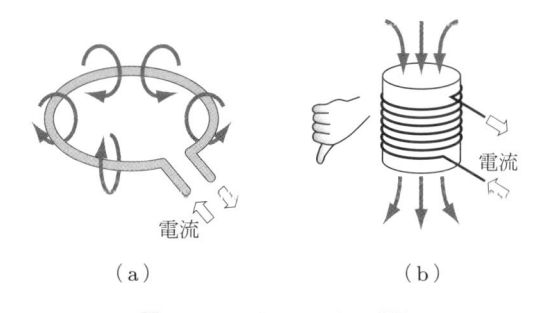

図 15.8 コイルのつくる磁場

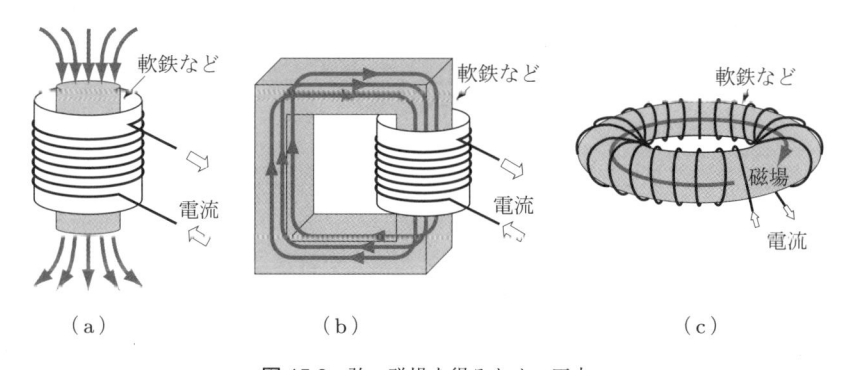

図 15.9 強い磁場を得るための工夫

15.3 ファラディの電磁誘導の法則

電流による磁気作用の詳細がわかってくると，その後の研究は，磁場によって電流をつくることはできないかという疑問にシフトしていきました．これに成功したのが，

化学者だったファラディです．実験が大好きだったファラディは，本業の化学の分野で活躍していたのですが，そのなかで電気を用いることもよくありました．そんな折，当時盛んだった電気の研究にも興味をもち，1831年に磁場の変化から電流を生み出すことに成功します．当時，多くの研究者は静止した磁場から電流をつくり出そうと考えていました．ファラディもその一人でした．ところが，結果は「磁場の変化」が電流を生み出すということでした．

はじめ，ファラディは強力な磁石に導線を巻きつけて，その導線に電流が流れないか試してみますが，電流は流れません．その後，隣接した二つの導線の一方に電流を流し，もう一方に電流が流れないかという実験もしてみるのですが，はじめはよい結果が得られませんでした．成功したときのファラディの実験装置は，図 15.9 のようなものでした．木でつくられた輪に二つのコイルを巻きつけ，コイル A に電流を流せば，コイル B に電流が流れるのではないか．電流が流れれば，それを検知する磁針の針が振れるはずだというのです．何度も試してみますが磁針の触れは観察できません．何度もやっているうちに，ある日，コイルに電池を接続したり，外したりするときに磁針がピクリと動くのに気がついたのです．その動きは一瞬でした．一瞬動いた後は，磁針はもとの位置にもどるのです．何度やっても，電流が流れ始めるときと電流を切るときに磁針が振れるのでした．19 世紀の大発見です．

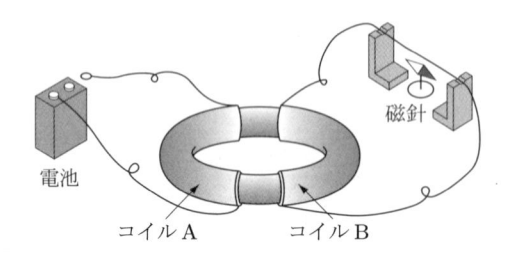

図 15.10 ファラディの電磁誘導の実験

その後もファラディやレンツ，ノイマンの研究が続きますが，図 15.11 のように，閉回路を貫く磁束と誘起される電圧 (**誘導起電圧**) の関係はノイマンにより定量的に明らかにされ，つぎのファラディの (電磁誘導の) 法則にまとめることができます．

ファラディの (電磁誘導の) 法則

任意の閉路の誘導起電圧 e [V] は，その閉路を貫く磁束 ϕ [Wb] の時間的減少率に等しい．

$$e = -\frac{d\phi}{dt}$$

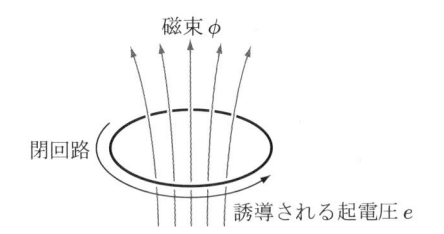

図 15.11　磁束と誘導起電圧の向きの関係

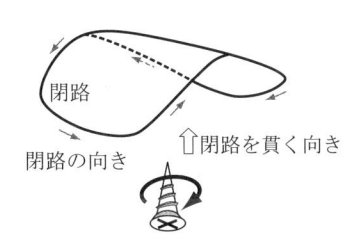

図 15.12　閉路の向きと閉路を貫く向きの関係

ファラディの法則によると，閉路を貫く磁束が1秒間に1 Wb変化すると，閉回路に1 Vの誘導起電力を生じることになります．

ところで，誘導起電圧がどちらを向くのかをはっきりさせるために，磁束の向きと誘導起電圧の向きの関係を定める必要があります．閉回路，つまり閉路には2通りの向きがあるので，誘導起電圧のどちら向きを正の向きに定めるかということです．一方，磁束の向きについても閉路を貫く向きとして，これも2通りあってどちらを正の向きに定めるかということになります．ただし，閉路の向きとそれを貫く向きをそれぞれ勝手に定めると，磁束の向きと誘導起電圧の向きの関係を記述するのに混乱を生じますので，この間のとり決めが必要です．

物理学や数学ではこのような向き，つまり閉路の向きと閉路を貫く向きの関係を定める必要がよく生じます．図 15.12 のように，閉路の向きと同じ向きに右ネジを回したときの右ネジの進む向きがその閉路を貫く向きだと定める方法を右手系といいます．もちろん，逆に定める左手系のやり方もありますが，右手系で考えるのが通例です．

ファラディの電磁誘導の法則をもとに，図 15.10 のファラディの実験を分析してみましょう．結果的にコイル B に電流 (**誘導電流**) が流れるとしましたが，この電流はコイル B の誘導起電圧によるものだということがわかります．このことは，コイル B のつくる回路に抵抗を直列に入れてみれば電流が小さくなることからもわかることですが，力 (電圧) によって動き (電流) が生じるということです．

コイル A は電流を流すことによって磁場をつくるためのものでしたから，これを磁石に代えることができないかということが考えられます．ファラディは中が空っぽのコイルに磁石を入れたり出したりすることで，コイルに電流を流すことにも成功しています．電流の変化が電流をつくるというより，磁場の変動が誘導起電圧を生み出す

というほうが，より根源的な理解だということになります．

　ファラディは，電流を流し始めるときと電流を切るときで，磁針の振れの向きが逆だということに気づいていましたが，誘導起電圧の向きについてより明確に説明したのはレンツでした．コイルに磁石を近づけると，コイルには誘導起電圧が発生します．この誘導起電圧によって，回路に誘導電流が流れます．すると，この誘導電流によって磁場ができます．そして，このときできる磁場は，磁石を近づけるのを妨げるのだというのです．誘導電圧の向きは，それによってできる誘導電流が誘導電流を生じる原因となった動きもしくは変化を妨げるように向く，これが**レンツの法則**です．レンツの法則はファラディの法則の式中に右辺の負符号となって表現されていますが，これについては例題 15.1 で考察することにします．

　磁場を強くするにはコイルの巻数を多くすることが考えられましたが，誘導起電圧を大きくするためにも，コイルの巻数を多くすることが考えられます．磁束はすべてコイルの中を貫くとして，それを ϕ とすれば，1 回巻の誘導起電圧は $-d\phi/dt$，n 回巻けば 1 回巻が n 個直列になっていると考えられるので，全体の誘導起電圧は $-nd\phi/dt$ となります．一方，つぎのようにも考えられます．n 回巻のコイルによってできる閉路を考えます．3 回巻の例を図 15.13 に描いています．図からわかるように，この閉路を貫いている全磁束は $n\phi$ です．したがって，このコイルの誘導起電圧は

$$-\frac{d(n\phi)}{dt} = -n\frac{d\phi}{dt}$$

となり，前の説明と同じ結果になります．ここでいう全磁束 $n\phi$ も磁束に変わりありませんが，磁束 ϕ と区別するために**鎖交磁束**とよんでいます．

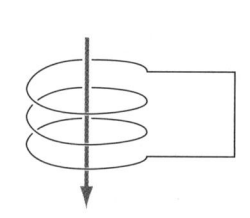

（a）複数回巻いたコイルに磁束が錯交する様子

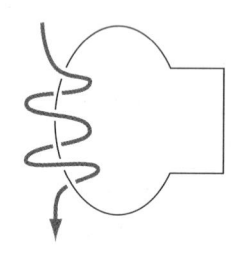

（b）コイルの導線を引き伸ばし，図（a）と同じように磁束を錯交させて描いた様子

図 15.13 磁束と鎖交磁束

例題 15.1

図 15.14 の実験回路において，以下の問いに答えなさい．

(1) 磁石をコイルに近づけるとき，誘導電流は図の A もしくは B のどちら向きに流れるか．また，この誘導電流によってできる磁場は，磁石によってできる磁場とどのような関係にあるか．

(2) 磁石をコイルから遠ざけるとき，誘導電流は図の A もしくは B のどちら向きに流れるか．また，この誘導電流によってできる磁場は，磁石によってできる磁場とどのような関係にあるか．

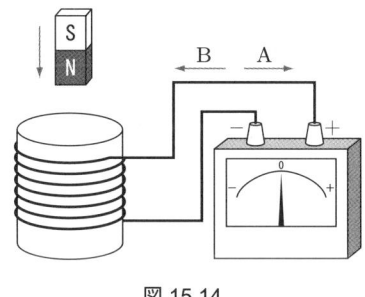

図 15.14

解 (1) 磁束の正の向きを実際に磁石によってできる磁束の向きとして，コイルの中を上から下向きと定めると，右手系の定めにより，閉路の向きは B の向きとなる．磁石をコイルに近づければコイルを貫く磁束は増加し，$d\phi/dt > 0$ となる．ファラディの電磁誘導の法則により，$e = -n d\phi/dt < 0$ であるから，実際の誘導起電圧は閉路の向きと逆の A の向きになることがわかる．したがって，誘導電流は A の向きに流れる．この誘導電流によってできる磁場はアンペアの右ネジの法則により，コイルの中を下から上向きにできる．つまり，磁石が近づくことによって磁束が増加するのを妨げる向きであり，レンツの法則のとおりである．

(2) 磁石を遠ざけるときはコイルの中を上から下に貫く磁束が減少し，$d\phi/dt < 0$，$e = -n d\phi/dt > 0$．したがって，誘導電流は閉路の向きと同じ B の向きに流れる．この誘導電流によってできる磁場はコイルの中を上から下向きにでき，磁石を遠ざけることによって磁束が減少するのを抑えようとする．

例題 15.2

図 15.15(a) のような巻数 $n = 20$ のコイルがある．コイルを貫く磁束 ϕ を図 (b) のように変化させたとき，発生する電圧 v の変化を図示しなさい．

(a)

(b)

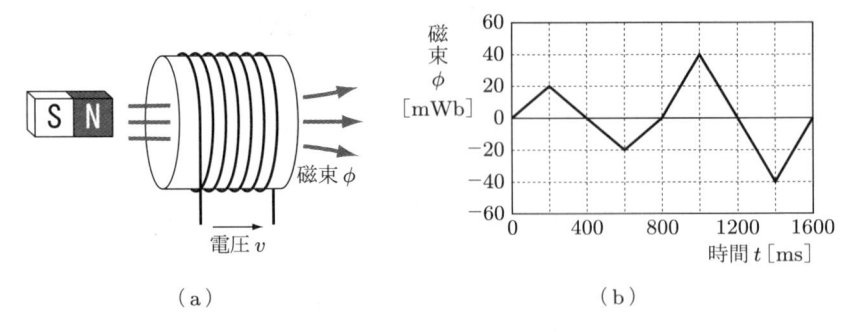

図 15.15

解 図の磁束 ϕ の向きを正と定めると，右手系の定めにより，コイルの誘導起電圧の向きは図中の電圧 v とは逆向きなので，

$$v = -e = \frac{d(n\phi)}{dt}$$

となる．時刻 0〜200 ms の間に磁束は 20 mWb，鎖交磁束は 400 mWb 変化しているから，この間の電圧 v は，つぎのようになる．

$$v = \frac{d(n\phi)}{dt} = \frac{20 \times 20 \text{ m}}{200 \text{ m}} = 2 \text{ V}$$

時刻 200〜600 ms の間では，磁束は 20 mWb から −20 mWb，鎖交磁束は 400 mWb から −400 mWb に変化しているから，この間の電圧 v は，つぎのようになる．

$$v = n\frac{d\phi}{dt} = 20 \times \frac{(-20 \text{ m}) - (20 \text{ m})}{600 \text{ m} - 200 \text{ m}} = -2 \text{ V}$$

同様にして，図 15.16 を得る．

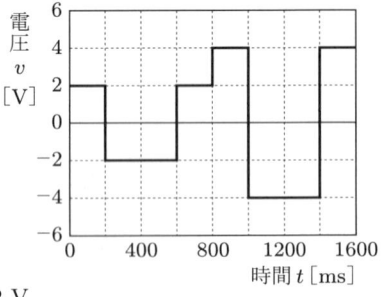

図 15.16

15.4 相互誘導と自己誘導

図 15.17 のように，一つのボビンに導線を二つ巻き，一方には電源をつなぎ，もう一方は開放した回路を考えます．電源につないだコイルの側を 1 次側，もう一方のコイルの側を 2 次側とよぶことにし，1 次側のコイルに電流 i_1 を流したところ，その電圧降下が v_1 だったとします．電流 i_1 は磁束をつくりますので，1 次側のコイルを貫く磁束を ϕ_{11}，鎖交磁束を Φ_1 とします．また，その一部が 2 次側のコイルを貫き，そ

の磁束を ϕ_{21}，鎖交磁束を Φ_2 とします．1次側のコイルの巻数を n_1，2次側のコイルの巻数を n_2 とすると，

$$\Phi_1 = n_1\phi_{11}, \quad \Phi_2 = n_2\phi_{21}$$

となります．15.2 節「電流と磁束」で説明したように，磁束 ϕ_{11}, ϕ_{21} は電流 i_1 に比例しますから，比例定数を L, M とすると，つぎのように表すことができます．

$$\Phi_1 = n_1\phi_{11} = Li_1, \quad \Phi_2 = n_2\phi_{21} = Mi_1$$

アンペアの右ネジの法則によれば，図 15.17 において電流 i_1 が正であれば，磁束 ϕ_{11}，磁束 ϕ_{21} も正になります．したがって，ここでは比例定数 L, M はどちらも正になります．一般に，1次側コイルの電流の向きと磁束の向きは，図 15.11 で示した閉回路の向きと閉回路を貫く向きと同じように定めるのが通例です．一方，2次側のコイルの閉回路の向きはそのときの都合によって定めますので，閉回路を貫く向きが逆向きのこともあります．したがって，一般に L は正ですが，M は正負のどちらもあることになります．L を1次側の**自己インダクタンス** (self inductance)，M を二つのコイルの間の**相互インダクタンス** (mutual inductance) といいます．

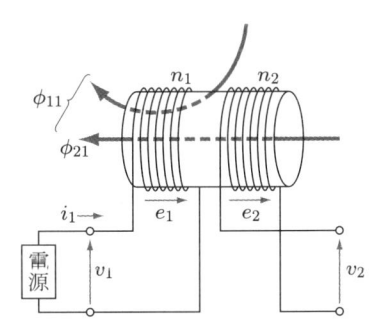

図 15.17 相互誘導と自己誘導

一方，ファラデイの電磁誘導の法則から，それぞれのコイルに生じる誘導起電圧 e_1, e_2 はつぎのようになります．

$$e_1 = -\frac{d\Phi_1}{dt}, \quad e_2 = -\frac{d\Phi_2}{dt}$$

また，電圧降下は誘導起電圧と逆向きで $v_1 = -e_1$，$v_2 = -e_2$ ですから，これらをまとめると，つぎのようになります．

$$v_1 = -e_1 = \frac{d(n_1\phi_{11})}{dt} = \frac{d(Li_1)}{dt} = L\frac{di_1}{dt}$$

$$v_2 = -e_2 = \frac{d(n_2\phi_{21})}{dt} = \frac{d(Mi_1)}{dt} = M\frac{di_1}{dt}$$

ここではさらりと説明しましたが，2次側に電圧が発生するだけではなく，1次側にも電圧が発生していて，これが加えた電源の電圧と釣り合っていることに注意してください．あるコイルに流れた電流により別のコイルに電圧を発生することを**相互誘導**といい，電流の流れている同じコイルに電圧が発生することを**自己誘導**といいます．

相互誘導と自己誘導

1次側のインダクタンス L [H]，相互インダクタンス M [H] の二つのコイルがあり，1次側に電流 i_1 [A] を流したとき，1次側の電圧降下 v_1 [V] および2次側の電圧降下 v_2 [V] はつぎのように表される．
$$v_1 = L\frac{di_1}{dt}, \quad v_2 = M\frac{di_1}{dt}$$

インダクタンスの単位は H (ヘンリー) です．1 H のコイルに 1 A の電流を流すと，1 Wb の鎖交磁束を生じます．また，このコイルに流す電流を 1 秒間に 1 A 変化させると，コイルに 1 V の誘導起電力が生じます．

コイルが一つでも，自己誘導のある 2 端子の素子と考えることができ，電気回路ではコイルというより，最近ではむしろ**インダクタ** (inductor) とよぶことが多いようです．実際のコイルは導線が長く，内部抵抗を含みます．本書では内部抵抗を含まない理想的な自己誘導素子をインダクタとよび，内部抵抗をもつものも含めたより一般的な名称としてコイルとよぶことにします．

また，相互誘導を生じさせるためには二つのコイルを近くにおくことが必要ですが，このようにしたとき，二つのコイルは磁気的には結合しているといいます．このような結合のある二つのコイルをまとめて考えると，端子が四つある素子となります．これを**結合インダクタ** (coupled inductor) といいます．

インダクタと結合インダクタの図記号を図 15.18(a), (b) に示します．この結合インダクタの図記号を使って図 15.17 の回路を図記号で表したものが図 15.19 の回路図です．結合インダクタについては，あらためて 23 章で学ぶことにします．

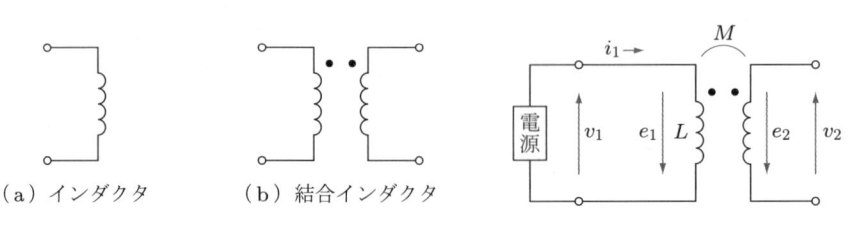

(a) インダクタ　　(b) 結合インダクタ

図 15.18 インダクタと結合インダクタの図記号　　　　**図 15.19** 図 15.17 の回路図

15.5 インダクタ

前節で説明したように，インダクタに加える電圧もしくはインダクタに生じる電圧降下は，電流の微分に比例しました．前章で学んだように微分の逆操作は積分でしたから，インダクタに流れる電流は，加えた電圧の積分に比例することになります．インダクタは電気回路では非常に重要な素子ですから，以下にまとめておきましょう．

電気回路におけるインダクタの基本式

自己インダクタンス L [H] のインダクタにおいて，流れる電流 $i(t)$ と電圧 $v(t)$ との間にはつぎの関係がある．

$$v(t) = L\frac{di(t)}{dt}, \quad i(t) = i(t_0) + \frac{1}{L}\int_{t_0}^{t} v(t)\,dt = \frac{1}{L}\int_{-\infty}^{t} v(t)\,dt$$

例題 15.3

図 15.20 のように，電源に 5 mH のインダクタが接続された回路がある．以下の問いに答えなさい．

(1) 流れる電流を図 15.21(a) のように変化させたとき，電圧の時間変化を図示しなさい．
(2) 電流が流れていない状態から，図 (b) のように変化する電圧を加えたときの電流の時間変化を図示しなさい．

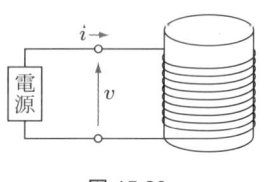

図 15.20

(a)

(b)

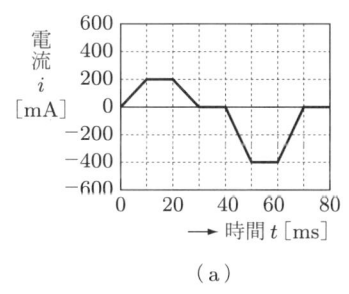

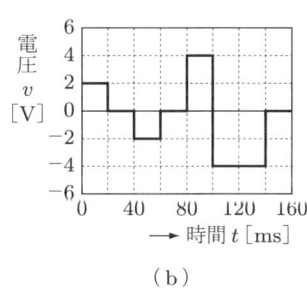

図 15.21

解 (1) 0〜10 ms の間に電流は 0〜200 mA に一様に増加しているから，この間の電圧は，

$$v = L\frac{di}{dt} = 5\text{ m} \times \frac{200\text{ m} - 0\text{ m}}{10\text{ m} - 0\text{ m}} = 0.1\text{ V}$$

となる．10～20 ms の間は電流の変化がないから電圧は生じない．20～30 ms の間は傾きの大きさは 0～10 ms の間と同じだが，減少しているから $v=-0.1$ V．同様にして，図 15.22(a) のような電圧の時間変化が得られる．

(2) 0～20 ms の間は加えた電圧は 2.0 V で一定であるから，これを積分すると $2\times 20 \mathrm{m}=40\mathrm{m}$，これをインダクタンス 5 mH で割って，電流 8 A が得られる．つまり，はじめ電流は 0 A であり，加えた電圧は一定であるから，電流は一様に 0 A から 8 A まで増加する．20～40 ms の間は加えた電圧が 0 V であるから，電流の変化はなく，8 A 一定．40～60 ms の間は加えた電圧が -2.0 V であるから，この間の電流の増加分は $-2.0\times(60\mathrm{m}-40\mathrm{m})=-80\mathrm{m}$，これをインダクタンスで割って -8 A が得られる．つまり，電流は 8 A から -8 A まで一様に減少する．その後も同様に考えることにより，図 (b) のような電流の時間変化が得られる．

(a)

(b)

図 15.22

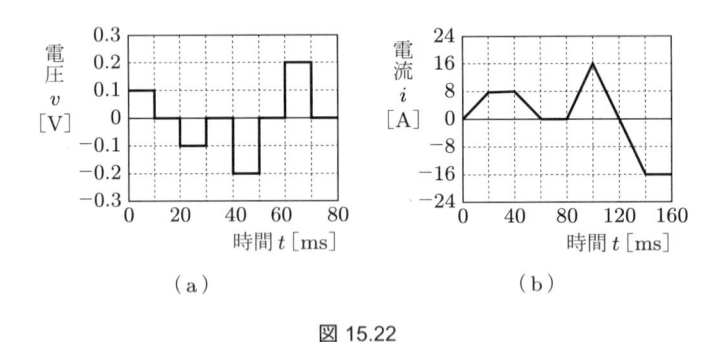

上記の例題から，インダクタのつぎの性質がわかります．
- 電流は連続的に変化し，その流れは急には変化しない
- 電流の増減は加えた電圧に依存し，電圧が正の時には電流は増加し，負のときは減少する
- 加える電圧が同じならば，インダクタンスが大きいほど電流の変化は小さくなる

このような性質は，15.1 節で説明したはずみ車のついた羽根車にもあります．図 15.20 の回路の回路図を図 15.23(a) に示し，これと対比できる水道管モデルを図 (b) に示します．羽根車に流れる水の流れは急には変化できませんし，水の流れの変化は，ポンプで水に加える力によって生まれます．ポンプで加える力が同じであれば，はずみ車が大きいほど水の流れの変化は小さくなります．このような性質を慣性といいました．加えた電圧に対して電流がどのように反応するのかという意味では，インダクタは頑固な性質をもっているように見えます．その頑固さを表す指標が，インダクタンスということになります．

ところで，実際に図 15.20 の回路を組むには十分な注意が必要です．というのも，

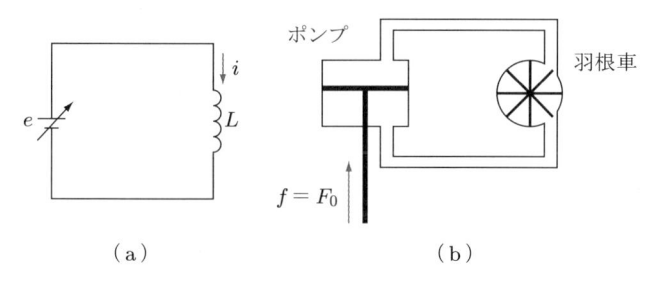

図 15.23　インダクタのはたらき (1)

一定の電圧を加え続けると電流がどんどん上昇するからです．1 H のインダクタというとかなり大きいインダクタになりますが，1 V を 1 秒間加えただけでも，電流が 1 A 上昇します．インダクタンスの小さなものでは，もっと上昇の程度が大きくなりますから，導線が焼けたり，電源が壊れたりすることも考えられます．

　もう一つ注意が必要です．図 15.24(a) とそれに対応する図 (b) を見てください．一方は電流が流れ，もう一方は水が流れているとします．この状態から図 (a) のスイッチを開放したらどうなるでしょうか．図 (b) では，流れている水を止めようと栓を閉めたらどうなるでしょうか．はずみ車が大きいと流れは止められず，栓が壊れてしまうかもしれません．回路の場合は，スイッチの接点が離れても電流を流し続けようとして接点間に火花が散るでしょう．したがって，引火性をもつガス中では危険です．一方，火花が散るのは悪いことばかりではありません．車のエンジンでは，エンジン内のガスに火をつけるのにこの原理を応用しています．

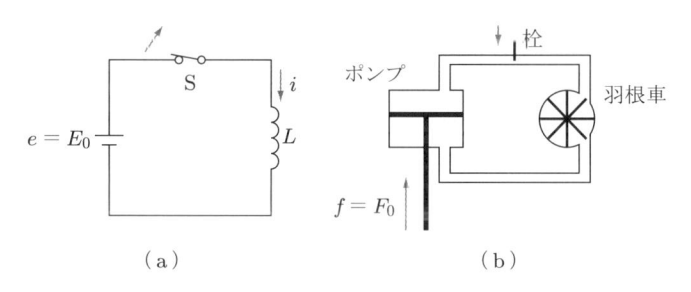

図 15.24　インダクタのはたらき (2)

15.6　いろいろなインダクタ

　図 15.25 のように，インダクタにはいろいろな巻き方やコア材料のものなどがあります．

図 15.25　いろいろなインダクタ

　巻き方の代表は，図 15.26(a) に示すソレノイドコイルと，図 (b) に示すトロイダルコイルです．ソレノイドコイルは磁場が周囲に出てしまいますが，これを曲げて無端としたトロイダルコイルは磁束が周囲に出ず，周囲への影響や周囲から受ける影響が小さくなるという利点があります．

　コイルを巻く土台になるものをコアといいます．コアのないものを空芯コイルといいます．コアに鉄などの材料を用いるとインダクタンスを大きくすることができ，同じインダクタンスのものであれば，巻数を少なくすることができます．コアには，軟鉄や，フェライトとよばれるセラミックがよく使われます．

（a）ソレノイドコイル　　　（b）トロイダルコイル

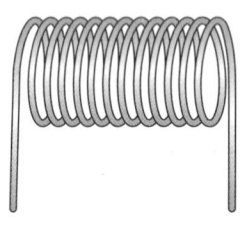

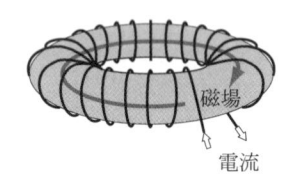

図 15.26　インダクタの巻き方

15.7　インダクタ回路

　この節では，図 15.27(a), (b) のように，自己インダクタンスが L_1 と L_2 のインダクタを直列や並列に接続したとき，全体としてはどのようなはたらきがあるのかを調べます．なお，インダクタどうしには結合がないものとし，結合があるものについて

(a) 直列接続 　　　　(b) 並列接続

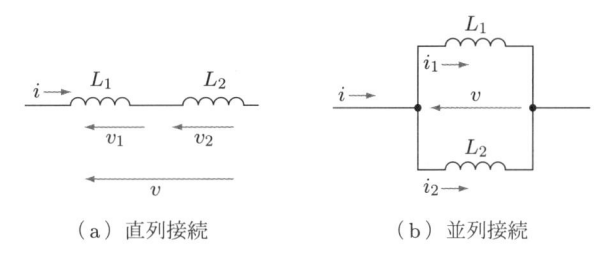

図 15.27 インダクタの接続

は 23 章であらためて説明することにします．

■ インダクタの直列接続

図 (a) において，

$$v_1 = L_1 \frac{di}{dt}, \quad v_2 = L_2 \frac{di}{dt}, \quad v = v_1 + v_2$$

なので，

$$v = v_1 + v_2 = L_1 \frac{di}{dt} + L_2 \frac{di}{dt} = (L_1 + L_2)\frac{di}{dt}$$

となって，全体としてもインダクタとしてはたらき，インダクタンスがそれぞれの和になることがわかります．

> **インダクタの直列接続**
> インダクタンス $L_1, L_2, \cdots, L_n$ をもつ n 個のインダクタが直列に接続されたときの全体のインダクタンス L は，つぎのように表される．
> $$L = L_1 + L_2 + \cdots + L_n$$

■ インダクタの並列接続

図 (b) において，

$$v = L_1 \frac{di_1}{dt}, \quad v = L_2 \frac{di_2}{dt}, \quad i = i_1 + i_2$$

なので，

$$\frac{di}{dt} = \frac{d(i_1+i_2)}{dt} = \frac{di_1}{dt} + \frac{di_2}{dt} = \frac{v}{L_1} + \frac{v}{L_2} = \left(\frac{1}{L_1} + \frac{1}{L_2}\right)v$$

となる．これから，

$$v = \frac{1}{\frac{1}{L_1} + \frac{1}{L_2}} \frac{di}{dt}$$

となって，全体としてもインダクタとしてはたらき，全体のインダクタンスの逆数は，それぞれのインダクタンスの逆数の和になることがわかります．

> **インダクタの並列接続**
>
> インダクタンス $L_1, L_2, \cdots, L_n$ をもつ n 個のインダクタが並列に接続されたときの全体のインダクタンス L は，つぎのように表される．
> $$\frac{1}{L} = \frac{1}{L_1} + \frac{1}{L_2} + \cdots + \frac{1}{L_n}$$

インダクタの直列接続も並列接続も，抵抗のときとよく似ているので，覚えるのは簡単です．

15.8 インダクタに蓄えられるエネルギー

インダクタに電流が流れている状況を水道管モデルと対比させると，羽根車に水が流れており，連結したはずみ車が回転している状況と考えられます．また，はずみ車が回転しているということは，これに大きな回転エネルギーが蓄えられていると考えることができます．15.1 節で説明したように，このエネルギーは水道管に網などの抵抗があっても，水を流し続ける仕事として使用することもできます．同様に，電流の流れているインダクタも，何らかのエネルギーが蓄えられていると考えることができます．回路の電流を遮断するためにスイッチを開こうとすると火花が生じるのも，このエネルギーが使われるからだと理解できます．インダクタに蓄えられるエネルギーをとくに**磁気エネルギー**とよびます．さて，それでは，電流の流れているインダクタに蓄積されたエネルギーが，どのような式で表されるのかを説明します．

その前に，2 章で説明した電力，電気的仕事について思い出しましょう．

電力 p = 電圧 v × 電流 i

電気的仕事 w = 電力 p × 時間 t

では，始めましょう．インダクタにははじめ電流が流れておらず，最終的に電流 I が流れるとして，電流 i を 0 から I まで徐々に増やしていくことを考えます．いま，電流 i は 0 から I まで増やす途中で，一定の電流 i が流れているとします．このときはインダクタに電圧降下がありませんから，電力はゼロで，エネルギーは蓄えられません．

ここで，時間 Δt の間に電流を i から $i + \Delta i$ と増やすことを考えます．このときにインダクタに生じる電圧降下は，ファラディの法則から

$$v = L\frac{\Delta i}{\Delta t}$$

となり，この間に電気的にした仕事 Δw は，つぎのように表されます．

$$\Delta w = p\Delta t = vi\Delta t = L\frac{\Delta i}{\Delta t}i\Delta t = Li\Delta i$$

図 15.28 に横軸に電流 i，縦軸に Li をとったグラフを描いていますが，濃い灰色で示す柱状の部分の面積がこの Δw にあたることが上式からわかります．

さて，電流の 0〜I までを n 分割し，それぞれの区間を $[0, i_1], [i_1, i_2], \cdots, [i_{n-1}, i_n = I]$ とすれば，電流を 0〜I まで増加させる間にする仕事 W は，$\Delta i_k = i_k - i_{k-1}$ として，つぎのように近似的に表されます．

$$W \fallingdotseq \sum_{k=1}^{n} Li_k \Delta i_k$$

分割を細かくした極限がちょうど仕事 W です．これは関数 Li を i について 0 から I まで積分した値ですから，図中の 0 から I までの三角形 OAB の面積に等しいことがわかります．この面積は $LI^2/2$ ですから，

$$W = \frac{1}{2}LI^2$$

となります．

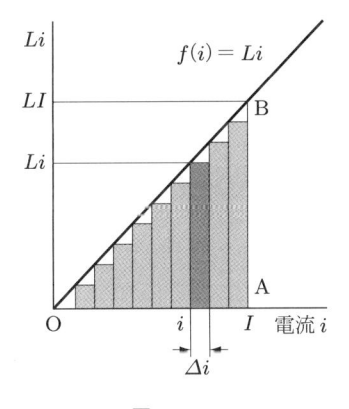

図 15.28

以上を増分の記号 Δ の代わりに微分記号 d を用いて，つぎのように形式的に計算することもできます．

$$v = L\frac{di}{dt}, \quad dw = p\,dt = vi\,dt = L\frac{di}{dt}i\,dt = Li\,di$$

$$W = \int_0^W dw = \int_0^I Li\,di = \frac{1}{2}LI^2$$

インダクタに蓄えられる磁気エネルギー

自己インダクタンス L [H]，電流 i [A]，鎖交磁束が Φ [Wb] のインダクタの磁気エネルギー w [J] は次式で表される．

$$w = \frac{1}{2}\Phi i = \frac{\Phi^2}{2L} = \frac{1}{2}Li^2$$

例題 15.4

電流の流れていなかった 1 H のインダクタに 1 秒間だけ 1 V の電圧を加えた．以下の問いに答えなさい．

(1) 電流はどのような変化をするか．
(2) 電流が流れていないときのインダクタのもつ磁気エネルギーはいくらか．
(3) 1 V の電圧を 1 秒間加えた後のインダクタのもつ磁気エネルギーはいくらか．
(4) 電圧を加え始めて 0.5 秒たったときのインダクタのもつ磁気エネルギーはいくらか．
(5) (3) で得られた磁気エネルギーを使って体重 60 kg の人を 1 m 持ち上げるには，このインダクタが何個必要か．

解 (1) 電圧を加え始めたときからの時間を t とすると，
$t<0$ のとき，$i(t)=0$ A．
$0 \leq t \leq 1$ のとき，$v(t)=1$ であるから，

$$i(t) = i(0) + \frac{1}{L}\int_0^t v(t)\,dt = 0 + \frac{1}{1}\int_0^t dt = t \text{ [A]}$$

$1 \leq t$ のとき，$v(t)=0$ であるから，

$$i(t) = i(1) + \frac{1}{L}\int_1^t v(t)\,dt = 1 + \frac{1}{1}\int_1^t 0\,dt = 1 \text{ A}$$

(2) $w = \frac{1}{2}Li^2 = \frac{1}{2} \times 1 \times 0^2 = 0$ J

(3) $w = \frac{1}{2}Li^2 = \frac{1}{2} \times 1 \times 1^2 = 0.5$ J

(4) (1) より，$t=0.5$ s のとき，

$$i(t)=t|_{t=0.5}=0.5 \text{ A}, \quad w=\frac{1}{2}Li^2=\frac{1}{2}\times 1\times 0.5^2=0.125 \text{ J}$$

(5) 体重 60 kg の人を 1 m 持ち上げるための仕事は $w=mgh=60\times 9.8\times 1=588$ J．したがって，$588/0.5=1176$ 個．

■■ 演習問題 ■■

15.1 以下の問いに答えなさい．

(1) 100 回巻，1 mH のインダクタがあり，これに電流 100 mA が流れている．インダクタを貫く鎖交磁束 Φ と磁束 ϕ をはいくらになるか．

(2) 300 mH のインダクタに流れる電流を 2 秒間で 200 mA から 600 mA に一様に増加させたとき，このインダクタを貫く鎖交磁束はいくら増加するか．また，インダクタに生じる電圧の大きさはいくらか．

(3) 20 mH と 30 mH のインダクタを直列接続したときと並列接続したときの合成インダクタンスはそれぞれいくらか．ただし，両インダクタの間には結合はないものとする．

(4) 短絡した 2 H のインダクタに 3 A の電流が流れ続けているとすると，このインダクタに蓄えられている磁気エネルギーはいくらか．

15.2 図 15.29(a) の回路において，電流 i を図 (b) のように変化させた．鎖交磁束 Φ，電圧 v の変化を描きなさい．ただし，インダクタンス L は 10 mH とする．

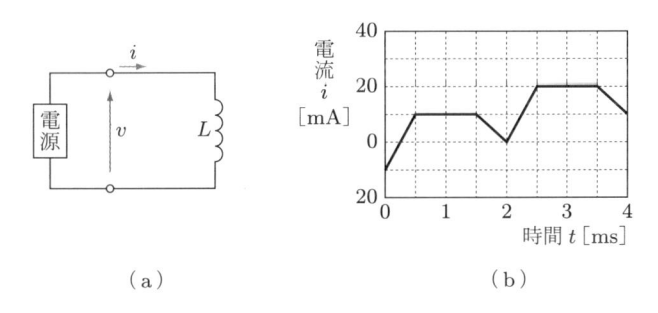

図 15.29

16章　変化する電気

　1〜12章では主に直流電源と抵抗からなる回路について理論展開し，計測機器についても，直流の場合を取り扱ってきました．その意味では，直流回路を対象とした解説でした．一方，発電所で得た電気エネルギーを効率よく家庭や工場に伝送する方法としては，もっぱら交流が利用されています．さらに，携帯電話やテレビを使った情報伝達では，音や画像の変化を伝える必要があり，その変化の仕方は簡単な規則性を見出すことができないような波形をもった信号です．交流や，さまざまな信号を処理するための電気回路の理論としては，これまでの理論だけでは不十分です．電圧や電流に変化を許さなければなりません．ところで，電圧や電流に変化を許すと，その応用は格段に広がります．その応用を少しでも解説したいところなのですが，その広がりと深さを考えると，現段階ではとても無理なことです．電気電子工学を学ぶなかで，随所にそれが現われてくるのを楽しみにしていただくことにしましょう．

　変化の仕方のなかで，応用面でも理論面でも重要な変化が正弦波的な変化です．交流というと，一般には向きが変わる電流を意味しますが，狭義の意味では，正弦波的な変化を意味することがほとんどです．17章以降では，この狭義の意味の交流回路理論を詳しく展開していきます．それに先立ち，本章では，正弦波にかぎらず，電圧や電流が任意に変化する一般的な場合に枠を広げ(すなわち直流や交流も含めてどんなものでもよい)，逆に，回路としてはごく簡単なものに絞って解説します．

16.1　いろいろな波形

　電圧や電流などのほかにも，時間的に変化する量はたくさんあります．すぐに思いつくものでも，気温や心電図，音声，あなたのいる空間的な位置，貯金の残高などがあります．図 16.1 にそれらの例のいくつかを示します．図 (a), (b) は同じような波形の繰り返しが認められはしますが，微妙に異なっており，完全な周期性はありません．図 (c) にも周期性はありません．このように，自然に生じるものの変化の多くは，完全に同じ波形を繰り返すものはほとんどないといってもいいのではないかと思われます．

16.1 いろいろな波形　377

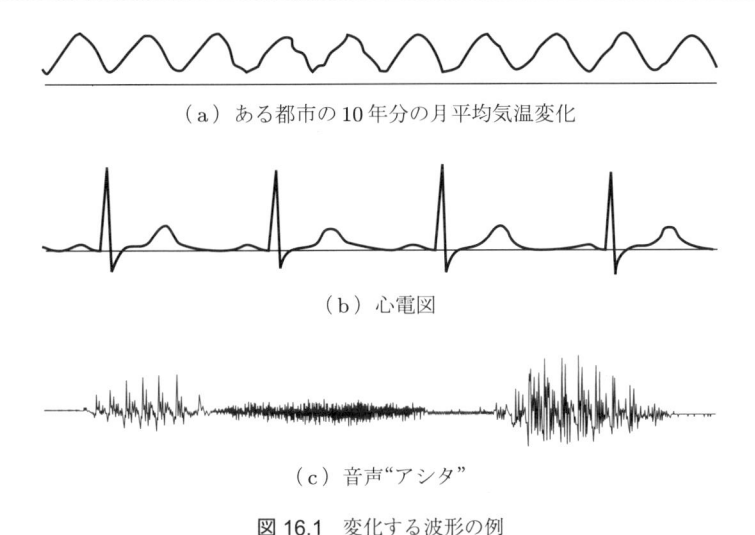

（a）ある都市の10年分の月平均気温変化

（b）心電図

（c）音声"アシタ"

図 16.1　変化する波形の例

　図 16.2 に示す波形はどれもある特徴をもつ波形ですが，電子機器のなかの電圧などによく現れる波形です．細い直線が電圧 0 V，電流 0 A を表し，その上側が正の値，下側が負の値を表しています．図 (a) は時間的に不変で，このような電流を**直流** (direct current)，電圧を**直流電圧** (direct voltage) とよびます．広義には電流や電圧の向きが変化しないものを直流とよんでいて，その意味では，図 (b) も直流ということになります．直流，直流電圧を略して **DC**，DC voltage と略記することがあります．日本語で直流というときには，電圧，電流の区別なく使うことが多いようです．

　一方，電流や電圧の向きが時間的に変化するものを，それぞれ**交流** (alternating

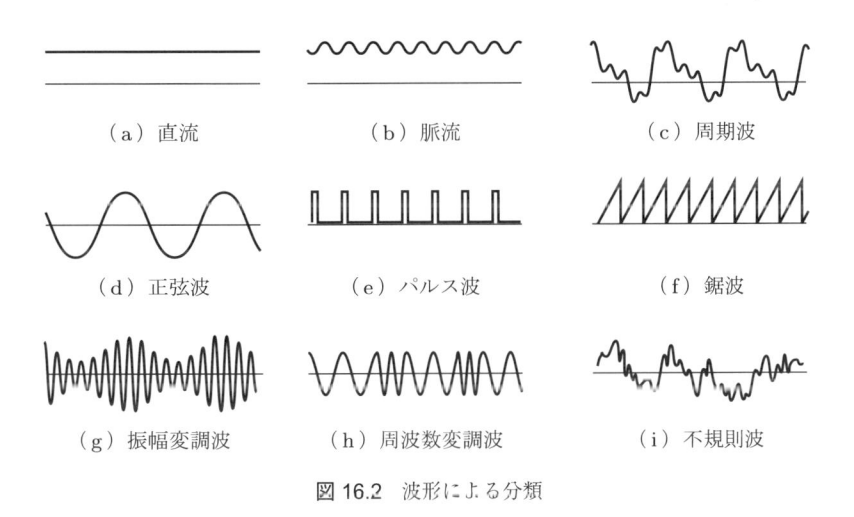

（a）直流　　　（b）脈流　　　（c）周期波

（d）正弦波　　（e）パルス波　（f）鋸波

（g）振幅変調波　（h）周波数変調波　（i）不規則波

図 16.2　波形による分類

current), **交流電圧** (alternating voltage) とよびます．図 (c), (d), (g), (h), (i) は交流の例です．交流を略して **AC** と記します．これらの交流のなかで，応用面でも理論面でも重要なものが図 (d) に示す正弦波的な変化で，これを**正弦波交流**といいますが，**交流**とよぶときには，ほとんどの場合，正弦波交流に絞っています．

各所の電圧や電流が一定である回路を**直流回路**といい，各所の電圧や電流が交流である回路を**交流回路**といいます．18 章以降では，正弦波交流を対象とした交流回路理論を詳しく展開していきます．

これまで電圧や電流を v, i などと記してきましたが，とくに時間変化しているものとして表記するときは，時間 t の関数として，$v(t), i(t)$ と表すことにします．

16.2 抵抗，キャパシタ，インダクタの基本式

抵抗については 3 章でオームの法則を学びましたが，電圧や電流が時間変化する場合にも，その時々において同じ関係が成り立ちます．このことは非常に重要なことなのですが，多くのテキストではオームの法則のなかに含まれていることとして，明確に書かれていません．つい見落としがちになる点ですので注意してください．

抵抗器の基本式

抵抗値 r の抵抗において，抵抗に加わっている電圧を $v(t)$，抵抗に流れる電流を $i(t)$ とすると，任意の時刻 t において以下の式が成り立つ．
$$r \equiv \frac{v(t)}{i(t)}, \quad i(t) = \frac{v(t)}{r}, \quad v(t) = ri(t)$$

ある特定の時刻における物理量の値を**瞬時値** (instantaneous value) といい，とくに電圧や電流の場合，それぞれ**瞬時電圧**，**瞬時電流**といいます．一般に，抵抗器の場合は，上記のように抵抗値は電圧や電流の値に無関係に一定になります．

13 章ではキャパシタについて，15 章ではインダクタについて，それらに加わる電圧とそれらを流れる電流の関係は微分と積分で表されることを学びました．これらの関係は非常に似ていましたが，電圧と電流の立場がキャパシタとインダクタでは入れ替わっていました．まとめると，つぎのようになります．

電気回路におけるキャパシタの基本式

静電容量 C [F] のキャパシタにおいて，加えられた電圧 $v(t)$ と流れる電流 $i(t)$

との間には，つぎの関係がある．

$$i(t) = C\frac{dv(t)}{dt}, \quad v(t) = v(t_0) + \frac{1}{C}\int_{t_0}^{t} i(t)\,dt = \frac{1}{C}\int_{-\infty}^{t} i(t)\,dt$$

電気回路におけるインダクタの基本式

自己インダクタンス L [H] のインダクタにおいて，加えられた電圧 $v(t)$ と流れる電流 $i(t)$ との間には，つぎの関係がある．

$$v(t) = L\frac{di(t)}{dt}, \quad i(t) = i(t_0) + \frac{1}{L}\int_{t_0}^{t} v(t)\,dt = \frac{1}{L}\int_{-\infty}^{t} v(t)\,dt$$

例題 16.1

300 μF のキャパシタについて，以下の問いに答えなさい．

(1) このキャパシタの電圧が 4 V であった．蓄えられている電荷の電気量はいくらか．
(2) キャパシタの電圧を 2 秒間の間に 4 V から 20 V に一様に上昇させた．この間に流れる電流はいくらか．
(3) はじめ 4 V の電圧のあるキャパシタに，さらに 5 mA の電流を 120 ms 流した．キャパシタの電圧はいくらになるか．

解 (1) $q = Cv = 300\,\mu \times 4 = 1.2$ mC
(2) $i = C\dfrac{dv}{dt} = 300\,\mu \times \dfrac{20-4}{2} = 2.4$ mA
(3) $v = v(0) + \dfrac{1}{C}\displaystyle\int_0^t i(t)\,dt = 4 + \dfrac{1}{300\,\mu} \times 5\text{m} \times 120\text{m} = 6$ V

例題 16.2

100 mH のインダクタについて，以下の問いに答えなさい．

(1) このインダクタに流れている電流が 200 mA であった．このインダクタの鎖交磁束はいくらか．
(2) インダクタに流れる電流を 0.5 秒間の間に 200 mA から 1200 mA に一様に上昇させた．この間のインダクタの電圧降下はいくらか．
(3) はじめ 200 mA 流れているインダクタに，この電流が大きくなる向きに 400 mV の電圧を 300 ms の間加えた．電流はいくらになるか．

解 (1) $\Phi = Li = 100 \text{ m} \times 200 \text{ m} = 20 \text{ mWb}$
(2) $v = L\dfrac{di}{dt} = 100 \text{ m} \times \dfrac{1200 \text{ m} - 200 \text{ m}}{0.5} = 200 \text{ mV}$
(3) $i = i(0) + \dfrac{1}{L}\displaystyle\int_0^t v(t)\,dt = 200 \text{ m} + \dfrac{1}{100 \text{ m}} \times 400 \text{ m} \times 300 \text{ m} = 1.4 \text{ V}$

16.3 抵抗，インダクタ，キャパシタと変化する電気

前節で整理した RLC 素子の基本式をもとに，RLC 並列回路に加える電圧を変化させたときの各素子を流れる電流と，RLC 直列回路に流す電流を変化させときの各素子に加わる電圧の変化を具体的に調べてみましょう．

例題 16.3

図 16.3(a) に示す RLC の並列回路に，図 (b) のように変化する電圧 e を加えた．それぞれに流れる電流 i_R, i_L, i_C はどのように変化するか．正しいものを図 (c)〜(e) の中から選びなさい．ただし，はじめはどの素子にも電流は流れていないとする．

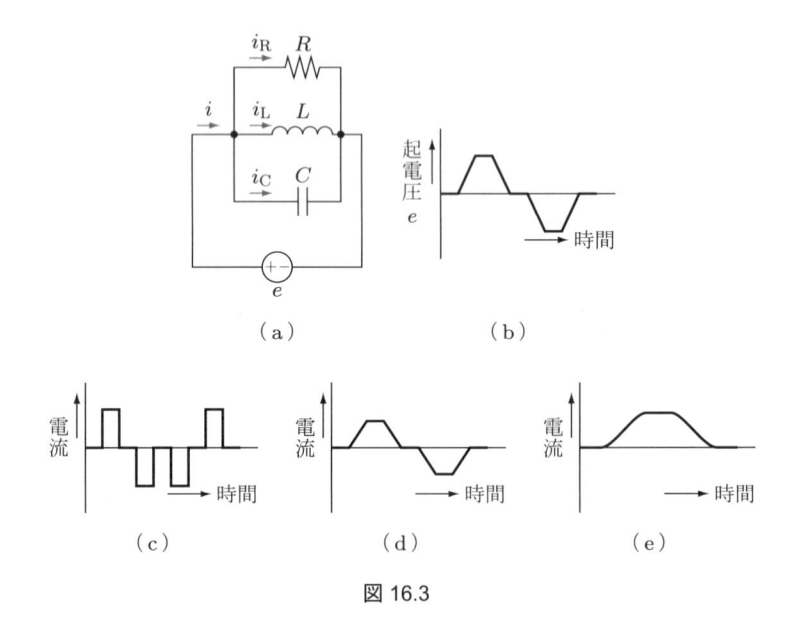

図 16.3

解 i_R は起電圧 e に比例するから,波形は同じ形の図 (d), i_L は起電圧 e の積分に比例するから図 (e). i_C は起電圧 e の微分に比例するから図 (c).

例題 16.4

図 16.4(a) に示す RLC の直列回路に,図 (b) のように変化する電流 i を流した.それぞれの素子の電圧降下 v_R, v_L, v_C の変化を図に描きなさい.ただし,$L = 100$ mH,$R = 5\ \Omega$, $C = 2000\ \mu$F とし,はじめはキャパシタには電荷は蓄えられていないとする.

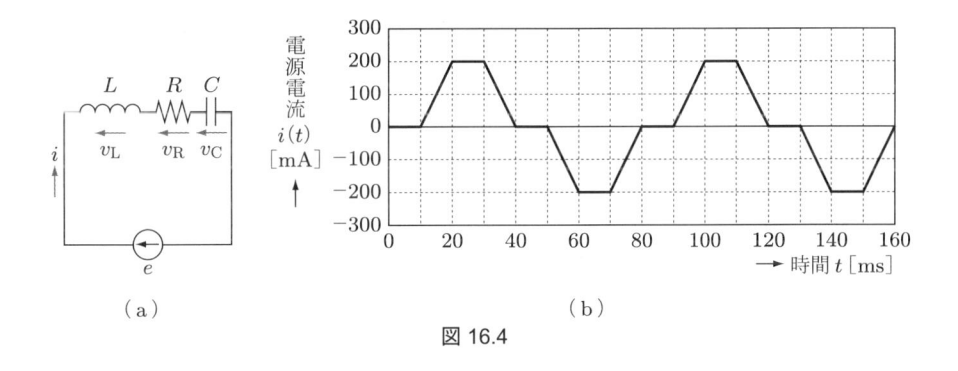

図 16.4

解 図 16.5 のとおり.

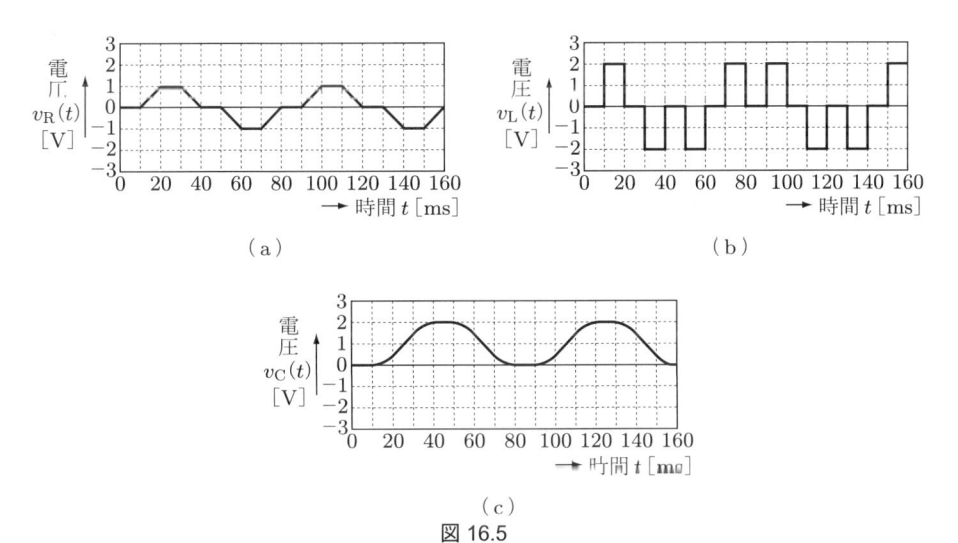

図 16.5

16.4 キルヒホッフの法則

キルヒホッフの二つの法則については 1 章および 2 章で学びましたが，これらの法則は電圧や電流が時間変化する回路においても同じように成り立ち，つぎのように拡張された表現となります．

> **一般的に成り立つキルヒホッフの電流の法則** (KCL)
> 任意の時刻，任意の節点において，流入する枝電流 (瞬時電流) の代数和はゼロに等しい．

> **一般的に成り立つキルヒホッフの電圧の法則** (KVL)
> 任意の時刻，任意の閉路において，閉路に沿った枝電圧 (瞬時電圧) の代数和はゼロに等しい．

法則の前提に「任意の時刻」という言葉が入ったことが大きな違いです．これらの二つの法則を出発点として認めることにすれば，直流回路におけるキルヒホッフの二つの法則が成り立つことは自明です．直流回路の場合，電圧や電流は一定で，一定であれば時間についての「任意の時刻」，「瞬時」という言葉は不必要になるからです．

16.5 電圧の和，電流の和，瞬時電力，平均電力

16.3 節では RLC を組み合わせた回路での電圧や電流の変化を調べてきましたが，RLC がそれぞれ単独にある場合と少しも異なることはありませんでした．この節では，RL 直列回路に流れる電流を変化させたときの全電圧や電力の変化などを調べることで，変化する電気的な量の和，積の変化を調べることにします．

さて，図 16.6(a), (b) のように，二つの回路 N_1, N_2 が直列もしくは並列に接続されている場合，電圧，電流，電力についてつぎの式が成り立ちます．

直列： $v(t) = v_1(t) + v_2(t), \quad i(t) = i_1(t) = i_2(t)$
$\quad\quad\quad p(t) = v(t)i(t) = \{v_1(t) + v_2(t)\}i(t) = v_1(t)i(t) + v_2(t)i(t) = p_1(t) + p_2(t)$
並列： $i(t) = i_1(t) + i_2(t), \quad v(t) = v_1(t) = v_2(t)$
$\quad\quad\quad p(t) = v(t)i(t) = v(t)\{i_1(t) + i_2(t)\} = v(t)i_1(t) + v(t)i_2(t) = p_1(t) + p_2(t)$

16.5 電圧の和，電流の和，瞬時電力，平均電力 383

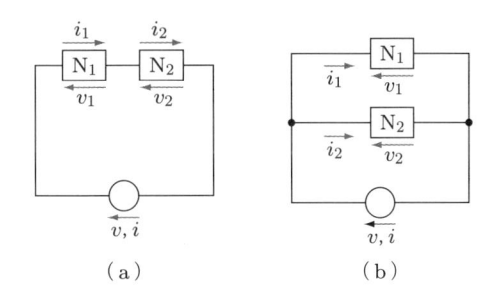

図 16.6 直列回路と並列回路

ここで，v, i, p はそれぞれ電圧，電流，電力を，添字の 1, 2 は回路 N_1, N_2 の区別を表し，また添字のないものは電源に関する量であるとします．

ここでは，電圧，電流，電力などの電気的な量が時間的に変化するとして，時間 t の関数としています．電力の瞬時値を**瞬時電力** (instantaneous power) といい，本書では単位に VA (ボルトアンペア) を用いることにします．瞬時電力の時間的な平均値を**平均電力** (average power) といい，その単位は直流回路の場合と同じ，W (ワット) を使います．電圧×電流という量から考えれば，同じ単位を使ってもよいと思われるのですが，瞬時電力は一般には比較的短時間での蓄積エネルギーの双方向的な授受を含んでいるのに対し，平均電力は比較的に長時間での電気エネルギーの一方向的な流れであり，消費電力を意味することが多いため区別しています．

この章の目的は，これらの時間的に変化する量に馴染んでいただくことです．数学的には，電圧などの電気的な量が独立変数 t の関数として抽象化され，必要に応じてそれらの和や積を考えていくことになりますが，これまでの数値の和や積と違って，関数の和，関数の積であることに注意する必要があります．つまり，独立変数 t をもつ二つの関数 $f(t), g(t)$ に対して，その和の関数 $f(t) + g(t)$ や積の関数 $f(t)g(t)$ は，独立変数 t が特別な値のときにかぎって和や積になっているというのではなく，独立変数 t の取りうる範囲のすべての t において，和や積になっているということです．つまり，二つの関数から新しい一つの関数を生み出す演算になっています．これに対して，平均電力は一つの関数から一つの実数を生み出す演算である点にも注意してください．

例題 16.5

図 16.7(a) に示す RC 直列回路に，図 (b) に示す電流 i を流した．以下の問いに答えなさい．ただし，$R = 20\ \Omega$，$C = 500\ \mu\mathrm{F}$ とし，キャパシタには，はじめ電荷は蓄えられていないとする．

(a) (b)

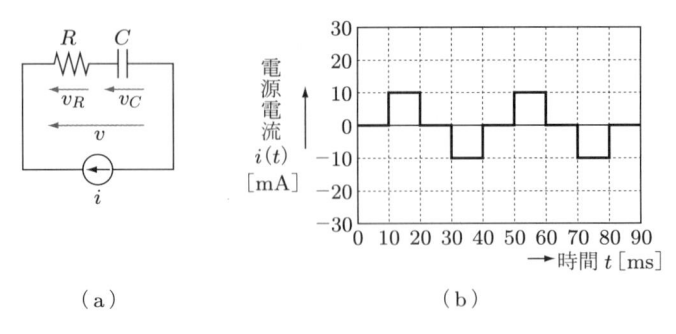

図 16.7

(1) 抵抗とキャパシタのそれぞれの電圧降下 v_R, v_C と，電源の電圧 v の変化を図示しなさい．
(2) 抵抗とキャパシタのそれぞれに供給される電力 p_R, p_C, および電源から供給する電力 p の変化を図示しなさい．
(3) 電源の電流の変化が周期的な波形であるとするとき，p_R, p_C, p の平均電力 P_R, P_C, P はいくらになるか．

解 (1) 図 16.8(a) に示す．v_R は瞬時電流 i に抵抗値 20 Ω を乗じて得られる．10 mA のときは $20 \times 10\text{m} = 0.2$ V．v_C は瞬時電流 i を積分して電気量を計算し，これをキャパシタンスで割って得られる．$t = 20$ ms までに蓄えられた電気量は $10\text{m} \times 10\text{m} = 100$ μC，これを 500 μF で割ると 0.2 V．v は各時刻において v_R と v_C の和を求めて得られる．

(2) 図 (b) に示す．瞬時電力 p_R, p_C は各時刻の v_R, v_C にその時刻の電流 i を乗じて得られる．10～20 ms の間では v_R は 0.2 V，i は 10 mA であるから，$p_R = 2$ mVA．v_C は 0 V から 0.2 V に一様に上昇するから，p_C も 0 mVA から 2 mVA まで一様に上昇する．p の変化は vi の変化，もしくは p_R と p_C の和として求められる．

(3) 図 (b) に示すグラフの抵抗で消費する瞬時電力 p_R の変化は，0 mVA と 2 mVA を同じ時間間隔で繰り返しているから，その平均電力 $P_R = 1$ mW．キャパシタに供給される瞬時電力 p_C のグラフから，正の部分と負の部分の積分値が符号を除いて等しくなっていることがわかる．したがって，その平均値である平均電力 $P_C = 0$ mW．電源から供給される電力 p は 40 ms ごとに繰り返す波形をもっており，0～40 ms の間の平均値が全体の平均値であることがわかり，その値はグラフから $P = 1$ mW．

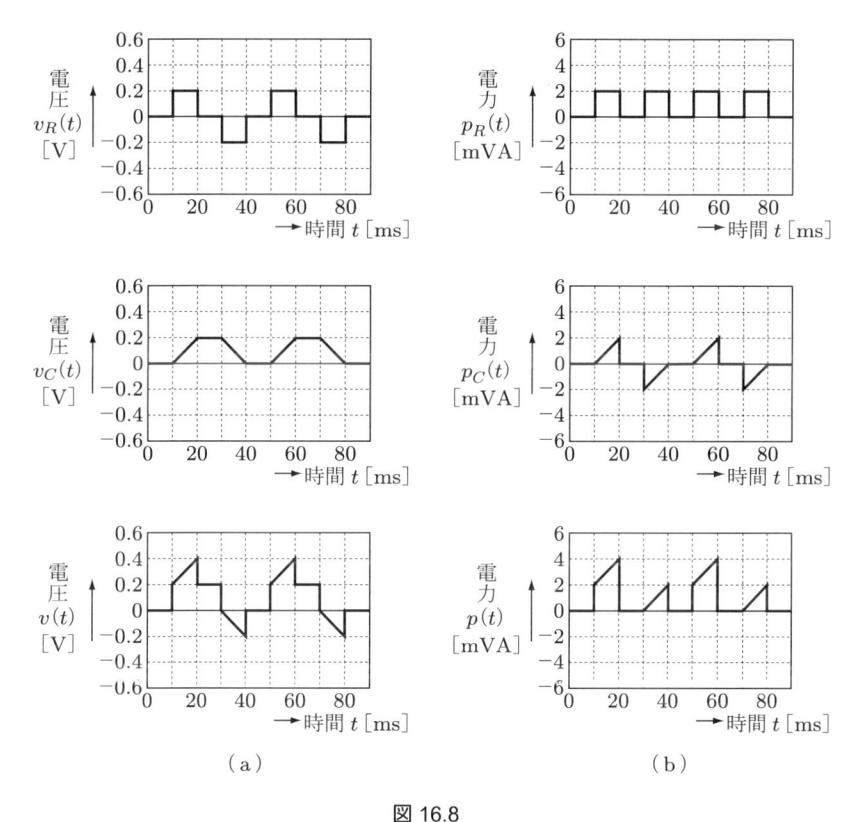

16.6 一つの電源と抵抗からなる回路

(a)　　　　　　　　　　　(b)

図 16.8

この節では，時間変化する波形，つまり時間の関数の和や積を求める実際的な問題を調べました．まだ簡単な回路について調べただけですが，回路の各所の電圧や電流，電力の波形は，電源の電圧や電流の波形に必ずしも一致しないということがわかります．

16.6 一つの電源と抵抗からなる回路

7章では重ね合わせの定理を学びましたが，この定理は，つぎのように電源の起電力が時間的に変化する場合にも成り立ちます．

重ね合わせの定理
② 線形抵抗と一つの電源を含む回路の電圧電流分布は，電源の電源電圧もし

くは電源電流に比例する．

このことから，一つの電源といくつかの抵抗によって構成された回路では，任意の場所の電圧 $v(t)$ や電流 $i(t)$ は，電源電圧 $e(t)$ もしくは電源電流 $j(t)$ に比例することがわかります．式で表現すると，つぎのようになります．

$$v(t) = K_1 e(t), \quad v(t) = K_2 j(t), \quad i(t) = K_3 e(t), \quad i(t) = K_4 j(t)$$

K_2, K_3 の単位はそれぞれ Ω, S ですが，K_1, K_4 には単位がありません．重要なことは，$K_1 \sim K_4$ はいずれも定数だということです．したがって，各所の電圧や電流の波形は電源の電圧や電流の波形と同じ波形になるということがわかります．

例題 16.6

図 16.9(a) の回路において，電源電圧 $e(t)$ を図 (b) のように変化させたとき，5 Ω の抵抗の電圧降下 $v(t)$ と流れる電流 $i(t)$，供給される電力 $p(t)$ の変化を図示しなさい．

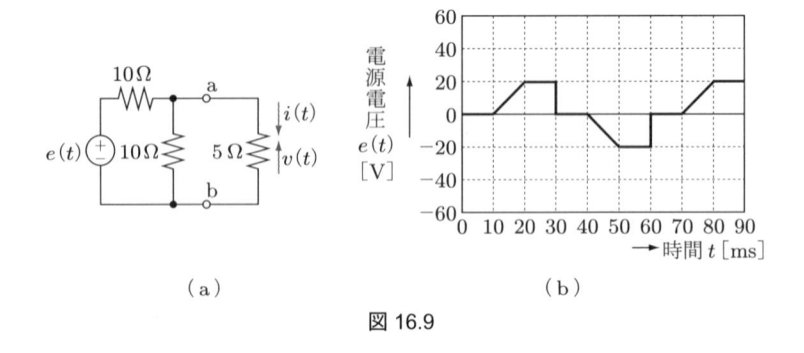

図 16.9

解 端子 a-b から左を見た回路の開放電圧は $e(t)/2$，内部抵抗は 5 Ω であるから，テブナンの定理を用いると，$v(t) = (1/4)e(t)$, $i(t) = (1/20)e(t)$．$e(t)$ が 20 V のとき，$v(t)$ は 5 V，$i(t)$ は 1 A．これより，電圧 $v(t)$，電流 $i(t)$ の時間変化として図 16.10(a), (b) が得られる．また，$p(t) = v(t)i(t)$ として，もしくは，$p(t) = v(t)i(t) = (1/4)e(t) \times (1/20)e(t) = (1/80)\{e(t)\}^2$ を計算して，図 (c) が得られる．

(a)

(b)

(c)

図 16.10

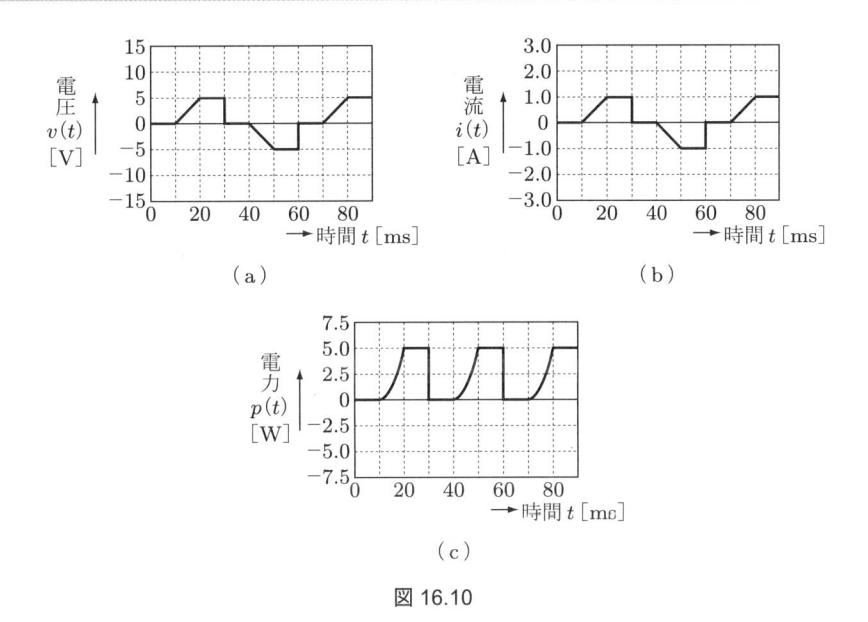

16.7 複数の電源と抵抗からなる回路

複数の電源の起電力が時間的に変化する場合でも，つぎの重ね合わせの定理が成り立ちます．

> **重ね合わせの定理**
> ① 線形抵抗と複数の電源を含む回路の電圧電流分布は，それぞれの電源が単独にはたらいたときの電圧電流分布の和に等しい．このとき，はたらかない電源とは，電圧源では電源電圧をゼロにすることであるから短絡し，電流源では，電源電流をゼロにすることであるから開放することを意味する．

ここでは，電圧源，電流源がそれぞれ一つずつあるとし，電圧源の電源電圧を $e(t)$，電流源の電源電流を $j(t)$ とします．ある任意の場所の電圧を $v(t)$，電流を $i(t)$ とすると，電圧源だけがはたらいた場合は，前節で学んだように，

$$v(t) = K_1 e(t), \quad i(t) = K_3 e(t)$$

となります．同じように，電流源だけがはたらいた場合は，

$$v(t) = K_2 j(t), \quad i(t) = K_4 j(t)$$

となります．上記の重ね合わせの定理①の主張は，両者がはたらいたときにはそれぞれの和になって，

$$v(t) = K_1 e(t) + K_2 j(t), \quad i(t) = K_3 e(t) + K_4 j(t).$$

が成り立つということです．

例題 16.7

図 16.11 の回路において，中央の 3 Ω の抵抗に加わる電圧 $v(t)$ の変化を求めなさい．ただし，電圧源の起電圧 $e(t)$，電流源の起電流 $j(t)$ は図 (b), (c) のとおりとする．

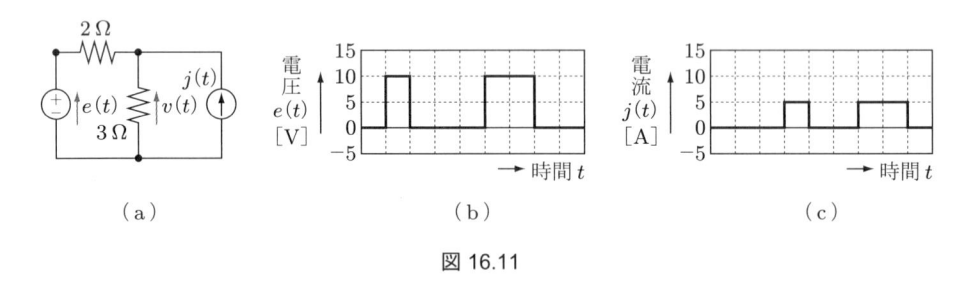

図 16.11

解 電圧源のみがはたらいた場合は分圧の公式，電流源のみがはたらいた場合は分流の公式により，それぞれ $v(t)=\{3/(3+2)\}e(t)=0.6e(t)$, $v(t)=3\times\{2/(3+2)\}j(t)=1.2j(t)$ となる．重ね合わせの定理により，両方がはたらいた場合は，$v(t)=0.6e(t)+1.2j(t)$．各時刻 t においてこれを計算し，図 16.12 を得る．

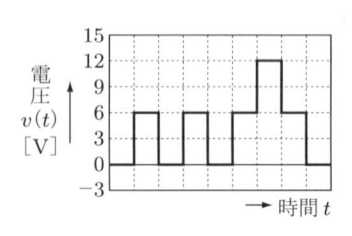

図 16.12

16.8 非線形抵抗

線形抵抗と電源からなる回路では重ね合わせの定理が成り立ち，前節ではこのことを利用して各所の電圧波形や電流波形を求め，それらの波形が電源が一つの場合には，大きさは違っても波形としては電源の波形と同じになることをみてきました．このことの理解を深めるために，対比的に重ね合わせの定理が成り立たない図 16.13(a) の回路をつぎの例題で考えてみることにします．この回路の電流電圧特性は図 (b) のとおりで，なぜこのような特性をもつのかについては，ここでは問題にしないことにしま

す．電流電圧特性が非線形性をもっていますから，全体として非線形抵抗だと考えることもできます．

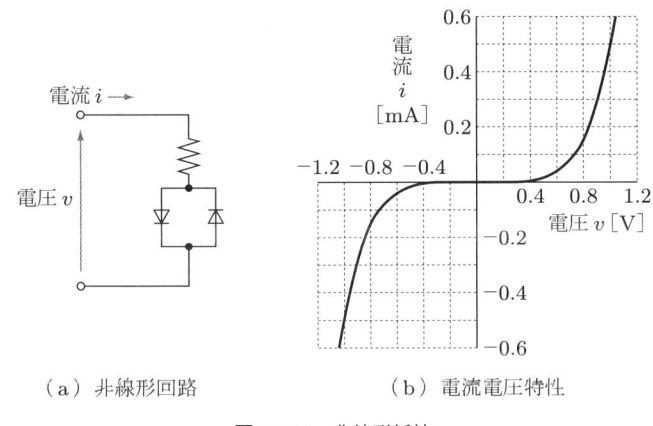

（a）非線形回路　　（b）電流電圧特性

図 16.13　非線形抵抗

例題 16.8

図 16.13(a) の回路に，図 16.14 に示す波形をもつ電圧を加えたとき，この回路に流れる電流の時間変化を求めなさい．

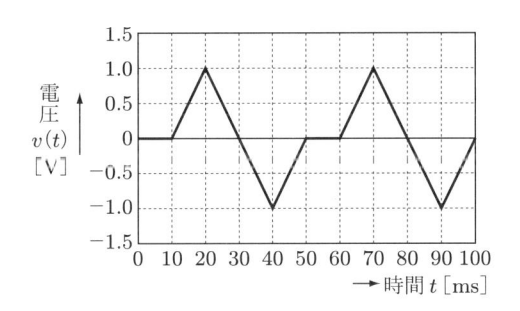

図 16.14

解 時刻が 0〜10 ms の間は加える電圧が 0 V であるから，電流電圧特性から電流は 0 mA．波形の頂点である時刻 $t = 20$ ms では，電圧は 1.0 V であるから，電流電圧特性から電流は 0.5 mA．その途中の $t = 16$ ms では，電圧は 0.6 V であるから，電流はほんのわずかの 0.02 mA 程度しか流れない．時々刻々の電圧からその時刻での電流を電流電圧特性から求め，図にプロットしていけば，電流波形の概略が図 16.15 右上のグラフのように得られる．

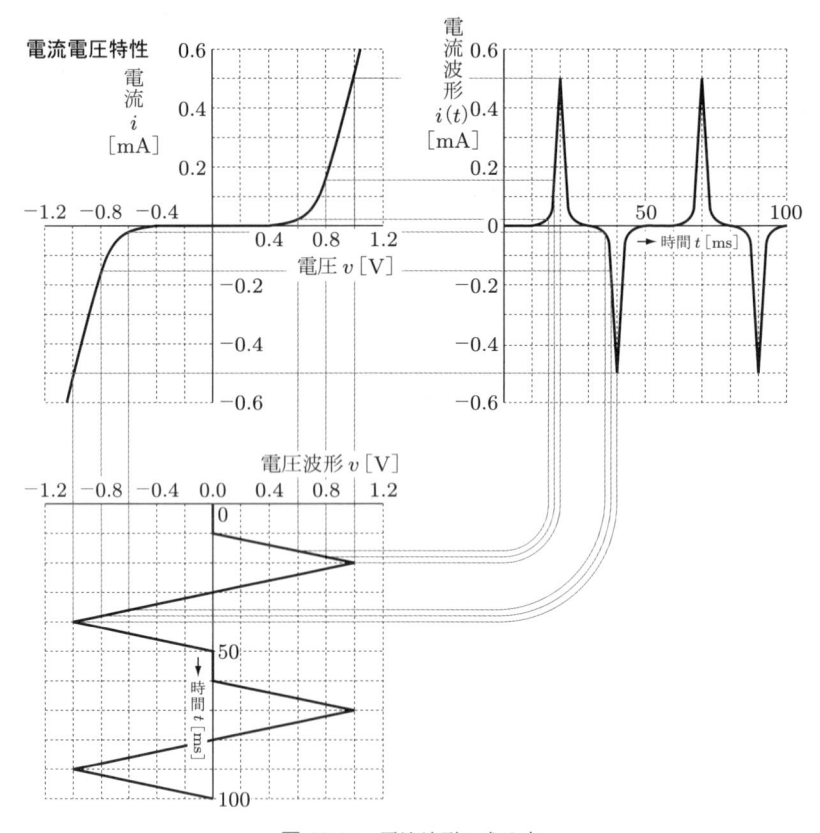

図 16.15 電流波形の求め方

例題 16.8 の手順に沿って，図 16.15 に示すように定規を用いて作図する方法もあります．このような作図法を用いると，電流波形の求め方がイメージしやすいでしょう．結果として，加えた電圧と流れる電流の波形が相似でないことがわかります．

■■ 演習問題 ■■

16.1 図 16.16〜16.18 の図 (a) のように，電源に抵抗 20 Ω，インダクタ 20 mH，キャパシタ 50 μF がつながれており，それぞれ図 (b) のように変化する電圧 v を加えた．各素子の電流 i，電力 p の変化を描きなさい．また，各素子で費やされる平均電力 P はいくらか．ただし，インダクタには $t=0$ で電流は流れていないとする．

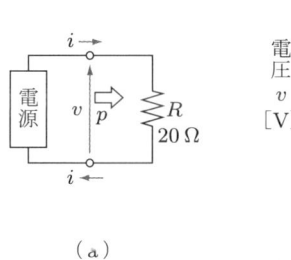

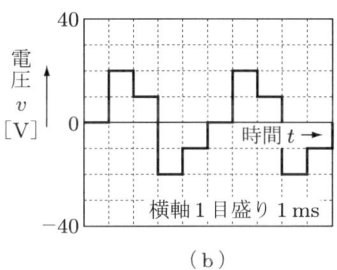

図 16.16

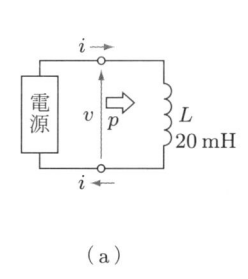

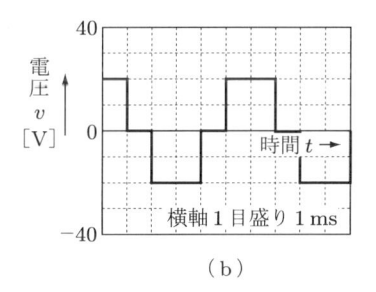

図 16.17

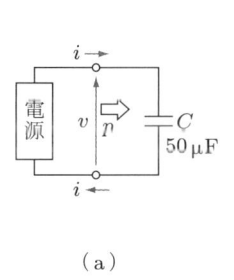

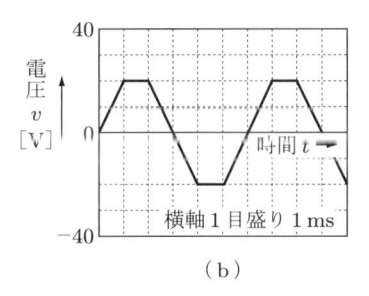

図 16.18

16.2 図 16.19(a) のグラフを $f(t)$ とするとき,以下の (1)〜(8) の式で表される関数は,図 (b)〜(i) のどれか.ただし,グラフの軸上に描いた目盛は 1 もしくは -1 とする.

(1) $\dfrac{d}{dt}f(t)$ (2) $\displaystyle\int_{-\infty}^{t} f(t)\,dt$ (3) $2f(t)$ (4) $f(t)+1$
(5) $-2f(t)$ (6) $2-2f(t)$ (7) $2f(-t)$ (8) $2f(t-1)$

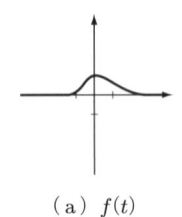

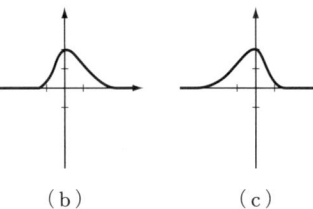

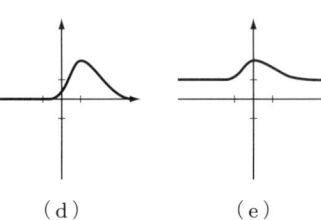

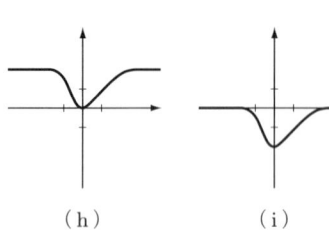

(a) $f(t)$

(b)   (c)   (d)   (e)

(f)   (g)   (h)   (i)

図 16.19

16.3 図 16.20(a) の関数 $f_1(t)$〜$f_3(t), g_1(t)$〜$g_3(t)$ に対して,三つの関数
(1) $f_1(t)+g_1(t)$ (2) $f_2(t)-g_2(t)$ (3) $f_3(t)g_3(t)$
のグラフを図 (b)〜(d) から選択しなさい.ただし,グラフの軸上に描いた目盛は 1 もしくは -1 とする.

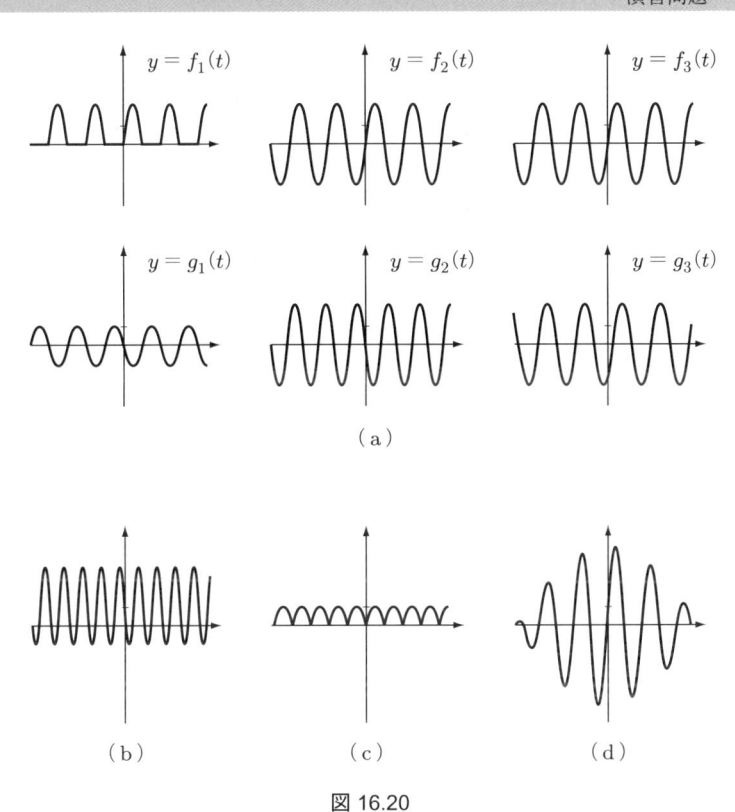

(a)

(b) (c) (d)

図 16.20

17章　正弦波交流の表現

　各所の電圧や電流が直流である回路を直流回路とよぶのに対し，これらの波形がどれも正弦波である回路を**交流回路**とよんで区別します．交流回路については，つぎの 18 章から 24 章にわたって本格的に解説することになりますが，本章では正弦波そのものについて解説します．

　交流回路を学ぶ意義は二つあります．一つは，世界中の電気エネルギーの送電のほとんどには正弦波が利用されており，電力の発生，電力の輸送から末端での電力の消費にいたるまで，交流回路の技術が欠かせないからです．もう一つの意義は，少し高等な内容です．実は，いろいろな波形は周波数の異なる正弦波に分解することができ，分解したそれぞれの正弦波については，交流回路の理論が使え，それらの解を統合することにより，いろいろな波形に対応できるのです．このことについては本書では取り扱わないのですが，このことが理解できるようになるためにも，ここでしっかりと交流回路を学んでおく必要があります．

　正弦波は非常に美しい曲線をしています．そして，つぎのようなすばらしい性質をもっています．

① 正弦波を微分すると，同じ周波数の正弦波になる
② 同じ周波数の二つの正弦波の和は，同じ周波数の正弦波になる
③ (実用的という意味で) ほとんどの波形は，異なる正弦波の和に分解できる

　①についてはすでに 14 章で学びました．②についてはこの後の 19 章で学びます．③については先ほども触れましたが，将来の楽しみにしましょう．正弦波は正弦波の枠の中に閉じこもってばかりでもありません．指数関数や複素数とも深い関係があり，それらが交流理論の計算をおおいに助けてくれることになります．それらも 18 章，19 章を通して学びます．

　直流の場合，その量を表す数値として一つの実数を用いました．美しくすばらしい性質をもつとされる正弦波ですが，正弦波の場合はどのように表せばよいのでしょうか．正弦波を特徴づける 3 要素はその**大きさ**，**位相の変化の速さ**，**位相の進み具合**です．それらを表す具体的な量として，それぞれ**実効値**，**角周波数**，**初期位相**があります．交流回路では周波数は固定して考えます．問題となるのは

残りの大きさと位相の進み具合です．この二つを表現する量に**フェーザ**があり，2次元以上のベクトルや複素数を用いて表します．フェーザは交流回路の理解だけでなく，振動現象を取り扱う多くの分野で欠かすことのできない重要な概念です．

17.1 波形の特徴量

変化する量 $f(t)$ の時々刻々の値は必要ではなく，その特徴のみが必要なことがよくあります．変化する量の特徴を表す数値に，最大値，平均値，周期，周波数などがあります．本節では，これらの**特徴量** (characteristic value) のなかで，大きさに関する特徴量について説明します．

最大値 (maximum value) や**最小値** (minimum value) は数学でもよく出てくる言葉です．文字どおり，考えている時間域 $[t_1, t_2]$ の中の最大，最小の値で，数学記号を用いると，つぎのように表すことができます．

$$\text{最大値} \equiv \underset{t \in [t_1, t_2]}{\text{Max}} f(t), \quad \text{最小値} \equiv \underset{t \in [t_1, t_2]}{\text{Min}} f(t)$$

最大値と最小値の差を，**ピークトゥピーク値**とよんでいます．

$$\text{ピークトゥピーク値} \equiv \underset{t \in [t_1, t_2]}{\text{Max}} f(t) - \underset{t \in [t_1, t_2]}{\text{Min}} f(t)$$

これらを図で表すと，図 17.1 のようになります．

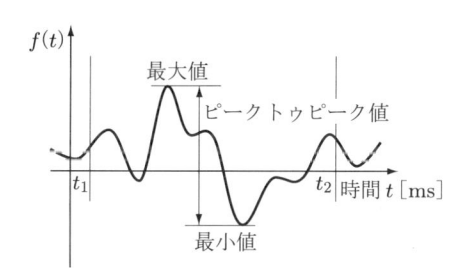

図 17.1 最大値，最小値，ピークトゥピーク値

時間域 $[t_1, t_2]$ における**平均値** (average value) は，つぎのように定義されます (図 17.2(a))．

$$\text{平均値} = \frac{1}{t_2 - t_1} \int_{t_1}^{t_2} f(t)\, dt$$

ただし，電気計測などでは，被積分関数の絶対値をとったつぎの量を平均値ということがあるので注意が必要です (図 (b))．

$$\text{絶対値の平均値} = \frac{1}{t_2 - t_1} \int_{t_1}^{t_2} |f(t)|\, dt$$

(a)　　　　　　　　　　　　　　(b)

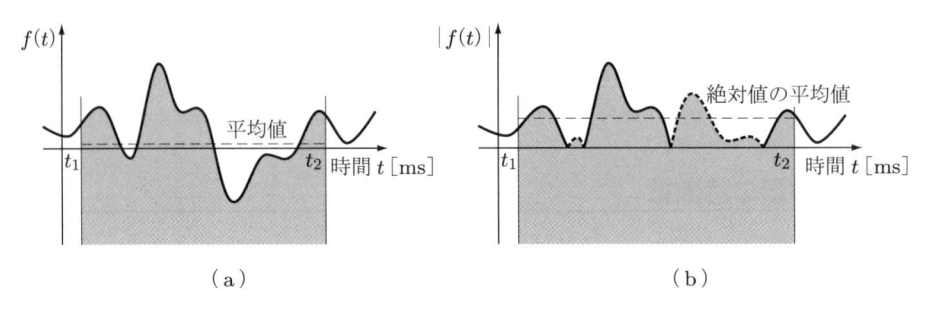

図 17.2　平均値

　つぎに，**実効値** (effective value) について説明します．実効値は電力を計算するのに都合のよい数値で，今後はよく使いますので，少し詳しく説明します．
　抵抗値 R の抵抗に直流電流 i_d を流し，その電圧降下を v_d とします．このとき，時間 $[t_1, t_2]$ の間に消費した電気エネルギー W はつぎのようになります．

$$W = v_d i_d (t_2 - t_1) = R i_d^2 (t_2 - t_1)$$

一方，同じ抵抗に変化する電流 $i(t)$ を流し，その電圧降下を $v(t)$ とする場合，消費する電気エネルギー W' は，つぎのようになります．

$$W' = \int_{t_1}^{t_2} v(t) i(t)\, dt = R \int_{t_1}^{t_2} \{i(t)\}^2\, dt$$

両者が等しく，$W = W'$ となる場合は，

$$R i_d^2 (t_2 - t_1) = R \int_{t_1}^{t_2} \{i(t)\}^2\, dt$$

が成り立ち，これから

$$i_d = \sqrt{\frac{1}{t_2 - t_1} \int_{t_1}^{t_2} \{i(t)\}^2\, dt}$$

となります．つまり，変化する電流 $i(t)$ と直流電流 i_d とが上記の条件式を満たせば，抵抗での消費電力が等しいことがわかります．上式の右辺の値を，変化する電流 $i(t)$ の実効値といいます．一般に，変化する量 $f(t)$ に対して，時間域 $[t_1, t_2]$ での実効値はつぎのように定義されます．

$$実効値 \equiv \sqrt{\frac{1}{t_2 - t_1} \int_{t_1}^{t_2} \{f(t)\}^2\, dt}$$

抵抗の電圧降下 $v(t)$ と電流 $i(t)$ の実効値をそれぞれ $V_{\text{eff}}, I_{\text{eff}}$ とすると，

$$V_{\text{eff}} = \sqrt{\frac{1}{t_2 - t_1} \int_{t_1}^{t_2} \{v(t)\}^2 \, dt} = \sqrt{\frac{1}{t_2 - t_1} \int_{t_1}^{t_2} \{Ri(t)\}^2 \, dt}$$

$$= R\sqrt{\frac{1}{t_2 - t_1} \int_{t_1}^{t_2} \{i(t)\}^2 \, dt} = RI_{\text{eff}}$$

$$W' = R \int_{t_1}^{t_2} \{i(t)\}^2 \, dt = RI_{\text{eff}}^2(t_2 - t_1) = V_{\text{eff}} I_{\text{eff}}(t_2 - t_1)$$

となり，時間域 $[t_1, t_2]$ での平均電力 P はつぎのように表せます．

$$P = \frac{W'}{t_2 - t_1} = V_{\text{eff}} I_{\text{eff}} = RI_{\text{eff}}^2 = \frac{V_{\text{eff}}^2}{R}$$

17.2 周期波

図 17.3 は同じ波形を繰り返しています．つまり，ある一定時間 $T > 0$ だけ時刻をずらしても，まったく同じ波形になっています．数学的に書くと，つぎの式を満足します．

$$f(t + T) = f(t)$$

このような波形を**周期波** (periodic wave) といいます．ここに現われる T を，**周期** (periodic time) といいます．周期が T であれば，$2T$ についても

$$f(t + 2T) = f((t + T) + T) = f(t + T) = f(t)$$

となりますから，時間 $2T$ についても周期性を示します．さらにいえば n を自然数として時間 nT だけずらしても，もとの波形と重なります．しかし一般には，これらのなかで最小の値を周期とよぶことが多いようです．

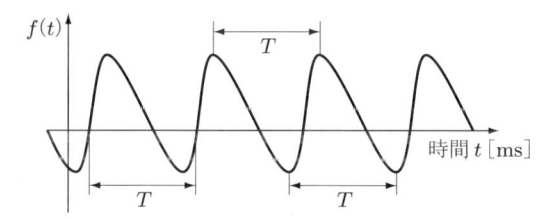

図 17.3 周期波

周期波の場合，前節で説明したある時間域 $[t_1, t_2]$ での平均値，実効値は，この時間域を長くとれば，1周期を時間域にした平均値，実効値に近づくと考えられます．一般に，周期波に関して平均値や実効値という場合は，1周期を時間域にした平均値や実効値を指します．

周期波の平均値，実効値の定義

$$\text{平均値} \equiv \frac{1}{T}\int_{1\text{周期}} f(t)\,dt, \quad \text{実効値} \equiv \sqrt{\frac{1}{T}\int_{1\text{周期}} \{f(t)\}^2\,dt}$$

例題 17.1

図 17.4 のように周期的に変化している電圧において，最大値，最小値，ピークトゥピーク値，平均値，実効値，周期を求めなさい．

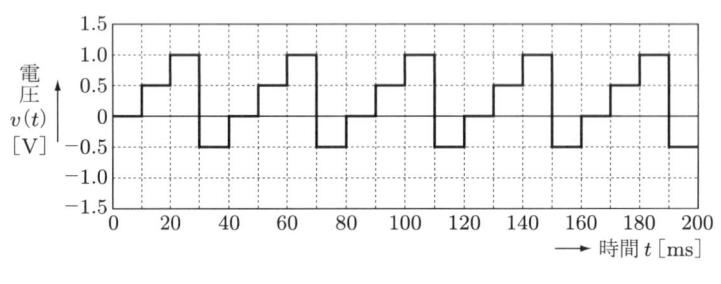

図 17.4

解 最大値 1.0 V，最小値 −0.5 V，ピークトゥピーク値 1.5 V，平均値 0.25 V，実効値 0.612 V，周期 40 ms．

17.3 正弦波交流の瞬時式とフェーザ

線形抵抗では加えた電圧波形と電流波形とが相似ですが，非線形抵抗やインダクタ，キャパシタでは加えた電圧波形と電流波形とが相似ではないことは，具体的な例を通してこれまで幾度となくみてきました．ところが，線形抵抗とインダクタ，キャパシタからなる回路では，おもしろいことに，駆動源である電源の起電力が正弦的に変化すると，回路の中のどこの電圧や電流も正弦波になるのです．それが**正弦波交流**です．このことは正弦波のもつすばらしい性質なのですが，なぜそうなるのかについては，この後の数章で理解できるようになります．

さて，前章から 17.2 節まででは，変化する電気に対する一般的なことを説明してきましたが，本節では，この正弦波交流に絞って説明します．正弦波交流を駆動源とす

17.3 正弦波交流の瞬時式とフェーザ

る回路を交流回路とよぶことはすでに述べましたが，この交流回路の性質を明らかにすることは，電気回路のなかでの主要なテーマの一つです．

正弦波交流の変化とこれから学ぶ**フェーザ** (phasor) について，具体的なイメージを思い描いていただくために，図 17.5 を用意しました．原点を起点にする矢印 OP の大きさは 5，1 秒間に反時計回りに 100 回転し，時刻 $t=0$ ms では，矢印 OP と x 軸とのなす角は $30°$ だったとします．さて，矢印 OP の先端を $\sqrt{2}$ 倍した点を Q とすると，点 Q も原点 O を中心に円運動します．線分 OQ は円の半径として運動しているので，**動径**とよぶこともあります．1 回転するには 10 ms かかりますから，1 ms では $36°$ 回転します．円運動する円周の上に，時刻 $t = 0, 1, 2, \cdots, 19$ ms での点 Q の位置を記しています．その右には，時間を横軸にとり，点 Q の y 座標を縦軸にとって，点 Q の y 座標の変化をグラフにしています．図を見ると，きれいな正弦波になっていることがわかります．

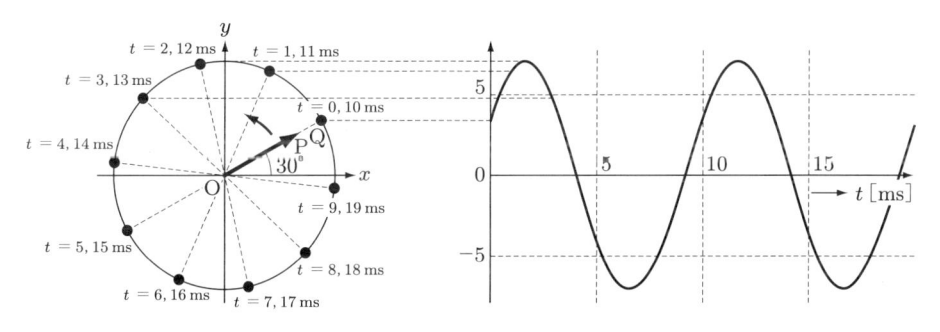

図 17.5　回転フェーザと正弦波

この正弦波の式を導いてみましょう．時刻 t での線分 OQ と x 軸の正の部分とのなす角 ϕ は，つぎのように書き表すことができます．

$$\phi = 36000t + 30 \ [°], \quad \phi = 200\pi t + \frac{\pi}{6} \ [\text{rad}], \quad \phi = 200\pi t + 30°$$

最初の式は角度を度数法 (単位は deg (ディグリー) もしくは " $°$ "(度)) で表しており，時刻 t の係数である 36000 の単位は [$°$/s] です．2 番目の式は単位を rad (ラジアン) とする弧度法で表しています．時刻 t の係数である 200π の単位は [rad/s] です．3 番目の式の第 1 項は弧度法で，第 2 項は度数法で表されており，混在した表現になっていますが，計算に必要な量が見出しやすく便利であることから，今後はこの混在形を使っていくことにしますので十分注意してください．

ϕ を用いると，点 Q の y 座標は

$$y = 5\sqrt{2}\sin\phi = 5\sqrt{2}\sin(200\pi t + 30°)$$

と表されます.

一般に，正弦波電圧 $v(t)$ や正弦波電流 $i(t)$ はつぎのように書けます.

正弦波電圧，正弦波電流の一般表記

$$v(t) = \sqrt{2}\,|V|\sin(\omega t + \theta) \text{ [V]}, \quad i(t) = \sqrt{2}\,|I|\sin(\omega t + \theta) \text{ [A]}$$

時刻 t が変化すれば，電圧 v や電流 i の値も変わります．ある時刻の電圧 v や電流 i を**瞬時値** (instantaneous value) といいます．瞬時値を表す右辺の式を**瞬時式**とよびます．上の式中の $|V|$ (もしくは $|I|$), ω, θ が決まれば，正弦波の時間変化が決まるということになります．先ほどの例で示した ϕ は，正弦波交流波形の中で時間的にどの状態にあるかを表す量で，これを**位相角** (phase angle) もしくは簡単に**位相** (phase) とよびます.

$$\phi = \omega t + \theta$$

正弦波交流を特徴づける量は，正弦波の大きさ，位相の変化の速さ，位相の進み具合の三つに分類できます．この分類のなかで，それぞれの代表といえるものが $|V|$ (もしくは $|I|$), ω, θ で，それぞれ正弦波の**実効値** (effective value), **角周波数** (angular frequency), **初期位相角** (initial phase angle) もしくは**初期位相**とよんでいます．周期波の実効値については前節で定義していますので，その定義にしたがって，正弦波の実効値が上記の式の $|V|$ に等しいことを示す必要がありますが，このことについては次節で説明します.

正弦波 v は，図 17.5 のように矢印 OP が回転しているとき，これを $\sqrt{2}$ 倍した先端 Q の y 座標の変化だと考えることができました．このような矢印 OP のことを**回転フェーザ** (rotating phasor), とくに，ある時刻 (多くは $t = 0$ とします) の回転フェーザを，単に**フェーザ** (phasor) とよびます．フェーザの大きさはその実効値，偏角 (x 軸とのなす角) はその位相 ($t = 0$ の場合は初期位相) になっています.

17.4 正弦波交流の大きさ

図 17.6 に二つの正弦波交流 v と v', 左側に対応するフェーザ V と V' を描いています．二つの正弦波の大きさはどうでしょうか．両者の最大値を比較すると，v のほうが大きいようです．この正弦波交流の最大値 V_M を**振幅** (amplitude) といいます．この振幅 V_M を用いると，正弦波交流はつぎのように表すことができます.

17.4 正弦波交流の大きさ

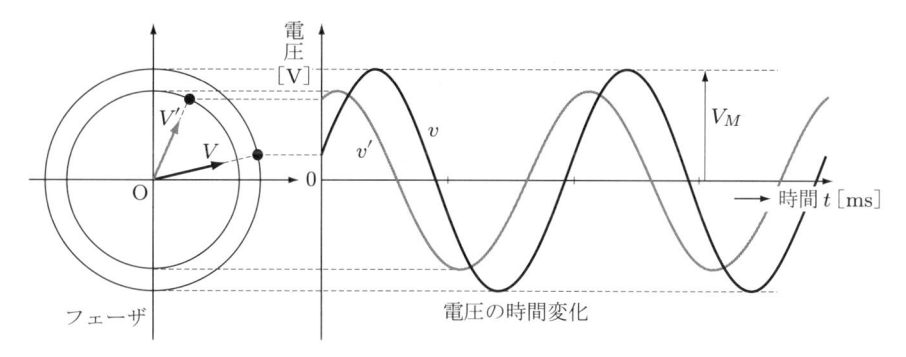

図 17.6 二つの正弦波と対応するフェーザ

$$v(t) = V_M \sin(\omega t + \theta)$$

正弦波交流は周期波ですので，17.2 節で説明した周期波に関する実効値 V_{eff} の定義を用いることができます．また，正弦波の場合は，実効値を表す記号として，前節でも使用した $|V|$ をよく用います．したがって，

$$|V| \equiv V_{\text{eff}} = \sqrt{\frac{1}{T} \int_{1\,周期} \{v(t)\}^2 \, dt}$$

となります．ところで，

$$\{v(t)\}^2 = V_M^2 \sin^2(\omega t + \theta) = \frac{V_M^2}{2}[1 - \cos\{2(\omega t + \theta)\}]$$

となりますから，正弦波を 2 乗した波形も正弦波だということがわかります．このことは重要なことですから，$v(t)$ と $\{v(t)\}^2$ の時間変化を描いた図 17.7 でしっかりと確認しておきましょう．$\{v(t)\}^2$ の最大値は V_M^2，最小値は 0 です．これらのことから，$\{v(t)\}^2$ の平均値は積分して求めずとも，$V_M^2/2$ だということがわかります．定義により，実効値 $|V|$ はこの平方根ですから，

$$|V| = \frac{V_M}{\sqrt{2}}$$

が得られます．これが正弦波の場合の実効値と最大値の関係です．

これらの結果から，正弦波に関しては，実効値 $|V|$，最大値 (振幅)V_M，最小値 V_m，ピークトゥピーク値 $V_{p\text{-}p}$ の間には，つぎの関係があることがわかります．

$$V_M = \sqrt{2}|V|, \quad V_m = -V_M = -\sqrt{2}|V|, \quad V_{p\text{-}p} = V_M - V_m = 2V_M = 2\sqrt{2}|V|$$

一般に家庭に供給されている交流電圧は 100 V であるといいますが，実は正弦波的に変化しており，その実効値が 100 V であって，実際は -141 V から 141 V くらいまでの範囲を変動しているのです．

(a)

(b)

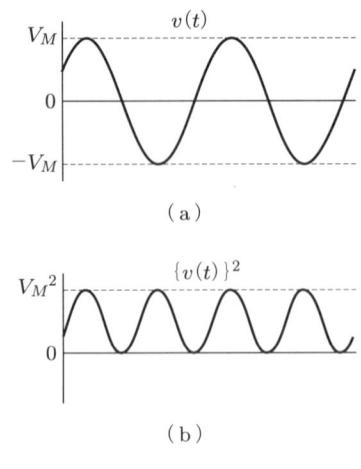

図 17.7　$v(t)$ と $\{v(t)\}^2$ の変化

17.5　正弦波交流の位相の変化の速さ

図 17.8 に，二つの正弦波交流 v と v'' と，左側にそれらに対応するフェーザ V と V'' を記しています．右の二つの正弦波の波形を比較すると，位相の変化の速さが v のほうがゆっくりしていることがわかります．回転フェーザ V は 1 秒間に 100 回転するとしましょう．この数値が正弦波交流の**周波数** (frequency) で，単位には Hz (ヘルツ) を用います．この例だと 100 Hz ということになります．回転の速さは 1 秒間に何 rad 回転したかということで測ることもできます．これを**角速度** (angular velocity) といい，単位は rad/s です．1 回転で $2\pi \fallingdotseq 6.28$ rad ですから，100 Hz の場合は 628 rad/s ということになります．電気回路では，この量を**角周波数** (angular frequency)

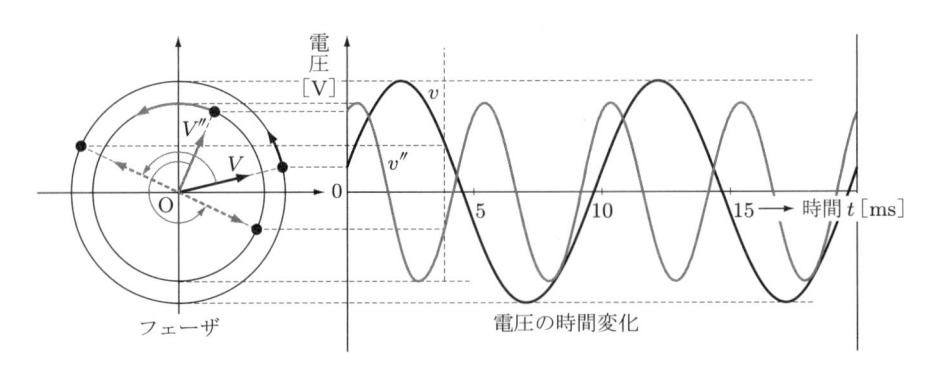

図 17.8　二つの正弦波と対応するフェーザ

とよんでいます．周波数の逆数は 1 回転するのにかかった時間を意味し，これを**周期** (periodic time) とよんでいます．1 秒間に 100 回転するということは，1 回転にはこの逆数の 10 ms の時間がかかることになります．角周波数 ω，周波数 f，周期 T の間には，つぎの関係があります．

$$f = \frac{1}{T}, \quad \omega = 2\pi f = \frac{2\pi}{T}$$

17.6 正弦波交流の位相の進み具合

図 17.9 にも，二つの正弦波交流 v と v'，それらに対応する回転フェーザ V と V' を記しています．図には，$t = 0$ のときの回転フェーザのほかに，少し時間が進んだときの回転フェーザも点線の矢印で記しています．二つの正弦波形 v と v' を比較すると，回転の速さは同じなのですが，大きさのほかにもう一つ違いがあります．それは波形のずれです．v' のほうが，v より少し前にピークがきています．ピークだけではありません．瞬時値が負から正に変わる時刻もずれていて，v' のほうが v より少し前にきています．どちらの波形が進んでいるかは，図 17.9 右の時間変化の波形ではわかりにくいかもしれませんが，左の回転フェーザを考えるとわかりやすくなります．V に比べ V' のほうが一歩先を回転していることが想像できます．このずれの差は，V と V' のなす角度となって表れています．V と V' は回転していますが，これらのなす角度は一定で，この角度の差を，v と v' の間の**位相差** (phase difference) とよびます．

ところで，二つの正弦波形の位相差を考えるには，それぞれの位相を考えると便利です．位相を英語では phase (フェーズ) と書きますが，「プロジェクトはフェーズ 3 のステップに入った」などというように，フェーズとは物事の進み具合の段階を意味しています．正弦波形についても，負から正に変わる段階を位相 0°，最大値になっ

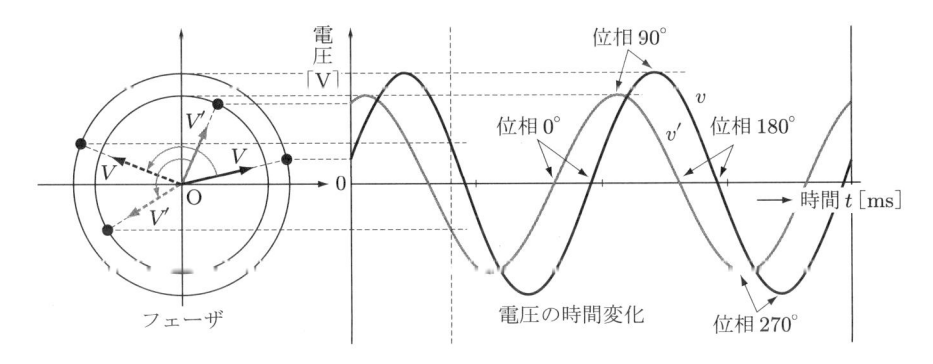

図 17.9 二つの正弦波と対応する回転フェーザ

た段階を位相 90° などといいます．回転フェーザで考えれば，位相は回転フェーザと x 軸とのなす角 (偏角) です．位相は正弦波の進み具合を測る尺度となります．

先ほど，正弦波交流を表す一般式

$$v(t) = \sqrt{2}|V|\sin(\omega t + \theta)$$

を示しましたが，式中の $\phi = \omega t + \theta$ が正弦波交流の位相です．とくに，$t = 0$ での位相，つまり θ は初期位相です．

角周波数 ω の等しい二つの正弦波 v と v' の初期位相を θ, θ' とすると，位相 ϕ, ϕ' は，それぞれつぎのように表されます．

$$\phi = \omega t + \theta, \quad \phi' = \omega t + \theta'$$

これらの二つの正弦波の位相差は，つぎのように初期位相の差となることがわかります．

$$\phi' - \phi = (\omega t + \theta') - (\omega t + \theta) = \theta' - \theta$$

図 17.9 にもどって正弦波交流 v と v' を比較するとき，v' のほうが v より位相が進んでいる (lead)，または，v のほうが v' より位相が遅れている (lag) という言い方をします．また，二つの正弦波の位相が等しいときには**同相** (in phase) であるといいます．一方，位相が 180° ずれているとき，つまり値が 0 になるのは同じ時間だけれど，一方が正の値のとき，もう一方は負の値をとるようなときには，**逆相** (in antiphase) であるといいます．

図 17.8 のように変化の速さが違う二つの正弦波 v と v'' に対しては，このような波形のずれを気にしても意味がないので，位相差を問題にすることはありません．

17.7　正弦波交流に関する例題

17.3 節では正弦波交流についての全体的な説明をし，17.4 節から 17.6 節まで正弦波交流の 3 要素である大きさ，位相の変化の速さ，位相の進み具合についてそれぞれ個別に説明してきました．本節ではこれらをまとめて，例題に取り組んでみましょう．

例題 17.2

以下の問いに答えなさい．

(1) 30° を弧度法で表せ．
(2) 1 rad を度数法で表せ．
(3) $\sin(-315°)$ はいくらか．

(4) 時刻 $t = 0$ ms で $60°$ の偏角をもつ動径が周期 12 ms で回転しているとき,時刻 $t = 4$ ms のときの動径の偏角はいくらか.

解 (1) $30° \times \dfrac{\pi[\text{rad}]}{180°} = \dfrac{\pi}{6} = 0.523$ rad

(2) $1\,\text{rad} \times \dfrac{180°}{\pi[\text{rad}]} = 57.3°$

(3) $\sin(-315°) = \sin(-360° + 45°) = \sin 45°$
$\qquad\qquad = \dfrac{1}{\sqrt{2}} = 0.707$

(4) $60° + \dfrac{4}{12} \times 360° = 180°$

((3) の計算では,図 17.10 にあるような図をイメージして計算することを勧める.また,電卓を用いて $-315°$ をキー入力しても正しい答が出るが,そのときは符号の入力を忘れないように.)

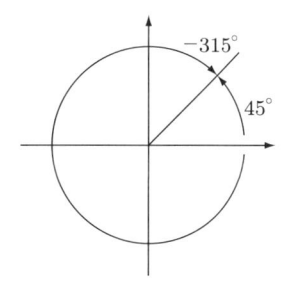

図 17.10

例題 17.3

次式で表される正弦波交流 $v_1 \sim v_4$ に対応するフェーザと波形を図 17.11 の中から選び,それぞれに記号 $V_1 \sim V_4$, $v_1 \sim v_4$ を記しなさい.

$$v_1 = V_M \sin(\omega t - 150°), \qquad v_2 = V_M \sin(\omega t - 30°)$$
$$v_3 = V_M \sin(\omega t + 30°), \qquad v_4 = V_M \sin(\omega t + 150°)$$

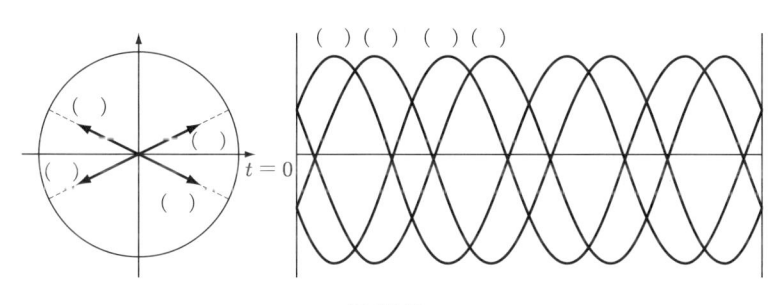

図 17.11

解 フェーザは第 1 象限から順に,V_3, V_4, V_1, V_2.波形は左から順に,v_3, v_2, v_1, v_4.

例題 17.4

つぎの瞬時式で表される正弦波交流電圧 v について，以下の問いに答えなさい．
$$v = 10\sqrt{2}\sin(2000\pi t + 60°) \text{ V}$$

(1) 実効値はいくらか．　　(2) 最大値はいくらか．
(3) 角周波数はいくらか．　(4) 周波数はいくらか．
(5) 周期はいくらか．　　　(6) 初期位相はいくらか．
(7) このフェーザを図 17.12 の左図にベクトル表示しなさい．
(8) 右図の波形の中から v に対応するものを選び，破線をなぞって実線で描きなさい．
(9) $t = 1.25$ ms のときの位相を求めなさい．

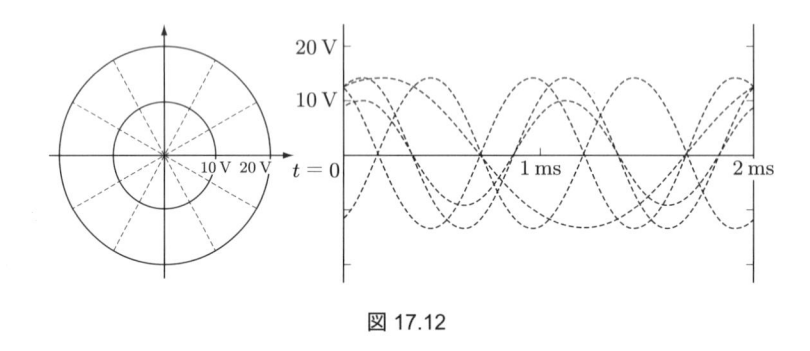

図 17.12

解 (1) 10 V　(2) 14.1 V　(3) 6280 rad/s　(4) 1 kHz　(5) 1 ms
(6) 60°　(7) 図 17.13 のとおり．　(8) 図 17.13 のとおり．
(9) 周期が ms であるから，時間 ms は位相差にして 360°，時間 1.25 ms は位相差にして 360° + 90°．したがって，時刻 $t=1.25$ ms での位相は 360° + 90° + 60° = 150°．

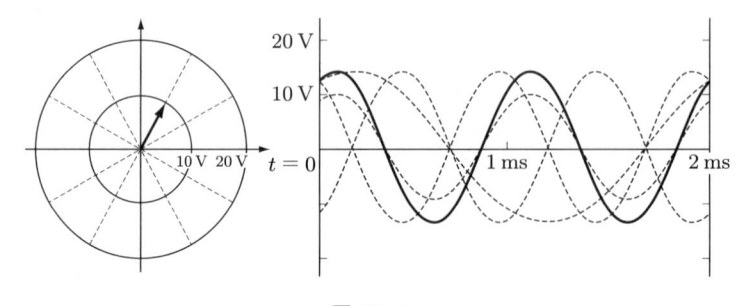

図 17.13

17.8 正弦波の微分積分と位相の関係

正弦波の微分積分については，14.6節で説明なしに結果を示しています．それによると，次式のようになります．

$$\frac{d}{dx}\sin x = \cos x, \quad \int \cos x\, dx = \sin x + C$$

図17.14(a)に$\sin x$のグラフを描いていますが，この接線の傾きの変化を追えば，それが$\cos x$に等しいだろうということは推察できるのではないでしょうか．逆に，$\cos x$のグラフを積分するとしてその面積を考えると，それが$\sin x$になるだろうと推察できます．

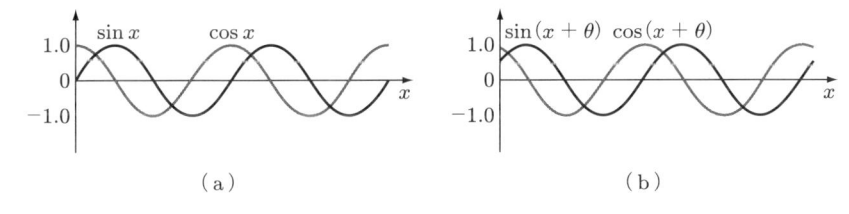

図 17.14 正弦波の微分・積分と位相の関係

x軸の原点を移動したグラフを図(b)に描いていますが，これから以下の式が成り立つだろうということが推察できます．

$$\frac{d}{dx}\sin(x+\theta) = \cos(x+\theta) = \sin(x+\theta+90°)$$

$$\int \sin(x+\theta)\, dx = -\cos(x+\theta) + C = \sin(x+\theta-90°) + C$$

つまり，正弦波$\sin(x+\theta)$を微分すると位相が$90°$進んで$\sin(x+\theta+90°)$，正弦波$\sin(x+\theta)$を積分して積分定数は0と仮定すると，位相が$90°$遅れて$\sin(x+\theta-90°)$となることがわかります．このことはキャパシタやインダクタのはたらきを理解するうえで重要ですから，よく理解しておいてください．

さらに正弦波$\sin(x+\theta)$を微分し，トータルで2回微分すると位相は$180°$進みますから，もとの正弦波$\sin(x+\theta)$の符号を変えたものに等しくなり，逆相になります．また，トータルで正弦波$\sin(x+\theta)$を4回微分すれば，位相が$360°$進んで，もとの正弦波$\sin(x+\theta)$に等しくなることがわかります．

17.9† 正弦波の微分公式の証明

正弦波の性質がいろいろとわかったところで，いよいよ $\sin x$ の微分を定義にもどって求めてみましょう．

$$\frac{d}{dx}\sin x \equiv \lim_{\Delta x \to 0} \frac{\sin(x+\Delta x) - \sin x}{(x+\Delta x) - x} \tag{17.1}$$

これを求めるために，つぎの二つの公式を用います．

$$\sin A - \sin B = 2\cos\left(\frac{A+B}{2}\right)\sin\left(\frac{A-B}{2}\right) \tag{17.2}$$

$$\lim_{x \to 0} \frac{\sin x}{x} = 1 \tag{17.3}$$

式 (17.2) は正弦波の差を積に変える公式ですが，これはつぎの加法定理から得ることができます．

$$\sin(x+y) = \sin x \cos y + \cos x \sin y$$
$$\sin(x-y) = \sin x \cos y - \cos x \sin y$$

この加法定理については，数学の教科書を参考にしてください．本書でも 18.6 節で説明しています．両式を辺々引き算すると，

$$\sin(x+y) - \sin(x-y) = 2\cos x \sin y$$

となります．ここで，$x+y=A$, $x-y=B$ とおくと，$x=(A+B)/2$, $y=(A-B)/2$ となるので，これを上式に代入して，式 (17.2) が得られます．

式 (17.3) に表れる式 $\sin x/x$ は，$x=0$ とすると $0/0$ となり，関数値を定義できません．しかし，$x \neq 0$ ではすべての x で定義されますから，電卓をもっている方は，つぎの表 17.1 を完成させることができるでしょう．この表からは，式 (17.3) の極限が 1 に収束するのがもっともらしくみえます．以下では厳密な証明をしてみましょう．

表 17.1

x	$\sin x$	$\sin x/x$
$10°$	0.1745329	0.1736482	0.9949308
$5°$	0.0872665	0.0871557	0.9987312
$2°$	0.0349066	0.0348995	0.9997969
$1°$	0.0174533	0.0174524	0.9999492

式 (17.3) については，$x>0$ として証明すれば十分ですから，$0<x<\pi/2$ とし，図 17.15 のような半径 1 の円弧 AB を考えます．ここで，面積について以下の関係が得られます．

17.9† 正弦波の微分公式の証明

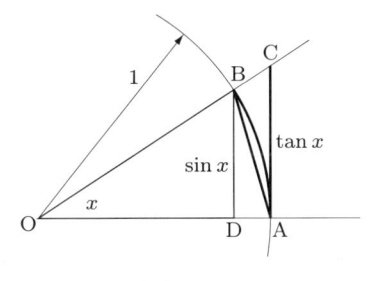

図 17.15

$$\triangle \text{OAB の面積} = \frac{1}{2} \cdot 1 \cdot \sin x, \quad \text{扇形 OAB の面積} = \frac{1}{2}x$$

$$\triangle \text{OAC の面積} = \frac{1}{2} \cdot 1 \cdot \tan x$$

図からも明らかなように，△OAB < 扇形 OAB < △OAC ですから，次式が得られます．

$$0 < \sin x < x < \tan x$$

これより，

$$\cos x < \frac{\sin x}{x} < 1$$

となります．一方，$x \to 0$ のとき $\cos x \to 1$ ですから，上式の中央の関数値も $x \to 0$ とすると 1 に漸近し，式 (17.3) が得られます．

それでは，いよいよ正弦波の微分を求めてみましょう．

$$\frac{d}{dx}\sin x = \lim_{\Delta x \to 0} \frac{\sin(x + \Delta x) - \sin x}{(x + \Delta x) - x} = \lim_{\Delta x \to 0} \frac{2\cos\left(x + \frac{\Delta x}{2}\right)\sin\left(\frac{\Delta x}{2}\right)}{\Delta x}$$

$$= \lim_{\Delta x \to 0} \frac{\cos\left(x + \frac{\Delta x}{2}\right)\sin\left(\frac{\Delta x}{2}\right)}{\frac{\Delta x}{2}} = \lim_{h \to 0} \frac{\cos(x + h)\sin(h)}{h}$$

$$= \lim_{h \to 0} \cos(x + h) \times \lim_{h \to 0} \frac{\sin(h)}{h} = \cos x \times 1 = \cos x$$

ただし，$h = \Delta x/2$ としています．以上により，$\sin x$ の微分は確かに $\cos x$ となることがわかります．

■■■演習問題■■■

17.1 図 17.16 の (a)〜(c) の周期波形について，以下の問いに答えなさい．

(1) 各波形の周期はいくらか．
(2) 各波形の 2 乗した波形を描きなさい．
(3) 各波形の最大値，ピークトゥピーク値，平均値，実効値を求めなさい．

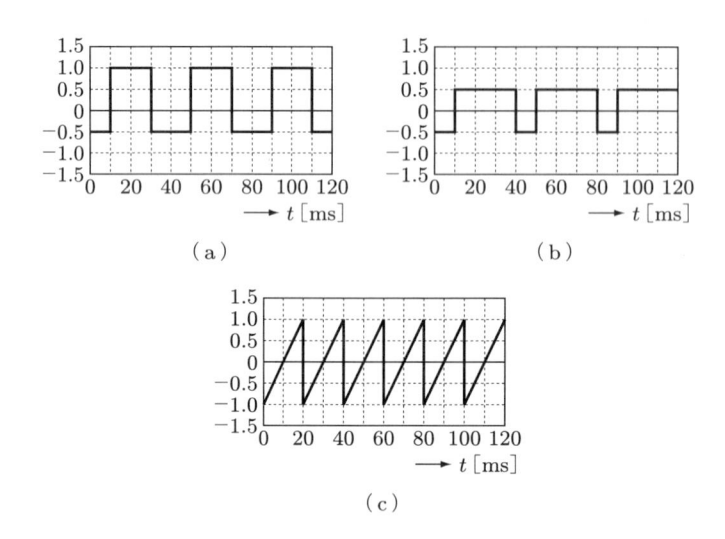

図 17.16

17.2 図 17.17 の二つの正弦波交流 v, v' について，以下の問いに答えなさい．

(1) 図中の時刻①〜④での v の位相はおよそいくらか．
(2) v と v' とではどちらが位相の変化が速いか．
(3) v の周期 T はいくらか．
(4) v の周波数 f はいくらか．
(5) v の角周波数 ω を単位 rad/s で答えなさい．

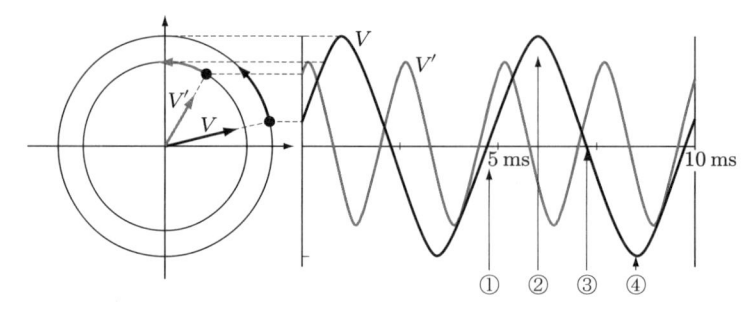

図 17.17

17.3 つぎの正弦波電流 $i(t)$ について，以下の問いに答えなさい (ただし，式中の正弦関数の位相は第 2 辺では弧度法，第 3 辺では度数法，第 4 辺では両方を併記しているので注意).

$$i(t) = 5\sqrt{2}\sin\left(200\pi t + \frac{\pi}{2}\right) = 5\sqrt{2}\sin(36000[°/\text{s}]t + 90°) = 5\sqrt{2}\sin(200\pi t + 90°) \text{ [A]}$$

(1) 電流の大きさはいくらか.　　(2) 周波数はいくらか.
(3) 周期はいくらか.　　(4) 初期位相はいくらか.
(5) 時刻 $t = 2$ ms での位相はいくらか.　(6) 時刻 $t = 2$ ms での瞬時値はいくらか.
(7) 電流 $i(t)$ の変化を示しているのは，図 17.18 ①〜⑫のうちのどれか.

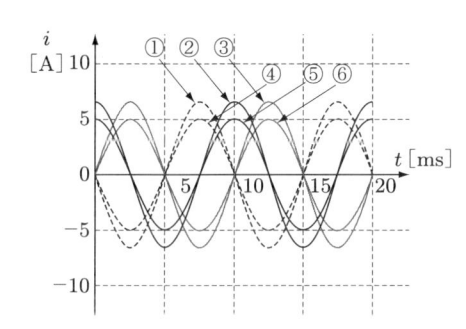

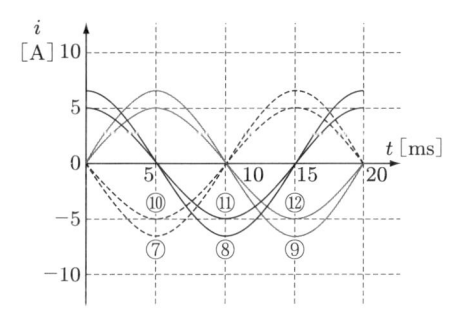

図 17.18

17.4 図 17.19 の右図には六つの正弦波電流 (ア)〜(カ) と，対応するフェーザが左図の①〜⑥に描かれている．以下の問いに答えなさい.

(1) 正弦波 (ウ) に対応するフェーザは①〜⑥のどれか.
(2) フェーザ⑥に対応する正弦波は (ア)〜(カ) のどれか.

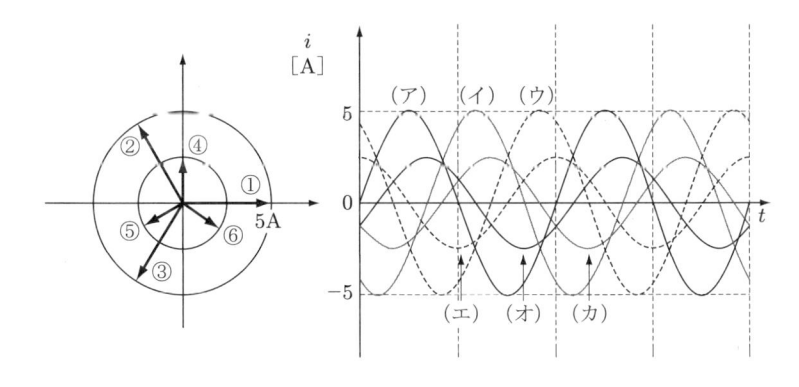

図 17.19

18章　交流回路

　直流回路では各所の電流，電圧は時間的に変化せず一定であるのに対し，交流回路ではこれらがすべて正弦波的に変化します．直流電源は交流電源に変わり，素子には抵抗だけでなくキャパシタやインダクタが加わります．

　直流の場合は，ある場所の電流や電圧を表すのに一つの実数ですみましたが，正弦波の場合は，実効値，周波数，初期位相という三つの実数によって，やっと一つの正弦波を特定できます．これでは交流回路の解析は相当に複雑になるだろうと考えられます．

　ところが，実際にはそれほどたいへんではありません．直流回路では実数で計算していたところを，交流回路では複素数を用いて計算するだけでよいのです．前章で正弦波を表すフェーザについて説明しましたが，このフェーザは複素数でも表せるのです．直流回路で成り立っていたキルヒホッフの電流の法則や電圧の法則，それにオームの法則が，交流回路になってもほぼそのまま成り立つので，直列回路や並列回路の計算，分圧の公式，分流の公式，閉路解析法や節点解析法，テブナンの定理やノルトンの定理などが交流回路でも使えるのです．複素数の世界の計算の構造が，交流回路の理論構造にぴったり当てはまるのです．

　複素数の威力は交流回路では絶大です．19世紀後半から20世紀前半までに電気回路理論が発展しましたが，それは19世紀前半に花開いた複素数の研究があったからだといえます．その威力は交流回路におさまらず，振動と名のつくところ，たとえば機械や構造物の振動，地震波や電波の伝播，原子内での電子の運動などの解析にも利用されることを付け加えておきます．

　本章ではとりあえず，交流回路ではどのような計算をするのかを学び，そこで用いられる複素数の計算に慣れることを主眼にすることにします．なぜ複素数を使えば交流回路の問題が解けるのかについては，続く19章，20章で説明します．本章では，まずは交流回路の解析ができるようになる小山の頂上を，理論の根拠はわからずとも，ふもとから見てみようということです．それから19章，20章で小山の頂上をめざして自分自身の足で歩き，そして頂に立つ．その頂上からは，ちょっとしたよい眺めになります．遠くにある大きな山は霞みや霧があって見えないかもしれませんが，それらの山に登頂するための大きな大きな足がかりにな

ります．なお，複素数の計算については，複素数の計算機能を備えた電卓を使うと非常に便利です．電気回路を学ぼうとする学生にはぜひ手に入れていただきたい道具です．

　直流回路と交流回路のそれぞれのよさの比較については，電気回路だけではなく，多くの専門科目の随所で学ぶことになります．直流回路でできなかったことが交流回路ではできるようになったということはたくさんあります．その可能性の広がりようは，一つの章くらいではとても語り尽くせません．また，それらの説明を理解するためにも，交流回路の基礎知識が必要です．

18.1 直流回路の復習

　交流回路では電圧や電流が正弦波的に変化しますから，当然その取扱いは直流回路のときとは違ってきます．その違いを明確にするために，まずは図 18.1 に示す直流回路の計算をして復習しておきましょう．

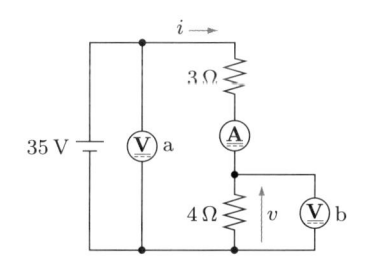

図 18.1 直流回路の例

　この回路には二つの直流電圧計 a, b と，直流電流計が一つあります．これらの指示値はいくらになるのでしょうか．まず，直流電圧計 a ですが，これは電源の電圧を直接測っていて，電源電圧が 35 V と記されていますから，直流電圧計 a の指示値は 35 V であることがわかります．電圧計の内部抵抗は十分大きく，電流計の内部抵抗は十分小さいとすれば，回路は電源電圧 35 V の電源に 3 Ω と 4 Ω の抵抗が直列につながれていると考えられますから，流れる電流 i，および 4 Ω の抵抗の電圧降下 v は

$$i = \frac{35}{3+4} = 5 \text{ A}, \quad v = 4 \times 5 = 20 \text{ V}$$

となり，直流電流計の指示値は 5 A，直流電圧計 b の指示値は 20 V であることがわかります．

18.2 交流回路の取扱い方

いよいよ，交流回路の取扱い方を学ぶことにします．図 18.1 の直流回路と比較しやすいように，例として図 18.2 の交流回路を考えることにします．まず，図上の違いから見ていくことにします．電源の記号が交流電源の記号に変わっています．素子には抵抗のほかに，インダクタがあります．計器は直流用から交流用に変わっています．文字の下の波線が交流の電圧計，電流計であることを表しています．つぎに，素子の横に記されている数字に注意してみましょう．抵抗の横の 4 Ω は，直流の場合と同じく抵抗値を示しているだろうということは察しがつきますが，電源記号およびインダクタの横の 35∠0° V, $j3$ Ω は何なのでしょうか．また，図中に記されている大文字 I, V はそれぞれ電流と電圧を表してると思われますが，それらは交流電流，交流電圧の何を意味しているのでしょうか．以上の交流回路と直流回路の違いを表 18.1 にまとめています．これから少し詳しく説明しましょう．

交流回路では，電圧や電流を複素数で表します．電源電圧が 35∠0° V というのも，

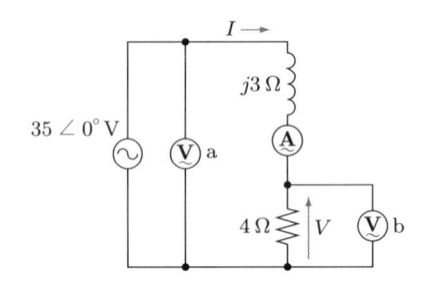

図 18.2 交流回路の例

表 18.1 直流回路と交流回路の比較

	電源	使用される主な素子	計器	物理量の表現
直流 (DC)	直流電源	抵抗	直流電圧計　直流電流計	実数 電圧 3 V 電流 2 A 抵抗 5 Ω
交流 (AC)	交流電源	インダクタ　抵抗　キャパシタ	交流電圧計　交流電流計	複素数 電圧 3∠30° V 電流 2∠−20° A インピーダンス 5 + $j3$ Ω

18.2　交流回路の取扱い方　　415

複素数による表現です．直流回路では，抵抗に加えた電圧を抵抗に流れる電流で割った値は実数で，その回路の抵抗値を意味していましたが，交流回路では電圧や電流が複素数で表されるため，電圧を電流で割った値も複素数となります．この量を**インピーダンス** (impedance) とよんでいます．その詳細は 20 章で解説します．抵抗値 (resistance) の resist は「抵抗する」を意味していました．インピーダンスの impede は「妨害する」，「邪魔する」の意味です．交流回路での抵抗のインピーダンスは，直流回路のときと同じように実数で表されますが，インダクタやキャパシタのインピーダンスは実数にならず，複素数で表されます．抵抗の 4 Ω は実数ですが，インダクタの $j3$ Ω はインダクタのインピーダンスであり，複素数で表されているのです．

　複素数の表現が $35\angle 0°$，$j3$ となっていますが，読者の中にはそもそも複素数について知識のない方もいるでしょうし，また複素数を知っていても，なぜ電圧や抵抗に似たインピーダンスを複素数で表すのか疑問に思う方もいらっしゃるでしょう．それらのからくりはこれから少しずつ学んでいくことにします．以下にも複素数の計算が出てきますが，具体的な複素数の計算の方法は後で学ぶことにして，ここでは直流回路と交流回路の類似点と相違点に注意しながら読み進めてみてください．

　回路に流れる電流 I および 4 Ω の抵抗の電圧降下 V は，つぎのように計算されます．

$$I = \frac{35\angle 0°}{j3+4} = \frac{35\angle 0°}{5\angle 36.9°} = 7\angle -36.9° \text{ A}, \quad V = 4 \times 7\angle -36.9° = 28\angle -36.9° \text{ V}$$

電流 I は，電源電圧を回路のインピーダンスで割っています．回路は抵抗とインダクタの直列であり，回路の全インピーダンスは，抵抗とインダクタのインピーダンスの和です．4 Ω の抵抗の電圧降下 V は，電流 I に抵抗のインピーダンス 4 Ω をかけて求められています．もしくは，分圧の公式を利用しても求められます．このあたりの加減乗除の仕方は直流のときとまったく同じですが，違うところは実数の計算ではなく，複素数の計算だということです．複素数の具体的な計算の仕方は 18.5 節で学びます．計算結果も複素数となりますが，これらの大きさ

$$|I| = |7\angle -36.9°| = 7 \text{ A}, \quad |V| = |28\angle -36.9°| = 28 \text{ V}$$

はそれぞれの実効値を表しています．実効値については 17 章で学びました．回路に組み込まれた交流の電圧計や電流計の指示値は，ふつうはこの実効値が表示されます．図 18.1 の直流回路の場合の計器の指示値 5 A，20 V とはずいぶん違った値になっています．

　直流回路の計算に比べると，交流回路の計算の主な点はつぎのようにまとめられます．

① 電圧や電流，抵抗値の概念を拡張したインピーダンスといった量が複素数で表される
② オームの法則を拡張した「電圧＝インピーダンス×電流」という関係式がある

③ 直列や並列の場合のインピーダンスは，直流回路の抵抗の計算と同じ要領で計算できる

④ 複素数で表される電圧や電流の大きさは正弦波の実効値を表しており，交流の電圧計，電流計は一般にこの実効値を指示する

直流回路と交流回路の類似点は，解析の構造にあるようです．また，その違いは実数の計算と複素数の計算にあるといえそうです．なぜ複素数の世界で置き換えられるのかについては，つぎの 19 章，20 章で説明することにします．この章では，まずは複素数の計算に慣れることを主な目的にします．

18.3 交流回路理論で取り扱う対象

18.2 節では，図 18.2 の交流回路について，電流や電圧に関してどのような計算が行われるのかを理由を示すことなく説明してきました．この節では，電流や電圧の変化について，その実際がどのようなものなのかを説明し，求めようとするものを明確にすることにします．

本節では，図 18.3 に示す回路を用いて考えていくことにします．スイッチを OFF の状態から $t = 0$ ms で ON の状態にしたとして，その前後の電源電圧 $e(t)$ とキャパシタの電圧降下 $v(t)$ の変化を図 18.4(a) に示しています．電源電圧 $e(t)$ の振幅は 2 V，周期は 2 ms，つまり周波数は 500 Hz としています．スイッチを ON にする前には電流は流れませんから，キャパシタの電荷には逃げ場がなく，電圧は一定に保たれたままとなります．図 18.4(a) ではこの電圧を 1 V としています．電源電圧 $e(t)$ は正弦波ですが，スイッチを ON にした後，電圧降下 $v(t)$ はただちに正弦波になっているとはいえないことが図からわかります．それでも，この例だと，徐々にきれいな正弦波に近づいており，$t = 20$ ms 以降では正弦波といってもよい波形になっています．電圧 $v(t)$ の変化を見ていると，回路の状態を大きく三つの局面に分けることができます．まず，$t < 0$ ms での 1 V で一定の状態，つぎは 0〜20 ms あたりまでの徐々に変化する状態，そして，その後にくる正弦波で変化する周期的な状態です．0 ms 以前で

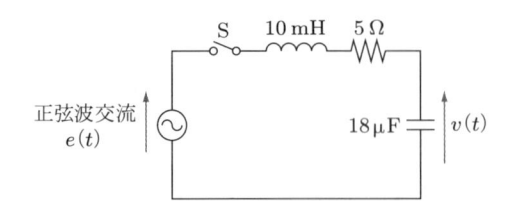

図 18.3　時間変化を検討する回路

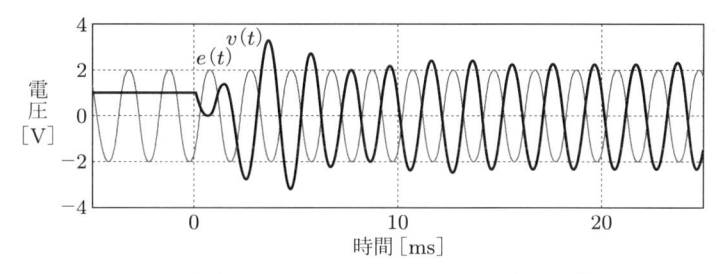

(a) 電源電圧とキャパシタの電圧降下の変化

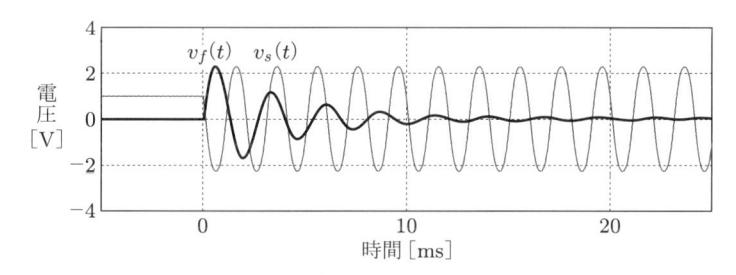

(b) 強制振動項 $v_s(t)$ と自由振動項 $v_f(t)$ の変化

図 18.4　定常状態と過渡状態

は直流，約 20 ms 以降では正弦波交流になっていて，波形としては違っていますが，どちらも安定した変化をしています．このような安定な状態を**定常状態**といいます．回路の接続は $t = 0$ ms でスイッチを ON にしたことによって変わりましたが，二つの回路接続には，どちらにも一つの安定状態があるのです．スイッチによる回路接続の変更により二つの安定状態の間を推移しますが，インダクタがあれば流れる電流は急に変化できませんし，キャパシタがあればその電圧降下は急には変化できません．したがって，この二つの安定状態を時間をかけて推移することになりますが，この間の状態を**過渡状態**といいます．

電圧降下 $v(t)$ の変化は，図 18.4(b) に示すような二つの電圧 $v_s(t), v_f(t)$ に分けて

$$v(t) = v_s(t) + v_f(t)$$

と表すことができます．スイッチを ON にする前の安定状態では，$v_s(t) = 1$ V，$v_f(t) = 0$ V です．スイッチを ON にしてしばらくたってからの安定状態，つまりスイッチを ON にした後の定常状態では，$v_s(t)$ は図に示すような正弦波，$v_f(t)$ はほとんど 0 V です．過渡状態の $v_s(t)$ としては，定常状態での正弦波を延長して考えるとします．そうすると，過渡状態でも $v_f(t) = v(t) - v_s(t)$ として，$v_f(t)$ を求めることができます．

$v_s(t)$ はスイッチを切り替える前後の定常状態での変化を過渡的状態にまで当てはめた変化を表しており，**強制振動項**とよばれています．一方，$v_f(t)$ は，実際の電圧変化 $v(t)$ と定常状態の電圧変化を表す $v_s(t)$ との差で，定常状態ではゼロになり，二つの安定状態の間を補償する電圧変化になっていることがわかります．この $v_f(t)$ は，**自由振動項**とよばれています．

駆動源が直流であれ正弦波であれ，スイッチを ON-OFF した直後から定常状態までの解析を対象とする理論，つまり完全な解としての $v(t) = v_s(t) + v_f(t)$ を求める理論を**過渡現象論**といい，これはさらに進んだ電気回路のなかで学ぶことになります．これに対し，**直流回路理論**(直流理論) は各所の電圧や電流が直流となる場合の理論であり，駆動源が直流の回路において，スイッチの ON-OFF 後，しばらくたった後の定常状態を問題にした理論だともいえます．同じように，**交流回路理論**(交流理論) は各所の電圧や電流が正弦波となる場合の理論で，駆動源が正弦波の回路において，スイッチの ON-OFF 後，しばらくたった後の定常状態を問題にした理論だといえます．つまり，直流回路理論や交流回路理論では $v_s(t)$ だけを問題にしているのです．

過渡現象論では $v_s(t) + v_f(t)$ が問題ですから，定常状態の解も含めた包括的な解の求め方を学ぶことができます．この意味で，電気回路を過渡現象論から展開するとすっきりした理論ができるのですが，そのためにはさらなる数学の学習が必要です．一方，定常状態の解を求める交流回路理論や直流回路理論は，実用上の問題の多くを解決してくれるという意味で重要です．また，過渡現象論の完全解を求める際には，残りの $v_f(t)$ だけを問題にすればよく，これは比較的簡単に得られますから，$v_s(t)$ を求める直流回路理論や交流回路理論は決して無駄にはならないのです．

18.4　複素数の表現

複素数について復習しておきましょう．複素数 A は，a, b を実数として

$$A = a + jb$$

と表せます．ここで j は**虚数単位**で，$j^2 = -1$ です．数学では虚数単位をよく i を用いて表しますが，電気工学の分野では電流の記号に i を使うことが多く，紛らわしいとして j を用いることになったという経緯があります．本書では電流に j を用いることもありますが，通例にしたがって虚数単位として j を用います．上式の a を複素数 A の**実部** (real part)，b を**虚部** (imaginary part) といいます．複素数 A の実部，虚部を表す場合は，つぎの記号を用います．

$$\text{Re}\,A = \text{Re}\,(a+jb) \equiv a, \qquad \text{Im}\,A = \text{Im}\,(a+jb) \equiv b$$

18.4 複素数の表現　419

複素数 $a+j0$ は実数 a を表します．$b \neq 0$ のとき複素数 $a+jb$ を虚数といい，とくに $a=0, b \neq 0$ のとき，複素数 $0+jb = jb$ を純虚数といいます．

図 18.5 のように実部を横軸，虚部を縦軸にとると，複素数 A を平面上の点 P に対応させて考えることができます．このような平面を**複素平面**といい，横軸を**実軸**，縦軸を**虚軸**といいます．

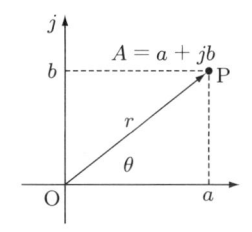

図 18.5　複素数と複素平面

二つの複素数が等しいという場合の意味は，つぎのとおりです．

複素数の相等

$$a+jb = c+jd \iff a=c, \ b=d \quad (a,b,c,d \text{ は実数})$$
$$\text{とくに，} a+jb = 0 \iff a=0, \ b=0 \quad (a,b \text{ は実数})$$

例題 18.1

つぎの等式を満たす実数 x, y を求めなさい．
$$2x + j(x-2y) = 6 + j$$

解　両辺の複素数が等しくなるためには，実部どうし，虚部どうしが等しくなければならないので，
$$2x = 6, \quad x - 2y = 1$$
となる．これを連立させて解くと，$x=3, y=1$．

複素平面上に描いた原点 O から点 P までの長さ r を複素数 A の**大きさ** (magnitude) といい，線分 OP と正の実軸のなす反時計回りを正とする角度 θ を**偏角** (argument) といいます．複素数 A の大きさは**絶対値** (absolute value) ともいいます．複素数の大きさや偏角を表す場合は，つぎの記号を用います．

$$|A| = |a+jb| \equiv r, \quad \arg A = \arg(a+jb) \equiv \theta$$

図 18.5 から，a, b, r, θ にはつぎの関係があることがわかります．

$$a = r\cos\theta, \quad b = r\sin\theta, \quad r = \sqrt{a^2+b^2}, \quad \tan\theta = \frac{b}{a}$$

複素数 A は，その大きさ r と偏角 θ を用いてつぎのように表すこともできます．

$$A = r\angle\theta$$

ただし，$r = 0$ のときは θ がいくらであれ，$A = 0$ だという点には注意が必要です．

また，偏角については二つ注意することがあります．まず偏角 θ に $360°$ の整数倍を加えても同じ複素数を表している点です．例として，大きさが r で偏角が $30°$，もしくは $390°$ や $-330°$ としても，複素平面上に対応する点は同じ位置で，どれも同じ複素数を表していることがわかります．一通りに定めるための方法は，偏角を $-180° < \theta \leq 180°$ に限定するやり方です．このようにして測られた偏角を**主値**といい，先ほどの偏角を表す arg という記号の先頭を大文字にして，つぎのように表します．

$$\mathrm{Arg}\,A = \mathrm{Arg}\,(a+jb)$$

つまり，arg( ) では

$$\arg(j) = \cdots, -270°, 90°, 450°, \cdots$$

といくつもの値をとりえますが，Arg( ) は

$$\mathrm{Arg}\,(j) = 90°$$

と一つに定まります．

もう一つの注意点は，$\tan\theta = b/a$ という式から形式的に得られる，つぎの式を扱うときの注意です．

$$\theta = \tan^{-1}\left(\frac{b}{a}\right)$$

たとえば，$A = -1 + j\sqrt{3}$ のとき，$\mathrm{Arg}\,A = \mathrm{Arg}\,(-1+j\sqrt{3}) = 120°$ となりますが，この場合，$a = \mathrm{Re}\,A = -1$, $b = \mathrm{Im}\,A = \sqrt{3}$ で，

$$\theta = \tan^{-1}\left(\frac{b}{a}\right) = \tan^{-1}\left(\frac{\sqrt{3}}{-1}\right) = \tan^{-1}\left(-\sqrt{3}\right) = \cdots, -60°, 120°, 300°, \cdots$$

となります．とくに，電卓では，主値である $-90°$ から $90°$ の間の偏角 $\tan^{-1}\left(\frac{\sqrt{3}}{-1}\right) = -60°$ を結果として表示しますから，誤った結果を選んでしまいます．この事情をグラフで見てみましょう．図 18.6(a) に $y = \tan x$ を，図 (b) にその逆関数 $x = \tan^{-1} y$

(a) $y = \tan x$　　(b) $x = \tan^{-1} y$

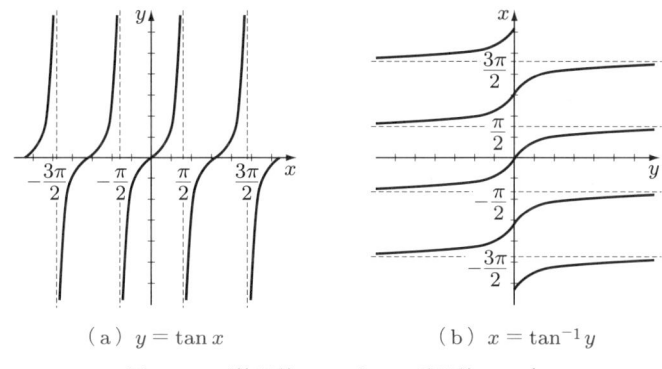

図 18.6　正接関数 $\tan x$ とその逆関数 $\tan^{-1} y$

を示します．図 (b) では y の値に対応する x の値がいくつも存在していることがわかります．

また，この関数にはもう一つ問題があり，$a = 0$ のときは b/a が無限大になるため，電卓では計算できません．このような不自然さをなくした関数として，プログラミング言語では次式で定義される 2 変数関数がよく使われます．

$$\mathrm{atan}\,2(b, a) \equiv \arg(a + jb)$$

とくに，主値の $-180° < \theta \leq 180°$ に限定するときは，つぎの記号を用います．

$$\mathrm{Atan}\,2(b, a) \equiv \mathrm{Arg}(a + jb)$$

図 18.7(a), (b) に $\mathrm{Tan}^{-1}(b/a)$ および $\mathrm{Atan}\,2(b, a)$ で計算したときの値を記しています．

(a) $\mathrm{Tan}^{-1}\left(\dfrac{b}{a}\right)$　　(b) $\mathrm{Atan}\,2(b, a)$

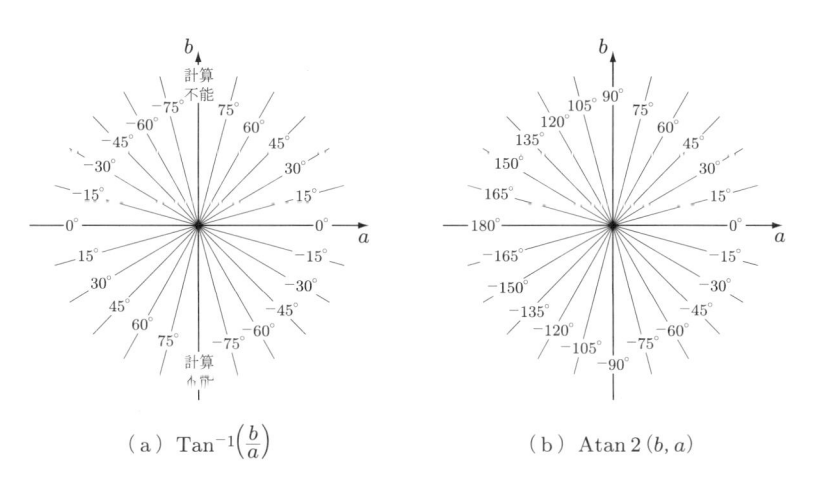

図 18.7　$\mathrm{Tan}^{-1}(b/a)$ と $\mathrm{Atan}\,2(b, a)$ の違い

複素数を $A = a + jb$ と表現する形式を**直角形式** (rectangular form), $A = r\angle\theta$ と表現する形式を**極形式** (polar form) といいます.

これまでに学習した内容を確認するため, つぎの例題をやってみましょう.

例題 18.2

つぎの計算をしなさい.

(1) $\text{Re}(4+j3)$ (2) $\text{Im}(4+j3)$ (3) $|4+j3|$ (4) $\text{Arg}(4+j3)$

(5) $|4\angle 30°|$ (6) $\text{Arg}(4\angle 30°)$ (7) $\text{Re}(4\angle 30°)$ (8) $\text{Im}(4\angle 30°)$

解 (1) $\text{Re}(4+j3)=4$ (2) $\text{Im}(4+j3)=3$ (3) $|4+j3|=5$

(4) $\text{Arg}(4+j3)=\text{Atan2}(3,4)=36.9°$ (5) $|4\angle 30°|=4$

(6) $\text{Arg}(4\angle 30°)=30°$ (7) $\text{Re}(4\angle 30°)=3.46$ (8) $\text{Im}(4\angle 30°)=2$

例題 18.3

つぎの複素数を複素平面上に描き, 直角形式で表されているものは極形式に, 極形式で表されているものは直角形式に変換して表しなさい.

(1) $4+j3$ (2) $100\angle 30°$ (3) $3-j4$

(4) $100\angle 120°$ (5) $-4-j3$

解 図 18.8 を参考に考える.

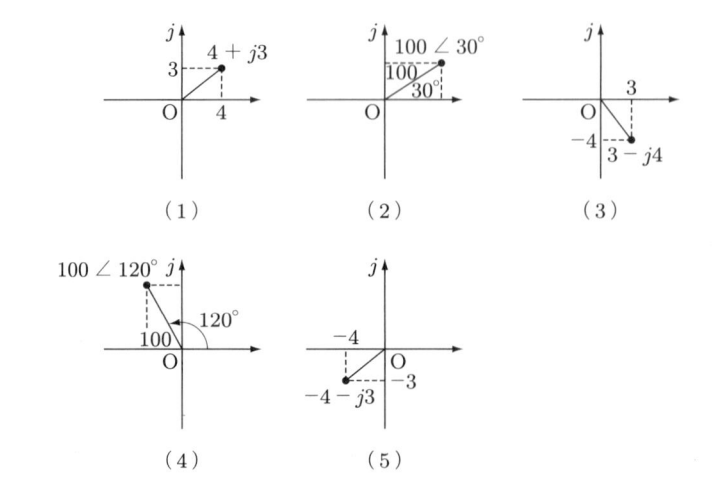

図 18.8

(1) $4+j3 = |4+j3| \angle \arg(4+j3) = \sqrt{4^2+3^2} \angle \text{Atan}2(3,4) = 5\angle 36.9°$
(2) $100\angle 30° = 100\cos 30° + j100\sin 30° = 86.6 + j50$
(3) $3-j4 = \sqrt{3^2+4^2} \angle \text{Arg}(3-j4) = 5\angle -53.1°$
(4) $100\angle 120° = 100\cos 120° + j100\sin 120° = -50 + j86.6$
(5) $-4-j3 = \sqrt{4^2+3^2} \angle \text{Arg}(-4-j3) = 5\angle -143.1°$

複素数 $a+jb$ と $a-jb$ を，たがいに共役な複素数といいます．複素数 $A = a+jb$ に対して，複素数 $a-jb$ を複素数 $A = a+jb$ の**共役複素数** (conjugate complex number) といい，$\bar{A}$ と表します．

例題 18.4
つぎの複素数の共役複素数を示しなさい．
(1) $4+j3$　　(2) $100\angle -30°$　　(3) $j\sqrt{2}$　　(4) $-\sqrt{3}$

解　(1) $\overline{4+j3} = 4-j3$　　(2) $\overline{100\angle -30°} = 100\angle 30°$　　(3) $\overline{j\sqrt{2}} = -j\sqrt{2}$
(4) $\overline{-\sqrt{3}} = -\sqrt{3}$

18.5　複素数の計算

複素数の四則演算はつぎのように行います．

> **複素数の四則演算**
> 複素数の四則演算は，j を一つの文字とする整式の計算と同じように取り扱い，j^2 が現れたら -1 で置き換える．

例題 18.5
つぎの計算をしなさい．
(1) $(2+j3)+(4-j)$　　(2) $(2+j3)-(4-j)$　　(3) $(2+j3)(4-j)$
(4) $(2+j3)\overline{(2+j3)}$　　(5) $\dfrac{4-j}{2+j3}$

解　(1) $(2+j3)+(4-j) = (2+4)+j(3-1) = 6+j2$

(2) $(2+j3)-(4-j)=(2-4)+j\{3-(-1)\}=-2+j4$

(3) $(2+j3)(4-j)=2\times 4+2\times(-j)+j3\times 4+j3\times(-j)=8-3j^2+j(-2+12)$
$=11+j10$

(4) $(2+j3)\overline{(2+j3)}=(2+j3)(2-j3)=2^2+j3\cdot 2-j2\cdot 3-j^2 3^2$
$=2^2+3^2=4+9=13$

(5) $\dfrac{4-j}{2+j3}=\dfrac{(4-j)(2-j3)}{(2+j3)(2-j3)}=\dfrac{8-3+j(-2-12)}{2^2+3^2}=\dfrac{5}{13}-j\dfrac{14}{13}$

例題 18.6

つぎの計算をし，極形式で答えなさい．

(1) $6\angle 30°+3\angle -10°$ (2) $6\angle 30°-3\angle -10°$

解 (1) $6\angle 30°+3\angle -10°=5.20+j3.00+2.95-j0.52=8.15+j2.48=8.52\angle 16.9°$

(2) $6\angle 30°-3\angle -10°=5.20+j3.00-(2.95-j0.52)=2.25+j3.52=4.18\angle 57.4°$

9の平方根は3と-3の二つがありますが，平方根記号を使った$\sqrt{9}$は正の3のみを表します．したがって，$x^2=9$の解は

$$x=\pm\sqrt{9}=\pm\sqrt{3}$$

と表す必要があります．同様に，負の数の平方根については，つぎのことが成り立ちます．

負の数の平方根

aを正の数とするとき，負の数$-a$の平方根は，$j\sqrt{a}$と$-j\sqrt{a}$である．また，$\sqrt{-a}=j\sqrt{a}$である．

例題 18.7

以下の問いに答えなさい．

(1) -24の平方根を求めなさい． (2) $\sqrt{-24}$を計算しなさい．

(3) $\sqrt{-2}\times\sqrt{-3}$を計算しなさい． (4) $\dfrac{\sqrt{3}}{\sqrt{-2}}$を計算しなさい．

解 (1) $\pm\sqrt{-24}=\pm j\sqrt{24}=\pm j2\sqrt{6}$ (2) $\sqrt{-24}=j\sqrt{24}=j2\sqrt{6}$

(3) $\sqrt{-2} \times \sqrt{-3} = j\sqrt{2} \times j\sqrt{3} = -\sqrt{6}$

(4) $\dfrac{\sqrt{3}}{\sqrt{-2}} = \dfrac{\sqrt{3}}{j\sqrt{2}} = \dfrac{\sqrt{3} \times j\sqrt{2}}{j\sqrt{2} \times j\sqrt{2}} = \dfrac{j\sqrt{6}}{-2} = -j\dfrac{\sqrt{6}}{2}$

複素数の乗算と除算については，以下のように極形式で考えると簡単です．

複素数の極形式での乗除算の公式

$$|A|\angle\theta_1 \times |B|\angle\theta_2 = |A||B|\angle(\theta_1 + \theta_2)$$

$$\dfrac{|B|\angle\theta_2}{|A|\angle\theta_1} = \dfrac{|B|}{|A|}\angle(\theta_2 - \theta_1)$$

なぜこのようになるのか証明しましょう．加法定理を用います．

$|A|\angle\theta_1 \times |B|\angle\theta_2$
$= |A|(\cos\theta_1 + j\sin\theta_1) \cdot |B|(\cos\theta_2 + j\sin\theta_2)$
$= |A||B|\{(\cos\theta_1\cos\theta_2 - \sin\theta_1\sin\theta_2) + j(\sin\theta_1\cos\theta_2 + \cos\theta_1\sin\theta_2)\}$
$= |A||B|\{\cos(\theta_1 + \theta_2) + j\sin(\theta_1 + \theta_2)\}$
$= |A||B|\angle(\theta_1 + \theta_2)$ （証明終）

割り算については，

$$\dfrac{|B|\angle\theta_2}{|A|\angle\theta_1} = |C|\angle\theta_3$$

とおくと，乗算の結果から，

$$|B|\angle\theta_2 = |C|\angle\theta_3 \times |A|\angle\theta_1 = |A||C|\angle(\theta_1 + \theta_3)$$

となります．これより，

$$|B| = |A||C|, \quad \theta_2 = \theta_1 + \theta_3$$

よって，つぎのようになります．

$$|C| = \dfrac{|B|}{|A|}, \quad \theta_3 = \theta_2 - \theta_1$$

これをはじめの式に代入すれば，つぎの結果が得られます．

$$\dfrac{|B|\angle\theta_2}{|A|\angle\theta_1} = \dfrac{|B|}{|A|}\angle(\theta_2 - \theta_1) \quad \text{（証明終）}$$

例題 18.8

つぎの計算をし，極形式で答えなさい．

(1) $6\angle 30° \times 3\angle -10°$ (2) $\dfrac{6\angle 30°}{3\angle -10°}$

解 (1) $6\angle 30° \times 3\angle -10° = 18\angle 20°$ (2) $\dfrac{6\angle 30°}{3\angle -10°} = 2\angle 40°$

18.6 交流回路の計算入門

実際の交流回路の計算をやってみましょう．前にも述べたように，一つひとつの計算の意味は後で学びます．ここでは，直流回路の解析と同じやり方で，複素数の計算の練習だと思ってやってみてください．

例題 18.9

図 18.9 の回路において，電流 I をつぎの (1)〜(5) の方法で求めなさい．ただし，電源の電圧は $10\angle 30°$ V，インダクタ，キャパシタ，抵抗のインピーダンスはそれぞれ $j6$ Ω，$-j2$ Ω，5 Ω とする．

図 18.9

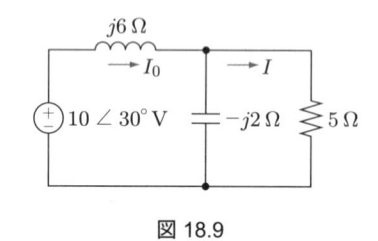

(1) 分圧の公式を用いる方法 (2) 分流の公式を用いる方法
(3) 閉路解析法 (4) 節点解析法
(5) テブナンの定理を用いる方法

解 (1) 5 Ω の抵抗と $-j2$ Ω のキャパシタの合成インピーダンス Z は，つぎのように求められる．

$$Z = \dfrac{5 \times (-j2)}{5 - j2} = 1.86\angle -68.2° \ \Omega$$

分圧の公式により，この並列回路に加わる電圧 V は，

$$V = \dfrac{1.86\angle -68.2°}{j6 + 1.86\angle -68.2°} \times 10\angle 30° = 4.29\angle -119.0° \ \text{V}$$

となる．したがって，電流 I はつぎのようになる．

$$I = \dfrac{4.29\angle -119.0°}{5} = 0.857\angle -119.0° \ \text{A}$$

(2) 回路の全インピーダンス Z_0 は，つぎのように求められる．

$$Z_0 = j6 + \dfrac{5 \times (-j2)}{5 - j2} = 4.33\angle 80.8° \ \Omega$$

したがって，全電流 I_0 は

18.6 交流回路の計算入門　427

$$I_0 = \frac{10\angle 30°}{4.33\angle 80.8°} = 2.31\angle -50.8° \text{ A}$$

となり，分流の公式により，電流 I はつぎのようになる．

$$I = \frac{-j2}{-j2+5} \times 2.31\angle -50.8° = 0.857\angle -119.0° \text{ A}$$

(3) 図 18.10(a) のように閉路電流 I_0, I を定めると，つぎの閉路方程式が得られる．

$$\begin{cases} (j6-j2)I_0 + -(-j2)I_0 = 10\angle 30° \\ -(-j2)I_0 + (5-j2)I = 0 \end{cases}$$

これを I について解くと，つぎのようになる．

$$I = \frac{-j2 \times 10\angle 30°}{(j6-j2)(5-j2)-j2\times j2} = 0.857\angle -119.0° \text{ A}$$

(4) 図 (b) のように電位の基準と電位 V を定めると，つぎの節点方程式が得られる．

$$\frac{V-10\angle 30°}{j6} + \frac{V}{-j2} + \frac{V}{5} = 0$$

したがって，電位 V は

$$V = \frac{\dfrac{10\angle 30°}{j6}}{\dfrac{1}{j6}+\dfrac{1}{-j2}+\dfrac{1}{5}} = 4.29\angle -119.0° \text{ V}$$

となり，電流 I はつぎのように求められる．

$$I = \frac{4.29\angle -119.0°}{5} = 0.857\angle -119.0° \text{ A}$$

(5) 図 (c) のように，$5\,\Omega$ の抵抗を取り外した回路において，開放電圧 E_0 および開放端子からみた回路の内部インピーダンス Z_0 は，つぎのように求められる．

$$E_0 = \frac{-j2}{j6-j2} \times 10\angle 30° = 5\angle 30° = 5\angle -150° \text{ V}$$

$$Z_0 = \frac{j6 \times (-j2)}{j6-j2} = -j3 \ \Omega$$

したがって，これに $5\,\Omega$ の抵抗を接続したときに流れる電流 I は，つぎのようになる．

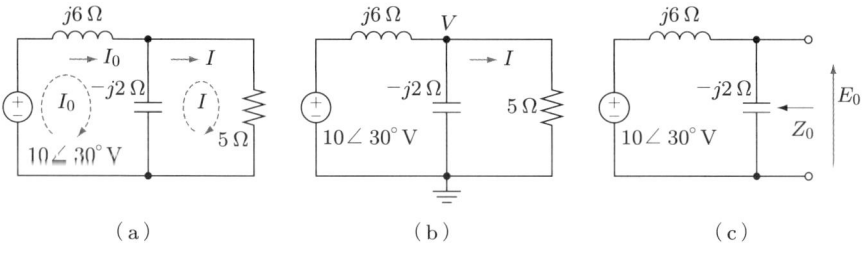

(a) 　　　　　　　　(b) 　　　　　　　　(c)

図 18.10

$$I = \frac{5\angle -150°}{5-j3} = 0.857\angle -119.0° \text{ A}$$

18.7† オイラーの公式

本節では，数学的に非常に魅力的な公式であるとともに，振動や波動を理解するうえで重要な**オイラーの公式**を紹介します．

オイラーの公式
$$\cos\theta + j\sin\theta = e^{j\theta}$$

オイラーの公式を紹介することは，本論の交流理論の流れからは少し逸脱しますが，18.6 節の複素数の乗除算の公式との関連もありますので，ここで解説しておくことにします．ただし，複素数を学んだばかりの方には少し難解に感じるかもしれません．そのような方は，オイラーの公式の概要を説明するつぎの二つの段落を読んだ後，いったん本節を飛ばしてもらってかまいません．先に進んだところで，必要に応じてもどって読んでいただければと思います．

オイラーの公式は，指数関数と三角関数というそれぞれまったく異なるところに起源をもつ二つの関数を，複素数というこれまた別のところに起源をもつ新たな数を導入することによって結びつけた公式だといえます．3者が仲よく単純な式で結ばれているのは，見ていても心地よいものです．

複素数の乗除算の公式は，オイラーの公式といくつかの指数の関係から簡単に導かれます．このことはこの後で紹介します．しかし，オイラーの公式の効用はその程度のものではありません．数学，物理，工学のさまざまな分野で重要な役割を演じていて，ノーベル物理学賞受賞者のリチャード・ファインマンは「数学におけるもっとも素晴らしい公式」，「われわれの至宝」だと述べています．

さて，オイラーの公式は，実部が $\cos\theta$，虚部が $\sin\theta$ を値にもつ複素数が，指数部に純虚数をもつ指数関数で表現できるということを意味しています．この複素数の大きさは左辺から1だということは簡単にわかります．複素平面上にプロットすると，図 18.11 のように，半径1の円上において，正の実軸からの角度 θ の点 P に位置することがわかりますから，左辺を極座標形式で表現すると $1\angle\theta$ となって，オイラーの公式は

$$1\angle\theta = e^{j\theta}$$

18.7† オイラーの公式

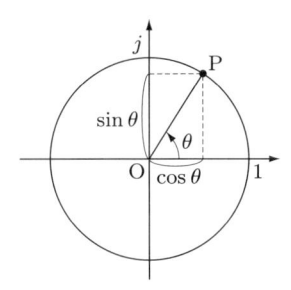

図 18.11 複素数 $\cos\theta + j\sin\theta$

と書くこともできます.

指数関数についてはつぎの公式があります.

$$a^{x+y} = a^x a^y$$

この関係は,x や y が整数だけでなく,実数のときにも成り立ちます.もちろん a も実数でかまいません.したがって,これがネイピア数 $e = 2.718281828459045\cdots$ についても成り立ちます.

ここではさらに拡張して,x や y が複素数になっても成り立つと考えてみましょう.そうすると,18.5 節で証明した複素数の極形式での乗除算の公式が,以下のような簡単な式変形から導かれます.

$$AB = |A|\angle\theta \times |B|\angle\phi = |A|e^{j\theta} \times |B|e^{j\phi}$$
$$= |A||B|e^{j\theta}e^{j\phi} = |A||B|e^{(j\theta+j\phi)} = |A||B|e^{j(\theta+\phi)} = |A||B|\angle(\theta+\phi)$$
$$\frac{B}{A} = \frac{|B|\angle\phi}{|A|\angle\theta} = \frac{|B|e^{j\phi}}{|A|e^{j\theta}} = \frac{|B|}{|A|}e^{j\phi}e^{-j\theta} = \frac{|B|}{|A|}e^{j\phi-j\theta} = \frac{|B|}{|A|}e^{j(\phi-\theta)}$$
$$= \frac{|B|}{|A|}\angle(\phi-\theta)$$

18.5 節の複素数の極形式での乗除算の公式の証明には加法定理を利用しましたが,次章で正弦波の和を考える際にも加法定理を利用します.ところで,オイラーの公式を用いれば,加法定理はつぎのように簡単に証明できます.まず,オイラーの公式から

$$e^{j(\alpha+\beta)} = \cos(\alpha+\beta) + j\sin(\alpha+\beta)$$

となります.一方,複素数になっても指数関数の計算が実数のときと同じように行えますので,つぎのように展開できます.

$$e^{j(\alpha+\beta)} = e^{j\alpha+j\beta} = e^{j\alpha}e^{j\beta} = (\cos\alpha + j\sin\alpha)(\cos\beta + j\sin\beta)$$
$$= (\cos\alpha\cos\beta - \sin\alpha\sin\beta) + j(\sin\alpha\cos\beta + \cos\alpha\sin\beta)$$

二つの式は同じ複素数を意味していますから，二つの式の右辺は等しいことがわかります．二つの複素数が等しいということは，その実部どうし，虚部どうしが等しいということです．このことから，つぎの加法定理が得られます．

$$\sin(\alpha + \beta) = \sin\alpha\cos\beta + \cos\alpha\sin\beta$$
$$\cos(\alpha + \beta) = \cos\alpha\cos\beta - \sin\alpha\sin\beta$$

一方，オイラーの公式を用いない加法定理の一般的な証明には，半径 1 の円を用いた図 18.12 がよく使われます．まず，

$$\angle\mathrm{GQM} = 90° - \angle\mathrm{QGM} = \angle\mathrm{MGO} = \angle\mathrm{GOH} = \beta$$

を確認しておきましょう．図からつぎのことがわかります．

$$\mathrm{QN} = \sin(\alpha + \beta), \quad \mathrm{OG} = \cos\alpha, \quad \mathrm{QG} = \sin\alpha$$
$$\mathrm{QM} = \mathrm{QG}\cos\beta, \quad \mathrm{GH} = \mathrm{OG}\sin\beta$$

これらより，加法定理の一つである次式が得られます．

$$\sin(\alpha + \beta) = \mathrm{QN} = \mathrm{QM} + \mathrm{MN} = \mathrm{QM} + \mathrm{GH} = \mathrm{QG}\cos\beta + \mathrm{OG}\sin\beta$$
$$= \sin\alpha\cos\beta + \cos\alpha\sin\beta$$

余弦関数の加法定理も，同じ図 18.12 を用いて証明できます．挑戦してみてください．

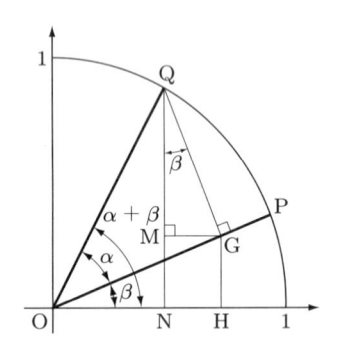

図 18.12 加法定理の証明

図を用いた加法定理の証明は，α や β が負の場合や $\alpha + \beta$ が 90° を超える場合には注意が必要ですが，基礎的な知識だけを使った証明になっています．ただし，図に補助線を用いるなど少し技巧的な部分もあり，これに比べ，先ほどのオイラーの公式を利用する証明は，簡単な式変形だけで導けます．

しかし，オイラーの公式を用いて加法定理が完全に証明されたというのには，少し無理があります．オイラーの公式の証明には長い道のりがあり，その間で加法定理を

用いないですますことはできないと思われるからです．それでは証明が堂々巡りになってしまいます．しかし，オイラーの公式は多くの関係性を見通しよく示してくれる公式だといえます．その例としてもう一つ，オイラーの定理から導かれるつぎの**ド・モアブルの定理**を紹介しましょう．

$$(\cos\theta + j\sin\theta)^n = \cos(n\theta) + j\sin(n\theta)$$

証明はつぎのように非常に簡単です．

$$(\cos\theta + j\sin\theta)^n = (e^{j\theta})^n = e^{jn\theta} = \cos(n\theta) + j\sin(n\theta)$$

本書では複素数を極形式で $A = r\angle\theta$ と表すことにしていますが，オイラーの公式を利用すれば，

$$A = r\angle\theta = re^{j\theta}$$

と表すこともできます．最右辺の表示法を**複素数の指数表示**ということもあります．このほうが，指数関数の性質を使えてあらたに乗除算の公式などを覚える手間が省けます．しかし本書では，指数表示だと偏角の部分の文字が小さくなって読みにくいという理由から，極形式の表示を用いることとします．

オイラーの公式に出てくる指数関数と三角関数とでは，生まれた経緯はまったく異なります．まず三角関数についてですが，$\sin\theta$, $\cos\theta$ は直角三角形の斜辺を r，底辺を x，垂線を y として，三角比

$$\sin\theta = \frac{y}{r}, \quad \cos\theta = \frac{x}{r}$$

として定義されました．この定義では $0 < \theta < \pi/2$ ですが，図 18.11 のように 2 次元平面の単位円上に点 P をとり，この偏角 θ に対する x 座標を $\cos\theta$，y 座標を $\sin\theta$ と定義することで，任意の θ に拡張できます．

一方，指数関数では，ある数 a を n 回かけ合わせたときの数を a^n として定義し，この n が整数だけでなく有理数，実数のときにも意味をもつ数になるように拡張することで，実数 x の関数としての指数関数 a^x が定義されます．このように，整数 n を実数 x に拡張しても，$a^{x+y} = a^x a^y$ などの重要な関係は保たれます．

指数関数を連想してみてください．右に x を正とする x 軸をとると，x の値が大きい右のほうでは関数値も大きく，左に進んで x の値が小さくなってくると関数値が小さくなります．この曲線は富士山の稜線のカーブに似ています．富士山頂を右のほうに想定し，左にその裾野を連想したときの稜線のカーブです．非常に美しい曲線です．

さらに，指数関数の微分についてはつぎの結果があります．

$$\frac{d}{dx}a^x = a^x \log_e a, \quad \frac{d}{dx}e^x = e^x$$

富士山の稜線だと，低いところではその傾きも小さく，高いところではその傾きも大きくなりますが，上式はそのことを思わせます．$f(x) = a^x$ とおくと，

$$\frac{df(x)}{dx} = f(x) \log_e a$$

となっていますから，導関数ともとの関数とが比例しています．その比例定数は $\log_e a$ で，これが 1 となる，つまり導関数ともとの関数が等しいのは，a^x の底 a が，ネイピアの数 $e = 2.718281828459045\cdots$ に等しい場合なのです．

このように，出所の異なる指数関数 e^x と三角関数 $\sin\theta, \cos\theta$ が複素数を介在して一つの式で結ばれるのですから驚きです．ところで，オイラーの公式に $\theta = \pi$ を代入すると，またまた驚きのつぎの式が得られます．

$$e^{j\pi} + 1 = 0$$

数学におけるとびきりのスターである 1 (単位元), 0 (零元), π (円周率), e (ネイピア数), j (虚数単位) が仲よく勢ぞろいし，このような簡潔な式で結ばれているのですから，感嘆するほかありません．

オイラーの公式の証明には級数の知識が必要になりますので，ここで簡単に説明しておきましょう．現在なら三角関数や指数関数は電卓を使えば簡単に計算できますが，昔の数学者はこれらの関数値を近似値でもよいから加減乗除で計算する方法はないかと考えました．それがつぎの級数です．

$$e^\theta = 1 + \theta + \frac{1}{2!}\theta^2 + \frac{1}{3!}\theta^3 + \frac{1}{4!}\theta^4 + \frac{1}{5!}\theta^5 + \cdots$$

$$\cos\theta = 1 - \frac{1}{2!}\theta^2 + \frac{1}{4!}\theta^4 - \frac{1}{6!}\theta^6 + \frac{1}{8!}\theta^8 + \cdots$$

$$\sin\theta = \theta - \frac{1}{3!}\theta^3 + \frac{1}{5!}\theta^5 - \frac{1}{7!}\theta^7 + \frac{1}{9!}\theta^9 + \cdots$$

右辺の変数 θ の単位は弧度法の rad です．θ に小さな値を入れて計算してみると，$\cdots$ の部分は小さくなりますので，近似的に成り立っていそうなことを確認することができます．指数関数と三角関数との間になんとなく関連性がありそうなのですが，このままではどうも無理です．これらの仲を取りもつのが複素数なのです！

$$\begin{aligned}
e^{j\theta} &= 1 + (j\theta) + \frac{1}{2!}(j\theta)^2 + \frac{1}{3!}(j\theta)^3 + \frac{1}{4!}(j\theta)^4 + \frac{1}{5!}(j\theta)^5 + \cdots \\
&= 1 + j\theta - \frac{1}{2!}\theta^2 - j\frac{1}{3!}\theta^3 + \frac{1}{4!}\theta^4 + j\frac{1}{5!}\theta^5 - \cdots \\
&= \left(1 + \frac{1}{2!}\theta^2 + \frac{1}{4!}\theta^4 + -\cdots\right) + j\left(\theta - \frac{1}{3!}\theta^3 + \frac{1}{5!}\theta^5 - \cdots\right) \\
&= \cos\theta + j\sin\theta
\end{aligned}$$

■■演習問題■■

18.1 二つの複素数 $a=1+j0.5$, $b=1+j$ について，和，差，積，商および共役複素数を計算し，その結果を複素平面上に矢印で記しなさい．
(1) $a+b$ (2) $a-b$ (3) ab (4) $\dfrac{a}{b}$ (5) $\bar{a}$

18.2 つぎの複素数を，複素平面上に矢印で記しなさい．また，直角形式の複素数は極形式に，極形式の複素数は直角形式に変換しなさい．
(1) $-15+j20$ (2) $20\angle -60°$

18.3 図 18.13 の回路の電流 I_0, I, I_C を求めよ．

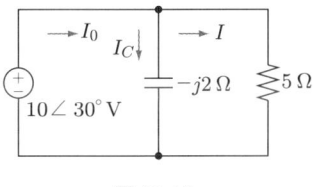

図 18.13

18.4 図 18.14 の回路の電流 I と電圧 V を求めなさい．

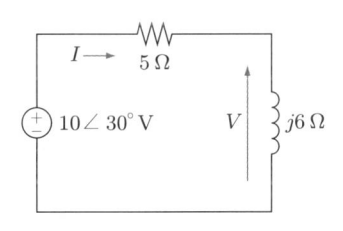

図 18.14

18.5 つぎの複素計算をし，極形式で答えよ．
(1) $\dfrac{1}{\dfrac{1}{5-j2}+\dfrac{1}{6}}$ (2) $2.89\angle -11.5°+j2$ (3) $\dfrac{10\angle 30°}{3.17\angle 26.7°}$

(4) $3.15\angle 3.3° \times \dfrac{6}{6+5-j2}$ (5) $10\angle 30° \times \dfrac{2.89\angle -11.5°}{j2+2.89\angle -11.5°}$

(6) $\dfrac{9.12\angle -8.2°}{5-j2}$ (7) $\dfrac{10\angle 30°-9.12\angle -8.2°}{j2}$

18.6 図 18.15 の交流回路において，交流電圧計 a, b と交流電流計の示す値を求めなさい．

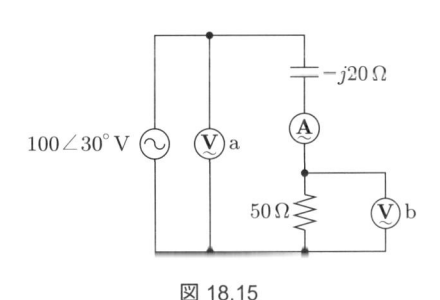

図 18.15

19章　正弦波の和

　前章では，直流回路の場合の実数の計算とは違って，交流回路の計算をする場合には複素数を用いることを，その理由を説明することなく紹介しました．この複素計算の重要な演算に，加算と乗算があります．本章では前者の複素数の加算が交流回路の計算においてどのような意味をもち，どのように便利であるのかを学ぶことにします．

　ところで，交流回路では，駆動電源が複数ある場合でも，周波数が等しければ，各所の電圧や電流も同じ周波数で正弦波的な変動をします．このことを理解するための根本には，まず「周波数の等しい二つ正弦波の和は同じ周波数の正弦波になる」ということを理解する必要があります．本章の主題はまさにこのことで，その結論は，

① 周波数の等しい二つ正弦波の和もまた同じ周波数の正弦波になる
② 和の正弦波に対応するフェーザは，加えられるもとの二つの正弦波に対応するフェーザのベクトル和になる

また，正弦波を複素数で表現すると，

③ 和の正弦波に対応する複素数は，加えられるもとの二つの正弦波に対応する複素数の和になる

というものです．

　本章の目的は，この主題とその結論の理解，また，それを利用した具体的な計算法をマスターすることです．

　まず，結論①に対しては，グラフを使って直感的に理解したうえで，三角関数の加法定理をもとに証明します．正弦波には，大きさと周波数と初期位相という三つの要素がありました．周波数の等しい二つの正弦波の和もまた同じ周波数の正弦波になるということですから，残る要素，大きさと初期位相がどうなるのかを調べる必要があります．調べてみると，3Vと4Vの正弦波の和は7Vになるとはかぎらないことがわかります．このあたりの計算も，①を証明した三角関数の加法定理を用いた計算とともに出てくる結論なのですが，三角関数を用いた計算をいつもやるのは少し面倒です．この計算を楽にしてくれるのがフェーザのベ

クトル計算や複素数の計算なのです．三角関数の和の計算がベクトル和や複素数の和の計算に置き換えられるのです．

このような理由で，身長をメジャーで測って「175.6 cm」などと表すように，電気のエンジニアは，正弦波を2次元のベクトルや複素数で表します．虚数の発見から複素数が登場したのですが，虚数は決して虚ろな数ではありません．正弦波を見たら，2次元ベクトルや複素数を連想すればいいのです．2次元ベクトルや複素数は，交流回路や振動に関わる計算を実に簡単にしてくれます．

19.1　いろいろな正弦波の和

二つの正弦波を加えるとどのような波形になるのでしょうか．図 19.1 にいくつかの例を示します．上段，中段，下段に，それぞれ五つの正弦波を描いています．縦の各列において，上段と中段の正弦波の和を下段に示しています．じっくり眺めてみてください．

1 列目は周波数がかなり違う二つの正弦波の和です．低い周波数の正弦波の振幅に

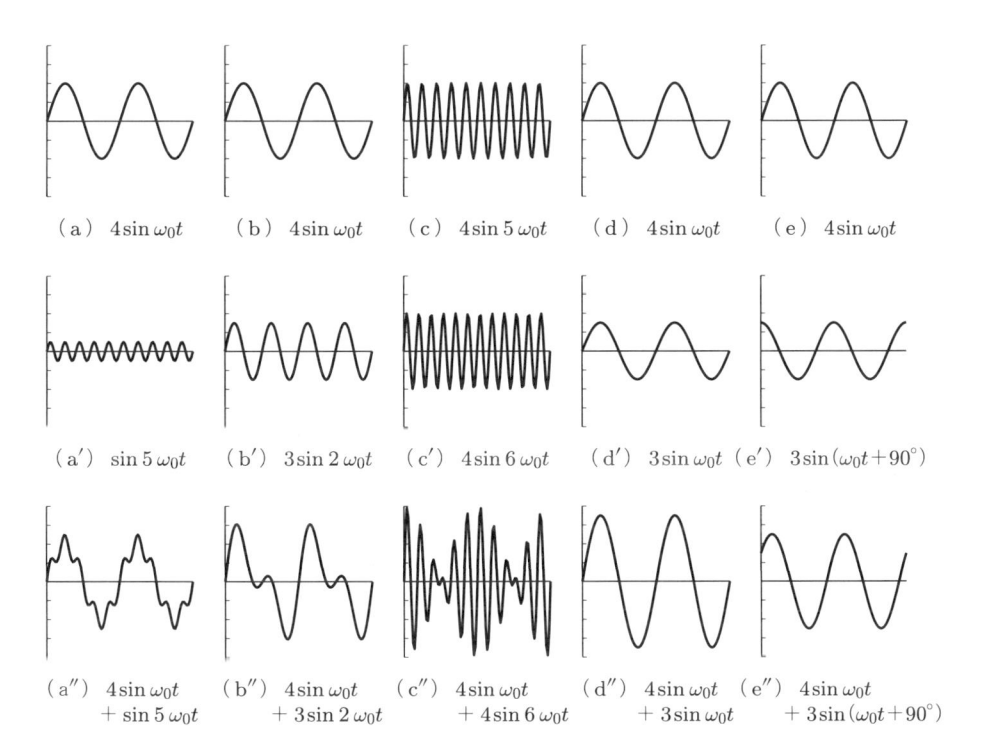

（a）　$4\sin\omega_0 t$　　（b）　$4\sin\omega_0 t$　　（c）　$4\sin 5\omega_0 t$　　（d）　$4\sin\omega_0 t$　　（e）　$4\sin\omega_0 t$

（a'）　$\sin 5\omega_0 t$　　（b'）　$3\sin 2\omega_0 t$　　（c'）　$4\sin 6\omega_0 t$　　（d'）　$3\sin\omega_0 t$　　（e'）　$3\sin(\omega_0 t + 90°)$

（a''）　$4\sin\omega_0 t$　　（b''）　$4\sin\omega_0 t$　　（c''）　$4\sin\omega_0 t$　　（d''）　$4\sin\omega_0 t$　　（e''）　$4\sin\omega_0 t$
　　　　$+\sin 5\omega_0 t$　　　　$+3\sin 2\omega_0 t$　　　　$+4\sin 6\omega_0 t$　　　　$+3\sin\omega_0 t$　　　　$+3\sin(\omega_0 t + 90°)$

図 19.1　いろいろな正弦波の和

比べ，高い周波数の振幅が小さいので，二つの和の波形は，低い周波数の正弦波をベースに，小さな高い周波数の振動が乗っかっている様子がうかがえます．2 列目は周波数比がちょうど 2 の二つの正弦波の和です．二つのこぶをもった形が繰り返されていて，周期波になっていますが，正弦波ではありません．3 列目はビート (うなり) の例です．二つの音の周波数が近くなり，その比が 1 に近くなると，音の強弱を交互に繰り返す音がします．これがビートです．

二つの正弦波の周波数が等しくなるとどうなるでしょうか．4 列目は周波数だけでなく，位相も等しい二つの正弦波の和です．5 列目は周波数は等しいのですが，位相が違う二つの正弦波の和です．振幅もそれぞれ 4 と 3 で異なるのですが，このことはここでは本質ではありません．4 列目の場合は当然の結果ですが，和も正弦波です．和の正弦波の振幅はもとの二つの正弦波の振幅 4 と 3 の和の 7 になっており，位相はもとの二つの正弦波と同じです．ところが，位相の異なる 5 列目の場合はどうでしょうか．この場合も和は正弦波になっており，周波数ももとの正弦波の周波数と同じようです．ところが，振幅はもとの二つの正弦波の振幅 4 と 3 の和の 7 にはなっていませんし，位相はもとのどちらの正弦波とも異なります．

これらの結果からわかることは，「周波数の異なる正弦波の和は正弦波にはならない」こと，推測できることは，「位相が異なっていても周波数の等しい二つの正弦波の和は，もとの正弦波と同じ周波数の正弦波になりそうだ」ということです．後者の推測が正しいことを証明し，和の正弦波の振幅や位相がどのようになるのか，さらにそれらをどうやって計算したらよいのか，それらをつきとめることが本章の目的です．

19.2 グラフを用いた正弦波波形の和

本節では，周波数の等しい二つの正弦波の和を，具体的に数値計算してグラフに描いてみましょう．

例題 19.1

つぎの瞬時式で表される電圧 e_1, e_2 とその和 e について，以下の問いに答えなさい．ただし，電圧 e_1, e_2 の周波数は，ともに 50 Hz とする．

$$e_1 = 4\sqrt{2}\sin(\omega t + 30°) \text{ V}, \quad e_2 = 3\sqrt{2}\sin(\omega t + 110°) \text{ V}$$
$$e = e_1 + e_2$$

(1) $\omega t = 0°, 15°, 30°, \cdots, 360°$ での時刻 t，電圧 e_1, e_2 の位相 ϕ_1, ϕ_2，瞬時値について，表 19.1 を完成させなさい．

(2) 電圧 e_1, e_2 および e の変化を，図 19.2 の右図に示しなさい．

(3) 電圧 e を正弦波だと仮定して，電圧 e_1, e_2 および e に対応するフェーザ E_1, E_2 および E を，図 19.2 の左図に示しなさい．
(4) $\omega t = 90°$ のときの電圧 e_1, e_2 および e に対応する回転フェーザ E_1', E_2' および E' を図 19.2 の左図に示しなさい．

表 19.1

ωt [deg]	時間 t [ms]	電圧 e_1 位相 ϕ_1 [deg]	電圧 e_1 瞬時値 [V]	電圧 e_2 位相 ϕ_2 [deg]	電圧 e_2 瞬時値 [V]	電圧 e 瞬時値 [V]
0	0	30	2.83	110	3.99	6.82
15	0.83	45	4.00	125	3.48	7.48
30						
45						
60	3.33	90	5.66	170	0.74	
75	4.16	105	5.46	-175	-0.37	
90	5.00	120	4.90	-160	-1.45	
105	5.83	135	4.00	-145	-2.43	1.57
120	6.67	150	2.83	-130	-3.25	-0.42
135	7.50	165	1.46	-115	-3.85	-2.38
150	8.33	180	0.00	-100	-4.18	-4.18
165	9.17	-165	-1.46	-85	-4.23	-5.69
180	10.00	-150	-2.83	-70	-3.99	-6.82
195	10.83	-135	-4.00	-55	-3.48	-7.48
210	11.67	-120	-4.90	-40	-2.73	-7.63
225	12.50	-105	-5.46	-25	-1.79	-7.26
240	13.33	-90	-5.66	-10	-0.74	-6.39
255	14.17	-75	-5.46	5	0.37	5.09
270	15.00	-60	-4.90	20	1.45	3.45
285	15.83	-45	-4.00	35	2.43	1.57
300	16.67	-30	-2.83	50	3.25	-0.42
315	17.50	-15	-1.46	65	3.85	-2.38
330	18.33	0	0.00	80	4.18	-4.18
345	19.17	15	1.46	95	4.23	-5.69
360	20.00	30	2.83	110	3.99	-6.82

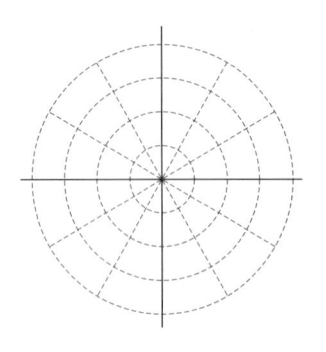

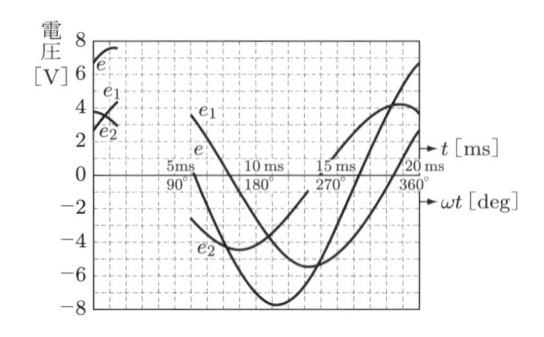

図 19.2

解 (1) 表 19.2 のとおり.

表 19.2

ωt [deg]	時間 t [ms]	電圧 e_1 位相 ϕ_1 [deg]	瞬時値 [V]	電圧 e_2 位相 ϕ_2 [deg]	瞬時値 [V]	電圧 e 瞬時値 [V]
15	0.83	45	4.00	125	3.48	7.48
30	**1.67**	**60**	**4.90**	**140**	**2.73**	**7.63**
45	**2.50**	**75**	**5.46**	**155**	**1.79**	**7.26**
60	3.33	90	5.66	170	0.74	**6.39**
75	4.16	105	5.46	−175	−0.37	**5.09**
90	5.00	120	4.90	−160	−1.45	**3.45**
105	5.83	135	4.00	−145	−2.43	1.57

(2)〜(4) 図 19.3 のとおり.

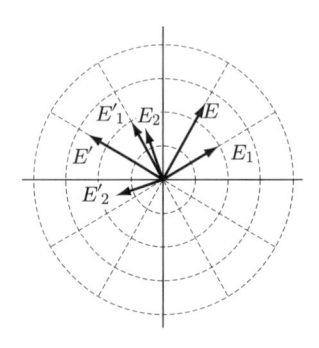

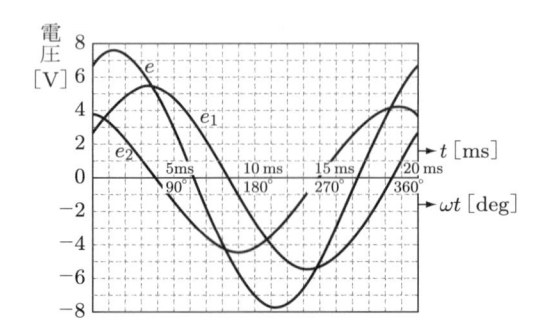

図 19.3

二つの正弦波の和について，例題 19.1 から類推できることは何でしょうか．少しまとめてみましょう．

(1) **波形について**

図 19.3 の電圧 e は正弦波のようにみえます．したがって，同じ周波数の二つの正弦波の和もまた同じ周波数の正弦波になるという予想は正しいように思われます．

(2) **大きさについて**

e_1, e_2 の実効値はそれぞれ 4 V, 3 V です．直流のときと同じように単純に加算すると 7 V になります．一方，電圧 e の最大値は 7.6 V をちょっと超えています．電圧 e を正弦波だと仮定すると，実効値は 5.4 V くらいです．4 プラス 3 イコール 5.4 ?? つまり，「実効値のまま加算しても，正弦波の和の実効値は求まりません」．これは重要な事実です．直流の場合には成立していた単純な加算が正弦波になるとできなくなるのでしょうか．

(3) **周波数について**

e の周期が e_1, e_2 の周期に等しいから，「e の周波数も e_1, e_2 の周波数に等しい！」となります．図を描いた人にはうなずけることではないでしょうか．

(4) **位相について**

二つの正弦波 e_1, e_2 の和 $e = e_1 + e_2$ も正弦波だとすると，e に対応するフェーザ E があるはずです．このフェーザの偏角が初期位相でしたから，これを図 19.2 から読み取ると，正確ではありませんが，「初期位相が約 60° 程度ありそうだ」ということがわかります．

(5) 電圧 e を正弦波だと仮定して，e_1, e_2, e に対応するフェーザ E_1, E_2, E を描きましたが，これらの間の関係はどうでしょうか．また，$\omega t = 90°$ のときの回転フェーザ E_1', E_2', E' の間の関係はどうでしょうか．「フェーザ E は二つのフェーザ E_1, E_2 のベクトル和になっている」のではないでしょうか．同様に，「三つの回転フェーザはどの時刻でも相対的な位置関係は変わらず，いつでも e に対応する回転フェーザは，e_1, e_2 に対応する二つの回転フェーザのベクトル和になっている」のではないでしょうか．

19.3 周波数の等しい二つの正弦波の和

正弦波の和についていろいろと疑問が湧いてきましたが，そろそろ本章の結論を述べておきましょう．

周波数の等しい二つの正弦波の和に関する定理

周波数の等しい二つの正弦波 e_1, e_2 の和 $e = e_1 + e_2$ に対して，以下のことが成り立つ．

(1) e もまた e_1, e_2 の周波数に等しい正弦波になる
(2) e_1, e_2, e に対応するフェーザを E_1, E_2, E とすると，フェーザ E はフェーザ E_1, E_2 のベクトル和である

$$E = E_1 + E_2$$

この証明は 19.6 節以降で解説しますが，この節では，上記の結果を利用して，具体的な計算法を学んでいくことにします．例題 19.1 で取り扱った以下の正弦波について考えましょう．

$$e_1 = 4\sqrt{2}\sin(\omega t + 30°) \text{ V}, \quad e_2 = 3\sqrt{2}\sin(\omega t + 110°) \text{ V}$$
$$e = e_1 + e_2$$

まず，上記の定理の (1) から，和 e も正弦波であるといえます．正弦波であれば対応するフェーザを考えることができます．e_1, e_2, e に対応するフェーザを E_1, E_2, E とすると，定理の (2) から，

$$E = E_1 + E_2$$

が成り立ちます．

ここで注意が必要です．$e = e_1 + e_2$ と $E = E_1 + E_2$ とで同じ「+」の記号を使っていますが，双方では意味が異なります．前者は正弦波 e_1, e_2 の瞬時値である実数値の和の意味です．これは，二つの時間関数 $e_1 = 4\sqrt{2}\sin(\omega t + 30°)$, $e_2 = 3\sqrt{2}\sin(\omega t + 110°)$ の和も意味しています．つまり，実数値の和であり，時間 t を独立変数に含む関数の和をも意味しているのです．ところが後者はフェーザ E_1, E_2 をベクトルと考えて，そのベクトル和を意味しているのです．つまり，異なる世界の加算なのです．

● ベクトルを用いた正弦波の和の計算

フェーザ E_1, E_2, E を図 19.4 に図示します。横軸を x 軸，縦軸を y 軸とし，E, E_1, E_2 の x 成分，y 成分にはそれぞれに添字 x, y をつけるとすると，E が E_1, E_2 のベクトル和であることから，

$$E_x = E_{1x} + E_{2x} = 4\cos 30° + 3\cos 110° = 3.46 - 1.02 = 2.44$$
$$E_y = E_{1y} + E_{2y} = 4\sin 30° + 3\sin 110° = 2.00 + 2.82 = 4.82$$

となり，これから，e の実効値，初期位相はそれぞれつぎのように求められます．

e の実効値 $= E$ の大きさ $= |E| = \sqrt{(E_x)^2 + (E_y)^2} = \sqrt{(2.44)^2 + (4.82)^2} = 5.40$ V

e の初期位相 $= E$ の偏角 $= \text{Arg}(E) = \text{Atan2}(4.82, 2.44) = 63.2°$

図 19.4

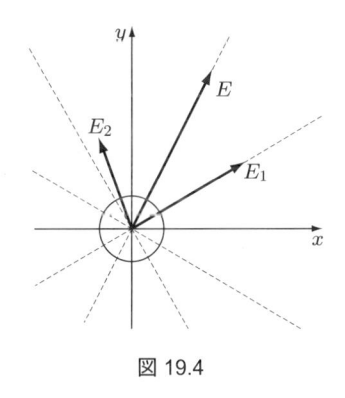

この結果から，$e_1 = 4\sqrt{2}\sin(\omega t + 30°)$ V，$e_2 = 3\sqrt{2}\sin(\omega t + 110°)$ V の和 $e = e_1 + e_2$ は，つぎの瞬時式で表現できることになります．

$$e = 5.40\sqrt{2}\sin(\omega t + 63.2°) \text{ V}$$

● 複素数を用いた正弦波の和の計算

正弦波の和を計算するのに，2 次元平面上のベクトルの和を用いました．一方，複素数の和を複素平面上に描くと，2 次元平面上のベクトル和になりました．ということは，正弦波の和も複素数の和で表されることになります．具体的にやってみましょう．

図 19.4 の x 軸，y 軸を複素平面の実軸，虚軸に対応させ，フェーザ E_1, E_2, E の矢印の先端をこの複素平面上で読み取るとして，これらのフェーザに複素数を対応させることにします．対応する複素数もフェーザと同じ記号を用いて E_1, E_2, E と記すことにすると，つぎのように表せます．

$$E_1 = 4\angle 30° \text{ V} \qquad\qquad e_1 = 4\sqrt{2}\sin(\omega t + 30°) \text{ V}$$
$$E_2 = 3\angle 110° \text{ V} \quad\Leftrightarrow\quad e_2 = 3\sqrt{2}\sin(\omega t + 110°) \text{ V}$$
$$E = E_1 + E_2 \qquad\qquad e = e_1 + e_2$$

複素数の和の計算を実行すると，

$$E = E_1 + E_2 = 4\angle 30° + 3\angle 110° = (3.46 + j2.00) + (-1.02 + j2.82)$$
$$= 2.44 + j4.82 = 5.40\angle 63.2° \text{ V}$$

となります．これから，e の実効値は 5.40 V，初期位相は 63.2° であることがわかり，同じ結果が得られました．計算の途中に出てくる具体的な数値も，ベクトル和を求めるときに出てきた数値と同じで，計算の構造がどちらも同じであることがわかります．

ここで紹介した複素数 E_1, E_2, E はフェーザ E_1, E_2, E の複素数を用いた表現です．正弦波の代理表現の矢印も複素数も，どちらも**フェーザ**とよびます．正弦波の和について，複素数を用いて整理すると，つぎのようにまとめられます．

周波数の等しい二つの正弦波の和に関する定理

周波数の等しい二つの正弦波 e_1, e_2 の和 $e = e_1 + e_2$ に対して，以下のことが成り立つ．

(3) e_1, e_2, e に対応する複素数を E_1, E_2, E とすると，複素数 E は複素数 E_1 と E_2 の和である．

$$E = E_1 + E_2$$

例題 19.2

つぎの計算をしなさい．

(1) $2\sqrt{2}\sin\omega t + 3\sqrt{2}\sin(\omega t + 90°)$ 　(2) $4\sqrt{2}\sin(\omega t + 20°) + 6\sqrt{2}\sin(\omega t - 80°)$
(3) $\sin\omega t + \sin(\omega t + 90°)$ 　(4) $4\sin\omega t + 3\cos\omega t$
(5) $\sin(\omega t - 30°) + \sin(\omega t + 30°)$ 　(6) $\sin\omega t + \sin(\omega t + 120°)$
(7) $\sin x + \sin(x + 120°) + \sin(x + 240°)$
(8) $\sin(10°) + \sin(130°) + \sin(250°)$
(9) $\sin(\omega t + 10°) + \sin(\omega t + 20°) + \cdots + \sin(\omega t + 350°)$

解 (1) 対応するフェーザは図 19.5(a) のように描ける．これより，

$$2 + j3 = 3.61\angle 56.3°$$

19.3 周波数の等しい二つの正弦波の和　443

$$2\sqrt{2}\sin\omega t + 3\sqrt{2}\sin(\omega t + 90°) = 3.61\sqrt{2}\sin(\omega t + 56.3°)$$

(2) 対応するフェーザは図 (b) のように描ける．複素計算により和を求めると，

$$4\angle 20° + 6\angle -80° = (3.76 + j1.37) + (1.04 - j5.91) = 4.80 - j4.54 = 6.61\angle -43.4°$$

であるから，

$$4\sqrt{2}\sin(\omega t + 20°) + 6\sqrt{2}\sin(\omega t - 80°) = 6.61\sqrt{2}\sin(\omega t - 43.4°)$$

(3) 以下では，正弦波に対応したフェーザとして，その大きさを正弦波の振幅に選んで計算する．図 (c) より，和は大きさが $\sqrt{2}$，偏角が $45°$ であることは明らかであるから，つぎのように求められる．

$$\sin\omega t + \sin(\omega t + 90°) = \sqrt{2}\sin(\omega t + 45°)$$

(4) $\cos\omega t$ は $\sin\omega t$ より位相が $90°$ 進んでいることに注意すると，$\cos\omega t = \sin(\omega t + 90°)$ であるから，図 (d) より，

$$4\sin\omega t + 3\cos\omega t = 4\sin\omega t + 3\sin(\omega t + 90°) = 5\sin(\omega t + 36.9°)$$

(5) 図 (e) より，大きさが $\sqrt{3}$，偏角が $0°$ であることがわかるから，

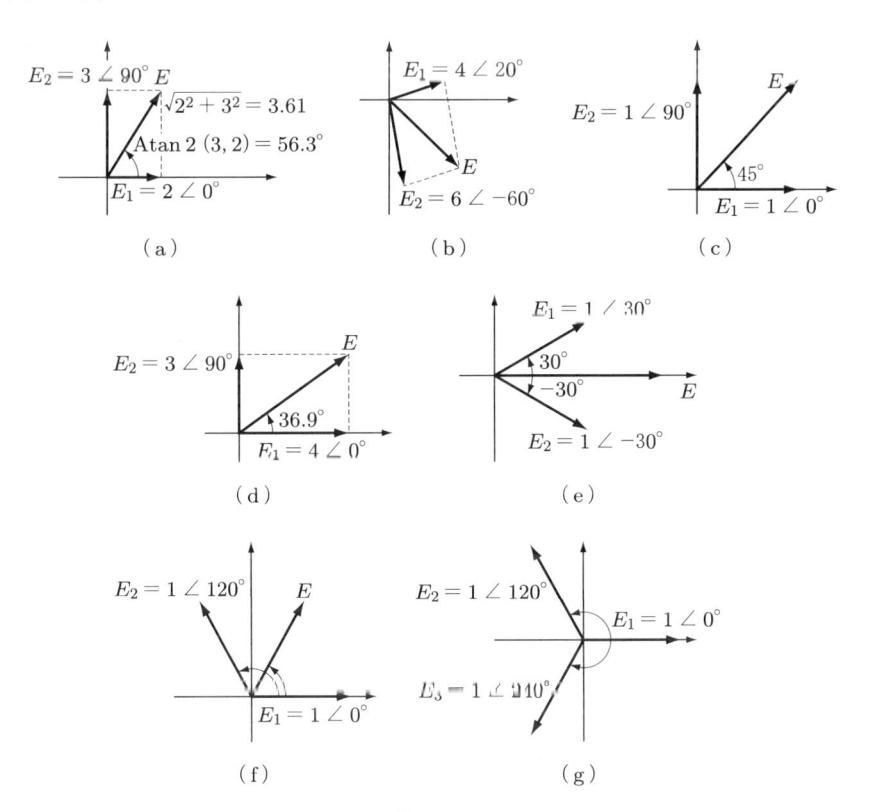

図 19.5

$$\sin(\omega t - 30°) + \sin(\omega t + 30°) = \sqrt{3}\sin\omega t$$

(6) 図 (f) より，大きさが 1，偏角が 60° であることがわかるから，

$$\sin\omega t + \sin(\omega t + 120°) = \sin(\omega t + 60°)$$

(7) 図 (g) の三つのフェーザのベクトル和はゼロであることから，

$$\sin\omega t + \sin(\omega t + 120°) + \sin(\omega t + 240°) = 0 \times \sin\omega t = 0$$

となる．ここで，$\omega t = x$ とすれば，つぎのようになる．

$$\sin x + \sin(x + 120°) + \sin(x + 240°) = 0$$

(8) (7) で $x = 10°$ を代入して，$\sin(10°) + \sin(130°) + \sin(250°) = 0$
(9) (7) と同様にして，

$$\sin\omega t + \sin(\omega t + 10°) + \sin(\omega t + 20°) + \cdots + \sin(\omega t + 350°) = 0$$

であるから，つぎのようになる．

$$\sin(\omega t + 10°) + \sin(\omega t + 20°) + \cdots + \sin(\omega t + 350°) = -\sin\omega t$$

19.4 三角関数の数学的基礎

19.3 節のはじめに紹介した定理を利用すると，周波数の等しい正弦波の和が簡単に計算できることがわかりました．問題はその定理の証明ですが，その前に，正弦波とその仲間である三角関数の基本について解説をしておきます．すでに学んでいる方は，復習だとして読むのもよいですし，いったん次節へと飛ばして，わからないことが出てきた段階でここへもどってもよいでしょう．

三角関数のなかで，正弦関数 $\sin\theta$，余弦関数 $\cos\theta$，正接関数 $\tan\theta$ などは，図 19.6 のような直角三角形 ABC の底辺 x，垂線 y，斜辺 r の比として，以下のように定義されます．

$$\sin\theta \equiv \frac{y}{r}, \quad \tan\theta \equiv \frac{y}{x}, \quad \sec\theta \equiv \frac{r}{x}$$

$$\cos\theta \equiv \frac{x}{r}, \quad \cot\theta \equiv \frac{x}{y}, \quad \mathrm{cosec}\,\theta \equiv \frac{r}{y}$$

図 (b) は $\sin\theta, \cos\theta, \tan\theta$ の定義を覚えやすく表した図です．$\sin\theta$ の定義は「斜辺 (r) 分の垂線 (y)」ですが，sin の頭文字 s の書き順に対応させると覚えやすくなります．$\cos\theta, \tan\theta$ も同様です．

以上の三角関数の定義は，角度 θ が $0° < \theta < 90°$ の場合はよいのですが，それ以外の角度に拡張して定義するときは，図 19.7 を用います．直角座標系に半径 r，角度が θ の動径 OP をとり，このときの x 座標，y 座標を用いて，上記の式で定義します．

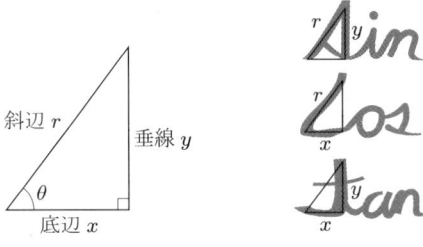

19.4 三角関数の数学的基礎　445

（a）定義に必要な値　（b）覚えやすくするための図

図 19.6　三角関数の定義を覚えやすくするための図

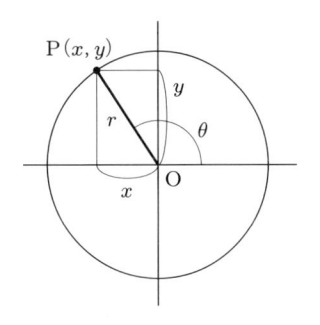

図 19.7　三角関数の定義を拡張するための図

このようにして定義された三角関数のグラフを図 19.8 に示します．上段の関数と下段の関数とを比較すると，グラフが非常に似通っていることがわかります．$\sin\theta, \tan\theta, \sec\theta$ のそれぞれに対し，co (共同，相補の意) をつけて $\cos\theta, \cot\theta, \csc\theta$ とした理由が推察できます．

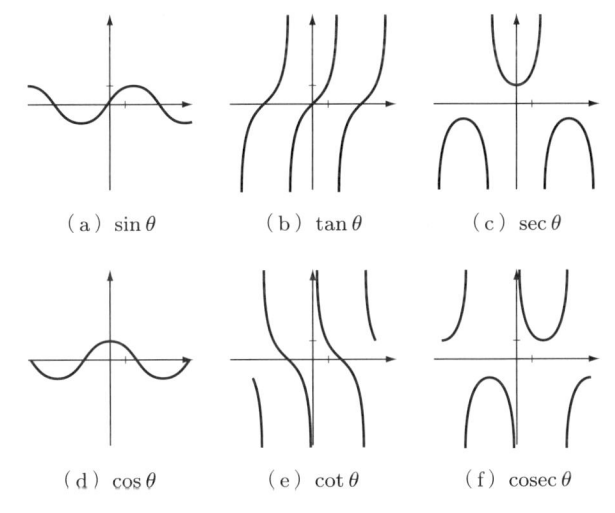

（a）$\sin\theta$　　（b）$\tan\theta$　　（c）$\sec\theta$

（d）$\cos\theta$　　（e）$\cot\theta$　　（f）$\csc\theta$

図 19.8　6 種類の三角関数のグラフ

以上の六つの関数の間の関係を覚えやすくした六角形を，図 19.9 に示します．六角形の左側の頂点には，順に $\sin\theta, \tan\theta, \sec\theta$ を配置します．それぞれの右の頂点には，それぞれに co をつけた関数 $\cos\theta, \cot\theta, \csc\theta$ を配置します．中央には 1 を置きます．

まず，対角はそれぞれの逆数になっています．

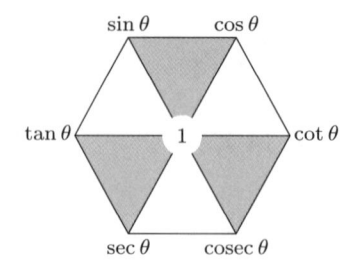

図 19.9

$$\sin\theta = \frac{y}{r} = \frac{1}{\mathrm{cosec}\,\theta}, \qquad \cos\theta = \frac{x}{r} = \frac{1}{\sec\theta}$$
$$\tan\theta = \frac{y}{x} = \frac{1}{\cot\theta}, \qquad \cot\theta = \frac{x}{y} = \frac{1}{\tan\theta}$$
$$\sec\theta = \frac{r}{x} = \frac{1}{\cos\theta}, \qquad \mathrm{cosec}\,\theta = \frac{r}{y} = \frac{1}{\sin\theta}$$

各頂点に配置される関数は，その両隣の頂点に配置される関数の積となります．

$$\tan\theta\cos\theta = \frac{y}{x}\frac{x}{r} = \frac{y}{r} = \sin\theta, \qquad \sin\theta\cot\theta = \frac{y}{r}\frac{x}{y} = \frac{x}{r} = \cos\theta$$
$$\sin\theta\sec\theta = \frac{y}{r}\frac{r}{x} = \frac{y}{x} = \tan\theta, \qquad \cos\theta\,\mathrm{cosec}\,\theta = \frac{x}{r}\frac{r}{y} = \frac{x}{y} = \cot\theta$$
$$\tan\theta\,\mathrm{cosec}\,\theta = \frac{y}{x}\frac{r}{y} = \frac{r}{x} = \sec\theta, \qquad \sec\theta\cot\theta = \frac{r}{x}\frac{x}{y} = \frac{r}{y} = \mathrm{cosec}\,\theta$$

ピタゴラスの定理から $x^2 + y^2 = r^2$ が得られますが，両辺を r^2 で割ると $\sin^2\theta + \cos^2\theta = 1$ が得られます．同様にして以下の三つの公式が得られますが，これらは，図の灰色の逆三角形を見ながらだと覚えやすくなります．

$$\sin^2\theta + \cos^2\theta = 1, \quad \tan^2\theta + 1 = \sec^2\theta, \quad 1 + \cot^2\theta = \mathrm{cosec}^2\theta$$

魔法みたいな六角形ですが，この図から六つの三角関数の間には規則的な関係をもつ構造があることがわかります．これは偶然が産んだものであるとはとても思えません．

話が逸脱しますが，メンデレーエフは元素の性質に周期性があることを発見し，空席には未発見の元素があるとして，その性質を予言しました．問題としているものをよく観察していると，思わぬ構造を発見することがあります．電気回路のなかにもいろいろな構造がありますから，ぜひそのような目を養いながら，これからの勉学に励んでください．

例題 19.3

図 19.10 のそれぞれの直角三角形において，x の値を求めなさい．三角関数の計算には電卓を使用しても，直角三角形に関する知識を利用してもかまいません．

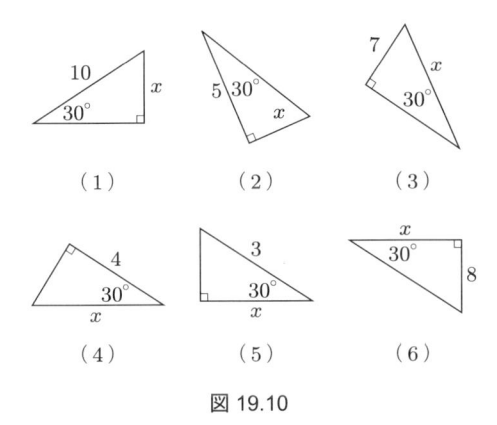

図 19.10

解 (1) $x = 10 \sin 30° = 5$ (2) $x = 5 \tan 30° = 2.89$

(3) $x \sin 30° = 7$, $x = \dfrac{7}{\sin 30°}$ $(= 7 \csc 30°) = 14$

(4) $x \sin 30° = 4$, $x = \dfrac{4}{\cos 30°}$ $(= 4 \sec 30°) = 4.62$

(5) $x = 3 \cos 30° = 2.60$

(6) $x \tan 30° = 8$, $x = \dfrac{8}{\tan 30°}$ $(= 8 \cot 30°) = 13.9$

三角関数の定理のなかでも重要な，つぎの加法定理については前章で説明しましたが，この後も利用しますので，もう一度掲げておくことにします．

三角関数の加法定理

$$\sin(\alpha + \beta) = \sin\alpha \cos\beta + \cos\alpha \sin\beta$$
$$\cos(\alpha + \beta) = \cos\alpha \cos\beta - \sin\alpha \sin\beta$$

本章のタイトルは「正弦波の和」です．正確には，周波数の等しい二つの正弦波の和はどうなるのかという問題になりますが，それに答える基礎になるのがつぎの公式です．

三角関数の合成の公式

$$A\sin\theta + B\cos\theta = \sqrt{A^2+B^2}\sin(\theta+\phi)$$
ただし，$\phi = \mathrm{Atan2}(B,A) = \mathrm{Arg}(A+jB)$

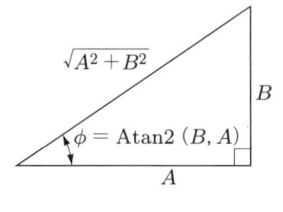

図 19.11

例題 19.4

以下の式を一つの三角関数で表しなさい．

(1) $4\sin\theta + 3\cos\theta$ 　　(2) $-4\sin\theta + 3\cos\theta$

(3) $-4\sin\theta - 3\cos\theta$ 　　(4) $4\sin\theta - 3\cos\theta$

解 (1) 図 19.12(a) 参照．
$$4\sin\theta + 3\cos\theta = \sqrt{4^2+3^2}\sin(\theta + \mathrm{Atan2}(3,4)) = 5\sin(\theta + 36.9°)$$

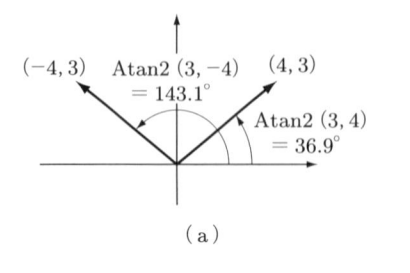

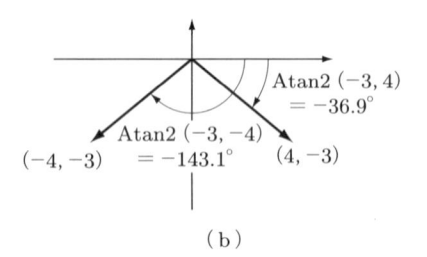

図 19.12

(2) 図 (a) 参照．
$$-4\sin\theta + 3\cos\theta = \sqrt{(-4)^2+3^2}\sin(\theta + \mathrm{Atan2}(3,-4)) = 5\sin(\theta + 143.1°)$$

(3) 図 (b) 参照．
$$-4\sin\theta - 3\cos\theta = \sqrt{(-4)^2+(-3)^2}\sin(\theta + \mathrm{Atan2}(-3,-4)) = 5\sin(\theta - 143.1°)$$

(4) 図 (b) 参照．
$$4\sin\theta - 3\cos\theta = \sqrt{4^2+(-3)^2}\sin(\theta + \mathrm{Atan2}(-3,4)) = \sqrt{4^2+(-3)^2}\sin(\theta - 36.9°)$$

それでは，この三角関数の合成の公式を証明しておきましょう．まず，図 19.13 のように点 (A,B) をとり，R,ϕ を定めます．図では A が負，B が正の場合を描いていますが，それらの値に応じた図を描く必要があります．ところが，それらの値によら

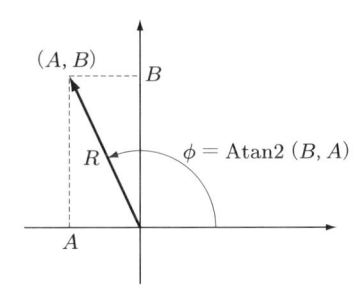

図 19.13　三角関数の合成の公式を証明するために用いる図

ず，一般に

$$A = R\cos\phi, \quad B = R\sin\phi$$

と表すことができます．もちろん，R, ψ は

$$R = \sqrt{A^2 + B^2}, \quad \phi = \text{Atan2}(B, A)$$

と表されます．これから加法定理を用いて，つぎの結果が得られます．

$$A\sin\theta + B\cos\theta = R\cos\phi\sin\theta + R\sin\phi\cos\theta$$
$$= R\sin(\phi + \theta) = \sqrt{A^2 + B^2}\sin(\theta + \phi)$$

19.5　三角関数の公式を用いた正弦波の和の計算

19.4 節で紹介した加法定理と三角関数の合成の公式を用いて，例題 19.1 で検討した正弦波の和を直接計算してみましょう．計算は以下のとおりです．

$$\begin{aligned}
e &= e_1 + e_2 \\
&= 4\sqrt{2}\sin(\omega t + 30°) + 3\sqrt{2}\sin(\omega t + 110°) \\
&= \sqrt{2}\{4\sin(\omega t + 30°) + 3\sin(\omega t + 110°)\} \\
&= \sqrt{2}\{4(\sin\omega t\cos 30° + \cos\omega t\sin 30°) + 3(\sin\omega t\cos 110° + \cos\omega t\sin 110°)\} \\
&= \sqrt{2}\{(4\cos 30° + 3\cos 110°)\sin\omega t + (4\sin 30° + 3\sin 110°)\cos\omega t\} \\
&= \sqrt{2}\{(3.46 - 1.02)\sin\omega t + (2.00 + 2.82)\cos\omega t\} \\
&= \sqrt{2}(2.44\sin\omega t + 4.82\cos\omega t) \\
&= \sqrt{2}\cdot\sqrt{2.44^2 + 4.82^2}\sin(\omega t + \text{Atan2}(4.82, 2.44)) \\
&= 5.40\sqrt{2}\sin(\omega t + 63.2°)
\end{aligned}$$

いかがでしょうか．19.3 節で計算したベクトル和と複素数の和の計算結果と同じになります．両者の計算途中に出てくる対応する数値はまったく同じでしたが，今回の

正弦波の和を直接求める計算途中に現われる数値も，同じであることがわかります．どの方法も同じ結論に達しました．みなさんはどの方法で和を求めるのが好きですか．

ところで，この節の説明で初めてわかったことがあります．それは，周波数の等しい二つの正弦波の和が，やはり同じ周波数の正弦波になるという，19.3 節の冒頭に示した定理の (1) が証明できたことです．示した例は一つの数値例ですが，数値が変わっても一般に成り立つことはわかると思います．残された問題は，この定理の (2) の部分です．

19.6 正弦波の和がベクトル和で置き換えられる理由

いよいよ，19.3 節の定理の (2) を証明しましょう．加える正弦波 e_1, e_2 および求める和 $e = e_1 + e_2$ を一般化して，つぎのようにおきましょう．

$$e_1 = \sqrt{2}|E_1|\sin(\omega t + \theta_1), \quad e_2 = \sqrt{2}|E_2|\sin(\omega t + \theta_2)$$
$$e = \sqrt{2}|E|\sin(\omega t + \theta)$$

図 19.14 には e_1, e_2, e に対応する回転フェーザを示しており，図 (a) は $\omega t = 0°$ のとき，図 (b) は $\omega t = 90°$ のときの回転フェーザです．図 (a) の $\omega t = 0°$ のときの回転フェーザはフェーザそのものの E_1, E_2, E と記すことにし，一方，図 (b) の $\omega t = 90°$ のときの回転フェーザは E_1', E_2', E' と記すことにします．また，添字の x および y は，それぞれのフェーザの x 成分および y 成分を表すことにします．

回転フェーザの y 成分の $\sqrt{2}$ 倍は，その時刻の正弦波の瞬時値を表していますから，次式が成り立ちます．

$$\sqrt{2}E_{1y} = \sqrt{2}|E_1|\sin\theta_1 = e_1\big|_{\omega t = 0°}$$

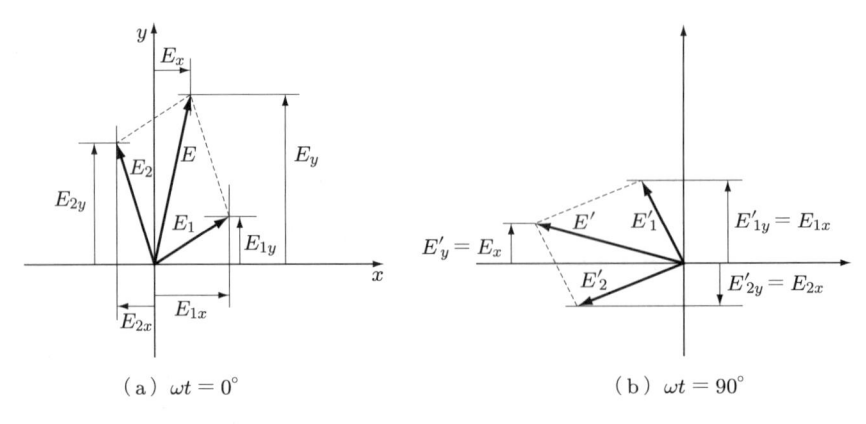

(a) $\omega t = 0°$

(b) $\omega t = 90°$

図 19.14 二つの回転フェーザ

$$\sqrt{2}E_{2y} = \sqrt{2}|E_2|\sin\theta_2 = e_2\big|_{\omega t=0°}$$
$$\sqrt{2}E_y = \sqrt{2}|E|\sin\theta = e\big|_{\omega t=0°}$$
$$\sqrt{2}E'_{1y} = \sqrt{2}|E_1|\sin(90°+\theta_1) = e_1\big|_{\omega t=90°}$$
$$\sqrt{2}E'_{2y} = \sqrt{2}|E_2|\sin(90°+\theta_2) = e_2\big|_{\omega t=90°}$$
$$\sqrt{2}E'_y = \sqrt{2}|E|\sin(90°+\theta) = e\big|_{\omega t=90°}$$

ここで，見慣れない縦棒 "|" の表記が出てきましたが，これは縦棒の左に書いた関数が，縦棒の右下の条件を満たすときの値という意味です．はじめの式 $e_1\big|_{\omega t=0°}$ の場合は，$\omega t = 0°$ のときの e_1 の値を意味しています．

さて，はじめの三つの式より，

$$E_y = \frac{e\big|_{\omega t=0°}}{\sqrt{2}} = \frac{(e_1+e_2)\big|_{\omega t=0°}}{\sqrt{2}} = \frac{e_1\big|_{\omega t=0°}}{\sqrt{2}} + \frac{e_2\big|_{\omega t=0°}}{\sqrt{2}} = E_{1y} + E_{2y} \quad ①$$

となります．一方，回転フェーザ E'_1, E'_2, E' は，フェーザ E_1, E_2, E が反時計回りに 90° 回転していますから，

$$E'_{1y} = E_{1x}, \quad E'_{2y} = E_{2x}, \quad E'_y = E_x$$

となります．これらから，次式が成り立ちます．

$$E_x = E'_y = \frac{e\big|_{\omega t=90°}}{\sqrt{2}} = \frac{(e_1+e_2)\big|_{\omega t=90°}}{\sqrt{2}} = \frac{e_1\big|_{\omega t=90°}}{\sqrt{2}} + \frac{e_2\big|_{\omega t=90°}}{\sqrt{2}}$$
$$= E'_{1y} + E'_{2y} = E_{1x} + E_{2x} \quad ②$$

式①，②からフェーザ E の x 成分，y 成分ともに，フェーザ E_1, E_2 の成分ごとの和になっていることがわかりますから，待望のつぎの結論が得られます．

$$E = E_1 + E_2$$

二つの複素数の和は複素平面上ではベクトル和でしたから，19.3 節の定理の (3) については，あらためて証明する必要はないでしょう．

19.7 正弦波の和に関する四つの世界

正弦波の和を計算するのに，四つの方法があることがわかりました．

(a) 瞬時値を計算し，時々刻々の和を求める方法
(b) 正弦波を三角関数として表し，三角関数の公式を利用する方法
(c) フェーザを矢印で表し，ベクトル和を利用する方法
(d) フェーザを複素数で表し，複素数の和を利用する方法

これら四つの方法に対応して，四つの世界を考えることができます．それらは，図 19.15 のように，正弦波の世界，三角関数の世界，ベクトルの世界，複素数の世界で

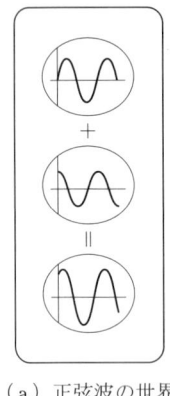

452　19章　正弦波の和

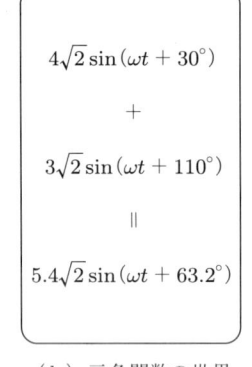

(a) 正弦波の世界	(b) 三角関数の世界	(c) ベクトルの世界	(d) 複素数の世界
	$4\sqrt{2}\sin(\omega t + 30°)$		$4 \angle 30°$
	$+$		$+$
	$3\sqrt{2}\sin(\omega t + 110°)$		$3 \angle 110°$
	$=$		$=$
	$5.4\sqrt{2}\sin(\omega t + 63.2°)$		$5.4 \angle 63.2°$

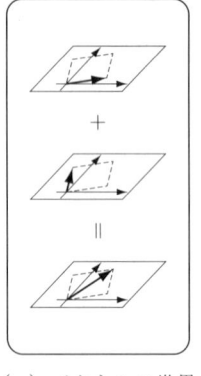

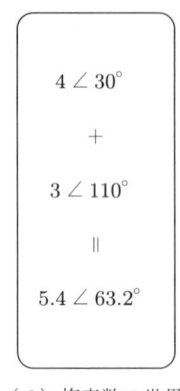

図 19.15　四つの世界

す．正弦波の世界は，周波数は同じですが，大きさや初期位相は異なる正弦波の集まりからなっています．三角関数の世界も正弦波の世界と同じように，周波数は同じだけれど大きさや初期位相は異なる正弦波を三角関数で表した世界です．ベクトルの世界は，ここでは 2 次元ベクトルの世界です．複素数の世界は文字どおりの世界です．

それぞれの世界では加算が定義されています．加算と一言にいいますが，それぞれの世界の演算ですから，本来は区別されるべきものです．正弦波の世界では，二つの正弦波に対してこの加算を施すと，別の正弦波が得られます．このときの加算は正弦波の世界の加算です．同じように，それぞれの世界に加算が定義されています．ここで，加算という一つの演算が定義されているということは，それぞれの世界において，そのなかの任意の二つの要素に対して，別のある要素が関連づけられているということです．加算と同じように，減算も加算の逆演算として定義することができます．ただし，二つの正弦波の時々刻々の乗算を考えると別の周波数の正弦波になるので，ここではこのような意味での乗除算については考えないことにします．

本章で考えたのは，これらの別々の世界の各要素の間に対応関係があるということでした．ここでは，一つの正弦波を三角関数で表したり，ベクトルや複素数で表したりしました．別の正弦波に対しては別の三角関数，ベクトル，複素数が対応していました．そして，これらの対応関係はすべて 1 対 1 の対応になっていて，さらにはつぎのことが成り立ちました．

19.7 正弦波の和に関する四つの世界

> それぞれの世界において対応関係にある二つの要素に対して，それぞれの世界ごとに加算(減算)を施すと，それぞれの世界の和(差)の要素も同じ対応関係にある．

このような意味で，これら四つの世界は「同型の世界」だといえます．

同型であれば，正弦波の和を計算するのに，何も正弦波の世界で和を計算する必要はありません．ほかの世界に対応させてその世界の和を求め，対応するものを正弦波の世界に見つければ，それが求める結果になります．できるだけ計算が楽な世界に変換すると便利です．それが，2次元ベクトルの世界や複素数の世界です．交流回路では，これらの二つの世界がフェーザを表す2通りの世界なのです．

同型の世界はほかにもあります．同じようなことを私たちは普段からやっているのです．たとえば，図 19.16 に示すように，レモン 3 個とレモン 4 個があってそれらを合わせるとレモン 7 個になりますが，これは現実にある世界を言葉の世界や 3+4=7 という代数の世界に変換して表現しているのです．言葉の世界では，レモンのないところでも言葉を用いて想像しながら話ができます．代数の世界になるとこれは対象がレモンである必要はなくなります．リンゴにも通じるし，祭の数でもよいのです．私たちは現実の世界と同等の世界を創り出して，そのときの都合に合わせて世界を選んでいるのです．

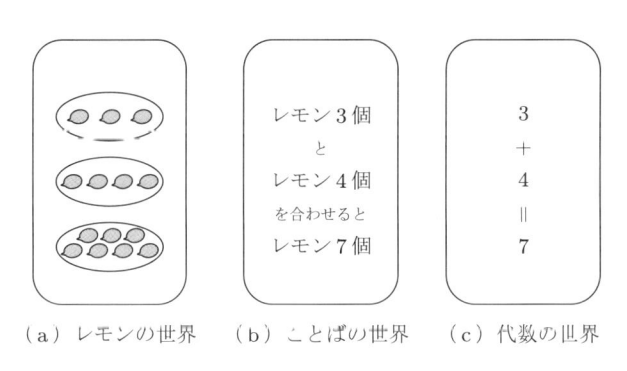

(a) レモンの世界　(b) ことばの世界　(c) 代数の世界

図 19.16　同型の世界の例

レモンの数や祭の数は整数で表せますが，あなたの身長は整数だとは限りません．2 の平方根や円周率といった数は整数や有理数では表せず，実数を用います．三角形を表すにはどうしますか．たとえば，三辺の長さを表す三つの実数の組合せで表すことができます．

さて，実数にはなじめても，複素数となるとなかなかなじめません．虚数は英語で imaginary number，直訳すると想像上の数となりますが，何か実態のない数だという気がしてしまいます．でも，今回の学習でこのようなイメージを捨て去らなければいけません．あなたの身長を整数ではなく実数で表すように，正弦波を表すには実数ではなく，2次元ベクトルや複素数を用いるのが上手い方法なのです．

19.8† 回転フェーザの複素数表示

16章では，正弦波を理解するのに回転フェーザを考えました．そこでは，時間とともに変化する正弦波を，大きさも回転の速さも一定な円運動の y 成分の変化と考えました．このように考える心理には，人間の変わらぬものへの憧れがあるのかもしれません．科学はこのような変わらないものを見出すことに努めてきたといっても言い過ぎではないのです．とにかく，正弦波に対して回転フェーザを考えることで，正弦波の大きさ，正弦波の変化の速さ，位相の進みや遅れが考えやすくなります．

一方，フェーザの複素数表現について学びましたが，回転フェーザについても複素数で表現することができます．さて，大きさ $|E|$，初期位相 θ のフェーザは，極形式ではつぎのように書き表すことができました．

$$E = |E|\angle\theta = |E|e^{j\theta}$$

これに対し，回転フェーザ E' を複素数で表現すると，

$$E' \equiv |E|\angle(\omega t + \theta) = |E|e^{j(\omega t+\theta)} = |E|e^{j\theta}e^{j\omega t} = |E|\angle\theta \times e^{j\omega t} = Ee^{j\omega t}$$

つまり，フェーザ E に $e^{j\omega t}$ をかければ回転フェーザの複素数表示が得られます．

回転フェーザの虚数部分 (y 成分) をとって，その大きさを $\sqrt{2}$ 倍すると

$$\sqrt{2}\,\mathrm{Im}\,E = \sqrt{2}\,\mathrm{Im}\,(Ee^{j\omega t}) = \sqrt{2}\,\mathrm{Im}\,(|E|e^{j\theta}e^{j\omega t}) = \sqrt{2}|E|\,\mathrm{Im}\,(e^{j(\omega t+\theta)})$$
$$= \sqrt{2}|E|\sin(\omega t + \theta)$$

となりますから，正弦波を瞬時式 $e(t)$ とそれに対応する回転フェーザ E'，フェーザ E との間にはつぎの関係があります．

$$e(t) = \sqrt{2}\,\mathrm{Im}\,E' = \sqrt{2}\,\mathrm{Im}\,(Ee^{j\omega t})$$

本書では，これ以降で回転フェーザの複素数表現を問題にすることはほとんどないのですが，ほかの理論，たとえば電磁波や振動工学などを学ぶときには，この回転フェーザの取扱い方を基礎にしている場合があります．

周波数の等しい二つの正弦波の和に関する定理は 19.5 節と 19.6 節で証明しましたが，やや手が込んでいました．これに対し，回転フェーザの虚数部分の $\sqrt{2}$ 倍が瞬時値を表していることを利用すると，以下のように形式的に証明することができます．

加える二つの正弦波を e_1, e_2 とし，これらに対応する回転フェーザを E_1', E_2' とすると

$$\begin{aligned}
e_1 + e_2 &= \sqrt{2}\operatorname{Im}(E_1') + \sqrt{2}\operatorname{Im}(E_2') = \sqrt{2}\operatorname{Im}(E_1' + E_2') \\
&= \sqrt{2}\operatorname{Im}(E_1 e^{j\omega t} + E_2 e^{j\omega t}) = \sqrt{2}\operatorname{Im}\left((E_1 + E_2)e^{j\omega t}\right) \\
&= \sqrt{2}|E_1 + E_2|\sin\left(\omega t + \arg(E_1 + E_2)\right)
\end{aligned}$$

となり，最右辺から，周波数の等しい二つの正弦波の和もまた同じ周波数の正弦波になっていることがわかります．また，和の正弦波の実効値や初期位相が，もとの二つの正弦波に対応する二つのフェーザの和の大きさと偏角に等しいこともわかります．さらに，途中の回転フェーザの式から，対応する回転フェーザもまた和の関係にあるということがわかります．

■■■ 演習問題 ■■■

19.1 つぎの値を複素数を利用して求めなさい．

(1) $5\sqrt{2}\sin\omega t + 3\sqrt{2}\sin(\omega t + 90°)$
(2) $5\sqrt{2}\sin(\omega t + 120°) + 3\sqrt{2}\sin(\omega t - 160°)$
(3) $5\sqrt{2}\sin(\omega t + 120°) + 3\sqrt{2}\cos(\omega t - 50°)$
(4) $5\sqrt{2}\cos(\omega t + 120°) - 3\sqrt{2}\sin(\omega t - 100°)$
(5) $\sin(\omega t + 30°) + \sin(\omega t - 150°)$

19.2 つぎの計算を，以下の三つの方法で求めなさい．

$$3\sqrt{2}\sin(\omega t - 20°) - 3\sqrt{2}\cos(\omega t + 10°)$$

(1) フェーザの図を描き，ベクトル和として求める方法
(2) 複素数の計算を利用する方法
(3) 正弦関数のままで三角関数の公式などを利用して求める方法

19.3 図 19.17(a) に示す波形 e_1, e_2 について，以下の問いに答えなさい．

(1) 波形 e_1, e_2 に対応するフェーザ E_1, E_2 を，図 (b) の①〜⑧から選びなさい．
(2) フェーザ E_1, E_2 のベクトル和のフェーザ E を，図 (b) に描きなさい．
(3) フェーザ E に対応する波形を，図 (c) の①〜④から選びなさい．

456   19章　正弦波の和

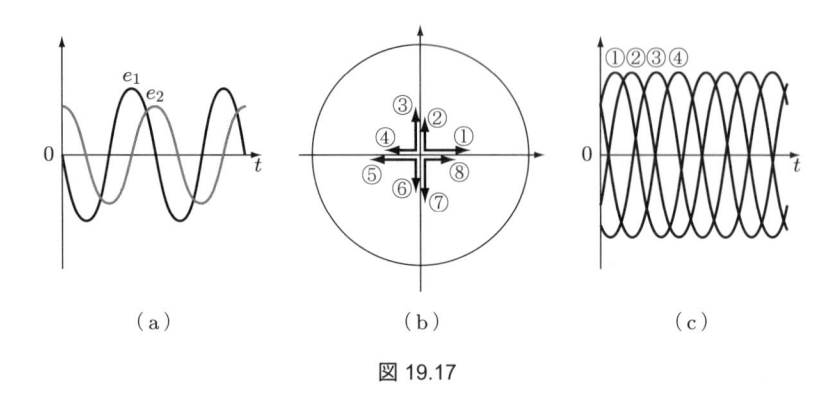

(a)　(b)　(c)

図 19.17

20章　RLC回路と正弦波交流

　交流理論の解析の問題は，電源を正弦波とした場合，定常状態では各所の電圧・電流も同じ周波数の正弦波となり，これらの電圧電流分布を求めることだということを，18章で説明しました．そこではまた，交流回路を直流回路と対比させながら，複素数を用いた回路計算の方法を，詳細を説明することなしに紹介しました．本章ではいよいよ，抵抗，インダクタ，キャパシタからなる簡単な回路について，交流理論の解析の問題に理論的に答えることにします．

　ここへいたるには少し長い助走が必要でした．これまでは，インダクタやキャパシタの物理，時間を変数とする関数の取扱い，微分積分，複素数，正弦波の和などについて説明してきました．これらの学習が終わり，いよいよ交流回路を理解する機は熟しました．

　本章ではまず，抵抗，インダクタ，キャパシタがそれぞれ単独の場合を問題にします．これまでに抵抗はオームの法則にしたがって電圧と電流が比例すること，インダクタは電圧が電流の微分に比例すること，キャパシタは電圧が電流の積分に比例することを学びました．これらの性質が，それぞれを正弦波で駆動したときの定常状態の応答にどのような結果を導くのか，それが最初の問題です．電圧も電流も周波数の等しい正弦波になり，複素電圧，複素電流として表すことができます．これらの関係はそれぞれの素子によって異なりますが，非常に単純な複素数の比例関係として表すことができます．この比例定数，つまり複素電圧を複素電流で割った値を，その素子の**インピーダンス**といいます．

　つぎに，抵抗，インダクタ，キャパシタを組み合わせた簡単な直列回路や並列回路を問題にします．すでに察しがついていると思いますが，分圧の公式や分流の公式などが，直流回路のときとほとんど同じように成り立ちます．さて，直流回路では重ね合わせの定理から，「独立電源を含まない線形抵抗と線形従属電源からなる1ポート回路では，流れる電流と電圧降下とが比例する」ことを解説しました．そこで，電圧を電流で割った値を，この1ポート回路の(合成)抵抗といいました．交流回路でも同じように，独立電源を含まない線形の抵抗，インダクタ，キャパシタ，線形従属電源からなる1ポート回路において，流れる複素電流と電圧降下の複素電圧とは比例するという性質があり，この比例定数，つまり複

素電圧を複素電流で割った値を，この1ポート回路の(合成)インピーダンスと定義することができるのです．

19章では二つの正弦波の和について，これと同じ構造をもった複素数の和の世界があるということを解説しました．これに対して，本章のインピーダンスが教えてくれることは，1ポートの交流回路の電圧と電流の関係は，複素数の積の世界に対応していて，交流回路の計算に利用できるということです．

18章では理屈抜きで交流回路の複素計算をしましたが，本章では交流回路の理論的な基礎を噛み締めながら，実際の回路の複素計算を身につけることにします．

20.1 RLC素子と正弦波交流

実際の交流回路に利用される素子には線形でないものも含まれますが，本書ではとくに断らないかぎり，**線形素子**を前提として理論を展開しています．抵抗が線形であるとは，オームの法則にしたがう抵抗，つまり加えた電圧とそこを流れる電流とが比例することをいいます．また，インダクタが線形であるとは，この鎖交磁束が流した電流に比例関係にあること，キャパシタが線形であるとは，蓄えられる電荷の電気量と電圧が比例関係にあることで，これまで解説してきたのはこのような線形の素子でした．

抵抗に関して電圧 $v(t)$ と電流 $i(t)$ が同じ波形になるということは，すでに16章で学びました．抵抗値を R とすると，オームの法則から，次式が成り立ちます．

$$v(t) = Ri(t)$$

したがって，電圧 $v(t)$ を正弦波として一般的に

$$v(t) = \sqrt{2}|V|\sin(\omega t + \theta)$$

と表すと，電流 $i(t)$ はつぎのようになります．

$$i(t) = \frac{v(t)}{R} = \sqrt{2} \times \frac{|V|}{R} \times \sin(\omega t + \theta)$$

逆に，抵抗に流れる電流 $i(t)$ を正弦波として一般的に

$$i(t) = \sqrt{2}|I|\sin(\omega t + \theta)$$

と表すと，この電圧降下 $v(t)$ はつぎのようになります．

$$v(t) = Ri(t) = \sqrt{2}R|I|\sin(\omega t + \theta)$$

正弦波を特徴づける量には三つありました．大きさと周波数と位相です．抵抗では電圧と電流の波形が同じですから，当然両者の周波数は等しくなり，周期，角周波数といった量も等しくなります．位相についても，どちらも $\omega t + \theta$ になっていますから，

電圧と電流の位相は等しい，つまり同相です．ただし，それらの大きさは単位が違いますから等しいとはいえません．上の式を比較すると，つぎの式が得られます．

$$|V| = R|I|, \quad |I| = \frac{|V|}{R}, \quad \frac{|V|}{|I|} = R$$

以上をまとめると，つぎのようになります．

抵抗に加わる電圧もしくは流れる電流の一方が正弦波であれば，

① もう一方も正弦波になる
② 電圧と電流の双方の周波数は等しい
③ 電圧と電流は同相になる
④ 電圧の大きさを電流の大きさで割った値は，抵抗値に等しい

このことを水道管モデルで考えてみましょう．図 20.1 の上段には抵抗，インダクタ，キャパシタに正弦波で駆動する電源を接続した回路を示しています．中段には電圧を力，電流を流量に対応させた水道管モデルを示しています．ここでの問題は図 (a)

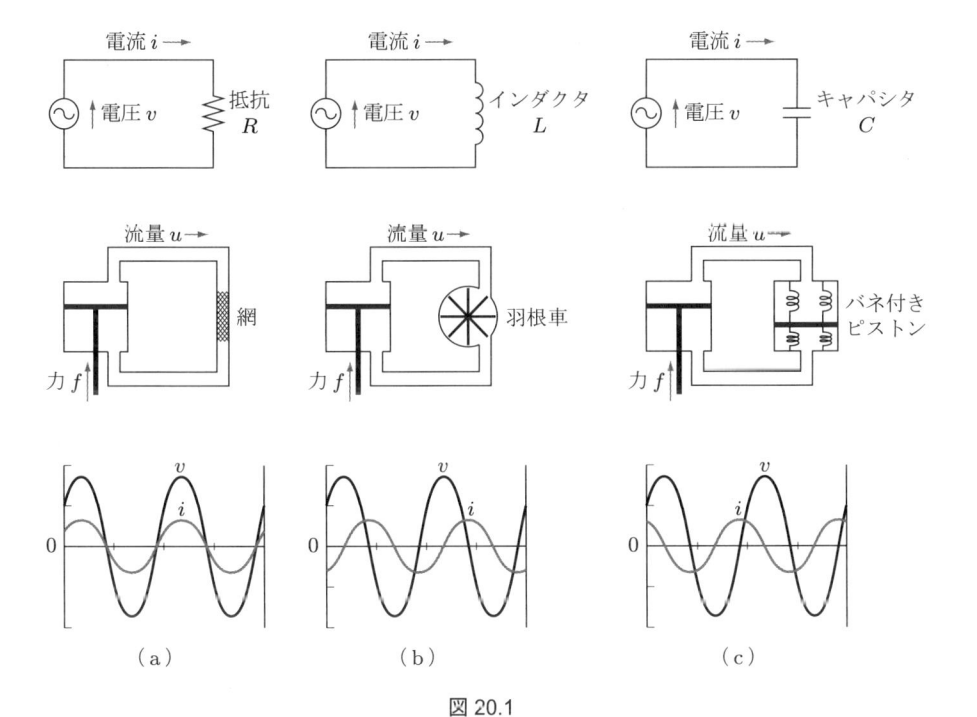

図 20.1

の抵抗の場合であり，水道管モデルでは抵抗を網に対応させています．ポンプのピストンで力を加えると水が流れますが，その流量は力に比例します．回路ではオームの法則に対応します．加える力を正弦波で振動させると，流量も同じ周期の正弦波で振動することが想像できます．加える力が大きいときは流量も大きくなり，加える力がゼロになれば流量もゼロになると思われますから，加えた力と流量は同相だということが予想できます．図の下段には電圧と電流の変化を示しています．上記の結論のとおり，抵抗の場合には，電圧と電流の間では大きさは単位が違うので比べようがありませんが，周波数や位相は等しく描かれています．

では，インダクタやキャパシタではどのようになるのでしょうか．水道管モデルを用いて，想像力をはたらかせて考えてみてください．インダクタに対応する羽根車については 15.1 節で説明しましたが，この羽根車の軸には別のはずみ車がついており，いったん流れが生じるとその流れをできるだけ維持しようとしました．また，キャパシタに対応するバネ付きピストンでは，力を加えると反発しました．その結果がどうなるのか，その顕著な違いは位相です．力に対する流量は，羽根車では位相が 90°遅れ，バネ付きピストンでは 90°進むのです．

問題点が明らかになったところで，まず結論を示しておきます．なぜこうなるのかについて，インダクタについては 20.2 節で，キャパシタについては 20.3 節で解説します．

インダクタに加わる電圧もしくは流れる電流の一方が正弦波であれば，
① もう一方も正弦波になる (電流に直流分が含まれることもある)
② 電圧と電流の両方の周波数は等しい
③ 電流の位相は電圧よりも 90°遅れる．電圧の位相は電流よりも 90°進む
④ 電圧の大きさを電流の大きさで割った値は，角周波数とインダクタンスの積に等しい

キャパシタに加わる電圧もしくは流れる電流の一方が正弦波であれば，
① もう一方も正弦波になる (電圧に直流分が含まれることもある)
② 電圧と電流の両方の周波数は等しい
③ 電流の位相は電圧よりも 90°進む．電圧の位相は電流よりも 90°遅れる
④ 電圧の大きさを電流の大きさで割った値は，角周波数とキャパシタンスの積の逆数に等しい

20.1 RLC 素子と正弦波交流

抵抗，インダクタ，キャパシタに正弦波の電圧 $v(t) = \sqrt{2}|V|\sin(\omega t + \theta_V)$ を加えたときに，それぞれに流れる電流 $i(t)$ についてまとめたものを表 20.1 に示します．逆に，正弦波の電流 $i(t) = \sqrt{2}|I|\sin(\omega t + \theta_I)$ を流したときのそれぞれの電圧降下 $v(t)$ についてまとめたものを，表 20.2 に示します．

表 20.1　電圧 $v(t) = \sqrt{2}|V|\sin(\omega t + \theta_V)$ を加えたときに流れる電流

回路素子	素子定数	電流			
		大きさ	角周波数	位相	瞬時式 $i(t)$
抵抗	抵抗値 R	$\dfrac{|V|}{R}$	ω	電圧と同相	$i(t) = \sqrt{2}\dfrac{|V|}{R}\sin(\omega t + \theta_V)$
インダクタ	インダクタンス L	$\dfrac{|V|}{\omega L}$	ω	電圧より 90°遅れる	$i(t) = \sqrt{2}\dfrac{|V|}{\omega L}\sin(\omega t + \theta_V - 90°)$
キャパシタ	キャパシタンス C	$\omega C|V|$	ω	電圧より 90°進む	$i(t) = \sqrt{2}\omega C|V|\sin(\omega t + \theta_V + 90°)$

表 20.2　電圧 $i(t) = \sqrt{2}|I|\sin(\omega t + \theta_I)$ を流したときの電圧降下

回路素子	素子定数	電圧降下			
		大きさ	角周波数	位相	瞬時式 $v(t)$
抵抗	抵抗値 R	$R|I|$	ω	電流と同相	$v(t) = \sqrt{2}R|I|\sin(\omega t + \theta_I)$
インダクタ	インダクタンス L	$\omega L|I|$	ω	電流より 90°進む	$v(t) = \sqrt{2}\omega L|I|\sin(\omega t + \theta_I + 90°)$
キャパシタ	キャパシタンス C	$\dfrac{|I|}{\omega C}$	ω	電流より 90°遅れる	$v(t) = \sqrt{2}\dfrac{|I|}{\omega C}\sin(\omega t + \theta_I - 90°)$

それぞれの①の( )内の記述については少し注意が必要です．インダクタでは，電流が正弦波と直流分の和であっても電圧は正弦波になり，キャパシタでは，電圧が正弦波と直流分の和であっても流れる電流は正弦波になります．したがって，インダクタでは，正弦波電圧を加えたからといって電流が正弦波であるとはかぎらず，直流分が加わることがあり，また，キャパシタでは，正弦波電流を流したからといって電圧降下が正弦波であるとはかぎらず，直流分が加わることがあります．これらへの考慮については先に進んだところで学ぶ必要がありますが，交流回路理論の対象範囲としては，直流分を除いた正弦波の電圧，電流にかぎって説明することにします．

20.2 インダクタと正弦波交流

結合インダクタの1次側に正弦波に似た波形の電流を流すことから考えてみましょう．結合インダクタについては，15章でインダクタと一緒に学びました．大事なことは「コイルに電流を流すと電流の大きさに比例した磁束を発生する」ことと，ファラディの法則「起電圧は鎖交磁束の時間減少率に等しい」でした．

例題 20.1

図 20.2 のように，1次コイルの自己インダクタンス $L = 10$ mH，相互インダクタンス $M = 5$ mH の結合インダクタがある．1次コイルに図 20.3(a)～(c) のような波形の電流 i_1 を流したとき，1次側，2次側に誘起される電圧 v_1, v_2 の変化を描きなさい．

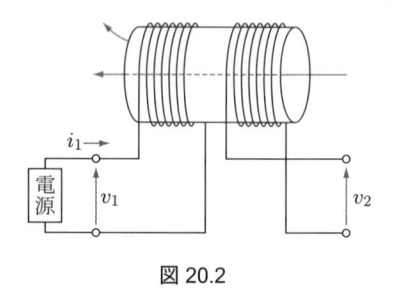

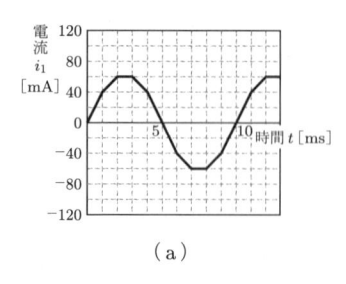

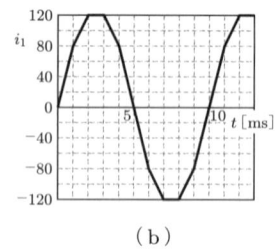

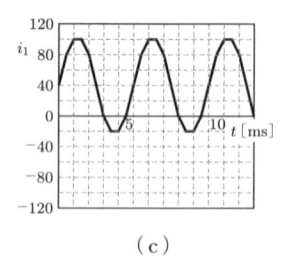

図 20.2

図 20.3

解 図 20.3(a) に示す電流変化の 0～1 ms の間を考える．この間に結合インダクタの1次側に流れる電流 i_1 は 0～40 mA に変化しているので，1次側および2次側に鎖交する鎖交磁束 Φ_1, Φ_2 は $\Phi_1 = Li_1$，$\Phi_2 = Mi_1$ という関係により，Φ_1 は 0 μWb から 400 μWb に，また，Φ_2 は 0 μWb から 200 μWb に変化する．この間の変化率は一定であるから，ファラディの法則により，つぎのように求められる．

$$v_1 = \frac{d\Phi_1}{dt} = \frac{\Delta\Phi_1}{\Delta t} = \frac{400\mu - 0\mu}{1\mathrm{m} - 0\mathrm{m}} = 0.4 \text{ V}, \quad v_2 = \frac{d\Phi_2}{dt} = \frac{\Delta\Phi_2}{\Delta t} = \frac{200\mu - 0\mu}{1\mathrm{m} - 0\mathrm{m}} = 0.2 \text{ V}$$

ほかのときも同様に考えて，図 20.4(a) を得る．また，図 20.3(b), (c) の電圧変化に対しても，図 20.4(b), (c) を得る．

20.2 インダクタと正弦波交流

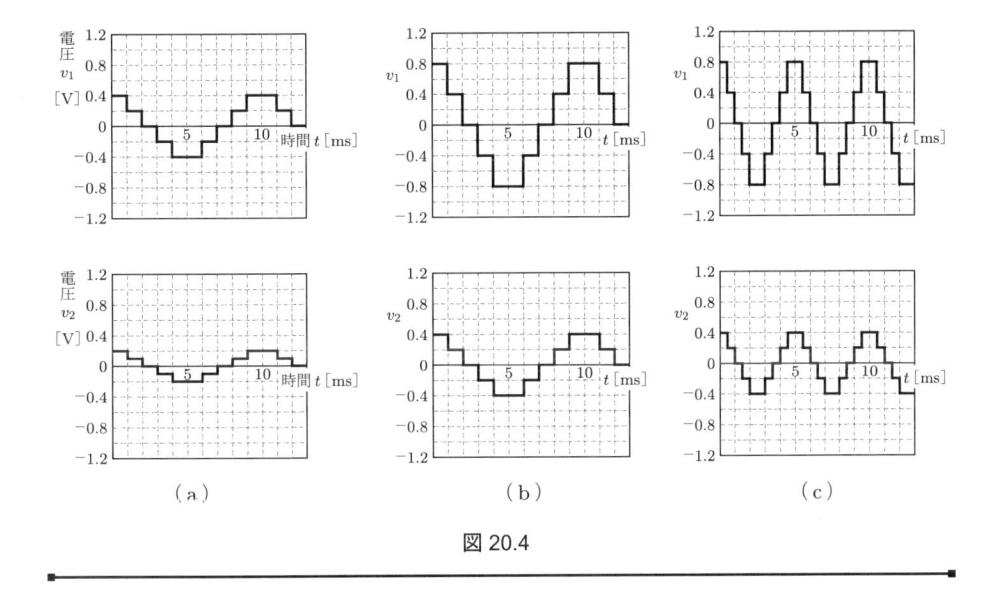

(a)　(b)　(c)

図 20.4

この結合インダクタについての例題を通して，つぎの考察結果が得られます．

① 電流が大きく変化しているときに電圧が大きくなっている
② 電流の変化が周期的であれば電圧も周期的で，その周期は等しい
③ 電圧波形の山や谷がくるのが電流波形よりも進んでいる
④ 電流が2倍になると電圧も2倍になる
⑤ 電流の変化の速さが2倍になると，電圧波形の大きさが2倍になる
⑥ 電流の直流分は電圧には無関係になっている

また，インダクタンスの影響を考えると，つぎの結果が得られます．

⑦ 電圧の大きさはインダクタンスに比例する

以上は結合インダクタについての考察ですが，2次側を無視すれば，インダクタについての結果でもあります．

それでは，いよいよインダクタに流す電流を正弦波にしてみましょう．これは数学の知恵である微分が必要です．インダクタンス L のインダクタに，正弦波電流に直流分を加えて

$$i = \sqrt{2}|I|\sin(\omega t + \theta_I) + K$$

を流すと，インダクタの電圧降下 v は

$$v = \frac{d\Phi}{dt} = \frac{dLi}{dt} = L\frac{di}{dt}$$

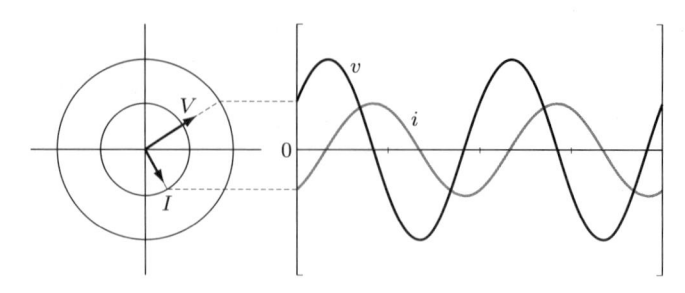

図 20.5 インダクタに加わる電圧と電流の変化

$$
\begin{aligned}
&= \sqrt{2}L|I|\frac{d}{dt}\sin(\omega t + \theta_I) + L\frac{dK}{dt} = \sqrt{2}L|I|\omega\cos(\omega t + \theta_I) + 0 \\
&= \sqrt{2}\omega L|I|\sin(\omega t + \theta_I + 90°)
\end{aligned}
$$

となります．直流分を除いた場合の電流 i，電圧 v の波形とフェーザを図 20.5 に示します．

インダクタに加わる電圧 v は正弦波で，角周波数，周波数，周期とも流れる電流と同じです．位相は電圧のほうが電流よりも 90° 進んでいます．電流の位相は電圧よりも 90° 遅れているといいかえることもできます．電圧の大きさは，電流の大きさの ωL 倍になっています．電流の大きさを変えずに変化を速くすると，つまり周波数が高くなると，それだけ電圧は大きくなります．また，インダクタンス L が大きいほど，電圧の大きさが大きくなることもわかります．ほかにも，電流の直流分は微分するとゼロになりますから，電圧には直流分が入ってこないこともわかります．

微分という数学の威力は抜群です．上記のように，多くのことを簡単な式の変形の結果として語ってくれるのですから，これからも真の理解にせまる手段として，数学をおおいに利用すべきだとの思いをもってください．ただし，単なる式変形だけでは真の理解につながらないこともよくあることです．数学的な帰結が物理的にも妥当かを検討してみることで，理解はさらに深まります．微分法をよく理解している人には，上記の微分法による説明で本節の意味は十分理解できますが，そうでなければ，例題 20.1 は理解を深めるのに役立つはずです．

理解を深めるもう一つの手段が水流系との比較です．図 20.1(b) にインダクタと類似のはたらきをする水道管モデルとして，羽根車を示しました．15.1 節で説明したように，羽根車の軸には別にはずみ車がついていて慣性が強くなっており，回そうとしてもなかなか回り出そうとせず，いったん回り始めると止めようとしてもなかなか止まりませんでした．

このモデルと対応する回路，および水道管モデルのピストンの力 f と流量 u の変化を図 20.6 に示します．ピストンの力 f は交流電源の電圧 v に，流量 u は回路を流れ

20.2 インダクタと正弦波交流

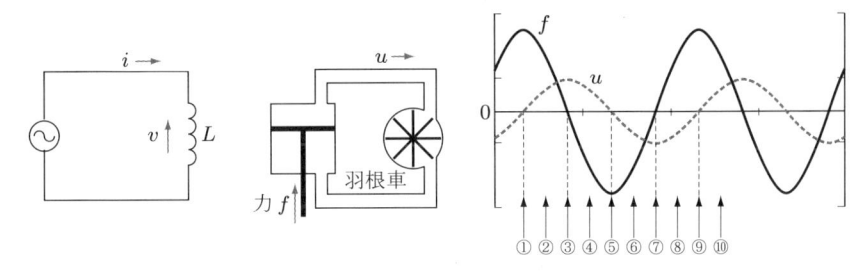

図 20.6 羽根車に加わる水圧と流量の変化

る電流 i に対応しています．羽根車が止まっている状態①では，流量 $u = 0$ です．力 f を加えても，すぐに水は流れませんが，$f > 0$ として加え続けると，だんだんと羽根車が回り始めます．回り始めた状態②では，反発力も小さくなり，これと対抗する f もだんだんと小さくなります．力 $f = 0$ となった状態③では，羽根車は力 f からエネルギーをもらえなくなって，速さはピーク，つまり u の時間変化率はゼロになります．さらに，力 f が反対方向にはたらく状態④，つまり $f < 0$ となると，羽根車は減速し始めます．さらに減速し，状態⑤では $u = 0$ となって，さらに力 f が反対方向にはたらき続けますから，つぎの状態⑥では羽根車も反対方向に回転するようになり，$u < 0$ となります．こうなると，羽根車からの反発力も小さくなり，f は負の最小の状態から増加し始めます．さらに f が増加し，$f = 0$ となった状態⑦では，羽根車はエネルギーをもらえなくなって，羽根車の回転の速さは負のピークに達します．力 f が正方向にはたらく状態⑧になると，羽根車の逆回転は減速し始めます．さらに，$f > 0$ が加わり続けると，$u < 0$ から，状態⑨ $u = 0$，さらに状態⑩ $u > 0$ に転じます．

図では，f に比べ，u の位相は遅れていることがわかります．回路では，力 f が電圧 v に，羽根車の回転数が鎖交磁束 Φ に，流量 u が電流 i に対応していると考えることができますから，この f と u の変化の関係は，図 20.5 の電圧 v と電流 i の変化と同じになります．少々説明が長くなりましたが，慣性によって，加えた力よりも流れのほうが位相が遅れることが理解できます．

例題 20.2

10 mH のインダクタにつぎの電流 i を流したとき，電圧降下 v を瞬時式で表しなさい．ただし，電流の周波数は 60 Hz とする．

$$i = 0.5\sqrt{2}\sin(\omega t - 20°) \text{ A}$$

解 電圧の大きさ $|V|$ は，$\omega L|I|$ より，つぎのように求められる．

$$|V| = \omega L|I| = 2\pi f L|I| = 2\pi \times 60 \times 10 \text{ m} \times 0.5 = 1.88 \text{ V}$$

位相は電圧のほうが電流より 90° 進むから,

$$-20° + 90° = 70°$$

となり,つぎのようになる.

$$v = 1.88\sqrt{2}\sin(\omega t + 70°) \text{ [V]}$$

20.3 キャパシタと正弦波交流

キャパシタについてはすでに 13 章で学んでいますから,そのときの復習も兼ねて,つぎの例題を考えてみましょう.

例題 20.3

20 μF のキャパシタに図 20.7(a)～(c) のような波形の電圧 v を加えたとき,流れる電流 i の変化を描きなさい.

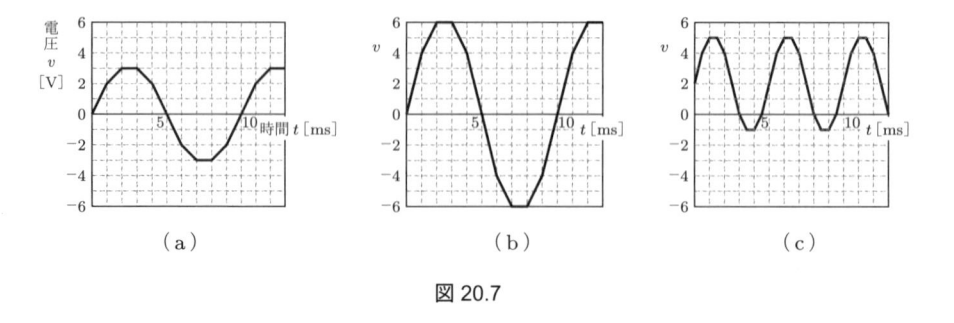

(a) (b) (c)

図 20.7

解 図 (a) に示す電圧変化の 0～1 ms の間を考える.この間キャパシタに加わる電圧 v は 0 V から 2 V に変化しているから,キャパシタに蓄えられる電気量 q は $q = Cv$ という関係より,0 μC から 40 μC に変化する.この間の変化率は一定であるから,つぎのように求められる.

$$i = \frac{dq}{dt} = \frac{\Delta q}{\Delta t} = \frac{40 \text{ μ} - 0 \text{ μ}}{1 \text{ m} - 0 \text{ m}} = 40 \text{ mA}$$

ほかのときも同様に考えて,図 20.8(a) を得る.また,図 20.7(b), (c) の電圧変化に対しても同様に,図 20.8(b), (c) を得る.

20.3 キャパシタと正弦波交流　　467

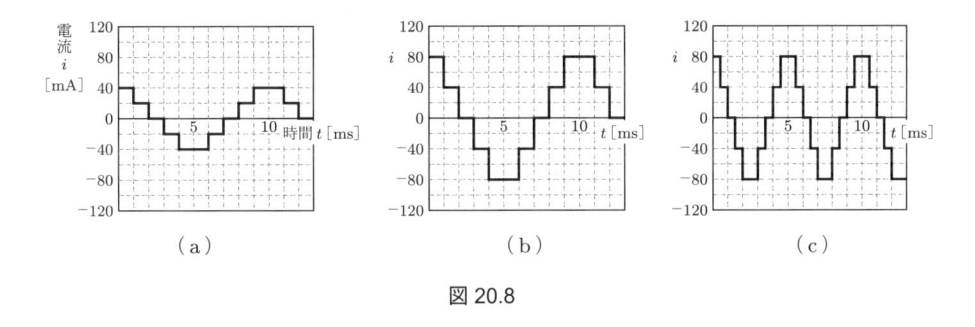

図 20.8

このキャパシタについての例題から，つぎの考察結果が得られます．

① 電圧が大きく変化しているときに電流が大きくなっている
② 電圧の変化が周期的であれば電流も周期的で，その周期は等しい
③ 電流波形の山や谷がくるのが電圧波形よりも進んでいる
④ 電圧が2倍になると電流も2倍になる
⑤ 電圧の変化の速さが2倍になると，電流波形の大きさが2倍になる
⑥ 電圧の直流分は電流には無関係になっている

また，キャパシタンスの影響について考えると，つぎの結果が得られます．

⑦ 電流の大きさはキャパシタンスに比例する

それでは，いよいよ加える電圧を正弦波にしてみましょう．キャパシタンス C のキャパシタには，正弦波電圧に直流分も含めて

$$v = \sqrt{2}|V|\sin(\omega t + \theta_V) + K$$

を加えると，流れる電流 i は

$$\begin{aligned}
i &= \frac{dq}{dt} = \frac{dCv}{dt} = C\frac{dv}{dt} \\
&= \sqrt{2}C|V|\frac{d}{dt}\sin(\omega t + \theta_V) + C\frac{dK}{dt} = \sqrt{2}C|V|\omega\cos(\omega t + \theta_V) + 0 \\
&= \sqrt{2}\omega C|V|\sin(\omega t + \theta_V + 90°)
\end{aligned}$$

となります．電圧の直流分を除いた場合の電圧 v と電流 i の波形とフェーザを図20.9に示します．

キャパシタに流れる電流 i は正弦波で，角周波数は加えた電圧と同じです．このことは，周波数や周期も同じことを意味します．ところが，位相は電流のほうが電圧よりも 90° 進んでいます．電圧の位相は電流よりも 90° 遅れているともいいかえることもできます．電流の大きさは電圧の大きさの ωC 倍になっています．変化が速くな

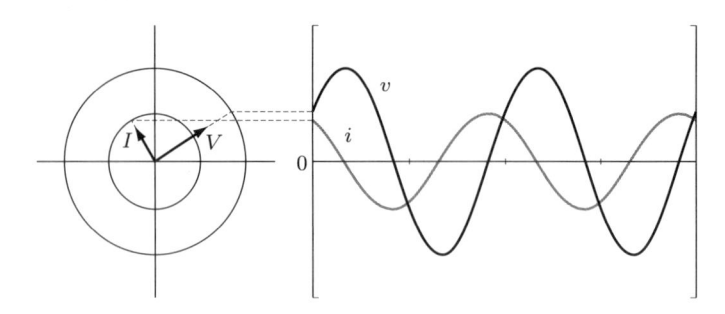

図 20.9　キャパシタに加わる電圧と電流の変化

る，つまり周波数が高くなると，それだけ電流は大きくなるということになります．また，キャパシタンス C が大きいほど電流の大きさが大きくなることもわかります．さらに，電圧の直流分は微分するとゼロになりますから，電流には直流分が入ってこないこともわかります．

　理解を深めるために，インダクタの場合と同じように，水流系で考えてみましょう．図 20.1(c) にキャパシタと類似のはたらきをする水道管モデルとして，バネ付きピストンを示しました．図 20.10 にこれを再掲し，対応する回路と水道管モデルのピストンの力 f と流量 u の変化をあわせて示します．ピストンの力 f は交流電源の電圧 v に，流量 u は回路を流れる電流に対応しています．加えた力 f が加わらず $f = 0$ となって釣り合っているときのピストン上室での水の量を基準として，それからの水の増量分を q とすると，q は f に比例します．徐々に力 f を増加していく段階では q も増加し，その時間的変化である流量 u は正で，図の時計回りに水が流れます．f が最大になったときには，q はその瞬間は変化しないので $u = 0$ です．f が減少していく段階になると q も減少し，u は負となり，反時計回りに水が流れることになります．

　図では f に比べ，u は位相が進んでいることがわかります．回路では力 f が電圧 v に，タンクに蓄えられる水量の増量分 q はキャパシタに蓄えられる電気量 q に，流量 u は電流 i に対応しますから，この f と u の変化の関係図は，図 20.9 の電圧 v と電流 i の変化と同じになります．

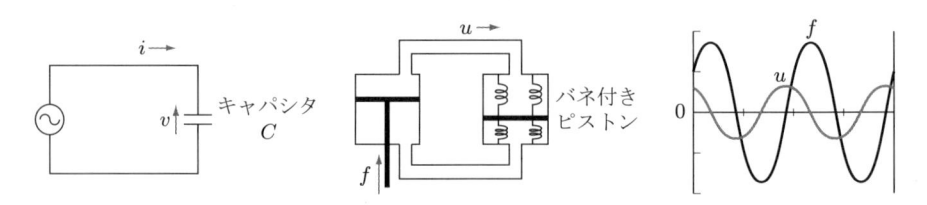

図 20.10　バネ付きピストンに加わる水圧と流量の変化

例題 20.4

20 µF のキャパシタにつぎの電圧 v を加えたとき,流れる電流 i を瞬時式で表しなさい.ただし,電圧の周波数は 1 kHz とする.

$$v = 10\sqrt{2}\sin(\omega t - 30°) \text{ V}$$

解 電流 i の大きさ $|I|$ は $\omega C|V|$ であるから,つぎのように求められる.

$$|I| = \omega C|V| = 2\pi f C|V| = 2\pi \times 1000 \times 20\mu \times 10 = 1.26 \text{ A}$$

位相は電流のほうが電圧より 90° 進むから,

$$-30° + 90° = 60°$$

となり,電流 i はつぎのようになる.

$$i = 1.26\sqrt{2}\sin(\omega t + 60°) \text{ A}$$

20.4 インピーダンスとアドミタンス

前節では抵抗,インダクタ,キャパシタに加わる正弦波電圧と,そこを流れる正弦波電流の間の関係を学びました.本節では,これらを複素数の世界に翻訳して整理してみることにします.まず,正弦波電圧 v,正弦波電流 i に対応する複素数 V, I を,それぞれ**複素電圧**,**複素電流**とよび,インピーダンスとアドミタンスの定義からはじめることにします.

インピーダンスとアドミタンスの定義

独立電源を含まない 1 ポート線形回路において,加えた電圧 v と,そこを流れる電流 i がともに正弦波であり,対応する複素電圧,複素電流をそれぞれ V [V], I [A] とするとき (図 20.11 参照),以下の式で定義される Z [Ω], Y [S] を,それぞれ**インピーダンス** (impedance),**アドミタンス** (admittance) とよぶ.インピーダンスの単位は Ω (オーム),アドミタンスの単位は S (ジーメンス) である.

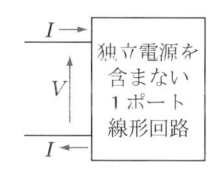

$$Z \equiv \frac{V}{I}, \quad Y \equiv \frac{I}{V}$$

図 20.11

この定義で対象とする回路は，独立電源を含まない1ポート線形回路です．構成素子はすべて線形で，これまで学んだ抵抗，インダクタ，キャパシタ，交流の従属電源です．23, 24章で説明する結合インダクタ，理想変成器などはこれらの素子で構成できますので，ここで対象とする回路の構成要素に加えてもかまいません．重要なことは，このような1ポート回路に正弦波の電源を接続すると，定常状態では電圧も電流も正弦波になり，複素電圧と複素電流の間に比例関係が成り立つということです．このことは，「合成インピーダンスに関する定理」として次章で説明します．この比例定数がインピーダンスであり，アドミタンスです．

例題 20.5

つぎの問いに答えなさい．

(1) ある回路に加えた電圧と流れた電流がつぎのように表されるとき，この回路のインピーダンスを求めなさい．

$$v(t) = 12\sqrt{2}\sin\omega t \text{ [V]}, \quad i(t) = 3\sqrt{2}\sin(\omega t + 30°) \text{ [A]}$$

(2) インピーダンスが $4+j3$ Ω の回路につぎの電圧 $v(t)$ を加えた．流れる電流 $i(t)$ を瞬時式で表しなさい．

$$v(t) = 12\sqrt{2}\sin\omega t \text{ [V]}$$

(3) インピーダンスが $4+j3$ Ω の回路につぎの電流 I (複素電流) を流した．回路の電圧降下 V (複素電圧) を極形式で表しなさい．

$$I = 2-j \text{ A}$$

解 (1) 電圧 $v(t)$，電流 $i(t)$ を複素数で表すと，$V = 12\angle 0°$ V, $I = 3\angle 30°$ A. したがって，この回路のインピーダンス Z はつぎのように求められる．

$$Z = \frac{V}{I} = \frac{12\angle 0°}{3\angle 30°} = 4\angle -30° \text{ Ω}$$

(2) 電圧 $v(t)$ を複素数で表すと，$V = 12\angle 0°$ V. したがって，複素電流 I は，つぎのように求められる．

$$I = \frac{V}{Z} = \frac{12\angle 0°}{4+j3} = \frac{12\angle 0°}{5\angle 36.9°} = 2.4\angle -36.9° \text{ A}$$

これを瞬時式で表すと，つぎのようになる．

$$i(t) = 2.4\sqrt{2}\sin(\omega t - 36.9°) \text{ A}$$

(3) 複素電圧 V はつぎのように求められる．

$$V = ZI = (4+j3) \times (2-j) = 8+3+j(6-4) = 11+j2 = 11.2\angle 10.3° \text{ V}$$

20.5 RLC 素子のインピーダンス

まずは抵抗，インダクタ，キャパシタそれぞれが単体の場合のインピーダンスについて考えることにします．

抵抗値 R [Ω] の抵抗，インダクタンス L [H] のインダクタ，キャパシタンス C [F] のキャパシタについて，そのインピーダンス Z_R, Z_L, Z_C がいくらになるのかを調べてみましょう．正弦波電流

$$i(t) = \sqrt{2}|I|\sin(\omega t + \theta_I)$$

を流したときのそれぞれの電圧降下 v_R, v_L, v_C は，これまでの説明から

$$v_R(t) = \sqrt{2}R|I|\sin(\omega t + \theta_I)$$
$$v_L(t) = \sqrt{2}\omega L|I|\sin(\omega t + \theta_I + 90°)$$
$$v_C(t) = \sqrt{2}\frac{|I|}{\omega C}\sin(\omega t + \theta_I - 90°)$$

となることがわかりました．これらを複素数の世界に置き換えると，複素電流，複素電圧として，つぎのように表現できます．

$$I = |I|\angle\theta_I$$
$$V_R = R|I|\angle\theta_I, \quad V_L = \omega L|I|\angle(\theta_I + 90°), \quad V_C = \frac{|I|}{\omega C}\angle(\theta_I - 90°)$$

インピーダンスの定義から，Z_R, Z_L, Z_C はつぎのように表現できることがわかります．

$$Z_R \equiv \frac{V_R}{I} = \frac{R|I|\angle\theta_I}{|I|\angle\theta_I} = R$$
$$Z_L \equiv \frac{V_L}{I} = \frac{\omega L|I|\angle(\theta_I + 90°)}{|I|\angle\theta_I} = \omega L\angle 90° = j\omega L$$
$$Z_C \equiv \frac{V_C}{I} = \frac{\frac{|I|}{\omega C}\angle(\theta_I - 90°)}{|I|\angle\theta_I} = \frac{1}{\omega C}\angle -90° = -j\frac{1}{\omega C} = \frac{1}{j\omega C}$$

表 20.3 に，それぞれのインピーダンスと，その逆数であるアドミタンスをまとめておきます．

表 20.3　回路素子の素子定数とインピーダンス

回路素子	素子定数	インピーダンス [Ω]	アドミタンス [S]
抵抗	抵抗値 R [Ω]	$Z_R = R$	$Y_R = \dfrac{1}{R}$
インダクタ	インダクタンス L [H]	$Z_L = j\omega L$	$Y_L = \dfrac{1}{j\omega L} = -j\dfrac{1}{\omega L}$
キャパシタ	キャパシタンス C [F]	$Z_C = \dfrac{1}{j\omega C} = -j\dfrac{1}{\omega C}$	$Y_C = j\omega C$

抵抗値 R，インダクタンス L，キャパシタンス C は，それぞれ抵抗，インダクタ，キャパシタといった素子の特性を表す定数なので，**素子定数**とよびます．これに対し，インダクタとキャパシタのインピーダンスは使用する周波数によって異なりますから，素子そのものの性質のみを表しているのではないことがわかります．しかし，インピーダンスという概念は，これらの三つの素子を正弦波電圧と正弦波電流の関係という意味で，その関係を統一的に表してくれる物理量だといえます．

例題 20.6

(1) 周波数が 1 kHz のとき，角周波数はいくらか．
(2) 10 mH のインダクタを周波数 1 kHz で使用するとき，このインダクタのインピーダンスはいくらか．
(3) 10 mH のインダクタにつぎの電圧を加えた．流れる電流を瞬時式で答えなさい．ただし，電圧の周波数は 1 kHz とする．

$$v(t) = 10\sqrt{2}\sin(\omega t + 45°) \text{ V}$$

(4) 100 μF のキャパシタを周波数 1 kHz で使用するとき，このキャパシタのインピーダンスはいくらか．
(5) 100 μF のキャパシタにつぎの電流を流した．電圧降下を瞬時式で答えなさい．ただし，電流の周波数は 1 kHz とする．

$$i(t) = 2\sqrt{2}\sin(\omega t - 60°) \text{ A}$$

解 (1) $\omega = 2\pi f = 2 \times 3.14 \times 1000 = 6.28 \times 10^3$ rad/s
(2) $Z = j\omega L = j \times 6.28 \text{ k} \times 10 \text{ m} = j62.8$ Ω
(3) 加える電圧は $V = 10\angle 45°$ V であるから，つぎのように求められる．

$$I = \frac{V}{Z} = \frac{10\angle 45°}{j62.8} = \frac{10\angle 45°}{62.8\angle 90°} = 0.159\angle -45° \text{ A}$$
$$i(t) = 0.159\sqrt{2}\sin(\omega t - 45°) \text{ A}$$

(4) $Z = \dfrac{1}{j\omega C} = -j\dfrac{1}{\omega C} = -j \times \dfrac{1}{6.28 \text{ k} \times 100 \text{ μ}} = -j1.59$ Ω
(5) 流れる電流は $I = 2\angle -60°$ A であるから，つぎのように求められる．

$$V = ZI = -j1.59 \times 2\angle -60° = 3.18\angle -150° \text{ V}$$
$$v(t) = 3.18\sqrt{2}\sin(\omega t - 150°) \text{ V}$$

20.6 直列接続と分圧の法則

　抵抗，インダクタ，キャパシタがそれぞれ単独の場合のインピーダンスはわかりましたが，これらが接続された回路全体のインピーダンスはどのようになるのでしょうか．直流回路では，いくつかの抵抗が直列につながれているときの合成抵抗の値は，それぞれの抵抗値の和で表されました．また，いくつかの抵抗が並列につながれているときの合成抵抗は，それぞれの抵抗値の逆数の和の逆数で表されました．交流回路の場合はどうなのでしょうか．都合のよいことに，用語の違いはあっても，直流回路の場合とほとんど同じなのです．

　まず，直列接続について考えることにします．インピーダンス Z_1, Z_2, Z_3 の回路が図 20.12 のように直列に接続されているときの回路全体の合成インピーダンスを Z とします．回路に流れる複素電流を I とし，それぞれの電圧降下および全体の電圧降下を，これらも複素電圧として V_1, V_2, V_3, V としますと，インピーダンスの定義から，次式が成り立ちます．

$$V_1 = Z_1 I, \quad V_2 = Z_2 I, \quad V_3 = Z_3 I, \quad V = ZI$$

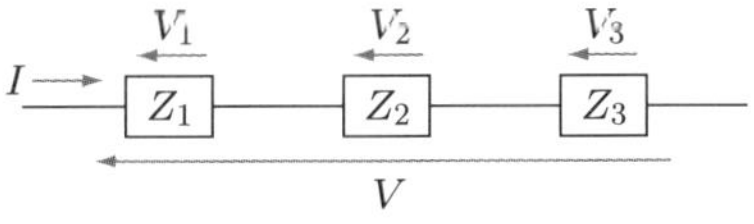

図 20.12　直列接続

　回路全体の電圧降下の瞬時値は，それぞれの電圧降下の瞬時値の和です．一方，18 章で学んだように，これらが正弦波交流の場合には，正弦波の瞬時値の和は，複素数の世界での和に置き換えられました．したがって，回路全体の電圧降下の複素電圧 V は，それぞれの電圧降下の複素電圧の和になります．このことから，

$$V = V_1 + V_2 + V_3$$

となり，全体のインピーダンスは Z つぎのように求められます．

$$Z = \frac{V}{I} = \frac{V_1 + V_2 + V_3}{I} = \frac{V_1}{I} + \frac{V_2}{I} + \frac{V_3}{I} = Z_1 + Z_2 + Z_3$$

また，$V_1 \sim V_3$ は，つぎのようにも表現できます．

$$V_1 = Z_1 I = Z_1 \cdot \frac{V}{Z} = \frac{Z_1}{Z_1 + Z_2 + Z_3} V, \quad V_2 = Z_2 I = Z_2 \cdot \frac{V}{Z} = \frac{Z_2}{Z_1 + Z_2 + Z_3} V$$

$$V_3 = Z_3 I = Z_3 \cdot \frac{V}{Z} = \frac{Z_3}{Z_1 + Z_2 + Z_3} V$$

　直列接続される回路がいくつになっても同じように考えられますので，つぎのようにまとめることができます．

【回路の直列接続】

合成インピーダンス

インピーダンス $Z_1, Z_2, \cdots, Z_n$ の n 個の回路を直列に接続したときの合成インピーダンス Z は，それぞれのインピーダンスの和に等しい．

$$Z = Z_1 + Z_2 + \cdots + Z_n$$

分圧の公式

インピーダンス $Z_1, Z_2, \cdots, Z_n$ の n 個の回路を直列に接続した回路に電圧 V を加えたときのそれぞれの回路の電圧降下を $V_1, V_2, \cdots, V_n$ とすると，つぎの関係が成り立つ．

$$V_1 : V_2 : \cdots : V_n = Z_1 : Z_2 : \cdots : Z_n$$

$$V_k = \frac{Z_k}{Z_1 + Z_2 + \cdots + Z_n} V$$

直流回路の抵抗の直列接続の場合と似た表現になっていることがわかります．違いは抵抗がインピーダンスになり，電圧が複素電圧になって，実数で取り扱っていた量が複素数に変わっている点です．

例題 20.7

図 20.13 のような 50 Ω の抵抗，10 mH のインダクタ，4 μF のキャパシタを使った RLC 直列回路に，つぎのような電流 i を流した．

$$i = 20\sqrt{2} \sin(\omega t + 30°) \text{ mA}$$

このとき，全電圧 v を求めなさい．ただし，電流の周波数は 1 kHz とする．

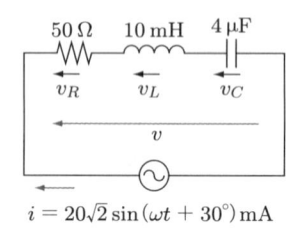

図 20.13

解 電流 i の周波数 f は 1 kHz であるから，角周波数はつぎのように求められる．

$$\omega = 2\pi f = 2000\pi \text{ rad/s}$$

これより，抵抗，インダクタ，キャパシタ，それぞれのインピーダンス Z_R, Z_L, Z_C は，

$$Z_R = R = 50 \text{ Ω}$$
$$Z_L = j\omega L = j2000\pi \times 10\text{m} = j62.8 \text{ Ω}$$
$$Z_C = \frac{1}{j\omega C} = \frac{1}{j2000\pi \times 4\mu} = -j39.8 \text{ Ω}$$

となる．この回路を図示すると，図 20.14 のようになる．これから，この回路の合成インピーダンス Z は

$$Z = Z_R + Z_L + Z_C = 50 + j62.8 - j39.8 = 50 + j23.0$$
$$= 55.0 \angle 24.7° \; \Omega$$

となる．したがって，全電圧降下 V は

$$V = ZI = 55.0 \angle 24.7° \times 20\text{m} \angle 30°$$
$$= 1.10 \angle 54.7° \; \text{V}$$

となり，これを瞬時値に変換すると，つぎのようになる．

$$v = 1.10\sqrt{2}\sin(\omega t + 54.7°) \; \text{V}$$

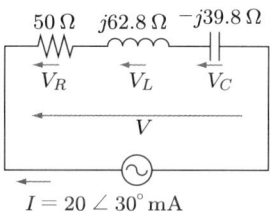

図 20.14

別解 電流 i，電圧 v_R, v_L, v_C, v のフェーザをそれぞれ I, V_R, V_L, V_C, V と表すことにする．電流 i の大きさ $|I| = 20$ mA，周波数 $f = 1$ kHz，初期位相は $30°$ であるから，

$\omega = 2\pi f = 2000\pi$ rad/s

$|V_R| = R|I| = 50 \times 20 \text{ m} = 1.000$ V, $\quad \text{Arg}(V_R) = \text{Arg}(I) = 30°, \quad V_R = 1 \angle 30°$ V

$|V_L| = \omega L|I| = 2000\pi \times 10 \text{ m} \times 20 \text{ m} = 1.257$ V

$\text{Arg}(V_L) = \text{Arg}(I) + 90° = 120°, \quad V_L = 1.257 \angle 120°$ V

$|V_C| = \dfrac{|I|}{\omega C} = \dfrac{20 \text{ m}}{2000\pi \times 4 \text{ μ}} = 0.796$ V

$\text{Arg}(V_C) = \text{Arg}(I) - 90° = -60°, \quad V_C = 0.796 \angle -60°$ V

となる．全電圧降下 v は v_R, v_L, v_C の和であるが，これらの関係はそれぞれ複素数に変換しても和となることから，次式が成り立つ．

$$V = V_R + V_L + V_C = 1\angle 30° + 1.257 \angle 120° + 0.796 \angle -60°$$
$$= (0.866 + j0.500) + (-0.629 + j1.088) + (0.398 - j0.689)$$
$$= 0.635 + j0.899 = 1.10 \angle 54.8° \; \text{V}$$

これを瞬時値に変換すると，つぎのようになる．

$$v = 1.10\sqrt{2}\sin(\omega t + 54.8°) \; \text{V}$$

(注意) 解答と別解とでは位相角が $0.1°$ 異なるが，これは途中計算で四捨五入を用いたことによる誤差である．

例題 20.8

図 20.15 の回路のように，インピーダンス $Z_1 = 3\,\Omega, Z_2 = 1+j3\,\Omega$ の回路の直列回路に，電圧 $E = 10\angle 30°$ V を加えた．電圧降下 V_1, V_2 を求めなさい．

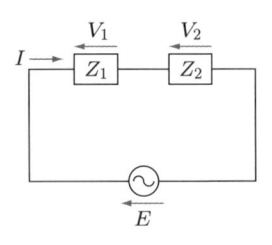

図 20.15

解 分圧の公式により，つぎのように求められる．

$$V_1 = \frac{Z_1}{Z_1+Z_2}E = \frac{3}{3+(1+j3)} \times 10\angle 30° = \frac{3 \times 10\angle 30°}{4+j3} = \frac{3 \times 10\angle 30°}{5\angle 36.9°} = 6\angle -6.9°\text{ V}$$

$$V_2 = \frac{Z_2}{Z_1+Z_2}E = \frac{1+j3}{3+(1+j3)} \times 10\angle 30° = \frac{(1+j3) \times 10\angle 30°}{4+j3} = \frac{3.16\angle 71.6° \times 10\angle 30°}{5\angle 36.9°}$$
$$= 6.32\angle 64.7°\text{ V}$$

20.7 並列接続と分流の法則

図 20.16 のように，インピーダンス Z_1, Z_2, Z_3 の回路が並列に接続されており，回路全体のインピーダンスを Z とします．このとき，インピーダンスの定義から，次式が成り立ちます．

$$V = Z_1 I_1, \quad V = Z_2 I_2, \quad V = Z_3 I_3, \quad V = ZI$$

回路全体に流れる複素電流 I は，正弦波電流の瞬時値の世界の和が複素電流の世界の和に対応するということから，

$$I = I_1 + I_2 + I_3$$

となります．したがって，この並列回路の合成インピーダンス Z は，つぎのように求められます．

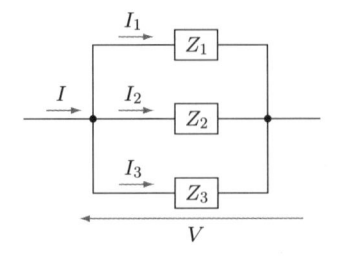

図 20.16　並列接続

$$\frac{1}{Z} = \frac{I}{V} = \frac{I_1 + I_2 + I_3}{V} = \frac{I_1}{V} + \frac{I_2}{V} + \frac{I_2}{V} = \frac{1}{Z_1} + \frac{1}{Z_2} + \frac{1}{Z_3} \quad (20.1)$$

また，それぞれの回路のアドミタンスをそれぞれ Y_1, Y_2, Y_3 とすると，

$$I_1 = \frac{V}{Z_1} = Y_1 V, \quad I_2 = \frac{V}{Z_2} = Y_2 V, \quad I_3 = \frac{V}{Z_3} = Y_3 V$$

となりますから，電流 I_1, I_2, I_3 の比は，Y_1, Y_2, Y_3 の比に等しいことがわかります．

回路全体のアドミタンスを Y とおくと，式 (20.1) はつぎのように表すこともできます．

$$Y = Y_1 + Y_2 + Y_3 \quad (20.2)$$

また，次式も成り立ちます．

$$I_1 = \frac{V}{Z_1} = Y_1 V = Y_1 Z I = \frac{Y_1}{Y} I = \frac{Y_1}{Y_1 + Y_2 + Y_3} I$$

これらを一般化して，つぎのようにまとめることができます．

【回路の並列接続】

合成インピーダンス

アドミタンス $Y_1, Y_2, \cdots, Y_n$（インピーダンス $Z_1, Z_2, \cdots, Z_n$）の n 個の回路を並列に接続したときの合成アドミタンス Y は，それぞれのアドミタンスの和に等しい．

$$Y = Y_1 + Y_2 + \cdots + Y_n, \quad \frac{1}{Z} = \frac{1}{Z_1} + \frac{1}{Z_2} + \cdots + \frac{1}{Z_n}$$

分流の公式

アドミタンス $Y_1, Y_2, \cdots, Y_n$（インピーダンス $Z_1, Z_2, \cdots, Z_n$）の n 個の回路を並列に接続した回路全体に電流 I を流したときのそれぞれの回路に流れる電流を $I_1, I_2, \cdots, I_n$ とすると，つぎの関係が成り立つ．

$$I_1 : I_2 : \cdots : I_n = Y_1 : Y_2 : \cdots : Y_n = \frac{1}{Z_1} \cdot \frac{1}{Z_2} \cdot \cdots \cdot \frac{1}{Z_n}$$

$$I_k = \frac{Y_k}{Y_1 + Y_2 + \cdots + Y_n} I$$

例題 20.9

図 20.17 のような 20 Ω の抵抗，50 mH のインダクタ，30 μF のキャパシタを使った RLC 並列回路に，つぎのような電圧 v を加えた．

$$v = 10\sqrt{2} \sin(\omega t - 10°) \text{ V}$$

電源を流れる全電流 i を求め，瞬時式で表しなさい．ただし，電流の周波数は 60 Hz とする．

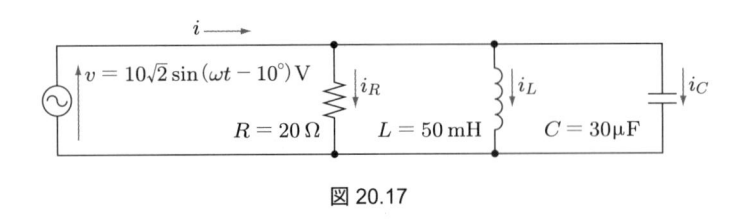

図 20.17

解 電源電圧 v のフェーザ V は

$$V = 10\angle -10° \text{ V}$$

であり，周波数 $f = 60$ Hz であるから，

$$\omega = 2\pi f = 120\pi \text{ rad/s}$$

となる．したがって，各素子のインピーダンスは，つぎのように求められる．

$$Z_R = R = 20 \text{ Ω}, \quad Z_L = j\omega L = j120\pi \times 50\text{m} = j18.8 \text{ Ω}$$

$$Z_C = \frac{1}{j\omega C} = \frac{1}{j120\pi \times 30\mu} = -j88.4 \text{ Ω}$$

この結果を図 20.18 に示す．

図 20.18

並列回路全体のインピーダンスを Z とすると，

$$\frac{1}{Z} = \frac{1}{Z_R} + \frac{1}{Z_L} + \frac{1}{Z_C} = \frac{1}{20} + \frac{1}{j18.8} + \frac{1}{-j88.4} = 50.0\text{m} - j53.2\text{m} + j11.3\text{m}$$
$$= 50.0\text{m} - j41.9\text{m} = 65.2\text{m}\angle -40.0°$$

なので，全電流 I は

$$I = \frac{V}{Z} = \frac{1}{Z}V = 65.2\text{m}\angle -40.0° \times 10\angle -10° = 0.652\angle -50.0° \text{ A}$$

となる．これを瞬時値 i で表すと，つぎのようになる．

$$i = 0.652\sqrt{2}\sin(\omega t - 50.0°) \text{ A}$$

例題 20.10

図 20.19 に示すように，4 Ω の抵抗と $-j3$ Ω のキャパシタが並列に接続されており，全体に $0.2\angle 30°$ A の電流が流れている．抵抗およびキャパシタに流れる電流を求めなさい．

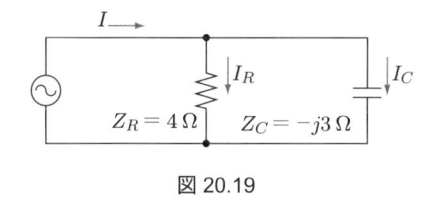

図 20.19

解 抵抗のインピーダンスおよびアドミタンスを Z_R, Y_R，キャパシタのそれらを Z_C, Y_C とすると，分流の公式により，抵抗に流れる電流 I_R およびキャパシタに流れる電流 I_C は，つぎのように求められる．

$$I_R = \frac{Y_R}{Y_R + Y_C}I = \frac{\dfrac{1}{Z_R}}{\dfrac{1}{Z_R}+\dfrac{1}{Z_C}} \times I = \frac{Z_C}{Z_R + Z_C}I = \frac{-j3 \times 0.2\angle 30°}{4-j3}$$

$$= \frac{3\angle -90° \times 0.2\angle 30°}{5\angle -36.9°} = 0.12\angle -23.1° \text{ A}$$

$$I_C = \frac{Y_C}{Y_R + Y_C}I = \frac{\dfrac{1}{Z_C}}{\dfrac{1}{Z_R}+\dfrac{1}{Z_C}} \times I = \frac{Z_R}{Z_R + Z_C}I = \frac{4 \times 0.2\angle 30°}{4-j3}$$

$$= \frac{4 \times 0.2\angle 30°}{5\angle -36.9°} = 0.16\angle 66.9° \text{ A}$$

20.8 回路の性質を表す各種の量

1 ポート回路を特定するには，その回路の接続の仕方と，用いられている各素子の素子定数を明示する方法が考えられます．一方，20.5 節で学んだように，回路構成がわからなくても，そのインピーダンスがわかれば，これに正弦波電圧を加えたときに流れる電流や，正弦波電流を流したときにどのような電圧降下が生じるのかがわかります．つまり，加わっている正弦波電圧と流れる正弦波電流の関係は，すべて回路のインピーダンスが情報としてもっているのです．回路の接続の仕方や各素子の値を一つひとつ書き連ねるのに比べて，インピーダンスという複素数値一つでことが足りるのですから，インピーダンスは非常に便利な量だといえます．このことは，インピーダンスの逆数のアドミタンスについても同じことです．

インピーダンスやアドミタンスの実部や虚部については，特有の名称がついています．これらも回路の性質を表す物理量になりますが，さまざまな問題，とくに以下の

章で取り上げる電力を考える際などに便利な物理量ですので，ここでまとめて紹介します．

以下にまとめているように，インピーダンスの絶対値を**インピーダンスの大きさ**，偏角を**インピーダンス角**，実部を回路の**抵抗** (resistance) **分**，虚部を**リアクタンス** (reactance) **分**といいます．同じように，アドミタンスの絶対値を**アドミタンスの大きさ**，偏角を**アドミタンス角**，実部を**コンダクタンス** (conductance) **分**，虚部を**サセプタンス** (susceptance) **分**といいます．インピーダンスの大きさ，抵抗分，リアクタンス分の単位は Ω (オーム)，アドミタンスの大きさ，コンダクタンス分，サセプタンス分の単位は S (ジーメンス) です．

インピーダンス

$$Z \equiv \frac{V}{I} = |Z|\angle\theta_Z = R + jX$$

インピーダンスの大きさ： $|Z|$
インピーダンス角： $\theta_Z = \mathrm{Arg}(Z)$
抵抗分： $R \equiv \mathrm{Re}(Z)$
リアクタンス分： $X \equiv \mathrm{Im}(Z)$

アドミタンス

$$Y \equiv \frac{I}{V} = |Y|\angle\theta_Y = G + jB$$

アドミタンスの大きさ： $|Y|$
アドミタンス角： $\theta_Y = \mathrm{Arg}(Y)$
コンダクタンス分： $G \equiv \mathrm{Re}(Y)$
サセプタンス分： $B \equiv \mathrm{Im}(Y)$

上の関係式の $|Z|\angle\theta_Z = R+jX$ および $|Y|\angle\theta_Y = G+jB$ を，図 20.20 に図示しています．これらの間には，つぎの関係があることがわかります．

$$R = |Z|\cos\theta_Z, \quad X = |Z|\sin\theta_Z, \quad G = |Y|\cos\theta_Y, \quad B = |Y|\sin\theta_Y$$

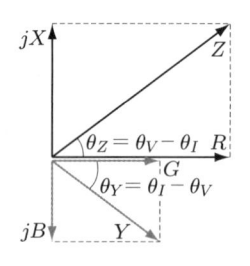

図 20.20 複素平面上の Z と Y

電圧，電流の初期位相を θ_V, θ_I とすると，$V = ZI$ からは，

$$\theta_V = \theta_Z + \theta_I$$

つまり，「電圧は電流に対してインピーダンス角だけ位相が進む」，もしくは「電流は電

圧に対してインピーダンス角だけ位相が遅れる」といえます。一方，$I = YV$ からは，

$$\theta_I = \theta_Y + \theta_V$$

ですから，「電流は電圧に対してアドミタンス角だけ位相が進む」，もしくは「電圧は電流に対してアドミタンス角だけ位相が遅れる」ことになります．

上式から，もしくは Z と Y がたがいに逆数であることから，インピーダンス角 θ_Z とアドミタンス角 θ_Y との間にはつぎの関係があることがわかります．

$$\theta_Z + \theta_Y = 0$$

位相差から，回路の性質をつぎのように分類することがあります．電流と電圧の位相差が $-90°$ から $90°$ までの間にかぎられる回路は**受動性** (passive) をもつといわれます．また，同相の場合を**レジスティブ** (resistive)，$90°$ の位相差をもつ場合を**リアクティブ** (reactive) といいます．さらに，電圧の位相が電流の位相より進む回路は**誘導性** (inductive) を，電流の位相が電圧の位相より進む回路は**容量性** (capacitive) をもっているといいます．これらについては，22 章で電力について学んだ後，あらためて説明します．

また，Z と Y がたがいに逆数であることから，

$$Y = G + jB = \frac{1}{Z} = \frac{1}{R + jX} = \frac{R - jX}{(R + jX)(R - jX)} = \frac{R}{R^2 + X^2} - j\frac{X}{R^2 + X^2}$$

$$Z = R + jX = \frac{1}{Y} = \frac{1}{G + jB} = \frac{G - jB}{(G + jB)(G - jB)} = \frac{G}{G^2 + B^2} - j\frac{B}{G^2 + B^2}$$

が成り立ち，抵抗分 R，リアクタンス分 X の回路とコンダクタンス分 G とサセプタンス分 B の間には，つぎの関係があることがわかります．

$$G = \frac{R}{R^2 + X^2}, \quad B = -\frac{X}{R^2 + X^2}, \quad R = \frac{G}{G^2 + B^2}, \quad X = -\frac{B}{G^2 + B^2}$$

例題 20.11

図 20.21 の回路について，以下の問いに答えなさい．

(1) 回路のインピーダンス Z，アドミタンス Y，抵抗分 R，リアクタンス分 X，コンダクタンス分 G，サセプタンス分 B を求めなさい．
(2) この回路は誘導性，容量性のどちらか．
(3) この回路に電圧を加えたとき，流れる電流は電圧に対してどれほど進むか，もしくはどれほど遅れるか．
(4) この回路と等価なはたらきをする，抵抗とリアクティブな素子の直列回路を求めなさい．

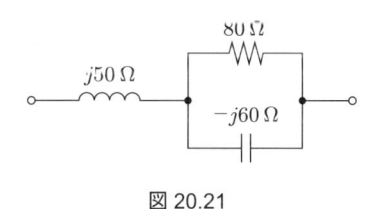

図 20.21

(5) この回路と等価なはたらきをする，抵抗とリアクティブな素子の並列回路を求めなさい．

解 (1) $Z = j50 + \dfrac{80 \times (-j60)}{80 + (-j60)} = j50 + \dfrac{4800\angle -90°}{100\angle -36.9°}$

$= j50 + 48\angle -53.1° = j50 + 28.8 - j38.4 = 28.8 + j11.6 = 31.0\angle 21.9°$ Ω

$R \equiv \mathrm{Re}(Z) = 28.8$ Ω, $X \equiv \mathrm{Im}(Z) = 11.6$ Ω

$Y = \dfrac{1}{Z} = \dfrac{1}{31.0\angle 21.9°} = 32.3$ m$\angle -21.9° = 32.3\angle -21.9°$ mS

$G \equiv \mathrm{Re}(Y) = \mathrm{Re}(32.3$ m$\angle -21.9°) = 30.0$ mS

$B \equiv \mathrm{Im}(Y) = \mathrm{Im}(32.3$ m$\angle -21.9°) = -12.0$ mS

(2) $X = 11.6 > 0$ であるから誘導性．

(3) $\mathrm{Arg}(Z) = 21.9°$ であるから，電流は電圧よりも $21.9°$ 遅れる．

(4) $Z = R + jX = 28.8 + j11.6$ Ω であるから，この回路は図 20.22(a) のように，28.8 Ω の抵抗と 11.6 Ω のリアクタンスをもつインダクタの直列回路と等価である．

(5) $\dfrac{1}{Z} = 32.3\mathrm{m}\angle -21.9° = 30.0\mathrm{m} - j12.0\mathrm{m} = \dfrac{1}{33.3} + \dfrac{1}{j83.3}$ S であるから，この回路は図 (b) のように，3.3 Ω の抵抗とインピーダンスが 83.3 Ω のリアクタンスをもつインダクタの並列回路と等価である．

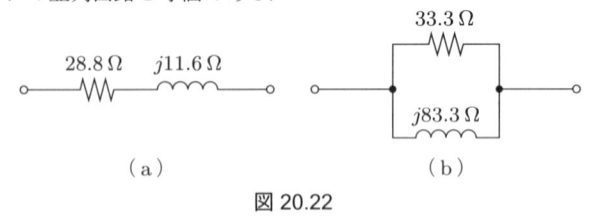

図 20.22

20.9 二つの世界の電圧と電流の関係

18 章では，正弦波の世界，三角関数の世界，2 次元ベクトルの世界，複素数の世界があって，それぞれの世界で定義された加算には，きちんとした対応関係があり，この四つの世界は同型であることを解説しました．それぞれの世界で表す量は，正弦波で変化するものであれば，電圧でも電流でもよいのでした．また，二つの正弦波電圧の和を考えるのに，2 次元ベクトルの世界や複素数の世界の和を考えると計算が簡単にできることを学びました．ところで，本章で学んだことはいったいどのように整理されるのでしょうか．

本章では，駆動源が正弦波電圧の場合に回路に流れる電流はどうなるのか，もしくは駆動源が正弦波電流の場合に回路の電圧降下はどうなるのかを問題にしました．つ

20.9 二つの世界の電圧と電流の関係

まり，電圧の正弦波の世界と電流の正弦波の世界があり，それぞれの世界がどのように対応するのかを考えたといえます．

たとえば，ある 1 ポート回路に $v = 12\sqrt{2}\sin(\omega t + 30°)$ V の正弦波電圧を加えたところ，$i = 2.4\sqrt{2}\sin(\omega t - 30°)$ A の電流が流れたとします．この 1 ポート回路が線形であれば，$v = 30\sqrt{2}\sin(\omega t - 50°)$ V の正弦波電圧を加えた場合には，$i = 6\sqrt{2}\sin(\omega t - 110°)$ A の電流が流れることになります．共通することは，「この 1 ポート回路では，電圧の大きさを 5 Ω で割り，位相を 60° 遅らせた電流が流れる」ということです．これらのことを複素数の世界の言葉で言い表してみましょう．ある 1 ポート回路に電圧 $V = 12\angle 30°$ V を加えたところ，電流 $I = 2.4\angle -30°$ A が流れたとすると，この 1 ポート回路が線形であれば，電圧 $V = 30\angle -50°$ V を加えたときには，電流 $I = 6\angle -110°$ A が流れるということなります．そして，この 1 ポート回路のインピーダンスは $5\angle 60°$ Ω であるといえます．

この 1 ポート回路の電圧と電流の関係を図 20.23 に図示しています．上の二つの四角は左が正弦波電圧の世界，右が正弦波電流の世界であり，どちらも無数の正弦波の集まりですが，図では，代表させて三つだけ描いています．それぞれの世界の正弦波は 1 対 1 に対応しています．正弦波電圧の世界から正弦波電流の世界を対応させるときには，大きさを 5 で割って位相を 60° 遅らせています．逆に，正弦波電流の世界から正弦波電圧を対応させるときには，大きさを 5 倍し，位相を 60° 進めています．

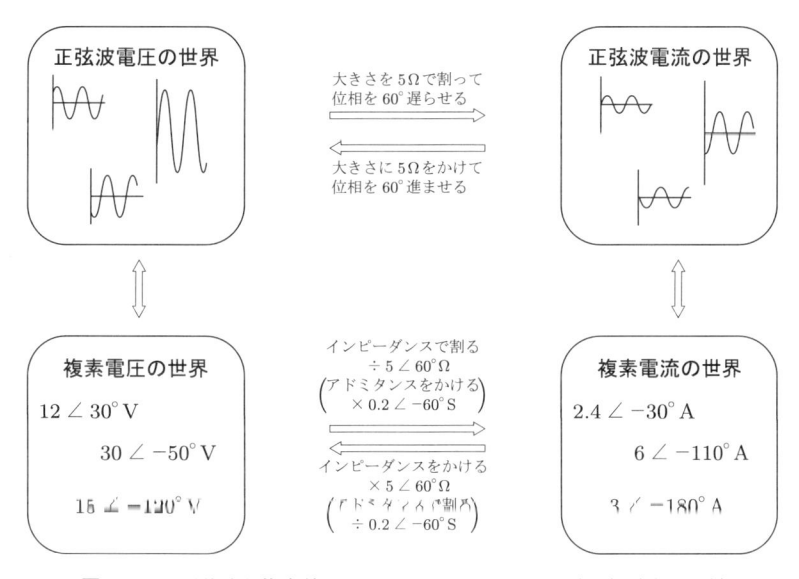

図 20.23 正弦波と複素数のそれぞれの世界における電圧と電流の関係

この正弦波の世界を複素数の世界に対応させたのが，下に二つの四角で描いた複素電圧の世界と複素電流の世界です．電圧 $V = 12\angle 30°$ V に電流 $I = 2.4\angle -30°$ A が対応し，電圧 $V = 30\angle -50°$ V には電流 $I = 6\angle -110°$ A が対応します．

回路が変われば，この複素電圧と複素電流の対応関係も変わることになりますが，同じ回路であれば，この対応関係は一つに定まります．そして，この対応関係には一定のルールがあります．それは複素電圧と複素電流の比例定数は，回路が同じであれば変わらないということです．そして，複素電圧を複素電流で割った値をインピーダンス，その逆数をアドミタンスというのでした．上記の例では，つぎのようになります．

$$Z = \frac{V}{I} = 5\angle 60° \text{ Ω}, \quad Y = \frac{I}{V} = 0.2\angle -60° \text{ S}$$

このように，回路が定まれば，複素電圧と複素電流の世界の対応が一つの複素数で決まります．したがって，この比例定数の役割は大きなものです．この回路の駆動源が電圧源の場合は，その複素電圧をインピーダンスで割れば，回路を流れる複素電流が求まります．駆動源が電流源の場合はその複素電流にインピーダンスをかければ，回路の電圧降下が複素電圧で求まります．このように，ある複素数をかけたり割わったりして，一方からもう一方が求められます．

このことを正弦波の世界で考えてみるとどうでしょうか．正弦波電圧と正弦波電流の対応関係は，大きさを変え，位相を変えて得られますが，大きさについては乗除を考え，位相については加減を考える必要があります．二つの正弦波の世界の対応関係は，表現に少々手間がかかります．三角関数の世界や 2 次元ベクトルの世界でも同様で，大きさと位相を別々に操作する必要があります．しかし，複素数の世界であれば，複素数の乗除でいい表すことができるのです．

交流回路ではいたるところで $j\omega$ という表現が出てきて，この意味を尋ねられることがあります．ここで整理しておきましょう．正弦波 $\sqrt{2}|A|\sin(\omega t + \theta)$ を微分すると，$\sqrt{2}\omega|A|\cos(\omega t + \theta)$ となります．逆に，$\sqrt{2}\omega|A|\cos(\omega t + \theta)$ を積分すれば，定数を除いて $\sqrt{2}|A|\sin(\omega t + \theta)$ になります．これらの正弦波に対応する複素数は，それぞれ $A = |A|\angle\theta$ と $\omega|A|\angle(\theta + 90°) = j\omega A$ です．この関係を図 20.24 に描いています．$j\omega$ の意味を聞かれたら，つぎのように答えることができます．「交流回路で対象とするのは正弦波の電圧や電流ですが，計算には複素数を用いていて，この複素数の計算で $j\omega$ をかけることは正弦波を微分する演算に，$j\omega$ で割ることは正弦波を積分することを意味しているのです．」

正弦波 (周波数は同じ) の世界，三角関数 (周波数は同じ) の世界，2 次元ベクトルの世界，複素数の世界の対応関係は，18 章でみてきたように，それぞれの世界で定義された加算について同型でした．どの世界でも「加える」とか「和」という同じ用語を

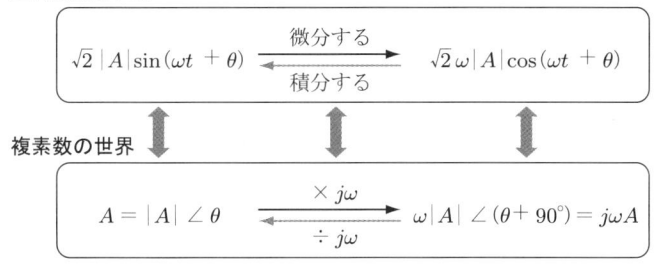

三角関数の世界

$$\sqrt{2}|A|\sin(\omega t + \theta) \xrightarrow[\text{積分する}]{\text{微分する}} \sqrt{2}\omega|A|\cos(\omega t + \theta)$$

複素数の世界

$$A = |A| \angle \theta \xrightarrow[\div j\omega]{\times j\omega} \omega|A| \angle (\theta + 90°) = j\omega A$$

図 20.24 正弦波の世界の微分・積分と複素数の世界の $j\omega$ の対応関係

使っているので，違う世界にいることがわからなくなるかもしれません．一方，三角関数の世界で微分するという演算は，複素数の世界では $j\omega$ をかけることに対応しました．それぞれの世界で表現が違うので，その違いについては混乱はないのですが，むしろ世界の違う二つの演算が対応関係にあるということが大事なのです．本章ではさらに，回路に加えた正弦波電圧とそこを流れる正弦波電流の関係が，複素数の世界ではインピーダンスの乗除によって簡単に表現されるということを解説してきました．

直流回路では実数を使って解析できました．交流回路では複素数に拡張しました．正弦波の加減は複素数の加減で計算でき，回路の正弦波電圧と正弦波電流の関係は複素電圧と複素電流の比例関係として乗除で表現できます．このように，交流回路理論は，正弦波の扱いを複素数の加減乗除を余すところなく使っているといえます．複素数の加減乗除の体系がなければ，簡単な回路計算でさえ，かなり難しくなってしまいます．

■■■ 演習問題 ■■■

20.1 図 20.25 に示す 50 Ω の抵抗と 10 mH のインダクタの直列回路に電圧

$$e = 20\sqrt{2}\sin(\omega t + 30°) \text{ V}$$

を加えたとき，回路に流れる電流 i を瞬時式で答えなさい．ただし，電源電圧の周波数は 1 kHz とする．

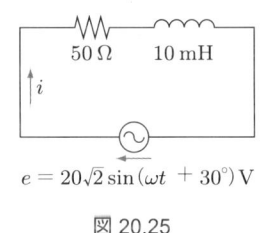

図 20.25

20.2 図 20.26 のような 50 Ω の抵抗と 4 μF のインダクタの並列回路に電圧
$$e = 20\sqrt{2}\sin(\omega t + 30°) \text{ V}$$
を加えたとき，回路に流れる電流 i を瞬時式で答えなさい．ただし，電圧の周波数は 1 kHz とする．

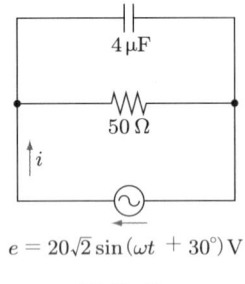

図 20.26

20.3 以下の問いに答えなさい．

(1) ある回路に加えた電圧 e, 流れた電流 i がつぎのとおりであるとき，この回路のインピーダンス Z, 抵抗分 R, リアクタンス分 X を求めなさい．
$$e = 20\sqrt{2}\sin(\omega t + 30°) \text{ V}, \quad i = 10\sqrt{2}\sin(\omega t + 10°) \text{ mA}$$

(2) インピーダンス $Z = 4\angle -10°$ kΩ の回路に，電圧 $e = 5\sqrt{2}\sin(\omega t + 30°)$ V を加えた．流れる電流 i を瞬時式で表しなさい．

(3) 抵抗分が 2 Ω, リアクタンス分が 5 Ω の誘導性の回路において，流れる電流に対して電圧の位相はどうなるか．

(4) コンダクタンス分が 20 mS, サセプタンス分が 10 mS の容量性の回路がある．これに電圧 $e = 5\sqrt{2}\sin(\omega t + 30°)$ V を加えた．流れる電流 i を瞬時式で表しなさい．

(5) 10 mH のインダクタを 50 Hz で使用するとき，このリアクタンスはいくらか．

(6) 1 kHz のとき $-j20$ Ω のキャパシタがある．このキャパシタを 50 Hz で用いるとき，インピーダンスはいくらか．

(7) 10.0 μF のキャパシタに 2.00 V の大きさの電圧を加えたら，50 mA の大きさの電流が流れた．電源の周波数はいくらか．

20.4 図 20.27(a) に示すような，抵抗分 3 Ω, リアクタンス分 4 Ω のインダクタの並列回路に，図 (b) の右のグラフに示すような電圧 e （フェーザ $E = 24\angle 30°$ V）を加えた．抵抗，インダクタに流れる電流 I_R, I_L および全電流 I を求め，波形とフェーザを図に描きなさい．

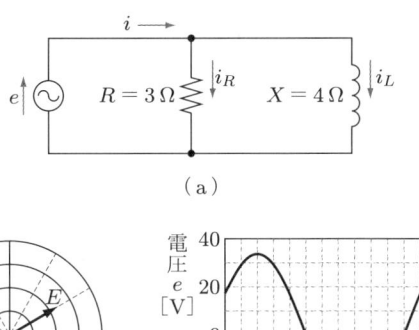

(a)

(b)

図 20.27

21章　交流回路の基礎

　本章は交流回路理論を展開するうえでの基礎を固めつつ，具体的な解析にも慣れるための章です．となると，19章や20章は何だったのかといぶかしく思うかもしれません．まずは19章，20章を振り返ってみましょう．

　19章では正弦波の和と2次元ベクトルの和，複素数の和の世界が同じ構造をもっていることを学びました．20章では，正弦波の世界の比例，微分や積分といった関係が，複素数の世界ではどれも複素数のかけ算として表現されることがわかりました．また，線形の抵抗やインダクタ，キャパシタ，さらにはこれらからなる1ポート回路に加わる複素電圧と，それらを流れる複素電流との間に複素数の比例関係があり，その比であるインピーダンスがわかれば，複素電圧もしくは複素電流の一方からもう一方が計算できることを学びました．これらの章では，交流回路の解析には複素数が非常に相性のよいことがわかったのです．

　さて，これから本格的に交流回路の学習を進めていくことになりますが，そのために留意しておいたほうがよいことが3点あります．

　まず，交流回路は線形素子からなる回路を対象とするという点です．16章では，非線形抵抗素子については加えた電圧と流れる電流の波形が異なることを学びました．交流回路ではどちらも正弦波になる場合にかぎって理論を展開しますから，対象とするのは抵抗ばかりでなく，インダクタやキャパシタもあわせて，すべて線形の素子からなる線形回路にかぎる必要があるのです．

　つぎに，交流回路の構造的理解です．直流回路を考えるときの基礎方程式は，第5章で説明したように，KCLから得られる節点方程式，KVLから得られる閉路方程式，それに素子の電流電圧特性を表す素子方程式で，これら3種類の方程式をもとに，直流回路の理論が構築されました．交流回路も同様に，その基礎方程式は節点方程式，閉路方程式，素子方程式です．実数の代わりに複素数が用いられますが，その構造は同じです．直流回路の基礎方程式から導かれた諸法則の多くは，多少の文言の違いはありますが，交流回路においても非常に類似した法則として導かれます．

　留意すべきもう1点は，交流回路の理解を深めるための道具としての複素平面の利用です．回路中の各所の電圧や電流，インピーダンスなどは複素数で表され，

これらの関係は**複素平面図**として描くことができます．これら諸量の関係を複素平面図上で理解することで，その回路を構成する素子と回路全体の関連をとらえることができるようになり，回路解析結果の妥当性を検討する手立てにもなります．また，いろいろな応用問題を解くうえでは，考え方を整理する強力な道具になります．

本章で力を注ぐべきことは十分な演習です．回路解析法については，すでに直流回路で十分な力をつけたことと思います．あとは，交流回路の計算や特有の考え方に習熟するとよいでしょう．章末に十分な演習問題を用意しています．それらを実際に解いて力をつけておくことを勧めます．

21.1 交流回路の基礎方程式

直流回路の各種の解析法の基本には，KCL，KVL と素子の電流電圧特性がありました．それらがそれぞれ節点方程式，閉路方程式，素子方程式で表現され，これらをまとめて直流回路の基礎方程式としました．この構造は交流回路でもまったく同じで，交流回路の拠りどころとする基本は，KCL，KVL と素子の電流と電圧の関係です．そして，それぞれに対応して，交流回路の基礎方程式も節点方程式，閉路方程式，素子方程式の3種類の方程式からなります．

まずは，具体的な回路として，図 21.1 の回路を考えてみることにしましょう．この回路は電圧源，電流源，抵抗，インダクタ，キャパシタからなっています．

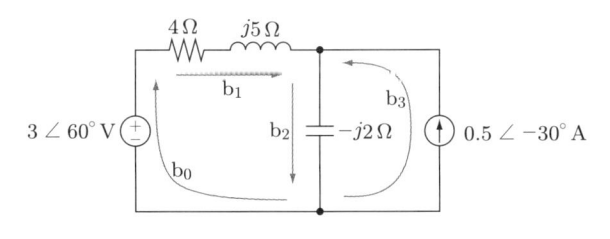

図 21.1　回路例

図のように，四つの枝を $b_0 \sim b_3$ とします．この向きに流れる複素電流を $I_0 \sim I_3$ とし，複素電圧を $V_0 \sim V_3$ とすると，節点方程式，閉路方程式，素子方程式はつぎのように表されます．

節点方程式：　$I_0 - I_1 = 0$
$\qquad\qquad I_1 - I_2 + I_3 = 0$
閉路方程式：　$V_0 + V_1 + V_2 = 0$
$\qquad\qquad -V_2 - V_3 = 0$

素子方程式： $V_0 = 3\angle 60°$
$V_1 + (4+j5)I_1 = 0$
$V_2 + (-j2)I_2 = 0$
$I_3 = 0.5\angle -30°$

枝の数を4本としましたから，未知数は8個です．素子方程式の数は枝の数と等しく4本です．節点の数は三つで，独立な節点方程式の数は「節点の数 − 1」でしたから2本，独立な閉路方程式は「枝の数 − 節点の数 + 1」でしたから2本です．合わせて，方程式の数は8本になります．未知数の数だけ方程式が得られましたから，特別なことがないかぎり解けるはずです．枝の数，節点の数，独立な節点方程式の数，独立な閉路方程式の数，素子方程式の数など，回路構造に関する事情はどれも直流回路のときの考え方とまったく同じです．

21.2 キルヒホッフの法則

前節で，交流回路の解析に必要な基礎方程式は，直流回路の場合と同じように，節点方程式と閉路方程式，素子方程式であることを説明しました．直流回路の場合，これらの式は直流回路でのKCLとKVL，それに素子の電流電圧特性から求められます．交流回路の場合は，交流回路でのKCL，KVLがあり，交流回路に利用される素子の複素電圧と複素電流の関係があります．これから交流回路の理論を構築するためには，これらのきちんとした吟味が必要です．直流回路と交流回路とでは類似点もあれば相違点もあります．それらを理解するためにも，まずはその根本を明らかにしておく必要があります．

直流回路におけるKCL，KVLは最終的にはつぎのようにまとめることができました (KCLは9章，KVLは5章)．

【直流回路におけるキルヒホッフの電流の法則】

KCL ①

　任意の節点もしくは部分回路において，流入する枝電流の和は流出する枝電流の和に等しい．

KCL ②

　任意の節点もしくは部分回路において，流入する枝電流の代数和はゼロに等しい．

KCL ③

任意の節点もしくは部分回路において，流出する枝電流の代数和はゼロに等しい．

KCL ④

任意の節点もしくは部分回路において，抵抗を通って流出する枝電流の代数和は，電源を通って流入する枝電流の代数和に等しい．

【直流回路におけるキルヒホッフの電圧の法則】

KVL ①

任意の閉路において，閉路に沿った枝電圧の代数和はゼロに等しい．

KVL ②

任意の閉路において，閉路に沿った電源電圧の代数和は，この閉路に沿った抵抗による電圧降下の代数和に等しい．

KVL ③

任意の閉路において，閉路に沿った起電圧の代数和は，この閉路に沿った抵抗による電圧降下の代数和に等しい．

しかし，KCL，KVL は電圧や電流が直流の場合にかぎらず任意に変化する一般の場合にも，任意の時刻で成り立ちます．これらを以下にまとめておきます．実をいうと 16 章では，すでにこれらの法則を前提に説明していたのです．

【一般に成立するキルヒホッフの電流の法則】

KCL ①

任意の時刻，任意の節点もしくは部分回路において，流入する枝電流の和は流出する枝電流の和に等しい．

KCL ②

任意の時刻，任意の節点もしくは部分回路において，流入する枝電流の代数和はゼロに等しい．

KCL ③

任意の時刻，任意の節点もしくは部分回路において，流出する枝電流の代数

和はゼロに等しい．

KCL ④

　任意の時刻，任意の節点もしくは部分回路において，電源以外の素子を通って流出する枝電流の代数和は，電源を通って流入する枝電流の代数和に等しい．

【一般に成立するキルヒホッフの電圧の法則】

KVL ①

　任意の時刻，任意の閉路において，閉路に沿った枝電圧の代数和はゼロに等しい．

KVL ②

　任意の時刻，任意の閉路において，閉路に沿った電源電圧の代数和は，この閉路に沿った電源以外の素子による電圧降下の代数和に等しい．

KVL ③

　任意の時刻，任意の閉路において，閉路に沿った起電圧の代数和は，この閉路に沿った電圧降下の代数和に等しい．

　「任意の節点(もしくは部分回路)において」や「任意の閉路において」としたところに，「任意の時刻」が付け加えられたところが大きな違いです．この意味では，「枝電流や枝電圧」としているところはそれぞれ瞬時値を意味している点に注意してください．また，KCL ④や KVL ②で「抵抗」と表していたところが，「電源以外の素子」と置き換わっています．さらに KVL ③では，「抵抗による」に対応する記述はわずらわしさを避けるため省いています．

　逆に，これらの法則を出発点とすれば，直流回路の場合，電圧や電流は一定ですから，「任意の時刻」は不要になって，直流回路における KCL，KVL が導き出されます．

　一方，交流回路の場合に適用してみましょう．上記の一般的な KCL，KVL は瞬時値の世界の枝電流や枝電圧についての法則ですから，電圧や電流が正弦波になっても同じです．さらに，正弦波の世界の和はフェーザの世界でも和に対応していましたから，電圧や電流をフェーザの世界の言葉に置き換えることは許されます．このことから，つぎの交流回路における KCL，KVL が得られます．

【交流回路のおけるキルヒホッフの電流の法則】

KCL ①

任意の節点(もしくは部分回路)において，流入する枝電流の和は流出する枝電流の和に等しい．

KCL ②

任意の節点(もしくは部分回路)において，流入する枝電流の代数和はゼロに等しい．

KCL ③

任意の節点(もしくは部分回路)において，流出する枝電流の代数和はゼロに等しい．

KCL ④

任意の節点(もしくは部分回路)において，電源以外の素子を通って流出する枝電流の代数和は，電源を通って流入する枝電流の代数和に等しい．

【交流回路のおけるキルヒホッフの電圧の法則】

KVL ①

任意の閉路において，閉路に沿った枝電圧の代数和はゼロに等しい．

KVL ②

任意の閉路において，閉路に沿った電源電圧の代数和は，この閉路に沿った電源以外の素子による電圧降下の代数和に等しい．

KVL ③

任意の閉路において，閉路に沿った起電圧の代数和は，この閉路に沿った電圧降下の代数和に等しい．

交流回路での電圧や電流の記述は，もちろんフェーザを意味します．フェーザは2次元ベクトルや複素数で表されます．今後も，電圧フェーザ，電流フェーザ，複素電圧，複素電流などと記さず，単に電圧，電流と記しますので注意してください．

前節の回路例で立てた節点方程式，閉路方程式は，これらの法則にもとづいていたのです．交流回路理論を支える三つの方程式のうちの二つは，上記の法則だということをしっかり認識しておく必要があります．

21.3† キルヒホッフの法則の検討

直流回路および交流回路におけるそれぞれの KCL, KVL は, どちらも一般に成立する KCL, KVL にもとづいていることがわかりました. これらの法則ともう一つ素子にかかる電圧と電流の関係から回路の基礎方程式が得られ, 回路理論のすべてが語られるのです. しかし, これらは疑いようのない事実なのか, といぶかしく思う方もいるのではないでしょうか. KCL や KVL についてその真偽を問うのは当然のことです. ところが, これらに答えるのは電気回路の範囲を超えていて, これらをさらに検討するのであれば, 電気現象を説明するさらに基礎となる電磁気学に頼る必要があります. 以下では, 一般に成り立つ KCL と KVL について, 電磁気学もしくはさらに広い物理学の視点から少し解説しておきます. しかし, まだ電磁気学を十分に学んでいない方は読み飛ばしてください. 将来電磁気学について多少の力がつき, 振り返って KCL や KVL に疑問が湧いたときに読んでいただければと思います.

まず KCL からですが, この法則は電磁気学の電荷保存則から導かれます. これについては, 13 章でもすでに説明しました. 電圧や電流が変化する場合も同様です. 電荷保存則②は,「ある任意の領域において電気の出入りがあるとき, その領域の内部の電気量の代数和は, 代数的に流入した電気量分だけ増加する」でした. m 本の枝 b_1 〜 b_m がある節点で接続されており, それぞれの枝において, ある時刻を基準にして時刻 t までに通過した通算の電気量を $q_1(t) \sim q_m(t)$ とします. 節点は電気を流す岐路になるだけで, 電気を蓄える機能はないと考えますから, この節点を取り巻く領域に電荷保存則②を適用すると,

$$q_1(t) + q_2(t) + \cdots + q_m(t) = 0$$

です. それぞれの枝に流れる枝電流を $i_1(t) \sim i_m(t)$ とすると, これらはそれぞれの枝を通過する電気量の時間微分ですから, 次式が得られます.

$$i_1(t) + i_2(t) + \cdots + i_m(t) = 0$$

この関係は任意の時刻 t において成り立つ式です. ここまでは対象を節点としましたが, 対象が部分回路の場合は, その部分回路に含まれる節点の節点方程式を加え合わせれば同様に成立します. これが, 一般に成り立つ KCL ②です. KCL のほかのバリエーションは KCL ②から導くことができます.

細かいことになりますが, 少し補足をしておきます. 節点は電気を流す岐路になるだけで, 電気を蓄える機能はないと考えましたが, 実際には, 節点とした端子が大きな導体の場合は, 多少の電気を蓄えることがあります. この電気を無視できる場合は問題ありませんが, 無視できない場合は, 蓄えられる導体間に別途キャパシタがある

と考えることにより，節点での電気の蓄積はないとすることができ，KCL は成り立っているとみなすことができます．

つぎは KVL です．KVL の根拠となる法則は，ファラディの法則「任意の閉路の誘導起電圧は，その閉路を貫く磁束の時間的減少率に等しい」です．これは，つぎの式で表現されます．

$$\oint E dl = -\frac{d\phi}{dt}$$

誘導起電圧は，閉路に沿った電場の強さ E の積分で表されます．13 章で，電場の強さが一定の場合に，電場の強さに電場の方向の距離をかけたものが電位差を意味することを説明しましたが，電場の強さが場所によって変わるときには積分で表現されます．右辺に現れる ϕ は閉路を貫く磁束を意味しています．これについて考えてみましょう．

図 21.2 に示すような発電機，抵抗，キャパシタ，インダクタの連なった閉路 abcda にこの法則を適用すると，つぎの式が得られます．

$$\underbrace{\int_a^b E dl}_{発電機} + \underbrace{\int_b^c E dl}_{抵抗} + \underbrace{\int_c^d E dl}_{キャパシタ} + \underbrace{\int_d^a E dl}_{インダクタ} = -\frac{d}{dt}(\phi_G + \phi_L + \phi_{\text{other}})$$

左辺は電場を閉路に沿って積分したもので，これをそれぞれの素子ごとに分割しています．閉路を鎖交する磁束の多くは発電機とインダクタの中を貫く磁束で，これらをそれぞれ ϕ_G，ϕ_L とし，それ以外の磁束を ϕ_{other} と表していますが，ϕ_{other} は小さいとして無視するか，ϕ_L の中に含めて考えることにします．ところで，導線は導体ですからその内部は同電位となり電場ができません．したがって，

$$\underbrace{\int_a^b E dl}_{発電機} = 0, \quad \underbrace{\int_d^a E dl}_{インダクタ} = 0$$

となります．さて，

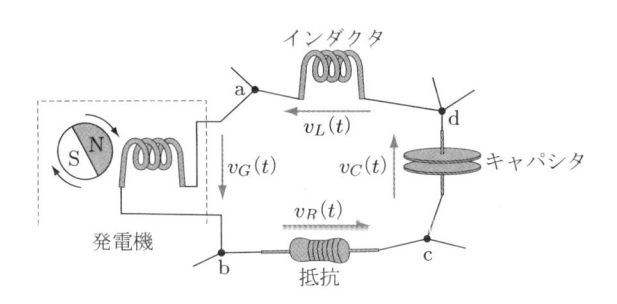

図 21.2 KVL を検討するための閉路

$$v_G(t) \equiv \frac{d\phi_G}{dt}, \quad v_R(t) \equiv \int_b^c Edl, \quad v_C(t) \equiv \int_c^d Edl, \quad v_L(t) \equiv \frac{d\phi_L}{dt}$$

抵抗 　　　　　キャパシタ

と定義すると，ファラデイの法則から得られた最初の式は，つぎのように書き換えることができます．

$$v_G(t) + v_R(t) + v_C(t) + v_L(t) = 0$$

$v_G(t)$, $v_R(t)$, $v_C(t)$, $v_L(t)$ は各素子の枝電圧の瞬時値で，この式はこの閉路についてのKVLを表しています．ここでは起電力の例として発電機の誘導起電力を考えましたが，ほかにも電池などの化学的起電力，太陽電池の光起電力，ゼーベック効果による熱起電力などがあり，さらに広範な物理学のなかで電源を考える必要があります．しかし，ほかの電源の場合にも電源電圧さえわかれば，それを枝電圧として取り込めばよいと考えることができます．特別な閉路について考えてきましたが，これから一般の場合にもKVLが成り立つことが理解できます．

　電磁気学を学ぶと，導線には小さくとも抵抗やインダクタンスがあり，導線間にはコンダクタンスやキャパシタンスがあることを学びます．これらの電気定数は導線中に分布しています．これらも考慮した電気現象の解析は電磁気学で考える必要があります．ケーブルなどのように導線の構造が単純で一様であると考えられる場合には，これらの電気定数が導線中に一様に分布しているものと考えて解析する方法もあります．これは電気回路の中の，**分布定数回路**という単元で取り扱います．

　これに対し本書では，これらの電気定数の影響が無視でき，導線中の電位は同電位であり，導線中には電圧降下は存在しないと考えています．このように抵抗，インダクタンス，キャパシタンスは，塊である抵抗器，インダクタ，キャパシタなどの素子のみで考えるとする回路を，**集中定数回路**とよびます．本書は集中定数回路を対象としていますから，基本法則のKCLやKVLは和で表されますが，分布定数回路の場合には空間的な積分や微分の助けが必要になり，さらに一般には，電磁気学の言葉で記述されることになります．

21.4 　交流回路の素子方程式

　直流回路では，主にオームの法則が成り立つ線形抵抗と電圧源，電流源からなる線形回路について，その解析法を考えてきましたが，一般には，素子方程式が非線形となる素子を含んでもかまいません．ところが，交流回路の場合には事情が違います．というのも，16.9節で説明したように，一般に非線形抵抗では電圧と電流が比例関係にないため，双方の波形が相似ではないからです．つまり，電圧もしくは電流の一方

が正弦波でも，もう一方は正弦波にならないのです．したがって，電圧も電流も正弦波に限定する交流回路としては，非線形抵抗は考察の対象外とするほかありません．では，非線形抵抗を含む非線形回路では，交流回路理論がまったく手が出ないかといえば，そうでもありません．このあたりは非線形回路理論でのテーマになり，本書では取り扱いません．

交流回路で取り扱う素子は線形抵抗，線形インダクタ，線形キャパシタです．これらに加わる電圧と電流の向きを同じ向きにとり，それらを $v(t), i(t)$ と表すと，一般につぎの関係がありました．

$$v(t) + Ri(t) = 0, \quad v(t) + L\frac{di(t)}{dt} = 0, \quad \{v(t) - v(t_0)\} + \frac{1}{C}\int_{t_0}^{t} i(t)\,dt = 0$$

$$i(t) + \frac{1}{R}v(t) = 0, \quad \{i(t) - i(t_0)\} + \frac{1}{L}\int_{t_0}^{t} v(t)\,dt = 0, \quad i(t) + C\frac{dv(t)}{dt} = 0$$

電圧や電流を正弦波に限定してこれらをフェーザで表すと，つぎのように表されました．

$$V + RI = 0, \quad V + j\omega LI = 0, \quad V + \frac{1}{j\omega C}I = 0$$

これらを一般化して，次式が得られます．

(a) $\quad V + ZI = 0$

素子が線形抵抗であれば $Z = R$，インダクタであれば $Z = j\omega L$，キャパシタであれば $Z = 1/j\omega C$ となります．

電圧源や電流源も素子として考えることができました．電圧源の端子電圧 $v(t)$ と起電圧 $e(t)$ とは等しくなるので $v(t) = e(t)$，電流源を流れる電流 $i(t)$ と起電流 $j(t)$ も等しいので $i(t) = j(t)$ となります．これらが正弦波に限定される交流理論では，これらをフェーザで表して記号に大文字を用いれば，つぎのように表されます．

(b) $\quad V = E$
(c) $\quad I = J$

(a)～(c) の関係を図 21.3(a)～(c) に図示しています．

電源を近くのインピーダンス Z と組み合わせて，まとめて1ポート回路と考えると都合がよいこともあります．図 21.13 (d)～(f), (f') のような場合の素子方程式は，以下のように表されます．

(d) $\quad V + ZI = E \quad$ または $\quad I + V/Z = E/Z$
(e) $\quad V + ZI = ZJ \quad$ または $\quad I + V/Z = J$
(f), (f') $\quad V + ZI = E + ZJ \quad$ または $\quad I + V/Z = J + E/Z$

(a) (b) (c) (d) (e) (f) (f′)

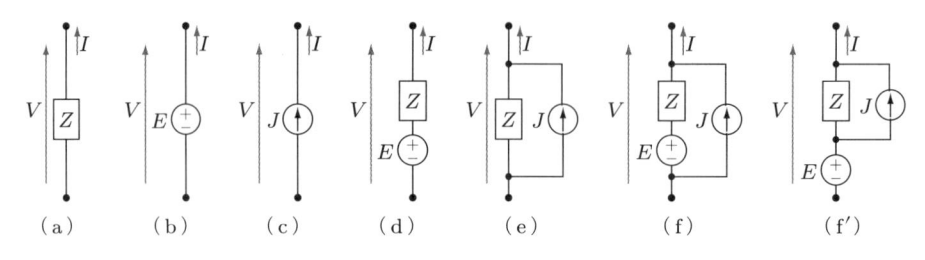

図 21.3

　最後の式 (f), (f′) はほかの素子方程式 (a)～(e) をすべて特別な形として含んでいます．たとえば (d) は $J=0$, (e) は $E=0$, また，(b) は $Z=0$, (c) は $Z\to\infty$, (a) は $E=0, J=0$ です．つまり，交流回路を構成する素子として RLC および電圧源，電流源を考えると，これらの素子方程式としては式 (a)～(c) で表現されますが，これらが図 (d)～(f′) のように多少組み合わされた 1 ポート回路でも，電圧，電流の関係として一般に，次式で表現されることになります．

$$V+ZI=E+ZJ \quad \text{または} \quad I+V/Z=J+E/Z$$

　もう一つ注意が必要です．それは電源です．電源には独立電源の記号を用いていますが，直流回路の場合は，これを線形従属電源としても各種の解析法が利用できました．交流回路でも対象とする素子に線形従属電源を加えることにします．線形従属電源を含む場合の回路方程式の表現などは 11 章の直流回路の場合とほとんど同じです．

21.5 交流回路の諸定理

　交流回路と直流回路の大きな違いは，まず回路の構成要素です．直流回路の構成要素は，抵抗のほか，直流電源として独立電源，従属電源がありました．交流回路の構成要素には，抵抗にインダクタ，キャパシタが加わります．電源はもちろん正弦波交流電源ですが，これには直流の場合と同様，電圧源，電流源の区別，独立電源，従属電源の区別があります．独立電源を除いた素子が線形だと，素子方程式は複素数を用いた線形の方程式で書き表せます．節点方程式と閉路方程式は常に線形ですから，回路の基礎方程式は，すべて線形に書き表すことができることになります．

　解析での違いは実数計算が複素数計算に変わったところですが，これまでの解説で，基礎方程式に関するかぎり同じ構造をもっていることを学びました．このことから，直流回路で学んだ各種の回路解析法は交流回路でも同じように利用できることがわかります．基礎方程式の構造が同じであれば，類似の定理が導出されることが期待できます．

21.5 交流回路の諸定理

　直流回路で学んだ重要な定理や公式に，テレヘンの定理 (2 章)，電力保存則 (2 章)，分流の公式 (4 章)，分圧の公式 (4 章)，重ね合わせの定理 (7 章)，合成抵抗に関する定理 (7 章)，テブナンの定理 (10 章)，ノルトンの定理 (10 章) がありました．交流回路における分流の公式，分圧の公式については，すでに 20 章で説明しました．交流回路におけるテレヘンの定理，電力保存則については，22 章で説明することにします．交流回路におけるそのほかの定理のついては，その証明は直流の場合とほとんど同じなので省きますが，若干の補足を加えて以下に掲げておきます．

　まず，対象とする交流回路の構成素子は，線形抵抗，線形インダクタ，線形キャパシタのほか，正弦波交流の独立電源，線形従属電源です．これらの素子を含む回路の基礎方程式は実数ではなく複素数になりますが，線形であるため，6 章と同様に，以下の定理を証明できます．さらに，回路の構成要素には，23，24 章で詳しく説明する結合インダクタ，理想変成器を含ませることもできることを指摘しておきます．

重ね合わせの定理

① 複数の独立電源を含む線形回路の電圧電流分布は，それぞれの独立電源が単独にはたらいたときの電圧電流分布の和に等しい．このとき，はたらかない電源とは電圧源では短絡を意味し，電流源では開放することを意味する．

② 一つの独立電源を含む線形回路の電圧電流分布は，独立電源の電源電圧もしくは電源電流に比例する．

　対象とする回路の構成要素は異なりますが，ほかの表現は直流回路の場合と同じです．ただし，②の「比例する」の意味は，直流の場合には実数の比例を意味していましたが，交流の場合には複素数の比例を意味しています．

　この交流回路における重ね合わせの定理②において，独立電源を外してこれを開放すると，1 ポート線形回路が得られます．この 1 ポート線形回路に流す (複素) 電流と加わる (複素) 電圧とが複素数の意味で比例するということから，つぎの定理が得られます．

合成インピーダンスに関する定理

① 独立電源を含まない 1 ポート線形回路の合成インピーダンスは，この回路に加わる電圧や電流に無関係である．

このことは非常に重要な意味をもちます．つまり，どんなに複雑な 1 ポート線形回路でも，全体に加わる電圧 V とそこを流れる電流 I との関係は，たった一つの複素数，インピーダンス Z によって定まるのです．

抵抗単体のインピーダンスはその抵抗値 R でしたが，インダクタやキャパシタのインピーダンスは，それぞれ $j\omega L$, $\dfrac{1}{j\omega C}$ でした．インダクタやキャパシタでは素子値のインダクタンス L やキャパシタンス C のほか，使用される正弦波の周波数にも依存することがわかります．これらの素子を組み合わせて構成する 1 ポート回路については，基礎解析法の基礎方程式からつぎの結果が得られます．

合成インピーダンスに関する定理

② 独立電源を含まない 1 ポート線形回路のインピーダンス Z [Ω]，アドミタンス Y [S] は，この回路に用いられている素子の素子値，回路接続および回路を駆動する正弦波の周波数によって定まる．

説明が先回りしてしまいましたが，本節以降では簡単な交流回路の電圧と電流とインピーダンスの関係を取り上げます．それらの結果の重要な点が上記にまとめられているのです．以下の節でこれらを確かめてください．

合成インピーダンスに関する定理を独立電源を含む場合に一般化したのが，つぎのテブナンの定理とノルトンの定理です．

交流回路におけるテブナンの定理

回路中の任意の 1 ポート線形回路 N_0 を，起電圧 E_0 の電圧源とインピーダンス Z_0 の直列回路に置き換えても，外部 1 ポート回路 N の電圧電流分布は変わらない．ここで E_0 は 1 ポート線形回路 N_0 の開放電圧であり，インピーダンス Z_0 は 1 ポート線形回路 N_0 の内部インピーダンス (つまり，1 ポート線形回路 N_0 の中の独立電圧源を取り除いて短絡，独立電流源を取り除いて開放したときの 1 ポート線形回路 N_0 の合成インピーダンス) である．

交流回路におけるノルトンの定理

回路中の任意の1ポート線形回路 N_0 を，起電流 J_0 の電流源とインピーダンス Z_0 の並列回路に置き換えても，外部1ポート回路 N の電圧電流分布は変わらない．ここで，J_0 は1ポート線形回路 N_0 の短絡電流であり，インピーダンス Z_0 は1ポート線形回路 N_0 の内部インピーダンス (つまり，1ポート線形回路 N_0 の中の独立電圧源を取り除いて短絡，独立電流源を取り除いて開放したときの1ポート線形回路 N_0 の合成インピーダンス) である．

直流回路のときに「抵抗 r_0」と表現していたところが，「インピーダンス Z_0」とわずかに変わっています．外部1ポート回路 N としては，直流回路の場合は線形である必要はなく，ここでも線形の文言は省きました．しかし，交流回路理論そのものは線形であることの上に成立する理論ですから，この外部1ポート回路 N も線形であるか，少なくともこれに加わる電圧や全電流が正弦波で動作する場合にかぎられます．

具体的な例題を通して，交流回路の解析法や諸定理に慣れておきましょう．

例題 21.1

図 21.4 の回路のキャパシタを流れる電流 I をつぎの方法で求めなさい．

(1) 閉路解析法
(2) 節点解析法
(3) 重ね合わせの定理を用いる方法
(4) テブナンの定理を用いる方法

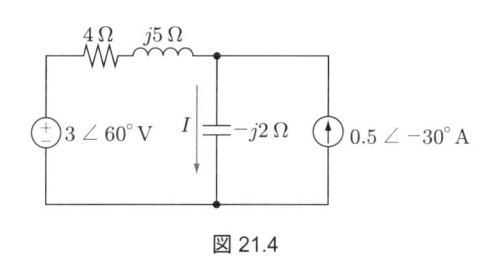

図 21.4

解 (1) 図 21.5(a) のように，左の閉路に流れる閉路電流を I_1 とし，右の閉路には反時計回りに電流源の起電流に等しい閉路電流が流れているとする．左の閉路において閉路方程式を立てると，

$$(4+j5-j2)I_1 + (-j2) \times 0.5\angle -30° = 3\angle 60°$$

となり，これを解くと，

$$I_1 = \frac{3\angle 60° - (-j2) \times 0.5\angle -30°}{4+j3} = 0.800\angle 23.1° \text{ A}$$

となる．これより，つぎのように求められる．

$$I = I_1 + 0.5\angle -30° = 0.800\angle 23.1° + 0.5\angle -30° = 1.17\angle 3.2° \text{ A}$$

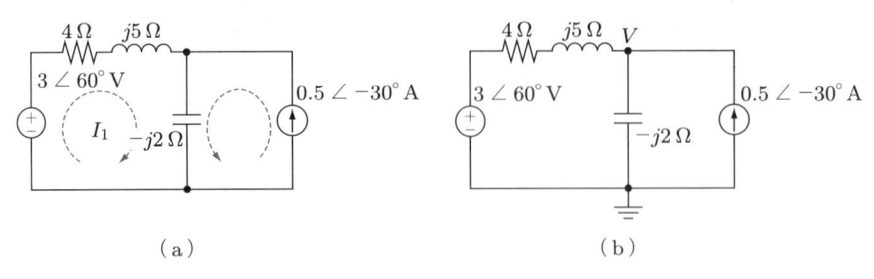

図 21.5

(2) 図 (b) のように，下部の節点を電位の基準とし，上部の節点の電位を V とする．上部の節点において節点方程式を立てると

$$\frac{V}{4+j5} + \frac{V}{-j2} = \frac{3\angle 60°}{4+j5} + 0.5\angle -30°$$

となり，これを解くと

$$V = \frac{\dfrac{3\angle 60°}{4+j5} + 0.5\angle -30°}{\dfrac{1}{4+j5} + \dfrac{1}{-j2}} = 2.34\angle -86.8° \text{ V}$$

となる．これより，つぎのように求められる．

$$I = \frac{2.34\angle -86.8°}{-j2} = 1.17\angle 3.2° \text{ A}$$

(3) 電圧源のみがはたらいた場合にキャパシタを流れる電流を I' とすると，

$$I' = \frac{3\angle 60°}{4+j5-j2} = 0.6\angle 23.1° \text{ A}$$

となる．電流源のみがはたらいた場合にキャパシタを流れる電流を I'' とすると，

$$I'' = \frac{4+j5}{4+j5-j2} \times 0.5\angle -30° = 0.64\angle -15.5° \text{ A}$$

となる．重ね合わせの定理により，つぎのように求められる．

$$I = I' + I'' = 0.6\angle 23.1° + 0.64\angle -15.5° = 1.17\angle 3.2° \text{ A}$$

(4) キャパシタを外したときの開放電圧 E_0 は，

$$E_0 = 3\angle 60° + (4+j5) \times 0.5\angle -30° = 5.85\angle 40.0° \text{ V}$$

となる．一方，キャパシタからみた回路のインピーダンス Z_0 は

$$Z_0 = 4+j5 \text{ Ω}$$

となるので，テブナンの定理により，つぎのように求められる．

$$I = \frac{5.85\angle 40.0°}{4+j5-j2} = 1.17\angle 3.1° \text{ A}$$

21.6 複素平面図

21.5 節では具体的に交流回路の計算をやってみましたが，複素数の計算を十分理解できていれば，計算の手間隙はかかったとしても，計算手順の理解に困難はなかったのではないでしょうか．直流回路と交流回路では実数が複素数になっただけで，基礎方程式に見られるように，その基本構造が同じだということを理解できていれば，何も恐れることはないことがわかります．

ところが，交流回路では，直流回路では考えられなかった現象が起きることがあります．また，交流回路特有の考え方をしなければならないこともあります．これから少しずつ学習を進めていきますが，これらの新たな事柄を理解するための基本的な道具として，**複素平面**があります．複素平面は実軸と虚軸をもった 2 次元平面です．実数にも正数，0，負数という広がりがありますが，複素平面上で考えれば，それは実軸上の広がりになります．ところが複素数となると，これが 2 次元平面へと広がります．

複素数で表される電気的な物理量としては電圧，電流，インピーダンスなどがあります．22 章では，電力も複素数として考えることができるようになります．これらを複素平面に描いた図は，多くのテキストでは**ベクトル図**，**フェーザ図**，**インピーダンス図**などともよばれていますが，本書ではこれらをまとめて**複素平面図** (complex plain diagram) とよぶことにします．二つの例を通して，交流回路を理解するうえで複素平面図がどれほど都合がよいのかを学ぶことにします．

まず，図 21.6 の 11 Ω の抵抗と，リアクタンス分が 12 Ω，抵抗分が 5 Ω のコイルを直列につなぎ，これに 40∠30° V の電源が接続された回路を考えることにします．コイルは実際には一体ですが，ここでは抵抗分とインダクタ分に分けて考えています．

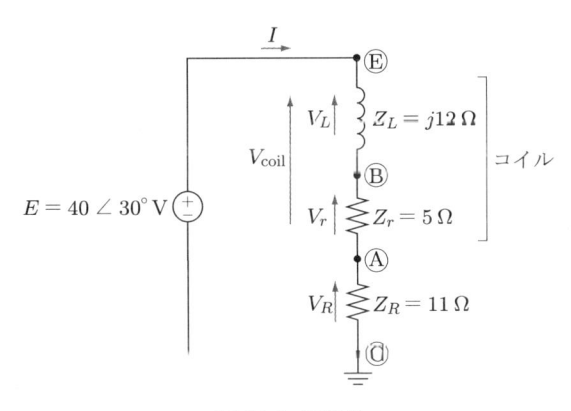

図 21.6 回路例

回路の全インピーダンスを Z, 回路に流れる電流を I, 電圧降下 $V_R, V_r, V_L, V_\text{coil}$ を図のように定めると, これらは, つぎのように求められます.

$$Z = Z_R + Z_r + Z_L = 11 + 5 + j12 = 16 + j12 = 20\angle 36.9° \ \Omega$$

$$I = \frac{E}{Z} = \frac{40\angle 30°}{20\angle 36.9°} = 2.0\angle -6.9° \ \text{A}$$

$$V_R = Z_R I = 11 \times 2.0\angle -6.9° = 22\angle -6.9° \ \text{V}$$

$$V_r = Z_r I = 5 \times 2.0\angle -6.9° = 10\angle -6.9° \ \text{V}$$

$$V_L = Z_L I = \text{j}12 \times 2.0\angle -6.9° = 24\angle 83.1° \ \text{V}$$

$$V_\text{coil} = V_r + V_L = 10\angle -6.9° + 24\angle 83.1° = 26\angle 60.4° \ \text{V}$$

これらの複素数値をもつ諸量を複素平面上に描いた図 21.7 が, インピーダンス, 電流, 電圧に関する三つの複素平面図です. ここで取り上げた回路はすべての素子が直列に接続されているので, それぞれの素子のインピーダンスの和が, 全体のインピーダンスになっています. また, コイルのインピーダンス Z_coil はその抵抗分のインピーダンス Z_r とリアクタンス分のインピーダンス Z_L の和になっています.

電流と電圧の複素平面図を比較すると, 電圧降下 V_R, V_r は電流 I と同相になっていますし, 電圧降下 V_L は電流 I より $90°$ 進んでいることがわかります. また, コイルの電圧降下 V_coil は V_r と V_L のベクトル和に, また電源電圧 E は V_R と V_coil のベクトル和になっていることが視覚的に確認できます.

電圧の関係をさらにわかりやすくしたものが, 図 21.8(a) の電位の複素平面図です. 回路上の電位の基準を図 21.6 の節点Ⓖにとり, ほかの節点Ⓐ, Ⓑ, Ⓔも図のように定め, これらの節点の電位 $V_\text{G}, V_\text{A}, V_\text{B}, V_\text{E}$ を求めると, つぎのようになります.

$$V_\text{G} = 0 \ \text{V} \qquad\qquad V_\text{A} = V_R = 22\angle -6.9° \ \text{V}$$

$$V_\text{B} = V_\text{A} + V_r = 32\angle -6.9° \ \text{V} \qquad V_\text{E} = E = 40\angle 30° \ \text{V}$$

これらの値を複素平面上にとると, 電圧降下 $V_R, V_r, V_L, V_\text{coil}$ はつぎのように表されます.

$$V_R = V_\text{A} - V_\text{G}, \quad V_r = V_\text{B} - V_\text{A}, \quad V_L = V_\text{E} - V_\text{B}, \quad V_\text{coil} = V_\text{E} - V_\text{A}$$

電圧の複素平面図 (図 21.7(c)) では, 電圧降下や起電圧を表す矢印がすべて原点を始点として描かれています. これに対し, 電位の複素平面図 (図 21.8(a)) では, 節点Ⓖの電位を原点にとって各節点電位が記され, 電圧降下や起電圧などは, 節点電位の差として描かれています. 電位の複素平面図は電圧のそれに比べて節点電位も表現されているため, 回路接続との関係もつかみやすくなっているといえます.

電位の複素平面図を参考に, 図 21.7(a) のインピーダンスの複素平面図を書き換えたものが, 図 21.8(b) です. 回路はすべての素子が直列に接続されているので, 電流

(a）インピーダンス　　（b）電流　　（c）電圧

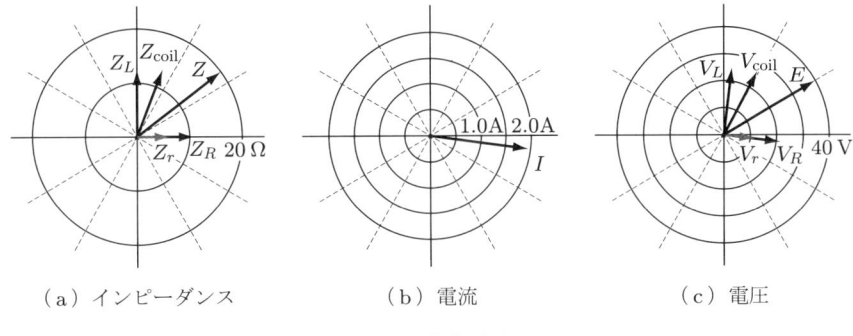

図 21.7　複素平面図

(a）電位　　（b）インピーダンス

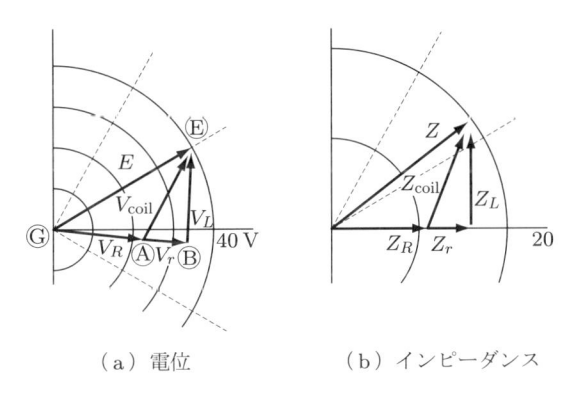

図 21.8　複素平面図

I が共通しています．したがって，電位の複素平面図上の数値をすべて電流 I で割った値が描かれていて，$Z_{\mathrm{coil}} = Z_r + Z_L$ や $Z = Z_R + Z_{\mathrm{coil}}$ などの関係が見やすくなっています．

複素平面図を考える利点として，つぎのようなことが考えられます．

① 複素数の和が複素平面図上ではベクトル和となっており，この関係を把握しやすい
② 電圧と電流，インピーダンスの間には素子方程式で結ばれる関係があり，電圧と電流の位相差やインピーダンスの偏角について，既知の性質を満足しているかどうかを把握しやすい
③ 回路解析結果の検算や妥当性についての検討に非常に役立つ
④ 電位の複素平面図は回路の接続関係にも対応しており，各所の電圧・電流の関係を全体的に概観しやすい

例題 21.2

つぎの回路の各所の電位，電圧，電流を求めなさい．また，電位と電流の複素平面図を描きなさい．

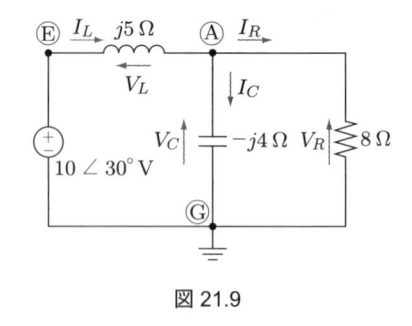

解 節点Ⓖを電位の基準とし，節点Ⓐの電位を V_A とすると，節点Ⓐにおける節点方程式は，

$$\left(\frac{1}{j5} + \frac{1}{-j4} + \frac{1}{8}\right) V_A = \frac{10\angle 30°}{j5}$$

図 21.9

となる．したがって，電位 V_A は

$$V_A = \frac{\dfrac{10\angle 30°}{j5}}{\dfrac{1}{j5} + \dfrac{1}{-j4} + \dfrac{1}{8}} = 14.9\angle -81.8° \text{ V}$$

となり，つぎのように求められる．

$$V_R = V_C = V_A = 14.9\angle -81.8° \text{ V}$$
$$V_L = E - V_A = 10\angle 30° - 14.9\angle -81.8° = 20.8\angle 71.6° \text{ V}$$
$$I_R = \frac{V_R}{8} = \frac{14.9\angle -81.8°}{8} = 1.86\angle -81.8° \text{ A}$$
$$I_C = \frac{V_C}{-j4} = \frac{14.9\angle -81.8°}{4\angle -90°} = 3.73\angle 8.2° \text{ A}$$
$$I_L = \frac{V_L}{j5} = \frac{20.8\angle 71.6°}{5\angle 90°} = 4.16\angle -18.4° \text{ A}$$

電位と電流の複素平面図を図 21.10 に示す．

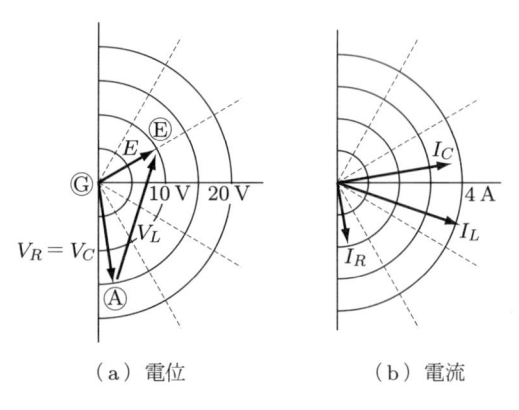

（a）電位　　　　　　（b）電流

図 21.10

例題 21.2 の複素平面図から確認できることをまとめておきます．

① V_R, V_C は節点Ⓖから節点Ⓐへ向かう電圧，V_L は節点Ⓐから節点Ⓔへ向かう電圧，E は節点Ⓖから節点Ⓔへ向かう電圧である
② $V_R = V_C, V_R + V_L = E$
③ I_R と V_R は同相，I_C は V_C より 90°進み，I_L は V_L より 90°遅れる
④ $I_R + I_C = I_L$

これらの確認ができると，計算結果についてある程度の確信を得ることができます．逆に，この確認中に誤りを発見できることもあるでしょう．実際には複素平面図を描かなくても，頭の中に描いてみることで，計算の点検ができるようになればしめたものです．

ところで，結果をみると直流回路にはなかったことが起こっていることに気づかなかったでしょうか．抵抗，キャパシタ，インダクタの電圧降下の大きさを見てください．前の二つは 14.9 V，インダクタの電圧降下は何と 20.8 V です．どれも電源電圧より大きいことに気づきます．直流回路では電源電圧が二つの抵抗で分圧される場合，それぞれの抵抗の電圧降下は電源の起電圧より必ず小さかったのですが，インダクタやキャパシタの入った交流回路では，ある素子の電圧の大きさが電源の電圧の大きさより大きくなることがあるのです．このような現象を共振現象といいます．電位の複素平面図を見ると確かに $V_R + V_L = E$ となっているのですが，V_R や V_L が分圧の公式にしたがうはずだといっても，複素数だと V_R や V_L が E より大きくなってもかまわないことがわかります．

21.7 | 集中定数回路理論の全体像

本章では交流回路の基礎方程式について学びました．これからは，この交流回路の広がりを調べていきますが，その足元や外に広がる世界との関連についても興味が湧きます．図 21.11 に，直流理論や交流理論を含み，さらに広がりをもつ集中定数回路理論の全体像を示します．

集中定数回路については 21.3 節で説明しましたが，これに対し，分布定数回路という言葉があります．分布定数回路では，導線が長かったり使用する周波数が高くなったときに特有の現象が生じ，導線と導線の間のキャパシタンスや導線そのもののインダクタンスまで考慮に入れる必要が生じます．これに対し，集中定数回路では，導線が使用する波長 (= 導線を伝わる波の速度/周波数) に比べて短い場合の現象を対象としており，このときは，同じ導線中であればそこは同電位と考えることができ，電位差を生じるのは電源や抵抗，インダクタなどの素子 (集中定数素子と総称する) とする

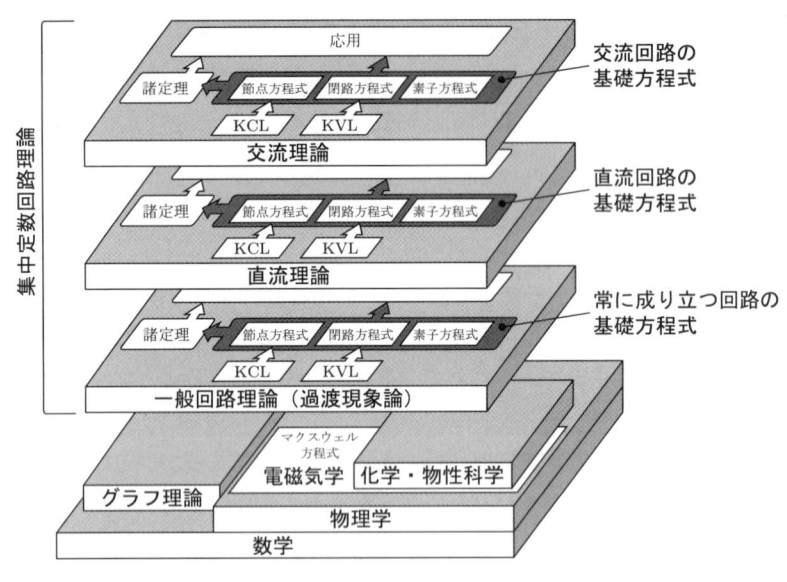

図 21.11　回路理論の構造

回路です．これまで考えてきたのはこの集中定数回路です．

　さて，集中定数回路理論の建屋は直流理論，交流理論のほかに，もう一つ過渡現象論を含めた3層構造になっています．ところで，18.3節で説明しましたが，交流理論で取り扱うのは正弦波で駆動とする電源に対する定常応答のみです．しかし，同じ回路でも，実際にはスイッチを入れた直後には特有の変化がありますし，定常状態になっても直流分や励振源の周波数とは違う正弦波が現われたりすることも，まれにですが可能性としてあります．このような現象を含め，さらに励振源の波形が直流や交流という制限をなくして一般的に考えるのが過渡現象論です．直流理論と交流理論とでは実数と複素数の違いはありますが，その理論構造はよく似ていることを本章で学びました．過渡現象論でもその基礎方程式が同じつくりをしていますので，理論構造も非常に似通っています．

　回路理論の学習をこの過渡現象論から始めると，理論的にもスッキリします．しかし，本書ではその順序をとらず，直流理論，交流理論と学んできました．その大きな理由は，数学的な基礎にあります．三つのどの理論でも基礎方程式はやはり節点方程式，閉路方程式，素子方程式からなるのですが，直流回路，交流回路，過渡回路に対し，扱える数学的道具は実数，複素数，微分方程式と変わるのです．これらに精通している読者ならば，過渡現象論から始めるのは悪くありません．本書では数学を学びながら回路を学べるという配慮から，直流理論から解説するという手順をとっています．

交流理論がほかの二つの理論と異なる点として，回路素子を線形に限定していることが挙げられます．トランジスタなどの非線形素子を交流理論を用いて解析することもあるのですが，それはあくまで非線形素子を線形素子に近似して取り扱うことになります．しかし，交流理論は非常に実用的ですので，学んでいく順序を気にすることなく，安心して交流理論の学習に励んでください．

■■■ 演習問題 ■■■

21.1 50 Ω の抵抗とインダクタンス 6mH のインダクタの直列回路がある．使用する周波数は 1 kHz として，以下の問いに答えなさい．

(1) インピーダンス図を描きなさい．
(2) インピーダンスを極形式で答えなさい．
(3) この回路に大きさ 10V の電圧を加えたときに流れる電流の大きさを求めなさい．また，電流の位相は加えた電圧に対してどのようになるか．
(4) 電流および電位のフェーザ図を描きなさい．

21.2 図 21.12 のような，30 Ω の抵抗とインダクタンス 5 mH のインダクタ，キャパシタンス 5 μF のキャパシタの直列回路がある．電源電圧を $E = 10\angle 0°$ V とし，電源周波数が (1) 1.5 kHz, (2) 700 Hz のそれぞれの場合について，インピーダンスと電位の複素平面図を描きなさい．

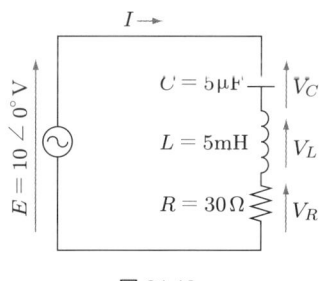

図 21.12

21.3 図 21.13(1)〜(6) の回路について，電流と電位の複素平面図を描きなさい．

21.4 図 21.14 の回路において，電圧は $V_R = 0.9\angle 0°$ V であった．電圧 V_L, V_C, V_r, E, 電流 I, I_C, I_0 を求め，電位と電流の複素平面図を描きなさい．

21.5 図 21.15 の回路において，抵抗 r を (1) 414 Ω, (2) 1000 Ω, (3) 2416 Ω としたとき，それぞれの電位の複素平面図を描きなさい．ただし，$2E = 20\angle 0°$ V, $R = 100$ Ω, $C = 0.1$ μF，電源の周波数は 1592 Hz とする．

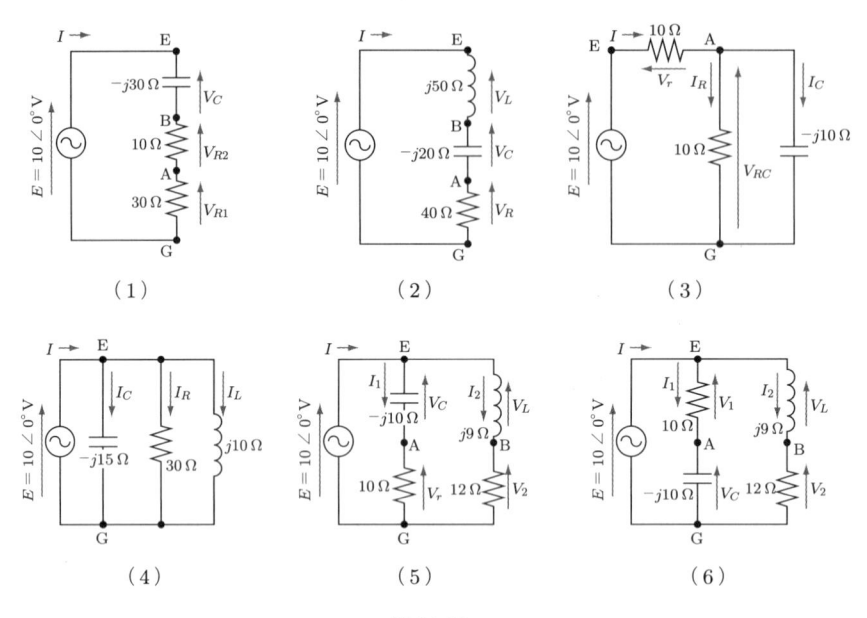

図 21.13

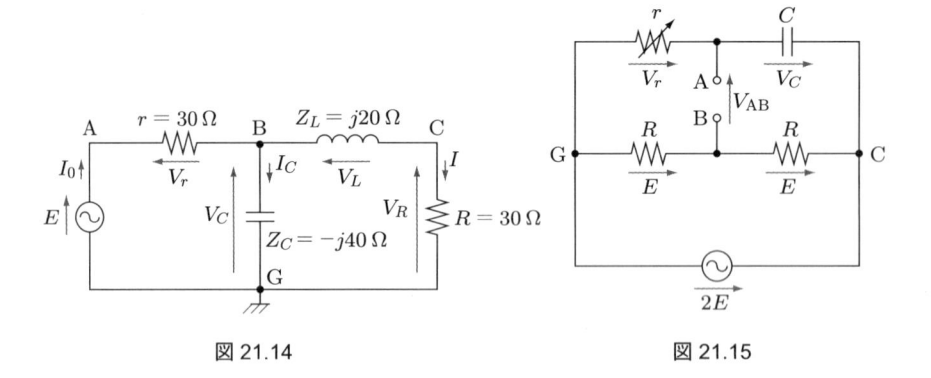

図 21.14

図 21.15

22章　交流回路の電力

　この章では交流回路の電力について考えていきますが，直流回路の場合の電力の考え方との違いはあるのでしょうか．まず，基本的には同じです．時々刻々の電圧×電流がそのときの**瞬時電力**として伝送されます．ただし，直流のときとは違って，交流回路ではこの瞬時電力が変動します．

　多くの場合，電力はエネルギーの観点から考えることが多く，この細かい変動よりも時間的に均した値を考えるほうが意味のあることが多いのです．目的によって，どれくらいの時間の平均をとるのかは違ってきます．1周期分を考えれば十分なこともありますし，1日の平均，1年の平均を知りたい場合もあります．しかし，交流回路では定常状態を取り扱いますから，どの平均も同じになります．この瞬時電力の平均を**平均電力**，または単に**電力**といいます．

　直流回路の場合，電力は電圧×電流でした．交流回路ではどうでしょうか．瞬時電力は時々刻々の電圧×電流ですから同じですが，平均電力の意味では違ってきます．結果は，電圧の実効値×電流の実効値×力率となります．実効値については17章で説明しましたが，もう一つの**力率**とは何でしょうか．また，なぜ力率というものをかけなければならないのでしょうか．まずはこの辺りから学んでいくことにします．

　ここまでは，電力を実数の世界で取り扱っています．ところで，正弦波電圧や正弦波電流はフェーザとして複素数で表され，20章では，複素電圧を複素電流で割った値としてインピーダンスが定義されました．本章では，複素電圧に複素電流の共役をかけた値を複素電力として定義します．電力に関しても，実数の世界から複素数の世界に広げることで，交流回路の取扱いが便利になります．その理由の一つは，電源を含まないRLCからなる1ポート回路の場合，インピーダンスと複素電力の複素平面図が相似になることです．もう一つは，電力保存則が複素電力についても成り立つように拡張されるからです．これらの便利さは，実際の交流回路の問題を解いて実感してください．

22.1 交流回路における平均電力

瞬時電力，平均電力については 16 章で紹介しました．ここでは，電圧や電流が正弦波の場合について調べてみることにします．まず，つぎの例題から始めましょう．

例題 22.1

図 22.1 の回路において，負荷のインピーダンスを $Z = 6 - j8\ \Omega$，電源の起電圧を $v(t) = 20\sqrt{2}\sin(\omega t + 30°)$ V として，以下の問いに答えなさい．

(1) 電流 I を求め，その瞬時値 $i(t)$ を瞬時式で表しなさい．
(2) 電源から負荷に供給される電力 $p(t)$ の瞬時式を求めなさい．
(3) 電圧 $v(t)$，電流 $i(t)$ および電力 $p(t)$ の変化の概略をグラフに図示し，それぞれの変化を比較し，説明しなさい．
(4) 電圧 $v(t)$，電流 $i(t)$ の正負と電力 $p(t)$ の正負の関係，および電源と負荷の電力の授受について説明しなさい．
(5) 電源から負荷に供給される平均電力 p はいくらか．

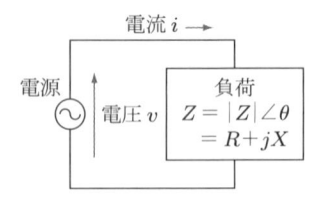

図 22.1

解 (1) $I = \dfrac{V}{Z} = \dfrac{20\angle 30°}{6 - j8} = \dfrac{20\angle 30°}{10\angle -53.1°} = 2\angle 83.1°$ A,　$i(t) = 2\sqrt{2}\sin(\omega t + 83.1°)$ A

(2) 余弦関数に関する加法定理は

$$\cos(A+B) = \cos A \cos B - \sin A \sin B$$
$$\cos(A-B) = \cos A \cos B + \sin A \sin B$$

なので，これより

$$2\sin A \sin B = \cos(A-B) - \cos(A+B)$$

となる．これを利用すると，つぎのように求められる．

$$\begin{aligned}
p &= vi = 20\sqrt{2}\sin(\omega t + 30°) \times 2\sqrt{2}\sin(\omega t + 83.1°) \\
&= 40\{\cos(30° - 83.1°) - \cos(2\omega t + 30° + 83.1°)\} \\
&= 40\{\cos(-53.1°) - \cos(2\omega t + 113.1°)\} \\
&= 24 - 40\cos(2\omega t + 113.1°) \\
&= 24 + 40\sin(2\omega t + 66.9°)\ \text{VA}
\end{aligned}$$

(3) 図 22.2 に示す．電圧 v に対して電流 i は位相が 53.1° 進んでいる．電力 p は，v もしくは i のどちらかがゼロになるときにゼロになる．v, i がともに 0 を中心に正負に変化する正弦波であるのに対し，電力 $p(t)$ は正である時間が長い．

図 22.2

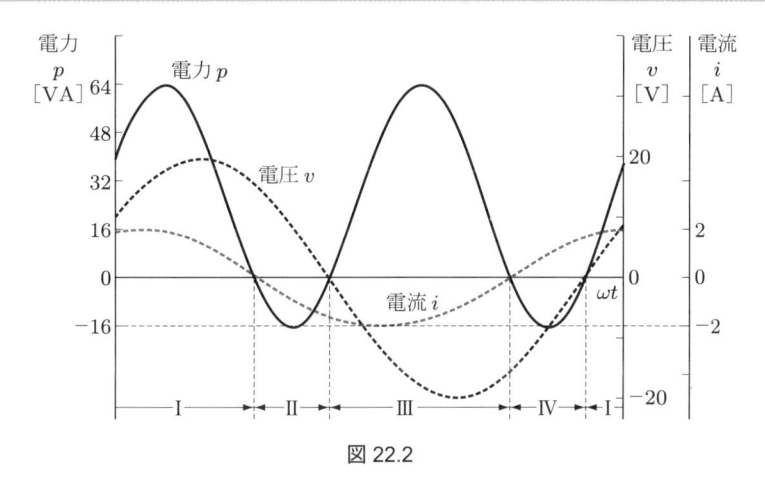

(4) 図 22.2 のように，時間を電圧 $v(t)$，電流 $i(t)$ の正負により，I ($v>0, i>0$)，II ($v>0, i<0$)，III ($v<0, i<0$)，IV ($v<0, i>0$) の四つの区間に分けて考える．v, i が同符号となる I，III の区間では $p>0$ で，電源から負荷のほうに電力が供給される．v, i が異符号となる II，IV の区間では $p<0$ で，負荷から電源のほうへ電力が送り返されている．

(5) 瞬時電力の式 $p = 24 + 40\sin(2\omega t + 66.9°)$ VA から，瞬時電力は電源の 2 倍の周波数で正弦波的に振動していることがわかる．瞬時電力の式の第 2 項は平均が 0 であるから，平均電力は第 1 項の 24 W．

この例題を一般化してみましょう．図 22.3 のように，二つの 1 ポート回路 N_0，N が接続されており，図の電圧 $v(t)$ および電流 $i(t)$ はつぎのとおりだとします．

$$v(t) = \sqrt{2}|V|\sin(\omega t + \theta_V), \quad i(t) = \sqrt{2}|I|\sin(\omega t + \theta_I)$$

回路 N_0 では電圧 $v(t)$ と電流 $i(t)$ の向きが同じであり，回路 N ではこれらが逆の向きになっていますから，これらの積の瞬時電力 $p(t) = v(t)i(t)$ は回路 N_0 から供給され，回路 N に受給される瞬時電力となります．これを計算すると，つぎのようになり

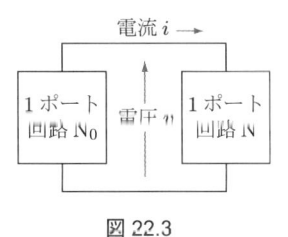

図 22.3

ます．

$$p(t) = v(t)i(t) = \sqrt{2}|V|\sin(\omega t + \theta_V) \times \sqrt{2}|I|\sin(\omega t + \theta_I)$$
$$= |V||I|\{\cos(\theta_V - \theta_I) - \cos(2\omega t + \theta_V + \theta_I)\}$$
$$= |V||I|\cos(\theta_V - \theta_I) - |V||I|\cos(2\omega t + \theta_V + \theta_I)$$

電圧 $v(t)$，電流 $i(t)$，電力 $p(t)$ の変化を図 22.4 に示します．瞬時式からもわかるように，第 1 項の $|V||I|\cos(\theta_V - \theta_I)$ を中心に振幅 $|V||I|$，角周波数 2ω で変化しています．

右辺第 2 項の時間平均は 0 ですから，平均電力 P は第 1 項に等しく，

$$P = |V||I|\cos(\theta_V - \theta_I)$$

となります．

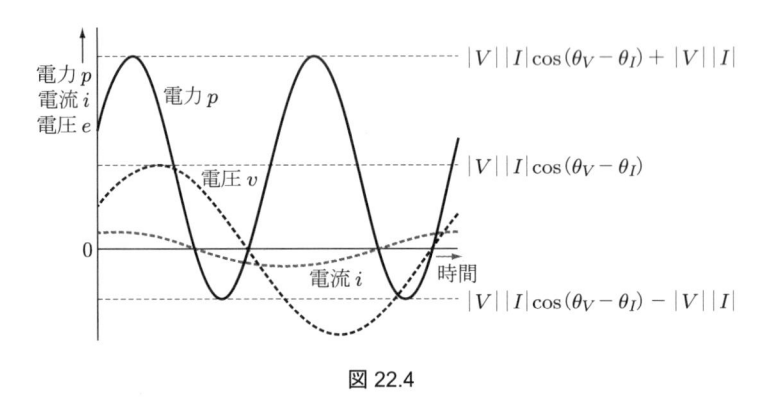

図 22.4

交流回路における電力

回路に加わる電圧を $V = |V|\angle\theta_V$，流れる電流を $I = |I|\angle\theta_I$ とするとき，回路で消費する平均電力 P はつぎのように与えられる．

$$P = |V||I|\cos(\theta_V - \theta_I)$$

ここで求めた平均電力は，回路 N_0 から回路 N に供給された瞬時電力の平均で，単に**電力** (power)，**有効電力** (active power)，**実効電力** (effective power) ともいい，単位は W(ワット) で表します．回路 N_0 では**供給電力**，回路 N では**受給電力**ともいいます．受給電力が動力や熱など電気エネルギー以外に変換されるときは，**消費電力** (conservative power) ともいいます．

22.2 皮相電力と力率

直流の場合や瞬時電力では，電圧と電流の積が電力になりましたが，交流回路では，電圧と電流それぞれの大きさの積に，さらにインピーダンス角の余弦が乗じられています．交流回路では実効値を用いて電圧や電流の大きさを表しますが，それらの積では平均電力にはならないのです．電圧の大きさと電流の大きさの積を**皮相電力** (apparent power：見かけの電力の意味) P_a，有効電力と皮相電力の比を**力率** (power factor) とよび，つぎのように定義します．

皮相電力と力率の定義

$$\text{皮相電力 } P_a \equiv |V||I|, \quad \text{力率} \equiv \frac{P}{P_a}$$

皮相電力の単位には W (ワット) を用いず，VA (ボルトアンペア) を用います．
力率については次式が得られます．

$$\text{力率} \equiv \frac{P}{P_a} = \frac{|V||I|\cos(\theta_V - \theta_I)}{|V||I|} = \cos(\theta_V - \theta_I)$$

ここに現れる $\phi \equiv \theta_V - \theta_I$ を**力率角**ということもあります．

上記の式から，電力は皮相電力より大きくならないことがわかります．電圧の大きさと電流の大きさが定まると，送れる電力には上限ができてしまい，その上限が皮相電力です．皮相電力と電力の比が電力率，つまり力率ということになります．力率は無名数 (次元のない数量，単位のない数量) ですが，よく百分率で表します．皮相電力を一定として送電する電力を最大にするには，力率を 100％ にすればよいということになります．

瞬時電力の式から，皮相電力は瞬時電力の変化分の振幅になっていることがわかります．エネルギーを供給するという見方からは，供給する平均電力は大きく，変動分は小さいほうが好ましいとされます．平均電力が大きく，皮相電力が小さいほうがよいということになりますから，このことからも，力率 100％ がよいと考えられます．

また，電圧一定で同じ電力を送る場合，力率が低いほど電流を大きくする必要があります．電流が大きくなれば，線路抵抗による電圧降下や熱損失が大きくなりますから，この点でも力率が大きいほど有利であることがわかります．一般の電気機器では，白熱電球や電気こたつ，電気アイロンなどはほぼ力率 100％ ですが，力率の悪い蛍光灯や誘導電動機では 60～80％ 程度，水銀灯では 42％ 程度です．

例題 22.2

以下の問いに答えなさい.

(1) 前節の図 22.3 の回路において，$v(t) = 100\sqrt{2}\sin(\omega t + 120°)$ V, $i(t) = 2\sqrt{2}\sin(\omega t - 120°)$ A とするとき，電力の送られる向きはどちらか．また，そのときの送電電力はいくらか．

(2) ある線路に加わる電圧が 200 V，流れている電流が 3 A，送電電力が 450 W のとき，皮相電力および力率はいくらか．

(3) ある 2 線の送電線路があり，線間の電圧および導線に流れる電流は，それぞれ交流としてその大きさが 1000 V, 10 A まで耐えられるという．この送電線路で送電することのできる最大電力はいくらか．

解 (1) 電圧と電流とが同じ向きになっているのは回路 N_0 のほうであるから，このときの平均電力 $P = |V||I|\cos(\theta_V - \theta_I)$ は，回路 N_0 から回路 N に向かう電力を意味しており，

$$P = |V||I|\cos(\theta_V - \theta_I) = 100 \times 2 \times \cos(120° - (-120°)) = -100 \text{ W}$$

となる．値が負になっていることから，回路 N から回路 N_0 に向かう電力が 100 W である．

(2) $P_a \equiv |V||I| = 200 \times 3 = 600$ VA, 力率 $\equiv \dfrac{P}{P_a} = \dfrac{450}{600} = 0.75 = 75\%$

(3) この送電線路の最大皮相電力は 1000 V × 10 A = 10 kVA．送電できる電力は皮相電力を超えられないから，送電できる最大電力は 10 kW．

22.3 複素電力

交流回路における有効電力は $P = |V||I|\cos(\theta_V - \theta_I)$ と表されました．皮相電力と力率角の余弦との積になっていますが，皮相電力を大きさにもち，力率角を偏角とするつぎの複素電力を定義すると，電力関係の諸量が整理されて便利です．

$$P_c \equiv V\overline{I} \quad (\overline{I} \text{ は } I \text{ の共役複素数})$$

回路に加わる電圧を $V = |V|\angle\theta_V$，流れる電流を $I = |I|\angle\theta_I$ とするとき，複素電力はつぎのようになります．

$$\begin{aligned}P_c \equiv V\overline{I} &= |V|\angle\theta_V \cdot |I|\angle-\theta_I = |V||I|\angle(\theta_V - \theta_I)\\&= |V||I|\cos(\theta_V - \theta_I) + j|V||I|\sin(\theta_V - \theta_I)\end{aligned}$$

単位には，皮相電力と同じ VA を用います．複素電力の実部はもちろん有効電力になっています．複素電力の虚部を**無効電力** (reactive power, wattless power) といい，単位には var (バール，volt-ampere-reactive) を用います．その意味については次節で考えることにします．以上は，つぎのようにまとめることができます．

回路に加わる電圧を $V = |V|\angle\theta_V$，流れる電流を $I = |I|\angle\theta_I$ とするとき，電力に関する諸量をつぎのように表すことができる．

複素電力： $P_c \equiv V\bar{I}$

皮相電力： $P_a = |P_c|$

力率角： $\phi \equiv \theta_V - \theta_I = \mathrm{Arg}(P_c)$

有効電力： $P = \mathrm{Re}(P_c) = P_a \cos\phi$

無効電力： $P_j = \mathrm{Im}(P_c) = P_a \sin\phi$

これらの関係を図示したのが図 22.5 です．

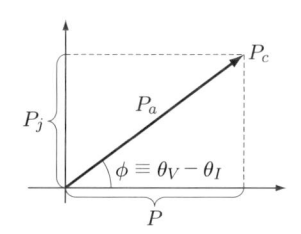

図 22.5 電力に関する諸量の関係

例題 22.3

ある回路に加えた電圧 v，流れた電流 i がつぎのようであった．複素電力，有効電力，無効電力，皮相電力，力率を求めなさい．

$v = 10\sqrt{2}\sin(\omega t + 30°)$ V
$i = 2\sqrt{2}\sin(\omega t - 10°)$ A

解

$V = 10\angle 30°$ V, $I = 2\angle -10°$ A

複素電力 $P_c = V \cdot \bar{I} = 10\angle 30° \cdot \overline{2\angle -10°} = 10\angle 30° \cdot 2\angle 10° = 20\angle 40°$ VA

有効電力 $P = \mathrm{Re}(P_c) = \mathrm{Re}(20\angle -40°) = 20\cos(-40°) = 15.3$ W

無効電力 $P_j = \mathrm{Im}(P_c) = \mathrm{Im}(20\angle 40°) = 20\sin 40° = 12.9$ var

皮相電力　$P_a = |P_c| = |20\angle 40°| = 20$ VA

力率　$\cos\phi = \cos(\theta_V - \theta_I) = \cos(-40°) = 0.766 = 76.6\%$

22.4 受動回路

電力の受給側の回路 N が内部に電源を含まない場合は，この回路から電気エネルギーを得ることはできず，電力を消費することになります．つまり，

$$P \geq 0$$

となります．このような 1 ポート回路を**受動回路** (passive network) といいます．

受動回路のインピーダンスを $Z = |Z|\angle\theta$ とすれば，

$$Z = \frac{V}{I} = \frac{|V|\angle\theta_V}{|I|\angle\theta_I} = \frac{|V|}{|I|}\angle(\theta_V - \theta_I)$$

となります．これより $\theta = \theta_V - \theta_I$ ですから，インピーダンス角 θ が力率角 $\phi \equiv \theta_V - \theta_I$ に等しいことがわかります．平均電力は，インピーダンス角 θ を用いてつぎのように表すこともできます．

$$P = |V||I|\cos\theta$$

さて，受動回路の抵抗分を R，リアクタンス分を X とし，$Z = R + jX$ とおくと，回路は図 22.6(a) に示すような R と jX の直列回路とみなすことができます．それぞれの記号を図のように定めると，

$$V = V_R + V_X, \quad V_R = RI, \quad V_X = jXI$$

となって，図 (b) の複素平面図に示すように，電圧 V を電流 I に同相の成分 V_R と，それに直交する成分 V_X とに分けて考えていることがわかります．

回路の瞬時電力を考えると，つぎのようになります．

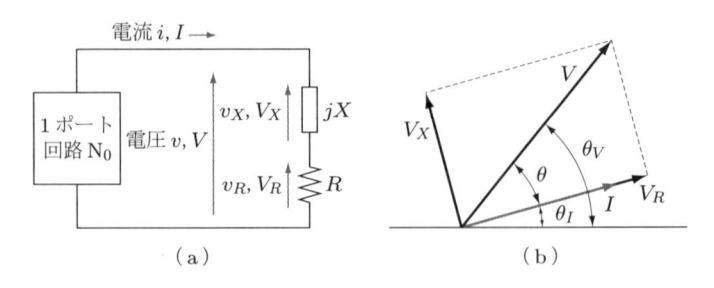

図 22.6　抵抗分とリアクタンス分への分解

22.4 受動回路

$$p = vi = (v_R + v_X)i$$
$$= \{\sqrt{2}|V_R|\sin(\omega t + \theta_I) + \sqrt{2}|V_X|\sin(\omega t + \theta_I + 90°)\} \times \sqrt{2}|I|\sin(\omega t + \theta_I)$$
$$= \{\sqrt{2}R|I|\sin(\omega t + \theta_I) + \sqrt{2}X|I|\sin(\omega t + \theta_I + 90°)\} \times \sqrt{2}|I|\sin(\omega t + \theta_I)$$
$$= R|I|^2\{1 - \cos 2(\omega t + \theta_I)\} + X|I|^2\{\cos 90° - \cos(2(\omega t + \theta_I) + 90°)\}$$
$$= R|I|^2\{1 - \cos 2(\omega t + \theta_I)\} + X|I|^2 \sin 2(\omega t + \theta_I)$$

右辺第1項は抵抗の瞬時電力を表しており，上式より，負にならないことがわかります．この時間平均は $R|I|^2$ で，つぎの式変形から，消費電力に等しいことがわかります．

$$R|I|^2 = R|I||I| = |V_R||I| = |V|\cos\theta|I| = |V||I|\cos\theta = P$$

一方，第2項はインピーダンス jX をもつリアクティブ回路に供給される瞬時電力であり，その時間平均はゼロになります．この振幅は

$$X|I|^2 = X|I||I| = |V_X||I| = |V|\sin\theta|I| = |V||I|\sin\theta = P_j$$

となって，無効電力であることがわかります．

無効電力はエネルギー伝送の面から考えれば不必要な変動分を表しており，小さいほうが有利です．このためにも，負荷のリアクタンス分が小さいほうがよことがわかります．無効電力をゼロにするためには，負荷のインピーダンス角をゼロ，つまりリアクタンス分のない純抵抗になるようにします．このときの力率は100%です．

図 22.7 に示すように，この Z, R, jX の関係が V, V_R, V_X の関係や P_c, P, P_j の関係と相似であることは，

$$P_C = V\overline{I} = ZI\overline{I}X = Z|I|^2 = R|I|^2 + jX|I|^2, \quad V = ZI = RI + jXI$$

からわかります．

回路の性質を表す用語については20章で説明しましたが，電力について理解が深まったところで，もう一度整理しておきましょう．受動性は消費電力が非負であると

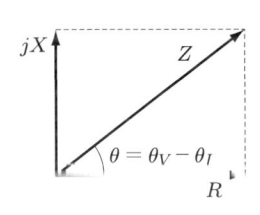

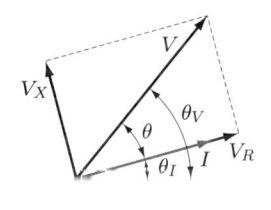

（a）インピーダンス図　　（b）電圧の複素平面図　　（c）電力の複素平面図

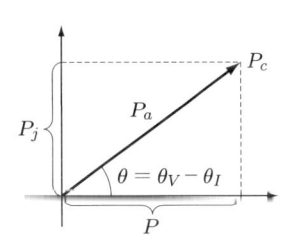

図 22.7　複素平面図の相似関係

いう受動回路の性質です．$P = R|I|^2$ ですから，$P \geq 0$ から $R \geq 0$ が得られます．電力がいつも供給されているから，受動という言葉が使われているのです．また，リアクティブな回路とは，消費電力がゼロになる回路で，瞬時電力は平均値がゼロで正弦的に変化します．瞬時的には電力を受給することもありますが，逆に電力を供給することもあることを意味しています．電力的には押されたり，押し返したりということで，この意味で反動的 (reactive) な性質をもっているといえます．ほかの性質とあわせ，これらを表 22.1 に整理しておきます．また，これらの性質とインピーダンスおよび複素電力の関係を，図 22.8 の複素平面図に示します．

複素電力の定義を $P_c \equiv V\bar{I}$ とせず，$P_c \equiv \bar{V}I$ として，無効電力の符号を逆にする定義も古くからあります．符号のつけ方には物理的な意味がないため，どちらが正当であるともいえず，両者が使われています．このため，一般の試験問題などでは無効電力を大きさで表し，必要があれば，上記の正負の代わりに回路が誘導性か容量性かによって区別する方法をとっています．しかし，図 22.8(a) と図 (b) の対応がまった

表 22.1 回路の性質

性質	成分	電力	インピーダンス角	電圧と電流の位相
受動性 (passive)	$R \geq 0$	$P \geq 0$	$-90° \leq \theta \leq 90°$	位相差は $\pm 90°$ の間
レジスティブ (resistive)	$R \geq 0, X = 0$	$P_j = 0$	$\theta = 0°$	同相：$\theta_V = \theta_I$
リアクティブ (reactive)	$R = 0, X \neq 0$	$P = 0$	$\theta = \pm 90°$	位相差が $\pm 90°$
誘導性 (inductive)	$R \geq 0, X > 0$	$P_j > 0$	$\theta > 0$	電圧が電流より進む
容量性 (capacitive)	$R \geq 0, X < 0$	$P_j < 0$	$\theta < 0$	電流が電圧より進む

(a) インピーダンスによる分類

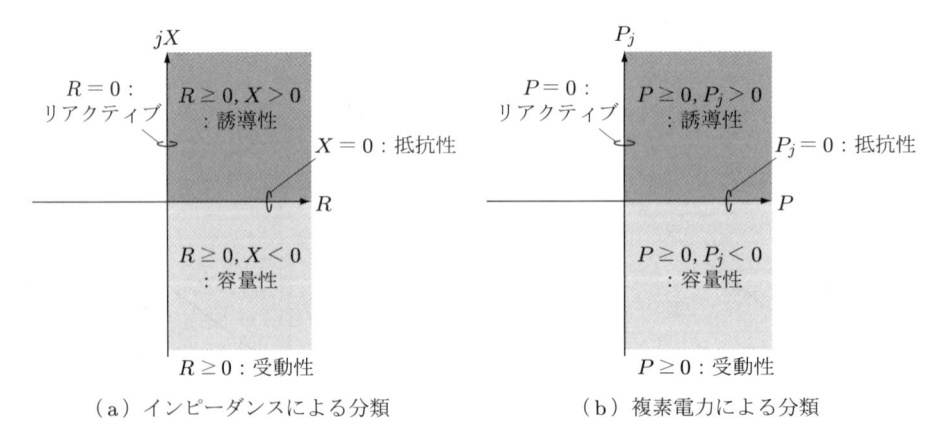

(b) 複素電力による分類

図 22.8 インピーダンス，複素電力と回路の性質

く一致することから，$P_c \equiv V\bar{I}$ の定義のほうが無用の混乱が起こさずにすむと考えられます．

力率角 $\phi \equiv \theta_V - \theta_I$ により力率は $\cos\phi$ と表せますが，力率から力率角の正負はわかりません．たとえば，力率80%という場合，電圧降下と電流の位相差は $\mathrm{Cos}^{-1} 0.8 = 36.9°$ であることはわかるのですが，力率角が $36.9°$ なのか $-36.9°$ なのかはわかりません．この区別をするために，**遅れ力率**とか，**進み力率**といういい方をすることがあります．「遅れ」，「進み」は，電圧に対して電流の位相の状況を指しています．つまり，遅れ力率という場合は，電圧に対して電流が遅れていて，負荷が誘導性であることを意味します．遅れ力率の場合は力率角 $\phi > 0$，進み力率の場合は力率角 $\phi < 0$ となるので注意して下さい．

例題 22.4

インピーダンス $Z = 3 - j4$ Ω の回路に電圧 $v(t) = 10\sqrt{2}\sin(\omega t + 30°)$ V を加えたとして，以下の問いに答えなさい．

(1) 複素電力を求めなさい．
(2) 有効電力を求めなさい．
(3) 無効電力を求めなさい．
(4) 抵抗分による瞬時電力 $p_r(t)$ を求めなさい．
(5) リアクタンス分による瞬時電力 $p_j(t)$ を求めなさい．
(6) 回路全体の瞬時電力 $p(t) = p_r(t) + p_j(t)$ を求めなさい．
(7) 瞬時電力 $p_r(t), p_j(t), p(t)$ の変化のグラフを概略で示しなさい．

解 (1) $I = \dfrac{V}{Z} = \dfrac{10\angle 30°}{3-j4} = 2\angle 83.1°$ A

$\quad P_c = V\bar{I} = 10\angle 30° \times 2\angle -83.1° = 20\angle -53.1°$ VA

(2) $P = \mathrm{Re}(P_c) = \mathrm{Re}(20\angle -53.1°) = 12$ W

(3) $P_j = \mathrm{Im}(P_c) = \mathrm{Im}(20\angle -53.1°) = -16$ var

(4) $V_r = RI = 3 \times 2\angle 83.1° = 6\angle 83.1°$ V

$\quad v_r(t) = 6\sqrt{2}\sin(\omega t + 83.1°)$ V

$\quad p_r(t) = v_r(t)i(t) = 6\sqrt{2}\sin(\omega t + 83.1°) \times 2\sqrt{2}\sin(\omega t + 83.1°)$

$\quad\quad = 12\{1 - \cos(2(\omega t + 83.1°))\}$

$\quad\quad = 12 - 12\cos(2\omega t + 166.2°) = 12 + 12\sin(2\omega t + 76.2°)$ VA

(5) $V_j = jXI = -j4 \times 2\angle 83.1° = 8\angle -6.9°$ V

$\quad v_j(t) = 8\sqrt{2}\sin(\omega t - 6.9°)$ V

$\quad p_j(t) = v_j(t)i(t) = 8\sqrt{2}\sin(\omega t - 6.9°) \times 2\sqrt{2}\sin(\omega t + 83.1°)$

$\quad\quad = 16\{\cos(-90°) - \cos(2\omega t + 76.2°)\} = -16\cos(2\omega t + 76.2°)$ VA

(6) $p(t) = p_r(t) + p_j(t) = 12 + 12\sin(2\omega t + 76.2°) - 16\cos(2\omega t + 76.2°)$
$= 12 + 12\sin(2\omega t + 76.2°) + 16\sin(2\omega t - 13.8°)$ VA

正弦波で振動する分の和については

$$12\angle 76.2° + 16\angle -13.8° = 20\angle 23.1° \text{ VA}$$

であるから，つぎのように求められる．

$$p(t) = p_r(t) + p_j(t) = 12 + 20\sin(2\omega t + 23.1°) \text{ VA}$$

(7) 図 22.9 のとおり．

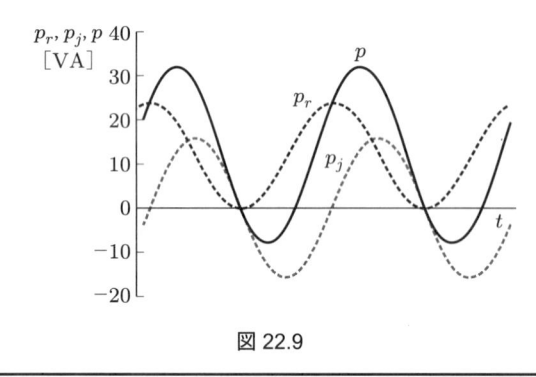

図 22.9

22.5 テレヘンの定理と電力保存則

テレヘンの定理とそれから出てくる電力保存則については，2 章の直流回路のときに説明しました．ただ，回路を学び始めて早々の頃でしたから，わかりにくかったかもしれません．その後もいろいろと学んできましたので，それらの知識も導入してもう一度説明し，交流回路の場合にはどうなるのかを説明します．

テレヘンの定理

枝の数が b 個の同じ接続関係にある二つの回路があり，一方の回路の枝電流 i_k ($k = 1, 2, \cdots, b$) が KCL を満たし，もう一方の回路の枝電圧 v_k ($k = 1, 2, \cdots, b$) が KVL を満たすとき，次式が成り立つ，

$$\sum_{j=1}^{b} v_j i_j = 0$$

> **電力保存則**
> ① 電気的に独立した回路において，回路の各素子から回路に供給される電力の代数和はゼロである．
> ② 電気的に独立した回路において，素子から回路に供給される電力の和は，回路から素子に流入する電力の和に等しい．

まず，図 22.10 のように節点 $n_0 \sim n_2$，枝 $b_1 \sim b_4$ からなる回路を例として具体的に説明することにしましょう．枝の向きと同じ方向に枝電流 $i_1 \sim i_4$ および枝電圧 $v_1 \sim v_4$ をとるとします．KCL，KVL から，節点方程式および閉路方程式はつぎのとおりです．

$$\text{節点方程式：} \begin{pmatrix} 1 & -1 & 0 & 0 \\ 0 & 1 & 1 & -1 \end{pmatrix} \begin{pmatrix} i_1 \\ i_2 \\ i_3 \\ i_4 \end{pmatrix} = \begin{pmatrix} 0 \\ 0 \end{pmatrix}$$

$$\text{閉路方程式：} \begin{pmatrix} 1 & 1 & -1 & 0 \\ 0 & 0 & 1 & 1 \end{pmatrix} \begin{pmatrix} v_1 \\ v_2 \\ v_3 \\ v_4 \end{pmatrix} = \begin{pmatrix} 0 \\ 0 \end{pmatrix}$$

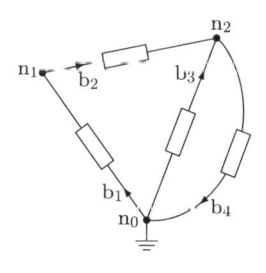

図 22.10

2.3 節では，枝電圧が KVL を満たす，つまり閉路方程式を満たすときには，ある節点を基準にした各節点に節点電位を考えることができること，枝電圧はそれらの節点電位を用いて表すことができることを学びました．ここでは，節点 n_0 を電位の基準として，節点 $n_1 \sim n_2$ の電位を $e_1 \sim e_2$ とすると，各節点の電位はつぎのように表されます．

$$\begin{pmatrix} v_1 \\ v_2 \\ v_3 \\ v_4 \end{pmatrix} = \begin{pmatrix} 1 & 0 \\ -1 & 1 \\ 0 & 1 \\ 0 & -1 \end{pmatrix} \begin{pmatrix} e_1 \\ e_2 \end{pmatrix}$$

この式と先ほどの節点方程式を見比べてください．おもしろいことに気づくでしょう．係数の行列の部分がたがいに転置になっているのです！

それでは，いよいよテレヘンの定理です．

$$\begin{aligned} v_1 i_1 + v_2 i_2 + v_3 i_3 + v_4 i_4 &= e_1 i_1 + (-e_1 + e_2) i_2 + e_2 i_3 + (-e_2) i_4 \\ &= (i_1 - i_2) e_1 + (-i_2 + i_3 - i_4) e_2 \\ &= 0 e_1 + 0 e_2 = 0 \end{aligned}$$

6章で行列について学びましたし，7.6節では，回路方程式の行列を用いた表現を学びましたから，上記のことを行列を使って書いてみましょう．

$$A = \begin{pmatrix} 1 & -1 & 0 & 0 \\ 0 & 1 & 1 & -1 \end{pmatrix}$$

$$\boldsymbol{i} = \begin{pmatrix} i_1 \\ i_2 \\ i_3 \\ i_4 \end{pmatrix}, \quad \boldsymbol{v} = \begin{pmatrix} v_1 \\ v_2 \\ v_3 \\ v_4 \end{pmatrix}, \quad F = \begin{pmatrix} 1 & 0 \\ -1 & 1 \\ 0 & 1 \\ 0 & -1 \end{pmatrix}, \quad \boldsymbol{e} = \begin{pmatrix} e_1 \\ e_2 \end{pmatrix}$$

とおくと，節点方程式および枝電圧と節点電位の関係式はつぎのように表せます．

$$A\boldsymbol{i} = \boldsymbol{0}, \quad \boldsymbol{v} = F\boldsymbol{e}$$

そして A と F が転置の関係にありますから，

$$A^{\mathrm{T}} = F$$

となります．もう一度，今度は行列表示を用いてテレヘンの定理の左辺を計算すると，

$$\sum_{j=1}^{4} v_j i_j = (v_1 \ v_2 \ v_3 \ v_4) \begin{pmatrix} i_1 \\ i_2 \\ i_3 \\ i_4 \end{pmatrix} = \boldsymbol{v}^{\mathrm{T}} \boldsymbol{i} = (A^{\mathrm{T}} \boldsymbol{e})^{\mathrm{T}} \boldsymbol{i} = \boldsymbol{e}^{\mathrm{T}} A \boldsymbol{i} = \boldsymbol{e}^{\mathrm{T}} \cdot \boldsymbol{0} = 0$$

となります．この式の展開をみると，テレヘンの定理の鍵を握っているのは，枝電圧と節点電位の関係式の係数行列が節点方程式の係数行列の転置になっていることであることがわかります．

このことは一般の回路の場合にも成り立つのでしょうか．そのためには，一般の回路でも係数行列 A の転置が F になっていることがいえればよいことになります．と

22.5 テレヘンの定理と電力保存則 525

ころで，A と F の i 行 j 列の要素 a_{ij}, f_{ij} が何を意味しているのか考えてみましょう．回路を想定しながら，つぎのことを確かめてください．

a_{ij}：節点 n_i に枝 b_j が入ってくる向きであれば $+1$，出て行く向きであれば -1，接続されていなければ 0

f_{ij}：枝 b_i が節点 n_j に入ってくる向きにあれば $+1$，出て行く向きであれば -1，接続されていなければ 0

納得できましたか．このことから $f_{ij} = a_{ji}$ が得られますから，A の転置が F に等しいことがわかります．

証明のなかでは，素子方程式はまったく考慮していませんでした．枝電流，枝電圧が KCL および KVL を満たしさえすればよいのです．したがって，この定理は同じ接続関係にある二つの別の回路を考え，一方の枝電流の組ともう一方の枝電圧の組の間でも成り立つ定理だということになります．別の回路を考えるメリットはあまりないのですが，このことから，回路が線形である必要がないことがわかります．また，どこかに電源がなければ電力を考える意味はありませんが，電源は独立電源である必要はなく，従属電源でもかまわないこともわかります．テレヘンの定理をはじめに説明した 2 章では直流回路について学びましたが，実は，直流回路である必要もなく，時間に無関係にいつでも成り立つこともわかります．

さて，交流回路の場合を考えてみます．電圧や電流，電位をフェーザとして大文字 $\boldsymbol{V}, \boldsymbol{I}, \boldsymbol{E}$ で表すことにしますと，交流回路の KCL，KVL から

$$A\boldsymbol{I} = \boldsymbol{0}, \quad B\boldsymbol{V} = \boldsymbol{0}$$

となります．第 1 式は節点方程式，第 2 式は閉路方程式を意味します．枝電圧 $\boldsymbol{V}$ が閉路方程式を満たすことから，枝電圧 $\boldsymbol{V}$ が節点電位 $\boldsymbol{E}$ で表されることになり，

$$\boldsymbol{V} = F\boldsymbol{E}$$

となります．もちろん

$$A^{\mathrm{T}} = F, \quad F^{\mathrm{T}} = A$$

です．これから各枝の複素電力の和を計算すると，つぎのようになります．

$$\sum_{j=1}^{b}(P_c)_j = \sum_{j=1}^{b} V_j \overline{I}_j = \boldsymbol{V}^{\mathrm{T}}\overline{\boldsymbol{I}} = (F\boldsymbol{E})^{\mathrm{T}}\overline{\boldsymbol{I}} = \boldsymbol{E}^{\mathrm{T}} F^{\mathrm{T}} \overline{\boldsymbol{I}} = \boldsymbol{E}^{\mathrm{T}} A \overline{\boldsymbol{I}}$$
$$= \boldsymbol{E}^{\mathrm{T}} \overline{A}\ \overline{\boldsymbol{I}} = \boldsymbol{E}^{\mathrm{T}} \overline{(A\boldsymbol{I})} = \boldsymbol{E}^{\mathrm{T}} \cdot \overline{\boldsymbol{0}} = 0$$

以上から，つぎの**交流回路におけるテレヘンの定理**と，**交流回路における電力保存則**が得られます．

交流回路におけるテレヘンの定理

枝の数が b 個の同じ接続関係にある二つの回路があり，一方の回路の複素枝電流 I_k $(k = 1, 2, \cdots, b)$ が KCL を満たし，もう一方の回路の枝電圧 V_k $(k = 1, 2, \cdots, b)$ が KVL を満たすとき，次式が成り立つ．

$$\sum_{j=1}^{b} V_j \overline{I}_j = 0$$

交流回路における電力保存則

電気的に独立した交流回路において，各枝の 1 ポート回路から供給される複素電力，有効電力，無効電力のそれぞれの代数和はゼロである．

例題 22.5

図 22.10 の回路において，枝 $b_1 \sim b_3$ から供給される複素電力 $P_{c1} \sim P_{c3}$ はつぎのとおりとする．枝 b_4 の 1 ポート回路の消費電力はいくらか．また，この 1 ポート回路が誘導性か容量性か，もしくは抵抗性かを答えなさい．

$$P_{c1} = 12 + j3 \text{ VA}, \quad P_{c2} = -5 + j2 \text{ VA}, \quad P_{c3} = -2 - j6 \text{ VA}$$

解 電力保存則より，枝 b_4 の回路が受給する複素電力 P_{c4} はつぎのように求められる．

$$P_{c4} = P_{c1} + P_{c2} + P_{c3} = (12+j3) + (-5+j2) + (-2-j6) = 5 - j \text{ VA}$$

したがって，回路の消費電力は 5 W．また，無効電力が -1 var と負であるから，回路は容量性である．

例題 22.6

図 22.11 の回路 (前章の例題 21.1 と同じ回路) において，各素子の有効電力，無効電力を求め，電力保存則が成り立っていることを確かめなさい．

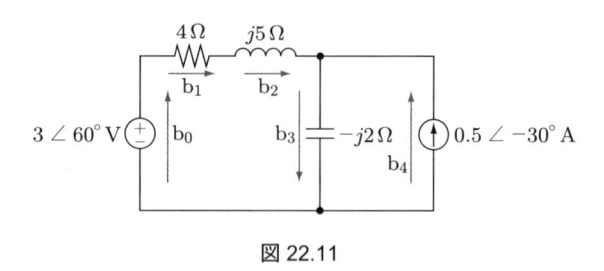

図 22.11

解 図 22.11 の枝 b_0~b_4 の向きの枝電流を I_0~I_4, 枝 b_4 の枝電圧を V_4 とすると, 例題 20.10 の解より

$$I_0 = I_1 = I_2 = 0.800\angle 23.1° \text{ A}, \quad I_3 = 1.17\angle 3.2° \text{ A}, \quad I_4 = 0.5\angle -30.0° \text{ A}$$
$$V_4 = 2.34\angle -86.8 \text{ V}$$

となる. 各枝 b_0~b_4 から供給される複素電力をそれぞれ P_{c0}~P_{c4} とすると,

$$P_{c0} = 3\angle 60.0° \times 0.8\angle -23.1° = 2.4\angle 36.9° = 1.92 + j1.44 \text{ VA}$$
$$P_{c1} = -4|I_1|^2 = -2.56 \text{ VA}$$
$$P_{c2} = -j5|I_2|^2 = -j3.2 \text{ VA}$$
$$P_{c3} = -(-j2)|I_3|^2 = j2.74 \text{ VA}$$
$$P_{c4} = 2.34\angle -86.8 \times 0.5\angle 30.0° = 1.17\angle -56.8° = 0.64 - j0.98 \text{ VA}$$

となる. したがって, 電圧源, 電流源から供給された有効電力 1.92 W, 0.64 W が抵抗では 2.56 W で消費されている. また, それぞれから供給される無効電力は 1.44 var, 0 var, −3.2 var, 2.74 var, −0.98 var であり, その和は 0 になっている.

22.6 交流回路の電力計測

電力, 力率, 電力量を測定する計器に, 電力計, 力率計, 電力量計 (積算電力計) があります. これらのどの計器にも, 電流を流す電流コイルと, 電圧を加える電圧コイルがあり, これらの電圧と電流によって, 電力, 力率, 電力量が計測できるようになっています. これらの計測器は, 送電側と受電側を結ぶ 2 本の線路の間に, 電流コイルを線路の一方に直列に挿入して, 電圧コイルを線路間に接続して使用します. 具体的な接続の仕方には, 図 22.12(a), (b) があります. 図に示すように, 計器には ± 記号のついた二つの端子があります. ± 記号が記された電流コイル端子は送電側につなぎ, ± 記号が記された電圧コイル端子は電流コイルと同じ導線側につなぎます.

図 (a), (b) の接続の仕方は, ともに注意することがあります. 図 (a) では, 受電側

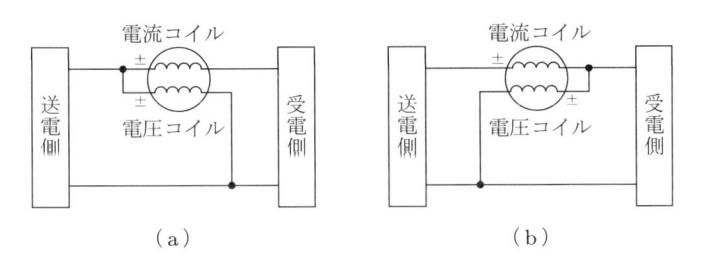

図 22.12

と電流コイルに流れる電流は同じですが，電圧コイルに加わる電圧は，受電側の電圧と電流コイルに加わる電圧の和になっていて，受電側の電圧を測っていません．また，図(b)では，受電側と電圧コイルに加わる電圧は同じですが，電流コイルに流れる電流は，受電側の電流と電圧コイルに流れる電流の和になっていて，受電側の電流を測っていないのです．しかし，一般に，電流コイルのインピーダンスは非常に小さく，電圧コイルのインピーダンスは非常に大きくつくられていますので，どちらの接続でも受電側の電流，電圧をそれぞれのコイルで測っていると考えることができます．また，このとき，電力計を挿入したことによる回路全体の電流や電圧の変化はほとんどないと考えることができます．

ところが，受電側のインピーダンスが小さくなり，これに比較して電流コイルのインピーダンスを無視できなくなってくると，図(a)の接続では，受電側の電圧と電圧コイルに加わる電圧との差を無視することができなくなります．また，受電側のインピーダンスが大きくなり，これに比較して電圧コイルのインピーダンスを無限大だとみなすことができなくなってくると，図(b)の接続では，受電側の電流と電流コイルに流れる電流との差を無視できなくなります．受電側のインピーダンスが電流コイルのインピーダンスに比べて小さい場合には図(a)の接続が好ましく，受電側のインピーダンスが電圧コイルのインピーダンスに比べ大きい場合には図(b)の接続が好ましいといえます．どうしても誤差の大きい接続で計測しなければならない場合には，補正が必要です．

図 22.13(a) に電力計，図(b)に力率計を具体的に使用している図を示しますが，形状も接続の仕方も似ていることがわかります．電流コイル端子，電圧コイル端子が複数あるものもあり，測定回路の電流や電圧に適した測定端子を選びます．力率計では，力率100%のときに中央の値を指し，電流の遅れ，進みに応じて左か右に振れます．

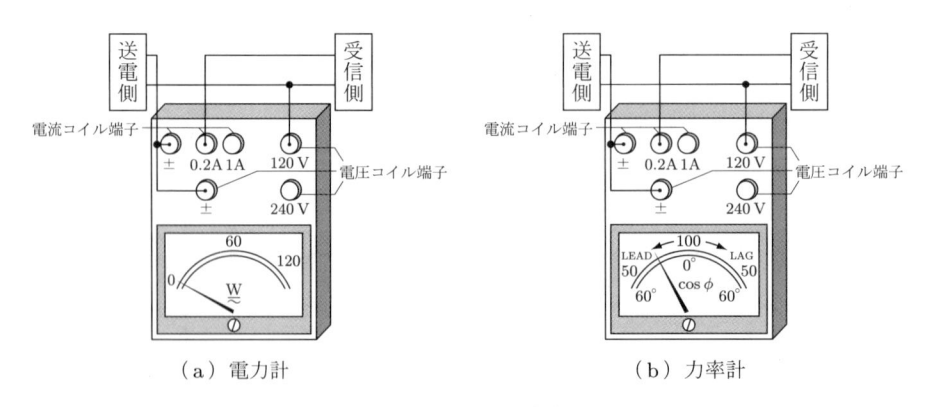

（a）電力計　　　　　　　　（b）力率計

図 22.13　電力計と力率計

力率 $\cos\phi$ の目盛の代わりに $\phi(\equiv \theta_V - \theta_I)$ の目盛をつけると，位相計になります．

直流電流計や直流電圧計は，基本的には小さな電流を測ることができる感度のよい電流計を用い，これに分流器や倍率器を付加した計器です．感度のよい電流計の内部のあるコイルに電流が流れると，その電流に比例した力がはたらき，この力とばねの力とを平衡させて電流の大きさを指示するのです．

このような感度のよい電流計に対し，内部に二つのコイルをもち，それぞれに流れる電流に比例した力によって，指示値が両電流の積に比例する電気メータがあります．このような電気メータの一方を電流コイルとして利用し，もう一方を電圧コイルと使用すれば，電流と電圧の積に比例した値を指示する電力計ができます．

ただ，この説明だけだと直流回路の場合の電力測定にかぎられるように感じられます．交流の場合を考えてみましょう．まずは，非常にゆっくりと変動する場合を考えてみると，時々刻々の電流と電圧の積ですから，これは瞬時電力を測っていると考えることができます．周期が短くなると，指針はその変化にだんだんついていけなくなります．日本の商用周波数は東日本で 50 Hz，西日本では 60 Hz です．これくらいの周波数になるとまったくついていけず，指針はその平均を指します．つまり，平均電力を指示します．したがって，交流回路でも使えるということになります．ただし，数 Hz の交流では指針が振動して測れませんし，逆に，商用周波数程度よりも高い周波数では，ほかの影響もあって，計測できなくなります．つまり，ここで説明した電力計は，直流と商用周波数程度の交流で利用できるということです．

直流用の電流計や電圧計を交流用に使ったらどうでしょうか．検流計は一つの導線に流れる電流によって指針が振れ，商用周波数程度になるとその平均値を指示しますから，正弦波交流の場合，指示値はゼロになります．このことを確かめようとして実験をする場合，大きな電流を流しているのに気がつかず，計器を壊してしまわないように注意する必要があります．

例題 22.7

電圧 100 V の電源と 10 Ω の抵抗負荷の間に，電流コイルの内部抵抗が 1 Ω，電圧コイルの内部抵抗が 100 Ω の電力計を，図 22.14(a), (b) のように，二つの接続方法で挿入した．それぞれの接続法において，負荷に流れる電流 I，加わる電圧 V，消費電力 P および電力計の指示値 P' を求めなさい．

530 22章 交流回路の電力

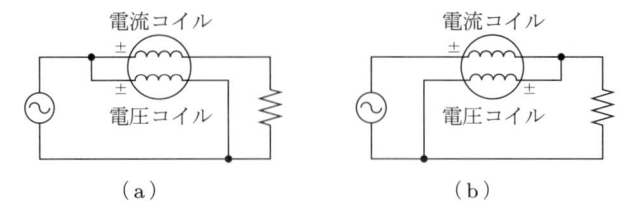

図 22.14

解 (a) $I = \dfrac{100}{10+1} = \dfrac{100}{11} = 9.09$ A, $V = \dfrac{10}{10+1} \times 100 = \dfrac{1000}{11} = 90.9$ V

$$P = VI = \dfrac{1000}{11} \times \dfrac{100}{11} = \dfrac{100000}{121} = 826 \text{ W}$$

$$P' = 100I = 100 \times \dfrac{100}{11} = \dfrac{10000}{11} = 909 \text{ W}$$

(b) 電源を流れる電流 $I_0 = \dfrac{100}{\dfrac{100 \times 10}{100+10} + 1} = \dfrac{1100}{111} = 9.91$ A

$$I = I_0 \times \dfrac{100}{100+10} = \dfrac{1100}{111} \times \dfrac{100}{100+10} = \dfrac{1000}{111} = 9.01 \text{ A}$$

$$V = 10I = 10 \times \dfrac{1000}{111} = \dfrac{10000}{111} = 90.1 \text{ V}$$

$$P = VI = \dfrac{10000}{111} \times \dfrac{1000}{111} = 812 \text{ W}, \quad P' = VI_0 = \dfrac{10000}{111} \times \dfrac{1110}{111} = 901 \text{ W}$$

例題 22.8

図 22.15 の回路のように，電力計を間違って接続してしまった．このときの電力計の指示値を求めなさい．ただし，計器に損失はなく，正しく指示されるものとする．

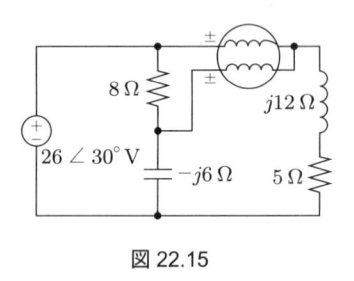

図 22.15

解 電圧コイルに生じる電圧 V，および電流コイルに流れる電流 I は

$$V = -\dfrac{8}{8+(-j6)} \times 26\angle 30° = -20.8\angle 66.9° = 20.8\angle -113.1° \text{ V}$$

$$I = \dfrac{26\angle 30°}{5+j12} = 2\angle -37.4° \text{ A}$$

となる．したがって，電力計の指示値 W はつぎのようになる．

$$W = \text{Re}(V\bar{I}) = \text{Re}(20.8\angle -113.1° \times 2\angle 37.4) = \text{Re}(41.6\angle -75.7°) = 10.3 \text{ W}$$

22.7 | 電力に関する計算問題

この節では，電力に関する具体的な問題を解いてみましょう．

例題 22.9

図 22.16 の RL 直列回路において，電圧計 V の測定値は 100 V，電流計 A は 10 A，電力計 W は 800 W であった．負荷の抵抗値 R およびリアクタンス C はいくらか．ただし，計器の損失は考えないものとする．

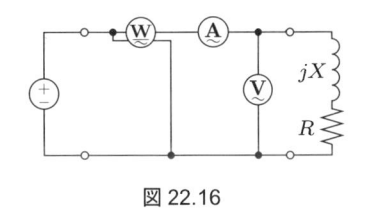

図 22.16

解 電圧，電流，電力，インピーダンスを V, I, P, Z とする．$P = R|I|^2$ により，

$$R = \frac{P}{|I|^2} = \frac{800}{10^2} = 8 \ \Omega$$

となる．また，

$$|Z| = \frac{|V|}{|I|} = \frac{100}{10} = 10 \ \Omega, \quad Z = R + jX, \quad |Z|^2 = R^2 + X^2$$

であるから，リアクタンス X はつぎのように求められる．

$$X = \sqrt{|Z|^2 - R^2} = \sqrt{10^2 - 8^2} = 6 \ \Omega$$

別解 電圧，電流，電力，インピーダンスおよび力率を $V, I, P, Z, \cos\theta$ とすると，

$$|Z| = \frac{|V|}{|I|} = \frac{100}{10} = 10 \ \Omega, \quad \cos\theta = \frac{P}{|V||I|} = \frac{800}{100 \times 10} = 0.8$$

となる．したがって，R, X はつぎのように求められる．

$$R = \mathrm{Re}\, Z = |Z|\cos\theta = 10 \times 0.8 = 8 \ \Omega$$
$$X = \mathrm{Im}\, Z = |Z|\sin\theta = |Z|\sqrt{1 - \cos^2\theta} = 10 \times 0.6 = 6 \ \Omega$$

例題 22.10

図 22.17 の RC 直列回路において，電力計 W は 80 W，力率計 pf は 80% を指示した．電源の電圧は 100 V，使用周波数は 50 Hz とするとき，抵抗値 R およびキャパシタンス C を求めなさい．ただし，計器の損失は考えず，誤差もないとする．

図 22.17

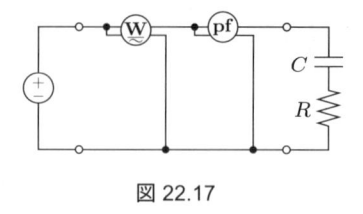

解

$$P_a = \frac{P}{\cos\theta} = 100 \text{ VA}, \quad |I| = \frac{P_a}{|V|} = \frac{100}{100} = 1 \text{ A}, \quad |Z| = \frac{|V|}{|I|} = \frac{100}{1} = 100 \text{ Ω}$$

$$R = |Z|\cos\theta = 100 \times 0.8 = 80 \text{ Ω}$$

$$\frac{1}{\omega C} = |Z|\sin\theta = |Z|\sqrt{1-\cos^2\theta} = 100 \times \sqrt{1-0.8^2} = 60 \text{ Ω}, \quad C = \frac{\omega C}{\omega} = \frac{1/60}{2\pi \times 50} = 53 \text{ μF}$$

例題 22.11

図 22.18 のように，消費電力 2 kW, 遅れ力率 60% の負荷 A と，皮相電力 3 kVA, 進み力率 40% の負荷 B の並列回路がある．全体の力率はいくらか．

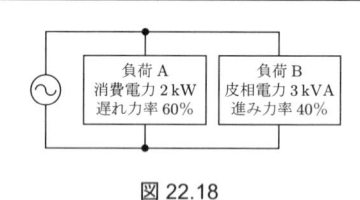

図 22.18

解 負荷 A の皮相電力は $2000/0.6 = 3333$ VA, 力率角は $\mathrm{Cos}^{-1}0.6 = 53.1°$. よって，複素電力は $3333\angle 53.1° = 2000 + j2665$ VA. 負荷 B の力率角は $-\mathrm{Cos}^{-1}0.4 = -66.4°$, よって複素電力は $3000\angle -66.4° = 1201 + j2749$ VA. したがって，全体の複素電力は，

$$(2000 + j2665) + (1201 - j2749) = 3201 - j84 \text{ VA}$$

となり，力率はつぎのように求められる．

$$\frac{3201}{\sqrt{3201^2 + 84^2}} = 1.00 = 100\%$$

例題 22.12

図 22.19 の回路において，負荷の消費電力 P と力率 $\cos\theta$ が

$$P = \frac{|V_1|^2 - |V_2|^2 - |V_3|^2}{2R}$$

$$\cos\theta = \frac{|V_1|^2 - |V_2|^2 - |V_3|^2}{2|V_2||V_3|}$$

であることを示しなさい．

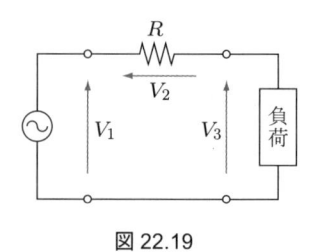

図 22.19

解 負荷を誘導性だと仮定すると，図 22.20(a), (b) のように，電位およびインピーダンスの複素平面図を描くことができる．ただし，回路全体に流れる電流を I，負荷のインピーダンスを $Z = |Z|\angle\theta = r + jx$，回路全体のインピーダンスを Z_T，負荷に加わる電圧 V_3 の電流 I との同相成分を V_r，直交成分を V_x と表し，電位の複素平面図 (a) では，負荷に流れる電流 I を位相の基準とした．負荷が容量性のときは上下を反転させるだけで同じように説明できるので，以下では誘導性として説明する．

（a）電位　　　（b）インピーダンス

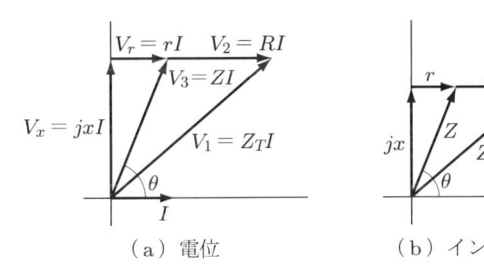

図 22.20

図より，つぎの式が得られる (余弦定理)．

$$|V_1|^2 = (|V_r| + |V_2|)^2 + |V_x|^2 = (|V_3|\cos\theta + |V_2|)^2 + (|V_3|\sin\theta)^2$$
$$= |V_3|^2 + |V_2|^2 + 2|V_3||V_2|\cos\theta$$

これより，力率は

$$\cos\theta = \frac{|V_1|^2 - |V_2|^2 - |V_3|^2}{2|V_2||V_3|}$$

回路に流れる電流 I は

$$I = \frac{V_2}{R}$$

であるから，負荷の消費電力はつぎのように求められる．

$$P = |V_3||I|\cos\phi = |V_3|\cdot\frac{|V_2|}{R}\cdot\frac{|V_1|^2 - |V_2|^2 - |V_3|^2}{2|V_2||V_3|} = \frac{|V_1|^2 - |V_2|^2 - |V_3|^2}{2R}$$

このように，一つの抵抗と三つの電圧計とで負荷の消費電力および力率を測定する方法を**三電圧計法**とよぶ．

22.8 家庭への電力供給 I

電力会社から各家庭に供給される電気は，日本では電圧 100 V が一般的で，最近では 200 V で利用することも増えてきました．周波数は東日本で 50 Hz，西日本は 60

Hz です．

　世界では周波数は 50 Hz か 60 Hz のどちらかですが，電圧は 110 V，115 V，120 V，220 V，230 V，240 V，220〜240 V など，国によってさまざまです．220 V を採用している国が多いようです．家電製品の多くは，これらの特定の電圧や周波数で使用することを前提に設計されています．また，配線用差込接続器 (差込みプラグ (plug) とプラグ受け (outlet，日本ではコンセントとよぶことがありますが，これは和製英語です)) も世界では多くの種類があります．

　これらが異なる地域間を移動して使用する場合は，注意が必要です．差込口を合わせるために電源プラグ変換アダプタを用意するだけでは駄目で，電圧変換のための変圧器 (23 章で解説) もあわせて準備しておく必要があります．周波数については，50 Hz と 60 Hz のどちらでも使用できるよう設計されるか，もしくはいったん直流に変換して利用できる製品が多くなっており，このような製品については，周波数についての変換器は必要ありません．

　蛍光灯の消費電力は数十 W 程度ですが，ヘアドライヤや電気炊飯器などは 1 kW 程度を消費します．さらに，12 畳程度の広い部屋のルームエアコンは 2 kW を超えますが，現在多くの家庭で使用されている電源コードは，最大許容電力が 125 V，1.5 kW ですから，このようなルームエアコンの配線には使えません．導線抵抗を考えると，電流が大きくなればなるほど導線による損失が増えてきます．この導線による損失を減らすためには，供給電圧を高くする必要があります．

　一方，電流を抑えて電圧を高くすると，電気コードの絶縁の耐圧を増す必要があります．プラグ受けにゴミが入り込んだ場合にも，電圧が高くなるほど火災事故を起しやすくなります．もしプラグ受けの電極間を触ろうものなら，電圧が高いほど痛みは尋常ではなくなりますし，生命の危険も増します．電圧が大きくなれば，それだけ破壊力も強くなり危険性も増すのです．

　しかし，経済性と安全性はまったく相反する性質のものではありません．現在では，安全性についてはいろいろと対応しながら経済性を求めるとして，使用する電圧を上げる方向に進んでいます．とくに電力を必要とするルームエアコンやクッキングヒータなどの電気製品には 200 V 用が出回り，200 V の電圧を引き込む家庭が増えてきました．

　ところで，そもそも日本の家庭に供給される電気の電圧はなぜ 100 V だったのでしょうか．日本の最初の交流送電は 1889 年であり，52 V，125 Hz でした．その後，各所でいろいろな送電方式が採られましたが，まちまちだった送電方式を一つにまとめる話が 1914 年に起こり，当時 110 V だったアメリカに合わせようという意見も出たのですが，当時日本全国で使われていた電球のほとんどが 100 V 用で，これを 110

V で使用すると電球の寿命が半分になってしまうというので，家庭に供給する電気の電圧は 100 V と 200 V を標準とすると決まりました．ちなみに，工場やビルでは 240 V，415 V も使われています．

日本では家庭などに供給する交流の周波数に 50 Hz と 60 Hz という 2 種類がありますが，これは世界的にも珍しく，ほとんどの国はどちらか一方を採用しています．これは，明治時代に関東では 50 Hz 仕様のドイツ AEG 製の発電機 (AC 3 kV, 265 kVA) を，関西では東京よりわずかに遅れて 60 Hz 仕様のアメリカ GE 製発電機 (AC 2.3kV, 150 kW) を採用し，これらを中心として，次第に東日本・西日本の周波数が集約されていった結果です．

■■ 演習問題 ■■

22.1 負荷に加わる電圧 v，流れる電流 i がつぎのとおりであるとして，以下の問いに答えなさい．

$$v = 100\sqrt{2}\sin(\omega t + 60°) \text{ V}, \quad i = 5\sqrt{2}\sin(\omega t + 40°) \text{ A}$$

(1) 負荷のインピーダンス Z を求めなさい．
(2) 負荷に供給される複素電力 P_c を求めなさい．
(3) 負荷の消費電力はいくらか．
(4) 負荷の力率はいくらか．

22.2 以下の問いに答えなさい．

(1) インピーダンス $Z = 4\angle -60°$ Ω の負荷に，起電圧 $e = 100\sqrt{2}\sin(\omega t + 90°)$ V の電圧源を接続した．負荷の消費電力 P はいくらか．

(2) インピーダンスの大きさが $|Z| = 10$ Ω の誘導性の負荷に，電圧 $e = 100\sqrt{2}\sin(\omega t + 90°)$ V を加えたところ，消費電力は 800 W であった．電流を瞬時式で表しなさい．

(3) 4 Ω の抵抗と，リアクタンス 3 Ω のインダクタの直列回路に，$I = 2\angle 30°$ A の電流を流した．この回路の消費電力 P はいくらか．

(4) 50 Ω の抵抗と，リアクタンス 120 Ω のキャパシタの直列回路に，$E = 260\angle 30°$ V の電圧を加えた．この回路の消費電力 P はいくらか．

(5) 進み力率 80%，有効電力 2 kW の回路を電圧 100 V で使用しているという．回路の抵抗分 R およびリアクタンス分 X を求めなさい．

22.3 図 22.21 の回路のインピーダンス Z (極形式)，抵抗分 R, リアクタンス分 X, および回路のアドミタンス Y (極形式)，コンダクタンス分 G, サセプタンス分 B および力率 $\cos\theta$ を求めなさい．また，この回路に大きさ 0.5 A の電流を流したと

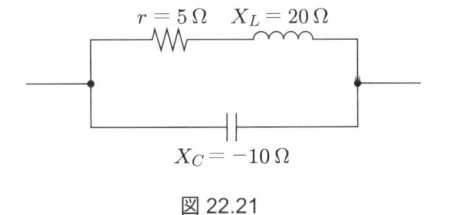

$r = 5$ Ω　　$X_L = 20$ Ω
$X_C = -10$ Ω

図 22.21

きの消費電力 P はいくらになるか．

22.4 図 22.22 の回路において，端子①〜④を流れる電流 $I_1 \sim I_4$，端子①-①'〜④-④' 間の電圧 $V_1 \sim V_4$，端子①-①'〜④-④' から右の回路に供給される複素電力 $P_{c1} \sim P_{c4}$ を求め，直角形式で表しなさい．

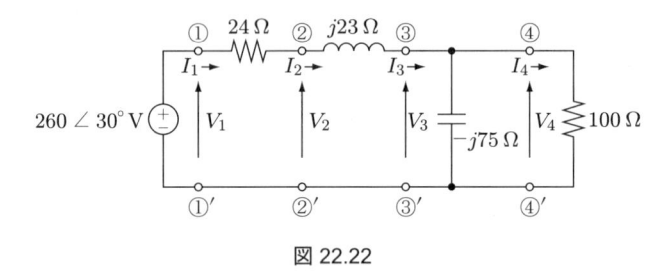

図 22.22

23章　結合インダクタ

　交流回路の中に二つのコイルがあるとき，双方のコイルを遠ざけたときと近づけたときとでは，電流分布や電圧分布に変化を生じます．二つのコイルが空間的には別の回路をつくっているとしても同様で，二つの回路の間に空間を通した電気的な関係があると考える必要があります．この二つのコイルだけを取り出し，一方のコイルに交流電流を流すと，もう一方に誘導起電圧を生じます．この現象は電流によって磁場ができ，磁場の変化によって起電圧を発生させるという電磁気的な作用なのです．双方のコイルの立場を逆にしても同じ現象が見られ，二つのコイルの間に相互作用があることがわかります．これらのことはすでに 15 章で説明しました．この相互作用を**相互誘導作用**といいます．この現象は一つのコイルの場合，つまりインダクタの場合でもみられました．それは，コイルに電流を流すと，逆向きに電流を流そうとする誘導起電圧を生じるという自己誘導作用です．15 章では，この自己誘導作用からインダクタのもつ慣性的な性質について解説しました．

　相互誘導作用のある複数のコイルの集まりを**結合インダクタ**といいます．本章では，この結合インダクタの交流回路としての取扱い方を説明します．鍵は四つあって，一つ目は電磁的な現象，二つ目は極性，三つ目はフェーザによる表現，そして四つ目は等価回路です．結合インダクタをより円滑に理解できるようにするために，本書では章立てを工夫し，これらに関係する基礎的事項についてはすでに説明をすませています．結合インダクタを学ぶ準備はすでにできているのです．本章では結合インダクタについて，その物理的な基礎から，結合インダクタを含んだ交流回路の解析ができるまでの基礎を解説します．物理的な基礎についての詳細は「電磁気学」でも学びます．

23.1　相互誘導作用

　図 23.1 のように，二つのコイルがあり，一方のコイルには発振器を接続して交流電流を流し，もう一方のコイルにオシロスコープを接続すると，オシロスコープには発振器で発生させた電圧波形と同じ形の波形が観測されます．さらに，コイルどうしを

23章 結合インダクタ

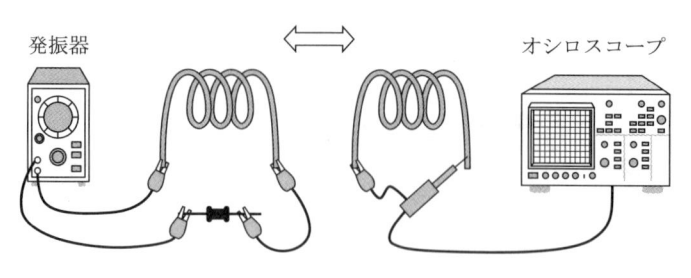

図 23.1 相互誘導作用

近づけたり遠ざけたりすると，オシロスコープの観測波形の大きさが明らかに変化します．二つの回路が導線でつながれていなくても，二つのコイル間でこのような相互作用が起こるのです．一方のコイルに流れる電流が他方のコイルに起電圧を発生させるというこの相互作用は電磁気的な物理現象で，二つ以上のコイルの間に生じます．これは，**相互誘導作用** (mutual induction) とよばれています．

図 23.2(a), (b) のように，電磁的な結合を利用した二つ以上のコイルからなる素子を，**結合インダクタ** (coupled inductor) とよびます．ほかにも，**相互誘導回路**，**電磁誘導結合回路**などの名称でよばれることがあります．図 (a) は空芯ですが，図 (b) は二つのコイル間を近づけ，加えて磁気コアとよばれる磁束を通しやすく集中させるための材料を挿入することで，電磁的に強い結合が得られるようにしたものです．図 (c) ではさらに，磁気コアを口の字形にして，磁束の通る通路を形成したものです．図 (b), (c) を理想化した装置を，それぞれ**密結合変成器**，**理想変成器**といいます．これらについては次章で詳しく説明しますが，密結合変成器では両コイルに発生する交流電圧の比は巻数の比に等しくなり，理想変成器ではさらに，両コイルに流れる交流電流の比が巻数の逆比になります．図 (c) の装置は電圧を変換できることから，日本の電力関係者の間ではよく**変圧器**ともよばれますが，電圧だけでなく電流も変換されることから，**変成器** (transformer) とよぶほうがふさわしいと思われます．

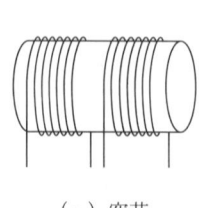

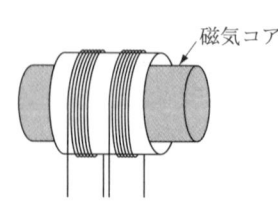

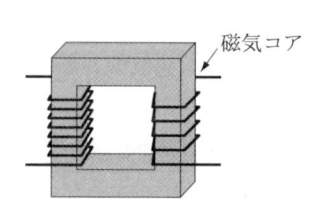

（a）空芯　　（b）棒状の磁気コア　　（c）磁束通路を閉じた磁気コア

図 23.2 結合インダクタ

結合インダクタは，一方のコイルを電源側，もう一方のコイルを負荷側に接続することが多く，便宜上，電源側を **1 次側**，負荷側を **2 次側**，1 次側のコイルを **1 次コイル** (primary coil)，2 次側のコイルを **2 次コイル** (secondary coil) とよぶことがあります．

23.2 結合インダクタの電磁気現象

15 章ではインダクタについて学び，その基礎に，「インダクタを貫く磁束はインダクタに流れる電流に比例」し，「インダクタに発生する起電圧はインダクタを貫く磁束の時間的減少率に等しい」という物理法則があることを学びました．整理したものをもう一度以下に列挙します．

アンペアの右ネジの法則

電流により磁場が生じ，その向きは電流の流れに対して右回りである．

電流と磁束

ある面を貫く磁束 ϕ [Wb] は，それをつくる電流の大きさ i [A] に比例する．

$$\phi \propto i$$

ファラディの (電磁誘導の) 法則

任意の閉回路の誘導起電圧 e [V] は，その閉回路を貫く磁束 ϕ [Wb] の時間的減少率に等しい．

$$e = -\frac{d\phi}{dt}$$

これらの復習もかねて，図 23.3(a) の結合インダクタの回路について考えてみましょう．図記号を用いた回路図は，図 (b) のように表されます．1 次コイルに電流 i_1 を流すと，アンペアの法則にしたがって磁束ができます．1 次コイル，2 次コイルを貫く磁束 ϕ_{11}, ϕ_{21} は電流 i_1 と 1 次コイルの巻数 n_1 に比例することから，つぎのように表されます．

23章 結合インダクタ

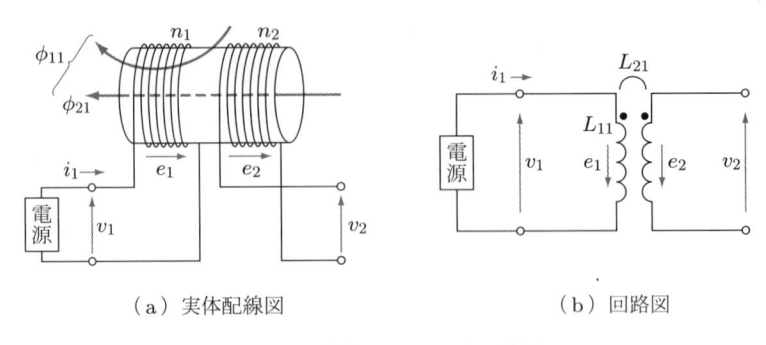

（a）実体配線図　　　　　　（b）回路図

図 23.3　結合インダクタと回路図

$$\phi_{11} \propto n_1 i_1, \quad \phi_{21} \propto n_1 i_1$$

$n_i i_1$ は磁束をつくる源になっており，**起磁力** (magnetomotive force) といいます．

磁束にコイルの巻数を乗じたものを，このコイルを貫く**鎖交磁束**といいます．1 次コイル，2 次コイルを貫く鎖交磁束を Φ_{11}, Φ_{21} とすると，つぎのように表されます．

$$\Phi_{11} = n_1 \phi_{11} \propto n_1^2 i_1, \quad \Phi_{21} = n_2 \phi_{21} \propto n_2 n_1 i_1$$

この式から，鎖交磁束 Φ_{11}, Φ_{21} は電流 i_1 に比例することがわかりますが，この比例定数を L_{11}, L_{21} とすると，

$$\Phi_{11} = L_{11} i_1, \quad \Phi_{21} = L_{21} i_1 \tag{23.1}$$

と表すことができます．この比例定数 L_{11} を 1 次コイルのインダクタンスとよびました．一方，L_{21} は 1 次コイルと 2 次コイルの間の**相互インダクタンス**とよびます．これに対比させて，L_{11} を**自己インダクタンス**とよぶこともあります．アンペアの右ネジの法則によると，図 23.3(a) のように電流 i_1 の向きに電流を流したとき，コイルの中を貫く磁束は図に示す磁束 ϕ_{11}, ϕ_{21} の向きになることから，$L_{11} > 0, L_{21} > 0$ であることがわかります．具体的なコイルの形状から自己インダクタンスや相互インダクタンスを計算する方法は，電磁気学で学びます．

さて，双方のコイルに発生する起電圧 e_1, e_2 を図 23.3(a) のように定めると，ファラディの電磁誘導の法則から，つぎのように表すことができます．

$$e_1 = -\frac{d\Phi_{11}}{dt}, \quad e_2 = -\frac{d\Phi_{21}}{dt} \tag{23.2}$$

1 次側に流した電流 i_1 が変化することにより，2 次側に起電圧 e_2 が発生することを**相互誘導作用** (mutual induction) といい，流した電流と同じ 1 次側のコイルに起電圧 e_1 が発生することを**自己誘導作用** (self induction) といいます．

ここで注意すべきことは，起電圧 e_1, e_2 の向きです．起電圧 e_1 は電流 i_1 と同じ向きを正にとっています．式 (23.2) の起電圧 e_1 と電流 i_1 との関係式の負符号は，電流

が増加すると電流の向きとは逆の向きの起電圧が発生して電流の増加を抑えようとすること，逆に電流が減少するときは，電流の向きと同じ向きに起電圧が発生して電流の減少を抑えようとすることを意味しています．負符号には，電流の変化を抑えようとする起電圧が生じるという意味が込められています．

2次側の起電圧 e_2 の向きは混乱しやすいので注意が必要です．式 (23.2) の電流 i_1 と起電圧 e_2 の関係には1次側の場合と同じように負符号をつけていますが，この符号が意味をもつためには，起電圧 e_2 の向きをはっきりと定めておかなければなりません．この例では，2次側のコイルの巻き方は1次側とそっくり同じで，端子の取り出し方，つまり上の端子はコイルの左側から，下の端子はコイルの右側から取り出されていることを確認してください．そのうえで，1次側と同様に，上端から下端の向きを起電圧 e_2 の向きとしています．しかし，このような説明では，巻き方が図 23.3(a) の場合と違ったときに，起電圧 e_2 の向きをどのように定めたらよいのかはっきりしません．式 (23.2) は鎖交磁束と起電圧の関係ですから，これらの向きの関係をきちんと定めておく必要があります．

1次側の電流 i_1 と磁束 ϕ_{11}, ϕ_{21} の向きは右ネジの法則を考慮して定め，その結果，式 (23.1) において $L_{11} > 0, L_{21} > 0$ であることがわかりましたが，今度は，式 (23.2) における鎖交磁束と起電圧の向きの関係を考えましょう．ここで全体を整理しておきましょう．磁束や鎖交磁束の向きは同じだと考えるのはそれほど無理なことではないでしょう．これらはコイルを貫く向き，つまり閉路を貫く向きの定め方に関わります．一方，電流と起電圧の向きはコイルをつくる導線に沿った正と向きの定め方であり，閉路の向きの定め方だといえます．双方の向きを勝手に決めたのでは，式 (23.1) や式 (23.2) において正負の関係が混乱してしまいます．これを整理することができるのが，閉路の向きに右ネジを回したときに右ネジの進む向きが閉路を貫く向きと定める，右手系の向きの定め方です．このことについてはすでに 15 章で説明しています．

図 23.3(a) では電流 i_1，起電圧 e_1, e_2 の向きをそろえ，これを閉路の向きとし，右手系によって閉路を貫く向きに磁束や鎖交磁束の正の向きを定めています．このように向きを定めたとき，これらの間の関係式として式 (23.1) や式 (23.2) が成り立ち，前者では $L_{11} > 0, L_{21} > 0$ となるのです．

式 (23.2) に式 (23.1) を代入すると，次式が得られます．

$$e_1 = -L_{11}\frac{di_1}{dt}, \quad e_2 = -L_{21}\frac{di_1}{dt} \tag{23.3}$$

起電圧 e_1, e_2 と電流 i_1 との関係が，磁束や鎖交磁束の仲介なしに表されていますが，向きについては上記の注意が必要です．

一方，双方のコイルの端子電圧 v_1, v_2 の向きの定め方は，それぞれの側に接続した

回路の都合で決めてかまいません．ただし，電源を接続する 1 次側では，一般のインピーダンスにおける電流と電圧降下の向きの関係と同じく，端子電圧 v_1 を電圧降下と考え，電流 i_1 の向きとは逆にとるのがふつうです．

ところが 2 次側では，1 次側と同じように端子電圧 v_2 を起電圧と逆の向きにとる場合と，同じ向きにとる場合とがあります．図 23.3(a) が前者で，この場合，端子電圧 v_1, v_2 と電流 i_1 の関係はつぎのように表されます．

$$v_1 = -e_1 = L_{11}\frac{di_1}{dt}, \quad v_2 = -e_2 = L_{21}\frac{di_1}{dt} \tag{23.4}$$

反対に，図 23.4(a) は後者で，この場合はつぎのように表されます．

$$v_1 = -e_1 = L_{11}\frac{di_1}{dt}, \quad v_2 = e_2 = -L_{21}\frac{di_1}{dt} \tag{23.5}$$

式 (23.4) では電圧 v_1 が正であれば電圧 v_2 も正となり，電圧 v_1 が負になれば電圧 v_2 も負になることがわかりますが，式 (23.5) では電圧 v_1 が正のときには電圧 v_2 は負となり，電圧 v_1 が負になれば電圧 v_2 は正となることがわかります．つまり，図 23.3(a) では電圧 v_1 と v_2 が同じ極性，図 23.4(a) では電圧 v_1 と v_2 との極性が異なることがわかります．この違いを図記号で描く場合には，極性を明確に示すために，図 23.3(b) や図 23.4(b) のように黒点を用いて描きます．

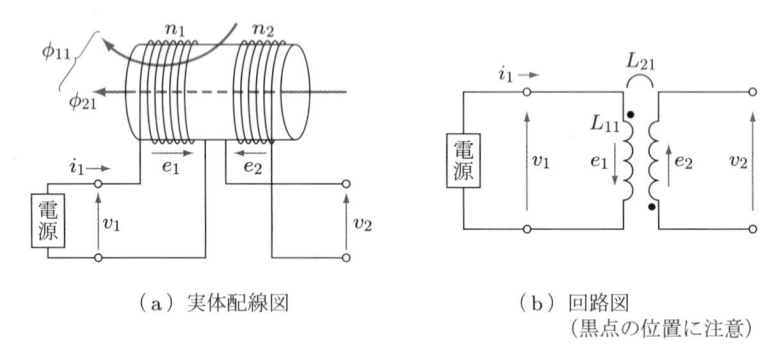

（a）実体配線図　　　（b）回路図
　　　　　　　　　　　（黒点の位置に注意）

図 23.4　図 23.3 の 2 次側の巻き方を変えた場合

図 23.5 に電流 i_1，鎖交磁束 Φ_{11}, Φ_{21}，起電圧 e_1, e_2，端子電圧 v_1, v_2 の変化の例を示します．図より，電流と鎖交磁束は比例関係にあって，波形が同じことがわかります．この例では，電流 i_1 と鎖交磁束 Φ_{11}, Φ_{21} の比例定数から，自己インダクタンスは $L_{11} = 20$ mH，相互インダクタンスは $L_{21} = 10$ mH だということがわかります．

23.2 結合インダクタの電磁気現象　543

(a)

(b)

(c)

(d)

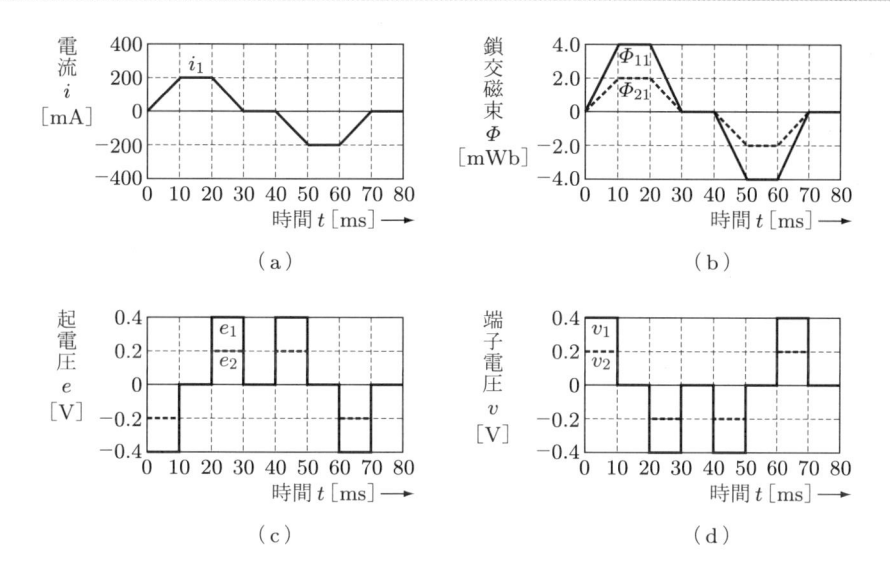

図 23.5　諸量 i, Φ, e, v の変化

例題 23.1

図 23.6(a) のような四つの結合インダクタ a〜d があり，それぞれの一方のコイルを直列につなぎ，図 (b) の最上段に描く波形をもつ電流 i を流した．コイルの巻き方，電圧の向きに注意して，各所の電圧 v_{a1}〜v_{d1}，v_{a2}〜v_{d2} の波形として正しいものを，図 (b) の波形 A と波形 B から選びなさい．

(a)

(b)

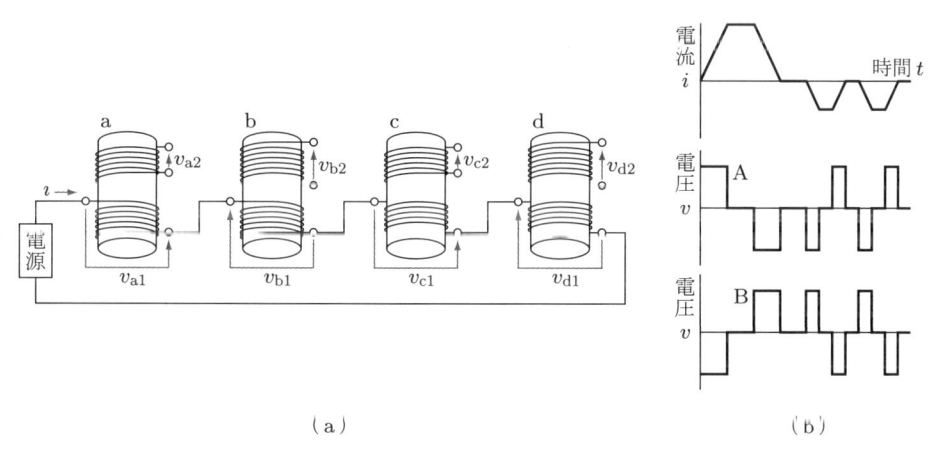

図 23.6

解 波形 A, B はともに電流 i の微分に比例することを表しており，問題は極性のみに絞られる．図 23.6(b) において，電流 i が正で増加する初めの段階を考える．アンペアの法則によると，このとき結合インダクタ a, b では上向きに，結合インダクタ c, d では下向きに磁束ができる (図 23.7 の破線矢印の向き)．ファラディの法則によれば，この磁束の増加を打ち消すような電流の向きに起電圧が発生することになる．この向きは，結合インダクタ a, b ではボビンを下から見て左回り，結合インダクタ c, d ではボビンを下から見て右回りである (図 23.7 の灰色矢印の向き)．この向きは，$v_{b1}, v_{d1}, v_{a2}, v_{d2}$ と同じであり，$v_{a1}, v_{c1}, v_{b2}, v_{c2}$ では逆向きになっている．したがって，この間は，端子電圧 $v_{b1}, v_{d1}, v_{a2}, v_{d2}$ が正となり，波形 A のように変化する．一方，端子電圧 $v_{a1}, v_{c1}, v_{b2}, v_{c2}$ は負となって，波形 B のように変化することがわかる．

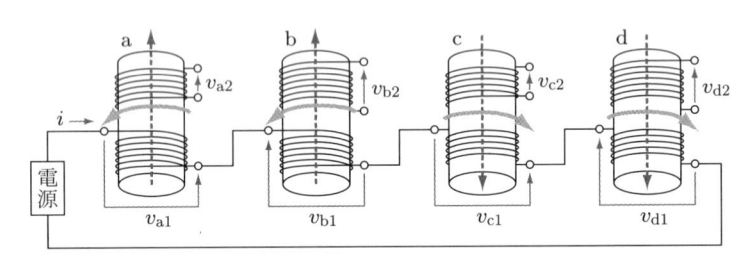

図 23.7

23.3 結合インダクタの基本式

結合インダクタは図記号では図 23.8(a), (b) のように描くことはすでに説明しました．さらに，電流 i_1 と端子電圧 v_1, v_2 を図のように定めると，これらの間にはつぎの関係がありました．

図 (a)： $v_1 = L_{11}\dfrac{di_1}{dt}, \quad v_2 = L_{21}\dfrac{di_1}{dt} \quad (L_{11} > 0, \ L_{21} > 0)$

図 (b)： $v_1 = L_{11}\dfrac{di_1}{dt}, \quad v_2 = -L_{21}\dfrac{di_1}{dt} \quad (L_{11} > 0, \ L_{21} > 0)$

上の二つの式で共通するのは 1 次側の電流 i_1 と電圧 v_1 の関係ですが，異なっている点は 2 次側の極性です．ところで，図 (b) についての 2 次側の式に現われる負符号を相互インダクタンス L_{21} に含めて考えれば，上の二つの式をつぎのように一本化して考えることができます．

$$v_1 = L_{11}\frac{di_1}{dt}, \quad v_2 = L_{21}\frac{di_1}{dt}$$

ここで，自己インダクタンス L_{11} は正，つまり $L_{11} > 0$ であり，一方，相互インダクタンス L_{21} は，図 (a) の回路の場合は $L_{21} > 0$，図 (b) の回路の場合は $L_{21} < 0$ と考

図 23.8

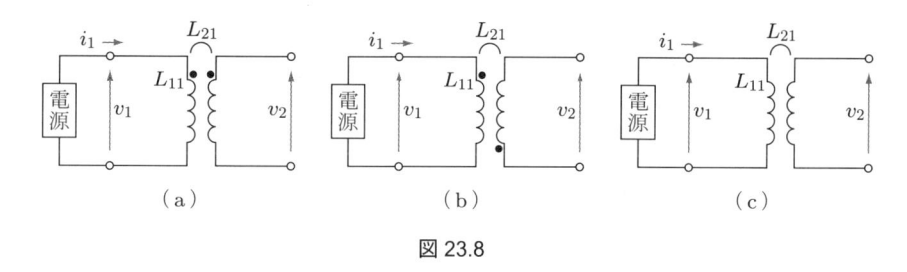

えることができます．このように電流 i_1 と電圧 v_2 の向きを定め，相互インダクタンスを正負の数を用いて表すことにし，図 (c) のように，結合インダクタンスの極性を黒丸で描かずにすますこともあります．

相互誘導と自己誘導

図 23.9 のように，二つのコイルがあり，1 次側に電流 i_1 [A] を流したとき，1 次側の電圧 v_1 [V] および 2 次側の電圧 v_2 [V] はつぎのように表される．

$$v_1 = L_{11}\frac{di_1}{dt}, \quad v_2 = L_{21}\frac{di_1}{dt}$$

図 23.9

ここで，L_{11} [H] を 1 次側コイルの自己インダクタンスといい，L_{21} [H] を二つのコイルの間の相互インダクタンスという．また，$L_{11} > 0$ であり，L_{21} は 1 次側と 2 次側の電圧が同じ極性の場合 $L_{21} > 0$，逆の場合は $L_{21} < 0$ である．

さて，図 23.10 のように，1 次側ではなく 2 次側に電流 i_2 が流れた場合はどうなるのでしょうか．一般に，変成器の場合は電源側を 1 次側，負荷側を 2 次側とよぶのがふつうですが，結合インダクタの場合，そのようなつなぎ方をとらないことも多く，ここでいう 1 次側，2 次側は便宜的なよび方ということになります．形状から考えても 1 次側と 2 次側に物理的な違いは考えられませんから，先ほどの電流と電圧の関係式で「1」と「2」を置き換えれば，結果的につぎの関係があることがわかります．

$$v_1 = L_{12}\frac{di_2}{dt}, \quad v_2 = L_{22}\frac{di_2}{dt}$$

ここで，電流 i_2 と端子電圧 v_2 とを逆向きにとれば $L_{22} > 0$ となり，L_{12} は 1 次側と 2 次側の間の極性の違いによって正負が決まります．

つぎに，図 23.11 のように 1 次側にも 2 次側にも電流が流れた場合について考えることにします．1 次コイルと 2 次コイルを貫く鎖交磁束 Φ_1, Φ_2 は，電流 i_1 による鎖

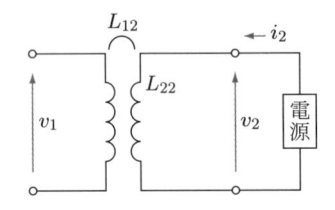

図 23.10　2次側に電流が流れる場合 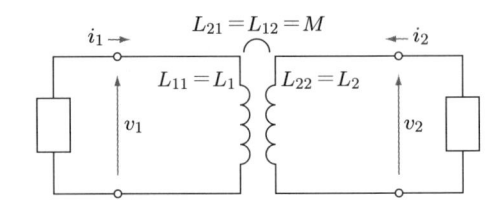　　図 23.11　両コイルに電流が流れる場合

交磁束と電流 i_2 による鎖交磁束との和になります．「電気回路」の重ね合わせの定理については 7 章で学びましたが，「電磁気学」にも**重ね合わせの定理**があって，原因としての電流，結果としての鎖交磁束と考えると，二つの電流が流れたときの鎖交磁束は，それぞれの電流が単独に流れた場合の鎖交磁束の和になります．つまり，

$$\Phi_1 = L_{11}i_1 + L_{12}i_2, \quad \Phi_2 = L_{21}i_1 + L_{22}i_2$$

となります．これから，次式が得られます．

$$v_1 = -e_1 = \frac{d\Phi_1}{dt} = L_{11}\frac{di_1}{dt} + L_{12}\frac{di_2}{dt}, \quad v_2 = -e_2 = \frac{d\Phi_2}{dt} = L_{21}\frac{di_1}{dt} + L_{22}\frac{di_2}{dt}$$

さて，結合インダクタについてはつぎのいくつかのことがわかっています．詳細は「電磁気学」で学ぶことなのですが，23.6 節でも説明することにします．

- 相互インダクタンス L_{21} と L_{12} とは等しい

そこで，一般にはつぎの記号を用いています．

$$\text{相互インダクタンス：} \quad M = L_{21} = L_{12}$$
$$\text{自己インダクタンス：} \quad L_1 = L_{11}, \quad L_2 = L_{22}$$

- 結合インダクタに蓄積された電磁エネルギー w は次式で与えられる

$$w = \frac{1}{2}\left(L_{11}i_1^2 + L_{12}i_1i_2 + L_{21}i_2i_1 + L_{22}i_2^2\right) = \frac{1}{2}L_1i_1^2 + Mi_1i_2 + \frac{1}{2}L_2i_2^2$$

- 自己インダクタンス $L_1 = L_{11}$，$L_2 = L_{22}$ はともに正である
- $L_1L_2 \geq M^2$

ここで，

$$M = k\sqrt{L_1L_2}$$

とおくと，$L_1L_2 \geq M^2$ から $|k| \leq 1$ となり，k を**結合係数** (coupling coefficient) とよびます．

これらを考慮すると，結合インダクタについてつぎのようにまとめることができます．

結合インダクタの基本式

結合インダクタの二つのコイルに流れる電流を i_1, i_2 とし，それぞれのコイルの電圧降下を v_1, v_2 とすると，次式が成り立つ．
$$v_1 = L_1 \frac{di_1}{dt} + M \frac{di_2}{dt}, \quad v_2 = M \frac{di_1}{dt} + L_2 \frac{di_2}{dt}$$
ここで，L_1, L_2 はそれぞれのコイルの自己インダクタンスであり，$L_1 > 0, L_2 > 0$ である．また，M は両コイル間の相互インダクタンスであり，$L_1 L_2 \geq M^2$ である．

結合インダクタの電磁エネルギー

結合インダクタの二つのコイルに流れる電流を i_1, i_2 とすると，この結合インダクタに蓄えられる電磁エネルギー w はつぎのようになる．
$$w = \frac{1}{2} L_1 i_1^2 + M i_1 i_2 + \frac{1}{2} L_2 i_2^2 \geq 0$$

ここで，もう一度極性について考えておきましょう．コイルを貫く磁束の向きを定め，右手系の約束にしたがって結合インダクタの電流 i_1, i_2 の向きを定め，これとは逆向きに端子電圧 v_1, v_2 を定めたとき，$L_1 > 0, L_2 > 0$ となるばかりでなく，$M > 0$ となりました．ところが，2次側の向きがわからないか，もしくは意図的に逆向きを正の向きと定め，$v_2' = -v_2, i_2' = -i_2$ とした場合はどうでしょうか．このとき，

$$v_1 = L_1 \frac{di_1}{dt} + M \frac{d(-i_2')}{dt} = L_1 \frac{di_1}{dt} - M \frac{di_2'}{dt}$$
$$v_2' = -\left(M \frac{di_1}{dt} + L_2 \frac{d(-i_2')}{dt} \right) = -M \frac{di_1}{dt} + L_2 \frac{di_2'}{dt}$$

であり，ここで，$M' = -M$ とすれば，

$$v_1 = L_1 \frac{di}{dt}, \quad v_2' = M' \frac{di_1}{dt} + L_2 \frac{di_2'}{dt}$$

となって，結合インダクタの基本式と同じ形式に書き表すことができます．ただし，このときの相互インダクタンス $M' < 0$ となります．

例題 23.2

1次側および2次側の自己インダクタンスがそれぞれ 20 mH, 10 mH，相互インダクタンスが -5 mH の結合インダクタンスがあり，この1次側および2次側の電流 i_1, i_2

を図 23.12 のように変化させる. このときの 1 次側および 2 次側の電圧 v_1, v_2 の変化を図に描きなさい.

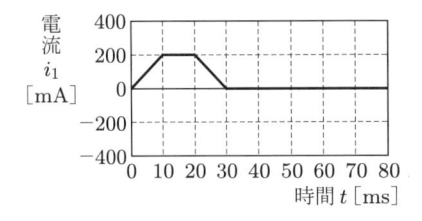

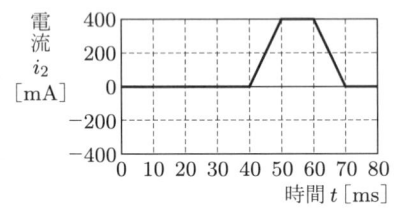

図 23.12

解 図 23.13 のとおり.

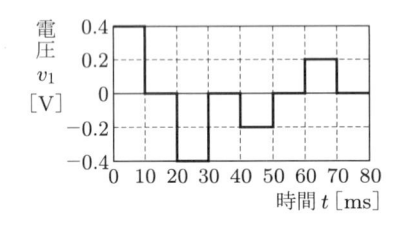

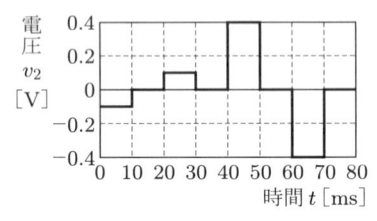

図 23.13

23.4 結合インダクタと交流回路

図 23.14 の回路において,電流 i_1, i_2,電圧 v_1, v_2 の間にはつぎの関係がありました.

$$v_1 = L_1 \frac{di_1}{dt} + M \frac{di_2}{dt}, \quad v_2 = M \frac{di_1}{dt} + L_2 \frac{di_2}{dt}$$

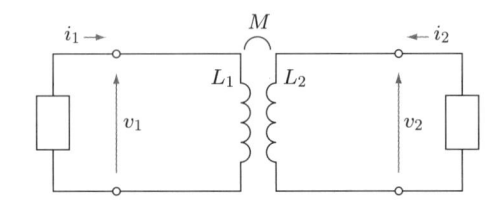

図 23.14

本節では電流,電圧とも正弦波であるとして,電流 i_1, i_2 をつぎのようにおいてみましょう.

$$i_1 = \sqrt{2}|I_1|\sin(\omega t + \theta_1), \quad i_2 = \sqrt{2}|I_2|\sin(\omega t + \theta_2)$$

電流 i_1, i_2 のフェーザをそれぞれ I_1, I_2 とすると，つぎのように表されます．

$$I_1 = |I_1|\angle\theta_1, \quad I_2 = |I_2|\angle\theta_2$$

交流回路では，ある一つの周波数で変化する正弦波のみを取り扱いました．その角周波数を ω とし，電流 i_1, i_2 のそれぞれの大きさを $|I_1|, |I_2|$，それぞれの初期位相を θ_1, θ_2 とします．電流 i_1, i_2 の瞬時式を結合インダクタの基本式に代入して電圧 v_1 を求めると，次式のようになります．

$$\begin{aligned}
v_1 &= L_1\frac{di_1}{dt} + M\frac{di_2}{dt} \\
&= L_1\frac{d}{dt}\{\sqrt{2}|I_1|\sin(\omega t + \theta_1)\} + M\frac{d}{dt}\{\sqrt{2}|I_2|\sin(\omega t + \theta_2)\} \\
&= \sqrt{2}\omega L_1|I_1|\cos(\omega t + \theta_1) + \sqrt{2}\omega M|I_2|\cos(\omega t + \theta_2) \\
&= \sqrt{2}\omega L_1|I_1|\sin(\omega t + \theta_1 + 90°) + \sqrt{2}\omega M|I_2|\sin(\omega t + \theta_2 + 90°)
\end{aligned}$$

電圧 v_1 のフェーザを V_1 とすると，つぎのように表すことができます．

$$\begin{aligned}
V_1 &= \omega L_1|I_1|\angle(\theta_1 + 90°) + \omega M|I_2|\angle(\theta_2 + 90°) \\
&= \omega L_1\angle 90° \times |I_1|\angle\theta_1 + \omega M\angle 90° \times |I_2|\angle\theta_2 \\
&= j\omega L_1 I_1 + j\omega M I_2
\end{aligned}$$

同様に，電圧 v_2 のフェーザを V_2 とすると，これらの v_2, V_2 に対しても，つぎの式が得られます．

$$\begin{aligned}
v_2 &= M\frac{di_1}{dt} + L_2\frac{di_2}{dt} \\
&= \sqrt{2}\omega M|I_1|\sin(\omega t + \theta_1 + 90°) + \sqrt{2}\omega L_2|I_2|\sin(\omega t + \theta_2 + 90°) \\
V_2 &= \omega M|I_1|\angle(\theta_1 + 90°) + \omega L_2|I_2|\angle(\theta_2 + 90°) \\
&= j\omega M I_1 + j\omega L_2 I_2
\end{aligned}$$

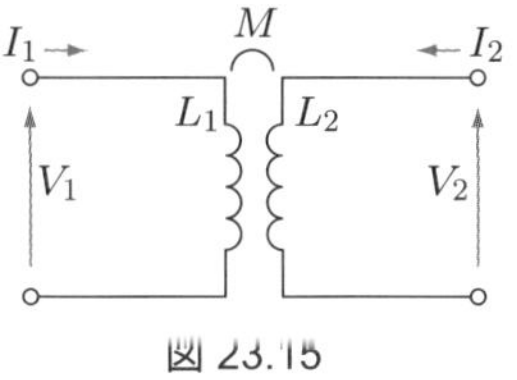

以上で，交流回路で利用するときの結合インダクタの基本式が得られました．まとめておきましょう．

交流回路における結合インダクタの基本式

結合インダクタの電圧，電流を図 23.15 のように定めるとき，次式が成り立つ．

$$V_1 = j\omega L_1 I_1 + j\omega M I_2$$
$$V_2 = j\omega M I_1 + j\omega L_2 I_2$$

ここで，L_1, L_2 はそれぞれ 1 次側，2 次側の自己インダクタンスであり，M は相互インダクタンスである．

図 23.15

例題 23.3

図 23.16 の回路において，電流 I_1, I_2 を求めなさい．ただし，$E = 10\angle 30°$ V，$\omega L_1 = 20\ \Omega$，$\omega L_2 = 18\ \Omega$，$\omega M = 10\ \Omega$，$R = 12\ \Omega$ とする．

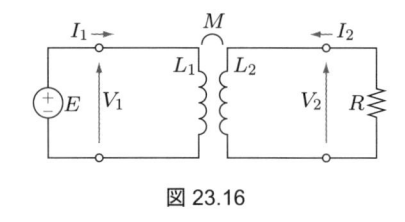

図 23.16

解 結合インダクタの基本式から，V_1, V_2 はつぎのように表される．

$$V_1 = j\omega L_1 I_1 + j\omega M I_2 = j20 I_1 + j10 I_2$$
$$V_2 = j\omega M I_1 + j\omega L_2 I_2 = j10 I_1 + j18 I_2$$

1 次側では，$V_1 = E = 10\angle 30°$ V，2 次側では，$V_2 = -RI_2 = -12I_2$ であるので，これらの式から，

$$\begin{cases} j20 I_1 + j10 I_2 = 10\angle 30° \\ j10 I_1 + j18 I_2 = -12 I_2 \end{cases}$$

となる．整理すると，

$$\begin{cases} j20 I_1 + j10 I_2 = 10\angle 30° \\ j10 I_1 + (12 + j18) I_2 = 0 \end{cases}$$

となり，これを解くと，つぎのように求められる．

$$I_1 = \frac{\begin{vmatrix} 10\angle 30° & j10 \\ 0 & 12+j18 \end{vmatrix}}{\begin{vmatrix} j20 & j10 \\ j10 & 12+j18 \end{vmatrix}} = \frac{10\angle 30° \times (12+j18)}{j20 \times (12+j18) - j10 \times j10} = 0.610\angle -51.0°\ \text{A}$$

$$I_2 = \frac{\begin{vmatrix} j20 & 10\angle 30° \\ j10 & 0 \end{vmatrix}}{\begin{vmatrix} j20 & j10 \\ j10 & 12+j18 \end{vmatrix}} = \frac{-j10 \times 10\angle 30°}{j20 \times (12+j18) - j10 \times j10} = 0.282\angle 162.7°\ \text{A}$$

23.5 結合インダクタの等価回路

結合インダクタを含む回路では，その解析をするのに等価変換を用いると都合のよいことがあります．たとえば，図 23.17，図 23.18 のそれぞれ図 (a) の回路は，それぞれの図 (b) や図 (c) の回路と等価と考えることができます．それぞれの図 (b) の回路

23.5 結合インダクタの等価回路　551

図 23.17

図 23.18

図 23.19

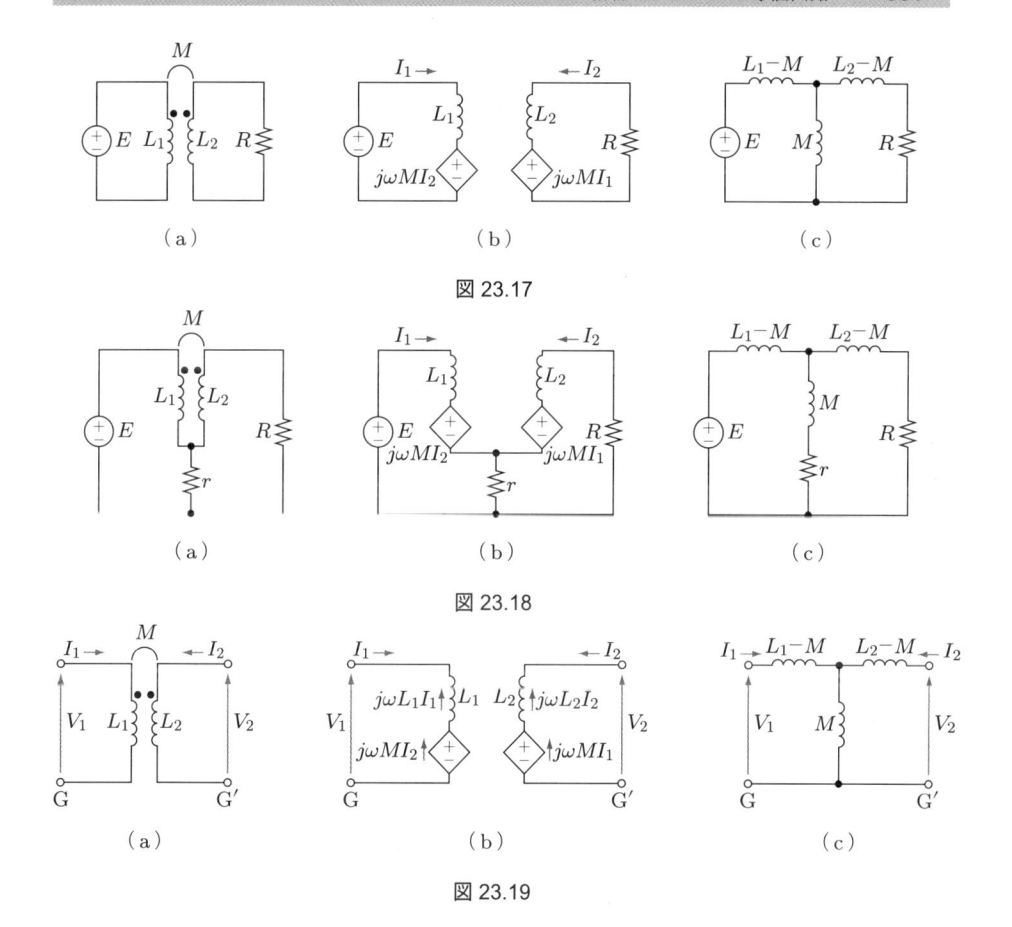

は従属電源を用いた等価回路となっており，それぞれの図 (c) の回路は三つのインダクタを用いた等価回路になっています．

それでは，このような等価変換ができる理由について，図 23.19(a)〜(c) の回路で考えてみます．これらの三つの回路が等価であるためには，それぞれの 2 ポートの電圧 V_1, V_2，電流 I_1, I_2 の間の関係が同じでなければなりません．

図 (a) の結合インダクタでは，その基本式から，つぎの関係がありました．

$$V_1 = j\omega L_1 I_1 + j\omega M I_2$$
$$V_2 = j\omega M I_1 + j\omega L_2 I_2$$

図 (b) の回路は，1 次側が自己インダクタンス L_1 のインダクタと，起電圧 $j\omega M I_2$ をもつ従属電源の直列回路になっていますが，これに流れる電流が I_1 であることから，結合インダクタの 1 次側の電圧 V_1 に関する基本式とまったく同じ式が得られる

ことがわかります．2次側についても同様です．

一方，図 (c) の回路でも，

$$V_1 = j\omega(L_1 - M)I_1 + j\omega M(I_1 + I_2) = j\omega L_1 I_1 + j\omega M I_2$$
$$V_2 = j\omega M(I_1 + I_2) + j\omega(L_2 - M)I_2 = j\omega M I_1 + j\omega L_2 I_2$$

となって，結合インダクタの基本式と一致します．

ところで，図 23.19(c) の等価回路については注意が必要です．たとえば，図 23.20(a) の回路は図 23.20(b) のように従属電源を用いて等価変換できるのですが，図 23.20(c) のような三つのインダクタを使った回路には等価変換できません．

図 23.20

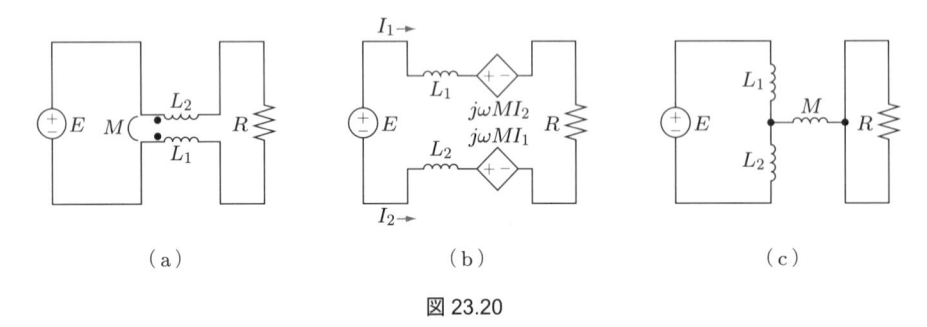

図 23.19(a) の端子 G-G′ 間は開放になっているのに対して，図 23.19(c) の端子 G-G′ 間は短絡になっていますから，この点でも完全な等価ではないことがわかります．結合インダクタは四つの端子をもっていますが，四つの端子をもつ回路の等価性を検証するには，少し立ち入った検討が必要です．ここでは，その説明は省略することにしますが，この変換ができるための簡単な見分け方のみをつぎに示しておきます．

結合インダクタの等価回路

図 23.21(b) の回路で節点 G, G′ が等電位であるか，もしくは G-G′ 間を短絡してもそこに電流が流れない場合は，図 (a) と図 (b) の回路は等価である．

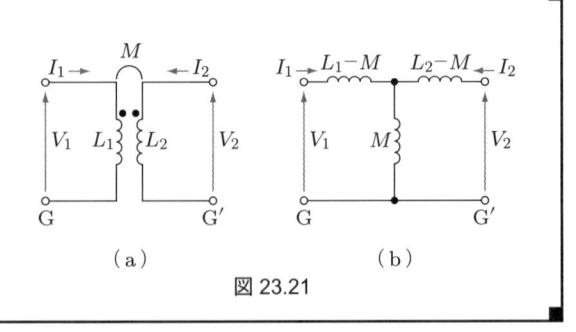

図 23.21

たとえば，図 23.19(a) の回路に導線をつなぎ足して図 23.22(a) のようにしても，回路の電流分布は変わりませんから，図 23.19(c) のように変換してもかまいません．と

23.5 結合インダクタの等価回路　553

(a)

(b)

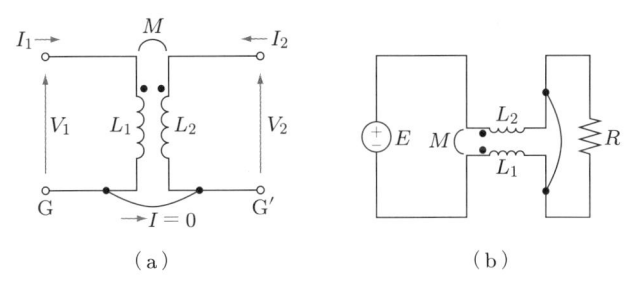

図 23.22

ところが図 23.20(a) の回路に対して，図 23.22(b) の回路では，抵抗の両端が短絡されてしまい，明らかに電流分布が変わりますから，図 23.20(c) は等価回路とはなりません．

例題 23.4

図 23.23 の回路において，各素子の定数はつぎのとおりとする．

$$E = 10\angle 30° \text{ V}, \quad \omega L_1 = 20 \text{ }\Omega, \quad \omega L_2 = 18 \text{ }\Omega$$
$$\omega M = 10 \text{ }\Omega, \quad r = 5 \text{ }\Omega, \quad R = 12 \text{ }\Omega$$

閉路電流 I_1, I_2 を未知数として，以下の方法で回路方程式を立てなさい．

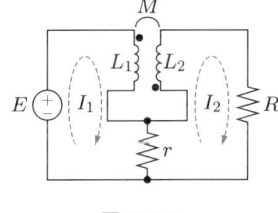

図 23.23

(1) 閉路方程式と素子方程式にもとづくとし，結合インダクタの素子方程式には基本式を用いる
(2) 結合インダクタを従属電源を用いた等価回路に置き換えて，閉路解析を利用する
(3) 結合インダクタを三つのインダクタを用いた等価回路に置き換えて，閉路解析を利用する

解 (1) 図 23.24(a) のように各素子の端子電圧 $V_1 \sim V_4$ を定めると，KVL からつぎの

(a)

(b)

(c)

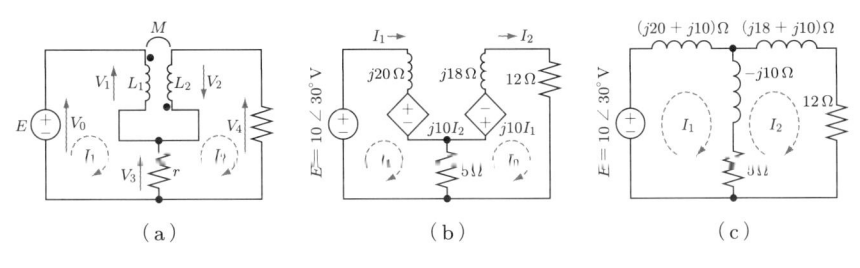

図 23.24

閉路方程式が得られる．

$$V_0 - V_1 - V_3 = 0, \quad -V_2 + V_3 - V_4 = 0$$

一方，各素子の素子方程式として次式が得られる．

$$V_0 = E = 10\angle 30° \text{ V}, \quad V_1 = j20I_1 + j10I_2$$
$$V_2 = j10I_1 + j18I_2, \quad V_3 = 5(I_1 - I_2), \quad V_4 = 12I_2$$

素子方程式を閉路方程式に代入して整理すると，つぎのようになる．

$$\begin{cases} (5+j20)I_1 - (5-j10)I_2 = 10\angle 30° \\ -(5-j10)I_1 + (5+12+j18)I_2 = 0 \end{cases}$$

(2) 等価回路は図 23.24(b)．図のように閉路電流 I_1, I_2 を定めると，閉路方程式は

$$\begin{cases} (5+j20)I_1 - 5I_2 = 10\angle 30° - j10I_2 \\ -5I_1 + (5+12+j18)I_2 = -j10I_1 \end{cases}$$

となり，整理すると，(1) と同じ結果が得られる．

(3) 等価回路は図 23.24(c)．図のように閉路電流 I_1, I_2 を定めると，閉路方程式として，(1) と同じ結果が得られる．

23.6 結合インダクタの電磁エネルギー

23.3 節において，結合インダクタに関するいくつかの結果を示しましたが，ここではその説明をします．

図 23.25 に示すような二つのコイル I, II からなる結合インダクタを想定します．まず，これらに流れる電流を i_1, i_2 とし，初めの状態 S_0 ではどちらも $i_1 = i_2 = 0$ だったとします．この後，コイル I に電流源を接続して電流 i_1 を上昇させ，$i_1 = I_1, i_2 = 0$ となるようにします (状態 S_1)．このときの電流源がした仕事を W_1 とします．さらに，その後，コイル I に流す電流は $i_1 = I_1$ のまま，コイル II にも電流源を接続し，$i_2 = 0$ から $i_2 = I_2$ になるまで上昇させるとします (状態 S_2)．そして，このときの二つの電流源がした仕事の和を W_2 とします．ここで使用する I_1, I_2 はある電流値であり，フェーザではないことを注意しておきます．

このようにすると，はじめの $i_1 = i_2 = 0$ のときから，$i_1 = I_1, i_2 = I_2$ にいたるまでに電流源がした仕事は $W = W_1 + W_2$ となりますが，この仕事 W は，この二つのコイルからなる結合インダクタに蓄えられた**磁気エネルギー**と考えることができます．

いよいよ，磁気エネルギー W を計算する段階になりましたが，その前に復習です．二つのコイル I, II に発生する誘導起電圧を e_1, e_2，電流源の電流に対して反発する逆

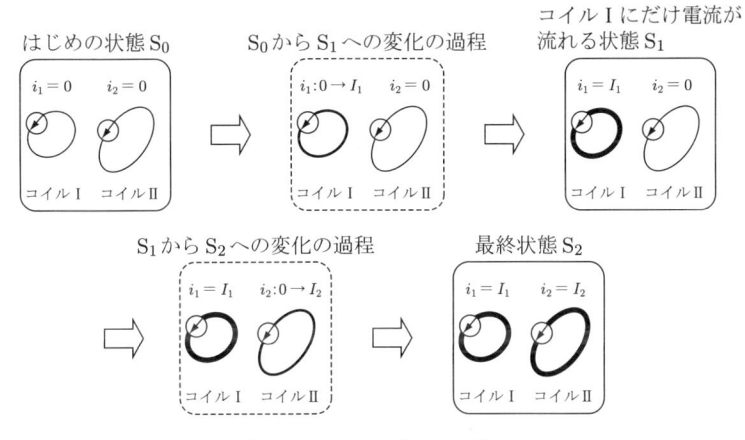

図 23.25　電流源のなす仕事

起電圧を v_1, v_2 とすると，ファラディの法則から，つぎのように表されます．
$$v_1 = -e_1 = L_{11}\frac{di_1}{dt} + L_{12}\frac{di_2}{dt}, \quad v_2 = -e_2 = L_{21}\frac{di_1}{dt} + L_{22}\frac{di_2}{dt}$$

それではまず，$i_1 = i_2 = 0$ から $i_1 = I_1, i_2 = 0$ とするまでの間に電流源のした仕事 W_1 を求めましょう．この間は電流 i_2 の変化はありませんから，
$$v_1 = L_{11}\frac{di_1}{dt}$$
となります．微小時間 dt の間に電流源のした仕事 dw は
$$dw = v_1 i_1 dt = L_{11}\frac{di_1}{dt} i_1 dt = L_{11} i_1 di_1$$
となり，W_1 はつぎのように求められます．
$$W_1 = \int dw = \int_0^{I_1} L_{11} i_1 di_1 = \frac{1}{2} L_{11} I_1^2$$

つぎに，$i_1 = I_1, i_2 = 0$ から，$i_1 = I_1, i_2 = I_2$ とするまでの間に電流源のした仕事 W_2 ですが，この間は電流 i_1 の変化はありませんから，
$$v_1 = L_{12}\frac{di_2}{dt}, \quad v_2 = L_{22}\frac{di_2}{dt}$$
となります．微小時間 dt の間に電流源のした仕事 dw は
$$dw = v_1 I_1 dt + v_2 i_2 dt = L_{12}\frac{di_2}{dt} I_1 dt + L_{22}\frac{di_2}{dt} i_2 dt = L_{12} I_1 di_2 + L_{22} i_2 di_2$$
となり，W_2 はつぎのように求められます．
$$W_2 = \int dw = \int_0^{I_2} (L_{12} I_1 + L_{22} i_2)\, di_2 = L_{12} I_1 I_2 + \frac{1}{2} L_{22} I_2^2$$

したがって，全仕事，つまりコイル I, II にそれぞれ電流 I_1, I_2 が流れたときに蓄積されている電磁エネルギーは，次式で表されます．

$$W = W_1 + W_2 = \frac{1}{2}L_{11}I_1^2 + L_{12}I_1I_2 + \frac{1}{2}L_{22}I_2^2$$

ところで，ここでは初めにコイルⅠに電流を流し，後でコイルⅡに電流を流しましたが，この順番を入れ替え，同じ考え方でこの結合インダクタに蓄積されている磁気エネルギー W' を考えます．先ほどの結果の添字の1と2を入れ替えればよいことから，W' はつぎのようになります．

$$W' = \frac{1}{2}L_{22}I_2^2 + L_{21}I_2I_1 + \frac{1}{2}L_{11}I_1^2$$

どちらも最終状態が同じですから，蓄積されている磁気エネルギーも同じで $W = W'$ と考えられます．このような自然界の性質を**相反性** (reciprocity) といいます．この相反性を認めると，

$$\frac{1}{2}L_{11}I_1^2 + L_{12}I_1I_2 + \frac{1}{2}L_{22}I_2^2 = \frac{1}{2}L_{11}I_1^2 + L_{21}I_1I_2 + \frac{1}{2}L_{22}I_2^2$$

となりますが，これがどのような電流 I_1, I_2 に対しても成り立つためには，

$$L_{12} = L_{21}$$

でなければなりません．

そこで，23.3節でも説明したように，自己インダクタンス L_{11}, L_{22}，および相互インダクタンス L_{12}, L_{21} をそれぞれ

$$L_1 \equiv L_{11}, \quad L_2 \equiv L_{22}, \quad M \equiv L_{12} = L_{21}$$

とおくと，

$$W = \frac{1}{2}L_1I_1^2 + MI_1I_2 + \frac{1}{2}L_2I_2^2$$

と書き表すことができます．

ここで，もう一つの自然界の性質として認められていることがあります．それは蓄積エネルギーは負にはならないということです．つまり，

$$W = \frac{1}{2}L_1I_1^2 + MI_1I_2 + \frac{1}{2}L_2I_2^2 \geq 0$$

ということです．上の磁気エネルギーの式で $I_2 = 0$ とし，この非負性を考慮すると，自己インダクタンス L_1 は正でなければならないことがわかります．L_2 についても同様です．また非負性からは，もう一つの結果が得られます．上式で $I_2 = 1$ とすると I_1 についての2次式が得られます．W が任意の I_1 に対して負にならないためには，その判別式 $M^2 - L_1L_2$ がゼロもしくは負となればよいことから，次式が得られます．

$$L_1L_2 \geq M^2$$

ここで，結合係数を k として $M = k\sqrt{L_1L_2}$ とおくと，$|k| \leq 1$ が得られます．

23.7 結合インダクタと電力

インダクタではコイルの中で磁気エネルギーを蓄えることができますが，交流回路では蓄えたりもどしたりを繰り返すだけで，消費電力はゼロでした．つまり，リアクティブな素子でした．結合インダクタでも結論は同じですが，ここでその説明をします．

コイルがたくさんあっても事情は同じですから，二つの場合で説明します．二つのコイルの電圧，電流をそれぞれ V_1, V_2, I_1, I_2 とすると，

$$V_1 = j\omega L_1 I_1 + j\omega M I_2, \quad V_2 = j\omega M I_1 + j\omega L_2 I_2$$

となります．結合インダクタに供給される複素電力 P_c は，

$$P_c = V_1 \overline{I_1} + V_2 \overline{I_2} = (j\omega L_1 I_1 + j\omega M I_2)\overline{I_1} + (j\omega M I_1 + j\omega L_2 I_2)\overline{I_2}$$
$$= j\omega L_1 |I_1|^2 + j\omega M(I_1 \overline{I_2} + I_2 \overline{I_1}) + j\omega L_2 |I_2|^2$$

となります．$I_1\overline{I_2} + I_2\overline{I_1}$ の第 1 項と第 2 項はたがいに共役ですから，この値は実数となります．したがって，結合インダクタの消費電力を表す複素電力 P_c の実部はゼロになります．つまり，結合インダクタはリアクティブな 2 ポートの素子であることがわかります．

■■■ 演習問題 ■■■

23.1 以下の問いに答えなさい．

(1) 図 23.26 に示すように，結合インダクタの 2 次側を開放した回路があり，結合インダクタの 1 次側には周波数 1 kHz，電流の大きさが 20 mA の電流を流した．1 次側および 2 次側の端子電圧の大きさをそれぞれ求めなさい．ただし，1 次側の自己インダクタンスは 5 mH，相互インダクタンスは 3 mH とする．

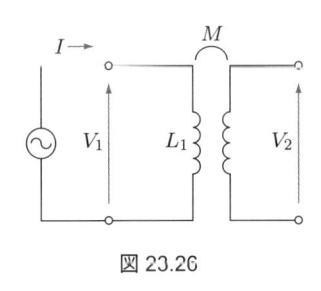

図 23.26

(2) 相互インダクタンスが 10 mH の結合インダクタの一方のコイルに電流を流したところ，電流を流した側の電圧の大きさは 400 mV，もう一方の開放した側の電圧の大きさは 200 mV であった．電流を流した側の自己インダクタンスはいくらか．

(3) 結合インダクタの一方の側に 10 mA の電流を流したところ，もう一方の開放した側には 120 mV の電圧を生じた．つぎに，先ほど電流を流した側を開放し，開放していた側に 20 mA を流した．このとき，開放している側の電圧の大きさはいくらになるか．

23.2 図 23.27 の回路において，電圧 V_1, V_2，電流 I_1, I_2 を求めなさい．ただし，電源の電圧は $E=10\angle 30°$ V，周波数は 1 kHz，そのほか，$L_1=8$ mH，$L_2=6$ mH，$M=5$ mH，$r=10$ Ω，$R=20$ Ω とする．

図 23.27

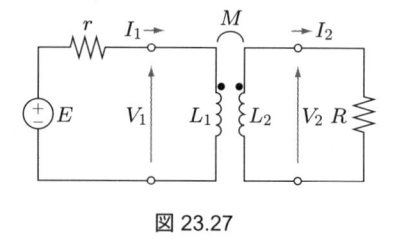

23.3 図 23.28(1)～(6) のそれぞれの回路について，三つのインダクタを用いた等価回路として正しい回路を図 23.29(a)～(f) から選びなさい．ただし，$\omega L_1=11$ Ω，$\omega L_2=5$ Ω，$\omega M=2$ Ω とする．

(1) (2) (3)

(4) (5) (6)

図 23.28

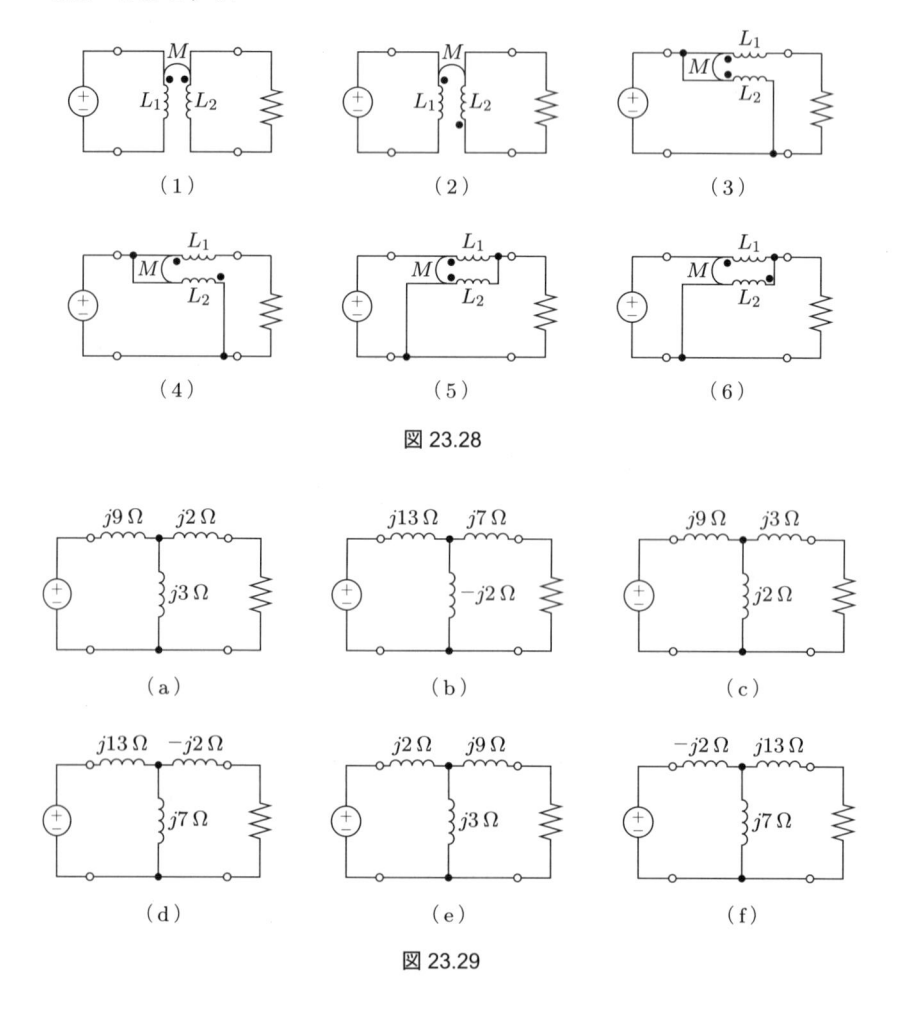

(a) (b) (c)

(d) (e) (f)

図 23.29

23.4 以下の問いに答えなさい.

(1) 図 23.30(a), (b) の回路がある. 二つのコイルの自己インダクタンスを L_1, L_2, 相互インダクタンスを M とするとき, それぞれの回路の電源側からみたインダクタンスはどのように表されるか. ただし, 電源の角周波数は ω とし, コイルの抵抗分は無視できるとする.

(2) 図 (a), (b) の両方に, 周波数 1 kHz, 電圧の大きさ 200 mV の電圧を加えたところ, 図 (a) では 40 mA, 図 (b) では 10 mA の電流が流れた. 二つのコイルの間の相互インダクタンスはいくらか.

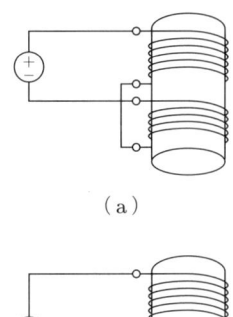

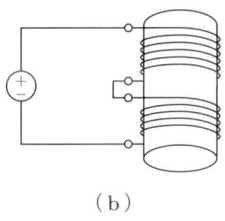

図 23.30

23.5 図 23.31 の回路において, 電流 I を求めなさい. ただし, 電源の電圧 $E = 3\angle 30°$ V, 周波数 1 kHz, $L_1 = 8$ mH, $L_2 = 6$ mH, $M = 5$ mH, $C = 3$ μF, $R = 10$ Ω とする.

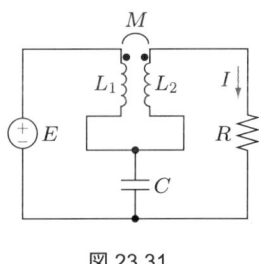

図 23.31

24章　理想変成器

　前章では結合インダクタについて説明しましたが，これのもつ相互誘導作用をさらに積極的に利用したものに**変成器**(変圧器)があります．変成器は，交流の電圧や電流の大きさを効率よく変換できる装置です．効率がよいというのは電力の損失が少ないことで，入力電力のほとんどは出力電力になります．したがって，入力電圧より出力電圧を高くすれば，入力電流より出力電流は小さくなりますし，逆の場合もあります．つまり，効率のよいインピーダンス変換装置ともいえます．

　19世紀後半に電力事業が始まったころ，この変成器は非常に大きな役割を果たしました．今日，発電所から家庭やオフィス，工場までの電気のほとんどに交流が使われている大きな理由の一つは，変成器の存在にあるといえます．現在でも，電気エネルギーを効率よく伝送する交流送電方式では，変成器は重要なはたらきをする装置です．

　一方，弱電分野では，テレビや無線装置など電子回路の中に，以前は変成器がよく用いられていたのですが，重いことや大きいことなどから敬遠され，代替となる電子回路が開発・使用されることによって，変成器の利用が格段に減ってきたのも事実です．しかし，これらの開発の原点には変成器がありましたし，新たな電子回路を考える際に，基本的な役割をする変成器の考え方は重要です．

　変成器を特徴づけるもっとも重要なはたらきとして，「電圧比が巻数比に等しい」ということがあげられます．この性質は，結合コイルの中を貫く磁束に漏れがないとした**密結合インダクタ**の特徴で，磁気コアを利用すると近似的に実現できます．さらに，磁気コアを口の字形にするなど，磁束の通路全体に磁気コアを使用して磁束を通りやすくすると，二つのコイルをもつ変成器においては，「1次側と2次側の電流比は巻数の逆数の比に等しい」という特徴をもたせることができます．実際にはこのように単純ではありませんが，このようなはたらきをもつ理想化した変成器のモデルが，**理想変成器**です．

　「電気回路」の科目の中では，回路を原理的に理解することを目的として，変成器については理想変成器のみを解説することがほとんどです．実際の変成器については，「電気機器」，「電子回路」などの科目で解説されることが多いようです．

24.1 理想変成器の基本式

結合インダクタの二つのコイル間の電磁的結合を強くしたものが**変成器** (transformer) です．それを理想化したモデルに，**理想変成器** (ideal transformer) があります．どのように電磁的結合を強くし，どのような理想化がされたのかについては，24.5 節，24.6 節で順を追いながら説明します．本節ではまず，理想変成器がどのような素子であるのかについて，その基本式を用いて紹介し，理想変成器を使った簡単な回路について解析します．

二つのコイルをもつ理想変成器の場合，図 24.1(a) のように，1 次側と 2 次側の巻数を n_1, n_2，電圧を V_1, V_2，電流を I_1, I_2 とすると，理想変成器の特性はつぎのような簡単な関係式で表すことができます．

$$V_1 : V_2 = n_1 : n_2, \quad n_1 I_1 + n_2 I_2 = 0$$

このように表現できる理由については，24.5 節で説明します．

図 (a) の理想変成器は図記号を用いて，図 (b) のように描かれます．2 次側の電流の向きを図 (c) のように逆にとり，$I_2' = -I_2$ とすると，

$$\frac{I_2'}{I_1} = \frac{-I_2}{I_1} = \frac{n_1}{n_2}$$

となります．前章で学んだ結合インダクタの場合は，基本式の単純さや電圧の向きとの関連から，電流の向きとして I_2 をとることが多いのですが，理想変成器の場合，I_1 と I_2' が同相となることから，I_2 とは逆向きの I_2' を考えることが多いので気をつけてください．

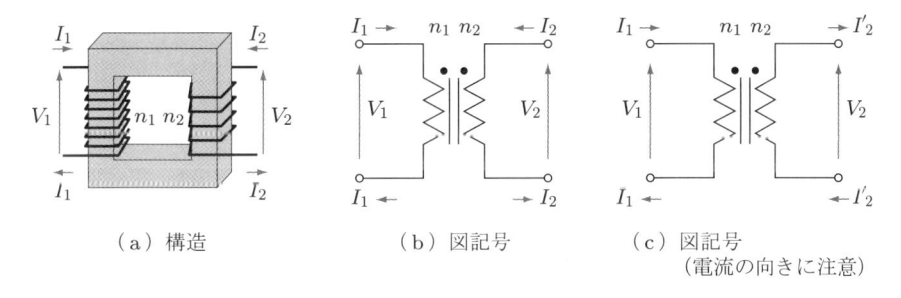

（a）構造　　（b）図記号　　（c）図記号（電流の向きに注意）

図 24.1　理想変成器

二つのコイルをもつ理想変成器の基本式
電圧比は巻数比に等しく，電流比は巻数比の逆比に等しい．

$$\frac{V_2}{V_1} = \frac{n_2}{n_1}, \quad \frac{I_2'}{I_1} = \frac{n_1}{n_2}$$

基本式から，次式が得られます．

$$\begin{cases} V_2 = \dfrac{n_2}{n_1} V_1 \\ I_1 = \dfrac{n_2}{n_1} I_2' \end{cases} \quad \text{もしくは} \quad \begin{cases} V_1 = \dfrac{n_1}{n_2} V_2 \\ I_2' = \dfrac{n_1}{n_2} I_1 \end{cases}$$

これらの式から，従属電源を使った等価回路として，図 24.2(a), (b) が得られます．

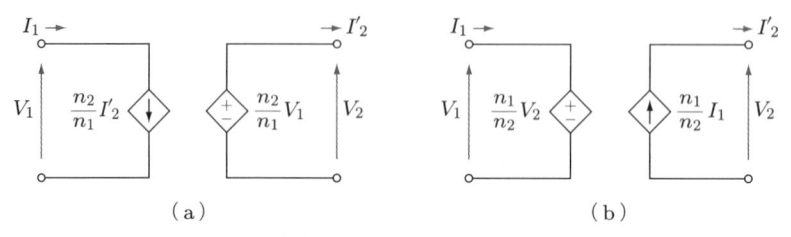

図 24.2 理想変成器の従属電源を用いた等価回路

例題 24.1

図 24.3 のように，1 次側の巻数が $n_1 = 200$，2 次側の巻数が $n_2 = 20$ の理想変成器を含む回路がある．1 次側には 100 V の交流電圧 ($100\angle 0°$ V と考えてよい) を加え，2 次側には 100 Ω の抵抗をつないだとき，図に示す電圧 V_1, V_2，電流 I_1, I_2' を求めなさい．

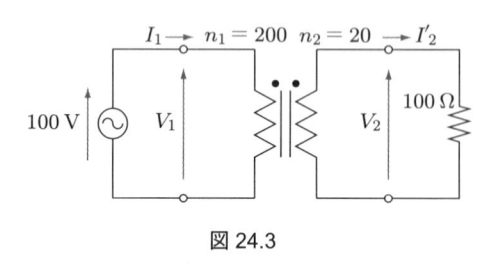

図 24.3

解 題意より，$V_1 = 100$ V．2 次側の電圧 V_2 は理想変成器の基本式 $V_2/V_1 = n_2/n_1$ により，

$$\frac{V_2}{100} = \frac{20}{200}$$

となる．これより，$V_2 = 10$ V．2 次側につながれた抵抗が 100 Ω であるから，$I_2' = 10/100 = 0.1$ A．

1 次側の電流 I_1 は理想変成器の基本式 $I_2'/I_1 = n_1/n_2$ により，

$$\frac{0.1}{I_1} = \frac{200}{20}$$

となる．これより，$I_1 = 0.01$ A $= 10$ mA．

24.2 インピーダンス変換器

図 24.4 のように，2 次側にインピーダンス Z をつないだときに，1 次側の電圧 V_1，電流 I_1 にはどのような関係があるのか考えてみましょう．

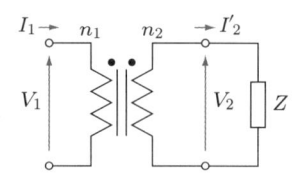

図 24.4　インピーダンス変換器

このときに成立する方程式はつぎのとおりです．

$$\frac{V_2}{V_1} = \frac{n_2}{n_1}, \quad \frac{I'_2}{I_1} = \frac{n_1}{n_2}, \quad \frac{V_2}{I'_2} = Z$$

これより，V_1 はつぎのようになります．

$$V_1 = \frac{n_1}{n_2} V_2 = \frac{n_1}{n_2} Z I'_2 = \frac{n_1}{n_2} Z \frac{n_1}{n_2} I_1 = \left(\frac{n_1}{n_2}\right)^2 Z I_1$$

電圧 V_1 と電流 I_1 が比例関係にありますから，この比例定数は 1 次側からみたインピーダンスということになり，これを Z_in とおくと，つぎのように表現できます．

$$Z_\text{in} \equiv \frac{V_1}{I_1} = \left(\frac{n_1}{n_2}\right)^2 Z$$

二つのコイルをもつ理想変成器によるインピーダンス変換

1 次側の巻数 n_1，2 次側の巻数 n_2 の理想変成器の 2 次側にインピーダンス Z をつないだ場合，1 次側からみた回路は，つぎのインピーダンス Z_in をもつ回路と等価である．

$$Z_\text{in} = \left(\frac{n_1}{n_2}\right)^2 Z$$

また，理想変成器全体で受給する複素電力 P_c は

$$P_c = V_1 \overline{I_1} + V_2 \overline{I_2} = \frac{n_1}{n_2} V_2 \overline{I_1} + V_2 \overline{I_2}$$
$$= \frac{V_2}{n_2}(n_1 \overline{I_1} + n_2 \overline{I_2}) = \frac{V_2}{n_2} \overline{(n_1 I_1 + n_2 I_2)} = \frac{V_2}{n_2} \times 0 = 0$$

となり，有効電力として消費されないばかりでなく，無効電力としても蓄えられることがないことがわかります．この点は，23.7 節で説明した結合インダクタとの大きな違いです．

一方，1 次側から受給する複素電力を P_{c1}，2 次側から負荷に供給する複素電力を P_{c2} とすると，

$$P_c = V_1\overline{I_1} + V_2\overline{I_2} = V_1\overline{I_1} - V_2\overline{(-I_2)} = V_1\overline{I_1} - V_2\overline{I_2'} = P_{c1} - P_{c2}$$

となりますから，1 次側から供給する有効電力，無効電力とも，2 次側から負荷に供給する有効電力，無効電力に等しいことがわかります．

二つのコイルをもつ理想変成器による電力変換

1 次側から理想変成器に受給する複素電力，有効電力，無効電力のそれぞれは，理想変成器の 2 次側から供給する複素電力，有効電力，無効電力に等しい．

例題 24.2

例題 24.1 の回路において，理想変成器の 1 次側からみた負荷側のインピーダンス Z_in はいくらか．また，1 次側に流れる電流 I_1 はいくらか．

解

$$Z_\mathrm{in} = \left(\frac{n_1}{n_2}\right)^2 Z = \left(\frac{200}{20}\right)^2 \times 100 = 10\mathrm{k} = 10\ \mathrm{k\Omega}$$

$$I_1 = \frac{V_1}{Z_\mathrm{in}} = \frac{100}{10\mathrm{k}} = 10\mathrm{m} = 10\ \mathrm{mA}$$

例題 24.3

図 24.5(a)～(c) のそれぞれの回路において，負荷抵抗 $R = 1\ \mathrm{k\Omega}$ での消費電力を求めなさい．

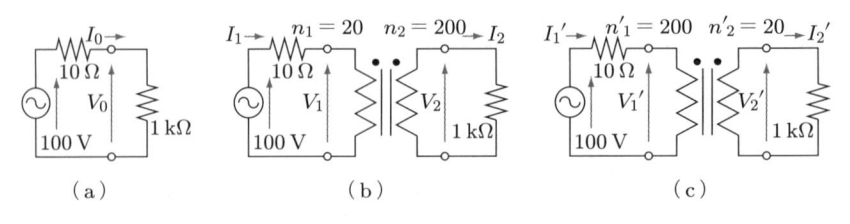

図 24.5

解 (a) $P = R|I_0|^2 = 1000 \times \left|\dfrac{100}{10+1000}\right|^2 = 9.80 \text{ W}.$

(b) 1次側から負荷側を見たときのインピーダンス Z_in は

$$Z_\text{in} = \left(\dfrac{n_1}{n_2}\right)^2 R = \left(\dfrac{20}{200}\right)^2 \times 1000 = 10 \text{ Ω}$$

である．負荷の消費電力 P は，1次側に送った電力に等しいことから，つぎのように求められる．

$$P = \text{Re}\{P_c\} = \text{Re}\{V_1 \bar{I}_1\} = \text{Re}\{Z_\text{in}|I_1|^2\} = 10 \times \left(\dfrac{100}{10+10}\right)^2 = 250 \text{ W}$$

(c) $Z'_\text{in} = \left(\dfrac{n'_1}{n'_2}\right)^2 R = \left(\dfrac{200}{20}\right)^2 \times 1000 = 100 \text{ kΩ}.$

$$P = \text{Re}\{Z'_\text{in}|I'_1|^2\} = 100\text{k} \times \left(\dfrac{100}{10+100\text{k}}\right)^2 \times 100\text{k} = 0.100 \text{ W}.$$

24.3 交流送電

直流方式を採るか交流方式を採るか．1890年代の電力事業が始まったころ，直流方式を採用したいエジソンと，交流方式を採用したいウェスティングハウス，ニコラ・テスラの陣営の間で争われました．

トーマス・エジソンは発明王として有名で，蓄音機(1877年)や電球(1878年)など，彼の発明は1300にものぼるといわれています．さらに，エジソンは1881年に配電会社をつくり，1882年にはニューヨーク市に発電所をつくり，通りに街頭を灯らせました．一方のニコラ・テスラは交流発電機，ラジオ，蛍光灯を発明したことで有名で，テスラの名称は磁束密度の単位にもなっています．

1885年ごろになると，つぎのような理由で交流方式に傾き，以降現在まで，電力会社から供給される電力のほとんどが交流方式によって送電されています．

① 送電損失が少なくできる
② 交流電動機が開発された
③ 交流発電機の同期現象が解明された

本節では①の理由について説明し，変成器の重要な役割について理解を深めることにします．

さて，電力の輸送，つまり送電には，電力損失，送電効率や導線のコストの点から考えると，高電圧，小電流が望ましいといえます．まず，電力損失やコストとは何か，さらに，高電圧，小電流が望ましい理由について，具体例をもとに考えていくことにします．

例題 24.4

図 24.6 に示すように，線路抵抗のない図 (a1), (b1) の送電回路があり，どちらも負荷に 10W の電力を供給している．また，これらに線路抵抗の入った図 (a2), (b2) の送電回路がある．それぞれの回路において，電源の供給する電圧 e，電力 p_S，回路に流れる電流 i，負荷に配電される電圧 v_L，電力 p_L，線路抵抗による電力損失 (線路損失)w を求めなさい．また，電源から供給される電力のうちの負荷に供給される電力の割合として，それぞれの場合の送電効率 η を求めなさい．さらに，これらの結果を表にまとめなさい．

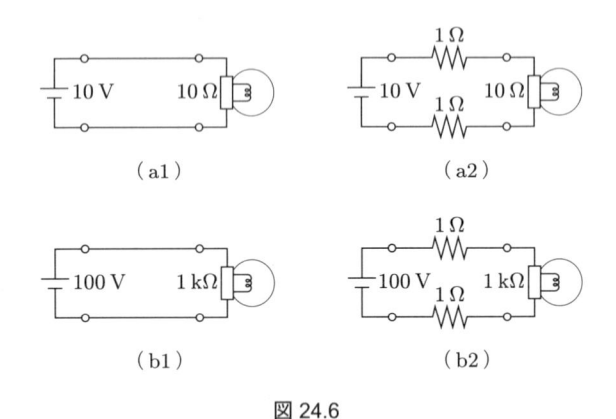

図 24.6

解 負荷抵抗を R，1 線あたりの線路抵抗を r とすると，

(a1) $e=10$ V, $R=10$ Ω, $r=0$ Ω
(a2) $e=10$ V, $R=10$ Ω, $r=1$ Ω
(b1) $e=100$ V, $R=1$ kΩ, $r=0$ Ω
(b2) $e=100$ V, $R=1$ kΩ, $r=1$ Ω

と考えることができ，四つの回路を同じように代数的に取り扱うことができる．

回路に流れる電流 i，電源から供給する電力 p_S は

$$i=\frac{e}{R+2r}, \quad p_S=\frac{e^2}{R+2r}$$

であり，また，負荷に配電される電圧 v_L，電力 p_L は

$$v_L=Ri=\frac{R}{R+2r}e, \quad p_L=\frac{R}{(R+2r)^2}e^2$$

なので，線路抵抗による電力損失 (線路損失) w および送電効率 η は，つぎのように表される．

$$w=2ri^2=\frac{2r}{(R+2r)^2}e^2, \quad \eta=\frac{p_L}{p_S}=\frac{v_L}{v_S}=\frac{R}{R+2r}$$

(a1)～(b2) のそれぞれの場合の定数を代入してまとめると，表 24.1 が得られる．

表 24.1

	e [V]	R [Ω]	r [Ω]	i [A]	v_L [V]	p_S [W]	p_L [W]	w [W]	η [%]
(a1)	10	10	0	1	10	10	10	0	100
(a2)	10	10	1	0.833	8.333	8.33	6.94	1.39	83.3
(b1)	100	1000	0	0.1	100	10	10	0	100
(b2)	100	1000	1	0.0998	99.8	9.98	9.96	0.02	99.8

上記の例題の結果から類推できることですが，少し考えてみると，つぎのことがわかります．

(1) 線路抵抗がなければ，線路損失はなく，送電効率は100%である
(2) 電源電圧，負荷抵抗が変わらない場合，線路抵抗が増えると，電流，負荷電圧，電源から供給する電力，負荷の消費電力ともに小さくなる
(3) 電源電圧，負荷抵抗が変わらない場合，線路抵抗が増えると線路損失が増え，送電効率が下がる

この結果 (3) から，線路損失を減らして送電効率を上げるためには，線路抵抗を小さくすればよいということになります．しかし，線路抵抗を小さくするために導線の断面積を大きくすると，導線材料のコストがかかることになってしまいます．したがって，送電効率を上げるために線路抵抗を小さくすることには限度があります．

線路抵抗が一定と考えた場合には，つぎのことがわかります．

(4) 線路抵抗一定の場合，送電電流が小さいほうが線路損失は小さい
(5) 線路抵抗がない場合の送電電力を一定とすると，線路抵抗が入った場合には，電圧が高く，電流が小さいほうが送電効率がよい

結果 (4) に関しては，$w = 2rI^2$ からわかります．結果 (5) に関しては，線路抵抗のない図 24.6(a1), (b1) はともに送電電力 $p_S = p_L$ が 10 W であるのに対して，これに線路抵抗 2 Ω が加わった図 (a2), (b2) とを比較すると，送電効率は図 (a2) のほうが悪くなっていることから推測できます．実際，線路抵抗のない場合の送電電力を p_{S0} とすると，

$$R = \frac{e^2}{p_{S0}}, \quad \eta = \frac{R}{R+2r} = \frac{e^2}{e^2 + 2rp_{S0}}$$

となりますから，電源電圧 e が大きいほうが送電効率がよいことがわかります．

線路損失を小さくし，送電効率を上げるためには，送電電圧を高くし，送電電流を小さくすればよいということになりますが，これを直流で実現するのは大変です．一方，交流だと，前節で学んだ理想変成器を用いれば実現可能です．

例題 24.5

線路抵抗 1 Ω の 2 本の送電線路を使って負荷 10 Ω に電力を供給するのに，理想変成器を利用しない場合と理想変成器を利用して昇圧して電力を送る場合の二つの回路を，図 24.7(a), (b) にそれぞれ示す．それぞれの回路において，電源から供給された電力 P_S，送電線路での損失電力 W，負荷での消費電力 P_L および送電効率 η を求めなさい．

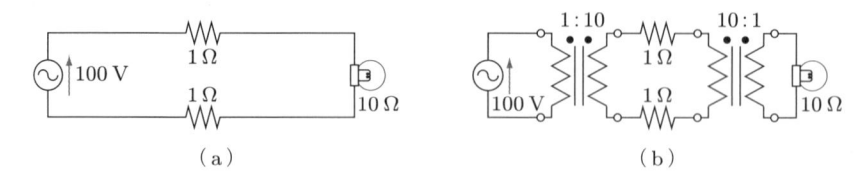

図 24.7

解 (a) $P_S = \dfrac{100^2}{10+2} = 833$ W, $\quad W = 2 \times \left(\dfrac{100}{10+2}\right)^2 = 139$ W

$$P_L = 10 \times \left(\dfrac{100}{10+2}\right)^2 = 694 \text{ W}, \quad \eta = \dfrac{P_L}{P_S} = \dfrac{694}{833} = 0.833$$

(b) 図 24.8(a) のように電圧 $V_1 \sim V_4$，電流 $I_1 \sim I_4$ を定めると，

$$V_2 = 10 \times 100 = 1000 = 1 \text{ kV}, \quad \dfrac{V_3}{I_3} = 10^2 \times 10 = 1000 = 1 \text{ k}\Omega$$

となる．したがって，図 (a) の回路は図 (b) の回路と等価である．これより，

$$I_2 = I_3 = \dfrac{1000}{1000+2} = 0.998 \text{ A}, \quad V_3 = 1000 \times 0.998 = 998 \text{ V}$$

となる．理想変成器の基本式から，

$$I_1 = 10 I_2 = 9.98 \text{ A}, \quad V_4 = \dfrac{V_3}{10} = 99.8 \text{ V}, \quad I_4 = 10 I_3 = 9.98 \text{ A}$$

なので，P_S, W, P_L, η はつぎのようになる．

$$P_S = |V_1||I_1| = 100 \times 9.98 = 998 \text{ W}, \quad W = 2 \times |I_2|^2 = 2 \times 0.998^2 = 2 \text{ W}$$

$$P_L = |V_4||I_4| = 99.8 \times 9.98 = 996 \text{ W}, \quad \eta = \dfrac{P_L}{P_S} = \dfrac{996}{998} = 0.998$$

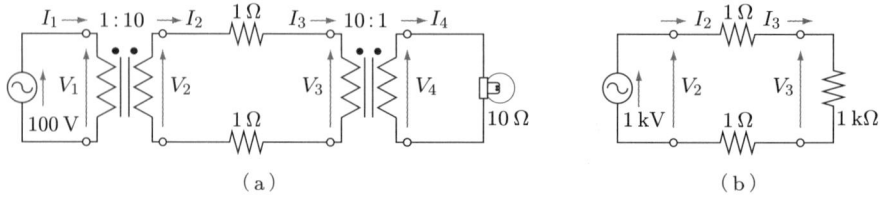

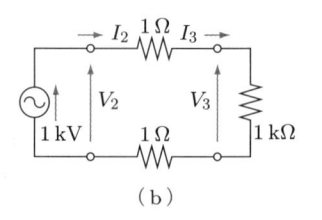

図 24.8

24.4 密結合インダクタ　　569

　ちなみに，例題 24.5 において変成器の巻数比を 100 にし，送電電圧を 10 kV としたとき，送電効率は 0.99998 となって，電力損失をかなり抑えることができます．

　発電所で発電された電力は，図 24.9 に示すように，変電所などを経て住宅や工場，ビルなどの需要場所に送電されます．発電所で発電された電力は，送電の損失を少なくするために発電所内で 154 kV や 275 kV，500 kV などの超高圧に昇圧され，送電用変電所に送られています．需要場所では安全性を考慮して低い電圧にする必要があり，いくつかの中間変電所で段階的に降圧されます．最終となる配電変電所では 6.6 kV となり，電柱の上に配置された柱上変圧器で 100 V（もしくは 200 V）に降圧されて家庭などに配電されています．

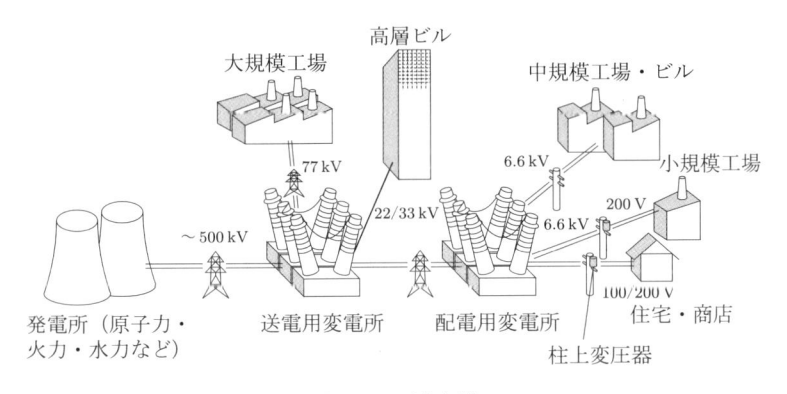

図 24.9　電力伝送

24.4 密結合インダクタ

　理想変成器は前章で学んだ結合インダクタの一種ですが，両者の基本式は異なっていて，とても似ているとはいえないように思われます．次節で理想変成器の基本式を導きますが，そこでの理想化は二つのステップを踏みます．それは「漏れ磁束をなくす」と，「磁束を極限にまで通りやすくする」です．このステップの前者のみ考慮した結合インダクタが，本節で説明する**密結合インダクタ** (unity coupled inductor) (**密結合変成器**, unity coupled transformer) です．本節の密結合インダクタおよび次節の理想変成器では，電流や起電圧，磁束などの向きはすべて右手系で定めるとします．ただし，両コイルの端子電圧は電流や起電圧とは逆向きに定めて検討することにします．

　まず，結合インダクタの復習から始めましょう．結合インダクタの二つのコイルの巻数を n_1, n_2 とし，電流 i_1, i_2 が流れているとすると，磁束 ϕ_1, ϕ_2 は起磁力を $n_1 i_1, n_2 i_2$

としてつぎのように表せます．

$$\phi_1 = k_{11}n_1i_1 + k_{12}n_2i_2, \quad \phi_2 = k_{21}n_1i_1 + k_{22}n_2i_2 \tag{24.1}$$

ここで，k_{ij} は比例定数です．これより，それぞれの鎖交磁束 Φ_1, Φ_2 は，

$$\Phi_1 = n_1\phi_1 = k_{11}n_1^2 i_1 + k_{12}n_1n_2 i_2, \quad \Phi_2 = n_2\phi_2 = k_{21}n_1n_2 i_1 + k_{22}n_2^2 i_2 \tag{24.2}$$

となります．ところで，L_1, L_2 をそれぞれのコイルの自己インダクタンス，M を両コイル間の相互インダクタンスとすれば，

$$\Phi_1 = L_1 i_1 + M i_2, \quad \Phi_2 = M i_1 + L_2 i_2 \tag{24.3}$$

でした．ここで，電流と磁束の向きを右手系で定めたことにより，$M > 0$ となることは前章で説明したとおりです．式 (24.2) と式 (24.3) を比較すれば，L_1, L_2, M はつぎのように表すことができます．

$$L_1 = k_{11}n_1^2, \quad L_2 = k_{22}n_2^2, \quad M = k_{12}n_1n_2 = k_{21}n_1n_2 \tag{24.4}$$

M に関する等式からは，相反性の条件を表すつぎの式が得られます．

$$k_{12} = k_{21} \tag{24.5}$$

さて，図 24.10(a) のような結合インダクタに対し，図 (b) のようにコイル間の距離を近づけたり，図 (c) のように両コイルの中に磁気コアを入れたりすると，片方を貫く磁束のほとんどがもう一方のコイルをも貫き，この意味で，漏れ磁束が少なくなります．これを理想化し，「漏れ磁束がない」とした結合インダクタが，密結合インダクタです．漏れ磁束がないことから，$\phi_1 = \phi_2$ が成り立ち，これを ϕ と置いて，

$$\phi \equiv \phi_1 = \phi_2 \tag{24.6}$$

とすることができます．

この密結合インダクタの条件式 (24.6) と磁束についての式 (24.1) とから，

$$k_{11}n_1i_1 + k_{12}n_2i_2 = k_{21}n_1i_1 + k_{22}n_2i_2$$

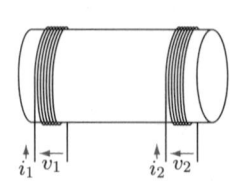

（a）漏れ磁束：大　　　（b）漏れ磁束：小　　　（c）漏れ磁束 ≒ 0

図 24.10　結合インダクタ

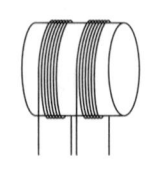

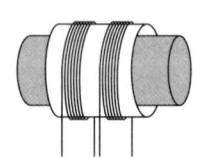

が得られ，任意の電流 i_1, i_2 に対して恒等的に成り立つ必要があることから，次式が得られます．

$$k_{11} = k_{21}, \quad k_{12} = k_{22} \tag{24.7}$$

式 (24.6) もしくは式 (24.7) が，漏れ磁束がないとする密結合の条件式といえます．相反性の条件式 (24.5) と合わせると，磁束についての式 (24.1) の比例定数はすべて等しいことがわかりました．このことと式 (24.4) から，つぎの重要な関係が得られます．

$$L_1 : M : L_2 = n_1^2 : n_1 n_2 : n_2^2 \tag{24.8}$$

これは，つぎのように書き表すこともできます．

$$\frac{n_2}{n_1} = \frac{M}{L_1} = \frac{L_2}{M} \left(= \sqrt{\frac{L_2}{L_1}} \right) \tag{24.9}$$

また，結合係数に関する次式も得られます．

$$M = \sqrt{L_1 L_2}, \quad k \equiv \frac{M}{\sqrt{L_1 L_2}} = 1 \tag{24.10}$$

ただし，2 次側の電流，電圧の向きを逆にとった場合は，1 次側と 2 次側の極性が逆になり，

$$M = -\sqrt{L_1 L_2}, \quad k \equiv \frac{M}{\sqrt{L_1 L_2}} = -1 \tag{24.11}$$

となることを注意しておきましょう．

つぎに，両コイルの端子電圧 v_1, v_2 について考えることにします．ファラディの法則はつぎのとおりです．

$$v_1 = \frac{d\Phi_1}{dt}, \quad v_2 = \frac{d\Phi_2}{dt} \tag{24.12}$$

電圧と電流の関係としてまとめると，これに式 (24.3) を代入して，

$$v_1 = \frac{d\Phi_1}{dt} = L_1 \frac{di_1}{dt} + M \frac{di_2}{dt}, \quad v_2 = \frac{d\Phi_2}{dt} = M \frac{di_1}{dt} + L_2 \frac{di_2}{dt} \tag{24.13}$$

が得られますが，

$$v_1 = \frac{d\Phi_1}{dt} = n_1 \frac{d\phi_1}{dt} = n_1 \frac{d\phi}{dt}, \quad v_2 = \frac{d\Phi_2}{dt} = n_2 \frac{d\phi_2}{dt} = n_2 \frac{d\phi}{dt}$$

ですから，端子電圧 v_1, v_2 の間の関係は，つぎの関係があることが簡単にわかります．

$$v_1 : v_2 = n_1 : n_2 \tag{24.14}$$

式 (24.9) と合わせれば，つぎのように表すこともできます．

$$\frac{v_2}{v_1} = \frac{n_2}{n_1} = \frac{M}{L_1} = \frac{L_2}{M} = \sqrt{\frac{L_2}{L_1}} \tag{24.15}$$

以上の結果はアンペアの法則に対応する式 (24.1)，相反性の条件式 (24.5)，密結合の条件式 (24.6) もしくは (24.7)，ファラディの法則を述べた式 (24.12) から導かれま

した．したがって，これらの式を密結合インダクタの基本式としてもよいのですが，少し煩雑すぎます．電気回路では素子の特性を表す電圧と電流の関係があれば回路の解析ができますので，磁束や鎖交磁束などを消去し，単純化することが求められます．以上の結果を密結合インダクタの基本式としてまとめるとつぎのようになります．

密結合インダクタの基本式

密結合インダクタの二つのコイルの電圧降下 v_1, v_2 と，流れる電流 i_1, i_2 との間には以下の関係が成り立つ．

$$v_1 = L_1 \frac{di_1}{dt} + M \frac{di_2}{dt}, \quad v_2 = M \frac{di_1}{dt} + L_2 \frac{di_2}{dt}$$

ここで，L_1, L_2 はそれぞれのコイルの自己インダクタンス，M は両コイル間の相互インダクタンスであり，それぞれのコイルの巻数を n_1, n_2 とすると，以下の関係がある．

$$\frac{n_2}{n_1} = \frac{M}{L_1} = \frac{L_2}{M}$$

上記の基本式の中の巻数とインダクタンスについての条件式を，密結合インダクタの基本式とするには，これから漏れ磁束がないこと，つまり $\phi_1 = \phi_2$ を導いておく必要がありますが，これは以下のとおりです．

$$\phi_1 = \frac{\Phi_1}{n_1} = \frac{L_1}{n_1} i_1 + \frac{M}{n_1} i_2 = \frac{M}{n_2} i_1 + \frac{L_2}{n_2} i_2 = \frac{\Phi_1}{n_1} = \phi_2$$

また，この式から $v_1 : v_2 = n_1 : n_2$ も簡単に導くことができます．

密結合インダクタの基本的性質

$$\frac{v_2}{v_1} = \frac{n_2}{n_1} = \frac{M}{L_1} = \frac{L_2}{M} = \sqrt{\frac{L_2}{L_1}}$$

以上では，電圧や電流が任意に変化する場合を扱いましたが，正弦波交流の場合には，電圧や電流をフェーザに，また時間微分を $j\omega$ に置き換えれば得られ，つぎのようにまとめることができます．

交流回路における密結合インダクタの基本式

結合インダクタの二つのコイルの電圧降下 V_1, V_2 と，流れる電流 I_1, I_2 との間には以下の関係が成り立つ．

$$V_1 = j\omega L_1 I_1 + j\omega M I_2, \quad V_2 = j\omega M I_1 + j\omega L_2 I_2$$

ここで，L_1, L_2 はそれぞれのコイルの自己インダクタンス，M は両コイル間の相互インダクタンスであり，それぞれのコイルの巻数を n_1, n_2 とすると，密結合インダクタでは以下の関係がある．

$$\frac{n_2}{n_1} = \frac{M}{L_1} = \frac{L_2}{M}$$

交流回路における密結合インダクタの基本的性質

$$\frac{V_2}{V_1} = \frac{n_2}{n_1} = \frac{M}{L_1} = \frac{L_2}{M} = \sqrt{\frac{L_2}{L_1}}$$

24.5 理想変成器の基本式の導出

結合インダクタの漏れ磁束をなくすことで，「電圧比は巻数比に等しい」という性質をもつ密結合インダクタが得られました．それでは，二つのコイルをもつ理想変成器のもう一つの特徴である「電流比は巻数の逆比に等しい」を実現するにはどうしたらよいのでしょうか．

図 24.11 のような口の字形の磁気コアに，三つのコイルが巻かれた変成器について考えてみましょう．磁束 ϕ をつくる原動力となるのはそれぞれのコイルに流れる電流ですが，巻数が多ければ，それだけ磁束が大きくなります．そこで，磁束をつくるための**起磁力** f_m はつぎのようになります．

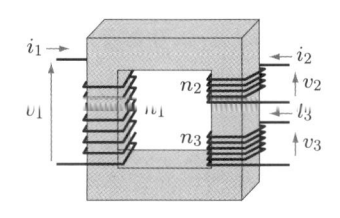

図 24.11 口の字形の磁気コアに三つのコイルが巻かれた変成器

$$f_m = n_1 i_1 + n_2 i_2 + n_3 i_3$$

巻き方が違えば右辺の符号が違ってくるのですが，図 24.11 の例では，すべて正にとってよいことに注意しておいてください．漏れがないように磁気コアを用いれば，三つのコイルを貫く磁束は共通の磁束 ϕ となりますが，これは起磁力に比例し，

$$\phi = \frac{f_m}{R_m}$$

と書き表すことができます．この関係は，抵抗におけるオームの法則に似ています．起磁力によって磁気コアの部分を磁束が貫きますが，比例定数 R_m が大きいと，磁束は小さくなります．この比例定数を磁気抵抗といいます．多少とも納得のいく式になっていますが，磁気コアに用いられる材料によっては，比例関係で表されないケースもあります．磁気抵抗は「電磁気学」で学ぶことになりますが，磁束の通る場所の材料や経路の長さ，経路断面積によって変わってきます．また，材料の磁気的性質は「電気物性」などで学びますが，磁束の通りやすさを真空と比較した物質の定数に，比透磁率があります．アルミニウムの場合は 1 程度ですが，鉄だと 300 程度，パーマロイでは 8000 程度にもなります．透磁率が大きいほど，磁気抵抗は小さくなります．磁気コアの材料には従来より，鉄がよく用いられ，鉄心ともよばれます．

図 24.11 の例にもどりましょう．コイルの端子電圧 $v_1 \sim v_3$ に対しては，ファラディの法則から

$$v_1 = \frac{d(n_1\phi)}{dt} = n_1 \frac{d\phi}{dt}, \quad v_2 = \frac{d(n_2\phi)}{dt} = n_2 \frac{d\phi}{dt}, \quad v_3 = \frac{d(n_3\phi)}{dt} = n_3 \frac{d\phi}{dt}$$

が成り立ちますが，密結合インダクタでもみてきたように，これからつぎの式が得られます．

$$v_1 : v_2 : v_3 = n_1 : n_2 : n_3$$

鉄やパーマロイなどの透磁率の大きい材料で磁気コアをつくると磁気抵抗が小さくなり，同じ磁束をつくるのに小さな起磁力ですむようになります．これを極限まで推し進め，「透磁率を無限大」とすると，「磁気抵抗ゼロ」，「起磁力ゼロ」と考えることができます．このようにすると，

$$f_m = n_1 i_1 + n_2 i_2 + n_3 i_3 = 0$$

となります．コイルが二つの場合は，$n_3 = 0$ と考えることができ，このとき，$n_1 i_1 + n_2 i_2 = 0$ から，

$$i_1 : (-i_2) = n_2 : n_1$$

が得られます．電流 i_2 の負符号は電流の向きを逆にとればなくなります．つまり，「電流比は巻数の逆比に等しい」が得られました．

初めはコイルの数を3個としてきたのに，最後に2個にしたのは少し策士的ですが，それは，理想変成器の基本的な特徴を明瞭にするためです．「電流比は巻数の逆比に等しい」という特徴は，二つのコイルをもつ理想変成器の特徴なのです．コイルが三つ以上になったときはどうかというと，一歩だけ原点にもどって考えなければなりません．それは，起磁力がゼロだということです．

ここまでは電圧や電流を瞬時値で取り扱ってきましたが，交流回路の場合も事情は同じです．図 24.12 のように，コイルが複数個ある一般の場合の理想変成器の特徴を，交流のフェーザを用いて以下にまとめておきましょう．

---

m 個のコイルをもつ理想変成器の基本式

m 個のコイルをもつ理想変成器では，端子電圧 $V_1 \sim V_m$，電流 $I_1 \sim I_m$ について次式が成り立つ．

$$V_1 : V_2 : \cdots : V_m = n_1 : n_2 : \cdots : n_m$$
(電圧比は巻数比に等しい)

$$n_1 I_1 + n_2 I_2 + \cdots + n_m I_m = 0$$
(起磁力はゼロ)

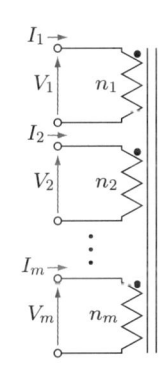

図 24.12 m 個のコイルをもつ理想変成器

この理想変成器に外部から供給される複素電力の総量を計算すると，

$$P_C = V_1 \overline{I_1} + V_2 \overline{I_2} + \cdots + V_m \overline{I_m} = V_1 \overline{I_1} + \frac{n_2}{n_1} V_1 \overline{I_2} + \cdots + \frac{n_m}{n_1} V_1 \overline{I_m}$$

$$= \frac{V_1}{n_1} \left(n_1 \overline{I_1} + n_2 \overline{I_2} + \cdots + n_m \overline{I_m} \right) = \frac{V_1}{n_1} \overline{(n_1 I_1 + n_2 I_2 + \cdots + n_m I_m)} = 0$$

となり，理想変成器では，外部から供給される有効電力も無効電力もゼロとなることがわかります．

理想変成器への供給電力

理想変成器へ供給される複素電力，有効電力，無効電力はどれもゼロである．

例題 24.6

図 24.13 に示す理想変成器を使った回路がある．電圧 $V_1 \sim V_3$，電流 $I_1 \sim I_3$ を求めなさい．

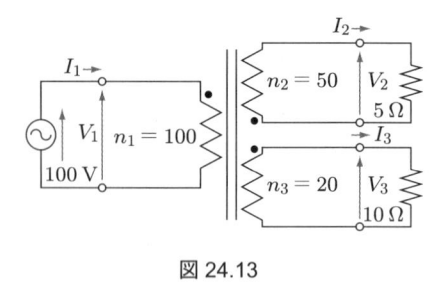

図 24.13

解 極性に注意して理想変成器の基本式を用いると，

$$V_1 : (-V_2) : V_3 = 100 : 50 : 20 \quad ①$$
$$100 I_1 + 50 I_2 + 20(-I_3) = 0 \quad ②$$

また，それぞれのポートにつながれた電源や抵抗から，

$$V_1 = 100 \text{V} \quad ③, \quad V_2 = 5 I_2 \quad ④, \quad V_3 = 10 I_3 \quad ⑤$$

となる．未知数は 6 個，式①は方程式としては 2 本，ほかの方程式が 4 本，合わせて方程式 6 本あるから，これらが独立な式であれば解けることが確認できる．

式③と式①から，

$$V_2 = -50 \text{ V}, \quad V_3 = 20 \text{ V}$$

となり，この結果を式④，⑤に代入して，

$$I_2 = \frac{-50}{5} = -10 \text{ A}, \quad I_3 = \frac{20}{10} = 2 \text{ A}$$

となる．これらの結果を式②に代入して，

$$I_1 = \frac{-50 I_2 - 20(-I_3)}{100} = \frac{-50 \times (-10) - 20 \times (-2)}{100} = 5.4 \text{ A}$$

と求められる．

24.6† 変成器の応用

変成器は，2 ポート以上の端子をもち，交流の電圧の大きさもしくは電流の大きさを変換できるエネルギー変換装置です．一般にエネルギー変換効率は 95% 程度ですが，よいものでは 99% 程度にもでき，エネルギー変換装置としてはよいものの部類に入ります．応用例としては，つぎのようなものがあります．

■ 効率のよい電気エネルギー伝送のための変圧器 (電圧変換装置)

このことに関しては，24.3 節で説明しました．送電線路の導線抵抗による損失を小さくするためには，電圧を高くして送電するとよく，このために変成器が用いられるほか，送電されてきた高い電圧を利用しやすい低い電圧に変換するためにも用いられます．

■ 供給電力を最大にするためのインピーダンス変換器

ここでは，具体例として，音声の増幅装置に用いられるアンプを用いて説明します．アンプを出力端子から見ると，信号源とインピーダンスの直列回路とみなせます．このことに関してはすでに「任意の線形回路は電圧源とインピーダンスの直列回路とみなすことができる」というテブナンの定理を学んでいます．実際にはアンプの内部は非線形回路なので，定理をそのまま適用することはできないのですが，信号に関しては，等価的に電圧源とインピーダンスの直列だとみなしてよいことは，「電子回路」で学びます．

さらに具体的に考えるため，図 24.14(a) に示すように，アンプの内部電圧源の電圧は 1V，内部抵抗は 200 Ω，これにつなぐスピーカの抵抗は 8 Ω としましょう．このときのスピーカの消費電力を計算すると，約 185 µW になります．一方，図 (b) に示すように，アンプに直接 8 Ω のスピーカをつながず，1 次側 100 回巻，2 次側 20 回巻の理想変成器を挿入するとします．このとき，アンプからスピーカ側を見ると，理想変成器によってインピーダンスが $(100/20)^2 \times 8 = 200$ Ω と変換されます．スピーカでの消費電力を計算すると 1.25 mW になり，アンプから最大の電気エネルギーを取り出すことができます．したがって，音量が増すことがわかります．

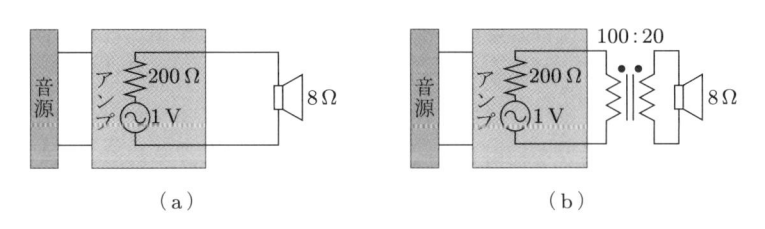

図 24.14 インピーダンス変換

ここでは，アンプとスピーカの間に変成器を挿入することによりスピーカの音を大きくする例を紹介しましたが，このように，供給電力を最大にするためのインピーダンス変換器として，変成器が利用されることがあります．

■ 回路のアイソレーション (分離)

　回路の**アイソレーション**という用語は，いろいろな場面で登場してくるので混乱しやすいのですが，何を分離するのかを見極めると意味がみえてくるでしょう．ここでは二つの例を紹介します．

　多くの電子装置では入力や出力を2端子を通してほかの装置と接続しますが，この2端子のうちの一方はグランド端子とよばれ，装置を納める筐体に接続されています．このような装置を2台接続するときには，図 24.15(a) のように，グランド端子どうしで接続して使用します．ところが，図 (b) のように2台の装置の筐体の間に何らかの電源がつながれてしまうと，グランド端子間を接続した導線を通して短絡し，誤動作のもとになったり，事故につながったりすることがあります．これに対処するために，図 (c) のように，一方の装置に変成器を用いると，装置間に入った電源による電流は流れず，二つの装置の間を分離することができます．

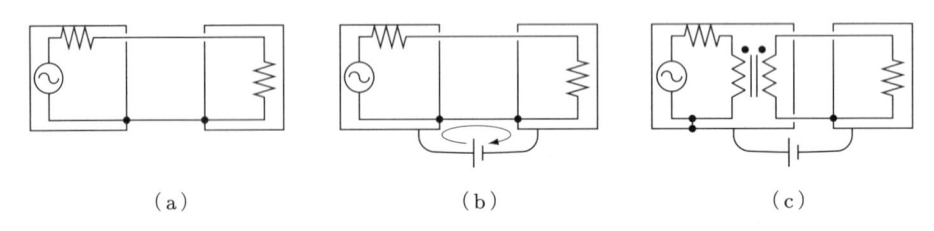

図 24.15　回路のアイソレーション

　もう一つの例は，図 24.16 に示すようなアンプとスピーカの接続に見られる例です．アンプの中ではトランジスタなどの非線形素子が用いられますが，そこでは，信号の電流ばかりではなく，直流電流も一緒に流さなければならないのがふつうです．しかし，スピーカには直流電流は必要ないばかりでなく，よい音を出すためには害にもなります．そこで，この直流電流をスピーカに流さないようにする役目をもつのが変成器です．変成器は電流・電圧の変化は大きさを変換して伝えますが，一般に，直流は伝送されません．この性質を利用して，直流では回路を分離する装置として，変成器が使われることがあります．

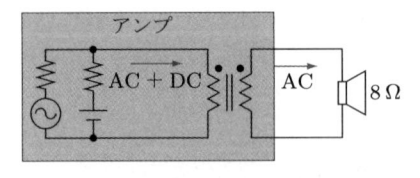

図 24.16　直流の分離

24.7† 単巻変成器

これまで学んできた変成器は巻線が複数個あるものでした．これとは違って，図24.17(a), (b) に示すように，一つの巻線の途中の接続点 (これをタップとよびます) から引出し線が出ている変成器があります．これを**単巻変成器** (auto transformer) といいます．単巻変成器も，理想的には複数の巻線が独立している理想変成器と同じように，電圧比は巻数比に等しく，起磁力はゼロ (2 ポートの場合は電流比は巻数の逆比に等しい) となります．

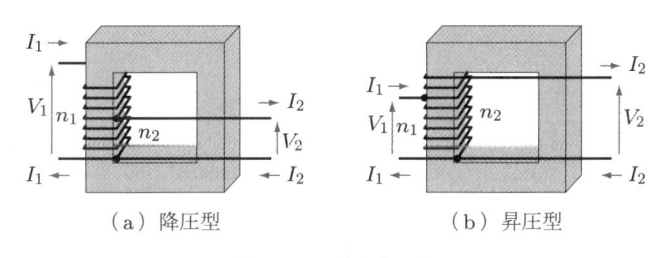

(a) 降圧型   (b) 昇圧型

図 24.17　単巻変圧器

図 (a) は，1 次側に比べて 2 次側の電圧が低くなり，降圧型とよばれます．一方，図 (b) は，1 次側に比べて 2 次側の電圧が高くなり，昇圧型とよばれています．構造を考えてみると，降圧型の 1 次側と 2 次側を入れ替えれば，昇圧型となることがわかります．ただし，実際には，線の太さや線の間の絶縁状態により，流してよい電流や加えてよい電圧に制限がありますから，注意して使用するよう心がけなければなりません．

単巻変成器は 1 次巻線と 2 次巻線を一部共有しますから，その分だけ使用する銅の量が少なくてすみますが，アイソレーションの目的では利用できません．

24.8† 家庭への電力供給 II

電力会社から各家庭に供給される電力の様子を図 24.18 に描いています．電柱の一番上部の高圧配電線は電圧にして 6.6 kV ですが，柱上変圧器によって 100/200 V の電圧に変換され，低圧配電線，引込線を伝わって家庭に供給されます．各家庭では，積算電力計，分電盤を通して電灯や各部屋のコンセントに屋内配線されています．

柱上変圧器の 2 次側は，図 24.19(a) に示すように，3 本の導線が出ています．2 次側の中間点は接地されており，これにつながる導線を**中性線**といいます．また，2 次側の両端につながれた 2 本の導線を**電圧線**といいます．電圧線は，中性線に対して 100 V でたがいに逆相になっており，二つの電圧線間の電圧は 200 V です．100 V の

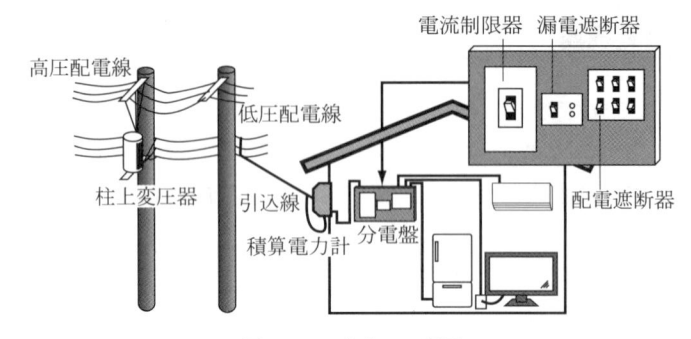

図 24.18　家庭への配電

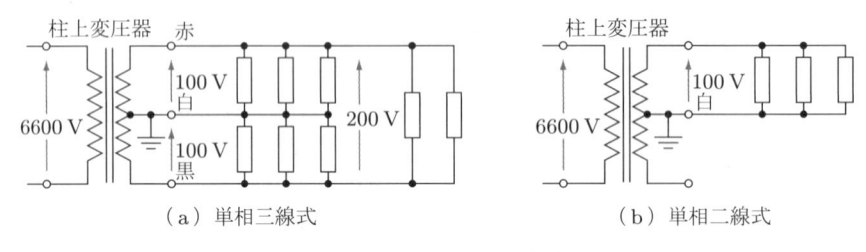

（a）単相三線式　　　　　　　　（b）単相二線式

図 24.19　家庭への配電方式

電気製品は二つの電圧線のどちらかと中性線の間の 100 V を利用し，200 V の電気製品は二つの電圧線の間の 200 V を利用しています．このような 3 本の導線を通じて電力を供給する配電方式を，**単相三線式**といいます．これに対して，図 (b) に示すように，電圧線と中性線の 2 本の導線だけを利用した配電方式を**単相二線式**といいます．

図 24.19 では省略していますが，住宅への引込線から屋内配線までの間には，図 24.18 に示すように**積算電力計**，**分電盤**があります．積算電力計には，使用した電力の積算値が表示されます．分電盤では，複数の 2 線の電源コードを通して電力が分配されています．分電盤には**電流制限器** (リミッタ，アンペアブレーカ)，**漏電遮断器** (漏電ブレーカ) に加え，複数の**配電遮断器** (安全ブレーカ) が組み込まれています．三つの装置はともに**遮断器** (ブレーカ) で，電流の大きさや流れた時間などにより，回路を切断するはたらきをもっています．電流制限器は電力会社と契約した最大電流以上に電流が流れないようにする装置で，これを超えて電流が流れると，電流を遮断します．漏電遮断器は漏電時に遮断する目的をもつ装置です．配電遮断器は，分配された系統ごとに独立した複数の遮断器で，異常を起こした系統のみ電気の供給を遮断することができます．

■■ 演習問題 ■■

24.1 図 24.20(a) の回路について，以下の問いに答えなさい．

(1) この回路図を図 (b) に描いている．変成器の極性を表す黒丸を記入して，図を完成させなさい．

(2) 回路の電圧 v_1 の波形を図 (c) に示す．電圧 v_{A2}, v_{B2} の波形として正しい波形は ①，② のどちらか．

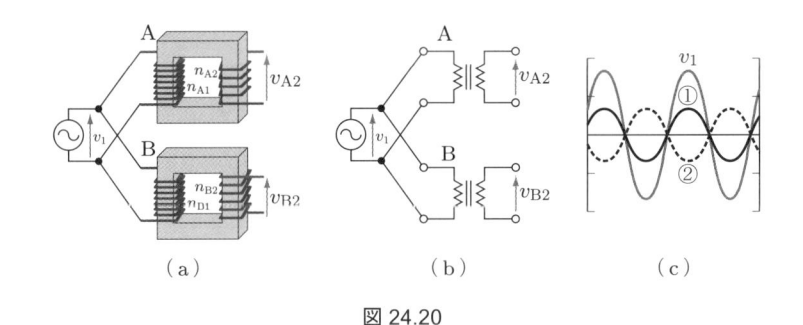

図 24.20

24.2 図 24.21(a)〜(d) の各回路において，極性，電流の向きに注意して，電圧 V_1, V_2，電流 I_1, I_2 の関係式を書きなさい．

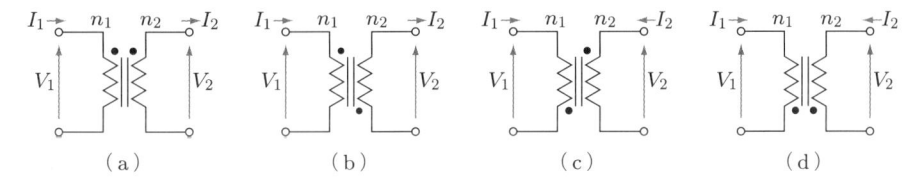

図 24.21

24.3 図 24.22 の回路において，電源の電圧，負荷抵抗，各理想変成器の巻数が図のとおりであるとき，電圧 V_0〜V_3，電流 I_0〜I_3 を求めなさい．

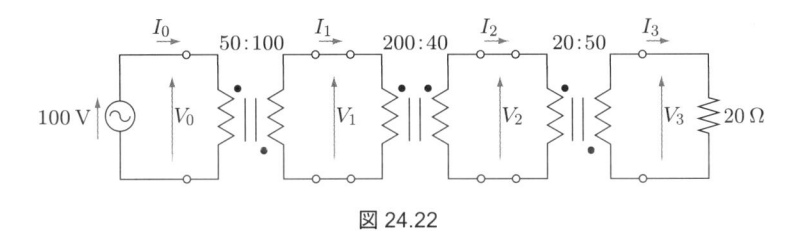

図 24.22

24.4 図 24.23 の回路において，電圧 V_1, V_2，電流 I_1, I_2 を求めなさい．

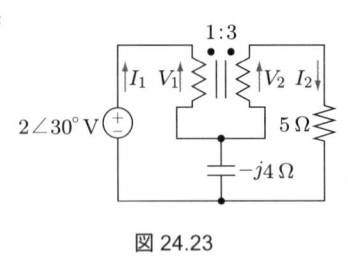

図 24.23

24.5 図 24.24 の回路において，回路の入力インピーダンス Z_{in} を求めなさい．

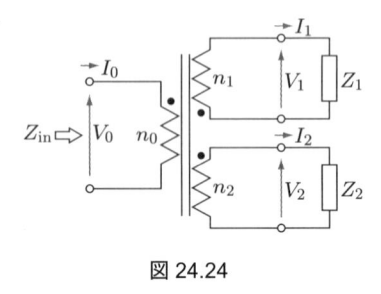

図 24.24

24.6 図 24.25 のような単巻変成器を使った回路がある．各所の電圧 $V_1 \sim V_3$ と電流 $I_1 \sim I_3$ とを求めなさい．ただし，取り出し口の点 b は巻かれたコイル ac のちょうど中間点にあるとする．

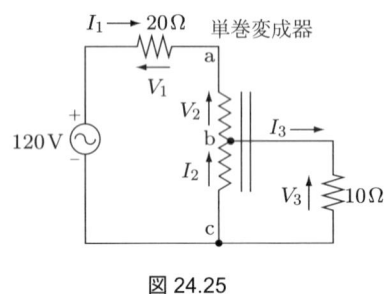

図 24.25

演習問題解答

1章

1.1 図 (b) と図 (e) がつく．図 (a) および図 (c) は電池からみたときに閉ループができていない．図 (d) は二つの電池の極性が閉ループに対してたがいに反対になっており，電気的な圧力 (電圧) が相殺しあって電流が流れない．

1.2 金属は導体，ガラスと純水は絶縁体なので，図 (a) の場合のみ豆電球が点灯する．

1.3 (1) $i=q/t=5\text{m}/200\text{m}=25$ mA．(2) 1.25×10^{18} 個．(3) 4 s．

1.4 通過する電子の密度は同じであるが，面積が 4 倍になるため，電流は 4 倍になる．

1.5 ① $i_1+2=7$, $i_1=7-2=5$, 右向きに 5 A．② $i_1+i_2=4$, $i_2=4-i_1=4-5=-1$ A, 下向きに 1 A．③ $2+i_3=i_2$, $i_3=i_2-2=-1-2=-3$, 右向きに 3 A．

2章

2.1 (1) $w=vit=1.5\times 2.4\times 60\times 60=13.0$ kJ．
(2) $w=mgh$, $h=w/mg=13\text{k}/(70\times 9.8)=19.0$ m．
(3) $\Delta T=w/(4.19\times V)=13.0\text{ k}/(4.19\times 10^6\times 0.25)=0.012$ K $=0.012$ °C．
(4) $w=\dfrac{1}{2}mv^2$, $v=\sqrt{\dfrac{2w}{m}}=\sqrt{\dfrac{2\times 13.0\text{k}}{1000}}=5.1$ m/s．
(5) $w=pt$, $t=w/p=13\text{k}/30=3767$ s $=62.8$ 分＝約 1 時間．
(6) 180 kcal＝$180\text{k}\times 4.19$ J＝754 kJ, 754 kJ/13 kJ＝58 本．

2.2 解図 2.1 のとおり．

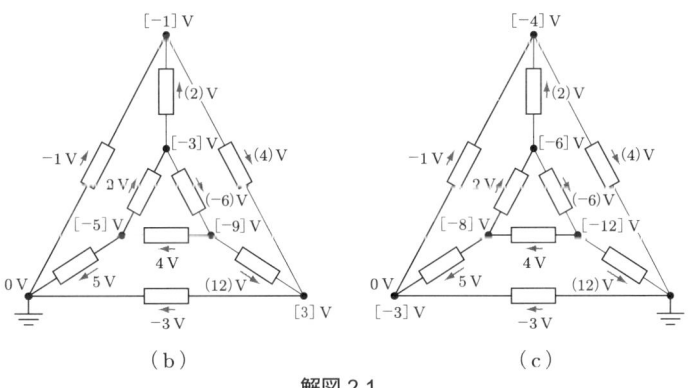

解図 2.1

2.3 太陽電池：$3.6\times 250\text{m}=900$ mW, LED：$1.9\times 10\text{m}=19$ mW, 抵抗：$1.7\times 10\text{m}=17$ mW, モータ：$3.6\times 240\text{m}=864$ mW．$900\text{m}=19\text{m}+17\text{m}+864\text{m}$ となって，太陽電池によって回路に供給された電力は LED, 抵抗, モータにおいてすべて消費されており，電力保存則が成り立っている．

3章

3.1 (1) 1.5 mA. (2) 50 mV. (3) 2 μS.
3.2 (1) $E=180-0=180$ V. (2) $v_1=180-120=60$ V, $v_2=v_3=120-0=120$ V.
(3) $R_1=60/5=12$ Ω, $v_2=120/2=60$ Ω, $v_3=120/3=40$ Ω.
3.3 (1) 3 V. (2) 12 J. (3) 1.8 C. (4) 5.4 J.
3.4 (1) 解図 3.1 のとおり (電源と計器の極性, 正しいレンジの端子の選択に注意).
(2) 0.4 A (グラフから読みとる). (3) 1.5 V (補間して求める).
(4) 電熱線 A は 7.5 Ω, B は 15 Ω (オームの法則より).

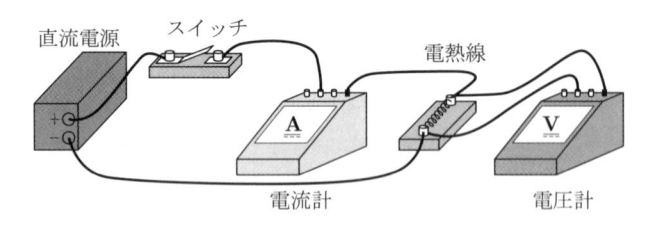

解図 3.1

3.5 (1) 豆電球 50 mA, ダイオード 150 mA, 抵抗素子 80 mA.
(2) 豆電球 1.2 V, ダイオード 0.7 V, 抵抗素子 0.6 V.
(3) 豆電球 0.8 V, 50 mA. ダイオード約 0.73 V, 約 90 mA, 抵抗素子約 0.76 V, 約 76 mA.
(4) 10 Ω.
3.6 特性は直線なので, v と i は $v+ri=E$ のように 1 次式で書ける. r および E の二つの値を求めればよいので, 2 本の式が必要である. 特性図上の 2 点 (12 V, 0 A) および (10 V, 1 A) を選び, これをこの 1 次式に代入すると, 次式が得られる.

$$12+0r=E, \quad 10+1 \cdot r=12$$

これを連立させると, $E=12$ V, $r=2$ Ω. したがって, 電圧源モデルは起電圧 12V の電圧源と, 内部抵抗 2 Ω の直列回路になる. 電源等価変換の定理から, $J=E/r=6$ A, $R=r=2$ Ω となり, 電流源モデルとしては, 起電流 6A の電流源と内部抵抗 2 Ω の並列回路が得られる.

3.7 $i=\dfrac{E}{r+R}=\dfrac{1.5}{0.8+2.2}=0.5$ A, $v=Ri=2.2\times 0.5=1.1$ V, $ri=0.8\times 0.5=0.4$ V.

4章

4.1 (a) $v=12$ V, $i=v/R=12/2=6$ A. (b) $v=-12$ V, $i=v/R=-12/2=-6$ A.
(c) $i=3$ A, $v=Ri=2\times 3=6$ V. (d) $i=-3$ A, $v=Ri=2\times(-3)=-6$ V.
4.2 (a) $v=12$ V, $i=0$ A. (b) $i=3$ A, $v=0$ V.
4.3 (a) $v=4+8=12$ V, $i=v/R=12/2=6$ A. (b) $v=(-4)+8=4$ V, $i=v/R=4/2=2$ A.
(c) $i=3+2=5$ A, $v=Ri=2\times 5=10$ V. (d) $i=3+(-2)=1$ A, $v=Ri=2\times 1=2$ V.
(e) $v=8+(-4)=4$ V, $i=v/R=4/2=2$ A. (f) $v=8+4=12$ V, $i=v/R=12/2=6$ A.

(g) $i=3+2=5$ A, $v=Ri=2\times 5=10$ V. (h) $i=3+(-2)=1$ A, $v=Ri=2\times 1=2$ V.

4.4 (a) $v=12$ V, $i=v/R=12/2=6$ A. (b) $i=12/(4+2)=2$ A, $v=2\times 2=4$ V.
  (c) $i=3$ A, $v=2\times 3=6$ V. (d) $i=4/(4+2)\times 3=2$ A, $v=2\times 2=4$ V.
  (e) 2 Ω の抵抗に流れる電流は $4/2=2$ A. $v=(4+2)\times 2=12$ V. 3 Ω に流れる電流は $12/3=4$ A. $i=4+2=6$ A.
  (f) 2 Ω の抵抗に流れる電流は $4/2=2$ A, 4 Ω の抵抗に流れる電流は $4/4=1$ A. よって, $i=2+1=3$ A, $v=4+3\times 3=13$ V.
  (g) $v=(4+2)\times 4=24$ V, 3 Ω の抵抗に流れる電流は $24/3=8$ A, よって, $i=8+4=12$ A.
  (h) 2 Ω の抵抗の電圧降下は $2\times 4=8$ V, 4 Ω の抵抗に流れる電流は $8/4=2$ A. したがって, $i=4+2=6$ A, $v=8+6\times 3=26$ V.

4.5 (a) $v=12$ V, $i=-2$ A. 電圧源は $p=12\times(-2)=-24$ W, 電流源は $p=12\times 2=24$ W.
  (b) $v=-12$ V, $i=2$ A. 電圧源は $p=(-12)\times 2=-24$ W, 電流源は $p=(-12)\times(-2)=24$ W.
  (c) $i=-2$ A, $v=12-4\times(-2)=20$ V. 電圧源は $p=12\times(-2)=-24$ W, 電流源は $p=20\times 2=40$ W.
  (d) $v=-12$ V, $i=v/4-2=(-12)/4-2=-5$ A. 電圧源は $p=(-12)\times(-5)=60$ W, 電流源は $p=(-12)\times 2=-24$ W.

4.6 (a) $v=12+3\times 2=18$ V. 2 Ω の抵抗に流れる電流は $12/2=6$ A. よって, $i=6-2=4$ A. 左の電源は $p=12\times 4=48$ W, 右の電源は $p=18\times 2=36$ W.
  (b) $v=2+3\times 2=8$ V. 2 Ω の抵抗に流れる電流は $2/2=1$ A. よって, $i=1-2=-1$ A. 左の電源は $p=2\times(-1)=-2$ W, 右の電源は $p=8\times 2=16$ W.
  (c) $v=-8+3\times 2=-2$ V. 2 Ω の抵抗に流れる電流は $(-8)/2=-4$ A. よって, $i=(-4)+(-2)=-6$ A. 左の電源は $p=(-8)\times(-6)=48$ W, 右の電源は $p=(-2)\times 2=-4$ W.
  (d) $v=6+3\times 6=24$ V. 2 Ω の抵抗に流れる電流は $6/2=3$ A. よって, $i=3-6=-4$ A. 左の電源は $p=6\times(-4)=-24$ W, 右の電源は $p=24\times 6=144$ W.
  (e) $v=6+3\times 1=9$ V. 2 Ω の抵抗に流れる電流は $6/2=3$ A. よって, $i=3-1=2$ A. 左の電源は $p=6\times 2=12$ W, 右の電源は $p=9\times 1=9$ W.
  (f) $v=6+3\times(-4)=-6$ V. 2 Ω の抵抗に流れる電流は $6/2=3$ A. よって, $i=3+4=7$ A. 左の電源は $p=6\times 7=42$ W, 右の電源は $p=(-6)\times(-4)=24$ W.

4.7 (1) 4 Ω, 6 Ω の電圧降下はそれぞれ 20 V, 30 V. 全体の電圧降下は 50 V. (2) 6 kΩ.
  (3) 1 kΩ, 2 kΩ, 3 kΩ の抵抗の電圧降下はそれぞれ 4 V, 8 V, 12 V. (4) 2 V.
  (5) 3 kΩ. (6) nR [Ω]. (7) 2 A. (8) 20 mS.

4.8 解図 4.1 に示すように, 直列接続, 並列接続の等価変換を繰り返すことにより, 解図 (a) については合成抵抗 110 Ω, 解図 (b) については合成抵抗 2 kΩ, 解図 (c) については合成コンダクタンス 1 mS, つまり合成抵抗 1 kΩ が得られる.

(a)

(b)

(c)

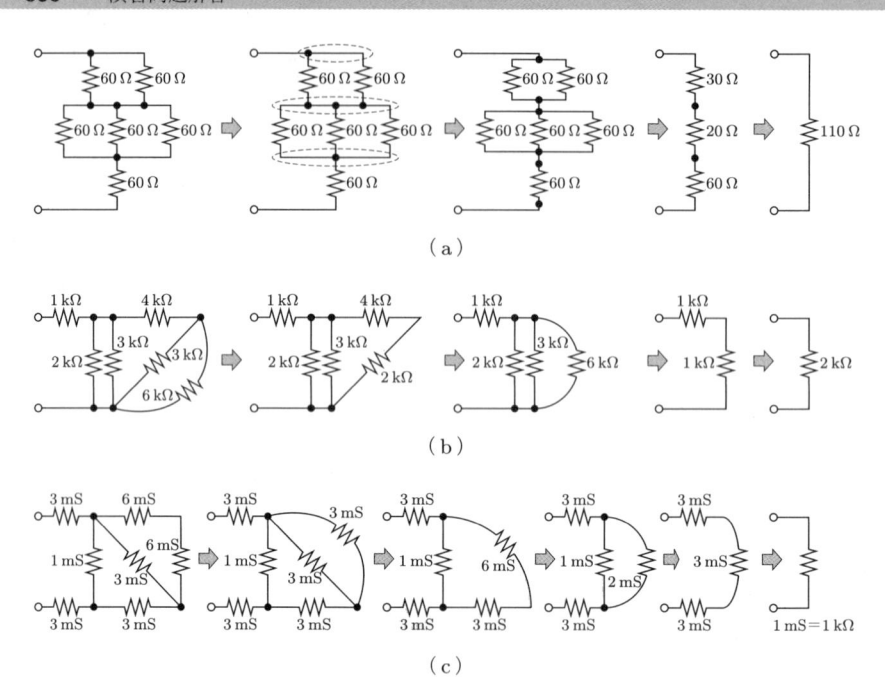

解図 4.1

4.9 (1) 4 Ω の抵抗に 15 A, 6 Ω の抵抗に 10 A, 全電流は 25 A. (2) 1.2 kΩ. (3) 200 Ω.
(4) 1/5 倍. (5) 120 mA. (6) 90 mA. (7) 2 kΩ. (8) 2 mS の抵抗値は 500 Ω, 3 mS の抵抗値は 333 Ω, 合成コンダクタンスは 5 mS, 合成抵抗は 200 Ω.
(9) 0.999 Ω. (10) 30 mA. (11) 10 mS と 40 mS の抵抗にそれぞれ 0.6 A, 2.4 A.

4.10 (1) $0.2 \times (100-1) = 20.0 - 0.2 = 19.8$ Ω.
(2) 導線の抵抗率を ρ, 導線 B の断面積を S, 長さを l, 抵抗値を R_B, 導線 A の抵抗値を R_A とすると, つぎのように求められる.

$$R_A = \rho \frac{l/2}{S \times 3^2} = \frac{1}{18} \rho \frac{l}{S} = \frac{1}{18} R_B \qquad \therefore\ R_A : R_B = 1 : 18$$

(3) $\rho = \dfrac{RS}{l} = \dfrac{0.106 \times 2 \times 10^{-6}}{8} = 26.5 \times 10^{-9}$ Ω·m $= 26.5$ nΩ·m. よって, アルミ製.
(4) 銅: $R_{60} = 100 \times \{1 + 3.9\text{m} \times (60-20)\} = 115.6$ Ω.
マンガニン: $R_{60} = 100 \times \{1 + 0.002\text{m} \times (60-20)\} = 100.008$ Ω.
炭素: $R_{60} = 100 \times \{1 - 0.5\text{m} \times (60-20)\} = 98.0$ Ω.

5 章

5.1

(a) $\begin{cases} \text{n}: i_1+i_2=0 & \text{①} \\ l: v_1-v_2=0 & \text{②} \\ \text{b}_1: v_1=12 & \text{③} \\ \text{b}_2: v_2+2i_2=0 & \text{④} \end{cases}$
　③より　$v_1=12$ V
　②より　$v_2=v_1=12$ V
　④より　$i_2=-v_2/2=-6$ A
　①より　$i_1=-i_2=6$ A

(b) $\begin{cases} \text{n}: i_1+i_2=0 & \text{①} \\ l: v_1-v_2=0 & \text{②} \\ \text{b}_1: i_1=2 & \text{③} \\ \text{b}_2: v_2+6i_2=0 & \text{④} \end{cases}$
　③より　$i_1=2$ A
　①より　$i_2=-i_1=-2$ A
　④より　$v_2=-6i_2=12$ V
　②より　$v_1=v_2=12$ V

(c) $\begin{cases} \text{n}_1: i_1+i_2=0 & \text{①} \\ \text{n}_2: -i_2+i_3=0 & \text{②} \\ l: v_1-v_2-v_3=0 & \text{③} \\ \text{b}_1: v_1=12 & \text{④} \\ \text{b}_2: v_2+2i_2=0 & \text{⑤} \\ \text{b}_3: v_3+4i_3=0 & \text{⑥} \end{cases}$
　④より　$v_1=12$ V
　④〜⑥を③に代入　$12+2i_2+4i_3=0$　⑦
　③〜⑦より　$v_2=-2i_2=4$ V
　⑤より　$i_2=-v_2/2=-8$ A
　⑥より　$v_3=-4v_3=8$ V
　①より　$i_3=-i_2=2$ A

(d) $\begin{cases} \text{n}: i_1+i_2+i_3=0 & \text{①} \\ l_1: v_1-v_2=0 & \text{②} \\ l_2: v_2-v_3=0 & \text{③} \\ \text{b}_1: i_1=6 & \text{④} \\ \text{b}_2: v_2+i_2=0 & \text{⑤} \\ \text{b}_3: v_3+2i_3=0 & \text{⑥} \end{cases}$
　④より　$i_1=6$ A
　④〜⑥を①に代入　$6-v_2-v_3/2=0$　⑦
　③, ⑦より　$v_2=v_3=4$ V
　⑤より　$i_2=-v_2=-4$ A
　⑥より　$i_3=-v_3/2=-2$ A
　②より　$v_1=v_2=4$ V

(e) $\begin{cases} \text{n}_1: i_1+i_2=0 & \text{①} \\ \text{n}_2: -i_2+i_3=0 & \text{②} \\ l: v_1-v_2-v_3=0 & \text{③} \\ \text{b}_1: v_1=12 & \text{④} \\ \text{b}_2: v_2+2i_2=0 & \text{⑤} \\ \text{b}_3: v_3=-4 & \text{⑥} \end{cases}$
　④より　$v_1=12$ V
　⑥より　$v_3=-4$ V
　③より　$v_2=v_1-v_3=16$ V
　⑤より　$i_2=-v_2/2=-8$ A
　①より　$i_1=-i_2=8$ A
　②より　$i_3=i_2=-8$ A

(f) $\begin{cases} \text{n}: i_1+i_2+i_3=0 & \text{①} \\ l_1: v_1-v_2=0 & \text{②} \\ l_2: v_2-v_3=0 & \text{③} \\ \text{b}_1: i_1=6 & \text{④} \\ \text{b}_2: i_2=-2 & \text{⑤} \\ \text{b}_3: v_3+2i_3=0 & \text{⑥} \end{cases}$
　④より　$i_1=6$A
　⑤より　$i_2=-2$A
　①より　$i_3=-(i_1+i_2)=-4$A
　⑥より　$v_3=-2i_3=8$V
　③より　$v_2=v_3=8$V
　②より　$v_1=v_2=8$V

5.2 (1) $b_1: v_1+2i_1=0$ (2) $n_0: i_2+i_4-i_6=0$
$b_2: v_2+5i_2=0$ $n_1: -i_1-i_3+i_6=0$
$b_3: v_3+9i_3=0$ $n_2: i_1-i_2-i_5=0$
$b_4: v_4+4i_4=0$ $n_3: i_3-i_4+i_5=0$
$b_5: v_5+8i_5=0$
$b_6: v_6=30$

(3) 解図 5.1 のように網目閉路 $m_1 \sim m_3$ を定める.
$m_1: v_1-v_3+v_5=0$
$m_2: v_2-v_4-v_5=0$
$m_3: v_3+v_4+v_6=0$

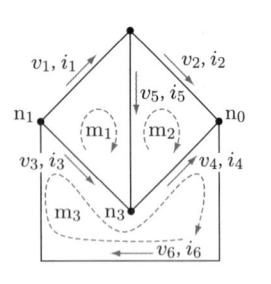

(4) 解図 5.2 のとおり.

(5) $l_4: -v_1-v_2+v_3+v_4=0$
$l_5: v_1-v_3+v_5=0$
$l_6: v_1+v_2+v_6=0$

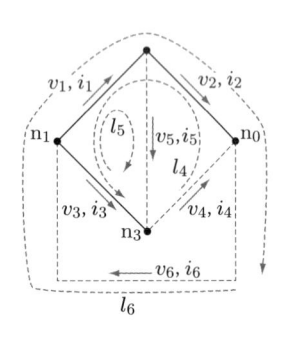

解図 5.1

5.3
(a) $n_1: -i_1+i_3=0$ $l: v_1-v_2+v_3+v_4=0$
$n_2: i_1+i_2=0$
$n_3: -i_2-i_4=0$

(b) $n: i_1+i_2+i_3-i_4=0$ $l_2: -v_1+v_2=0$
$l_3: -v_1+v_3=0$
$l_4: v_1+v_4=0$

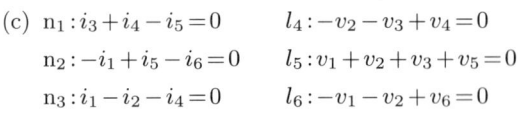

解図 5.2

(c) $n_1: i_3+i_4-i_5=0$ $l_4: -v_2-v_3+v_4=0$
$n_2: -i_1+i_5-i_6=0$ $l_5: v_1+v_2+v_3+v_5=0$
$n_3: i_1-i_2-i_4=0$ $l_6: -v_1-v_2+v_6=0$

5.4 (a) $v+2i=-3$. (b) $v+4i=12$. (c) $v+5i=-30$. (d) $i=2$.

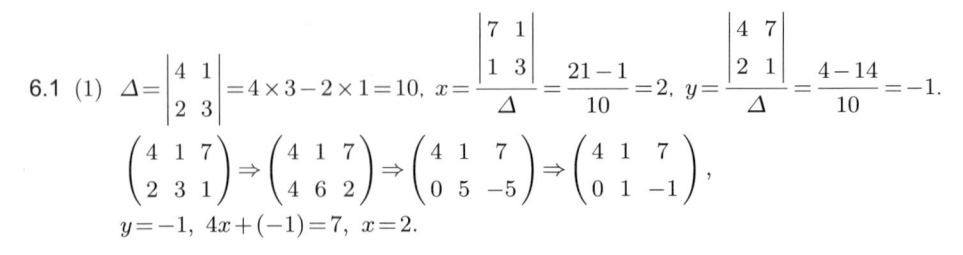

6 章

6.1 (1) $\Delta = \begin{vmatrix} 4 & 1 \\ 2 & 3 \end{vmatrix} = 4 \times 3 - 2 \times 1 = 10$, $x = \dfrac{\begin{vmatrix} 7 & 1 \\ 1 & 3 \end{vmatrix}}{\Delta} = \dfrac{21-1}{10} = 2$, $y = \dfrac{\begin{vmatrix} 4 & 7 \\ 2 & 1 \end{vmatrix}}{\Delta} = \dfrac{4-14}{10} = -1$.

$\begin{pmatrix} 4 & 1 & 7 \\ 2 & 3 & 1 \end{pmatrix} \Rightarrow \begin{pmatrix} 4 & 1 & 7 \\ 4 & 6 & 2 \end{pmatrix} \Rightarrow \begin{pmatrix} 4 & 1 & 7 \\ 0 & 5 & -5 \end{pmatrix} \Rightarrow \begin{pmatrix} 4 & 1 & 7 \\ 0 & 1 & -1 \end{pmatrix}$,
$y=-1$, $4x+(-1)=7$, $x=2$.

(2) $\Delta = \begin{vmatrix} 4 & -1 \\ -2 & 3 \end{vmatrix} = 4 \times 3 - (-2) \times (-1) = 10, \ x = \dfrac{\begin{vmatrix} 2 & -1 \\ 4 & 3 \end{vmatrix}}{\Delta} = \dfrac{6+4}{10} = 1,$

$y = \dfrac{\begin{vmatrix} 4 & 2 \\ -2 & 4 \end{vmatrix}}{\Delta} = \dfrac{16+4}{10} = 2.$

$\begin{pmatrix} 4 & -1 & 2 \\ -2 & 3 & 4 \end{pmatrix} \Rightarrow \begin{pmatrix} 4 & -1 & 2 \\ -4 & 6 & 8 \end{pmatrix} \Rightarrow \begin{pmatrix} 4 & -1 & 2 \\ 0 & 5 & 10 \end{pmatrix} \Rightarrow \begin{pmatrix} 4 & -1 & 2 \\ 0 & 1 & 2 \end{pmatrix},$

$y=2, \ 4x-2=2, \ x=1.$

(3) $\Delta = \begin{vmatrix} 2 & -1 & 1 \\ -2 & 3 & -1 \\ 3 & -1 & 1 \end{vmatrix} = 2 \times \begin{vmatrix} 3 & -1 \\ -1 & 1 \end{vmatrix} - (-1) \times \begin{vmatrix} -2 & -1 \\ 3 & 1 \end{vmatrix} + 1 \times \begin{vmatrix} -2 & 3 \\ 3 & -1 \end{vmatrix}$

$-4+1-7=-2,$

$x = \dfrac{\begin{vmatrix} 4 & -1 & 1 \\ 0 & 3 & -1 \\ 7 & -1 & 1 \end{vmatrix}}{\Delta} = \dfrac{8+7-21}{-2} = 3, \ y = \dfrac{\begin{vmatrix} 2 & 4 & 1 \\ -2 & 0 & -1 \\ 3 & 7 & 1 \end{vmatrix}}{\Delta} = \dfrac{14-4-14}{-2} = 2,$

$z = \dfrac{\begin{vmatrix} 2 & -1 & 4 \\ -2 & 3 & 0 \\ 3 & -1 & 7 \end{vmatrix}}{\Delta} = \dfrac{42-14-28}{-2} = 0.$

$\begin{pmatrix} 2 & -1 & 1 & 4 \\ -2 & 3 & -1 & 0 \\ 3 & -1 & 1 & 7 \end{pmatrix} \Rightarrow \begin{pmatrix} 2 & -1 & 1 & 4 \\ 0 & 2 & 0 & 4 \\ 3 & 1 & 1 & 7 \end{pmatrix} \Rightarrow \begin{pmatrix} 6 & -3 & 3 & 12 \\ 0 & 2 & 0 & 4 \\ 6 & -2 & 2 & 14 \end{pmatrix} \Rightarrow \begin{pmatrix} 6 & -3 & 3 & 12 \\ 0 & 1 & 0 & 2 \\ 0 & 1 & -1 & 2 \end{pmatrix}$

$\Rightarrow \begin{pmatrix} 6 & -3 & 3 & 12 \\ 0 & 1 & 0 & 2 \\ 0 & 0 & -1 & 0 \end{pmatrix},$

$z=0, \ y=2, \ 2x-2+0=4, \ x=3.$

(4) $\Delta = \begin{vmatrix} 1 & 5 & -2 \\ 1 & -4 & 1 \\ 6 & 1 & -2 \end{vmatrix} = 1 \times \begin{vmatrix} -4 & 1 \\ 1 & -2 \end{vmatrix} - 5 \times \begin{vmatrix} 1 & 1 \\ 6 & -2 \end{vmatrix} + (-2) \times \begin{vmatrix} 1 & -4 \\ 6 & 1 \end{vmatrix} = 7 + 40 - 50$
$= -3,$

$x = \dfrac{\begin{vmatrix} 7 & 5 & -2 \\ -5 & -4 & 1 \\ 5 & 1 & -2 \end{vmatrix}}{\Delta} = \dfrac{49 - 25 - 30}{-3} = 2, \ y = \dfrac{\begin{vmatrix} 1 & 7 & -2 \\ 1 & -5 & 1 \\ 6 & 5 & -2 \end{vmatrix}}{\Delta} = \dfrac{5 + 56 - 70}{-3} = 3,$

$z = \dfrac{\begin{vmatrix} 1 & 5 & 7 \\ 1 & -4 & -5 \\ 6 & 1 & 5 \end{vmatrix}}{\Delta} = \dfrac{-15 + 175 - 175}{-3} = 5.$

$\begin{pmatrix} 1 & 5 & -2 & 7 \\ 1 & -4 & 1 & -5 \\ 6 & 1 & -2 & 5 \end{pmatrix} \Rightarrow \begin{pmatrix} 1 & 5 & -2 & 7 \\ 0 & -9 & 3 & -12 \\ 0 & 25 & -8 & 35 \end{pmatrix} \Rightarrow \begin{pmatrix} 1 & 5 & -2 & 7 \\ 0 & 3 & -1 & 4 \\ 0 & -75 & 24 & -105 \end{pmatrix}$
$\Rightarrow \begin{pmatrix} 1 & 5 & -2 & 7 \\ 0 & 75 & -25 & 100 \\ 0 & -75 & 24 & -105 \end{pmatrix} \Rightarrow \begin{pmatrix} 1 & 5 & -2 & 7 \\ 0 & 3 & -1 & 4 \\ 0 & 0 & -1 & -5 \end{pmatrix},$

$z = 5, \ 3y - 5 = 4, \ y = 3, \ x + 15 - 10 = 7, \ x = 2.$

6.2 (1) $\begin{pmatrix} 4 & 1 \\ 2 & 3 \end{pmatrix} \begin{pmatrix} x \\ y \end{pmatrix} = \begin{pmatrix} 7 \\ 1 \end{pmatrix}, \ \Delta = \begin{vmatrix} 4 & 1 \\ 2 & 3 \end{vmatrix} = 12 - 2 = 10,$

$\begin{pmatrix} 4 & 1 \\ 2 & 3 \end{pmatrix}^{-1} = \begin{pmatrix} 3/\Delta & -1/\Delta \\ -2/\Delta & 4/\Delta \end{pmatrix} = \begin{pmatrix} 0.3 & -0.1 \\ -0.2 & 0.4 \end{pmatrix},$

$\begin{pmatrix} x \\ y \end{pmatrix} = \begin{pmatrix} 4 & 1 \\ 2 & 3 \end{pmatrix}^{-1} \begin{pmatrix} 7 \\ 1 \end{pmatrix} = \begin{pmatrix} 0.3 & -0.1 \\ -0.2 & 0.4 \end{pmatrix} \begin{pmatrix} 7 \\ 1 \end{pmatrix} = \begin{pmatrix} 2.1 - 0.1 \\ -1.4 + 0.4 \end{pmatrix} = \begin{pmatrix} 2 \\ -1 \end{pmatrix}.$

(2) $\begin{pmatrix} 4 & -1 \\ -2 & 3 \end{pmatrix} \begin{pmatrix} x \\ y \end{pmatrix} = \begin{pmatrix} 2 \\ 4 \end{pmatrix}, \ \Delta = \begin{vmatrix} 4 & -1 \\ -2 & 3 \end{vmatrix} = 12 - 2 = 10,$

$\begin{pmatrix} 4 & -1 \\ -2 & 3 \end{pmatrix}^{-1} = \begin{pmatrix} 3/\Delta & 1/\Delta \\ 2/\Delta & 4/\Delta \end{pmatrix} = \begin{pmatrix} 0.3 & 0.1 \\ 0.2 & 0.4 \end{pmatrix},$

$\begin{pmatrix} x \\ y \end{pmatrix} = \begin{pmatrix} 4 & 1 \\ 2 & 3 \end{pmatrix}^{-1} \begin{pmatrix} 2 \\ 4 \end{pmatrix} = \begin{pmatrix} 0.3 & 0.1 \\ 0.2 & 0.4 \end{pmatrix} \begin{pmatrix} 2 \\ 4 \end{pmatrix} = \begin{pmatrix} 0.6 + 0.4 \\ 0.4 + 1.6 \end{pmatrix} = \begin{pmatrix} 1 \\ 2 \end{pmatrix}.$

6.3 (1) 拡大係数行列に基本変形を施すと，つぎのようになる．

$\begin{pmatrix} 1 & 1 & 2 \\ 2 & -1 & -5 \end{pmatrix} \Rightarrow \begin{pmatrix} 1 & 1 & 2 \\ 0 & -3 & -9 \end{pmatrix}$

拡大係数行列と係数行列の階数がともに2であることから，解は存在する．また，元の数が2であることから，解の次元は0次元，つまり，ただ一つ存在する．基本

演習問題解答　591

変形の最終形の 2 行目は $-3y=-9$ を意味し，これから $y=3$ が得られる．そして，1 行目の意味する $x+y=2$ から，$x=2-y=2-3=-1$ が得られる．

(2) $\begin{pmatrix} 1 & 1 & 2 \\ 2 & 2 & 7 \end{pmatrix} \Rightarrow \begin{pmatrix} 1 & 1 & 2 \\ 0 & 0 & 5 \end{pmatrix}$

拡大係数行列と係数行列の階数はそれぞれ 3 と 2．したがって，解は存在しない．

(3) $\begin{pmatrix} 1 & 1 & 2 \\ 2 & 2 & 4 \end{pmatrix} \Rightarrow \begin{pmatrix} 1 & 1 & 2 \\ 0 & 0 & 0 \end{pmatrix}$

拡大係数行列と係数行列の階数がともに 1 であることから，解は存在する．また，元の数が 2 であることから，解の次元は 1 次元．パラメータの個数は解の次元の数に等しいことから，これを $t(-\infty<t<\infty)$ とし，$x=t$ とおく．基本変形の最終形の 1 行目の意味する $x+y=2$ から $y=2-x=2-t$ が得られる．つまり，解はつぎのように表される．

$$\begin{cases} x=y \\ y=2-t \end{cases} \quad (-\infty<t<\infty)$$

(4) $\begin{pmatrix} 1 & 1 & 2 \\ 0 & 2 & 4 \end{pmatrix} \Rightarrow \begin{pmatrix} 1 & 1 & 2 \\ 0 & 0 & 0 \end{pmatrix}$

拡大係数行列と係数行列の階数はともに 1．したがって，解は存在し，1 次元の広がりをもつ．基本変形の最終形の 1 行目は $y=2$ を意味しており，x については制約がないことから，解はパラメータを $t(-\infty<t<\infty)$ として，つぎのように表すことができる．

$$\begin{cases} x=t \\ y=2 \end{cases} \quad (-\infty<t<\infty)$$

(5) $\begin{pmatrix} 1 & 1 & 1 & 2 \\ 1 & -1 & -1 & 4 \\ 1 & 1 & -1 & 0 \end{pmatrix} \Rightarrow \begin{pmatrix} 1 & 1 & 1 & 2 \\ 0 & -2 & -2 & 2 \\ 0 & 0 & -2 & -2 \end{pmatrix} \Rightarrow \begin{pmatrix} 1 & 1 & 1 & 2 \\ 0 & 1 & 1 & -1 \\ 0 & 0 & 1 & 1 \end{pmatrix}$

拡大係数行列と係数行列の階数はともに 3 であるから，解は存在する．解の次元は $3-3=0$．つまり解はただ一つ．解を求めると，$(x,y,z)=(3,-2,1)$．

(6) $\begin{pmatrix} 1 & 1 & 1 & 2 \\ 1 & -1 & -1 & 4 \\ 1 & 1 & -1 & 0 \end{pmatrix} \Rightarrow \begin{pmatrix} 1 & 1 & 1 & 2 \\ 0 & -2 & -2 & 2 \\ 0 & 0 & -2 & -2 \end{pmatrix} \Rightarrow \begin{pmatrix} 1 & 1 & 1 & 2 \\ 0 & 1 & 1 & -1 \\ 0 & 0 & 1 & 1 \end{pmatrix}$

拡大係数行列と係数行列の階数はともに 3 であるから，解は存在する．解の次元は $3-3=0$．つまり解はただ一つ．解を求めると，$(x,y,z)=(3,-2,1)$．

(7) $\begin{pmatrix} 1 & 1 & 1 & 2 \\ 1 & -1 & -1 & 4 \\ 1 & 1 & -1 & -1 \end{pmatrix} \Rightarrow \begin{pmatrix} 1 & 1 & 1 & 2 \\ 0 & -2 & -2 & 2 \\ 0 & 1 & 1 & -1 \end{pmatrix} \Rightarrow \begin{pmatrix} 1 & 1 & 1 & 2 \\ 0 & 1 & 1 & -1 \\ 0 & 0 & 1 & -1 \end{pmatrix} \Rightarrow \begin{pmatrix} 1 & 1 & 1 & 2 \\ 0 & 1 & 1 & -1 \\ 0 & 0 & 0 & 0 \end{pmatrix}$

拡大係数行列と係数行列の階数はともに 2 であるから，解は存在する．解の次元は $3-2=1$，つまり解は一つのパラメータで表せる．そのパラメータを $t(-\infty<t<\infty)$

とし，$z=t$ とすると，解は $(x,y,z)=(3,-t-1,t)$．

(8) $\begin{pmatrix} 1 & 1 & 1 & 2 \\ 2 & 2 & 2 & 4 \\ 3 & 3 & 3 & 6 \end{pmatrix} \Rightarrow \begin{pmatrix} 1 & 1 & 1 & 2 \\ 0 & 0 & 0 & 0 \\ 0 & 0 & 0 & 0 \end{pmatrix}$

拡大係数行列と係数行列の階数はともに 1 であるから，解は存在する．解の次元は $3-1=2$，つまり解は二つのパラメータで表せる．そのパラメータを $t(-\infty<t<\infty), s(-\infty<s<\infty)$ とし，$y=t, z=s$ とすると，解は $(x,y,z)=(2-t-s,t,s)$．

7章

7.1 図 7.22(b) では，$2\,\Omega$ と $4\,\Omega$ の直列回路に 18 V の電圧が加わるため，電流は 3 A となり，オームの法則により $e_1'=4\times 3=12$ V となって，解図 7.1(a) を得る．図 7.22(c) の回路では，3 A の電流が $2\,\Omega$ と $4\,\Omega$ で分流され，それぞれ 2 A，1 A が流れ，電流 $i_1''=1$ A，電流 i_1'' は逆向きであるから -2 A．オームの法則により $e_1''=4\times 1=4$ V となって，解図 (b) を得る．これらを重ね合わせることによって，解図 (c) の電流分布，電圧分布を得る．

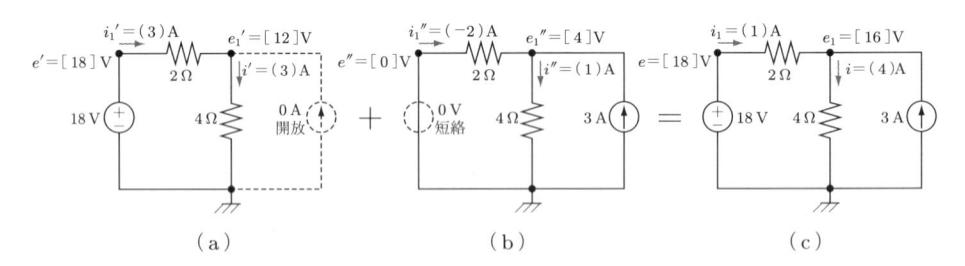

解図 7.1

7.2 図 7.23(b) の回路では，$10\,\Omega$ と $15\,\Omega$ の並列回路の合成抵抗が $6\,\Omega$ であり，回路の全抵抗は $10\,\Omega$ と合わせて $16\,\Omega$ である．したがって，全電流は 10A．抵抗 $10\,\Omega$，$15\,\Omega$ に分流して，それぞれ 6 A，4 A となり，解図 7.2(a) を得る．同様にして，図 7.23(c) の回路についても，解図 (b) を得る．これらを重ね合わせることによって，解図 (c) の電流分布，電圧分布を得る．

7.3 (1) 図 7.24 最右端 4 段目の $2\,\Omega$ の抵抗に流れる電流を 1 A と仮定すると，3 段目の並

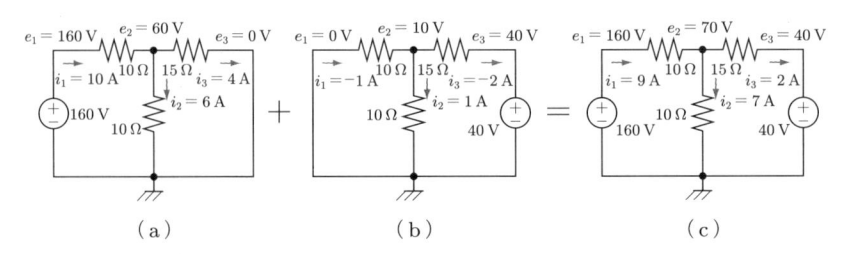

解図 7.2

列に接続された 2 Ω の抵抗に加わる電圧は 4 V であり，これに流れる電流は 2 A．3 段目の直列に接続された 1 Ω の抵抗に，合わせて 3 A の電流が流れ，2 段目の 2 Ω の抵抗に加わる電圧は 10 V．同様にして 2 段目，1 段目を考えると，電源電圧は $e = 2 + 1 \times 2 + 3 \times 2 + 8 \times 2 + 21 \times 2 = 68$ V．

(2) $e = 10$ V であるから，重ね合わせの定理により，$68:1 = 10:i$．したがって，$i = 10/68 ≒ 147$ mA．

7.4 電源電圧 40 V の電源のみがはたらいた場合は，上辺の二つの 10 Ω の抵抗で分圧されて，20 V が右上の抵抗に加わる．また，電源電流 4 A の電源のみがはたらいた場合は，分流して上辺の左の抵抗には 2 A が流れ，オームの法則により，$10 \times 2 = 20$ V の電圧が加わっている．両方の電源がはたらいた場合は，重ね合わせの定理により，両者を加えた 40 V の電圧が加わっている．

7.5 左上側と右下側とでは電気的に対称になっており，対応する節点は等電位となる．このため，これらを短絡しても電圧電流分布は変わらず，解図 7.3(a) のように，折りたたんだ回路と等価になる．各辺は二つの 2 Ω の抵抗の並列であり，その合成抵抗は 1 Ω．これより，全合成抵抗は $R = 1 + \dfrac{2 \times 2}{2 + 2} + 1 = 3$ Ω となり，全電流 i は $12/3 = 4$ A．

[別解] 解図 (b) のように，もとの回路の中央の接続点を分離した回路を考えると，対称性より，切り離した 2 点が等電位であることから，もとの回路の電圧電流分布は変わらないことがわかる．この回路の全合成抵抗は $R = \left(2 + \dfrac{4 \times 4}{4 + 4} + 2\right)/2 = 3$ Ω となり，全電流 i は $12/3 = 4$ A．

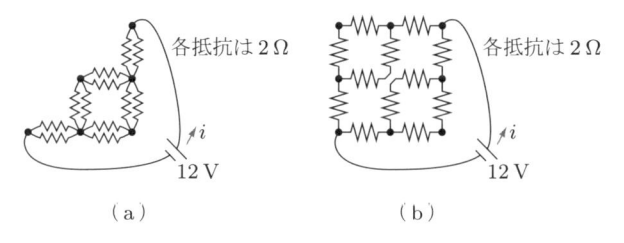

解図 7.3

8 章

8.1 (a) $3j = 12$　　(b) $\begin{cases} 14j_1 - 12j_2 = 24 \\ -12j_1 + 18j_2 = 0 \end{cases}$　　(c) $\begin{cases} 14j_1 + 2j_2 = 24 \\ 2j_1 + 8j_2 = 24 \end{cases}$

(d) $\begin{cases} 8j_1 + 6j_2 = 24 \\ 6j_1 + 18j_2 = 0 \end{cases}$　　(e) $\begin{cases} 8j_1 - 5j_2 = 21 \\ -5j_1 + 9j_2 = -19 \end{cases}$　　(f) $\begin{cases} 4j_1 - 4j_2 = 20 \\ -4j_1 + 10j_2 - 3j_3 = -14 \\ -3j_2 + 4j_3 = -18 \end{cases}$

(g) $\begin{cases} 7j_1 - 5j_2 = -22 \\ -5j_1 + 12j_2 = -18 \end{cases}$　　(h) $\begin{cases} 12j_1 - 7j_2 = -18 \\ -7j_1 + 9j_2 = 40 \end{cases}$　　(i) $\begin{cases} 9j_1 - 2j_2 = 40 \\ -2j_1 + 7j_2 = -22 \end{cases}$

(j) $6j = 24 - 2 \times 3$

(k) $\begin{cases} 6j_1 + 2j_2 = 24 \\ j_2 = 3 \end{cases}$

(l) $\begin{cases} 20j_1 - 3j_2 - 12j_3 = 0 \\ -3j_1 + 9j_2 - 2j_3 = 0 \\ -12j_1 - 2j_2 + 14j_3 = 46 \end{cases}$

(m) $\begin{cases} 20j_1 - 3j_2 - 12j_3 = 0 \\ -3j_1 + 9j_2 - 2j_3 = 0 \\ -12j_1 - 2j_2 + 14j_3 = 46 \end{cases}$

(n) $\begin{cases} 20j_1 - 3j_2 - 12j_3 = 0 \\ -3j_1 + 9j_2 - 2j_3 = 0 \\ j_3 = 9 \end{cases}$

(o) $\begin{cases} 11j_1 - 5j_2 - 2j_3 = 14 \\ -5j_1 + 14j_2 - j_3 = -8 \\ -2j_1 - j_2 + 4j_3 = 21 \end{cases}$

(p) $\begin{cases} 5j_1 - 2j_2 - 2j_4 = 15 \\ -2j_1 + 8j_2 - 4j_3 = 14 \\ -4j_2 + 10j_3 - j_4 = 3 \\ -2j_1 - j_3 + 5j_4 = -7 \end{cases}$

(q) $\begin{cases} j_1 = 2 \\ -3j_1 + 6j_2 = 12 \\ -2j_1 + 8j_3 = -12 \end{cases}$

(r) $\begin{cases} 8j_1 - 2j_2 - 6j_3 = 12 \\ -8j_1 + 5j_2 + 9j_3 = 0 \\ j_2 - j_3 = -2 \end{cases}$

8.2 $\begin{cases} 3j_1 - 2j_2 = 5 \\ -2j_1 + 9j_2 = 12 \end{cases}$

これを解いて, $j_1 = 3$ A, $j_2 = 2$ A. これより, $i_1 = j_1 = 3$ A, $i_2 = j_1 - j_2 = 1$ A, $i_3 = j_2 = 2$ A, $i_4 = -j_2 = -2$ A. さらに, $v_1 = 5 - 1 \times j_1 = 2$ V, $v_2 = -v_1 = -2$ V, $v_3 = -3i_3 = -6$ V, $v_4 = v_1 + v_3 = -4$ V.

8.3 (a) 解図 8.1(a) のように閉路電流 j_1, j_2 を定めると, つぎの回路方程式を得る.

$\begin{cases} 5j_1 + 2j_2 = 12 \\ 2j_1 + 8j_2 = 12 \end{cases}$ したがって, $i = j_1 = \dfrac{\begin{vmatrix} 12 & 2 \\ 12 & 8 \end{vmatrix}}{\begin{vmatrix} 5 & 2 \\ 2 & 8 \end{vmatrix}} = \dfrac{12 \times 8 - 12 \times 2}{5 \times 8 - 2 \times 2} = \dfrac{12 \times 6}{36} = 2$ A.

(b) 解図 (b) のように閉路電流 $j_1 \sim j_3$ を定めると, つぎの回路方程式を得る.

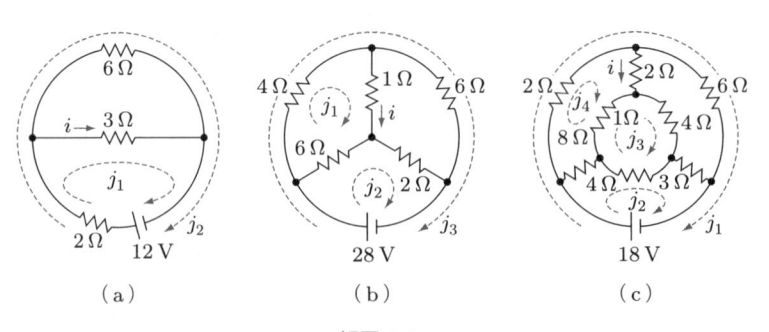

解図 8.1

$$\begin{cases} 11j_1 - 6j_2 + 4j_3 = 0 \\ -6j_1 + 8j_2 = 28 \\ 4j_1 + 10j_3 = 28 \end{cases} \quad \text{したがって,}$$

$$i = j_1 = \frac{\begin{vmatrix} 0 & -6 & 4 \\ 28 & 8 & 0 \\ 28 & 0 & 10 \end{vmatrix}}{\begin{vmatrix} 11 & -6 & 4 \\ -6 & 8 & 0 \\ 4 & 0 & 10 \end{vmatrix}}$$

$$= \frac{0 \times (8 \times 10 - 0 \times 0) - 28 \times \{(-6) \times 10 - 0 \times 4\} + 28 \times \{(-6) \times 0 - 8 \times 4\}}{11 \times (8 \times 10 - 0 \times 0) - (-6) \times \{(-6) \times 10 - 0 \times 4\} + 4 \times \{(-6) \times 0 - 8 \times 4\}}$$

$$= \frac{28 \times 28}{392} = 2 \text{ A}.$$

(c) 解図 (c) のように閉路電流 $j_1 \sim j_4$ を定めると，つぎの回路方程式を得る．

$$\begin{cases} 8j_1 + 2j_4 = 18 \\ 15j_2 - 4j_3 - 8j_4 = 18 \\ -4j_2 + 9j_3 - j_4 = 0 \\ 2j_1 - 8j_2 - j_3 + 13j_4 = 0 \end{cases}$$

$$i = j_4 = \frac{\begin{vmatrix} 8 & 0 & 0 & 18 \\ 0 & 15 & -4 & 18 \\ 0 & -4 & 9 & 0 \\ 2 & -8 & -1 & 0 \end{vmatrix}}{\begin{vmatrix} 8 & 0 & 0 & 2 \\ 0 & 15 & -4 & -8 \\ 0 & -4 & 9 & -1 \\ 2 & -8 & -1 & 13 \end{vmatrix}} = \frac{8 \times \begin{vmatrix} 15 & -4 & 18 \\ -4 & 9 & 0 \\ -8 & -1 & 0 \end{vmatrix} - 2 \times \begin{vmatrix} 0 & 0 & 18 \\ 15 & -4 & 18 \\ -4 & 9 & 0 \end{vmatrix}}{8 \times \begin{vmatrix} 15 & -4 & -8 \\ -4 & 9 & -1 \\ -8 & -1 & 13 \end{vmatrix} - 2 \times \begin{vmatrix} 0 & 0 & 2 \\ 15 & -4 & -8 \\ -4 & 9 & -1 \end{vmatrix}}$$

$$= \frac{8 \times 18 \times (4 + 72) - 2 \times 18 \times (135 - 16)}{8 \times 892 - 2 \times 2 \times (135 - 16)} = \frac{10944 - 4284}{7136 - 476} = 1 \text{ A}.$$

［連立 1 次方程式の別解］

$$\begin{pmatrix} 8 & 0 & 0 & 2 & 18 \\ 0 & 15 & -4 & -8 & 18 \\ 0 & -4 & 9 & -1 & 0 \\ 2 & -8 & -1 & 13 & 0 \end{pmatrix} \Rightarrow \begin{pmatrix} 0 & 32 & 4 & -50 & 18 \\ 0 & 15 & -4 & -8 & 18 \\ 0 & -4 & 9 & -1 & 0 \\ 2 & -8 & -1 & 13 & 0 \end{pmatrix} \Rightarrow \begin{pmatrix} 0 & 0 & 76 & -58 & 18 \\ 0 & 60 & -16 & -31 & 72 \\ 0 & -4 & 9 & -1 & 0 \\ 2 & -8 & -1 & 13 & 0 \end{pmatrix}$$

$$\Rightarrow \begin{pmatrix} 0 & 0 & 76 & -58 & 18 \\ 0 & 0 & 119 & -47 & 72 \\ 0 & -4 & 9 & -1 & 0 \\ 2 & -8 & -1 & 13 & 0 \end{pmatrix} \Rightarrow \begin{pmatrix} 0 & 0 & 76 & -58 & 18 \\ 0 & 0 & 43 & 11 & 54 \\ 0 & -4 & 9 & -1 & 0 \\ 2 & -8 & -1 & 13 & 0 \end{pmatrix}$$

$$\Rightarrow \begin{pmatrix} 0 & 0 & 33 & -69 & -36 \\ 0 & 0 & 43 & 11 & 54 \\ 0 & -4 & 9 & -1 & 0 \\ 2 & -8 & -1 & 13 & 0 \end{pmatrix} \Rightarrow \begin{pmatrix} 0 & 0 & 33 & -69 & -36 \\ 0 & 0 & 10 & 80 & 90 \\ 0 & -4 & 9 & -1 & 0 \\ 2 & -8 & -1 & 13 & 0 \end{pmatrix}$$

$$\Rightarrow \begin{pmatrix} 0 & 0 & 33 & -69 & -36 \\ 0 & 0 & 1 & 8 & 9 \\ 0 & -4 & 9 & -1 & 0 \\ 2 & -8 & -1 & 13 & 0 \end{pmatrix} \Rightarrow \begin{pmatrix} 0 & 0 & 0 & -333 & -333 \\ 0 & 0 & 1 & 8 & 9 \\ 0 & -4 & 9 & -1 & 0 \\ 2 & -8 & -1 & 13 & 0 \end{pmatrix}$$

$$\Rightarrow \begin{pmatrix} 0 & 0 & 0 & 1 & 1 \\ 0 & 0 & 1 & 8 & 9 \\ 0 & -4 & 9 & -1 & 0 \\ 2 & -8 & -1 & 13 & 0 \end{pmatrix}.$$

1行目から，$i = j_4 = 1$ A．

9 章

9.1 (a) $\left(\dfrac{1}{2} + \dfrac{1}{12} + \dfrac{1}{6}\right) e = \dfrac{24}{2}$ (b) $\left(\dfrac{1}{2} + \dfrac{1}{12} + \dfrac{1}{6}\right) e = \dfrac{-24}{2}$

(c) $\left(\dfrac{1}{3} + \dfrac{1}{6} + \dfrac{1}{4}\right) e = \dfrac{18}{3} + \dfrac{-3}{6} + \dfrac{16}{4}$ (d) $\left(\dfrac{1}{8} + \dfrac{1}{4}\right) e = 6$

(e) $\begin{cases} \left(\dfrac{1}{10} + \dfrac{1}{2}\right) e_1 - \dfrac{1}{2} e_2 = 4 \\ -\dfrac{1}{2} e_1 + \left(\dfrac{1}{2} + \dfrac{1}{4}\right) e_2 = -2 \end{cases}$ (f) $\begin{cases} e_1 = 8 \\ -\dfrac{1}{3} e_1 + \left(\dfrac{1}{3} + \dfrac{1}{3} + \dfrac{1}{1}\right) e_2 = -\dfrac{2}{3} + \dfrac{18}{1} \end{cases}$

(g) $\begin{cases} \left(\dfrac{1}{2} + \dfrac{1}{5} + \dfrac{1}{4}\right) e_1 - \dfrac{1}{4} e_2 = \dfrac{-22}{2} \\ -\dfrac{1}{4} e_1 + \left(\dfrac{1}{4} + \dfrac{1}{3}\right) e_2 = 6 \end{cases}$ (h) $\begin{cases} \left(\dfrac{1}{4} + \dfrac{1}{3}\right) e_1 - \dfrac{1}{3} e_2 = 6 \\ -\dfrac{1}{3} e_1 + \left(\dfrac{1}{3} + \dfrac{1}{2} + \dfrac{1}{5} + \dfrac{1}{3}\right) e_2 = \dfrac{22}{2} - 6 \end{cases}$

(i) $\begin{cases} \left(\dfrac{1}{2} + \dfrac{1}{5} + \dfrac{1}{3}\right) e_1 - \left(\dfrac{1}{2} + \dfrac{1}{5}\right) e_2 = \dfrac{22}{2} - 6 \\ -\left(\dfrac{1}{2} + \dfrac{1}{5}\right) e_1 + \left(\dfrac{1}{2} + \dfrac{1}{5} + \dfrac{1}{4}\right) e_2 = \dfrac{-22}{2} \end{cases}$ (j) $\left(\dfrac{1}{4} + \dfrac{1}{2}\right) e = \dfrac{24}{4} + 3$

(k) $\left(\dfrac{1}{4}+\dfrac{1}{2}\right)e=\dfrac{24}{4}+3$

(l) $\begin{cases} e_1=46 \\ -\dfrac{1}{12}e_1+\left(\dfrac{1}{12}+\dfrac{1}{2}+\dfrac{1}{3}\right)e_2-\dfrac{1}{3}e_3=0 \\ -\dfrac{1}{5}e_1-\dfrac{1}{3}e_2+\left(\dfrac{1}{5}+\dfrac{1}{3}+\dfrac{1}{4}\right)e_3=0 \end{cases}$

(m) $\begin{cases} e_1=46 \\ -\dfrac{1}{12}e_1+\left(\dfrac{1}{12}+\dfrac{1}{2}+\dfrac{1}{3}\right)e_2-\dfrac{1}{3}e_3=0 \\ -\dfrac{1}{5}e_1-\dfrac{1}{3}e_2+\left(\dfrac{1}{5}+\dfrac{1}{3}+\dfrac{1}{4}\right)e_3=0 \end{cases}$

(n) $\begin{cases} \left(\dfrac{1}{5}+\dfrac{1}{12}\right)e_1-\dfrac{1}{5}e_2-\dfrac{1}{12}e_3=9 \\ -\dfrac{1}{5}e_1+\left(\dfrac{1}{5}+\dfrac{1}{3}+\dfrac{1}{4}\right)e_2-\dfrac{1}{3}e_3=0 \\ -\dfrac{1}{12}e_1-\dfrac{1}{3}e_2+\left(\dfrac{1}{12}+\dfrac{1}{3}+\dfrac{1}{2}\right)e_3=0 \end{cases}$

(o) $\begin{cases} \left(\dfrac{1}{4}+\dfrac{1}{2}+\dfrac{1}{1}\right)e_1-\dfrac{1}{4}e_2-\dfrac{1}{2}e_3=\dfrac{-20}{4}+\dfrac{-6}{2}+\dfrac{15}{1} \\ -\dfrac{1}{4}e_1+\left(\dfrac{1}{4}+\dfrac{1}{5}+\dfrac{1}{8}\right)e_2-\dfrac{1}{5}e_3=\dfrac{20}{4}+1 \\ -\dfrac{1}{2}e_1-\dfrac{1}{5}e_2+\left(\dfrac{1}{2}+\dfrac{1}{5}+\dfrac{1}{1}\right)e_3=\dfrac{6}{2} \end{cases}$

(p) $\begin{cases} \left(\dfrac{1}{1}+\dfrac{1}{2}+\dfrac{1}{2}\right)e_1-\dfrac{1}{1}e_2-\dfrac{1}{2}e_3-\dfrac{1}{2}e_4=\dfrac{15}{1}+\left(2+\dfrac{3}{2}\right) \\ -\dfrac{1}{1}e_1+\left(\dfrac{1}{1}+\dfrac{1}{2}+\dfrac{1}{2}\right)e_2-\dfrac{1}{2}e_3=\dfrac{-15}{1}+7 \\ -\dfrac{1}{2}e_1-\dfrac{1}{2}e_2+\left(\dfrac{1}{2}+\dfrac{1}{2}+\dfrac{1}{1}+\dfrac{1}{4}\right)e_3-\dfrac{1}{1}e_4=0 \\ -\dfrac{1}{2}e_1-\dfrac{1}{1}e_3+\left(\dfrac{1}{2}+\dfrac{1}{1}+\dfrac{1}{5}\right)e_4=\left(-2-\dfrac{3}{2}\right)+\left(-\dfrac{3}{5}\right) \end{cases}$

(q) $\begin{cases} \left(\dfrac{1}{3}+\dfrac{1}{3}\right)e_1-\dfrac{1}{3}e_2-\dfrac{1}{3}e_3=2 \\ \left(-\dfrac{1}{3}-\dfrac{1}{3}\right)e_1+\left(\dfrac{1}{3}+\dfrac{1}{2}\right)e_2+\left(\dfrac{1}{3}+\dfrac{1}{6}\right)e_3=0 \\ e_2-e_3=12 \end{cases}$

(r) $\begin{cases} e_1=12 \\ -\dfrac{1}{2}e_1+\left(\dfrac{1}{2}+\dfrac{1}{6}\right)e_2=-2 \\ -\dfrac{1}{3}e_1+\left(\dfrac{1}{3}+\dfrac{1}{3}\right)e_3=2 \end{cases}$

9.2 $\begin{cases} \left(\dfrac{1}{1}+\dfrac{1}{2}+\dfrac{1}{3}\right)e_1 - \dfrac{1}{3}e_2 = \dfrac{5}{1} \\ -\dfrac{1}{3}e_1 + \left(\dfrac{1}{3}+\dfrac{1}{4}\right)e_2 = -3 \end{cases}$

これを解いて，$e_1=2$ V，$e_2=-4$ V．これより，$v_1=e_1=2$ V，$v_2=-v_1=-2$ V，$v_3=e_2-e_1=-6$ V，$v_4=e_2=-4$ V．さらに，$i_1=(5-e_1)/1=3$ A，$i_2=e_1/2=1$ A，$i_3=(e_1-e_2)/3=2$ A，$i_4=-i_3=-2$ A．

9.3 (a) Step.1 解図9.1(a)のように電位 e を定める．
Step.2 つぎの方程式を得る．
$$\left(\dfrac{1}{6}+\dfrac{1}{3}+\dfrac{1}{2}\right)e = \dfrac{-12}{2}$$
Step.3 これより $e=-6$ V，したがって，$v=e+12=6$ V．

(b) Step.1 解図9.1(b)のように電位 e_1, e_2 を定める．
Step.2 つぎの方程式を得る．
$$\begin{cases} \left(\dfrac{1}{4}+\dfrac{1}{1}+\dfrac{1}{6}\right)e_1 - \dfrac{1}{1}e_2 - \dfrac{1}{4}e_3 = 0 \\ -\dfrac{1}{1}e_1 + \left(\dfrac{1}{1}+\dfrac{1}{6}+\dfrac{1}{2}\right)e_2 - \dfrac{1}{6}e_3 = 0 \\ e_3 = 28 \end{cases}$$

Step.3 これより，$e_1=12$ V，$e_2=10$ V．したがって，$v=e_1-e_2=12-10=2$ V．

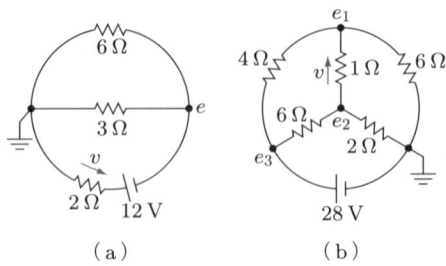

解図 9.1

10 章

10.1 解図10.1, 10.2のとおり．

10.2 開放電圧は，題意より $E_0=12$ V．内部抵抗は，20 Ω と 10 Ω の直列抵抗であるから 30 Ω．テブナンの定理および分圧の公式により，$10/(30+10)\times 12=3$ V．

10.3 まず，スイッチを閉じた場合について考える．電圧源のみがはたらいたときには $10/200=50$ mA，電流源のみがはたらいたときには $200\text{m}\times 120/200=120$ mA の電流が流れる．両方がはたらいた場合には，重ね合わせの定理により 170 mA が流れる．つぎにスイッチを開いた場合を考える．スイッチより左の回路の内部抵抗は，200 Ω と 300 Ω の並列回路の合成抵抗として，$200\times 300/(200+300)=120$ Ω．ノルトンの定理により，$170\text{m}\times 120/(120+50)=120$ mA が流れる．

10.4 まず，スイッチを開いた場合について考える．電圧源のみがはたらいたときは，60 V を二つの 20 Ω で分圧した電圧であるから 30 V，電流源のみがはたらいたとき，二つの 20 Ω の抵抗の並列回路に 10 Ω が直列になっており，合成抵抗 20 Ω に 1 A が流れ，

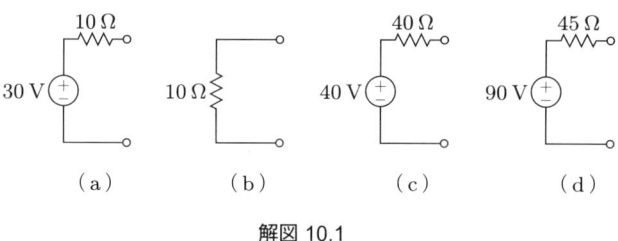

演習問題解答　599

解図 10.1

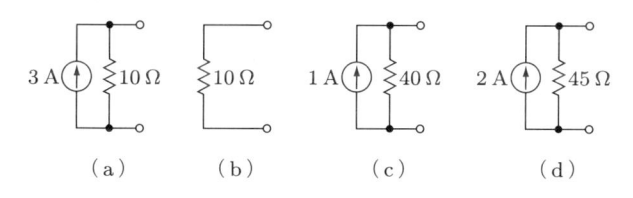

解図 10.2

電圧は 20 V．重ね合わせの定理により，合計 50 V が開放電圧となる．つぎにスイッチを閉じた場合は，スイッチより左の回路の内部抵抗は二つの 20 Ω．したがって，テブナンの定理および分圧の法則により，$5/(20+5) \times 50 = 10$ V．

10.5 スイッチを閉じたときは，電圧源のみがはたらいた場合，二つの 5 Ω の抵抗の直列回路と，10 Ω の抵抗とが並列となった合計 5 Ω の抵抗に 10 V が加えられており，流れる電流は 2 A となる．電流源のみがはたらいた場合，6 A を二つの 5 Ω で分流した電流であるから 3 A．重ね合わせの定理により，合計 5 A が短絡電流となる．スイッチを開いたときは，スイッチより左の回路の内部抵抗は 5Ω，また，短絡電流は 5A となる．したがって，ノルトンの定理および分流の法則により，$5 \times 5/(20+5) = 1.0$ A．

10.6 電圧計の電圧は，解図 10.3(a) の回路の開放電圧 V に等しい．抵抗 20 Ω と抵抗 10 Ω + 20 Ω の並列回路の合成抵抗が $20 \times 30/(20+30) = 12$ Ω であることに注意して，分圧の公式を用いると，

$$V = 100 \times \frac{12}{20+12} \times \frac{20}{10+20} = 25 \text{ V}$$

となる．この回路の内部抵抗は，解図 (b) を参考に，二つの抵抗 20 Ω の並列回路の合成抵抗が 10 Ω，それと直列の抵抗 10 Ω との合成抵抗が 20 Ω，さらに，それらと並列

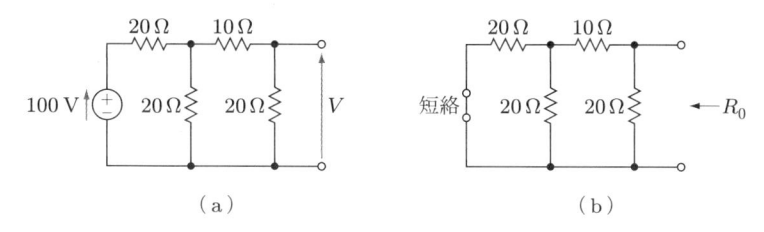

解図 10.3

に抵抗 20 Ω があり，全体の合成抵抗 R_0 は 10 Ω ということがわかる．テブナンの定理により，電流計に流れる電流 I は $I=25/(10+40)=0.5$ A．

11 章

11.1 (a) 分圧の公式から，抵抗 2 Ω に加わる電圧は $v/2$．したがって，二つの抵抗および従属電源に加わる電圧に関して閉路方程式を立てると，$v+(1/2)v+3v=36$ これより，$v=8$ V．
  (b) 右の網目について閉路方程式を立てると，$2i+6(i-2)=4i$ これより，$i=3$ A．
  (c) 上部の節点について節点方程式を立てると，$v/2+v/6=(18-v)/3$ これより，$v=6$ V．
  (d) 分流の考え方により 1 Ω の抵抗には電流 $4i$ が流れるから，節点方程式を立てると，$i+4i=3+2i$ これより，$i=1$ A．
11.2 左右の回路の電流 i_1, i_2 を未知数に閉路方程式を立てると，

$$\begin{cases} 3i_1 + 2i_2 = 6 \\ 4i_2 = -3i_1 \end{cases}$$

となる．これを解いて，$i_1=4$ A，$i_2=-3$ A．

12 章

12.1 (1) 電流計に最大振れ電流 3 mA が流れているときには，電流計の電圧降下は $27\times 3\mathrm{m}=81$ mV である．分流抵抗 R にもこの電圧がかかるため，分流抵抗には $81\mathrm{m}/3=27$ mA の電流が流れる．このとき，全体に流れる電流 I は $3\mathrm{m}+27\mathrm{m}=30$ mA である．つまり，この回路は最大振れ電流が 30 mA の電流計として利用できる．
  (2) 解図 12.1 のように電流計に倍率器を直列に接続して構成する．倍率器の抵抗値を R とすると，回路全体の抵抗値は $R+27$ Ω．最大振れ電流 3 mA が流れているときに回路全体に加わる電圧を 3 V とすればよいので，$3\mathrm{m}\times(R+27)=3$．これを解くと，$R=973$ Ω．

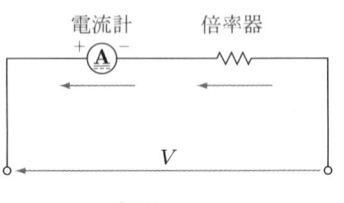

解図 12.1

12.2 図 12.19(a) の回路における電圧計および電流計の指示値をそれぞれ V'，I'，これらより得られた抵抗値を R'，また，この抵抗値の誤差率を ε' とすると，

$$V'=E, \quad I'=\frac{E}{10+100}, \quad R'=\frac{V'}{I'}=110 \text{ Ω}, \quad \varepsilon'=\frac{R'-R}{R}=\frac{110-100}{100}=10 \text{ \%}$$

となる．同様に，図 (b) の回路における電圧計および電流計の指示値をそれぞれ V''，I''，これらより得られた抵抗値を R''，また，この抵抗値の誤差率を ε'' とすると，

$$V''=\frac{100//10\mathrm{k}}{10+100//10\mathrm{k}}E, \quad I''=\frac{E}{10+100//10\mathrm{k}}, \quad R''=\frac{V''}{I''}=100//10\mathrm{k}=99.01 \text{ Ω},$$

$$\varepsilon''=\frac{R''-R}{R}=\frac{99.01-100}{100}=-0.99 \text{ \%}.$$

となる．図 (b) の測定回路の誤差率が小さいことから，この抵抗の計測のための電圧

計，電流計の配置は，図 (b) のほうがよいといえる．

12.3 (1) $0.1/2\mathrm{m} = 50$ 目盛． (2) $6\mathrm{k} \times 50~\mu\mathrm{A} = 300\mathrm{m} = 300$ mV．
(3) 解図 12.2 のとおり．

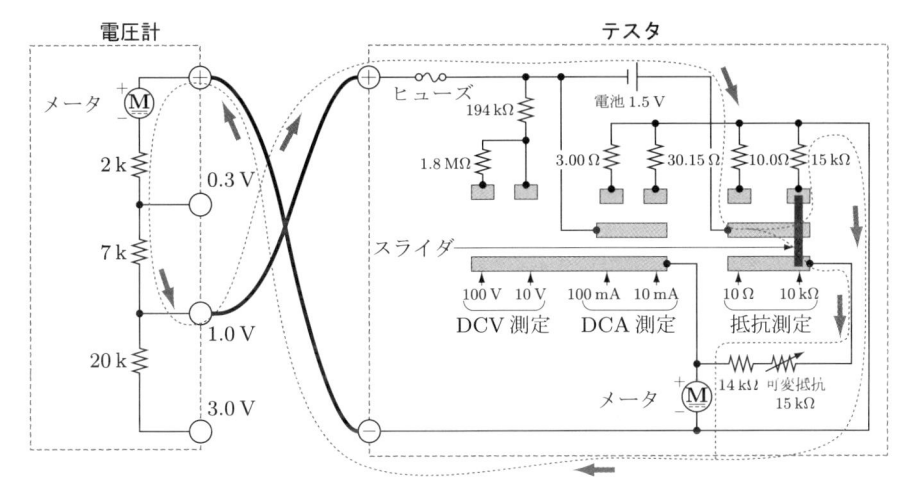

解図 12.2

(4) 電圧計の内部抵抗が $7\mathrm{k}+2\mathrm{k}+1\mathrm{k}=10$ kΩ．テスタ内部のメータ側の抵抗が $6\mathrm{k}+14\mathrm{k}+10\mathrm{k}=30$ kΩ，分流器抵抗が 15 kΩ．全合成抵抗は $10\mathrm{k}+30\mathrm{k}//15\mathrm{k}=20$ kΩ．電源電圧は電池の 1.5 V であるから，全体の電流は $1.5/20\mathrm{k}=75~\mu\mathrm{A}$．そのうち，メータ側には $75~\mu \cdot 15\mathrm{k}/(30\mathrm{k}+15\mathrm{k}) = 25~\mu\mathrm{A}$，分流器側には $75\mu - 25\mu = 50~\mu\mathrm{A}$ が流れる．

12.4 フルスケールが 50 μA だから，25 μA は半分，50 %．

12.5 電圧計を 1 目盛振らせる電流は $2\mathrm{m}/1\mathrm{k}=2\mu=2~\mu\mathrm{A}$ であるから，$75\mu/2\mu=37.5$ 目盛．

13 章

13.1 (1) 10 V のときに蓄えられた電気量は $q = Cv = 500\mu \times 10 = 5$ mC，30 V のときは，この 3 倍の $q = 15$ mC．つまり，電気量 10 mC が 5 秒間流れたことになり，$i = q/t = 5\mathrm{m}/5 = 1$ mA．
(2) $20\mu + C = 30\mu$，よって，$C = 10~\mu$F．
(3) $\dfrac{1}{20\mu} + \dfrac{1}{C} = \dfrac{1}{10\mu}$，よって，$\dfrac{1}{C} = \dfrac{1}{10\mu} - \dfrac{1}{20\mu} = \dfrac{1}{10\mu}$，$C = 10~\mu$F．
(4) (a) 20 μF， (b) 10 μF， (c) 1 μF．
(5) $C = \dfrac{\varepsilon S}{d} = \dfrac{\varepsilon_S \varepsilon_0 S}{d} = \dfrac{60.0 \times 8.85 \times 10^{-12} \times 20 \times 10^{-4}}{0.1 \times 10^{-7}} = 106200 \times 10^{-13} = 10.6$ nF．

13.2 (1) $q = it = 2 \times 12 = 24$ C．$v_1 = q/C_1 = 24/4 = 6$ V，$v_2 = q/C_2 = 24/12 = 2$ V，$v = 6+2 = 8$ V．$w_1 = qv_1/2 = 24 \times 6/2 = 72$ J，$w_2 = qv_2/2 = 24 \times 2/2 = 24$ J，$w = 72 + 12 = 84$ J．

(2) $q=it=2\times 12=24$ C. それぞれに流れ込んだ電気量は $q_1=C_1v=4v$, $q_2=C_2v=12v$ であり，その比は 1:3. この和が全体に注入された電気量 24 C であるから，この比で分配して，$q_1=6$C, $q_2=18$C. 全電圧 v は $v=q_1/C_1=6/4=1.5$ V. $w_1=q_1v/2=6\times 1.5/2=4.5$ J, $w_2=q_2v/2=18\times 1.5/2=13.5$ J, $w=4.5+13.5=18$ J.

14 章

14.1 (1) e. (2) f. (3) d. (4) c. (5) g. (6) h. (7) j. (8) i.

14.2 (a) と (d), (b) と (a), (c) と (b), (d) と (a), ここで，各対の左の関数に対して右の関数はその積分であり，右の関数に対して左の関数は微分の関係を表している．

14.3 (1) $y'(x)=\dfrac{d}{dx}2(x-3)^4=2\times 4(x-3)^3=8(x-3)^3$.

(2) $y'(x)=\dfrac{d}{dx}\sqrt{x^2+1}=\dfrac{d}{dx}(x^2+1)^{\frac{1}{2}}=\dfrac{1}{2}(x^2+1)^{-\frac{1}{2}}\times 2x=\dfrac{x}{\sqrt{x^2+1}}$.

(3) $y'(x)=\dfrac{d}{dx}2\sin(3x+30°)=2\cos(3x+30°)\times 3=6\cos(3x+30°)$.

14.4 (1) $\displaystyle\int f(x)\,dx=\int (x-2)^3\,dx=\dfrac{1}{4}(x-2)^4+C$.

(2) $\displaystyle\int f(x)\,dx=\int 3e^{2x}\,dx=\dfrac{3}{2}e^{2x}+C$.

(3) $\displaystyle\int f(x)\,dx=\int \dfrac{1}{x-1}\,dx=\ln|x-1|+C$.

(4) $\displaystyle\int f(x)\,dx=\int \cos 2x\,dx=\dfrac{1}{2}\sin 2x+C$.

14.5 (1) $\displaystyle\int_{-1}^{3}5\,dx=5x\big|_{x=-1}^{x=3}=5\times 3-5\times(-1)=15+5=20$.

(2) $\displaystyle\int_{0}^{3}(x-1)^2\,dx=\dfrac{1}{3}(x-1)^3\bigg|_{x=0}^{x=3}=\dfrac{1}{3}\times(3-1)^3-\dfrac{1}{3}\times(0-1)^3=\dfrac{8}{3}+\dfrac{1}{3}=3$.

(3) $\displaystyle\int_{-1}^{1}x\,dx=\dfrac{1}{2}x^2\bigg|_{x=-1}^{x=1}=\dfrac{1}{2}\times 1^2-\dfrac{1}{2}\times(-1)^2=0$.

［別解］ 被積分関数を解図 14.1(a) に示す．問題の定積分を区間 $[-1,0]$ と区間 $[0,1]$ に分けて考えると，双方の面積は等しく，定積分としては符号が異なることから，その和は 0 である．

(4) $\displaystyle\int_{-\pi}^{\pi}\cos x\,dx=\sin x\big|_{x=-\pi}^{x=\pi}=\sin\pi-\sin(-\pi)=0-0=0$.

［別解］ 解図 (b) に示すように，定積分を区間 $[0,\pi/2]$ と区間 $[\pi/2,\pi]$ に分けて考

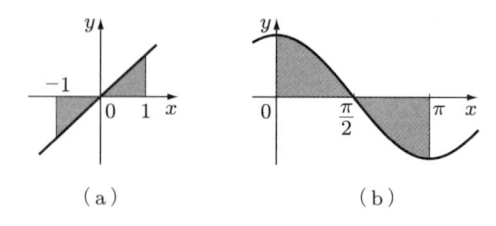

(a)　　　　(b)

解図 14.1

えると，双方の面積は等しく，定積分としては符号が異なることから，その和は 0 である．

15 章

15.1 (1) $\Phi=Li=1\text{m}\times 100\text{m}=0.1\text{m}=0.1$ mWb, $\phi=\Phi/n=0.1\text{m}/100=1\mu=1$ μWb.

(2) $\Delta\Phi=L\Delta i=300\text{m}\times(600\text{m}-200\text{m})=120\text{m}=120$ mWb.
$v=\Delta\Phi/\Delta t=120\text{m}/2=60$ mV.

(3) 直列接続：$L=L_1+L_2=20\text{m}+30\text{m}=50$ mH.

並列接続：$L=\dfrac{L_1 L_2}{L_1+L_2}=\dfrac{20\text{m}\times 30\text{m}}{20\text{m}+30\text{m}}=12$ mH.

(4) $W=\dfrac{1}{2}Li^2=\dfrac{1}{2}\times 2\times 3^2=9$ J.

15.2 $\Phi=Li$, $v=d\Phi/dt$ であるから，解図 15.1 のようになる．

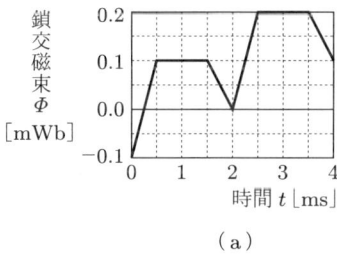

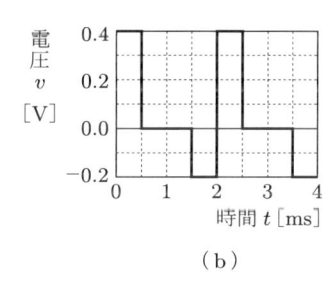

(a)　　　　(b)

解図 15.1

16 章

16.1 抵抗では $i=v/R$，インダクタでは $i(t)=i(0)+\dfrac{1}{L}\displaystyle\int_0^t v(t)\,dt$，キャパシタでは $i(t)=C\dfrac{dv(t)}{dt}$．また，電力は $p(t)=v(t)i(t)$．これらにより，解図 16.1 のようになる．平均電力 P は，図 16.16 の抵抗で 10 W，そのほかは 0 W．

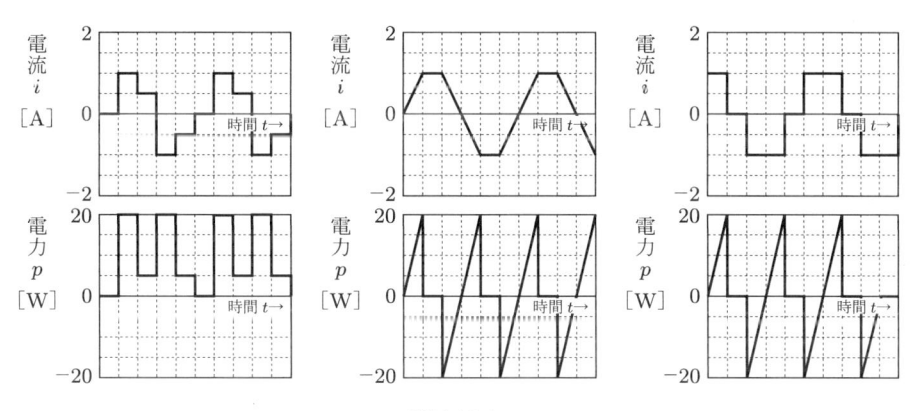

解図 16.1

16.2 (1) (f). (2) (g). (3) (b). (4) (e). (5) (i). (6) (h). (7) (c). (8) (d).
16.3 (1) (c). (2) (d). (3) (b).

17 章

17.1 (1) (a), (b) は 40 ms, (c) は 20 ms.
(2) 解図 17.1 のとおり

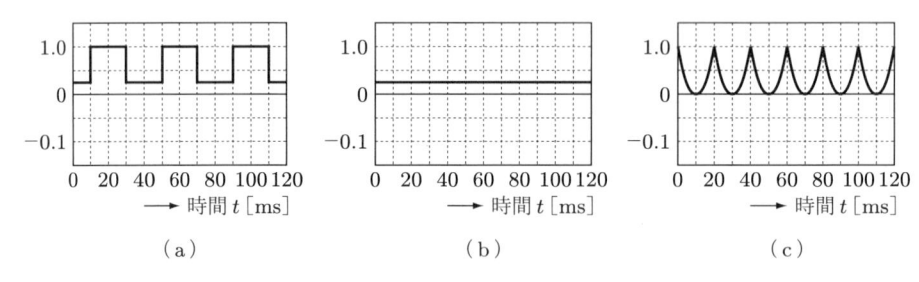

解図 17.1

(3) (a) 最大値 1.0, ピークトゥピーク値 1.5, 平均値 0.25. 実効値 0.791 (2 乗した波形の平均値の平方根:2 乗波形は 0.25 と 1.00 を等間隔で交互に繰り返すから, その平均値は $0.625=5/8$, その平方根は $\sqrt{10}/4 \fallingdotseq 0.791$).
(b) 最大値 0.5, ピークトゥピーク値 1.0, 平均値 0. 実効値 0.5 (2 乗した波形は $0.25=1/4$ で一定であるから, その平均値も $0.25=1/4$, その平方根は 0.5).
(c) 最大値 1.0, ピークトゥピーク値 2.0, 平均値 0. 実効値 0.577 (2 乗した波形は放物線であり, その平均値は時間伸縮して考えれば t^2 の時間域 $[0, 1.0]$ の平均値に等しい. t^2 の区間 $[0, 1.0]$ での積分値は $1/3$ であるから, 平均値も $1/3$. したがって, 実効値は $1/\sqrt{3} \fallingdotseq 0.577$).

17.2 (1) ① $0°$. ② $90°$. ③ $180°$. ④ $270°$. (2) v' のほうが v よりも変化が速い.
(3) $T=5$ ms. (4) $f=200$ Hz. (5) $\omega=628$ rad/s.
17.3 (1) 5 A. (2) $f=100$ Hz. (3) $T=10$ ms. (4) $90°$. (5) $162°$. (6) 2.19 A. (7) ②.
17.4 (1) ②. (2) (オ).

18 章

18.1 (1) $a+b=(1+j0.5)+(1+j)=2+j1.5$. (2) $a-b=(1+j0.5)-(1+j)=-j0.5$.
(3) $ab=(1+j0.5)(1+j)=1+j+j0.5+j0.5 \times j=1-0.5+j(1+0.5)=0.5+j1.5$.
(4) $\dfrac{a}{b}=\dfrac{1+j0.5}{1+j}=\dfrac{(1+j0.5)(1-j)}{(1+j)(1-j)}=\dfrac{1-j+j0.5-j0.5 \times j}{1-j+j-j^2}=\dfrac{1+0.5+j(0.5-1)}{1+1}$
$=\dfrac{1.5}{2}-j\dfrac{0.5}{2}=0.75-j0.25$.
(5) $\bar{a}=\overline{1+j0.5}=1-j0.5$.
解図 18.1 のとおり.

18.2 (1) $-15+j20=25\angle 126.9°$. (2) $20\angle -60°=10-j17.3$.
解図 18.2 のとおり.

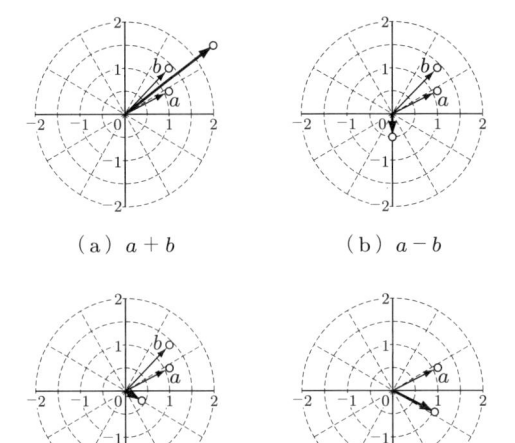

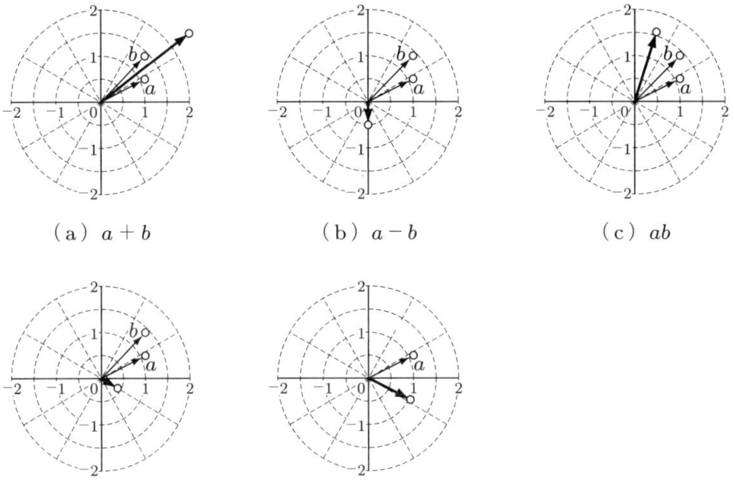

演習問題解答 605

(a) $a+b$ (b) $a-b$ (c) ab

(d) a/b (e) $\bar{a}$

解図 18.1

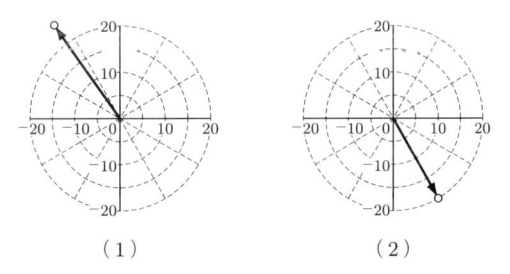

(1)   (2)

解図 18.2

18.3 $I = \dfrac{10\angle 30°}{5} = 2\angle 30°$ A, $I_C = \dfrac{10\angle 30°}{-j2} = \dfrac{10\angle 30°}{2\angle -90°} = 5\angle 120°$ A,
$I_0 = 2\angle 30° + 5\angle 120° = (1.73+j) + (-2.5+j4.33) = -0.77 + j5.33 = 5.39\angle 98.2°$ A.

18.4 $I = \dfrac{10\angle 30°}{5+j6} = \dfrac{10\angle 30°}{7.81\angle 50.2°} = 1.28\angle -20.2°$ A,
$V = j6 \times I = j6 \times 1.28\angle -20.2° = 7.68\angle 69.8°$ V.

18.5   (1) $\dfrac{1}{\dfrac{1}{5-j2}+\dfrac{1}{6}} = \dfrac{(5-j2)\times 6}{(5-j2)+6} = \dfrac{30-j12}{11-j2} = \dfrac{32.3\angle -21.8°}{11.2\angle -10.3°} = 2.89\angle -11.5°$.

(2) $2.89\angle -11.5° + j2 = (2.832 - j0.576) + j2 = 2.832 + j1.424 = 3.17\angle 26.7°$.

(3) $\dfrac{10\angle 30°}{3.17\angle 26.7°} = 3.15\angle 3.3°$.

(4) $3.15\angle 3.3° \times \dfrac{6}{6+5-j2} = \dfrac{3.15\angle 3.3° \times 6}{11-j2} = \dfrac{3.15\angle 3.3° \times 6}{11.2\angle -10.3°} = 1.69\angle 13.6°$.

(5) $10\angle 30° \times \dfrac{2.89\angle -11.5°}{j2+2.89\angle -11.5°} = \dfrac{10\angle 30° \times 2.89\angle -11.5°}{3.17\angle 26.7°} = 9.12\angle -8.2°$.

(6) $\dfrac{9.12\angle -8.2°}{5-j2} = \dfrac{9.12\angle -8.2°}{5.39\angle -21.8°} = 1.69\angle 13.6°$.

(7) $\dfrac{10\angle 30° - 9.12\angle -8.2°}{j2} = \dfrac{8.660+j5-(9.026-j1.301)}{j2} = \dfrac{-0.366+j6.301}{j2}$
$= \dfrac{6.31\angle 93.3°}{2\angle 90°} = 3.16\angle 3.3°$.

18.6 図 18.15 に示す電流 (複素電流)I および電圧 (複素電圧)V は，

$$I = \dfrac{100\angle 30°}{-j20+50} = 1.86\angle 51.8° \text{ A}, \quad V = \dfrac{50}{-j20+50} \times 100\angle 30° = 92.8\angle 51.8° \text{ V}$$

となる．したがって，交流電圧計 a の示す値は 100 V，b の示す値は 92.8 V，交流電流計の示す値は 1.86 A．

19 章

19.1 (1) $5\angle 0° + 3\angle 90° = 5+j3 = 5.83\angle 31.0°$. したがって，$5\sqrt{2}\sin\omega t + 3\sqrt{2}\sin(\omega t+90°)$
$= 5.83\sqrt{2}\sin(\omega t+31.0°)$.

(2) $5\angle 120° + 3\angle(-160°) = (-2.50+j4.33)+(-2.82-j1.03) = -5.33+j3.30$
$= 6.26\angle 148.2°$. したがって，$5\sqrt{2}\sin(\omega t+120°)+3\sqrt{2}\sin(\omega t-160°) = 6.26\sqrt{2}$
$\times \sin(\omega t+148.2°)$.

(3) $\cos(\omega t-50°) = \sin(\omega t+40°)$ であるから，与式 $= 5\sqrt{2}\sin(\omega t+120°)+3\sqrt{2}\cos(\omega t-50°) = 5\sqrt{2}\sin(\omega t+120°)+3\sqrt{2}\sin(\omega t+40°)$, $5\angle 120°+3\angle 40° = (-2.50+j4.33)+(2.29+j1.93) = -0.21+j6.26 = 6.26\angle 91.8°$. したがって，$5\sqrt{2}\sin(\omega t+120°)+3\sqrt{2}\cos(\omega t-50°) = 6.26\sqrt{2}\sin(\omega t+91.8°)$.

(4) $\cos(\omega t+120°) = \sin(\omega t+210°)$ であるから，与式 $= 5\sqrt{2}\cos(\omega t+120°)-3\sqrt{2}\sin(\omega t-100°) = 5\sqrt{2}\sin(\omega t+210°)-3\sqrt{2}\sin(\omega t-100°) = 5\angle 210°-3\angle(-110°) = (-4.33-j2.50)-(-0.52-j2.95) = -3.81+j0.45 = 3.84\angle 173.2°$. したがって，$5\sqrt{2}\cos(\omega t+120°)-3\sqrt{2}\sin(\omega t-100°) = 3.84\sqrt{2}\sin(\omega t+173.2°)$.

(5) 正弦波の振幅をフェーザの大きさに対応させて考えると，$1\angle 30°+1\angle -150° = (0.866+j0.50)+(-0.866+j0.50) = j = 1\angle 90°$. したがって，$\sin(\omega t+30°)+\sin(\omega t-150°) = \sin(\omega t+90°)$.

19.2 (1) $\cos(\omega t+10°) = \sin(\omega t+100°)$ であるから，$3\sqrt{2}\sin(\omega t-20°)$, $3\sqrt{2}\cos(\omega t+10°)$ に対応するフェーザ E_1, E_2 は解図 19.1 のように描ける．解図より，E_1-E_2 の偏角は $-50°$, 大きさは 3 の $\sqrt{3}$ 倍．したがって，$3\sqrt{2}\sin(\omega t-20°)-3\sqrt{2}\cos(\omega t+10°) = 3\sqrt{3}\sqrt{2}\sin(\omega t-50°) = 5.20\sqrt{2}\sin(\omega t-50°)$.

(2) $3\angle(-20°)-3\angle(10°+90°) = (2.82-j1.03)-(-0.52+j2.95) = 3.34-j3.98 = 5.20\angle -50.0°$. したがって，$3\sqrt{2}\sin(\omega t-20°)-3\sqrt{2}\cos(\omega t+10°) = 5.20\sqrt{2}\sin(\omega t-50°)$.

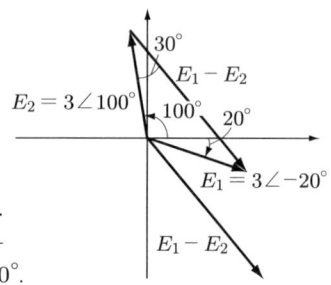

解図 19.1

(3) 与式 $= 3\sqrt{2}\sin(\omega t - 20°) - 3\sqrt{2}\cos(\omega t + 10°)$
$= 3\sqrt{2}\{\sin(\omega t - 20°) - \sin(\omega t + 100°)\}$
$= 3\sqrt{2}\{(\sin\omega t\cos 20° - \cos\omega t\sin 20°) - (\sin\omega t\cos 100° + \cos\omega t\sin 100°)\}$
$= 3\sqrt{2}\{(0.940\sin\omega t - 0.342\cos\omega t) - (-0.174\sin\omega t + 0.985\cos\omega t)\}$
$= 3\sqrt{2}(1.114\sin\omega t - 1.327\cos\omega t)$
$= 3\sqrt{2} \times \sqrt{1.114^2 + (-1.327)^2}\sin(\omega t + \mathrm{atan}2(-1.327, 1.114))$
$= 3\sqrt{2} \times 1.733\sin(\omega t - 50.0°)$
$= 5.20\sqrt{2}\sin(\omega t - 50.0°)$

19.3 フェーザの大きさは実効値で描かれているので，これを $\sqrt{2}$ 倍し，この矢印が反時計回りに回転したときの y 成分の時間変化が対応する正弦波である点に注意する．

(1) E_1 は⑤，E_2 は② (e_1, e_2 の波形からフェーザの大きさと初期位相を読み取る．振幅は e_1 のほうが大きく，e_2 のほうが小さい．また，初期位相はそれぞれ $180°$，$90°$ と読み取れる)．
(2) 解図 19.2 のとおり．
(3) ④ (問 (2) で求めたフェーザを回転したときの y 成分の時間変化を考える)．

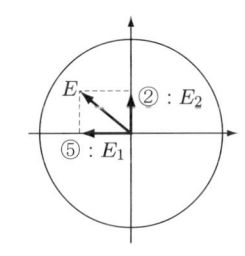

解図 19.2

20 章

20.1 回路に加える複素電圧 E は，$E = 20\angle 30°$ V．電源の角周波数 ω および回路全体のインピーダンス Z は，$\omega = 2\pi f = 2000\pi$ rad/s，$Z = 50 + j2000\pi \times 10\mathrm{m} = 50 + j62.83 = 80.30\angle 51.5°$ Ω．したがって，回路に流れる電流 I は，
$$I = \frac{E}{Z} = \frac{20\angle 30°}{80.30\angle 51.5°} = 249.1\mathrm{m}\angle -21.5° = 249.1\angle -21.5°\ \mathrm{mA}$$
となる．これを瞬時式に直して，$i = 249.1\sqrt{2}\sin(\omega t - 21.5°)$ mA．

20.2 回路に加える複素電圧 E は，$E = 20\angle 30°$ V．電源の角周波数 ω および回路全体のアドミタンス Y は，$\omega = 2000\pi$ rad/s，$Y = (1/50) + j2000\pi \times 4\mu = 20\mathrm{m} + j25.13\mathrm{m} = 32.12\angle 51.5°$ mS．回路に流れる複素電流 I は，$I = YE = 32.12\mathrm{m}\angle 51.5° \times 20\angle 30° = 642.4\mathrm{m}\angle 81.5° = 642.4\angle 81.5°$ mA．これを瞬時式に直すと，$i = 642.4\sqrt{2}\sin(\omega t + 81.5°)$ mA．

20.3 (1) 加えた電圧，流れる電流のフェーザ E, I は，$E = 20\angle 30°$ V，$I = 10\angle 10°$ mA．この回路のインピーダンス Z は，
$$Z = \frac{E}{I} = \frac{20\angle 30°}{10\mathrm{m}\angle 10°} = 2\mathrm{k}\angle 20° = 2\angle 20°\ \mathrm{k\Omega}$$
となる．抵抗分 R，リアクタンス分 X は，$R = \mathrm{Re}(2\mathrm{k}\angle 20°) = 1879$ Ω，$X = \mathrm{Im}(2\mathrm{k}\angle 20°) = 684$ Ω．

(2) 加えた電圧のフェーザ E は $E = 5\angle 30°$ V．流れる電流 I, i は，つぎのようになる．
$$I = \frac{E}{Z} = \frac{5\angle 30°}{4\mathrm{k}\angle -10°} = 1.2\mathrm{m}\angle 40° = 1.2\angle 40°\ \mathrm{mA}, \quad i = 1.2\sqrt{2}\sin(\omega t + 40°)\ \mathrm{mA}$$

(3) 加えた電圧 E の初期位相を θ とすると，
$$I = \frac{E}{Z} = \frac{|E|\angle\theta}{2+j5} = \frac{|E|\angle\theta}{5.39\angle 68.2°} = \frac{|E|}{5.39}\angle(\theta - 68.2°)\ \text{A}$$
であるから，電流は電圧に対して $68.2°$ 遅れる．

(4) $I = YE = (G+jB)E = (20\text{m}+j10\text{m})5\angle 30° = 22.4\ \text{m}\angle 26.6° \times 5\angle 30° = 112\angle 56.6°\ \text{mA}$ であるから，$i = 112\sqrt{2}\sin(\omega t + 56.6°)\ \text{mA}$．

(5) $X = \omega L = 2\pi f L = 2\pi \times 1\text{k} \times 10\text{m} = 20\pi \fallingdotseq 62.8\ \Omega$．

(6) キャパシタのリアクタンスは $X = -1/\omega C$ であり，その大きさは周波数に反比例することから，50 Hz のときのキャパシタのリアクタンスの大きさを X_{50} とすると，$50 \times X_{50} = 1\text{k} \times 20$, $X_{50} = 1\text{k} \times 20/50 = 400\ \Omega$．したがって，50 Hz でのインピーダンスは $-j400\ \Omega$．

(7) $V = (1/j\omega C)I$ であるから，$|V| = (1/\omega C)|I|$．これより，つぎのようになる．
$$|V| = \frac{1}{\omega C}|I|,\quad f = \frac{\omega}{2\pi} = \frac{1}{2\pi C}\frac{|I|}{|V|} = \frac{50\text{m}}{2\pi \times 10\mu \times 2} = \frac{50\text{m}}{40\pi\mu} = \frac{1.25\text{k}}{\pi} = \frac{1250}{\pi} \fallingdotseq 398\ \text{Hz}$$

20.4 $I_R = \dfrac{24\angle 30°}{3} = 8\angle 30°\ \text{A},\quad i_R = 8\sqrt{2}\sin(\omega t + 30°)\ \text{A}$．
$I_L = \dfrac{24\angle 30°}{j4} = 6\angle -60°\ \text{A},\quad i_L = 6\sqrt{2}\sin(\omega t - 60°)\ \text{A}$．
$I = I_R + I_L = 10\angle -6.9°\ \text{A},\quad i = 10\sqrt{2}\sin(\omega t - 6.9°)\ \text{A}$．
解図 20.1 のとおり．

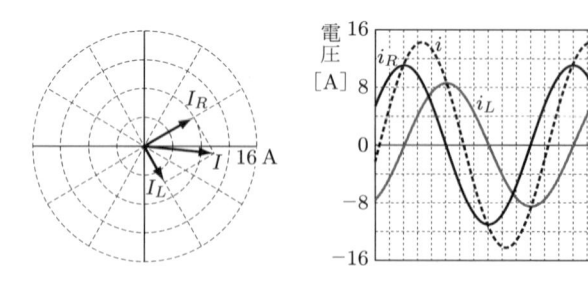

解図 20.1

21 章

21.1 (1) 抵抗値 R の抵抗とインダクタンス L のインダクタの直列回路のインピーダンス Z は，$Z = R + j\omega L = 50 + j2000\pi \times 6\text{m} = 50 + j12\pi = 50 + j37.7\ \Omega$ であり，インピーダンス図は，解図 21.1(a) のように描ける．

(2) $Z = 50 + j37.7 = 62.6\angle 37.0°\ \Omega$．

(3) 加えた電圧 E の位相を基準として $E = 10.0\angle 0°\ \text{V}$ とすると，
$$I = \frac{E}{Z} = \frac{10\angle 0°}{62.6\angle 37.0°} = 160\angle -37.0°\ \text{mA}$$
となり，電流の大きさは 160 mA，電流は電圧に対して $37.0°$ 遅れる．

(4) 抵抗の電圧降下を V_R, インダクタの電圧降下を V_L とすると,
$$V_R = RI = 50 \times 160\text{m}\angle -37.0° = 8.00\angle -37.0° \text{ V}$$
$$V_L = j\omega LI = j37.7 \times 160\text{m}\angle -37.0° = 6.03\angle 53.0° \text{ V}$$

電圧 E の位相を基準とした電流および電圧のフェーザ図は,解図 (b) のように描ける.

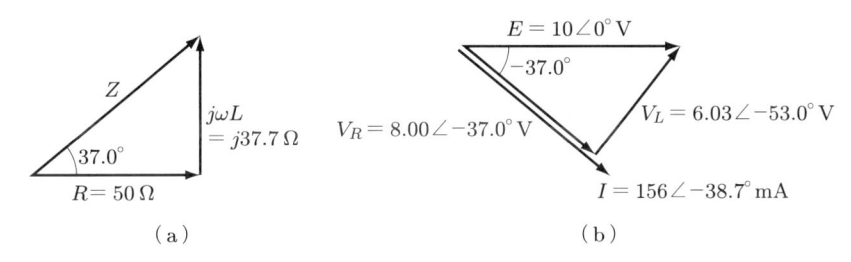

(a)   (b)

解図 21.1

21.2 インダクタおよびキャパシタのリアクタンスをそれぞれ X_L, X_C とする.
(1) 電源周波数が 1.5 kHz のとき, $jX_L = j\omega L = j2\pi \times 1.5\text{k} \times 5\text{m} = j47.1\ \Omega$, $-jX_C = -j/\omega C = -j/(2\pi \times 1.5\text{k} \times 5\mu) = -j21.2\ \Omega$. 分圧の公式を用いて,
$$V_R = \frac{R}{R+jX_L-jX_C}E = \frac{30}{30+j47.1-j21.2} \times 10\angle 0° = 7.58\angle -40.8° \text{ V}$$
$$V_L = \frac{jX_L}{R+jX_L-jX_C}E = \frac{j47.1}{30+j47.1-j21.2} \times 10\angle 0° = 11.9\angle 49.2° \text{ V}$$
$$V_C = \frac{-jX_C}{R+jX_L-jX_C}E = \frac{-j21.2}{30+j47.1-j21.2} \times 10\angle 0° = 5.36\angle -130.8° \text{ V}$$

となる.インピーダンスおよび電位の複素平面図を,それぞれ解図 21.2(a), (b) に示す (この回路は誘導性であることがわかる).
(2) 電源周波数が 700 Hz のときも同様にして, $jX_L = j\omega L = j2\pi \times 700 \times 5\text{m} = j22.0\ \Omega$, $-jX_C = -j/\omega C = -j/(2\pi \times 700 \times 5\mu) = -j45.5\ \Omega$. また, $V_R = 7.87\angle 38.1°$ V, $V_L = 5.77\angle 128.1°$ V, $V_C = 11.9\angle -51.9°$ V. インピーダンスおよび電位の複素平面図を,それぞれ解図 21.3(a), (b) に示す (この回路は容量性であることがわかる).

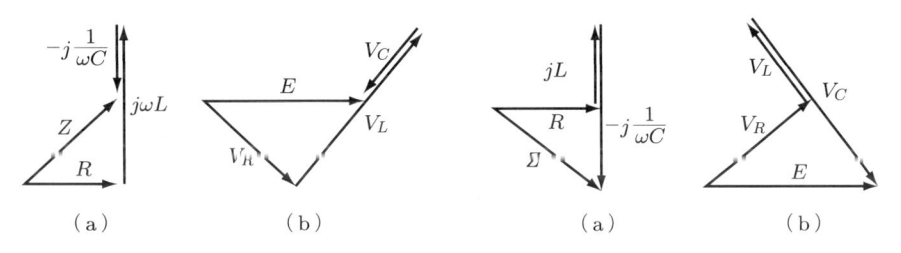

(a)   (b)   (a)   (b)

解図 21.2   解図 21.3

21.3 (1) $I = \dfrac{10\angle 0°}{30+10-j30} = 0.2\angle 36.9°$ A.
$V_{R1} = 6.0\angle 36.9°$ V, $V_{R2} = 2.0\angle 36.9°$ V, $V_C = 6.0\angle -53.1°$ V.
解図 21.4 のとおり.

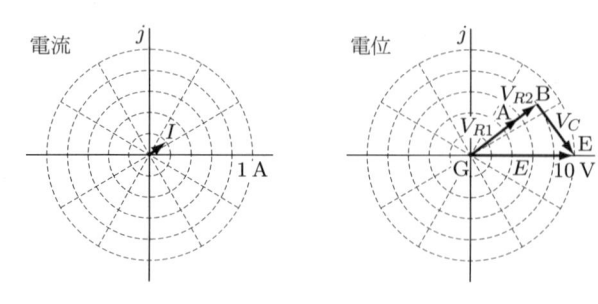

解図 21.4

(2) $I = \dfrac{10\angle 0°}{40-j20+j50} = \dfrac{10\angle 0°}{50\angle 36.9°} = 0.2\angle -36.9°$ A.
$V_R = 8\angle -36.9°$ V, $V_C = 4\angle -126.9°$ V, $V_L = 10\angle 53.1°$ V.
解図 21.5 のとおり.

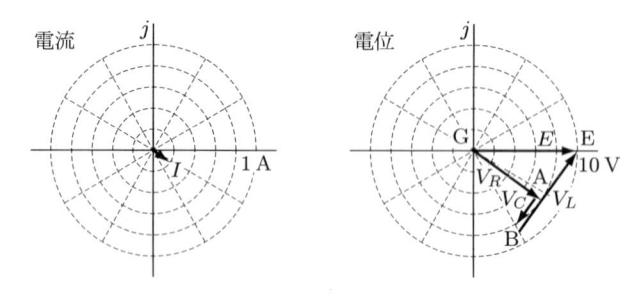

解図 21.5

(3) $Z = 10 + \dfrac{10\times(-j10)}{10-j10} = 10+5-j5 = 15-j5 = 15.8\angle -18.4°$ Ω.
$I = \dfrac{E}{Z} = \dfrac{10\angle 0°}{15.8\angle -18.4°} = 0.633\angle 18.4°$ A.
$I_R = 0.633\angle 18.4° \times \dfrac{-j10}{10-j10} = 0.448\angle -26.6°$ A.
$I_C = 0.633\angle 18.4° \times \dfrac{10}{10-j10} = 0.448\angle 63.4°$ A.
$V_{RC} = 4.48\angle -26.6°$ V, $V_r = 6.33\angle 18.4°$ V.
解図 21.6 のとおり.

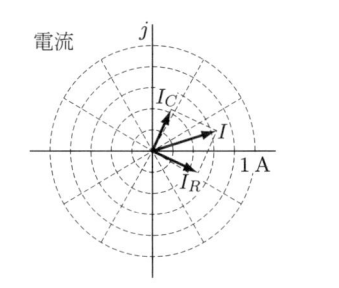

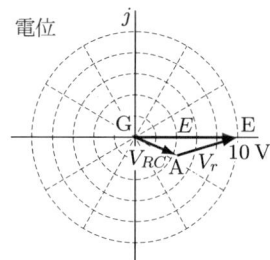

演習問題解答 611

解図 21.6

(4) $I_C = \dfrac{10\angle 0°}{-j15} = 0.667\angle 90°$ A, $I_R = \dfrac{10\angle 0°}{30} = 0.333\angle 0°$ A,
$I_L = \dfrac{10\angle 0°}{j10} = 1.0\angle -90°$ A.
$I = I_R + I_L + I_C = 0.333 + j0.667 - j1.00 = 0.333 - j0.333 = 0.471\angle -45°$ A.
解図 21.7 のとおり.

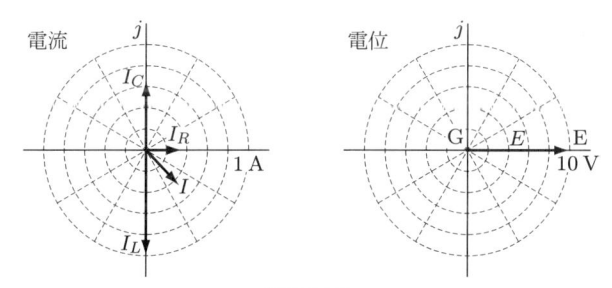

解図 21.7

(5) $I_1 = \dfrac{10\angle 0°}{10-j10} = 0.707\angle 45°$ A, $V_1 = 7.07\angle 45°$ V, $V_C = 7.07\angle -45°$ V.
$I_2 = \dfrac{10\angle 0°}{12+j9} = 0.667\angle -36.9°$ A, $V_2 = 8.00\angle -36.9°$ V,
$V_L = 6.00\angle 53.1°$ V.
$I = I_1 + I_2 = 1.04\angle 5.5°$ A. $V_{AB} = V_{AG} - V_{BG} = V_1 - V_2 = 9.90\angle 98.12°$ V.
解図 21.8 のとおり.

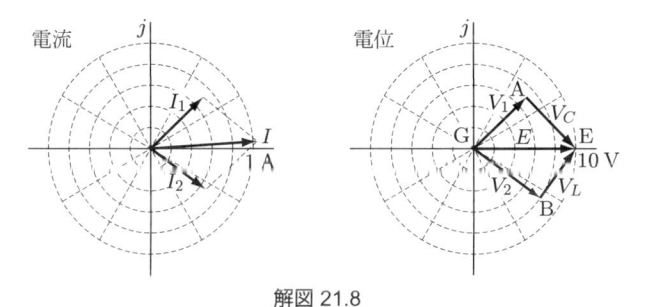

解図 21.8

(6) 各素子の電流，全電流，電圧は問 (5) と同じ．
$V_{AB} = V_{AG} - V_{BG} = V_C - V_2 = 1.41\angle -172.03°$ V.
解図 21.9 のとおり．

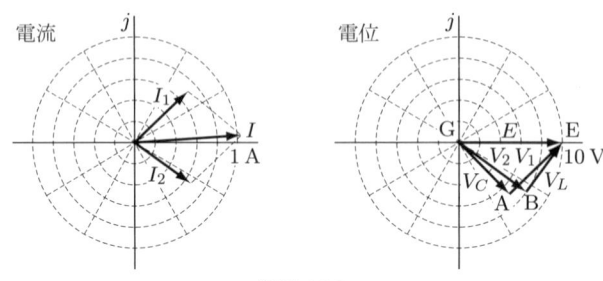

解図 21.9

21.4 以下の①〜⑦の手順で電圧，電流を求め，この手順に応じた電位と電流の複素平面図の描き方を，解図 21.10 の①〜⑦に示す．解図の⑦が問題に対する解となる複素平面図である．

① $I = \dfrac{V_R}{R} = \dfrac{0.9\angle 0°}{30} = 30\angle 0°$ mA．

② $V_L = Z_L I = j20 \times 30\text{m}\angle 0° = 0.6\angle 90°$ V．

③ $V_C = V_R + V_L = 0.9 + j0.6 = 1.08\angle 33.7°$ V．

④ $I_C = \dfrac{V_C}{Z_C} = \dfrac{1.08\angle 33.7°}{-j40} = 27\angle 123.7°$ mA．

⑤ $I_0 = I_C + I = 27\text{ m}\angle 123.7° + 30\text{ m} = 27.1\angle 56.3°$ mA．

⑥ $V_r = rI_0 = 30 \times 27.1\text{m}\angle 56.3° = 0.813\angle 56.3°$ V．

⑦ $E = V_C + V_r = 1.08\angle 33.7° + 0.813\angle 56.3° = 1.857\angle 43.4°$ V．

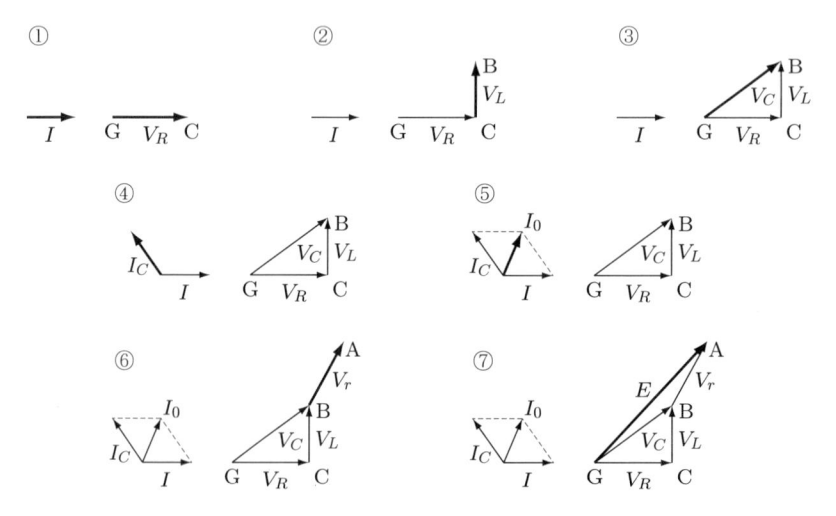

解図 21.10

21.5 節点 G の電位を基準にとり，節点 A〜C の電位をそれぞれ V_A〜V_C とおくと，

$$V_B = E, \quad V_C = 2E, \quad V_A = \frac{r}{r + \dfrac{1}{j\omega C}} \times 2E = \frac{j\omega Cr}{1 + j\omega Cr} \times 2E$$

となる．

(1) $r = 414\,\Omega$ のとき，$\omega Cr = 2\pi \times 1592 \times 0.1\mu \times 414 = 0.414\,\Omega$.
$$V_A = \frac{j0.414}{1 + j0.414} \times 20 = 7.65\angle 67.5°\ \text{V}, \quad V_{AB} = 7.65\angle 67.5° - 10 = 10\angle 135.0°\ \text{V}.$$

(2) $r = 1000\,\Omega$ のとき，$\omega Cr = 2\pi \times 1592 \times 0.1\mu \times 1000 = 1.0\,\Omega$.
$$V_A = \frac{j}{1 + j} \times 20 = 14.1\angle 45.0°\ \text{V}, \quad V_{AB} = 14.1\angle 45.0° - 10 = 10\angle 90.0°\ \text{V}.$$

(3) $r = 2416\,\Omega$ のとき，$\omega Cr = 2\pi \times 1592 \times 0.1\mu \times 2416 = 2.416\,\Omega$.
$$V_A = \frac{j2.416}{1 + j2.416} \times 20 = 18.5\angle 22.5°\ \text{V}, \quad V_{AB} = 18.5\angle 22.5° - 10 = 10\angle 45.0°\ \text{V}.$$

それぞれの場合の電位の複素平面図を，解図 21.11(a)〜(c) に示す．

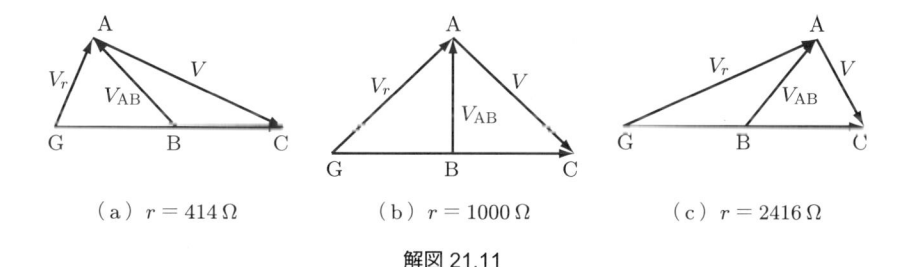

(a) $r = 414\,\Omega$ (b) $r = 1000\,\Omega$ (c) $r = 2416\,\Omega$

解図 21.11

22 章

22.1 $V = 100\angle 60°\ \text{V}$，$I = 5\angle 40°\ \text{A}$ である．

(1) $Z = \dfrac{V}{I} = \dfrac{100\angle 60°}{5\angle 40°} = 20\angle 20°\ \Omega$.

(2) $P_c = V\bar{I} = 100\angle 60° \times 5\angle(-40°) = 500\angle 20°\ \text{VA}$.

(3) $P = \text{Re}\,P_c = 500\cos 20° = 470\ \text{W}$.

(4) $\cos\theta = \text{Arg}\,P_c = \cos 20° = 0.940 = 94.0\,\%$.

22.2 (1) 電流 I の大きさは $|I| = |E|/|Z| = 100/4 = 25$ A．電力の公式から，つぎのようになる．
$$P = |V|\,|I|\cos\theta = 100 \times 25 \times \cos(-60°) = 1250\ \text{W}$$

(2) 電流 I の大きさは $|I| = |E|/|Z| = 100/10 = 10$ A．一方，電力の式 $P = |V|\,|I|\cos\theta$ により，$\theta = \text{Cos}^{-1}(800/1000) = 36.9°$．誘導負荷だから，電流は電圧より $36.9°$ 遅れ，電流の初期位相は $90° - 36.9° = 53.1°$．したがって，$i = 10\sqrt{2}\sin(\omega t + 53.1°)$ A．

(3) 電力は抵抗のみで消費されるから，$P = |V_R|\,|I| = R|I|\,|I| = R|I|^2 = 4 \times 2^2 = 16\ \text{W}$.

(4) インピーダンス Z は，$Z = R - jX_C = 50 - j120 = 130\angle -67.4°$ Ω，電流の大きさは $|I| = \dfrac{|E|}{|Z|} = \dfrac{260}{13} = 2$ A．したがって，消費電力 P は $P = R|I|^2 = 50 \times 2^2 = 200$ W．

(5) 皮相電力は $P_a = P/\cos\theta = 2000/0.8 = 2500$ VA，回路に流れる電流は $|I| = P_a/|V| = 2500/100 = 25$ A．回路のインピーダンスは $|Z| = |V|/|I| = 100/25 = 4$ Ω．したがって，進み力率であることに注意して，$R = |Z|\cos\theta = 4 \times 0.8 = 3.2$ Ω，$X = -|Z|\sin\theta = -4 \times \sqrt{1-0.8^2} = -2.4$ Ω．

22.3 $Z = \dfrac{(5+j20) \times (-j10)}{5+j20-j10} = \dfrac{20.6\angle 76.0° \times 10\angle -90°}{5+j10} = \dfrac{206\angle -14.0°}{11.2\angle 63.4°} = 18.4\angle -77.4°$
$= 4.0 - j18.0$ Ω．
∴ $Z = 18.4\angle -77.4°$ Ω，$R = 4.0$ Ω，$X = -18.0$ Ω．
$Y = \dfrac{1}{Z} = \dfrac{1}{18.4\angle -77.4°} = 54.3\angle 77.4°$ mS $= 11.8 + j53.0$ mS．
∴ $Y = 54.3\angle 77.4°$ mS，$G = 11.8$ mS，$B = 53.0$ mS．
$\cos\theta = \cos(-77.4°) = 0.218 = 21.8\%$．
$P = R|I|^2 = 4.0 \times 0.5^2 = 1.00$ W　∴ $P = 1.00$ W．

22.4 回路の全インピーダンスは，つぎのようになる．

$$Z = 24 + j23 + \dfrac{1}{\dfrac{1}{-j75} + \dfrac{1}{100}} = 24 + j23 + 36 - j48 = 60 - j25 = 65\angle -22.6°\ \Omega$$

これを用いて，

$$I_1 = I_2 = I_3 = \dfrac{260\angle 30°}{65\angle -22.6°} = 4\angle 52.6°\ \text{A}$$

さらに，

$I_4 = I_3 \times \dfrac{-j75}{100-j75} = 4\angle 52.6° \times \dfrac{-j75}{100-j75} = 2.4\angle -0.5°$ A
$V_3 = V_4 = 100 I_4 = 100 \times 2.4\angle -0.5° = 240\angle -0.5°$ V
$V_2 = V_3 + j7 I_3 = 240\angle -0.5° + j23 \times 4\angle 52.6° = 175\angle 17.8°$ V
$V_1 = 260\angle 30°$ V

となる．したがって，つぎのように求められる．

$P_{c1} = V_1 \overline{I_1} = 260\angle 30° \times 4\angle -52.6° = 1040\angle -22.6° = 960 - j400$ VA．
$P_{c2} = V_2 \overline{I_2} = 175\angle 17.8° \times 4\angle -52.6° = 700\angle -34.8° = 576 - j400$ VA．
$P_{c3} = V_3 \overline{I_3} = 240\angle -0.5° \times 4\angle -52.6° = 960\angle -53.1° = 576 - j768$ VA．
$P_{c4} = V_4 \overline{I_4} = 240\angle -0.5° \times 2.4\angle 0.5° = 576\angle 0° = 576 + j0$ VA．

23 章

23.1 (1) 2次側には電流が流れていないから，$V_1 = j\omega L_1 I$，$V_2 = j\omega MI$．したがって，つぎのようになる．

$|V_1| = \omega L_1 |I| = 2\pi \times 1\text{k} \times 5\text{m} \times 20\text{m} = 0.200\pi = 628$ mV

$|V_2| = \omega M |I| = 2\pi \times 1\text{k} \times 3\text{m} \times 20\text{m} = 0.120\pi = 376$ mV

(2) $V_1 = j\omega L_1 I$, $V_2 = j\omega MI$ より，つぎのようになる．

$$\frac{|V_1|}{|V_2|} = \frac{|j\omega L_1 I|}{|j\omega MI|} = \frac{L_1}{M}, \quad L_1 = \frac{|V_1|}{|V_2|} \times M = \frac{400\text{m}}{200\text{m}} \times 10\text{m} = 20 \text{ mH}$$

(3) 先に電流を流した側を 1 次側，もう一方を 2 次側とよぶことにする．先に試験した 1 次側の電流 I_1 と 2 次側の開放電圧 V_2 との関係は，$V_2 = j\omega MI_1$．後の試験における 1 次側開放電圧 V_1 と 2 次側電流 I_2 との関係は，$V_1 = j\omega MI_2$．これらより，つぎのようになる．

$$|V_1| = \omega M|I_2| = \frac{|V_2|}{|I_1|} \times |I_2| = \frac{120\text{m}}{10\text{m}} \times 20\text{m} = 240 \text{ mV}$$

23.2 結合インダクタに関係するインピーダンスを計算すると，つぎのようになる (解図 23.1 参照)．

$$j\omega L_1 = j \times 2000\pi \times 8\text{m} = j16\pi = j50.3 \text{ }\Omega$$
$$j\omega L_2 = j \times 2000\pi \times 6\text{m} = j12\pi = j37.7 \text{ }\Omega$$
$$j\omega M = j \times 2000\pi \times 5\text{m} = j10\pi = j31.4 \text{ }\Omega$$

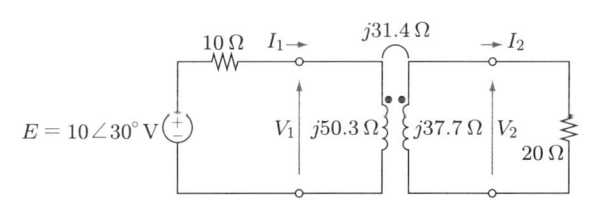

解図 23.1

1 次側の閉路電流は I_1，2 次側は I_2 であり，これを未知数とすると，閉路解析法による回路方程式はつぎのようになる．

$$\begin{cases} (10 + j50.3)I_1 - j31.4 I_2 = 10\angle 30° \\ -j31.4 I_1 + (20 + j37.7)I_2 = 0 \end{cases}$$

これより，電流はつぎのように求められる．

$$\Delta = \begin{vmatrix} 10+j50.3 & -j31.4 \\ -j31.4 & 20+j37.7 \end{vmatrix} = (10+j50.3)(20+j37.7) - (-j31.4)(-j31.4)$$
$$= 1555\angle 117.2°$$

$$\Delta_1 = \begin{vmatrix} 3\angle 30° & -j31.4 \\ 0 & 20+j37.7 \end{vmatrix} = 3\angle 30° \times (20+j37.7) = 128.0\angle 92.1°$$

$$\Delta_2 = \begin{vmatrix} 10+j50.3 & 3\angle 30° \\ -j31.4 & 0 \end{vmatrix} = (10+j50.3) \times 3\angle 30° = 153.9\angle 108.8°$$

$$I_1 = \frac{\Delta_1}{\Delta} = \frac{128.0\angle 92.1°}{1555\angle 117.2°} = 0.0823\angle -25.1° = 82.3\angle -25.1° \text{ mA}$$

$$I_2 = \frac{\Delta_2}{\Delta} = \frac{153.9\angle 108.8°}{1555\angle 117.2°} = 0.0990\angle -8.4° = 99.0\angle -8.4° \text{ mA}$$

また，電圧はつぎのように求められる．

$V_1 = 10\angle 30° - 10\times 0.0823\angle -25.1° = 9.55\angle 34.1°$ V
$V_2 = 20\times 0.0990\angle -8.4° = 1.98\angle -8.4°$ V

23.3 (1) (c). (2) (b). (3) (e). (4) (f). (5) (a). (6) (d).

23.4 (1) それぞれの回路図を解図 23.2(a), (b) に，またそれぞれの等価回路を解図 (c), (d) に示す．

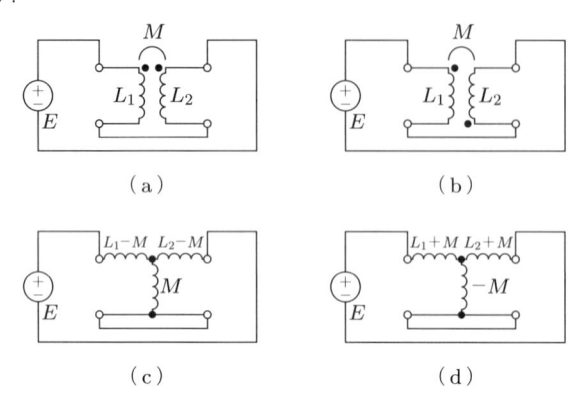

解図 23.2

解図 (c) の回路では，電源からみたインダクタンスは $(L_1 - M) + (L_2 - M) = L_1 + L_2 - 2M$ となる．解図 (d) の回路も同様に考えるか，もしくは極性が反転したと考えて，インダクタンスは $L_1 + L_2 + 2M$.

(2) 図 23.30(a) の回路に周波数 1 kHz，大きさ 200 mV の電圧を加えたときに流れた電流が 40 mA であるから，

$$2000\pi(L_1 + L_2 - 2M) = \frac{200\text{m}}{40\text{m}} = 5.0, \quad L_1 + L_2 - 2M = \frac{5.0}{2000\pi} = 0.796 \text{ mH}$$

となる．同様にして，

$$L_1 + L_2 + 2M = \frac{1}{2000\pi} \times \frac{200\text{m}}{10\text{m}} = 3.183 \text{ mH}$$

となる．したがって，両式の差から，$4M = 3.183 - 0.796 = 2.39$ mH，よって，$M = 0.596$ mH.

23.5 結合インダクタを等価変換すると，解図 23.3(a) の回路が得られる．

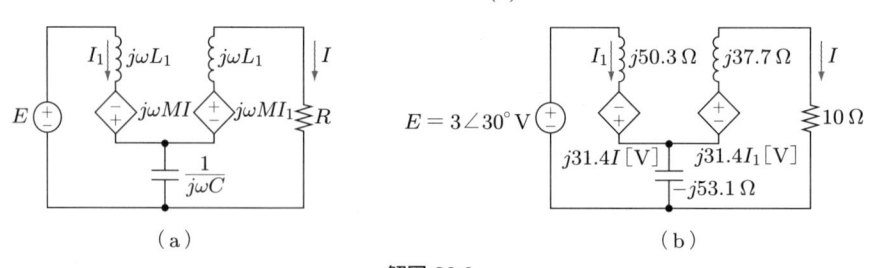

解図 23.3

このインダクタ，キャパシタのリアクタンスは，つぎのようになる．

$$\omega L_1 = 2000\pi \times 8\text{m} = 16\pi = 50.3\ \Omega, \quad \omega L_2 = 2000\pi \times 6\text{m} = 12\pi = 37.7\ \Omega$$

$$\omega M = 2000\pi \times 5\text{m} = 10\pi = 31.4\ \Omega, \quad \frac{1}{\omega C} = \frac{1}{2000\pi \times 3\mu} = \frac{1\text{k}}{6\pi} = 53.1\ \Omega$$

電源の電圧値，各素子のインピーダンス値を書き込んだ回路図を解図 (b) に示す．電流 I_1, I を閉路電流とすると，つぎの閉路方程式が成り立つ．

$$\begin{cases} (j50.3 - j53.1)I_1 - (-j53.1)I = 3\angle 30° + j31.4I \\ -(-j53.1)I_1 + (10 + (j37.7 - j53.1))I = j31.4I_1 \end{cases}$$

整理すると，

$$\begin{cases} -j2.9 I_1 + j21.7 I = 3\angle 30° \\ j21.7 I_1 + (10 - j15.4)I = 0 \end{cases}$$

となり，これから，つぎのようになる．

$$I = \frac{\begin{vmatrix} -j2.9 & 3\angle 30° \\ j21.7 & 0 \end{vmatrix}}{\begin{vmatrix} -j2.9 & j21.7 \\ j21.7 & 10-j15.4 \end{vmatrix}} = \frac{-j21.7 \times 3\angle 30°}{426.2 - j29} = 0.152\angle -56.1°\ \text{A}$$

24 章

24.1 (1) 解図 24.1 のとおり．
(2) v_{A2} の波形は①，v_{B2} の波形は②．

24.2 (a) $\dfrac{V_2}{V_1} = \dfrac{n_2}{n_1},\ \dfrac{I_2}{I_1} = \dfrac{n_1}{n_2}$．

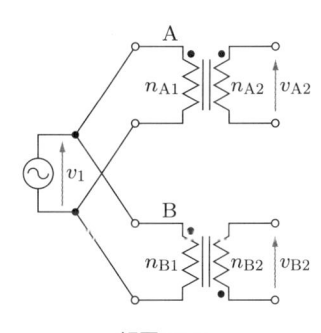

(b) $\dfrac{V_2}{V_1} = -\dfrac{n_2}{n_1},\ \dfrac{I_2}{I_1} = -\dfrac{n_1}{n_2}$．

(c) $\dfrac{V_2}{V_1} = -\dfrac{n_2}{n_1},\ \dfrac{I_2}{I_1} = \dfrac{n_1}{n_2}$．

(d) $\dfrac{V_2}{V_1} = \dfrac{n_2}{n_1},\ \dfrac{I_2}{I_1} = -\dfrac{n_1}{n_2}$．

解図 24.1

24.3 電源電圧から V_0 は $V_0 = 100$ V．$V_1 \sim V_3$ は，理想変成器の極性および巻数に注意して，$V_1 = -100/50 \times 100 = -200$ V，$V_2 = 40/200 \times (-200) = -40$ V，$V_3 = -50/20 \times (-40) = 100$ V．負荷抵抗は 20 Ω であるから，$I_3 = 100/20 = 5$ A．理想変成器の電流の関係式から，$I_2 = -50/20 \times 5 = -12.5$ A，$I_1 = 40/200 \times (-12.5) = -2.5$ A，$I_0 = -100/50 \times (-2.5) = 5$ A．

24.4 理想変成器の基本式から $V_2 = 3V_1$，$I_1 = 3I_2$．また，二つの閉路において，閉路方程式を立てると，つぎのようになる

$$\begin{cases} V_1 + (-j4) \times (I_1 - I_2) = 2\angle 30° \\ (-j4) \times (I_2 - I_1) - V_2 + 5I_2 = 0 \end{cases}$$

基本式を閉路方程式に代入して整理すると，

$$\begin{cases} V_1 - j8I_2 = 2\angle 30° \\ -3V_1 + (5+j8)I_2 = 0 \end{cases}$$

となり，これを解くと，

$$V_1 = \frac{2\angle 30° \times (5+j8)}{(5+j8) - j24} = 1.13\angle 160.6° \text{ V}, \quad I_2 = \frac{3 \times 2\angle 30°}{(5+j8) - j24} = 0.358\angle 102.6° \text{ A}$$

となる．理想変成器の基本式に代入すると，つぎのようになる．

$$V_2 = 3V_1 = 3.39\angle 160.6° \text{ V}, \quad I_1 = 3I_2 = 1.074\angle 102.6° \text{ A}$$

24.5 変成器の基本式から，$V_0 : (-V_1) : V_2 = n_0 : n_1 : n_2$，$n_0 I_0 - n_1 \times (-I_1) + n_2(-I_2) = 0$．負荷では，$V_1 = Z_1 I_1$，$V_2 = Z_2 I_2$．これらから，

$$Z_{\text{in}} \equiv \frac{V_0}{I_0} = \frac{n_0 V_0}{-n_1 I_1 + n_2 I_2} = \frac{n_0 V_0}{-n_1 \dfrac{V_1}{Z_1} + n_2 \dfrac{V_2}{Z_2}} = \frac{n_0^2}{\dfrac{n_1^2}{Z_1} + \dfrac{n_2^2}{Z_2}}$$

となる．

24.6 KCL により，

$$I_1 + I_2 = I_3 \quad ①$$

KVL により，

$$V_1 + V_2 + V_3 = 120 \quad ②$$

また，オームの法則により，

$$V_1 = 20I_1 \quad ③$$
$$V_3 = 10I_3 \quad ④$$

一方，変成器の点 a から点 b までと，点 b から点 c までのコイルの巻き数をどちらも n 回とすると，理想変成器の基本式により，$V_2 : V_3 = n : n$，$nI_1 - nI_2 = 0$ であり，これらより，

$$V_2 = V_3 \quad ⑤$$
$$I_1 = I_2 \quad ⑥$$

未知数は 6 個であるから，得られた 6 本の式から解が得られる．

$I_1 \equiv I$ とおくと，式①，⑥により，$I_2 = I$，$I_3 = 2I$．式②に③，④，⑤を代入すれば，$20I + 2 \times 10 \times 2I = 120$．これより，$I = 2$A．∴ $I_1 = I_2 = I = 2$A，$I_3 = 2I = 4$A，$V_1 = 20 \times 2 = 40$V，$V_2 = V_3 = 10 \times 4 = 40$V．

索　引

英数字

1 次側　539
1 次コイル　539
1 ポート回路　33
2 次側　539
2 次コイル　539
2 端子素子　43
AC　378
DC　377
KCL　2, 101, 130
KVL　22, 62, 105
$m \times n$ 行列　142
n 次の正方行列　143
SI 基本単位　39
SI 組立単位　39
SI 接頭辞　39
SI 単位系　38
x の増分　329
y の増分　329

あ 行

アイソレーション　578
アドミタンス　469
アドミタンス角　480
アドミタンスの大きさ　480
網目解析法　197
網目電流　197
網目閉路　114
網目方程式　115
アンペア　13
アンペアアワー　35
位相　400

位相角　400
位相差　403
位相の進み具合　394
位相の変化の速さ　394
一次電池　44
陰関数　183
インダクタ　286, 350, 351, 366
陰に書かれた方程式　183
インピーダンス　415, 457, 469
インピーダンス角　480
インピーダンス図　503
インピーダンスの大きさ　480
インピーダンス変換器　577
ウェーバ　357
枝　18, 97
枝電圧　25, 98
枝電圧解析法　129
枝電流　18, 98
枝電流解析法　126
オイラーの公式　428
大きさ　394, 419
オーム　45
遅れ力率　521
オームの法則　43, 52

か 行

階級指数　284
階数　157

回転フェーザ　400
開放　53
回路図　12
回路素子　12
回路方程式　97, 100
回路を解析する　69
ガウスの消去法　133, 151
角周波数　394, 400, 402
角速度　402
拡大係数行列　151
重ね合わせの原理　172
重ね合わせの定理　165, 167, 499, 546
可動コイル型メータ　282
過渡現象論　418, 508
過渡状態　417
カラーコード　88
関数　179
慣性　350, 355
乾電池　44
木　115
木枝　116
起磁力　540, 573
基礎解析法　96
起電圧　49, 61
起電流　49, 61
起電力　49
基本閉路　114, 116
基本変形　150, 153
逆行列　147

逆相　404
キャパシタ　286, 288
キャリア　13
行　142
供給電力　514
強制振動項　418
筐体　25
行ベクトル　143
共役複素数　423
行列　142
行列式　139
行列の積　144
行列の和　144
極性がある　51
極性がない　51
虚軸　419
極形式　422
虚数単位　418
虚部　418
許容差　88
許容最高温度　58
許容電圧　58
許容電流　58
許容電力　58
キルヒホッフの電圧の法則
　22, 28, 105, 492, 493
キルヒホッフの電流の法則
　2, 19, 101, 491, 493
グラフ　98
クラメルの公式　133,
　134, 138
クーロン　13
系　178
計算値　283
係数行列　151
結合インダクタ　366,
　537, 538
結合係数　546
原始関数　334

検流計　270, 282
公称抵抗値　88
合成インピーダンス
　474, 477
合成インピーダンスに関す
　る定理　499, 500
合成コンダクタンス　78
合成抵抗　75, 78, 82
合成抵抗に関する定理
　84, 165, 170
合成抵抗の公式　69
後退代入　152
交点　56
光度　39
交流　377, 378
交流回路　378, 394
交流回路理論　418, 488
交流電圧　378
交流電源　45
交流理論　507
国際単位系　38
誤差　283
誤差率　283
コンダクタンス　46
コンダクタンス分　480

さ 行

最小値　395
最大値　395
最大定格電圧　58
最大定格電流　58
最大定格電力　58
最大振れ電圧　271
最大振れ電流　271
鎖交磁束　540
サセプタンス分　480
三電圧計法　533
時間　38

磁気エネルギー　372,
　554
磁気学　357
自己インダクタンス
　365, 540
仕事　39
自己誘導　366
自己誘導作用　540
指針　271
システム　178
磁束　357
磁束線　356
磁束密度　357
実効値　394, 396, 400
実効電力　514
指針　271
実軸　419
実部　418
質量　38
磁場　355
指標　271
ジーメンス　46
遮断器　580
周期　397, 403
周期波　397
自由振動項　418
従属している　104
従属電源　254, 255
従属変数　179
集中定数回路　496
集中定数回路理論　507
充電　286, 287
自由電子　9
充電式電池　44
周波数　402
受給電力　514
主値　420
出力　179
受動回路　518

受動性　481
受動素子　43
瞬時式　400
瞬時値　378, 400
瞬時電圧　378
瞬時電流　346, 378
瞬時電力　383, 511
消費電力　514
初期位相　394, 400
初期位相角　400
真空の誘電率　293
真の値　283
振幅　400
推定値　283
水道管モデル　16
水路モデル　16
進み力率　521
正イオン　7
制御回路　3
正弦波交流　378, 398
正弦波の和　451
静電エネルギー　306
静電気　4
静電気力　301
静電場　301
静電誘導　10
成分　142
正方行列　143
制約式　204, 229
積算電力計　580
積分可能　325
積分関数　312
積分する　312
積分定数　335
積分法　310
絶縁体　8, 85, 292
絶対値　419
接地　25, 288
接地記号　25

節点　18, 97
節点解析法　96, 217, 220
節点方程式　96, 98, 99
零行列　144
線形回路　165
線形系　183
線形システム　183
線形従属　120
線形従属電源　256
線形性　165, 181
線形素子　458
線形代数　133
線形抵抗　53
線形独立　120
前進消去　152
相互インダクタンス　365, 540
相互誘導　366
相互誘導回路　538
相互誘導作用　537, 538, 540
相対誤差　283
相反性　203, 228, 556
測定値　283
素子　12
素子定数　472
素子方程式　96, 98, 100, 110

た行

対角行列　143
対角成分　143
代数和　20, 102, 106
帯電　4
太陽電池　44
たがいに独立な方程式　113
単位行列　143

端子　12
端子電圧　33
単純化　18
単純閉路　108
弾性　286, 290
単相三線式　580
単相二線式　580
単巻変成器　579
短絡　44, 53
力　39
置換の定理　165, 172
蓄電器　288
中性子　6
中性線　579
超網目　206
直接法　202, 227
直流　377
直流安定化電源　45
直流回路　378
直流回路理論　418
直流電圧　377
直流電源　45
直流理論　507
直列接続　70
直角形式　422
抵抗　28, 52, 53
抵抗温度係数　69, 87
抵抗測定　277
抵抗値　45
抵抗分　480
抵抗率　69, 84
定常状態　417
定積分　325
定電圧モード　50
定電流モード　50
テスラ　276
テスラ　357
テブナンの定理　240, 243, 500

テブネンの定理　36,
　526
電圧　22, 25, 26
電圧感度　271
電圧計　47
電圧源　49
電圧源モデル　60
電圧降下　28
電圧制御電圧源　255
電圧制御電流源　255
電圧線　579
電圧電流分布　165, 167
電圧分布　165, 167
電位　22, 24
電位差　25, 26
電位の基準　24
電位分布　165, 167
電荷　8
電荷保存則　297
電気エネルギー　22
電気回路　1–3, 12
電気回路の基礎方程式
　96, 101
電気素子　12, 43
電気メータ　271
電極　288
電気力線　301
電気量　8, 13
電源　2, 28, 43
電源電圧　28, 61
電源電流　61
電源等価変換の定理
　61, 240
電源の図記号　50
電源分置の定理　165,
　176
電子　6
電子回路　3, 4
電磁気学　3

電磁誘導結合回路　538
電束　303
電束密度　303
転置行列　144
電場　303
電場におけるガウスの法則
　303
電流　13, 38
電流感度　271
電流計　47
電流源　49
電流源モデル　60
電流制御電圧源　255
電流制御電流源　255
電流制限器　580
電流電圧特性　43, 48,
　49
電流分布　165, 167
電力　32, 511, 514
電力保存則　22, 37, 526
等価　60
等価回路　241
等価電源の定理　240,
　243
導関数　316, 330
動径　399
同型　453
統計力学　4
動作電圧　61
動作電流　61
導線　2
同相　404
導体　8, 85
導電率　84
特性曲線　48
特徴量　395
独立している　104
独立電源　254, 255
独立変数　179

ド・モアブルの定理
　431
ドリフト速度　15

な 行

内部抵抗　61
長さ　38
二次電池　44
入力　179
熱力学的温度　38
ノルトンの定理　240,
　243, 501

は 行

配電遮断器　580
倍率器　273
倍率器の倍率　273
バッテリー　44
バール　517
ピークトゥピーク値
　395
皮相電力　515
微分　330
微分可能　329
微分係数　316, 329
微分商　330
微分する　316, 330
微分積分法の基本定理
　310, 336
微分法　310
ピボット　151
百分率誤差　283
比誘電率　293
ファラッド　291
負イオン　7
フェーザ　395, 399,
　400, 442
フェーザ図　503
負荷　2

索引　623

負荷が大きい　65
負荷が小さい　65
復元力　286
複素数の指数表示　431
複素平面　419, 503
複素平面図　489, 503
負性抵抗　266
物質量　38
部分回路　232
分圧の公式　69, 75, 474
分極　292
分電盤　580
分布定数回路　496
分流器　274
分流器の倍率　274
分流の公式　69, 78, 477
平均値　395
平均電力　383, 511
平均変化率　329
平行平板キャパシタ　291
平面グラフ　115
並列接続　70
閉路　27, 98
閉路解析法　96, 190, 195
閉路電流　190, 191
閉路方程式　96, 98, 99
ベクトル図　503
ベクトル場　303, 356

ヘルツ　402
変圧器　538, 560, 577
偏角　419
変化率　329
変換器　3
変成器　538, 560, 561
ヘンリー　366
放電　286, 287
放電容量　35
補木　115, 116
補木枝　116
ボルト　24
ボルトアンペア　383, 515, 517

ま 行

密結合インダクタ　560, 569, 570
密結合変成器　538, 569
無効電力　517
メータ　271
メータの内部抵抗　271
目盛　271
モデル　17

や 行

有効電力　514
誘電体　293
誘電分極　10
誘電率　293

誘導起電圧　360
誘導性　481
誘導電流　361
陽子　6
要素　142
陽に書かれた方程式　182
容量性　481

ら 行

リアクタンス分　480
リアクティブ　481
力率　511, 515
力率角　515
理想変成器　538, 560, 561
量子力学　4
類似　17
類推　17
レジスティブ　481
列　142
列ベクトル　143
連結数　258
レンツの法則　362
連立1次方程式　133
連立する　55
漏電遮断器　580

わ 行

ワット　32, 383, 514

著者略歴

佐藤　秀則（さとう・ひでのり）
　1980 年　九州大学大学院工学研究科博士前期課程修了（情報工学専攻）
　1983 年　九州大学大学院工学研究科博士後期課程退学（情報工学専攻）
　1983 年　大分工業高等専門学校講師（電気工学科）
　2003 年　大分工業高等専門学校教授（電気電子工学科）　現在に至る
　　　　　博士（工学）

猪原　哲（いはら・さとし）
　1993 年　熊本大学大学院工学研究科博士前期課程修了（電気情報工学専攻）
　1993 年　佐賀大学理工学部助手（電気工学科）
　2007 年　佐賀大学准教授（電気電子工学科）　現在に至る
　　　　　博士（工学）

木本　智幸（きもと・ともゆき）
　1993 年　大阪大学大学院基礎工学研究科博士前期課程修了（物理系専攻）
　1993 年　大分工業高等専門学校助手（電気工学科）
　2013 年　大分工業高等専門学校教授（電気電子工学科）　現在に至る
　　　　　博士（工学）

清武　博文（きよたけ・ひろふみ）
　1990 年　鹿児島大学大学院工学研究科修士課程修了（電気工学専攻）
　1990 年　（株）東芝・医用機器技術研究所勤務
　1996 年　大分工業高等専門学校講師（電気工学科）
　2009 年　大分工業高等専門学校教授（電気電子工学科）　現在に至る
　　　　　博士（工学）

高木　浩一（たかき・こういち）
　1988 年　熊本大学大学院工学研究科博士前期課程修了（電気工学専攻）
　1989 年　大分工業高等専門学校助手（電気電子工学科）
　1996 年　岩手大学助手（電気電子工学科）
　2011 年　岩手大学教授（電気電子・情報システム工学科）　現在に至る
　　　　　博士（工学）

高橋　徹（たかはし・とおる）
　1986 年　九州工業大学大学院工学研究科修士課程修了（電子工学専攻）
　1986 年　大分工業高等専門学校助手（電気工学科）
　2001 年　大分工業高等専門学校教授（電気電子工学科）　現在に至る
　　　　　博士（工学）

編集担当	藤原祐介(森北出版)	
編集責任	石田昇司(森北出版)	
組　版	アベリー	
印　刷	丸井工文社	
製　本	ブックアート	

© 佐藤秀則・猪原　哲・木本智幸
　　清武博文・高木浩一・高橋　徹　2013

電気回路教室

【本書の無断転載を禁ず】

2013 年 9 月 27 日　第 1 版第 1 刷発行
2014 年 8 月 29 日　第 1 版第 2 刷発行

著　者　佐藤秀則・猪原　哲・木本智幸
　　　　清武博文・高木浩一・高橋　徹
発行者　森北博巳
発行所　森北出版株式会社
　　　　東京都千代田区富士見 1-4-11（〒 102-0071）
　　　　電話 03-3265-8341 ／ FAX 03-3264-8709
　　　　http://www.morikita.co.jp/
　　　　日本書籍出版協会・自然科学書協会　会員
　　　　JCOPY ＜(社)出版者著作権管理機構　委託出版物＞

落丁・乱丁本はお取替えいたします．

Printed in Japan ／ ISBN978-4-627-73491-3

SI 基本単位

量	基本単位	定義
時間	s (秒)	セシウム133原子の基底状態の二つの超微細準位 ($F = 4, M = 0$ および $F = 3, M = 0$) 間の遷移に対応する放射の周期の9192631770倍の継続時間
長さ	m (メートル)	1秒の1/299792458の時間に光が真空中を進む距離
質量	kg (キログラム)	国際キログラム原器(プラチナ90%,イリジウム10%からなる合金で,直径・高さともに39 mmの円柱)の質量
電流	A (アンペア)	無限に長く,無限に小さい円形断面積をもつ2本の直線状導体を真空中に1 mの間隔で平行においたとき,導体の長さ1 mにつき2×10^{-7} Nの力を及ぼし合う導体のそれぞれに流れる電流の大きさ
熱力学温度	K (ケルビン)	水の三重点の熱力学温度の1/273.16. 温度間隔も同じ単位で表す
物質量	mol (モル)	0.012 kgの炭素12に含まれる原子数と等しい数の構成要素を含む系の物質量(モルを使うときは,構成要素が指定されなければならないが,それは原子,分子,イオン,電子,そのほかの粒子またはこの種の粒子の特定の集合体であってよい)
光度	cd (カンデラ)	周波数5.4×10^{14} Hzの単色光を放出し,放射強度が1/683 W/srである光源を比視感度分布で測った場合の,単位時間単位立体角あたりの強度(明るさ)

SI 接頭辞

指数表示	接頭辞	(漢数字表記)	指数表示	接頭辞	(漢数字表記)
10^1	da (デカ)	十	10^{-1}	d (デシ)	分 (ぶ)
10^2	h (ヘクト)	百	10^{-2}	c (センチ)	厘 (りん)
10^3	k (キロ)	千	10^{-3}	m (ミリ)	毛 (もう)
10^6	M (メガ)	百万	10^{-6}	μ (マイクロ)	微 (び)
10^9	G (ギガ)	十億 (おく)	10^{-9}	n (ナノ)	塵 (じん)
10^{12}	T (テラ)	一兆 (ちょう)	10^{-12}	p (ピコ)	漠 (ばく)
10^{15}	P (ペタ)	千兆	10^{-15}	f (フェムト)	須臾 (しゅゆ)
10^{18}	E (エクサ)	百京 (けい)	10^{-18}	a (アト)	刹那 (せつな)
10^{21}	Z (ゼタ)	十垓 (がい)	10^{-21}	z (ゼプト)	清浄 (しょうじょう)
10^{24}	Y (ヨタ)	一秭 (し)	10^{-24}	y (ヨクト)	涅槃寂静 (ねはんじゃくじょう)